JN432363

도시의 시학

TOSHI NO SHIGAKU
by TANAKA Jun
Copyright © 2007 TANAKA Jun
All rights reserved.
Originally published in Japan by UNIVERSITY OF TOKYO PRESS, Tokyo.
Korean translation rights arranged with
UNIVERSITY OF TOKYO PRESS, Japan.
through THE SAKAI AGENCY and BESTUN KOREA LITERARY AGENCY.

* 이 번역서는 2007년 정부(교육과학기술부)의 재원으로 한국연구재단의 지원을 받아 연구되었음(KRF-2007-361-AL0001).

도시의 시학

장소의 기억과 징후

다나카 준(田中純) 지음
|
나승회 · 박수경 옮김

심산

서문

이 책은 도시 경험의 근저(根底)에서 작용하는 잠재적 구조로서의 '도시의 시학(詩學)' 을 주제로 삼고 있다.

거론되는 대상은 도시론, 건축론, 신화, 시, 소설, 자서전, 수필 등의 텍스트에서부터 회화, 사진, 영화의 이미지에까지 이르고 있다. 지역이나 시대를 한정하지 않고, 오히려 다른 시대의 다른 도시에 대한 기록이나 분석을 비교함으로써, 도시이기에 가능했던 상상력의 경험에 대한 근거를 물을 수 있다.

그것을 '시학' 이라고 부르는 이유는, 시법(詩法)과 통하는 구조가 거기에 존재하기 때문이다(제3장). 지명이나 거리명은 자연스럽게 도시를 언어적인 텍스트로 삼고 있으며, 이것은 수사학의 토포스론(Topos論* 고대 그리스부터 내려온 수사학의 한 형태 또는 일부로 어떤 문제를 검토하고 설명하는 방법)이나 기억술과 결부된다. 도시는 또한 시가나 예능 발생의 현장이기도 했다(제5장). 그러한 예술의 하나인 렌가(連歌* 중세 일본의 시가詩歌의 한 형태. 보통 두 사람 이상이 모여 와카和歌의 앞 구와 뒤 구를 번갈아 읊어 나가는 형식의 노래)의 장(場)과 연결되는 집단적인 유희가 현대 도시의 노상(路上)에서도 전개되었다(제11장). 회상 속 유년시절의 도시는 압축과 치환(置換)이라는 무의식의 '시법'에 의해 왜곡되어지고, 그 일그러짐을 파악하여 풀어내는 꿈의 해석을 기다리고 있다(제1장). — 이 책에서 말하는 '시학'이란, 도회적 정감이 감도는 막연한 은유가 아니라, 도시 경험이 깊게 뿌리내린 이러한 관계성의 논리를 의미하고 있다.

그것은 전체를 아우르는 포괄적인 공간 구조가 아니다. 도시의 시학에서 훨씬 중요한 것은, 국소적(局所的)인 '장소'의 경험이다(제9장). 게다가 그 경험에는 장소에 축적된 기억과 장소가 환기하는 예감이 모두 함께 침투되어 있다. 장소의 주변에는 현재 눈앞에 있는 도시의 보이지 않는 경계를 흘러넘치는 과거의 기억과 미래의 징후(徵候)가 길게 꼬리를 끌고 있다(제2장). 도시의 시학이 대상으로 하는 것은 이러한 '장소의 기억과 징후'이며, 그것을 '지령(地靈 genius loci* 로마 신화에 등장하는 토지의 수호 정령)'이라 불러도 좋다. 다만 특정의 도시를 둘러싼 케이스 히스토리(case history* 事例史)의 집성(集成)인, 스즈키 히로유키(鈴木博之* 1945~2014 일본의 건축사가)의 『도쿄의 〔지령〕(東京の「地霊」)』 등과는 달리, 여기에서는 지령 고유의 구조를 석출(析出)하는 것에 요점을 두고 있다. 따라서 도시 경험을 바탕으로 한 구체적인 작품이나 논고의 분석에서부터 출발하지만, 논술은 이러한 장소성의 구조에 대한 탐구를 지향하고 있다.

이러한 관점에서, 본서는 발터 벤야민(Walter Bendix Schönflies Benjamin* 1892~1940 유대계 독일인 문학평론가, 철학자)의 『파사주론(*Passage* 論)』이나, 『1900년경 베를린의 유년시절(*Berliber Kindheit um Neunzehnhunder*)』, 또는 알도 로시(Aldo Rossi* 1931~1997 이탈리아의 건축가)의 『도시의 건축』, 『과학적 자서전』 등의 도시 · 건축론에 대한 새로운 해석을 기반으로 삼고 있으며, 지령론(地靈論)을 단서로 하여 눈앞에 있는 도시의 주변이나 배후에서 명멸(明滅)하는 "메타(meta* 高次) 세계"(나카이 히사오中井

久夫* 1934~ 일본의 의학자, 정신과 의사)의 예측을 파악하려는 몇 가지 시행(試行)을 거론하게 된다. 그것을 '메타 도시', 혹은 '도시의 무의식'에 대한 탐색이라고 부를 수도 있을 것이다.

지령의 소재와 메커니즘을 찾는 센서(sensor* 감지 장치)가 되는 것이, 장소의 기억이나 징후에 민감하게 반응하는 '징후적 지식'(카를로 긴즈부르그 Carlo Ginzburg* 1939~ 이탈리아의 역사학자)이다. 본서에서는 건축가, 비평가, 화가, 사진가, 의사, 영화감독, 인류학자, 내추럴리스트(Naturalist), 역사학자, 민속학자, 작가, 시인 등의 텍스트나 작품 속에서, 이른바 '방법 아닌 방법'으로서의 이 '징후적 지식'에 의한 메타 도시의 발견 과정을 더듬어 찾아간다.

여기에서 '방법 아닌 방법'이라고 말하는 것은, 그것이 연역이나 귀납 중심의 방법론으로는 결코 환원할 수 없기 때문이다. 징후적 지식은 가설형성적(假設形成的)이자 대담한 '어림짐작(abduction* 퍼스가 제기한 과학적 탐구 방법. 연역법, 귀납법과는 달리, 그것에 앞서 미해명 현상 속에 가설적 법칙 질서를 찾아내는 발견적 방법을 말한다)'(C. S. 퍼스Charles Sanders Peirce* 1839~1914 미국의 철학자)이며, 오감(五感)이나 정동(情動* 감정의 움직임 emotion)을 총동원한 파토스(pathos* 격정, 정념)적인 지식이다. 의식적 방법론과는 달리, 징후적 지식의 섬세한 감각과 손놀림은 그 감촉을 접함으로써 비로소 학습된다. 그리고 충분히 연마된 징후적 지식은, 신체와 도시의 관계를 정동으로 가득 채운 관능적인 것으로 바꾼다. 여기에서는 이러한 방식으로 관능화된 도시의 다채로운 표정이 그려지게 될 것이다.

징후적 지식의 원형은 숲을 헤치고 들어가는 사냥꾼의 지식이다. 도시는 이러한 지식을 활성화하고 있으며, 그들에게 그곳은 사냥감의 예감으로 가득 차 있고 위험한 기척으로 가슴 두근거리게 하는 야생의 공간으로 변모한다(제10장). 콘크리트로 만들어진 지하 수로와 같은 도시의 가장 깊숙한 곳에서 새로운 자연이 발견된다(제4장). 이때 도시론은 도시라는 숲에서 행해지는 내추럴리스트의 탐색과 유사한 것으로 다가온다(제14장). '박물지(博物誌)' 인 동시에 '자연사(自然史)' 라는 '내추럴 히스토리(natural history)' 의 양의성(兩義性)을 본뜬, 이러한 박물지=자연사적 도시론을 '어반 히스토리(urban history)' 라고 부르도록 하겠다. '도시사(都市史)' 와 구별하여, '도시지(都市誌)' 라고 명명할 수 있을 것이다.

본서는 이러한 '도시지' 의 숲으로 엮여 있다. 각 장(章)은 대부분 집필 순서로 나열되어 있으며, 공통된 주제로 묶여 있다(도시를 주제로 하지 않은 논고는 보론으로 분류하여 관련된 장의 뒤쪽에 배치하였다). 복수(複數)의 모티브를 변주해 가는 이러한 유연한 구성은, 도시를 포괄적인 공간의 시스템으로 귀착시키는 것이 아니며, 개별적인 케이스 히스토리에 머무는 것도 아닌, 도시론의 새로운 서법(書法)으로 구상되어 있다. 이러한 방법은 다양한 장소를 편력(遍歷)하는 도시지 고유의 산책 리듬에 호응하고 있다.

"나는 의식의 주변에서 불어오는 바람에 몸을 맡기고 이 익숙한 거리 속으로 발걸음을 내디딘다. 그리고 길 가장자리에서 사진을 찍는다."[1) ― 징후적 지식의 뛰어난 체험자였던 사진가 고초 시게오(牛腸茂雄* 1946~1983 일본의 사진가)는 생전 마지막 사진집의 서문에 이렇게 썼다. 우리도 역시 이런 방법으로 바람에 몸을 맡긴 채, 예감에 이끌리고 기억에 떠밀리면서, 이제부터 도시의 시학과 그 징후적 지식을 탐색하는 '사냥' 을 시작하자.

목차

2부 빛 · 어둠 · 황혼

3부 신화(神話)와 과학

4부 유희(遊戲)의 규칙

● 일러두기

- 최대한 원문에 충실한다.(인명, 지명, 외래어 사용 등)
  - 직역이 부자연스러운 경우, 문맥이 통하는 범위 내에서 의역한다.
- 저자 주(註)는 번호로 표시한다.(원문 그대로 후주 형식)
- 역자 주는 *로 표시한다.
- 저자가 외래어 표현을 다용(多用)하고 있으나 외래어의 대부분이 원어가 생략되어 있어, 한글의 외래어 표기법에 따라 표기한 후 (　)에 최대한 원문을 보충하여 표기한다.
  - 인명, 지명 등의 고유명사는 일본어 발음을 바탕으로 외래어 표기법에 따라 표기한다.
  - 저자가 외래어의 원문을 표기하지 않은 경우, 역자가 원어를 보충하여 표기한다.
- 숫자는 기본적으로 아라비아 숫자로 표기한다.
- 문학작품 및 논문, 기록, 미술품, 영화, 잡지 등의 제목은 원문에 표기되어 있는 그대로 『　』,《　》,「　」로 표기한다.
- 인용 및 강조, 예시 등은 "　", '　' 로 표기한다. (원문에서는 구분 없이 모두 「　」로 표기되어 있음)

1부

도시의 시학

제1장

도시의 전기(傳記)

유형(類型) · 유추(類推) · 유년시절

예를 들어 도시가 몇 세기 동안에 걸쳐서 지속한다 할지라도, 실상은 살아있는 자와 죽은 자의 거대한 야영장이며, 그곳에는 신호, 상징, 경보와 같은 약간의 엘러멘트(element* 구성요소)가 남아 있을 뿐이다. 축제가 끝나면 건축물의 잔해는 조각조각으로 흩어지고, 모래가 다시 길 위를 뒤덮게 된다. 남은 것은 새로운 축제의 날을 기다리면서, 끈질기게 엘러멘트와 도구의 재건축을 다시 시작하는 일뿐이다.

– 알도 로시

집단적 기억의 장(場)

베네치아에서 그리 멀지 않은 파도바(padova) 거리의 중심에, 뒤집힌 배 밑바닥처럼 생긴 지붕을 얹은 옛 재판소 건물 팔라초 델라 라조네(Palazzo della Ragione)가 서 있다〔그림 1〕. '살로네(Salone* 넓은 방)' 라고 불리는 거대한 홀이 2층에 자리 잡은 팔라초는, 1218년부터 다음 해에 걸쳐 건축되었으며, 여러 번의 화재와 파괴를 헤쳐 왔다. 살로네의 어둑어둑한 공간을 둘러싼 벽면은, 사방 가득하게 점성술과 관련된 도상(圖像* 종교나 신화 등에서 비롯한 특정한 관념 체계의 의의를 주제로 하여 그림으로 제작된 인물 또는 사물의 형상)이 프레스코(fresco) 벽화로 메워져 있다. 소우주를 형상화하기 위해 만들어진 이러한 실내장식의 모티브는, 14세기 초반 파도바대학에서 학생들을 가르친 의사이자 자연과학자인 피에트로 다바노(Pietro d'Abano* 1257년경~1315년경)의 저작에서 유래되었다고 한다.

이 거대 공간의 발아래 건물 1층은 800년 넘게 상점이 지붕을 나란히 하고 있는 시장으로 북적거린다. 시장은 인접한 광장에 세워진 시내와 자연스럽게 이어지고 있으며, 줄곧 파도바의 활기찬 상업 활동의 중심지가 되어 왔다. 팔라초 델라 라조네는 특별히 눈길을 끄는 형태의 건축물이며, 동시에 사람들과 상품 및 물자의 흐름이 사방팔방으로 오가는 교통의 공간이기도 하다.

건축가 알도 로시가 그의 저서 『도시의 건축』에서 '도시적 형성물(fatti urbani)' 이라 부르는 것은, 도시 구조의 공고한 일부로서 복수의 기능을 수행하면서도 그러한 기능과는 거의 무관한 형태로 말미암아 강렬한 인상을 주는 팔라초 델라 라조네와 같은 건축물들이다. 그리고 이러한 도시

[그림 1] 팔라초 델라 라조네, 파도바, Photo by Stefan Bauser, 2007년

적 형성물의 예로 그가 가장 먼저 손꼽는 것이 바로 팔라초이다. 로시는 형태의 존재감이 기능 구성의 문제보다 상위라고 단언하고 있으며, 특히 '유형적 형태'는 기능 구성과 전혀 무관하다고 말한다.[1] 이와 관련된 가장 좋은 예시가 팔라초 델라 라조네이다. 말하자면 이곳은 "유형적 형태"의 전형인 것이다. 그 당당한 아케이드(arcade* 아치형의 지붕이 덮인 통로에 상점들이 죽 들어서 있는 거리)는 밀라노 갈라라테제 지구의 집합주택(Abitazioni nel Quaritiore Gallaratese: 1969~73)〔그림 2〕을 필두로 하는 로시 자신의 초기 작품 중에서도, 반복적으로 나타나는 주랑(柱廊)의 모티브에서 형태상의 반영을 찾아볼 수 있다.

이 팔라초와 같은 건축물의 개성은 어디에서 유래하는 것일까? 라고 로시는 자문한다. 형태 그 자체가 가지는 힘이 크게 영향을 주고 있다는 점은 분명하지만, 그것이 전부는 아니다. 그리고 중요한 것은 그 형태가 장소나 시간 속에서 복잡해지고 재편성된다는, 언뜻 보기에 단순하고 소박

[그림 2] 알도 로시, 갈라라테제 지구의 집합주택, 밀라노, 1969~73년

한 사실이다. 여기에서는 『도시의 건축』 전체를 이끌어가는 물음을 로시가 더듬어 모색해 가면서 확인하는 모습을 충실하게 쫓아가야 할 것이다. 다소 난해한 문장이지만 그대로 인용해 보겠다.

> 무언가의 가치나 기능이 애초의 형태를 남겨두고 있는가를 생각해 보면, 그 이외의 것은 완전히 변해버렸다거나, 형태의 어떠한 양상에 대해서는 양식을 확인할 수 있어도 다른 것은 그것과는 동떨어진 환상과 같다는, 그러한 범주 속에서 우리들이 거기에 쏟을 수 있는 모든 가치에 대해 생각을 하게 되며, 그리고 가령 이러한 것들의 가치가 모두 동일하게 그 소재와 결부되어 있든, 이것들이 이 문제와 연결된 유일한 경험적 데이터이든, 반드시 우리들은 정신적 가치에 마음을 빼앗겨 버린다는 사실을 깨닫게 된다. 이러한 생각에 도달하면,

그 상황에서 논의되어야 할 것은 우리들이 이 건물에 대해 품고 있는 관념, 이 건물과 관련된 보다 일반적인 의미에서의 기억, 그것도 집단을 통해 형성된 기억과 같은 것들이다. 또한 우리들이 속해 있는 집단과의 관계, 즉 그 건물을 매개로 하여 형성되는 관계가 화제가 될 것이다.[2)]

즉 중요한 것은 "정신적 가치"이며, 건물과 관련된 '관념', '기억', 특히 그 건물을 매개로 형성된 집단의 기억이다. 이러한 착안을 통해 로시는, 이 책에서 모리스 알박스(Maurice Allbwachs* 1877~1945 프랑스의 사회학자)의 '집단적 기억'에 대한 연구를 원용하게 된다. 하지만 곧이어 로시가 언급하고 있는 바와 같이, 이러한 접근이 내포하고 있는 곤란함은, 팔라초 델라 라조네를 방문하거나 어느 도시를 탐방할 때 사람들이 모두 상이한 인상과 경험을 가진다는 점인데, 이 역시 당연한 일이다.

이러한 여러 종류의 잡다한 경험의 총화(總和)가 도시를 형상화하고 있다. 그러므로 현대의 사고방식으로는 상당히 어렵겠지만, 반드시 필요한 것이 "장소에서 그 본질을 찾아내는" 일이라고 로시는 말한다. "그러한 감각으로 고대인들은 특정 장소를 성스럽게 구별하고 있으며, 또한 이를 실행하기 위해 매우 심오한 내용으로 이루어진 사상이 전제되어 있다."[3)] 그 감각을 찾아서 로시는 시선을 고대로 돌린다.

로시가 '장소'와 건축의 관계를 모색하면서 또 하나의 전형의 예시로 들고 있는 것은, 고대 로마의 광장인 포럼 로마누스(Forum Romano)이다. 급경사의 언덕으로 둘러싸인 골짜기에 자리 잡은 이 습지 땅은, 예전에는 버드나무와 갈대 사이에 물이 고여 비가 오면 완전히 잠겨 버렸었다. 언덕 위에 살았던 태고의 라틴인들은 이곳에서 망자들을 장사지냈다. 이 묘지는 종교의식의 장소가 되었으며, 얼마 지나지 않아 언덕에 흩어져 살고 있던 부족들이 이곳에 모여들어 도시가 건설되었다. 경사가 가장 완만한 경로로 골짜기를 올라가는 샛길이 도로가 되었으므로, 토지의 지형에 순응한 구조의 불규칙성이 특징적이었다.

4세기 전후로 포럼은 기초적인 기능이었던 교역 장소로서의 활동을 멈추고 순수한 광장이 되었으며, 조각상과 신전, 기념물(monument)로 가득 차게 된다. 그곳은 호화로운 바실리카(basilica* 고대 로마에서 재판소나 거래소 등으로 사용했던 특수한 형식의 건물. 후에 로마네스크 및 고딕 건축양식의 기초가 되었다)와 신전, 개선문으로 뒤덮여 있고, 그 사이를 비아 사크라(Via Sacra)와 비아 노바(Via Nova)라는 두 개의 큰 거리와 이들을 연결하는 여러 골목이 통하고 있었다. 황제 아우구스투스(Augustus 기원전 63~14)와 트라야누스(Trajanus 53~117)가 로마 중심부를 확장하거나, 하드리아누스(Hadrianus 76~138)가 건설 사업을 일으키고 로마제국이 종언을 고한 이후에도 포럼 로마누스는 줄곧 '만남의 장소' 로서 로마의 중심을 차지하고 있었다고 로시는 말한다. 그곳은 이 도시의 특별한 '형성물', '전체를 집약하는 부분' 이 되었다.

> 그것은 로마를 요약하는 동시에 로마의 일부이다. 그곳의 기념물들은 그 어떤 것보다도 강력하다. 그 기념물들이 표현하고 있는 명확한 디자인, 또는 최소한 명확한 비전(vision)은 형태적 세계의 산물이며, 결국은 고전적 세계에 속하지만, 그 예스러운 디자인은 예로부터 원시 언덕의 양치기들이 모여 있던 계곡 중 가장 오래된 형태이므로, 거의 그곳에 눌러앉아 이전 세대부터 존재하고 있던 것처럼 느껴지기도 한다. 나는 이 이상으로 도시적 형성물을 말로 표현할 만한 더 좋은 예를 찾아낼 수 없다.[4]

포럼은 이렇게 압도적인 "예스러움"과 더불어, 충격적일 만큼 근대성을 겸비한 도시적 형성물이었다. 로시는 이 포럼의 해설서에서 비아 사크라 거리를 걷는 고대 로마의 유흥인에 관한 한 구절을 인용하고 있다. 이 큰길과 이곳과 연결된 거리에는 사치품을 사고파는 가게가 번창하고 있으며, 사람들은 신기한 듯이 지나치면서도 물건을 사지 않고, 하는 일 없이 빈둥거리면서 구경거리가 시작되는 시간과 대중목욕탕이 개장하는 시간을 기다리고 있다. 호라티우스(Quintus Horatius Flaccus* 기원전 65~기원전 8 고대 로마의 시인)의 풍자시에 그려진 '식객(食客)' 에 대한 묘사에 "ibam forte via Sacra(우연히 비아 사크라 거리를 지나며)"라는 구절이 있는데, 분명 이와 유사한 '우연히' 일어나는 일이 포럼 로마누스에서는 무수히 반복되고 있었을 것이다.

> 사소한 몇 건의 비극적인 사건이 파라티누스 언덕에 있는 카이사르(Gaius Julius Caesar)의 궁전 안이나 혹은 근위군단의 캠프 등에서 일어났을 때만큼은 둔감한 로마인의 마음을 빼앗을 수 있었다. 그 이유는 제정(帝政)시대에도 포럼이 가끔 피비린내 나는 사건의 무대가 되곤 했지만, 그러한 사건은 그 일이 일어난 장소에, 말하자면 거리 그 자체에 흡수되어 저절로 종결되어 버렸기 때문이다. 이곳 이외의 다른 장소라면 사건의 결말이 훨씬 더 떠들썩하게 과장되었을 것이다.[5)]

포럼 로마누스는 비극적인 사건조차 퇴색되어 버릴 정도로 강력한 '꿈' 의 자기장(磁氣場)이라고도 표현할 수 있는 장소였다. 이곳을 방문하는 사람들은 장소의 매력에 취한 나머지 사건의 의미를 정확하게 파악할 수가 없다. 그들은 꿈꾸고 있으므로 '둔감' 한 것이다. 그 꿈에서 잠시 눈을 뜨기 위해서는 포럼이라는 장소의 주술을 벗어난 사건의 충격에 의지할 수밖에 없었다.

호라티우스의 '식객' 을 포럼과 결부시키는 그 무엇, 그것이야말로 이러한 도시적 형성물의 신비이다. 현대의 도시와 마찬가지로 사람들은 그곳을 지나칠 뿐 아무 일도 하려고 하지 않았다. 유흥인이라는 이름의 '군중 속의 인간' 은 "도시의 구조에 휩쓸려 이미지 속에서만 그곳에 참여하고 있다."[6] 로시는 이러한 도시 경험이 고대 로마와 현대 파리의 공통된 것이라는 점을 시사하고 있다.

고대의 포럼 로마누스, 중세의 팔라초에 필적하는 도시 형성물을, 우리들은 발터 벤야민의 『파사주론』에 의거하여 19세기 파리의 파사주(*파리의 상점가에서 유리 지붕의 아케이드를 설치한 것)에서 발견할 수 있지 않을까? 그곳 역시 상품으로 둘러싸여 있는, 어슬렁어슬렁 거리는 군중의 '꿈의 공간' 이다. 특히 팔라초처럼 건축 공간(사실은 건축물 사이의 빈틈에 생긴 잔여 공간)인 동시에 교통 공간이라는 양의성을 지니고 있다. 이 부분에 대해서는 여기에서 상세히 언급하지 않겠다. 집단적인 기억에 뿌리를 두면서 동시에 그것을 계속 형상화해 가고, 그 표현이 되어 계속 변화하는 도시 공간(도시적 형성물)을 둘러싼 로시의 역사에 대한 시선이 벤야민의 시각과 겹쳐져 있다는 사실을 확인할 수 있으면 그걸로 충분하다.

'역사에 대한 시선' 이라고 썼다. 『도시의 건축』의 서문에서 페르디낭 드 소쉬르(Ferdinand de Saussure* 1857~1913 스위스의 언어학자)를 언급하며 언어학과 도시 연구의 비교에 대해 서술하고 있는 점에서 알 수 있듯이, 로시가 파악하려고 한 것은 텍스트로써의 도시의 역사적인 변형 과정이다. 그리고 여기에서 문제가 되는 것이 바로 이러한 변형 과정의 구체적인 형태 표현인 도시적 창생물의 기술 방법이다.

그 방법과 관련하여 주목받고 있는 것은, 『도시의 건축』의 끝부분에 이르러 로시가 '전기(傳記)' 라는 역사 기술 스타일에 관해 언급하고 있다는 점이다.

이처럼 복잡한 도시의 구조가 하나의 논의 속에서, 그것도 참조 어휘가 대단히 단편적인 상태에서 부각되고 있다. 아마도 그것은 마치 각각의 인간 생활이나 운명을 지배하는 법칙과 같을 것이다. 어떠한 전기이든 흥미를 끌 만한 화제가 가득 차 있기 마련이며, 무릇 전기라는 것이 대부분 삶과 죽음에 관련된 일로 한정되어 있음에도 불구하고, 역시나 그러하다. 도시의 건축이라는 지극히 인간적인 현상은 틀림없이 이러한 전기의 구체적인 기호이다. 이것을 통해 의미나 감정을 넘어선 지점에서 우리들은 도시를 이해하는 것이다.[7)]

"각각의 인간 생활이나 운명을 지배하는 법칙"과의 유사점이 발생하는 것은, '도시의 사실'이라고도 번역할 수 있는 '도시적 형성물'의 확고한 사실성을 떠받치는 '장소'의 힘이 집단에 의해 창성된 기억에서 유래되기 때문이다. 도시의 전기는 집이나 학교, 교회 등과 같은 건조물, 기념물, 그리고 복합적인 '형성물' 등의 요소가 체현하는 기억을 통해 거기에 은폐된 소망까지 드러내고자 한다. 그 속에는 마치 도시의 진로에서 제외된 듯이 방치된, 단편적인 '중단된 작품'도 다수 포함되어 있다. 도시란 무수한 계획안(案)의 묘지이며, 말하자면 한 장의 인화지에 그런 계획들을 겹쳐서 인화(印畵)한 영상과 유사한 것이기 때문이다. 그 위에 흩어지는 단편은 일단 개간되면서 가능성을 남긴 채 버려진 것들인데, 여기에는 지금껏 가늠조차 할 수 없는 잠재적인 힘이 숨겨져 있다.[8)]

그러한 힘을 발견하고 도시의 전기를 쓰는 데 필요한 것이 바로, 현대의 도시로 향한 '고대의 미케네 문명(Mycenae Civilization)을 응시하는 고고학자의 눈'이다. "그렇게 한다면 머지않아 건축의 파사드(façade* 건물의 정면)와 단편의 배후에서 우리 문명의 옛 영웅의 모습을 찾아낼 수도 있을 것이다."[9)] 그곳에는 현대의 도시에서 고대를 보는 일종의 아나크로니즘(anachronism* 시대착오)이 깃들게 될 것이다.

이 문장은 『도시의 건축』 미국판 초판의 서문 중 한 구절인데, 다름 아닌 위에서 말한 전기 작가이자 뉴욕 맨해튼의 '전기'를 쓴 고스트라이터(ghost writer)가 있었다. 『착란의 뉴욕』을 쓴 건축가 렘 쿨하스(Remment Koolhaas* 1944~ 네덜란드 출신의 건축가)이다. 이 전기 작가의 변명을 인용해 보겠다.

> 파란만장한 인생을 보낸 영화 스타들은 자신의 강렬하면서도 판에 박은 듯한 인생 패턴에 만족하지 못하며, 그렇다고 해서 자기의 생각을 설명할 만큼 머릿속이 정리되어 있지도 않다. 그리고 사건을 기록하거나 기억해 둘 정도로 용의주도하지도 않은 경우가 많다. 그래서 고스트라이터가 나서게 된다. 그런 의미에서 나는 맨해튼의 고스트라이터였다.
>
> (어차피 알게 되겠지만 여기에는 좀 더 복잡한 사정이 있다. 요컨대 나의 고찰의 원천이자 주제이기도 한 것은, 자신의 '인생'을 다 누리기 전에 일찌감치 기억력이 희미해지고 말았다는 점이다. 이러한 이유로 나는 내 마음대로 편리한 결말을 쓸 수밖에 없었다.)[10)]

이 아이러니컬(ironical)한 고스트라이터의 저작을 도시의 전기로 해독하려는 유혹을 억누르고 논의를 앞질러 한마디만 해 두자면, 쿨하스가 마음대로 덧붙인 결말(『착란의 뉴욕』을 보충하는 "허구로서의 결론")이 바로 로시가 언급한 "유추적 도시"이다. 그것은 맨해튼의 도시적 형성물에 대한 해석을 통해 그 기억과 유추로부터 또 하나의 맨해튼, 즉 유추적 맨해튼을 만들어내려는 시도였다. 로시가 쿨하스에게 직접적인 영향을 끼쳤는지는 자세히 알 수 없다. 그러나 도시를 둘러싼 사고가 벤야민에게서 로시, 쿨하스로 흘러가는 전기 작가의 계보를 이루고 있다는 점은 확인할 수 있다. 그렇게 『파사주론』 역시 고고학자 혹은 고스트라이터의 손에 맡겨진 19세기 파리에 대한 일종의 전기였기 때문이다.

자전(自傳)이라는 죽음의 훈련

그리고 벤야민이 『파사주론』과 병행하여 『1900년경 베를린의 유년시절』로, 즉 일종의 자서전을 시도한 경위는 『도시의 건축』에서 『과학적 자서전』으로 옮겨간 로시의 발자취와 겹쳐져 보인다.[11] 로시는 『과학적 자서전』에서 스탕달(Stendhal* 1783~1842 프랑스의 작가)의 자서전 『앙리 브륄라르의 생애』에 매료된 경험을 말하고 있다. 그는 건축에 대한 지식을 이러한 "자서전과 건축도면의 기묘한 혼합물"[12]로부터 비로소 습득할 수 있었다고 한다. 『과학적 자서전』에 도달한 로시의 건축, 건축론을 이끌어 낸 것이 바로 이러한 '혼합' 이었다.

『앙리 브륄라르의 생애(*Vie de Henri Brulard*)』는 20cm×30cm의 대형 용지 878장에 쓰여 있으며, 본문 이외에 어마어마한 분량의 스케치와 메모가 포함되어 있다. 스케치 대부분은 그가 태어난 그르노블(Grenoble)을 비롯한 도시의 어느 한 구역의 지도나 건물의 방 배정 등을 나타내는 평면도이다. 스탕달은 이 평면도를 이용하여 집요하게 과거의 공간 안에 자신의 위치를 시각적으로 명시하려 했다. '앙리' 의 머리글자 H로 그 위치가 기입되어 있는 그림도 많다〔그림 3〕.

로시의 마음을 움직인 것은, 손으로 직접 글을 쓰는 기법이 문장을 쓰는 동시에 드로잉(drawing)을 그리는 복합성을 가진다는 점과 스탕달의 도면이 도시나 건축의 형태 및 규모를 묵살하고 단지 해골의 뼈대 같은 것으로만 환원해 버린다는 점이었다. 고대 유적처럼 평면적인 구분만 드러난 장소야말로, 이후 여러 가지 사건이 발생하는 '유형' 으로서의 도시와 건축

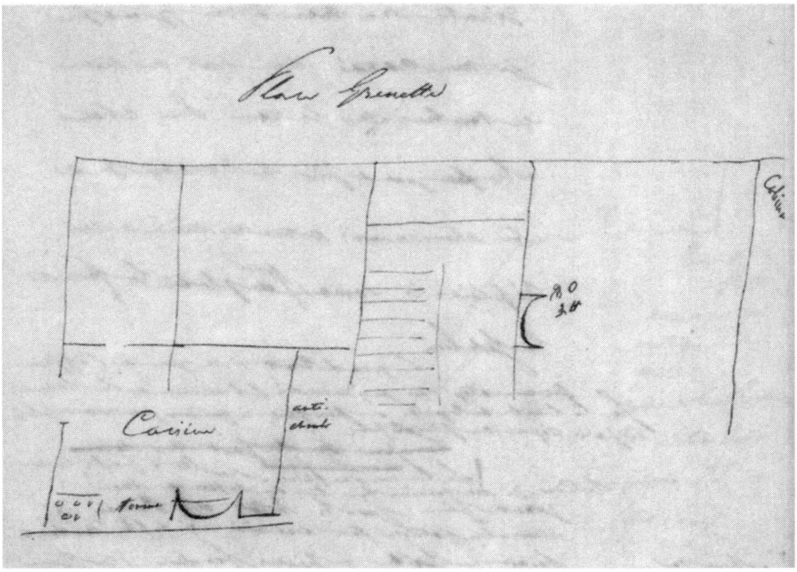

[그림 3] 스탕달 『앙리 브륄라르의 생애』의 초고에서. 쓰여 있는 글자는 "그르네트 광장(Place Grenette)", "부엌(Cuisine)", "아궁이(Fourneau)", "대기실(Antichambre)", "작은 방(Cabinet)", "…바르테르미 드루바느씨, 이 사람은 집안의 친한 친구인데, 활활 불타는 불 앞의 O 부분에 있고, 나는 H 부분에 있다.(…중략…) 이러한 위치에서 바르테르미 드루바느씨는 나에게 표정을 여러 가지로 바꾸는 것을 가르쳐 주었다. 그의 모습과 나 자신이 지금도 눈에 떠오른다.

의 순수 형태인 것이다. '전시하(戰時下)의 도시 사진, 집합주택의 단면, 파손된 장난감' 등으로 단편화된 '해골' 〔그림 4〕, 이러한 유적만이 "사실을 완벽하게 표현한다."[13] 이것은 로베르토 로셀리니(Roberto Rossellini* 1906~1977 이탈리아 출신의 영화감독)의 영화 『독일 영년(Germania anno zero)』의 모두(冒頭)에 비친 제2차 세계대전 직후 베를린의 폐허에야말로 예측 불가능한 사건의 장(場)이 되는 '영화' 로서의 '건축' 이 있다는 스즈키 료지(鈴木了二* 1944~ 일본의 건축가)의 인식[14]과 교감하는 건축관이라 할 수 있다. 로시는 이미 『도시의 건축』의 서문에 다음과 같이 쓰고 있었다.

최근의 세계대전 폭격 후의 유럽 도시를 기억하고 계신 분이라면 주위에 무참하게 속 내부를 드러낸 집들을 떠올리게 된다. 거기에는 기와와 자갈 사이에 너무나 분명하게 그 땅의 가족생활의 단면이 새겨져 있는데, 단면이 빛바랜 방석이나 천정에 매달린 세면대, 엉겨 붙은 파이프 등의 모습, 즉 예전부터 이곳을 차지하고 있었을 친밀성이 해체되어 버린 정경 속에서도 남아 있었던 것이다. 그리고 항상 우리 자신에게도 신기하리만큼 낡아 보이는 것이 유년시절의 집들의 모습인데, 변해가는 도시 속에서 그것들을 발견하게 된다.[15)]

도시로 향한 고고학자의 눈길은 이렇게 "신기하리만큼 오래된" 자기 자신의 유년시절로 향한다. 벤야민도 그러한 시선으로 베를린으로 향했을 것이다. 로시는 자서전 속에서, 재발견되어야 할 '건축' 이라는 대상은 바로 '사물의 관계' 이며(이 '관계' 를 탐구하는 로시의 방법이 '유추' 이다), 이를 위해 개별화된 사물 그 자체의 디자인은 이제 생각할 수 없다고 말한다. 그리고 그는 벤야민의 다음과 같은 말을 인용한다. "따라서 이곳에서 나를 둘러싸고 있는 모든 것과의 관계로 인해 내 모습이 무너져 간다."[16)]

[그림 4] 파괴된 팔라초의 남성상 기둥(男像柱* Atlantes 고대 그리스 신화의 아틀라스에서 기인한 기둥 양식의 하나), 밀라노, 제2차 세계대전 후의 상황, 로시 『도시의 건축』에서.

로시는 이 인용의 출처를 밝히지 않았다. 하지만 『1900년경 베를린의 유년시절』로 회상되는 사진 촬영의 경험에 대한 추억을 연상시킨다. 벤야민은 사진 스튜디오를 '고문실' 또는

'처형장' 이라고 불렀다. 그곳은 촬영용 무대 풍경이나 쿠션, 물건을 얹는 기둥이나 좌대 등의 소도구들이 "산 제물인 동물의 피에 굶주린 지옥의 망령처럼", "나의 이미지"를 손에 넣으려고 노리고 있는 아수라장이었다.

> 내 사진 속에서 나는 모자를 쓰지 않고 서 있었다. 왼손에 커다란 솜브레로(sombrero* 챙이 넓고 중앙이 높은 멕시코 모자)를 들고, 배운 그대로 우아한 손놀림으로 그 모자를 늘어뜨리고 있다. 오른손에는 지팡이 하나가 들려져 있고, 바로 앞에 비스듬하게 굽은 손잡이 부분이 보인다. 이에 비해, 그 끝쪽은 가든 테이블에서 흘러 떨어진 타조 깃털 장식 속에 숨겨져 있다. (……) 어머니는 마치 양복점의 마네킹 인형처럼 유행잡지를 모방한 것같은, 가장자리 장식이 잔뜩 달린 내 벨벳(veludo) 옷에 눈길을 주고 있다. 하지만 나 자신은 여기에 있는 내 주변의 모든 것과 비슷해져 버려서, 완전히 왜곡되어 있다.[17)]

이 마지막 한 구절이 원래 벤야민의 문장이었다면, 로시가 벤야민을 인용하며 언급하고 있는 "사물의 관계"는 바로 사물 상호 간의 유사함을 의미하는 것이 될 것이다. 이 구절에 앞서 서술된 벤야민의 추억 역시, '동판화(Kupferstich)' 라는 단어를 '머리 숨기기(Kopf versteckt)' 라고 확신하여 의자 밑에서 머리를 쑥 내밀어 보이는 식으로, 잘못 알아들은 말을 아이에게 강요하여 여러 사물과 자신을 닮게 하려는 몸짓과 관련되어 있었다. "인간이 지니는 유사함을 간파하는 재능은, 닮은 것이 되도록, 혹은 닮은 척하도록 강요한, 일찍이 강력했던 바로 그 힘의 흔적이다"[18)]라는 인식이 그 배경에 있다. 조응(correspondence* 照應)을 위한 감수성과 유추적 사고(analogy) 속에, 유아에게 아직까지 존재하고 있는 그러한 마술적인 유사인식(類似認識) 능력, 모방 능력의 희미한 잔재가 드러나 있다.

사진 속에서 수십 년 전의 자신은 "완전히 왜곡되어 있다"고 벤야민은 말한다. 왜곡돼 있다고 해도 피사체와의 가시적인 유사는 물론 문제가 되지 않는다. 그렇다면 무엇이 왜곡되어 있다는 것인가? 벤야민의 회상을 남겨진 사진〔그림 5〕과 비교할 때 벤야민 자신도 알아차리지 못했을 그런 왜곡이 있었던 것이 분명하다. 바로 그가 왼손에 들고 있다고 말한 "커다란 솜브레로"이다. 여기에서 언급되어 있을 것으로 추정되는 사진에서 소년 벤야민은 왼손에 아무것도 들고 있지 않았으며, 그 손을 왼쪽 무릎에 얹어 놓았다(벤야민은 아마 이 사진을 수중에 두지 않았을 것이다). 그러면 문제의 솜브레로는 어디에서 나타난 것일까?

벤야민이 자신의 소년 시절의 사진 촬영을 회상할 때마다, 이와 관련하여 그가 기억하고 있는 또 한 장의 사진이 있다〔그림 6〕. 그 사진을 벤야민은 "그 『애처롭고 덧없는 유년시절』이 이만큼 감동적으로 사진에 정착된 적은 별로 없다"[19]고 평가하고 있다. 종려나무, 고블랭 직물(Gobelins* 파리 국립고블랭공장에서 제작하는 벽걸이용 직물), 이젤(easel) 등이 어수선하게 배치된 온실처럼 보이는 스튜디오에서 6세 정도의 어린 카프카(Franz Kafka)는 가장자리 장식이 잔뜩 달린 꽉 끼는 옷을 입고, 왼손에는 유별나게 커다랗고 챙이 넓은 솜브레로 같은 모자가 들려져 있다. 옷과 세트를 이루고 있는 것인지, 정수리 부분의 소용돌이 문양이 무척 인상적인 이 솜브레로가 회상 속에서 벤야민의 유년시절로 바뀌어져 있는 것이다. 유별나게 크고, 소용돌이 문양으로 시선을 끄는 솜브레로라는 '왜곡'을 통로로 하여, 카프카와 벤야민의 유년시절이 회상 속에서 서로 비슷해지고 뒤섞인다.

유사(類似)가 동일성이 아닌 이상, 거기에는 왜곡이 깃든다. 유추에 의해 초래되는 것은 차이의 계열 이외에는 아무것도 없다. 따라서 로시에게 "관계란 결코 닫히지 않는 둥근 고리"이다. "아마도 디자인이란, 사물의 아이덴티티(identity) 획득 속에서 유추가 작용하고, 그것이 다시 침묵에 도달하는 공간일 수밖에 없다. (……) 사물이나 대응 관계가 순수한 상태가 아니며, 끝없이 혼탁한 곳으로 침묵은 회귀해 간다."[20] 그 결과 이 닫히지 않는 사이클 속에서 원래의(original) 것은 복제와 마찬가지로 애매한 대상이 되어 간다. 그때 여기에서 말하는 '침묵'은, "최후에는 스스로를 소거해 버리는 정확한 이미지, 또는 중첩"[21]이라고 로시는 말한다. 바로 유추의 고리가 거의 닫히려고 하는 상태일 것이다. 그곳은 프루스트(Marcel Proust* 1871~1922 프랑스의 소설가)의 작품과 관련하여 벤야민이 서술하고 있는 바와 같이, 각성하고 있을 때보다 훨씬 깊은 유사성의 세계이다. "꿈의 세계에서는 사건이 결코 동일한 것이 아닌 비슷한 것으로, 즉 구별할 수 없을 정도로 그 자체와 유사한 것으로 나타난다."[22]

"어느 여름이든, 여름은 모두 나에게 마지막으로 느껴졌다"고 표현하는 로시의 "발전 없는 체액 정지(體液停止* stasis)의 감각"[23]은, 이 건축가가 현실과 거의 구별되지 않는 유추적 도시의 건축으로 도달하는 '발전'을

[그림 5] 발터 벤야민과 남동생 게오르크, 1902년경.

[그림 6] 프란츠 카프카, 1888~89년경.

이루기 위한 조건이었다. 그는 그 노정을 "건축을 잊는 일"이라고도 부른다. 해골 같은 건축 유형을 싫증 내지 않고 반복하는 로시의 수법은 그런 망각을 목표로 하고 있었다. 그것은 마치 같은 말을 반복해서 외치거나 필사하는 동안에 그 의미가 사라져 버리는 것과 비슷하다. 반복은 유형을 건축의 빈 껍질로 바꾸어 버린다.

조르조 데 키리코(Giorgio De Chirico* 1888~1978 이탈리아의 화가, 디자이너)의 그림이 머금고 있는 멜랑콜리(melancholy)를 연상시키는 영원회귀(永遠回歸)적인 반복과 희망의 부재가 로시의 작품 세계에 자리 잡은 하나의 요소라는 점은 분명하다 하더라도〔그림 7〕, 그는 이 반복이 동시에 "행복의 탐구"이기도 하다고 말한다. 그리고 "이제 나에게 백치의 형태, 근본적인 어이없음, 아니면 되살아난 어이없는 형태를 포함하지 않는 완전한 행복의 순간 같은 것은 분명히 존재하지 않는다." "결국, 두 이이가 서로

[그림 7] 알도 로시, 산 카탈도의 묘지(imitero di San Cataldo), 납골당, 모데나, 1971~78년.

노려보는 눈싸움 놀이를 하다가 먼저 웃는 쪽이 지게 되는 것과 같다." [24]

로시가 반복으로써 의미를 소멸시킨 무의미한(nonsense) 건축은, 어이없는 '백치의 형태'가 지니고 있는 유머로 인해 메마른 웃음을 불러일으킨다. 그것은 이미 키리코적(的)이라기보다 카프카(단편소설 『어떤 가장(家長)의 고민』에 등장하는 오드라데크)와 유사한 목적이 없고 멍한 기계와 같은 건축이다. 그리고 그 '왜곡된' 것으로서의 추함, 이러한 형태의 백치성을 발견하기 위한 끝없는 유추적 반복이다. 기계적 반복은 무성 코미디 영화의 기법이다. 로시가 건축의 정의 중 하나로 기록하고 있는 이러한 말, 즉 "방의 가장 높은 곳에서 단숨에 10m나 떨어졌다." [25] — 그런 방만큼 백치처럼 익살스럽고 슬랩스틱 코미디(slapstick comedy) 같은 웃음을 유발하는 건축 공간도 드물 것이다.

예를 들면 로시는 파르마(Parma)의 쇼핑센터인 「첸토르 토리(Centro Torri)」(1985~88)〔그림 8〕를 "행복한 프로젝트"로 부르고 있다.[26] 도자기 타일에 적힌 '타워 센터'를 의미하는 'CENTRO TORRI'라는 문자가 여러 개 하늘을 배경으로 선명하게 떠오름으로써 이러한 성격은 한층 더 강화된다. '타워'라고 적힌 타워가 죽 늘어선 광경은, 반복을 통해 초래되는 바보스러움, 즉 '백치의 형태' 바로 그것이다. 여기에서 로시는 어린 시절로 돌아가 서로 눈을 노려보는 놀이를 하고 있다.

베네치아 비엔날레에 즈음하여 디자인된 물에 뜨는 「세계극장(Teatro del Mondo)」(1979)〔그림 9 · 10〕도 역시 로시에게 '행복의 순간'을 실현한 건물 중 하나였다. 로시는 베네치아를 "원형적인 도시" [27], "두드러지게 유추적인 도시" [28]로 부르고 있다. 따라서 그곳에서는 끝없는 유추가 넘쳐흘러 멈출 줄 몰랐다. 로시는 '유추적 도시'를 대표하는 이미지로 18세기의 화가 카날레토(Antonio Canal)가 그린 베네치아의 풍경화를 예로 들고 있는데, 건축가 안드레아 팔라디오(Andrea Palladio)의 비첸차(Vicenza)

[그림 8] 알도 로시, 쇼핑센터 「첸토르 토리」, 파르마, 1985~88년.

바실리카와 팔라초 키에리카티(Palazzo Chiericati* 키에리카티 궁전, 현재는 시립미술관으로 사용되고 있다)라는 전혀 다른 장소에 세운 2개의 건축물과, 실현되지 않았던 리알토 다리(Rialto Bridge)의 계획안이 공존하고 있어, 그 그림은 현실에는 존재할 수 없는 풍경이다. 이와 마찬가지로 도시 베네치아를 연상하게 하는 유추적인 그림이나 조각상을 다층적으로 형상화하는 세계극장에 대해서는 오시마 데쓰조(大島哲藏* 1948~ 2002 일본의 전위건축가, 비평가)의 명석하고 간결한 서술을 인용해 보겠다.

그 형태는 성당의 옥탑이나 부표(浮漂)를 모방하고 있고, 기능은 르네상스-바로크 시기의 '뱃놀이'에서 발단이 되었다. 그러나 그것은 로시에게 문자 그대로 출발점이었을 뿐이며, 더욱 높은 차원의 여러 문제점이 여기에서 거론되고 있다. 즉 가설성(假設性)과 (역逆)유토피아의 환영은 베네치아의 부동성(不動性)과 허구성에 대립하여 동조(同調)하고, 피난처의 이미지는 야만족에게 쫓긴 선조들의 기억으로 회귀하며, 극중극(劇中劇)의 양상이 이 도시의 무대성을 역(逆)으로 비추고 있다. 그것은 꺾여 이중으로 쌓인 연상(聯想)을 유발하고, 도시 베네치아에 바쳐진 일시적(temporary)인 '도시적 형성물', 즉 도시가 찾아낸 운명의 주석(註釋)이 되어 있다.[29)]

이것을 로시가 건축으로 쓴 도시 베네치아의 전기였다고 말할 수 있을까? 그곳의 대학에서 교편을 잡았으며 십수 년 동안 살았던 장소임에도 불구하고 그가 결코 말하려 하지 않았던 거리이다. 다른 많은 도시에서 느꼈던 것보다 훨씬 강한 소외감을 느끼고, 어딘가 외부인 같은 기분을 지울 수 없었던 장소라는 베네치아의 전기.

건축가는 도시의 전기에(때로는 제멋대로) 결말을 적어 넣을 수 있다. 하

[그림 9] 알도 로시, 베네치아의 「바다의 세관」 돌출부에 매어진 세계극장, Photo by Maria Ida Biggi. 1979년.

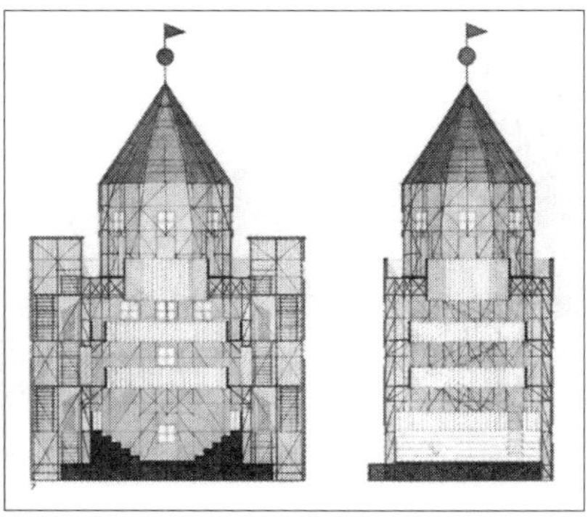

[그림 10] 알도 로시, 세계극장, 단면도, 1979년.

지만 그것이 도시의 여러 형성물과 왜곡된 유사 관계를 맺지 않으면 그 자체가 도시적 형성물이 될 수 없을 것이다. 이것은 도시적인 콘텍스트(context* 문맥, 사건 등의 배경)의 존중과 같은 방법론의 문제가 아니다. 유추의 과정은 오로지 철저한 반복에 의한 원형(오리지널)의 망각을 거친 무의식으로부터의 상기(想起)이며, 차이와 뒤틀림의 변형 과정 끝에 도달하는 '침묵' 을 향해 혼탁하고 애매한 여정을 찾아가는 것이기 때문이다.

한 장의 인화지에 여러 도시계획 안(案)이 여러 장 겹쳐 인화된 영상 속에서 그 도시 전체를 집약하게끔 부각시킨 팔라초와 포럼 로마누스 광장과 같은 '유형' 에는 그 도시의 '옛 모습' 이라는 명칭이 어울린다. 유추적 도시란 현실에 존재하는 도시의 '옛 모습' 이 그저 아주 조금 왜곡된 그 무언가에 불과하다. 독일 또는 오스트리아 문화에 매우 친숙한 로시가 괴테(Johann Wolfgang von Goethe* 1749~1832 독일의 시인, 작가, 극작가)의 원형 개념을 접하고 있었다는 사실은 충분히 추측해 볼 수 있다. 도시적 창생물의 이념을 통해, 메타모르포제(MetamorePhose* 변형)에 의해 구체적인 식물의 형태를 낳는 괴테적인 원(原)식물의 '옛 모습' 을 간파하는 것도 타당할 것이다. 도시의 전기란 그 도시의 '옛 모습' 으로서의 원형을 기술하는 것일지도 모른다. 그리고 세계극장과 같은 유추적 도시의 산물은, 한 도시의 각각 다른 '옛 모습' 을 여러 겹으로 다양하게 엮어 내보이는 중층적인 영상과 유사 그 무언가일 것이다.

로시는 자서전의 마지막에 "스스로 뭔가 예상 불가능하고 우연한 것을 포함하고 있는 프로젝트"[30]가 눈앞에 떠올랐다고 기술했다. 자서전에는 필연적으로 마지막이 없다. '종국(終局)의 기회' 는 항상 달아나 버린다. "다른 기억, 다른 동기가 시야에 들어와, 아직 내 입장에서는 무척 사랑스러운 원래의 프로젝트를 변화시켜 간다."[31] 반대로 이것을 다른 말로 바꾸면, 자서전이란 종국의 기회를 실현하고자 하는 소망의 산물이라고 표현할 수 있지 않을까? 벤야민이 남긴 유년시절에 대한 자서전만이 이미 끝나 완결된 시간에 대한 텍스트가 될 수 있다. 로시가 자신의 "분신"이라 부르는 작품의 필두로 꼽고 있는 파냐노 올로나 초등학교, 그가 가장 좋아한다는 그 학교의 사진〔그림 11〕 속에서 계단에 서 있는 아이들의 머리 위에 영원히 멈춰서 버린 거대한 시계가 나타내는 완결된 시간의 — "이 시계는 그 당시의 시간과 함께 유년기의 시간까지 알려주고 있다."[32)]

마지막으로 문자 그대로 잃어버린 유년시절을 재발견하는 남자의 이야기가 도시적 형성물의 해석이 되기도 한 소설(이것 역시 일종의 전기일 것이다)로, W. G. 제발트(Winfried Georg Sebalt* 1944~2001 독일의 소설가)의 『아우스터리츠(*Austerlitz*)』를 거론해 보겠다.[33)] 1967년 안트베르펜(Antwerp* 벨기에 북부, 스헬데강에 인접한 항구 도시) 중앙역 대합실에서 소설의 화자(話者)는 주인공 아우스터리츠와 처음 만난다. 아우스터리츠가 몰두하고 있는 "자본주의 시대의 건축양식"이라는 연구는 좋든 싫든 간에 『파사주론』을 연상시킨다. 한편 그가 강사로서 일하고 있는 대영박물관에서 그리 멀지 않은 "런던의 어느 문화사연구소"는 워버그 연구소(Warburg Institute)를 떠올리게 한다.

처음 만났을 때부터 이미 중앙역에서 느껴지는 벨기에 자본주의의 심벌리즘(symbolism)이나, 군사 요새의 상징성과 역사적 실태에 대한 아우스터리츠의 박식함이 피력되고, 거기에 이끌려 화자는 독일군이 강제수용소로 전용한 괴물처럼 괴상한 형상의 브렌도크 요새를 방문한다. 한 차례 행방불명이 된 뒤 우연히 재회한 아우스터리츠는 또다시 브뤼셀의 대단히 매니악(megalomaniac)한 최고재판소의 미로와 같은 구조에 대해 해설한다. — 수많은 사진〔그림 12〕과 도판(圖版)이 삽입된 이 작품은 건축물에 대한 이야기이자, 일종의 도시소설이다. 독자가 거의 알아차리지 못하도록 교묘하게 여러 인용이 섞여 있는 점에서도 이 소설이 『파사주론』

[그림 11] 알도 로시, 파냐노 올로나 초등학교 건물 안 계단, 1972~76년.

과 유사하며, 그 자체가 도시적 형성물과 같은 책이라 할 만하다.

연락이 두절되고 나서 20년이 지난 1996년에 다시 우연이 반복되어 재회한 아우스터리츠는 화자에게 어린 시절 이후의 기억을 이야기한다. 일을 그만두고 고독해진 그가 발견한 것은 애초부터 자신의 유년시절의 기억에 누락된 부분이 있다는 사실이었다. 그 잃어버린 시간을 찾아서 이 도시 소설은 런던에서 프라하로 무대를 옮기고, 또다시 체코의 테레친, 마리엔바트, 뉘른베르크, 파리로 이동해 간다. 건축 사진이나 지도, 요새의 평면도, 풍경 사진, 인물의 스냅 사진까지 수많은 이미지 역시 이야기에 파묻힌 인용으로 작용하여 이 허구의 전기를 20세기의 역사에 이어 붙이는 역할을 완수하고 있다.

아우스터리츠의 기억의 구멍이 역사의 어떠한 균열과 서로 겹쳐지고 있었는지, 여기에 일일이 적는 것은 생략하겠다. 우리들에게 중요한 것은 아우스터리츠라는 건축사가(建築史家)가 자본주의 시대의 집단적 기억의 장(場)인 여러 도시 공간 — 역사(驛舍), 재판소, 요새=수용소, 도서관, 동물원, 묘지 — 을 방황하면서 이어 가는 이야기 — 도시의 전기 —가 그 자신의 자서전과 교차되어 가는 양상일 뿐이기 때문이다. 그는 그 과정에서 과거라는 미로에 번뇌하고 몰락해 간다. 유년시절의 회복은 결코 과거와의 유화(宥和* 용서)가 아니라, 오히려 떠올리는 것이 치명적인 파괴일 수밖에 없는 기억이 존재한다는 것을 암시하는 것 같기도 하다.

로시는 1997년, 제발트는 2001년에 각각 교통사고로 급사(急死)했다. 도시의 전기 작가이면서 자서전의 저자(또는 그러한 저서에 대한 전기 작가)였던 이 사람들은 자기 삶의 마지막을 준비할 겨를도 없이 사라져 갔다. 그러나 자서전이란 원래 종말을 불러들이고 확정하려는 욕망의 산물이 아니었던가. 망명 도중에 사망한 벤야민까지 포함하여, 그러한 죽음의 훈련이 도시의 전기와 교차하는 것은 도시 자체가 종국에 다다른 개인을 맞아

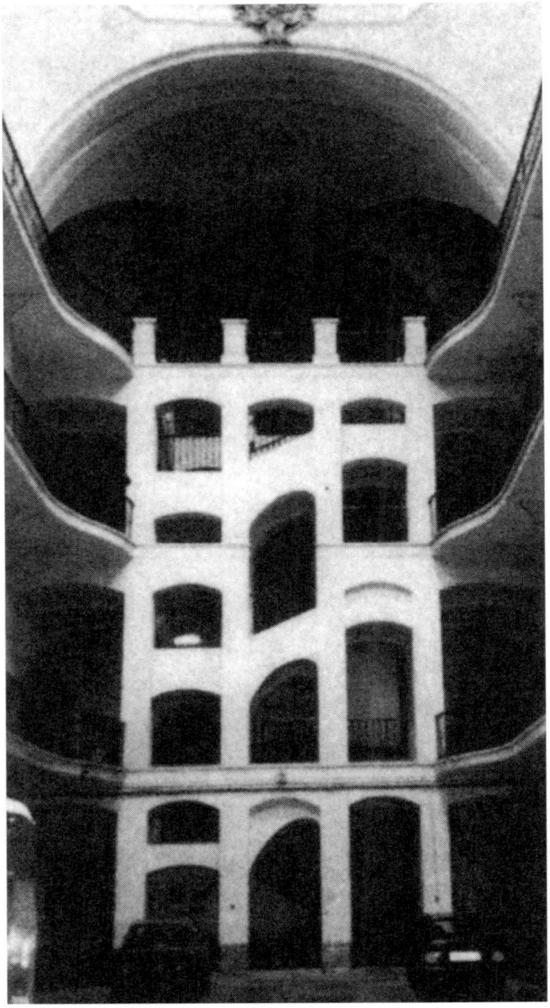

[그림 12] 제발트 『아우스터리츠』에 수록된 사진. "…… 국립 공문서 보관소가 들어가 있는 곳은, 시대에 뒤쳐졌다고 말할 정도는 아니더라도 이 마을에 있을 법한 상당히 독특하고 아주 오래된, 시대를 거스른 건물이었습니다. ……"

들이는 저세상과 같은 장소이기 때문일 지도 모른다. 자서전을 쓴다는 것은 그러한 장소와 닮고자 하는 것, 즉 인간이 도시와 유사한 '옛 모습'을 지니려 노력하는 것이 아닐까? 따라서 그것은 유년시절의 모방 능력을 되돌리려는 시도이다. "하지만 나 자신은 여기에 있는 주변의 모든 것과 유사해지고, 완전히 왜곡되어 있다."

도시적 형성물이란 개체가 죽고 나면 집단의 기억으로 흘러 들어가는 문과 같은 경계이다. 그리고 틀림없이 스스로의 삶에 고고학자와 같은 눈길을 보낼 줄 아는 자만이 그러한 경계로 향하는 문턱 너머로 도시의 '옛 모습'을 엿볼 수 있을 것이다.

제2장

'메타(Meta) 세계' 로서의 도시

알도 로시의 말 없는 건축

세계가 기호에 의해 엮여 있는 것만은 아니다. 나에게 세계는 징후가 명멸하는 곳이기도 하다. (……) 여기에서는 가장 멀고 가장 희미한 것, 존재의 지평선에서 명멸하고 있는 것만큼 중대한 가치와 의미를 가지고 있는 것은 없을 것이다. 그것은 먼 풍경이 밝고, 바로 옆이 어두운 달빛 아래의 세계이다.

– 나카이 히사오(中井久夫)

건축의 '정념정형'

알도 로시의 『과학적 자서전』은 이 건축가의 기억 속의 단편화된 이미지가 꿈의 메커니즘과도 유사한 유추와 압축을 거쳐, 다양한 프로젝트로 귀결하는 과정을 스스로 관찰하듯이 자가 분석한 서적이다. 그 과정이 기묘한 것은 프로젝트가 시간의 진행 속에서 실행된 것임에도 불구하고, 로시 자신에게는 — 항상 이전부터 — 시간이 정지해 버린 상태라는 점이다. 이 "발전 없는 체액 정지의 감각" 아래에서, "어느 여름이든 여름은 모두 나에게는 마지막으로 느껴졌다."[1]

항상 마지막인 것처럼 정지된 계절 — 하지만 그것은 시간의 정지라기보다 영원으로의 회귀라고 불러야 할 제한 없는 반복이다. 마치 그러한 영원으로 반복되는 여름을 체현하는 듯한 이미지로 로시는 《엘바섬의 나무 오두막》(1973)〔그림 1〕이라는 제목의 드로잉(drawing)을 남기고 있다. 사방(四方)의 벽과 삼각형(때로는 반원형)의 팀파눔(tympanum* 그리스 건축의 지붕에 의해 구획된 박공지붕 윗부분의 벽)이 있는 지붕만으로 이루어진 나무 오두막이 모래사장 같은 장소로 운집해 있다. 로시는 이 프로젝트에서 "주택을 계절에 의거하는 가치로까지 환원하기"[2]를 바랬다고 한다. 동시에 거기에는 "사적이고 자전적인 것"[3]이 내포되어 있다. 게다가 엘바섬이라는 장소는 연상에 의해 미켈란젤로 안토니오니(Michelangelo Antonioni)의 영화 『방랑하는 두 사람(The Passenger)』(1975)과 연결되며, 그 유사성이 양쪽 모두 "아이덴티티의 상실"[4]과 관련된 장소라는 점에서 유래하고 있다고 한다. 로시에게 여기에서 말하는 "아이덴티티의 상실"은 『과학적 자서전』에서 반복해서 설명한 '건축을 잊어버리는 것' 이기도

[그림 1] 알도 로시 《엘바 섬의 나무 오두막》 1973년.

하다.

로시가 "내가 아는 한 아마 최고의 건축 작품일 것이다"[5]라고까지 말하는 나무 오두막은, '원시의 오두막' 이라는 건축의 기원(起源)에 얽힌 이미지를 떠올리게 한다. 하지만 그는 이러한 기원으로 역행하지 않고, 오히려 연상의 연쇄 속에서 이 나무 오두막을 자유롭게 해방시킨다. 그 이미지에 대한 유추의 네트워크에 의해 로시의 '나의 나무 오두막' 은 옷장, 옷 방, 주택, 극장, 작은 묘지, 그리고 고해실(告解室)로 모습을 바꾼다. 그 이유는 "그 안에서 비밀을 이야기하고, 틀림없이 여름의 나무 오두막에서의 쾌락과 불안에 쫓겨 가며 신체에 대해 이야기하는, 작고 정돈된 주택"[6]이기 때문이다. 「키에티(chieti)의 학생기숙사」라는 콜라주(collage* 화

[그림 2] 알도 로시 《아프리카의 인상(키에티의 학생기숙사)》 1977년.

면에 인쇄물이나 천, 쇠붙이, 나뭇조각, 모래, 나뭇잎 등 여러 가지 물건을 붙여서 구성하는 회화 기법. 또는 그러한 기법에 의해 제작된 작품)(1977)〔그림 2〕에도 이것과 비슷한 이미지가 나타나며, 중앙의 거대한 건물을 둘러싸듯이 증식하고 있다. 레이몽 루셀(Raymond Roussel* 1877~1933 프랑스의 시인, 소설가)의 『아프리카의 인상(*Impression d'Afrique*)』을 참조한 이 콜라주에는 극장의 대건축을 에워싸는 무수한 오두막이라는, 건축과 도시에 대한 하나의 유형이 투영되어 있다고 로시는 말한다.[7]

특히 로시의 초기 작품이나 드로잉에서는 단순화된 건축 형태의 반복이라는 수법이 많이 사용되고 있다. 그 형태의 개수는 한정되어 있다. 빈센트 스컬리(Vincent Sculy* 1920~2017 미국의 건축사가)는 그 이유에 대하여, 이것들의 형태가 로시의 기억 속에서 영속(永續)하므로 로시에 의해 신중하게 선택되었다고 서술한다.[8)]

그렇다면 왜 그것들은 기억 속에서 영속하는 것일까? 스컬리는 그 속에서 이탈리아의 고전주의나 또는 버나큘러(vernacular* 언어 · 건축양식 · 생활 등이 그 토지에 특유함)적인 전통과의 관계를 확인하려고 한다. 이탈리아 · 파시즘(fascism) 건축가들이 이데올로기적으로 수행하려 했던 이 전통의 재생과는 대조적으로, 로시는 어디까지나 기억을 통해 건축과 연결되어 보다 활기차게 전통을 회복시킨 셈이다. 그 형태는 기본적으로 버나큘러적인 건축 구조에서 출발하고 있으므로, 단순화되어 있기는 하지만 과도하게 추상적이 되지 않도록 '꿈의 이탈리아' 를 만들어 내고 있다고 스컬리는 말한다.

그러나 결과적으로 로시의 건축 언어가 이탈리아 건축의 전통에 뿌리를 둔 것으로 보인다 해도 스컬리 자신이 지적하듯이, 예컨대 밀라노 갈라라테제 지구의 집합주택의 주랑(柱廊* 여러 개의 기둥을 나란히 세운 복도)에서는 파시즘뿐만 아니라 프랑스의 건축가 클로드 니콜라 르두(Claude Nicolas Ledoux* 1736~1806)에서부터 르 코르뷔지에(Le Corbusier* 1887~1965), 혹은 루이스 칸(Louis Isadore Kahn* 1901~1974 미국의 현대 건축가)에 이르는 "모든 과거의 건축가가 기둥 뒤에 몸을 숨기고 있다."[9)] 즉 여기에서 나타나는 기억의 작용이 버나큘러적인 전통으로만 연결되어 있는 것은 아니다. 덧붙여 말하자면 '엘바섬의 나무 오두막' 에 대해 살펴본 바와 같이, 건축의 이미지는 기억의 내부에서 지극히 사적(私的)이고 자전적인 것과도 결합되어 있다. 어느 쪽이든 일정한 이미지를 기억 속에서 영원히 지속시키는 요인을 하나의 의미로 확정할 수는 없다. 이미지 기억의 의미가 중층적으로 결정되어 있기 때문이다.

사물의 관찰에서 시작하여 기억 속에서 전개되는 형태 생성의 과정을 로시는 다음과 같이 말하고 있다.

> 사물을 관찰한다는 것이 나의 형태학습에서 가장 중요하다고 생각한다. 그 이유는 관찰은 이후에 기억으로 변형되기 때문이다. 지금 나는 이제까지 관찰해 온 사물이 전부 정연하게 늘어선 도구처럼 정리되어 있는 게 눈앞에 보이는 것 같다. 어느 것이든 모두 식물도감이거나 아니면 카탈로그(catalog), 사전처럼 순번에 따라 정렬되어 있다. 하지만 이 카탈로그는 상상력과 기억 사이의 어딘가를 떠돌고 있으며, 그 역시 중립적이지 않다. 항상 몇 개의 대상 속에서 다시 모습을 드러내고, 그것들을 변형시키며, 또한 어떠한 형태로든 발전을 재촉한다.[10]

관찰된 형태는 기억으로 변형되고, 또한 '상상력과 기억 사이' 에 있는 그 카탈로그는 결코 '중립적' 인 도구가 아니며, 그곳에 정렬된 형태가 다른 대상에게 침투하여 끊임없이 그것을 변형시킨다. 따라서 가령 카탈로그라고 해도 고정된 불변의 물체가 아니라 그 자체가 변형되면서 다른 것을 변형시키는 운동 속에 있다. '식물도감' 이라는 비유가 가리키듯이, 그것은 생명을 향한 아날로지(analogy* 유추)를 내포하고 있다.

이러한 형태 생성의 운동은 기하학적으로 단순화된 소수의 형태라는 로시의 건축 언어와 서로 모순되는 것처럼 보일지도 모른다. 그러나 반복이야말로 이 형태의 희소성으로부터 예기치 못한 결과를 발생시키기 위한 수법이다. 반복해야 한다는 것은 '희망의 결여' 를 의미할지도 모르지만, 거기에 비로소 "발견을 위한 유일한 자유"[11]가 있다고 로시는 말한다. "반복을 위한 메커니즘(mechanism)만큼 예측 불가능한 결과를 초래하는 것은 없다."[12] 그리고 유형학적인 측면에서 볼 때 이 '반복적인 메커니즘' 을 가장 현저하게 나타내고 있는 건축물이 바로 주택, 공공(公共)주택, 그리고 극장이다.

로시는 「엘바섬의 나무 오두막」과 같은 소형 주택이나 빌라, 공공주택, 그리고 극장의 유형을 끊임없이 반복해 간다. 때로는 유형끼리 서로 뒤섞인다. 「엘바섬의 나무 오두막」에서는 모형 작품 「과학 소극장」(1978)이라는 프로젝트가 발전되었다. 그것은 '기억의 극장' 이며, 여기에서 말하는 '기억' 이 로시에게는 바로 '반복의 감각'[13]이었다.

'유형' 은 말할 것도 없이 로시의 『도시의 건축』의 중심이 되는 개념이다. 피터 아이젠만(Peter Eisenman* 1932~ 미국의 건축가)은 이 저서에 쓰인 로시의 방법론을 예리하게 분석하면서 이 책에서 유형의 개념을 뒤덮고 있는 변형에 대해 지적하고 있다. 로시에게 시간은 역사보다 오히려 기억으로 연결된다고 아이젠만은 말한다. 왜냐하면 로시가 말하는 '도시적 형성물' 의 형태는 최초의 기능과의 관계를 잃게 되더라도 계속 생명을 유지하고 있는데, 이러한 연속성을 가능하게 하는 것이 역사라기보다 집단적인 기억이기 때문이다. 개별적인 도시적 형성물을 이해할 수 있는 것은 그 집단적 기억이 심리학적으로 구축된 경우이다. 그리고 시간이 집단적 기억으로 파악됨에 따라 기억이 객체인 건축물 속에 끌려 들어오고, 이에 의해 그 객체는 "동시에 그 자체가 관념이자 그 이전 자신의 기억까지 체현하게 된다."[14]

유형은 분석적, 실험적인 구조로서 이미 역사 속에서 볼 수 있는 무성격(無性格)적인 구조가 아니며, 이제는 역사의 기틀을 맞추기 위해 활용할 수 있는 존재가 된다. 그것이 장치가 되고, 분석과 계측을 위한 도구가 되는 것이다. 이 장치는 그 지향하는 바가 과학적이고 논리적이지만, 통약 환원적(通約還元的)

인 것이 아니라 도시의 요소들이 그 의미를 지닌 그 모습대로 인식되는 것을 허용하며, 그 의미가 항상 독자적, 순정(純正)적이므로, 유형으로서는 미리 그 분배가 정해져 있으나 흔히 예견할 수는 없다. 따라서 그 논리는 형태에 선행하는 것이며, 또한 그 형태를 새로운 방식으로 구성하게 된다.[15)]

이러한 유형은 과정인 동시에 객체이기도 하다. '중립적' 이지 않은 카탈로그는 이처럼 자기생성(自己生成)을 하는 유형을 가리키고 있다고 이해해도 무방하다 (따라서 거기에 어울리는 것은 스태틱(static *정적)한 분류학을 연상시키는 '유형학(類型學 typology)' 이라는 명칭이 아니라, '변태(變態 metamorphosis)' 에 의한 '원형' 의 변용(變容)을 추적하는 '형태학(形態學morphology)' 이라는 이름일 것이다). 기억은 역사와 융합함으로써 유형적인 형태에 원래의 기능을 넘어선 의미를 부여한다. 그 창조적인 반복 속에서의 기억과 유추의 작용에 의해 주체와 객체는 다 함께 변형되어 간다. 건축의 디자인 · 프로세스(process)는 이렇게 해서 무의식인 영역의 메커니즘에 일임된다.

아이젠만은 특정의 장소나 시간에서 분리된 '추상적인 장소(locus)' 로서의 유형에 따라, 로시가 "모더니스트(modernist)들의 유토피아(Utopia)와 — 즉 글자 그대로 '어디에도 없는 장소' 와 — 인문주의자가 지향하는 현실 — 만들어진 '어딘가의 장소' — 의 사이에 존재하는 모순을 해소"[16)] 하려 한다고 파악한다. 결국 유형학적인 유추는 기억에 뿌리내리면서도 현실의 장소와 시간을 변형함으로써, '어디에도 없는 장소' 와 '어딘가의 장소' 중 어느 쪽도 아닌 '장소' 를 새롭게 만들어내고자 하는 것이다. 아이젠만은 파괴력을 간직한 이러한 유추가 실행하는 변형 작용으로서 "장소의 전이(轉移)" 와 "척도(尺度)의 해체" 라는 두 가지를 제시하고 있다. 전자는 '유추적 도시' 와 관련하여 로시가 예로 든 이탈리아의 화가 안토니오 카날레토(Antonio Canal* 1697~1768)의 베네치아 풍경 등에 보이는 작용이다. 후자에서는 하나의 건물이 유추적(analogical)으로 도시 전체와 비교되고, 개별적인 건축물의 배후에 도시 전체의 설계라는 관념이 부상(浮上)하게 된다.

아이젠만은 이러한 '척도의 해체'의 귀결 속에서 "도시는 커다란 집이며, 집은 작은 도시이다"라는 매크로코스모스(makrokosmos: 大宇宙)와 미크로코스모스(mikrokosmos: 小宇宙)의 조응(照應)의 관념에 뿌리를 둔 15세기적인 인문주의적 도시 모델의 부활을 인정하고 있다. 아이젠만의 관점에 의하면, 로시는 여기에서 발생하는 이율배반을 작품 속에서 해결하지 못하고 있다. 이러한 이율배반은 '도시적 인간'이라는 도시의 집단적인 주체와 단일의 객체인 도시라는 장소와의 관계에도 드러난다. 『도시의 건축』은 도시의 기억을 공유하는 집단적 주체를 한쪽에서 가정하고 있으면서, 동시에 도시를 하나의 작품으로 만들어내는 영웅으로서의 건축가라는 인문주의적 전통의 주체를 노스탤직(nostalgic)하게 상기하고 있는 것처럼 보인다는 내용이다.

『도시의 건축』 이후에 로시가 안고 있는 딜레마는 아마 그러한 부분이었을 것이다.[17] 도시의 집단적인 주체는 마치 자기생성을 하고 있는 듯한 객체로서의 도시 그 자체일 수밖에 없다. 건축가의 사적인 기억과 그의 자서전이 거기에 개입할 수 있는 여지는 극히 제한되어 있다. 또한 유형에 대해 언급하면서, 『과학적 자서전』에서 로시는 이미 도시에 형태로서 잔존했던 집단적 기억의 석출을 통해서가 아니라 — 그것을 무시하는 것은 아니지만 —, 유추 과정을 통해 자전적인 기억을 강렬하게 작용시키면서 반복이라는 발견을 위한 훈련을 거듭하고 있었던 것처럼 보인다. 물론 그것은 인문주의적인 작가로서의 건축가를 복권시키기 위해서가 아니다. 오히려 로시가 건축을 잊어버리는 것과 마찬가지로 자기 자신의 아이덴티티를 잃고, 유형이 어느 누구의 것도 아닌 것이 되기 위한 과정이다. 자서전이 '과학' 에서 하나의 엄밀한 방법이 된다는 것은 바로 이러한 경우이다.

예를 들면 모데나의 산 카탈도 공동묘지 프로젝트〔그림 3〕는 1971년 4월에 로시가 교통사고로 입원한 발칸반도의 병원에서 탄생했다. 그 당시 로시는 사고와 동시에 "내 청춘도 마지막을 고했다"[18]라고 적고 있다. 몸을 가누지 못하는 상태로 창가에 있는 침대에 누워서 창문 너머로 하늘과 작은 정원을 바라보며, 그는 가물가물하게 유년시절에 대해 생각하고 있었다. 다음 해 여름에 프로젝트를 구상하고 있을 때, 그 당시의 이미지와 뼈의 아픔이 로시의 마음속에 깊이 남아, 신체의 골격을 일련의 골절이 접골되었다 회복된 것으로 파악하는 관념이 생겼다. 병원에서 그는 죽음을 "골격의 형태학과 그것이 뒤집어 쓸 수 있는 변형"[19]과 동일시하고

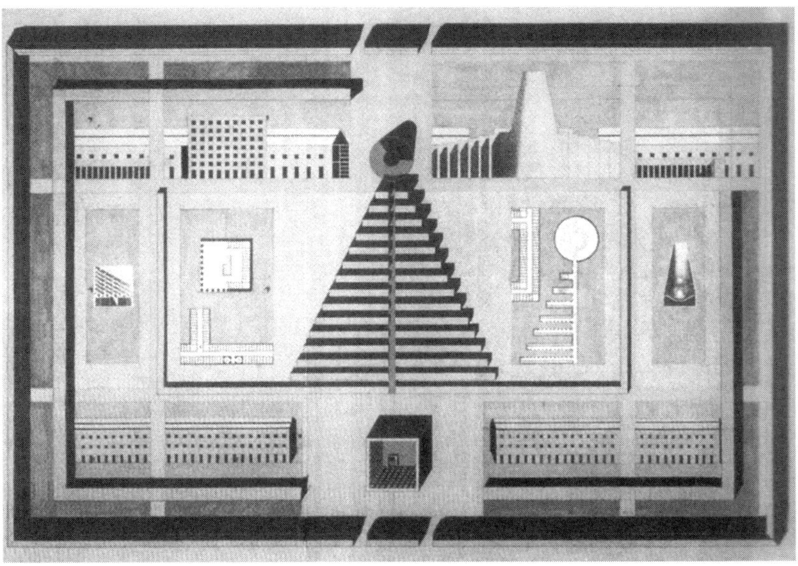

[그림 3] 알도 로시 《구스 게임(모데나의 묘지 계획안)》 1972년. '구스 게임' 이란 나선상에 63개의 구획이 있는 주사위 놀이 형태의 보드게임으로, 9칸마다 거위가 나타난다는 점에서 이러한 이름이 붙여졌다. 해골이 그려진 58번째는 '죽음' 의 칸이며, 여기에서 멈추면 출발점으로 돌아가야만 한다.

있었다고 한다.

무릇 그 표현이 아무리 보통에서 벗어난 엉뚱한 언행으로 보인다 해도, 모데나의 묘지라는 프로젝트를 견인하고 있던 것은 '뼈' 에 대한 이러한 강박관념이었다. 스컬리의 말을 빌리면 그 묘지는 "뼈로 이루어진 구조이며, 뼈로 만들어지고 뼈를 모은, 말하자면 뼈의 도시"[20]로 구상되었다. 실제로 모데나의 묘지는 척추를 이루는 중앙 통로의 양측에 옆으로 긴 건조물이 여러 개 늑골처럼 델타 형태로 늘어서 있는 등, 골격의 형상을 인용한 디자인으로 이루어져 있다. 반쯤 파괴된 건물의 '골격' 에 집중된 관심은 『도시의 건축』에서 『과학적 자서전』에 이르기까지 일관된 로시의 특징이었다(그는 이 이후에도 조지 스터브스(George Stubbs)의 『말의 해부학(*The Anatomy of the Horse*)』(1766)에 의거하여 말의 골격 드로잉〔그림 4〕을 수없이 많이 그렸다).

로시는 이 모데나 묘지의 주제를 "부위탈락(部位脫落)" 이라고 표현했다. 미술사에서는 예수를 십자가에서 내리는 그리스도의 십자가 강가(降架)를 가리키는데, 여기에서는 신체의 형상 변화라는 의미로 사용되고 있다. 병원에서 로시는 건축의 전형적인 주제라고는 할 수 없는 이 "부위탈락" 된 형태를 표현하려고 시도하고 있었다고 한다.

나의 경우 부위탈락된 건축은 부분적으로만 인체와 동일한 형태이다. 로소 피오렌티노(Rosso Fiorentino* 1495~1540 이탈리아의 화가 · 실내장식가)〔그림 5〕와 프라도 미술관에 있는 안토넬로 다 메시나(Antonello da Messina* 1430경~1479 이탈리아의 화가)의 작품에서 볼 수 있듯이, 회화로 표현된 그리스도의 십자가 강가라는 주제는 신체의 기계적 가능성을 연구한 것이며, 이 주제로 말미암아 그리스도의 신체가 다른 곳으로 옮겨질 때 나타나는 비정상적인 자세를 통해 우리들에게 특별한 정념을 성공적으로 전달하고 있다고 나는 항상 생

[그림 4] 알도 로시 《말의 연작》으로부터, 1983년

각해 왔다.[21)]

안토넬로 다 메시나의 작품 중 로시가 염두에 두고 있었던 것은, 돌아가신 그리스도를 천사가 뒤쪽에서 받치고 있는 구도의 《피에타》(1475~78)일 것이다. 로시가 강조하는 "비정상적인 자세"는 초기 마니에리슴(maniérisme* 미술사에서 르네상스로부터 바로크에 이르는 시기의 과장이 많은 기교적 양식)을 대표하는 화가 로소의 작품에서 더욱 현저하게 나타난다고 볼 수 있다. 로시에 의하면 이 자세는 에로틱한 인상도 주기도 하지만, 내적인 운동의 결과로 발생한 것이 아니라, 말하자면 신체가 물체화, 기계화된

[그림 5] 로소 피오렌티노 《십자가 강가(降架)》 1528년.

상태를 나타내고 있으며, 그러한 점으로 인해 유독 감상자에게 비탄과 고통의 마음을 불러일으키게 한다. 부위탈락은 일정의 시스템이나 건물, 신체의 구조를 전제로 하면서도 그 참조(參照)의 틀 자체를 파괴하는 것이므로, 우리들은 거기에서 다른 의미를 찾아내는 곤란한 작업을 필연적으로 강요받고 있으며, 그로 인해 '특별한 정념'이 환기되는 것이다.

넓게 파악하면 일종의 건축에 대한 신인동형론(anthropomorphism* 神人同形論 또는 의인화, 저자는 '인체형상론'으로 표현함)이지만, 로시의 경우에는 인체가 골격으로 환원되어 있고, 게다가 르네상스에서처럼 완전한 조화를 표현하는 인체와 건축의 조응관계가 아니며, 오히려 마니에리슴적으로 비틀어진 자세가 전하는 정념과 에로티시즘이 그 관심의 대상이 되고 있다. 거기에서는 "뼈의 형태가 드러나는 변형"으로서의 '죽음'이 '부위탈락'에 의해 표현되어 있는 것으로 볼 수 있다. 그렇다면 건축의 부위탈락을 건축물이 정념이나 에로티시즘, 혹은 죽음을 전달하는 하나의 방법으로 이해할 수 있는 것일까?

근대건축과 마니에리슴 건축에 공통되는 시각적인 애매함과 불안정한 격렬함에 대해서는, 콜린 로우(Colin Rowe* 1920~1999 영국의 건축사가)가 1950년에 발표한 논문 「마니에리슴과 근대건축」에 지적되어 있다.[22] 하지만 로시는 여기에서 굳이 건축이 아닌 마니에리슴 미술에서 참조할 대상을 찾음으로써, 단순히 시각적인 것에 머무르는 애매함과 격렬함이 아니라, 그러한 시각성이 환기하는 정념과 건축을 관련지으려 한다. 물론 로우의 논의(論議)에도 마니에리슴을 16세기 유럽의 종교적 · 정치적 분열과 투쟁이 불러일으킨 정신적 위기의 시각적인 지표로 간주하는 시점이 결여된 것은 아니다. 그러나 16세기의 마니에리슴이나 20세기 근대건축의 정신적 풍토의 배후와 유사한 사회적 위기를 발견한 로우의 역사학자로서의 관점과는 달리, 마니에리슴 미술을 향한 로시의 시선은 훨씬 자기 분석적이며, 형태의 정념 환기력(情念喚起力)을 측정하려는 실험적인 성격을 띠고 있다.

마니에리슴 미술이 내포하고 있는 정동(감정의 움직임)에 대해서는 루트비히 빈스방거(Ludwig Binswanger* 1881~1966 스위스의 정신과 의사)가 통합조증(분열병) 특유의 '부자연스러움(Manieriertheit)'이나 '현기증(Manieren)'과의 관련을 고찰하고 있다.[23] 빈스방거가 마니에리슴 미술의 특징으로 주목하고 있는 것은 '가면'이나 '갑옷' 등의 단어로 표현되는 신체 표현의 의식적인 경직성이었다.

한편 정념(情念)을 표현 · 전달하는 형태 언어로서의 인체의 특정한 왜곡적인 몸짓에 대해 아비 바르부르크(Aby Warburg* 1866~1929 독일의 미술사학자)는 '파토스포르멜(Pathosformel* 저자는 정념정형情念定型으로 명명함)' 이라는 이름을 붙이고 있다. 이것은 근본적으로는 이탈리아 · 르네상스 미술에서 자주 사용되었으며, 고전 고대의 미술 작품에서 유래하는 격렬한 감정의 고조를 나타내는 몸짓 언어였다. 언뜻 보기에는 기묘하지만, 인간을 사로잡는 정념은 동시대인의 몸짓에 대한 관찰과 그 자연주의적인 모방에 의해서가 아니라, 과거의 문화로부터 차용되어 '정형' 화된 형태 언어를 통해 표현되었다.

바르부르크에 의하면, 그것은 마치 인도아리아계(係) 언어가 종종 다른 어근에서 비교급, 최상급을 형성하는 현상(good에 대해 better, best와 같이)과 유사하다. 정념의 부하(負荷)를 띤 몸짓 언어의 '최상급' 은, 전통적인 법칙에 따른 수법의 내부에서가 아니라 이질적인 시대, 이질적인 문화에서 차용된 '어근' 으로서의 '정념정형(情念定型* Pathosformel, 아비 바르부르크 미학의 가장 독창적 개념이며, 극한 상황에 처했을 때 인간이 표현하는 몸짓과 감정의 형식으로서의 이미지를 지칭함)' 에 의해 나타난 것이었다.[24)]

다른 '어근' 의 도입은 표현의 자연스러움을 의도적으로 빼앗는다. 이러한 점은 빈스방거가 마니에리슴 미술 및 문학과 통합실조증(統合失調症)의 신체 · 언어 표현에 공통된 것으로 간주하고 있는, 자연스러운 생활 연관이나 자유로운 자기 표출 결여 등의 성격과 연결되어 있다.[25)] 여기에서 발생하는 것이 불안한 긴장감이다.

이 경우 그것이 '정형' 이라는 반복되는 틀이었다는 점이 중요하다. '정형' 이란 일정의 형식으로 응고됨으로써 지속적으로 반복되는 스테레오 타입(stereotype 상투적 방법)을 말한다. 르네상스의 예술가들은 갑자기 인간을 엄습하는 정념을 표현하기 위해 고대로부터 차용된 스테레오 타입의 '정형' 의 도상을 되풀이해서 모방했다〔그림 6〕.

정념정형으로 통하는 수법을 21세기에 의식적으로 실천한 것이 피에

[그림 6] 아비 바르부르크, 도상 아틀라스 「므네모시네」 패널 42, 1929년. 사체의 묘사와 죽은 자를 애도하는 집단의 몸짓을 다양한 도판으로 비교하고 있다.

르 클로소프스키(Pierre Klossowski* 1905~2001 프랑스의 소설가, 화가)였다. 그의 회화에서는 에로틱한 주제에 관한 특정의 포즈(pose)가 집요하게 반복된다〔그림 7〕. 클로소프스키는 자신의 데생(dessin* 선이나 필촉으로 사물의 형태를 포착하는 것을 주안으로 그리는 것)을 "파토스를 보면서 동시에 자기 자신처럼 보이게 하는 단 하나의 방식"[26]이라 부르고 있다. 그에게 회화란, 화가의 오브세션(obsession* 망상, 강박관념)을 쫓거나 전달하는 '파토스의 구현' 인 셈이다. 그 예로 클로소프스키의 아내 로베르트의 실물상(像)=유사(類似)는 타블로(tableau* 경치 따위를 선이나 색채를 사용해 평면 위에 나타낸 것)에서 타블로로 반복되어 증식한다.

클로소프스키에 의하면, 그것 자체로서는 전달할 수 없고 표상 불가능한 망집(妄執)적인 구속력을 가진 판타슴(fantasme* 환영)을 모방적으로 그려내기(즉 그 모방해 만든 모상*模像 simulacre을 만들어내기) 위해서는, 제도적으로 인습적인 스테레오 타입을 빌려야만 한다. 포즈뿐만 아니라 상투적인 아카데미즘조차 이를 위한 수단이다.

> 시뮬라크르(simulacre* 모상)가 판타슴의 구속력을 효과적으로 시뮬화(* 모방)하는 것은 스테레오 타입화한 도식을 과장시켜 보여줌으로써만 가능하다. 스테레오 타입을 일부러 과장되게 모방하고 그것을 강조해서 보여주는 것, 그것은 스테레오 타입이 그 모사(模寫 replica)를 이루고 있는 부분의 망집을 뚜렷하게 부각시키는 것이다.[27]

틀에 박힌 스테레오 타입은 관용에 함몰되어 진부한 해석에 맡겨진 시뮬라크르들의 잔재이지만, 그것이 시뮬라크르인 동안은 역시 어떠한 판타슴에 대응하고 있다. 그러한 스테레오 타입의 도식이 일단 "몽환적, 기형적, 혹은 도착적인 지각(知覺) 내지 수용성을 통해 살아나는 어떤 사태에 의해 왜곡된다면"[28] 그 섬세한 차이를 알리지 않을 수 없다.

인습화한 스테레오 타입으로서의 정념정형이 과장스럽게 모방됨으로써 격렬한 정념에 사로잡힌 신체를 둘러싼 판타슴의 모상이 재부상(再浮上)한다. 정념정형의 모상이란 바로 시뮬라크르를 통한 판타슴의 이러한 재생산을 가리킨다.

[그림 7] 피에르 클로소프스키 《아르테미스와 아크타이온 II》 1957년.

로시가 유형으로서 집요하게 거의 망집적으로 반복하는 형태란, 말하자면 건축의 '정념정형', 건축가의 파토스와 판타슴을 퇴마하듯이 좇으면서 전달하는 시뮬라크르가 아닐까? 얼핏 보면 여러 기억에 규정되어 경직된 스테레오 타입으로 보이지만, 로시는 이를 과장하며 반복함으로써 그 바닥에 숨어 있는 오브세션을 뚜렷하게 부각시키는 것이다. 그리고 그 망집이 죽음과 에로티시즘에 깊게 관여하고 있음은 말할 것도 없다.

그러므로 로시의 건축은 우리들의 정서에 깊이 호소한다. 단순화된 소수의 형태는 그 특유의 버너큘러적인 전통에 유래하고 있으므로, 자연스럽게 여과되어 영속적으로 남은 이미지 기억이 아니라, 건축의 부위탈락을 표현하기 위해 선택된 '정념정형' 으로서의 유형이다. 판타슴의 새로운 발견은 그 반복에만 존재한다. 그리고 이 반복을 통해 구현하는 것이 바로 건축가의 파토스이다. 이 때 판타슴의 실물상=유사는 프로젝트와 프로젝트를 횡단하면서 끝없이 증식해 간다.

여러 도시 이미지를 콜라주(collage)한 로시의 작품 《유추적 도시(類推的都市)》에 대해 아이젠만은 이 '유추적 투사(描圖)'의 존재가 바로 그 자체의 역사 기록이며, 이 작품은 도시의 재현을 지향하는 것이 아니라고 지적하고 있다.[29] 콜라주나 드로잉은 자율적인 객체가 됨으로써 철저히 현실적인 '장소'가 된다. 건축물의 재현이 아님에도 불구하고 거기에는 박진성(迫眞性)이 갖추어져 있다. 그런 의미에서 '유추적 도시'는 이미 도시의 일부이다. 그 박진성은 바로 '환영'을 가진 도시라고 아이젠만은 말한다. 클로소프스키의 표현을 빌어 '도시의 판타슴'이라 부를까? '유추적 도시'란 증식하는 판타슴의 실물상=유사로서의 시뮬라크르의 세계이다.

도시의 징후와 색인

아이젠만에 의하면, 로시의 유추적 투사는 2개의 "시간의 정지 상태"를 표현하고 있다. 그 첫 번째는 '과정'으로서의 시간의 정지인데, 건축물을 향한 전진(前進)운동 속에 있으면서도 그 완성 형태의 재현까지는 도달하지 않았다. 또 하나는 '분위기'로서의 정지이며, 그려진 모습에 따라 시간의 정지가 나타나 있다.

> 시간의 표현은 무한정(無限定)의 과거로 표시되는 것이므로, 그것을 되돌리기 이전의 무시간(無時間)의 시점은 유년기의 시간이며, 환각이고, 단편적인 강박관념이나 자전적인 이미지의 형태에서 나타나는 저자 자신의 소외된 유년시절이다 (……) 여기에서도 기억이 시작되는 것은 역사가 끝났을 때이다. 그것은 미래의 시간과 과거의 시간 양쪽에 걸쳐져 있다. 하나의 계획안이지만,

이루어져야 하는 것임과 동시에 이미 이루어진 것이기도 하다. 폐허의 이미지에 의해 활기를 띠게 되는 것이 이 무의식의 기억이며, 이것이 연결해 보여주는 것이 미련 없이 버려진 것, 단편적인 것, 그리고 새로운 시작의 시간이다.[30)]

다시 말하면, 거기에 있는 것은 트라우마틱한 과거의 반복인 동시에, 정해지지 않은 미래에 대한 예감이다.

나카이 히사오에 의하면, 외상성(外傷性)의 플래시백(flashback)과 유아형(幼兒型) 기억은 확실히 유사하다.[31)] 양쪽 모두 주로 선명한 정지적(靜止的) 시각영상(視覺映像)이고, 단편적이며, 문맥을 지니지 않는다. 시간이 지나도 그 내용이나 의미, 중요성은 변화하지 않는다. 또한 선명하지만 언어로 표현하기 힘들고, 그림으로 그리기도 어렵다. 꿈 작업에 의한 가공도 받지 않고 그대로의 모습으로 꿈에 등장한다. 나카이는 이러한 유사의 원인에 대하여, 유아형 기억의 내용은 성장 과정에서 소거되었지만, 그 시스템 자체는 존속하여 외상적 체험을 할 때 겉으로 드러나서 작용한다는 가설을 제기하고 있다. 그리고 유아형 기억 시스템의 이러한 작동 방법은 그것이 눈앞에 나타나지 않는 위험에 대한 경보를 위해 어떠한 곳에서 시작되고 있다고 한다.

여기에 비해 성인형 기억은 중층성과 계층 질서성을 가지며, 시각적인 경우라도 회화와 같이 고정된 도식이 되지는 않는, 흔들림이 있는 유구성(柔構性)을 특징으로 한다. 또한 그것은 "자기사(自己史) 기억 연속체"[32)] 내부의 시간적, 공간적 전후 관계에 의해 감각영상(感覺映像)을 동반하는 감정의 움직임이 결정된다는 문맥 의존성을 가진다. 따라서 상기(想起)할 때에도 이 문맥을 '색인'으로 사용할 수 있으며, 또한 언어화가 용이하다.

보통 성인이 떠올릴 수 있는 유아형 기억은 대부분을 소거한 뒤에 남겨진 무해한 것뿐인데, 그것을 나카이는 "장난삼아 찍은 사진이 앨범에 붙여지지 않은 채 흩어져 있는 것과 같다"[33]고 비유하고 있다. 그렇다면 왜 그 이외의 기억 내용은 흔적 없이 지워져 버렸을까? 이 점에 대해서 유아기에 꾼 방대한 양의 꿈 — 거기에는 틀림없이 꿈의 가공이 이루어져 있지 않다 — 은 스토리로서의 성인형 기억을 준비하는 것이며, 의식적 체험을 연속체로 기억하는 매트릭스(matrix* 행렬)가 된 것이 아닐까 하고 나카이는 추측하고 있지만, 이것이 성인형 기억의 성립에 대한 가설이 되더라도 유아형 기억의 내용이 소멸함을 설명하는 것은 아닐 것이다.

시각적으로 유아형 기억의 시스템이 강하게 잔존하는 경우에는 '직관상 소질자(直觀像素質者 Eidetiker)' 로 불린다. 이것은 영화 전체나 서적의 모든 페이지를 시각영상으로 기억할 수 있는 능력을 말한다. 이러한 비문맥적인 시각적 기억 영상에는 소위 '절대음감' 과 상통하는 절대성이 있다.

이상과 같은 기억의 구조에서 생각해 볼 때, 성인형 기억에 비해 유아형 기억 시스템이 여전히 우위에 있는 경우, 체험의 연속성이 장해에 봉착하여 '자기사 기억 연속체' 가 제대로 성립되지 않는 상황이 예상된다. 나카이는 어머니 역할을 하는 사람과의 접촉에 의한 접촉적 연속성의 결여나, '네글렉트(neglect* 무시)' 등의 유아기 체험에 의해, 자기사 기억 연속체의 성립이 저해되어 '찰나적 현재인성(現在人性)' 으로의 편향이 발생하는 것을 지적하고 있다. 그것이 정신병리적인 것으로 도달하게 되는지 어떨지는 제쳐놓더라도, 유아형 기억 시스템이 활성화한 상태란, 연속성이 아닌 단편성 우위의, 언어화를 거부하는 듯한 선명한 시각영상이 맥락을 빠트린 채 병렬되는 사태일 것이다.

성인형 기억과 유아형 기억의 시스템이 단순하게 대립 관계를 이루어서 서로 받아들일 수 없는 것이라면, 유아기의 기억을 떠올리는 시도가 유아형 기억 시스템의 재활성화로까지 도달할 수 있을 경우, 그것은 파국적인 결과가 될지도 모른다. '소외된 유년시절' 로 몇 번이나 되돌아가듯이 기억을 거슬러 올라가서, 건축의 정념정형을 발굴하는 로시의 자서전이라는 방법 — 이것은 교통사고의 외상적인 기억과 무연하지 않을 것이다 — 은 그러한 위험과 서로 인접해 있었을지도 모른다.

나카이는 유아형 기억과 언어적 커뮤니케이션을 중심으로 한 성인형 기억의 중간에 또 하나의 기억 유형의 가능성을 제시하고 있다. 그것을 H. S. 설리번(Sullivan)은 "중첩적인 병렬적(parataxis) 기억" 으로 부른다.[34] 덧붙여서 말하면, 유아형 기억에 대응하는 것은 "원형적(prototaxis) 기억", 합의에 의한 확인을 통해 에피소드 기억이 사회화되는 언어적 커뮤니케이션에 중점을 둔 기억은 "통합적(syntaxis) 기억" 으로 칭하고 있다. 설리번은 "면접 중 천 명에 달하는 병렬적 영상이 그 자리에 나타나 전율했다" 라는 의미의 말을 했다고 한다. 이것은 "치료 관계에서의 전이 · 역전이에 의해 발생하는 다중적인 지각표상(이미지)" 을 가리키는 것으로 생각되며, 그렇다면 중요한 기억에 대한 언어와 기억표상의 총합체(總合体)는 생애를 통해 이 병렬성을 잠재적으로 계속 유지한다고 볼 수 있을지도 모른다고 나카이는 추측하고 있다. 이와 같은 병렬성은 언어와 시각 · 청각 등 개별 감각 이미지 사이의 "원활한 의사소통" 을 위한 상호 교통성이라고도 할 수 있다.

이 병렬적 기억의 특징은, 기명(記銘* 머릿속에 새겨 기억)과 상기(想起)의 양쪽 과정에서 두 개의 성질이 다른 지각(知覺)형태의 '중첩(parataxis)' 이 일어나는 지점에 있다.

우선 기명에 대해서는, 안모(顔貌) 기명에 관해 오래전부터 알려진 바와 같이, 시선은 두 눈과 코에서 입에 걸쳐진 T자형 경로를 반복하여 스캔(走査)하고 있다. 이 T자 부분은 망막중심와(網膜中心窩* 망막의 중앙 부분)에 의한 추체

(錐体* 몸통) 중심의 집중적이고 각지도(覺知度)가 높은 시각으로 파악하며, 얼굴의 그 외 부분은 간체(桿体)에 의해 주로 형태적인 기명을 한다는 말인 것 같다. 이미 여기에서 용모에 대한 기명은 두 개의 질이 다른 지각형태의 중첩이다. 추체적 기억은 색채감각기억이며, 따라서 몇 번이나 언급한 바와 같이 색채는 '질(質)' 이자, 정동환기적(情動喚起的)이다. 동시에 징후적 파악이라고 할 수 있다. 간체적(桿体的) 기명은 형태적 비정동적 기명이다.[35]

'용모의 기억' 즉 '모습' 은 전형적인 병렬적 기억이다. 주목할 만한 것은, 이 '중첩' 이 정동환기적인 기억과 비정동적이고 형태적인 기억으로 이중화되어 형성되어 있다는 점이다. 동시에 정동환기적인 기명은 대상에게 어떠한 '징후' 를 감지하는 지각형태이기도 하다. 나카이는 소위 '칵테일파티 효과' 속에 청각에서 이 시각적 중첩으로 연결되는 현상을 발견하고 있다. 또한 부모의 회화가 강한 어조가 되었을 때 혼란(panic)에 빠지는 유아가 다중화한 인지에 대한 '징후' 로서 부모의 파국을 알아채고 있음을 추측할 수 있다. 이러한 기억의 조후성(兆候性) 내지 병렬성은 언어화를 거쳐 정연하게 정리되기는 하지만, 그 근저에 지속적으로 존재하고 있으며, 상기에 대해서도 끊임없이 관계하게 된다고 나카이는 서술하고 있다.

병렬성이나 '병렬적 기억' 을, 정동환기적인 성격을 동반한 이러한 기명과 상기의 구조에서 출발하여 설리번이 체험한 무수한 병렬적 이미지의 운집까지 내포하는 것으로 파악할 때, 건축의 '정념정형' 을 반복하면서 유추로써 모상(模像)을 증식시켜 가는 로시의 수법을 이해하는 틀이 될 것으로 생각된다.

특히 중요한 것은 로시의 유추적 드로잉이 '무한정한 과거' 에 존재하면서, 어떠한 사건을 예감시키는 '징후' 의 성격을 띠고 있는 점과의 연관성이다. 아이젠만이 말하는 '분위기' 로서의 '시간의 정지' 는 데 키리코(Giorgio de Chrico)의 작품과도 연결되는 특징이며, 거기에서도 이와 같은 '징후성' 이 인정된다.

나카이에 의하면, '징후' 란 "무엇인가 전모를 알 수 없지만 무시할 수 없는 무언가를 암시하는"[36] 것인데, 어떤 경우에는 세계 자체가 징후로 가득 차 버리며, 혹은 세계 그 자체가 징후화 한다. 그리고 이처럼 세계가 징후화 하는 것은 일반적으로 불안에 접했을 때이다.

이러한 점을 한층 더 전개하여, 나카이가 '예감' 과 '징후', '여운' 과 '색인' 의 관계에 대해 고찰하고 있는 바에 의하면, '예감' 과 '징후' 는 모두 미래와 관계를 맺고 있으며, '여운' 과 '색인' (과거의 무언가를 끌어낼 실마리가 되는 것, 예를 들면 프루스트의 마들렌이다)은 과거와 관계되어 있다. 한편 '예감' 과 '여운' 은 모두 신체와 가까운 공통 감각적인 것, 분위기적인 것인데, 어렴풋하게 시사적(示唆的)인 성격이라는 점에서 상통하고 있지만, '징후' 와 '색인' 은 조금 더 대상적(對象的)이며, 분절성(分節性)과 세부(細部)를 가지고 있다.[37] 이와 같이 차이가 있으면서도 그것들은 모두 '눈앞의 가까운 주변에 오래 남아 있는 것'[38], 그 경계 주위에서 명멸하는 현상을 가리킨다.

나카이는 예감 · 징후적이며 미세한 차이를 선취적으로 파악하려는 '미분회로적 인지(微分回路的 認知)' (임상적으로 대응하는 것은 통합실조증이다)의 세계와 자극의 입력에 대해 과거의 축적된 모든 체험을 참조하는 '적분회로적 인지(積分回路的 認知)' (임상적으로 대응하는 것은 우울증이다)의 세계에 대비시켜, 외부의 자극 강도를 대수(對數)로 변환하여 인지하는 '베버-페히너의 법칙(Weber-Fechner law)' 이 적용될 것 같은 세계를 "비례 세계"라고 부르고 있다. "비례 세계"가 현실의 이른바 '세계' 인 이상, 앞의 두 가지는 오히려 '메타 세계' 로 불러야 할 것이다. 프루스트의 『잃어버린 시간을 찾아서(*A la recherche du temps perdu*)』(1913~1927)는 하나의 '적분적 메타 세계'의 색인이며, 이와 비교하여 시(詩)는 일반적으로 언어의 '징후 우위적 사용'에 의해 만들어지는 '미분적 메타 세계'이다.[39)]

로시의 작품이나 드로잉이 이 징후 우위적인 시와 유사한 성격을 가진다는 것은 직관적으로 이해할 수 있다. 그러한 점을 로시 자신이 하나의 시를 번역하는 형식으로 명백하게 서술하고 있다. 그 시는 횔덜린(Friedrich Hölderlin* 1770~1843 독일의 시인)의 「삶의 절반(Hälfte Lebens)」에 등장하는 다음의 한 구절이다. ― "장벽은 차갑게 / 말없이 서 있고, 바람이 불면 울어 대는구나 / 지붕 위의 풍향계여(Die Mauern stehn / Sprachlos und kalt, im Winde / Klirren die Fahnen)." 로시의 드로잉에 반복적으로 그려진 작고 단단한 철판 깃발은〔그림 8〕, 확실하게 중첩적이고 병렬적인 이 시 속의 풍향계에서 유래하고 있다. 로시는 자신의 프로젝트에 대해 언급할 때, 이 시를 다음과 같이 독일어로 번역하고 있다. ― "나의 건축은 차갑게, 말없이 서 있다(Meine Architektur steht sprachlos undkalt)."[40)] 바람이 불어오는 방향을 보기 위한 깃발이라는 하나의 징후, 바로 그것이 횔덜린의 시와 연결되는 로시의 '말 없는' 건축이라는 시의 알레고리(allegory* 추상적인 내용을 구체적인 대상을 이용하여 표현하는 비유)가 되고 있다.[41)]

미분적, 적분적인 두 종류의 메타 세계가 있다 해도 양쪽은 완전히 별개의 것이 아니다. 예감이 여운으로 변용하는 한편, 색인을 징후처럼 이해하는 수도 있다. 그리고 나카이에 의하면, 프로이트가 탐구한 꿈이란, '무의식'이라는 메타 세계의 징후이면서 동시에 색인이었다. 프로이트의 탐구는 징후와 색인이 거의 일치해 버리는 이 메타 세계로 향하고 있었다. 그리고 또한, "먼 과거의 개인적 기억을 더듬어 가는 행위는 꿈의 세계에 대한 탐구처럼 징후와 색인이 거의 하나처럼 뒤섞여 버리는데, 이전에 하나의 비례 세계였던 것이 변모하여 '메타 세계'로 한없이 가까워진 것을 향한 접근의 열쇠가 되는 지점에서 성립되는 행위이다."[42]

[그림 8] 알도 로시 《잃어버린 논고》 1981년.

로시에게 도시적 형성물이란 방대한 집단적 기억이 함축된 '색인'인 동시에, 명확하게 단언할 수 없는 무언가의 도래를 알리는 '징후'이기도 했던 것은 아닐까? 정동환기적인 기억이 중첩된 유형 중 대다수는 자전적인 기억의 깊이에 빠져듦으로써 발견된 '메타 세계'의 병렬적인 색인=징후가 아니었을까? '유추'란 불안한 예감과 우울한 여운이 서로 뒤섞인 중에, 과거의 집적(集積)에서 '색인'으로서의 '징후'를 파악하는 행위였던 것은 아닐까? '유추적 도시'는 하나의 '메타 세계'가 아닐까?

로시의 경우 바람이 불어오는 방향의 징후를 알리는 깃발이라는 모티브는 등대에 대한 편애와 연결되어 있다. 세계극장이 그려내고 있는 탑의 형상은 등대의 모습이기도 하다(또한 거기에는 정신병에 걸린 시인이 황혼의 후반생을 보낸 독일 남서부의 네카어(Neckar)강변에 서 있는 '횔덜린 탑'으로부터의 유추도 있을 것이다). 자서전에는 메인주(Maine州)를 비롯하여 미국 전체의 등대 사진이 여러 개 게재되어 있어, 로시의 이미지 기억에서 그 존재가 크다는 사실을 엿볼 수 있다. 또한 등대를 모티브로 한 드로잉이나 판화, 실제 작품〔그림 9〕도 많다.

로시에게 “바다를 위한 건물이자 바다의 건물이기도 한”[43] 등대는 내부로 파고들 수 있는 아로나(Arona)의 산 카를로(San Carlo) 조각상과 상통하는 구조를 가진 건조물이었다. 하지만 그러한 성격 이상으로, 대양(大洋)의 어두움에 매몰될 것 같은 빛의 신호를 규칙적으로 내보내는 움직임을 통해, 등대는 로시의 사고 속에서 깃발과 마찬가지로 중요한 징후로서의 역할을 담당하고 있었다. 등대, 나무 오두막, 세계극장〔그림 10, 11, 12〕은 모두 육지와 바다의 경계에 서 있는(떠 있는) 건축이다. 그것은 로시의 건축에서 베네치아적인 성격, 다시 말하면 항해자적인 성격을 나타내

[그림 9] 알도 로시, 토론토의 등대극장, 온타리오 호수, 토론토, 1988년.

고 있다고 할 수 있을 것이다. 물론 건축이 배로 비유되기도 하는데, 마천루처럼 도시의 등대와 유사한 표식이 되는 것 자체가 결코 드문 현상은 아니다. 그러나 로시의 경우 건축물이나 건축의 이미지가 눈앞에 존재하는 세계의 주변에 배를 연결하는 그물로 매여진 것처럼 펄럭펄럭 나부끼는 모양이 배와 유사하며, 그 주위에서 희미한 시그널(signal)을 발신하는 모습이 등대를 연상시킨다. 항해자 로시는 배나 등대로 다가올 그러한 건축의 징후를 파악하려 한다.[44]

[그림 10] 알도 로시 『푸른 노트 – 나의 프로젝트 1981』에서. "라군(lagoon* 강 · 호수와 이어지는 작은 늪) 위를 떠도는 극장의 그림자는 특수한 효과를 달성하는데, 특히 이러한 일그러짐에 깃든다/유추적 구축"

알도 로시의 자서전을 더듬으면서 희미하게 떠오른 것은 '예감' 이나 '여운' 등 확실하지 않은 감수성과 '징후' 나 '색인' 과 같은 '메타 세계' 의 징조 내지는 흔적의 발견을 통한 도시 분석의 방법론이다. 아니, 이제 그것을 '방법론' 으로 부르지 않는 것이 좋을지도 모른다. 왜냐하면 "정밀한 '의식적 방법론' 에 의거한 연구는 당당한 정면의 현관을 차지하지만, 그 반대쪽이 의외로 빈약한 경우도 없지는 않다" 는 나카이의 지적은 지극히 당연하며, "이것은 방법론을 따르는 인간의 문제가 아니라, 방법론에 근거를 둔다는 것 자체가 가지는 결함"[45]이라는 사실도 분명하기 때문이다.

[그림 11] 알도 로시, 베네치아로 향해 여행을 떠나는 세계극장, Photo by Antonio Martinelli, 1979년.

[그림 12] 알도 로시, 두브로브니크(Dubrovnik)로 향해 아드리아해를 가는 세계극장, Photo by Antonio Martinelli, 1980년.

로시의 자서전이라는 '과학' 은 기억을 탐사하는 방법론이라기보다 유형을 찾아 자신의 생을 역행하며 사냥을 하는 사냥꾼의 지식, 즉 카를로 긴즈부르그가 말하는 '징후적 지식' 이며, 이른바 '세렌디피티(Serendipity* 뜻밖의 것을 우연히 발견하는 능력)' 에 의거하여 우연하게 찾아오는 지식일 것이다.[46] 다만 긴즈부르그가 복권(復權)시키려 한 징후적 지식에 비해 무의식이라는 '메타 세계' 안으로 헤치고 들어가는 이 사냥의 길은 훨씬 어두우며, 사냥꾼의 기억에는 정념과 감정의 움직임이 깊이 침투해 있다. 때로는 악몽에 가까울 정도로 반복되는 그 '말 없는' 왜곡된 유형들은, 도시와 건축을 둘러싼 기억의 지층에서 꿈틀거리는 수문장(守門將)들의 시뮬라크르(*模像)의 역할을 하는 이 어두운 세계의 징후=색인이다. 그러한 '징후' 를 로시는 풍향계의 깃발처럼 파악했다.

생각건대, 그 '징후' 는 아직 방법론화 되지 않았으며, 이후에도 방법론으로 바뀔 일이 없는 '도시의 징후학' 그 자체의 '징후' 였던 것이다.

| 보론 1 |

망각의 시학, 유추의 서법(書法)

— 알도 로시의 말없는 건축(속편)

미니어처화(化)는 역사의 암호이다.
- 조르조 아감벤(Giorgio Agamben* 1942~ 이탈리아의 철학자)

자서전의 과학

실증적인 도시 연구의 테두리 내에 남아 머물고 있던 『도시의 건축』에서 출발하여 '유추적 도시', '유추적 건축'의 구상으로 발을 내디디고, 기억과 역사, 몽상과 현실이 유사와 차이의 계열을 이루면서 다양하게 교차하는 중에서 알도 로시에게 도시와 건축의 디자인은 벤야민이 베를린이라는 도시를 통해 유년시절을 상기한 것과 비슷한 자전적 경험으로 변용하고 있었다. 1981년의 그의 『과학적 자서전』이 바로 그런 텍스트이다.

이 서명(書名)은 물리학자 막스 플랑크(Max Planck* 1858~1947 독일의 물리학자)의 『과학적 자서전』을 따른 것이다. 다만 로시의 경우 이 명칭은 그 자신의 과거와 현재의 모든 것, 그 드로잉 등의 일체가 아무리 사소한 것이라도 관찰할 가치가 있다는 의미에서 "이러한 내면적인 여행, 개인적인 여행은 공적인 일이 되고 과학이 된다"[1]는 자각 아래 채택되었다. 즉 플랑크의 경우처럼 과학적인 업적에 관련된 범위에서의 자서전이라는 의미가 아니라, 자서전을 과학으로 만들려고 하는 역전된 의도의 표현인 것이다. "무릇 이론이라는 것 중에서 어떠한 종류의 자서전이든 정성껏 세심하게 퇴고한 하나의 단편이 아닌 것은 없다"[2]는 폴 발레리(Paul Valery* 1871~1945 프랑스의 시인 · 평론가 · 사상가)의 지적대로, 로시는 철저하게 퇴고한 자서전을 건축에 대한 과학적 이론으로 제시하려 하는 것이다.

'과학적' 이라는 형용사는 1978년의 모형 작품 「과학적 소극장」과 공통된다. 로시는 이미 소극장 속에 사적이고 자전적인 것이 내포되어 있음을 인정하고 있다.[3] 그러나 그는 소극장이나 자서전이 '과학' 을 표방하는 것은 어디까지나 그 기능만으로 국한된 것이며, 그러한 분석으로부터 로시 개인이나 그의 직업에 대해 어떠한 종류이든 구제를 시사(示唆) 받을 수 있으리라고 기대하지 않는다고 말한다.[4]

이것은 모순일까? 다만 거기에는 벤야민이 『1900년경 베를린의 유년 시절』 최종 원고의 서문에서 말한 "지나간 것의 우연적, 전기적인 회복 불가능성이 아니라, 그 필연적, 사회적인 회복 불가능성에 시선을 돌리는 것"[5]이라는 과제에 정확히 호응하는, 사적이고 자전적인 것에 대한 방법적인 거리의 설정을 확인할 필요가 있다.

과학적 소극장이란 로시의 건축이나 계획안을 모아서 유추의 과정을 상연하는 '실험실' [6]이었다. 이 실험실이 무대가 됨으로써, 그것이 없으면 "과거를 찾는 자기 소비적인 욕망의 내면에 머물러 버리는 것"[7]을 추구할 수 있다. 거기에서는 "아무리 정밀도 높은 실험을 하더라도 결과는 언제나 예측할 수 없다."[8] 그리고 "반복의 메카니즘만큼 예측 불가능의 결과를 초래하는 것은 없다." 『과학적 자서전』도 역시 이러한 '실험' 으로서의 기억의 반복을 상연하는 무대였다고 할 수 있을 것이다.

자서전이라는 서술 형식이 로시에게 주는 중요성은 소년 시절 스탕달의 자서전 『앙리 브륄라르의 생애』, 특히 거기에 첨부된 스탕달 자필의 삽화에 매료된 경험으로까지 거슬러 올라간다. 로시에게 이러한 그림의 매력은 그것들이 문장을 쓰면서 드로잉을 그린다는 복합된 육필의 기법을 나타냄과 동시에, 형태나 규모를 무시한 골격으로 환원된 건축이나 도시를 나타내고 있다는 두 가지 사실에서 유래하고 있었다. 로시는 자신이 집합주택의 유형이나 유형학의 연구로 향한 원인을 스탕달의 삽화와의 만남에서 찾고 있다.

『앙리 브륄라르의 생애』의 삽화와 연관된 드로잉과 육필 문자의 융합은, 16세기 스페인의 그리스도교 신비가(神秘家)인 십자가의 성 요한이 자신의 저작 『카르멜산 등반』을 위해 쓴 육필 문자로 이루어진 카르멜산의 그림〔그림 1〕에서도 발견되고 있다.[9] 그것은 영적인 수행의 과정을 산의 등반으로 표현한 그림이었다. 게다가 『과학적 자서전』에 의하면, 자코메티(Giacometti)나 16세기 마니에리스트들의 육필 문자풍(風)의 드로잉에서 필두로 하여, 선이 더 이상 선이 아니라 육필 문자가 되어 버리는, 드로잉과 설명문의 중간물을 이루는 방식의 그래픽은 로시를 "끝없는 불안에 몰아넣으면서도", 오랜 기간 그를 매료해 왔다고 한다.[10] 그리고 이러한 그래픽에 대한 강박관념이 자신의 드로잉에도 많이 나타나 있다는 사실을 그 스스로 인정하고 있다.

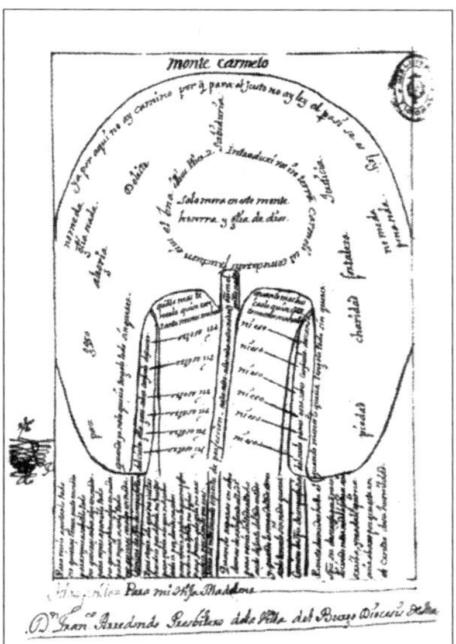

[그림 1] 십자가의 성 요한 『카르멜산 등반』에서. 성령의 마리아 막달레나 수녀를 위해 그린 십자가의 성 요한 자필의 카르멜산 그림.

이러한 드로잉에서는 육필의

문자가 그 자체로 드로잉이 됨과 동시에 드로잉이 해설문처럼 보이기 시작한다. 즉 거기에서는 문자가 의미를 잃고 도상화(圖像化* 어떠한 생각이나 대상을 그림으로 나타내는 것)하는 한편으로, 도상이 수수께끼 그림(判じ繪* 어떤 의미가 감추어진 그림)처럼 문자화함으로써 언어와 이미지의 구분이 불확실해지고 있다. 이 문자와 그림의 중간물은 미지의 상형문자와 비슷한 것이라 해도 좋을 것이다. 반대로 말하자면, 폐허 속에서 도려내어진 건축의 평면구조를 비롯하여 『도시의 건축』에서 로시가 현대의 아를(Arles)과 루카(Lucca), 또는 피렌체의 항공사진이나 지도에서 확인되는 고대 원형경기장의 흔적 형태[11]〔그림 2〕이다. 그리고 보다 더 일반적으로 '유형'은 바로 이러한 상형문자가 아닐까? 적어도 스탕달의 자서전으로 거슬러 올라가 로시가 파악하려 하는, 스스로 탐구의 기원을 이루는 동기가 이러한 상형문자에 대한 욕망이었던 것으로 생각된다.

이 상형문자에 대한 욕망과의 관련성으로부터 '유추'라는 행위를 파악하기 위해 로시는 『1900년경 베를린의 유년시절』의 한 구절을 인용하고 있는데, 이 책에서 벤야민이 말하는 "유사를 인식하는 재능" 및 그 근원에 있던 "닮은 것이 되도록, 또는 닮은 행동을 취하도록 강요한 태고의 힘"의 고찰을 해답을 이끌어 내기 위한 보조선(補助線)으로 삼고 싶다. 여기에서 언급한 착상(着想)을 벤야민은 논문 「모방의 능력에 대하여」에서

[그림 2] 로마 시대의 원형경기장 터에 건조된 건물을 나타내는 피렌체, 산타 크로체 지구의 지도, 로시 『도시의 건축』에서.

상세히 전개하고 있다.(『유년시절』과 거의 같은 표현이 그 서두에 발견된다.)

이 글에 의하면, '모방의 능력' 이란 '유사' 를 생산해내는 능력이다. 이 능력의 계통 발생적인 역사를 거슬러 올라가면, 이전에는 유사의 법칙이 광범위한 생(生)의 권역을 관장하며, 소우주와 대우주라는 양쪽을 모두 유사가 지배하고 있었다고 벤야민은 말한다. 훨씬 오래된 과거에는 하늘의 현상(*天空의 事象)도 역시 모방 가능하다고 생각하고 있었다. 신생아야말로 이러한 능력을 완벽히 소유하는 존재이며, 특히 "우주적인 존재 형태에 완전히 동화된 존재"[12]라고 여겼기에 점성술이 태어났다.

"자연이 만들어내는 그 다양한 조응"[13]이라고 벤야민이 말했을 때, 거기에는 소우주와 대우주와의 조응도 역시 포함한다. 한편 『도시의 건축』 영어판 편집자 서문에서 피터 아이젠만은, 『도시의 건축』의 근원에 있는 발상 중 하나가 "조화적 대우주를 비추는 소우주"라는 15세기적인 도시 모델이라는 점을 지적하고 있다.[14] 원래 '도시의 건축' 이라는 표제는 다소 기묘하게 느껴지는데, 로시에 의하면 도시를 하나의 건축과 같은 것으로 파악하기 위함이라는 견해를 밝히고 있다.[15] 한편 포르투갈어판 서문에서 도시적 형성물 및 유형적 형태의 사례로 들고 있는 스파라토(Spalato* 스플리트Split, 크로아티아 공화국의 항구도시)는 로마제국의 디오클레티아누스(Diocletianus) 황제가 건조(300년경)하였으며, 하나의 거대한 궁전 내부가 그대로 도시로 변용된 장소였다. 그것은 "건축이 가지는 유추에 의한 변형 작용이 형태상으로 작용한" 결과로서의 변모이며, 스파라토는 "그 유형적 형태 속에서 도시를 발견하고 있었던" 것이다. 건물이 '유추적으로' 도시의 형태와 결합한 이러한 과정을 역전시켜서, 로시는 한층 더 "건물이 도시와의 유추에 의해 계획될 수 있다"[16]는 귀결을 이끌어내고 있다. 여기에 작용하고 있는 '유추' 도 역시 도시라는 대우주와 건축이라는 소우주의 '조응' 임에 틀림없다.

벤야민으로 돌아가 보자. 모방의 능력은 역사의 진전과 함께 서서히 약해지고 있는 것처럼 보인다. 그 결과로 "확실히 근대인이 신체 기관을 통해 느끼거나 알아차릴 수 있는 증표의 세계는 고대의 여러 민족에게 잘 알려져 있던 마술적인 교감(correspondent)이나 유추(analogy) 속의 극히 적은 잔재 이외에는 계승되지 않았다."[17] 이전에 발견되어 되살아나 있던 유사는 "비감성적인 유사"[18]라고 벤야민은 말한다. 이 비감성적 유사의 기준이 되는 것이 언어이자, 문자이다. 즉 우리들은 언어나 문자를 통해서 거꾸로 비감성적 유사가 무엇인지 알 수 있다.

단적으로 말하면, 그것은 가령 파이프와 '파이프' 라는 말과 문자(文字像 Schriftbild* 문자의 이미지) 사이에 존재하는 유사이다. 이러한 유사는 언어나 문자가 한창 그 '기호학적인 측면' 에 상응한 의미 연관을 나타내고 있는 동안 '전광석화(電光石火)처럼' 출현했다가 순식간에 사라져버린다.[19]

벤야민은 말한 것 이상으로 의미가 깊을지도 모르는 문자상의 비감성적 유사에 대해 필적학(筆跡學)으로 언급하고 있다.

> 필적학은 필적 속에 필자의 무의식 아래에 숨겨져 있는 여러 심상(心象)을 인식하는 기술을 가르쳐 주었다. 이와 같이 글을 쓰는 사람의 활동 속에 나타나는 모방이라는 사상(事象)은 아득히 먼 시대에 문자로 성립되었으며, 쓴다는 행위에 지극히 중대한 의미를 가져왔다고 할 수 있다. 이렇게 문자는 언어와 함께 나란히 비감성적인 유사, 비감성적인 교감(correspondent)의 기억 보존 창고가 된 것이다.[20]

모방의 능력이 문자와 언어로 깊숙이 들어가는 입구를, 벤야민은 룬(rune* 고대 북유럽 게르만인의 문자. 1세기경부터 17세기까지 썼으며 모두 24문자로 이루어져 있다)문자나 상형문자로 보고 있다. 이에 앞서 언어 이전의 가장 오래된 '읽는 방법' 은 점(占)을 보듯이 내장(內臟)이나 별자리를 파악하거나, 혹은 무용의 내용을 이해하는 식의 "전혀 쓰여 있지 않은 것을 간파하는"(호프만스탈* Hugo von Hofmannsthal 1874~1929 오스트리아의 시인, 극작가) 읽는 방법일 수밖에 없었다.[21]

「모방의 능력에 대하여」라는 논고는 1933년에 집필되었다. 같은 시기에 벤야민은 계속해서 『1900년경 베를린의 유년시절』을 쓰고 있었다. 여기에서 주목하고자 하는 것은, 이 자전적인 텍스트에서 벤야민의 서법이 마치 필적학에 대한 그의 관심에 응답하듯이 "쓰는 사람의 활동 속에 나타나게 되는 모방"을 의식적으로 추구된 것이라는 점이다. 로시의 유추와 자서전, 그리고 상형문자적인 '문자상' 으로서의 드로잉 등의 주제와 그것은 교착하게 된다.

몇 가지 버전이 존재하는 『1900년경 베를린의 유년시절』이라는 텍스트의 성립사(史)를 둘러싼 더없이 상세한 검토에 입각하여, 벤야민의 유년시절의 회상에서 나타나는 '글쓰기' 의 시학을 주제로 한 데이비드 줄리어트(Davide Giuriato)의 저서 『마이크로그래피(*Micrograph*)』를 인용하면, 벤야민은 자기 스스로는 타자기를 사용하지 않고 항상 육필로 원고를 집필하는데, 그것도 6mm 정도에서 때로는 1mm의 가는 글자로 문장을 엮었다.[22]〔그림 3〕 이 세서법(細書法 micrography)은 텍스트적인 의미 이전에, 쓰인 것의 그래픽적인 도상성(圖像性)을 가시화하여 그 물질성과 기술적 조건을 의식화시키기 위한 것이었다.[23]

다만 여기에서 육필 문자는 필적학을 통한 성격 진단이나 심리학적인 해석의 범주 속에 자리 잡고 있었던 것은 아니다.[24] '아이' 나 '유년시절' 이라는 주제가 이와 관련되어 있다. 벤야민에게 중요한 것은, 언어나 문자를 익혀서 글을 쓰는 아이의 행동과 아이의 입장에서 본 문자의 도상성

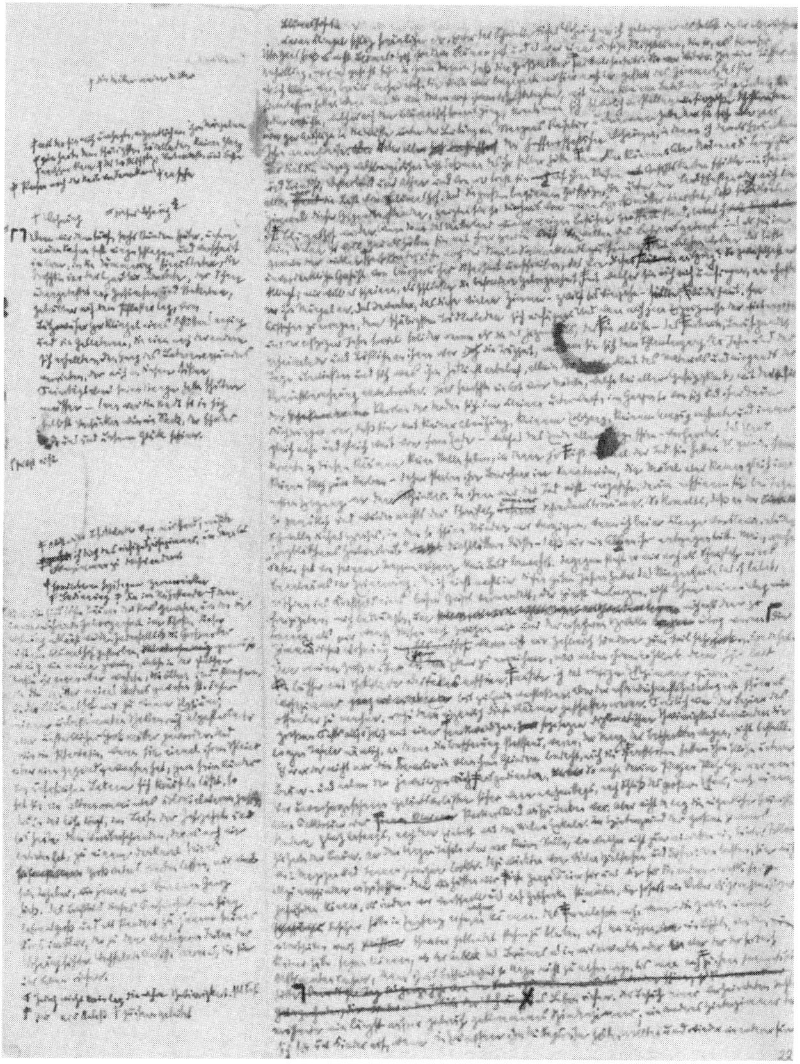

[그림 3] 벤야민의 자필 초고 「블루메스호프 12번지」(『1900년경 베를린의 유년시절』), 1932년.

이었다. 유년시절의 회상을 엮어가는 사람이 쓴다는 행위의 한가운데에서 아이의 방법을 모방하려는 것이다.

그러나 여기에는 시작 전부터 이미 불가능성이 얽혀 있다. 현재 최종 원고로 인식되고 있는 『유년시절』의 버전에는 수록되어 있지 않은 「글자학습용 나무완구 상자(字習い積み木箱)」에서, 벤야민은 "일단 잊어버린 것을 다시 똑같이 그대로 되돌리는 것은 절대 불가능하다"[25]라고 적고 있다. 유년시절 그의 주변에 있던 것 중 가장 큰 동경을 불러일으킨 대상이 "아주 젊고, 또한 소녀처럼 보였던"[26] 독일 글자체의 문자가 하나씩 작은 판자 조각에 나란히 늘어서 있는 글자학습용 나무완구 상자라고 한다.

> 글자학습용 나무완구가 내 마음속에 불러일으킨 동경은, 이 장난감 상자가 얼마나 깊이 나의 유년시절과 하나가 되어 있었는가에 대한 증거이다. 이 장난감 상자에서 내가 정말로 찾고 있었던 것은 유년시절 그 자체, 즉 손이 틀 속에서 문자를 눌러 언어가 되도록 순서대로 배열한, 그 손가락의 움직임 속에 가로놓여 있었던 것 같은 유년시절 전체이다. 손은 그 손가락의 움직임을 여전히 꿈꿀 수 있겠지만, 그러나 새롭게 깨어나 그것을 실제로 그대로 똑같이 해 보이는 것은 결코 더 이상 불가능하다. 마찬가지로 나는 이전에 어떠한 방법으로 보행을 익혔는지를 몽상(夢想)할 수는 있다. 하지만 그것은 아무런 도움도 되지 않는다. 나는 지금 걸을 수 있지만, 더 이상 그것을 기억할 도리가 없다.[27]

이미 읽고 쓰는 것이 가능한 어른은 문자를 기억하는 것이 불가능하다. 문자를 기억하는 손가락의 움직임은 회복이 어렵다. 그 손가락의 움직임에야말로 유년시절 전체가 깃들어 있다고 한다면, 유년시절을 되돌리는 것은 불가능하다.

그럼 어떻게 할까? 줄리어드는 그 자체로서는 회복 불가능한 유년시절이 떠오르거나 보고받기 어려우며, 언어가 전달 능력을 잃어버리거나 또는 더 정확히 말하자면, 그러한 능력을 아직 완전히 획득하지 않은 듯한 '언어 속의 불안정한 끊김(Hiat)' 으로서만 표시될 수 있다고 지적한다.[28] 벤야민은 육필의 세서법을 필두로 하는 '쓰는 것' 의 경험으로서 이 '끊김' 을 부각시키려고 한다. 쓰는 것의 그래픽적인 실현은 여기에서 '물질성의 시학' [29]을 제시하고 있었던 것이다. 그것은 아이의 서법처럼 단순한 노스탤직(nostalgic)한 모방에 의한 회복이 아니라, 반대로 결코 회복할 수 없는 몸짓의 잔여(殘餘)를 반복하는 행위였다.

따라서 유년시절을 회상하는 벤야민의 자서전에는 유년시절의 삶 그 자체가 누락될 수밖에 없다. 이로 인해 경험의 불가능성에 대한 경험을 말하는 이 '자서전(Autobiographie)' 이 줄리어트의 저서 속에서는 회상되는 '삶(그리스어의 bios)' 을 누락시킨 'Auto'graphie' 로 쓰이게 된다.[30] 누락을 나타내는 생략 기호인 아포스트로피(apostrophe)는 유년시절을 둘러싼 자서전이 내포할 수밖에 없는 회상되는 자신과 회상하는 자신의 간격, 즉 회복 불가능한 경험에 대한 텍스트에서의 부재를 나타내고 있다. 게다가 스스로의 유년시절을 쓴다는 행위는 이 부재의 주변을 선회하는 것을 강요받으므로, 수사학에서 말하는 '돈호법(頓呼法, 아포스트로피)', 즉 그 장소에 없는 부재의 인물 ― 부재의 유년시절의 자신 ― 을 향해 말을 거는 행위가 된다.[31]

그런데 위와 같은 벤야민의 '유사' 의 문제들 및 불가능한 자서전의 시학을 단서로 해서, 로시의 『과학적 자서전』과 상형문자와 같은 '문자상' 에 접근하는 드로잉의 해독으로 시선을 돌려 보자. 『과학적 자서전』 그 자체는 로시가 건축가로서 남겨온 프로젝트의 기억을 표현한 텍스트인데, 그 속에서 유년시절의 회상은 예외적인 것으로 머물고 있다. 하지만 아이젠만의 다음과 같은 지적에 드러나 있듯이, 유년시절은 로시의 유추적 드로잉에서 본질적인 시간성이라고 생각한다.

로시의 유추적 묘사 그림은 그 유추적 문장 기술과 마찬가지로 기본적으로는 시간을 취급한다. 그러나 유추적 문장 기호의 경우와는 달리, 묘사 그림은 두 개의 시간이 정지된 상태를 표현한다. 그 한 가지는 과정으로서의 시간 정지 상태이다. — 여기에서는 그려진 대상이 어느 정도 앞으로 움직이고는 있지만, 아직 행동에 나선 모습의 재현까지는 도달하지 않았다. 또 한 가지는 분위기로서의 그것이다. — 여기에서는 그려진 그림자에 의해 시계의 정지가 가리키고 있는 것들 모두가 다 얼어붙은, 그리고 변치 않는 기억(유품)으로서, 이 새로운 평형(平衡)상태에서의 삶과 죽음의 관계를 나타내고 있다. 유추적 묘사에서는 이제 더 이상 시간의 표현이 정확하게 계측된 빛이나 그림자의 길이, 사물의 가령(加齡) 등에 의해 이루어지지 않는다. 오히려 시간의 표현은 무한정한 과거로 제시되고 있으며, 그것이 되돌려놓은 이전의 무시간(無時間)의 시점은 유년기의 시간이자 환각이며, 단편적인 강박관념이나 자전적인 이미지의 형태로 나타나는 저자 자신의 소외된 유년시절이다 — 그러한 것은 역사적인 방식의 어투로는 효과적으로 완전하게 설명할 수 없다.[32)]

그러므로 역사를 대신 하는 것으로서 자서전이 요구된다. 그리고 강박관념 같은 이미지와 기억의 단편이 명확한 질서 없이 엮여 가는 『과학적 자서전』의 형식 그 자체가 유추적 묘사 그림처럼 유년시절이라는 무한정한 과거에서의 시간의 정지를 나타내게 된다. 로시 자신이 이 서적의 서두 부근에서 "그 어떠한 여름도 나에게는 마지막으로 느껴졌다"라고 쓰고, "이 발전 없는 체액 정지의 감각이 바로 나의 프로젝트 대부분을 설명하는 것이 아닐까?"[33)]라고 고백하고 있었다.

그리고 이 자서전에서 망각된 대상, 그것은 틀림없이 '건축' 바로 그 자체이다.

> 나의 프로젝트에 대해 자서전을 쓰는 것은 그것들에 관해 말할 수 있는 유일한 수단이다. 한편으로 어차피 그것은 관계없다는 사실도 알고 있다. 필시 이것은 건축을 망각한다는 것을 다시금 의미하고 있다. 따라서 유추적 도시에 대해 말하고, 또한 본서 속에서 모든 체험은 나에게 결정적이며, 과거와 미래를 정의하기 어렵다고 몇 번이나 반복하고 있는 것은 이미 건축을 망각하고 있기 때문임이 틀림없다.[34]

게다가 육필 문자와 융합된 그래픽을 이용하여 건축 유형을 반복적으로 그려내는 것을 목표로 삼았던 점 역시 건축의 망각이었다고 로시는 말한다.[35] 이러한 그래픽에 의한 드로잉 또한 로시에게는 자서전이며, 이 건축가의 입장에서는 『과학적 자서전』이라는 텍스트보다 훨씬 더 자서전다운 자서전이라 할 수 있다. 건축 드로잉이 원리적으로 항상 미니어처화라는 사실을 생각하면 거기에 로시의 세서법(micrography)이 존재한다고 이해할 수 있을 것이다.

이 저서의 말미에서도 과거의 12개의 계획안에 대해, 1980년에 그려진 드로잉이 게재되어 있다. 다만 그것들은 여기서는 서적의 부속물로 의도적으로 만들어져 있으므로, 프로젝트의 인덱스(* index 색인)와 같은 역할로만 활용되는 듯하다. '자서전' 으로 받아들일 수 있는 드로잉과 육필 문자의 중간 형태를 이루는 그래픽은 오히려 프로젝트의 진행에 맞춰서 시행착오를 거치면서 그려진 스케치북에 남겨져 있다. 이러한 기록의 한 예로서, 『과학적 자서전』을 최종적으로 정리하는 단계와 거의 병행하고 있었으리라 추정되는 1978년에서 1980년에 걸쳐 그려진 한 권의 스케치북이 있다. 이것을 토대로 로시의 자서전의 시학을 구체적으로 살펴 보고 싶다.

「학교 가는 길」의 발견

독일 건축박물관이 소장한 스케치북은 델러(Dahler)사의 제품이며, 21.6cm×15.7cm이다. 페이지 번호가 쓰여 있지 않아, 아래에서는 독일 건축박물관에서 간행한 카탈로그에 적혀있는 페이지 번호를 사용하도록 하겠다.[36]

여러 장의 종이가 파기된 뒤 최초의 페이지에는 로시의 자필로 "1978/80 브로니의 학교 마르케지 예배당(Scuola di Broni Cappella Marchesi)"이라고 쓰여 있다. 이하 가끔 마주 보는 좌우 두 면이 사용된 것 외에는 왼쪽의 짝수 페이지는 공백인 채로 남겨져 있고, 드로잉의 대부분이 오른쪽의 홀수 페이지에 그려져 있다.

1페이지에는 이 두 개의 프로젝트의 명칭이 적혀 있지만, 중심을 이루는 것은 어디까지나 브로니의 학교 계획이다. 그 진행 과정에 별도의 프로젝트의 계획안이 수시로 끼워져 있다. 여기에서는 스케치북의 서두 부분에 그려진 마르케지 예배당과 관련된 검토는 생략하고, 브로니의 학교의 드로잉을 추적해 보도록 하겠다.

이 학교에 관한 최초의 드로잉은 9페이지에 등장한다. 거기에는 투시도로 구성된 2개의 안(案)과 평면도가 그려져 있다. 투시도에 대해서는 중앙에 맞배지붕(* 박공지붕, 책을 펴서 엎어놓은 것 같은 두 개의 사면으로 된 지붕)의 통로를 가진 어프로치(approach* 대문에서 현관이나 다른 목적물에 이르기까지의 거리를 의미하거나 화단, 정자, 연못 등을 연계해 주는 길) 부분과 직육면체의 건물로 이루어진 구성은 같지만, 한쪽에는 그 배후에 거대한 굴뚝(로시가 제작한 파냐노 올로나 초등학교의 굴뚝과 같은 종류의 것)이 보이며, 또 하나의 그림에는 어프로치의 정면에 사람의 얼굴이 그려져 있다.[37)]

이 프로젝트는 12페이지부터 집중적으로 전개되어 간다. 12페이지에는 "브로니의 학교 1978년 12개의 교실, 4개의 특별실, 교장실, 비서실, 홀 → 운동장" 등의 메모와 함께 교실의 배치도나 원형의 홀을 배치한 평면도가 그려져 있다. 계속해서 13페이지에는, 세로로 3개로 나누어진 사각형의 좌우에 교실과 교장실을 배치하고 중앙을 홀로 구성하는 방안의 평면도 이외에, 이 중앙 부분에 맞배지붕을 씌운 형태의 투시도, 또는 그 단면도가 있다. 14페이지에는 파냐노 올로나 초등학교의 평면도가 등장하고 있으나, 15~17페이지는 다시 브로니의 학교를 거론하며 거의 12, 3 페이지와 같은 제안을 그리는 정도로 마무리하고 있다.

새로운 요소가 출현하는 것은 18~19페이지부터이다. 여기에서 홀은 둥근 지붕이 있는 원주형(円柱狀)의 독립된 부분이 되고, 이것이 이전의 계획안에 접합된다. 그 접합을 어떻게 실행하는가를 두고 시행착오가 거듭되고 있다. 20~23페이지에서는 1968년의 스칸디치(Scandicci* 이탈리아 토스카나주 피렌체현에 있는 코무네. 코무네는 현 아래의 행정구역) 시청 청사의 시안을 떠올리게 하는, 홀과 교실 동(棟)을 세로로 나란히 배치하는 안이 제시된다. 거대한 굴뚝같은 친숙한 형태도 다시 등장하고 있다. 이후 선으로 말소된 페이지(24, 25, 28페이지)와 파기된 페이지(24페이지와 25페이지 사이의 3장, 28페이지와 29페이지 사이의 3장)의 흔적 등이 이어지고, 27페이지에서는 갑자기 별로 관계가 없을 것 같은 실내도가 삽입되는 등, 이미지의 진전이 지체되고 있는 모습을 엿볼 수 있다.

29~30페이지는 불특정의 카탈로그를 제작하기 위한 자작(自作) 사진 등을 지정해 둔 대략적인 스케치인 것 같은데, 29페이지의 첫 스케치는 파냐노 올로나 초등학교의 도서관이고, 두 번째가 올로나 초등학교의 「내

부, 갈레리아(Galleria)」, 세 번째가 밀라노 갈라라테제 지구의 집합주택의 계단을 각각 표현하고 있으며, 네 번째가 「브로니의 건물 안 계단(中庭)」, 30페이지의 다섯 번째 스케치가 「브로니의 계단」, 여섯 번째가 「색채」로 제목이 붙어 있다.

중요한 것은 이 여섯 번째의 그림 아래에 그려져 있고 별도의 번호가 붙어 있지 않은 스케치이다. 그 스케치는 중앙에 로턴더(rotunda* 벽이 원형이며 반구형 지붕을 가진 원형홀)(원형의 건물)를 배치하고, 그것을 둘러싸는 정사각형의 네 변을 이루는 건물과의 사이에 4개의 통로가 이어지는 평면도를 보여주고 있다.

그리고 31페이지 이후에서는 이 구성을 발전시킨 브로니의 학교의 새로운 이미지가 전개되어간다. 그것들은 모두 중앙에 둥근 지붕이 있는 로턴더와 입구에서부터 이어지는 맞배지붕의 통로를 핵심으로 하고 있으며, 로턴더를 정사각형으로 둘러싸고 있는 부분을 교실로 배치한 구성을 취하고 있다〔그림 4〕. 29~30페이지에 나타나 있는 바와 같이, 자신이 만든 건축의 이미지를 카탈로그화(化) 하는 작업을 통해, 비로소 로시는 별도의 해결 방안에 도달할 수 있었던 모양이다. 이 이후 이러한 기본구성은 변하지 않는다.

35페이지와 37페이지〔그림 5〕에서는 베르가모(Bergamo)나 만토바(Mantova) 근처 마을의 병렬집합주택(列狀集合住宅) 안(案)과 관련된 드로잉이 그려져 있는데, 이 맞배지붕의 형태는 브로니의 학교의 정면 통로와 유사하다. 맞배지붕의 주랑(柱廊* 기둥만 있고 벽이 없는 복도)은 로시가 작업한 모데나 묘지를 필두로 하는 다양한 건축의 기억을 약간 변형시키면서 반복한 것이었다.

빈센트 스컬리가 지적하고 있듯이, 날카로운 맞배지붕을 정면으로 한 작은 주택의 이미지에는 엘바섬에서 볼 수 있는 해수욕용 나무 오두막이

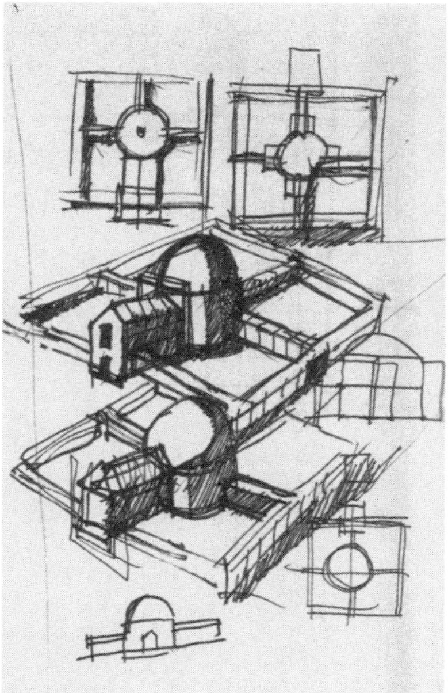

[그림 4] 알도 로시, 스케치북 「1978/80 브로니의 학교 마르케지 예배당」, 1979년, 31p.

[그림 5] 알도 로시, 스케치북 「1978/80 브로니의 학교 마르케지 예배당」, 1979년, 37p.

라는 토속적인 버나큘러한 건축의 기억이 뒤얽혀 있고, 그 맞배지붕으로 뚫린 둥근 창은 만토바에 있는 알베르티의 교회의 거대한 둥근 창(오큘러스* Oculus)의 반영이다. 게다가 "다음 순간, 버나큘러한 통나무 오두막집과 페디멘트(pediment * 고대 그리스 · 로마 건축에서 맞배지붕의 박공(벽)에 생기는 삼각형 부분)를 얹은 고전주의의 신전을 동시에 떠올리게 하는 이 맞배지붕은, 로시가 제작한 세그라테(Segrate)의 파르티잔(partisan)기념비의 플라톤(Platon)적인 삼각형으로 그 모습을 드러내고 있다."[38] 이외에도 이러한 맞배지붕을 한 주랑의 형태에서는 『과학적 자서전』에 사진이 게재된 「사크리 몬티(* Sacri Monti 성스로운 산)」〔그림 6〕로부터의 유추를 확인할 수 있을 것이다.[39]

로시가 기억이나 유추를 디자인에 개입시키고 있는 이상, 다른 프로젝

[그림 6] 알도 로시 『과학적 자서전』에서. 「사크리 몬티」. 바베노(Baveno)에 있는 성 제르바시오 · 성 프로타지오 성당의 「십자가의 길(Via Crucis)」. Photo by Gianni Braghieri.

트에 관한 드로잉의 삽입도 단순한 우연으로 볼 수는 없다. 『과학적 자서전』에서 로시는 모든 페이지가 작은 문자로 파묻혀버린 스위스 철도 시각표를 즐겨 읽었던 경험을 말한 뒤, 유추의 관념을 항상 "확률의 범위, 일종의 전후 참조(前後參照)에서 시작해서 대상으로 접근해가는 정의(定義) 부여의 범위"로 간주해왔다는 것을 언급하고, "거기에서는 철도의 분기점(point)처럼 사물이 엇갈린다"[40]고 쓰고 있다. 프로젝트를 둘러싼 기억과 유추, 연상은 교착한다. 그리고 "또 다른 기억, 다른 동기가 시야에 들어와, 아직도 나에게 무척이나 사랑스러운 원래의 프로젝트를 변화시켜 간다."[41] 병렬집합주택 안의 이미지는 브로니의 학교 계획안에 그려진 전랑(前廊* 그리스 신전이나 그런 형식으로 지은 건물의 앞쪽에 기둥을 죽 벌여 세운 입구) 부분의 디자인에 대해 그러한 '전후 참조'의 대상이 되고 있다고 말해도 좋을 것이다.

계속해서 40~41페이지에는 중앙 홀의 단면도와 평면도가 그려져 있다. 41페이지에서 42페이지의 입면도(立面圖)에 이르는 과정에서 홀의 형태가 로턴더에서, 주위의 교실동과 통로에서 연결되는 둥근기둥 위에 팔각기둥을 얹은 형태로 바뀐다. 여기에 따라 지붕의 형태도 변화한다. 그리고 45페이지의 홀 입면도에서, 학교의 중심에 위치하는 팔각추(팔각뿔) 지붕의 첨단에 하나의 삼각형 깃발이 출현한다.

하지만 아직 홀의 형태는 최종적으로 해결되지 않았다. 47페이지에서는 팔각기둥이 아니라, 십육각기둥의 가능성이 예측된다. 49페이지에서 53페이지에서는 정면 현관의 디자인이 모색되고 있다. 4개의 사각기둥 및 둥근기둥에 의해 지탱되어진 정면 현관의 디자인은 둥근창이 있는 페디멘트 때문이기도 하여, 고전주의적인 신전을 연상시킨다.

그 디자인이 다시 새로워지고, 착색된 조감도에 의해 전체 구성이 단번에 드러나는 것이 54페이지이다〔그림 7〕. 거기에서는 맞배지붕을 가진 병렬주택과 유사한 통로가 교실동을 관통하여 중앙 홀에 이르고 있다. 팔각추의 형태를 한 중앙 홀 지붕의 중심에서는 삼각형 깃발이 서 있다. 정면 현관 위에는 '학교 가는 길(der Weg zur Schule)' 이라고 독일어로 쓰여 있다. 그리고 이 페이지의 우측 하단에는 같은 독일어로 된 타이틀과 1979년 6월에 그려진 것을 나타내는 서명 'AR giugno 79' 가 보인다.

[그림 7] 알도 로시, 스케치북 「1978/80 브로니의 학교 마르케지 예배당」에서. 「학교 가는 길(der Weg zur Schule)」, 1979년 6월.

드로잉의 왼쪽 위에 그려진 태양의 빛 때문에 건물은 우측 하단에 긴 그림자를 드리우고 있다. 정면 현관에서 화면 바로 앞을 향해 하나의 길이 뻗어 있다. 그림의 좌측 하단에는 그다지 키 차이가 없는 점으로 미루어보아 형제인지, 손을 잡은 두 명의 아이와 개 한 마리의 실루엣이 그려져 있어 긴 그림자를 끌어내리고 있다. 키가 크고 연장자로 보이는 아이는 오른손을 들고 학교 건물을 가리키고 있다.

브로니 학교의 기본을 이루는 디자인은 이 드로잉이 그려졌을 때 결정되었다고 볼 수 있다. 이어 59페이지에서 73페이지에 걸쳐서는 밀라노 갈라라테제 지구의 집합주택을 크게 확대시킨 것 같은, 거대한 벽면과도 유사한 고층 병렬주택안의 드로잉과 학교의 홀처럼 깃발을 첨단에 세운 페자로(* Pesaro 마르케주의 북쪽에 있는 이탈리아의 해변 휴양도시)의 신자치체(新自治體)센터의 타워 계획안이 사이에 끼워진 다음에, 「브로니의 학교」의 홀 전체가 팔각기둥 형태로 정리되었음을 나타내는, 전체 중앙 축을 따라 그려진 조감도를 77페이지의 〔그림 8〕을 통해 보여주면서(홀 지붕의 깃발은 신자치체센터의 타워와 마찬가지로 붉은색으로 칠해져 있다) 스케치북은 15장의 공백의 종이를 남긴 채 완결되어 있다. 더 정확히 말하면, 79페이지에 카탈로그에서는 「브로니의 학교를 위한 건축안」이라고 부르고 있는 드로잉이 그려져 있지만, 엘바섬의 나무 오두막집을 거대하게 만들어서 줄지어 세우듯이 구성한 이 드로잉은 프로젝트의 최종 국면에서 떠오른 '별도의 다른 기억, 별도의 다른 동기' 에 마음이 끌리고 있는 것처럼 느껴진다.

[그림 8] 알도 로시, 스케치북 「1978/80 브로니의 학교 마르케지 예배당」 77p.

따라서 이 프로젝트의 결정적인 발견의 순간과 이를 통해 응결된 장면은 54페이지의 드로잉에서 찾을 수 있다. 이 드로잉으로 드디어 정면 현관의 디자인이 정해지고, 하나의 길이 그 현관을 향해 연결되어 중앙 홀에는 깃발이 세워지며, 이미지는 긴 그림자를 동반하면서 유년기의 무시간성을 띠고 정지한다. 정면 입구 바로 위 교실동의 밑변(底邊)을 정확히 괘선(罫線)처럼 이용하여 적은 '학교 가는 길' 이라는 문자는, 이른바 퍼포머티브(* performative 수행 표현)이며, 로시가 이 드로잉을 통해 비로소 '브로니의 학교' 로 통하는 길을 발견한 점, 그 디자인으로 향한 결정적인 통로를 발견한 점을 이야기하고 있다. 그러한 의미에서 이 이미지야말로 '학교 가는 길' 이다. 드로잉은 이렇게 해서 자신의 이름을 획득함과 동시에, 그 이름의 문자를 스스로 일체화하고 융합시켜서 제시한다. 여기에서 드로잉과 설명문의 중간 형태와도 같은 그래픽이 출현한다. 실루엣의 아이들과 개는 이 출현의 목격자로서 그곳에 그려져 있는 듯하다. 그리고 드로잉 위에 '학교 가는 길' 이라고 쓰는 행동 그 자체가, 자신의 그림에 '극장' '시청' '집' '학교' 등을 써넣는 아이의 행동을 반복하고 있다.[42)]

긴 그림자를 드리우는 정지된 시간이 대체 몇 시인지는 75페이지와 77페이지의 드로잉에서 확실히 밝히고 있다. 거기에는 정면 현관 위에 큰 시계가 설치되어 있으며, 그 시간은 바로 오후 다섯 시를 가리키고 있다. 「과학적 소극장」〔그림 9〕의 정면에도 시계가 설치되어 있는데, 마찬가지로 다섯 시를 가리킨 채 멈추어 있다. 로시에 의하면 오후 다섯 시는 "이그나시오 산체스 메히아스(Ignacio Sanchez Mejias* 스페인의 투우사, 1935년 오후 5시에 쇠뿔에 받혀 사망함)의 신비한 시각"[43)]이라고 한다. 이 상징적인 시각은 시간의 정상적인 흐름과는 무관하다.

> 확실히 이 극장의 시간은 시계로 계측되는 시간과는 합치하지 않으며, 또한 감정은 순차적으로 경과하는 시간에 속박되는 것이 아니다. 매일 밤 놀라울 정

도로 같은 시각에 놀라울 정도의 정확함을 가진 무대 위에서 같은 공연이 열린다.[44)]

기억의 반복을 상연하는 과학적 소극장과 마찬가지로, 브로니 학교의 시간도 역시 시계로 계측되는 시간과는 일치하지 않는다. 파냐노 올로나 초등학교에 있는 거대한 시계와 아이들의 사진을 언급하며 로시는, "이 시계는 그 당시의 시간과 함께 유년기의 시간까지 나타내고 있다"[45)]라고 쓰고 있었다. 과학적 소극장의 다섯 시, 그리고 특히 브로니 학교의 다섯 시는 특정한 과거와의 연관을 가지지 않은 채, 무한정으로 익명(* anonymous)의 유년시절의 시간을 나타내고 있다. 긴 그림자처럼 그것은 정지된 시점의 무시간성을 나타내고 있는 것이다.

로시의 이러한 시간 감각과의 관계에서 시사적인 것은, 폴라로이드 사진에 대한 편애이다. 그는 그것을 비밀의 '정열'이라고까지 부르고 있다. 스스로 사진을 촬영하는 것 같은 행동은 지금까지 하지 않았는데, 폴라로이드 카메라라는 이질적인 장치가 로시를 순식간에 매료시켰다고 한다. 폴라로이드 사진은 로시에게 "영원히 지나가 버릴 시간의 사진, 순간을 향한 사랑, 삶의 추구"[46)] 등의 것들을 의미했다. 그것은 객관적인 기

[그림 9] 알도 로시 「과학적 소극장」 1978년.

록을 위해서라기보다 오히려 훨씬 더 개인적인 기억을 위한 미디어였다고 할 수 있을 것이다.

폴라로이드 카메라는 어느 순간의 광경을 즉시 미니어처화한 물질로서 제공한다. 로시는 거기에 흘러가는 시간을 포착하여 즉시 응결시켜서 모형화한 다음 곁에 남겨둘 가능성을 간파하고 있었을지도 모른다.[47] 게다가 보통의 카메라와는 달리 네거(* negative 사진 용어- 음화. 원판)가 사진과 일체화하고 있으므로, 완성된 폴라로이드 사진은 오리지널(* original 원본)이 한 장밖에 존재하지 않는다. 즉 그것은 필름이라는 형태로 물체화된 과거 순간의 특권적인 사유를 가능하게 하는 반복제 기술적(反複製技術的)인 장치이다. 폴라로이드 카메라에 의해 시간은 촬영 및 자기 현상의 과정마다 단절되고, 한순간의 광경이 유일무이한 물질로 변하여 남겨진다.

이렇듯이 폴라로이드 사진은 정평이 나 있는 '물화(物化* 물질적인 성격을 띠게 되는 것)된 시간' 이다. 그리고 벤야민이 보들레르론(* Charles Baudelaire 論)에서 말하는 바와 같이, '우울(spleen)' 함 속에서도 역시 마찬가지로 시간이 물화한다.

> 우울함 속에서는 시간이 물화된다. 1분 1분이 인간을 눈송이처럼 뒤덮어 간다. 이 시간은 무의지적 기억의 시간처럼 역사를 소유하지 않는다. 그러나 우울함 속에서는 시간 감각이 부자연스럽게 예민해진다. 1초마다 그 쇼크를 막아내기 위해 의식이 동원된다.[48]

구체적으로는 시계라는 모티브를 통해 나타나는, 시간을 둘러싼 로시의 오브세션(* obsession 강박관념)은 유년시절을 향한 프루스트(Marcel Proust)적인 무의지적 기억을 지향하면서도, 보들레르(Charles Baudelaire* 1821~1867 프랑스의 시인, 평론가)와 마찬가지로 그것이 실패한 데에 따른 우

[그림 10] 알도 로시, 파냐노 올로나 초등학교 건물 안 계단, 1972~76년.

울함에 깊이 가라앉을 수밖에 없다. 또한 시계의 문자판은 문자 그대로 '새겨진' 때를 상징한다. 크루트 W. 포스터(Kurt W. Forster)는 파냐노 올로나 초등학교의 시계 밑에 홀로 앉아 있는 남성을 촬영한 한 장의 사진〔그림 10〕에 대해, 그 거대한 문자판을 '다모클레스의 칼(* Sword of Damoclès: 기원전 4세기 초 시라쿠사의 왕 디오니시오스가 그 번영을 지나치게 칭송하는 신하 다모클레스를 천장에서 한 올의 말총에 매달린 칼 아래에 있는 왕좌에 앉혔다는 고사에서 유래된 말. 번영 속에도 항상 위험이 있다는 뜻)' 로 비유하고 있지만[49], 오히려 그것은 시간을 아주 길게 늘어뜨려 계속 잘게 써는 잔혹한 기계이며, '유년기의 시간' 의 이면을 이루는 '우울의 시간' 의 무수한 눈송이를 남성 위에 쏟아 내리고 있는 것이 아닐까? 그 증거로 이 남성은 마치 멜랑콜리를 표현하는 전통적인 몸짓을 따라 하듯이 턱을 괴고 있다.

유년시절(infantia)의 건축

그리고 깃발. 앞서 언급한 바와 같이 스케치북의 65페이지 이후에는 브로니의 학교와 마찬가지로 깃발이 있는 페자로의 신자치제 센터의 타워 계획안이 등장한다. 과학적 소극장의 맞배지붕의 정상부에서도 붉은 깃발이 우뚝 솟아있다. 베네치아 비엔날레에 즈음해서 1979년에 세워졌으며, 뗏목을 타고 물 위를 부유하는 「세계극장」의 팔각추 지붕에도 역시 금속제의 깃발이 세워져 있다. 건물의 형상으로 봐도 학교의 중앙 홀과 세계극장과의 유사성은 현저하다.

이와 같이 깃발은 이 시기의 로시의 작품에서 공통으로 나타나는 모티브이지만, 이 깃발이 출현하게 된 계기가 된 것이 취리히 공과대학에서 로시가 교편을 잡았던 1972년에서 1975년 사이라는 사실은 『과학적 자서전』의 기술을 통해서 알 수 있다. 그 무렵의 노트북에는 "어느 드로잉에서든 딱딱한 금속의 깃발이 밝고 차가운 겨울 날씨를 배경으로 삐걱거리는 소리를 내고 있다(creak)"라고 쓰여 있다.

'삐걱거림' 이라는 말은 독일어 'klirren' 을 번역한 것이다. 이 단어는 횔덜린의 시 「삶의 절반」을 통해 언제나 내 마음을 울렸다. 이 시의 제목도 나에게는 허공에 매달리는 조건인 것 같다. 횔덜린 자신은 결코 그린 적이 없는 작은 철판으로 된 깃발은 그 후 나의 드로잉 속에 침입하였고, 그 이유에 대해 항상 나에게 던져지는 질문에 횔덜린의 시의 마지막 몇 구절을 내 건축으로 번역했다고 답할 수밖에 없었다. "울타리의 벽은 차갑게 말없이 서 있고, 바람이 불면 지붕의 풍향계만 울린다(Die Mauern stehn / Sprachlos und kalt, im Winde / Klirren die Fahnen)." 나는 취리히에서의 어느 강연을 마무리하면서 이 인용문을 내 프로젝트로 번안하여 사용했다. "나의 건축은 차갑게 말없이 서 있다(Meine Architektur steht sprachlos und kalt)."[50]

깃발은 '삐걱거린다.' 하지만 그것은 언어가 아니다. 횔덜린의 울타리 장벽과 마찬가지로 로시의 건축은 '말없이' 서 있다. 다만 '말없이(sprachlos)' 라는 것이 침묵이 아닌, 언어의 부재라고 로시는 말한다. 따라서 "언어의 곤란함으로 인해 때때로 끊임없이 말의 연속을 빚어낼 때가 있다."[51] 예를 들면 셰익스피어의 『로미오와 줄리엣』에서 로미오가 머큐시오에게 말하는 "너의 언어는 아무런 말도 하지 않는다(Thou talk'st of nothing)"라는 대사는 대단히 많은 이야기를 함으로써 아무런 말도 하지 않은 것과 같은 상태를 지적하고 있다.

그리고 계속해서 로시는 드로잉의 선(線)이 더 이상 선이 아닌 육필 문자가 되어버린 것 같은 그래픽에 대한 강박관념이 이러한 언어의 부재로 인한 언어의 과잉과 유사하다고 서술하고 있다. 말 없는 건축은 언어의 부재로 인해, 드로잉이 오직 드로잉일 뿐이라는 사실에 만족하지 못하고 육필 문자를 강하게 요구한다. 그러나 그 웅변(雄辯)은 부재와 누락의 산물이다. 벤야민도 역시 '글자학습용 나무완구 상자' 에서 이와 같이 서술하고 있었다.

> 어떤 말이 거의 입 밖으로 나오려다 그대로 잊혀졌을 때, 그 말이 마치 혀를 데모스테네스(* Demosthenes: 그리스의 웅변가, 정치가)적인 웅변으로 억지로 내몰리듯이 잊히게 된 것은, 그것이 우리에게 약속하는 지금까지 살아온 전 생애를 묵직하고 무겁게 품고 있는 것처럼 느껴진다.[52)]

따라서 바람에 삐걱거리면서 언어없이 말하고 있는 금속제의 깃발은, 말 없는 건축의 언어에 대한 부재의 표시이다. 그리고 이탈리아의 도시에 세워진 학교의 드로잉에 모국어가 아닌 독일어로 "der Weg zur Schule" 라고 쓴 로시는, 처음부터 풍향계의 깃발이 암시하는 횔덜린의 독일어 시에 대한 기억을 동반하면서, 타자의 단어로 우회하지 않고서는 표현할 수 없는, 단어와 이미지의 간격과 언어의 부재를 고백하고 있었던 것은 아닐까?

유년시절을 의미하는 이탈리아어 'infanzia' 는 라틴어 'infans' 에서 유래하며, 원래는 '언어활동을 동반하지 않는 상태' 라는 뜻이었다. 유년시절은 기억 속에서 언어가 부재한다. 로시의 자서전은 반복해서 이 부재로 되돌아간다. 유년시절은 언급하지 않는다. 그러므로 완전한 형태의 언어로 재현하는 것은 불가능하다. 'Auto'graphie' 로 엮여져 표현된 이 회복 불가능성이 자서전의 근본적인 조건이라면, 로시의 자서전도 역시 이 아포스트로피(* apostrophe)가 나타내는 '끊어짐' 을 내포할 수밖에 없으며, 그 단절의 표시가 저 깃발이었다고 말할 수 있을까? 그리고 '말없이 서 있는' 로시의 건축은 'infans', 즉 말없이 가만히 서 있는 유아이다.

로시가 인용한 "나 자신은 주변에 놓인 여러 가지 것들처럼 완전히 일그러져 있다"라는 벤야민의 문장은 다음과 같이 이어지고 있다.

> 마치 조개껍데기에 기생하여 사는 연체동물처럼, 나는 지금 주인 없는 조개껍데기 같은 텅 빈 모습을 내 앞에 드러내고 있는 19세기에 살고 있다. 이 조개껍데기를 귀에 대어 본다. 뭔가 들려오는 걸까? (……) 내 귀에 들리는 것은 양동이에서 무연탄이 쇠로 된 난로 속으로 주르르 하고 떨어지는 짧은 소리이며, 가스맨틀(* gas mantle 가스등의 점화구에 씌우는 주머니 모양의 그물)의 연기가 점화됐을 때차람 확 하고 우물거리는 소리, 그리고 마차가 거리를 지나갈 때 놋쇠 수레바퀴 위에서 램프의 갓이 달각거리며 내는 소리(das Klirren)이다.[53)]

벤야민도 역시 자전적 회상 속에서 마치 풍향계의 깃발이 내는 것 같은 소리를 듣고 있었다. 결락(缺落)을 안고 있는 자서전을 나타내는 'Auto'graphie' 라는 문자상(文字像)을 드로잉과 문자의 중간 형태를 이루는 그래픽 또는 형상문자로 본다면, 그 한가운데의 끊김을 각인하는 ' ' ' 는 바람에 삐걱거리는 금속의 깃발과도 유사한 표시이다.

이 한 구절은 『1900년경 베를린의 유년시절』의 한 편인 「문메레렌」에서 발췌되었다. 옛 동화에 나오는 '레렌 아주머니(die Muhme Rehlen)' 의 이름을 들었던 유년시절의 벤야민에게는 '아주머니' 를 의미하는 '무메(Muhme)' 가 아무런 의미가 없었으므로, 그는 이 인물을 '문메레렌(die Mummerehlen)' 이라는 이름의 정령이라고 굳게 믿었다. 그것은 유년시절의 변형된 세계를 나타내는 변형된 이름이다.

이 정령은 "나에게 아무런 비밀도 털어놓지 않았다"라고 벤야민은 서술한다. "어쩌면 그녀는 거의 소리라고 하는 것을 가지고 있지 않았을지도 모른다."[54] 최종 원고로 갈수록 대부분 파악하기 힘든 세서법으로 쓰여 있으며, 이와 더불어 차츰 큰 폭으로 단축되어 가는 『1900년경 베를린의 유년시절』의 서법을 배경으로 하여, 줄리어트(Giuriato)는 문메레렌이란 "말 없는 자의 왜곡되고 변장된 언어 이미지"[55]라고 말한다. 그것은 카프카의 「아버지의 근심」에 등장하여 바스락거리는 식의 소리 같지 않은 소리로 속삭이는, 실을 감아두는 실패(실감개)와 비슷하고 기묘한 생물, 오드라데크의 한집안 식구이다. 카프카론에서 벤야민은 오드라데크를 필두로 하여 "망각 속의 사물"[56]은 모두 일그러져 있다고 서술하고 있다. 『1900년경 베를린의 유년시절』의 문메레렌과 '곱사등이 난쟁이'는 왜곡된 세계에서 아이들이 만나는 — "여러 가지의 사물처럼 완전히 일그러져 있다" — 바로 자기 자신의 분신이다. 그들이나 오드라데크는 "일그러진 삶의 주민"[57]이다. 그리고 유추 속에서 질리지 않고 반복되는 로시의 건축 이미지 역시 이루 다 말할 수 없는 결락으로서의 망각, 즉 언어 부재의 한 가운데에서 탄생한 왜곡된 존재들일 것이다. 그러므로 로시에게 '건축을 잊어버리는 것'이란, 건축을 이처럼 말 없는 일그러진 생물들로 변신시키기 위한 불가피한 과정이었음에 틀림없다.

「학교 가는 길」로부터 5년 후, 로시는 《학교에서의 귀가》(1984)〔그림 11〕라는 제목의 드로잉을 그렸다. 거기에서 두 명의 어린이들과 개가 귀가하는 집은, 로시가 이 무렵 알레시사(Alessi社)를 위해 디자인한 에스프레소 메이커인 '라 코니카(La conica)'〔그림 12〕의 형태를 하고 있다. 커피포트가 그에게 중요한 형태적 강박관념의 하나였다는 것은 잘 알려져 있다. 스파라토처럼 건축이 도시가 된다면, 커피포트나 에스프레소 메이커도 역시 건축이 될 수 있는 것이 유추와 조응의 원리이다. 그리고 이 논리는 역전이 가능하여, 건축이 커피포트가 될 수도 있다.[58]

[그림 11] 알도 로시 《학교에서의 귀가》 1984년 10월.

[그림 12] 알도 로시의 스튜디오에서, Photo by Luigi Ghirri, 1988년.

로시의 드로잉에서 사물의 크기가 무시되는 것은 알려진 바와 같지만, 그가 결코 커피포트 같은 건축을 세우지는 않았던 것처럼, 이 경우 로시의 상상력에서 보다 중요했던 것은 작은 것을 건축의 규모로 거대화하는 것이 아니라, 어디까지나 건축이나 도시를 미니어처(* miniature 縮圖)하거나, 자신을 축소시켜 커피포트와 같은 작은 물체의 내부에 들어가는 것이었던 것 같다. 바로 그 지점에 그의 세서법이 존재했다.[59] 벤야민이 「문메레렌」에서 서술하고 있듯이, 자신이 그린 정원의 초막에서 스스로의 모습을 지워버리는 중국의 나이든 화가처럼, 로시도 마찬가지로 자신의 몸 크기를 줄여서 드로잉의 커피포트에 들어가 버린 것이다.

그러므로 스컬리가 로시의 드로잉 《암살된 건축》(초출 1974)〔그림 13〕을 거론하며, 거기에 그려진 로시 자신의 건축물들을 "살육에 헐떡거리는 작은 생물"[60]에 비유하고 있는 것은 지극히 정확한 비유이다. 풍향계의 깃발이 삐걱거리는 소리 이외에 거의 말하는 것이 불가능한 작고 기묘한 생물로서의 건축들 — 그것은 바로 그들이 왜곡된 유사성의 세계의 주인이기 때문일 것이다. 최종적으로 모든 건축을 이러한 "일그러진 삶의 주민"으로 변화시키기 위해, 로시는 건축을 망각해야만 한다. 유추는 이러한 망각을 통해 비로소 가능해지기 때문이다. 그리고 일그러진 모습의 작은 생물, 말 없는 유아로서의 건축들이 운집하는 장(場)이야말로 육필 문자와 드로잉이 융합된, 본질적으로 항상 자전적인 로시의 그래픽인 것이다.

포스터는 "로시의 건축은 확고한 계획없이 동화처럼 무시간적이다"라고 말하며, 이러한 점은 로시의 건축의 거의 모든 볼륨(volume) 구성을 쌓기놀이 완구로 모방할 수 있음을 나타낸다고 지적하고 있다. 그는 로시 스스로 눈앞에서 20세기 초반의 앵커 석적목(* 石積木: Anker Steinbaukasten, 독일 앵커사에서 제조한 목제의 쌓기놀이 세트)〔그림 14〕을 사용하여, 밀라노나

[그림 13] 알도 로시《암살된 건축》1975년,「만프레도 타푸리」라고 쓰여 있다.

베를린의 집합주택과 닮은 구조물을 만들어 보였다고 한다〔그림 15〕. 로시는 즉시 그 모습을 담은 폴라로이드 사진을 갖고 싶어 했다. 포스터는 "아마도 그것들이 나무 조각 쌓기 놀이의 형태를 하고 있었기에, 순간적으로 또다시 신선하게 변화할 수 있을 것으로 보였기 때문일 것이다"[61]라고 추측하고 있다. ― 그것은 로시에게 문자를 익혔던 운지법에 대한 동경을 불러일으키는 '글자학습용 나무완구 상자' 였을 것이다.

『과학적 자서전』에서 로시는 '행복' 이라는 단어를 반복하고 있다. 모데나 묘지의 프로젝트에서 죽음이라는 주제를 해결한 뒤, 그의 건축은

[그림 14] 앵커 석적목 조립방법 매뉴얼에서(발췌), 「문이 있는 망루 탑」(좌)과 「공원의 탑」(우).

'행복의 탐구' 가 되었다. 그 드로잉이 아무리 노스탤직하고 멜랑콜리하게 보인다 하더라도, 그곳에서 추구되는 것은 행복의 순간이다. 그리고 "이제 나에게 백치의 형태, 근본적인 바보스러움, 아니면 다시 되살아난 바보스러움의 형태를 포함하지 않은 완전한 행복의 순간 같은 것을 생각할 수 없다는 점은 명백하다"[62]고 로시는 말한다. 오드라데크처럼 일그러진 작은 생물이 짊어지고 있는 것이 그러한 백치나 바보스러움이며, 그로부터 그로테스크(grotesque)한 유머가 발생한다. 로시가 그것을 아이들끼리 노려보는 '눈싸움' 에 비유하고 있는 점은 정확한 지적이라고 말할 수 있다. 말하지 않고 서로 노려보다가 웃어버리는 쪽이 지는 놀이이지만, 그러나 웃음이 터져 나오는 그 순간에 행복이 있다. 그러므로 백치와 같은 바보스러움을 찾는 유형적인 형태의 집요한 반복인 것이다.

포스터는 1970년대나 1980년대와 비교해 볼 때, 1990년대의 로시의 고립화가 비극적인 성격을 띠고 있다고 말한다. 이탈리아에서 계획한 프로

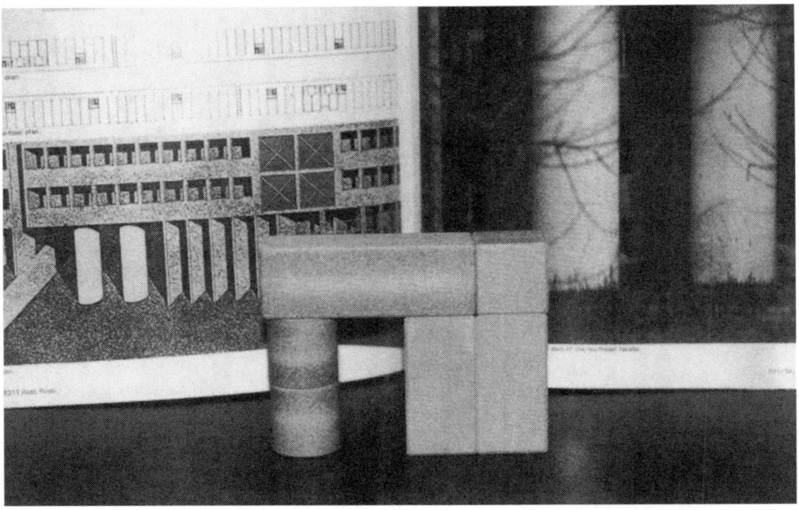

[그림 15] 앵커 석적목을 사용한 볼륨의 표현(Kurt W. Forster의 아이디어에 의해). 배경은 갈라라테제 지구 집합주택의 드로잉 및 사진을 게재한 잡지. 저자 촬영 Photo by TANAKA Jun.

젝트는 모두 장대한 규모였던 것에 비해 실현된 계획안은 얼마 되지 않았을 뿐만 아니라, 차츰 규모가 축소되어 결국에는 밀라노의 지하철역 근처에 만들어진 산드로 페르티니(Sandro Pertini) 기념비처럼 "사라져 없어질 정도"로 작아져 버렸다. 한편 플로리다주 올랜도의 월트 디즈니사의 오피스군(群) 같은 경우, 외국에서는 초현실적일 정도로 거대한 규모로 건조되었지만, 이전의 동료들이 거기에 관심을 나타내지 않았다.[63)]

이것 역시 로시의 입장에서는 '눈싸움'이었던 것일까? 그러나 건축가로서는 거대 프로젝트의 실현이 요행이었다 해도, 그것은 분명히 『과학적 자서전』에 언급된 "행복의 순간"과는 다른 것이었다. "잠자는 숲 속의 공주처럼 긴 수면에 갇혀, 알도의 건축은 오늘날 잠에서 깨는 순간을 기다리고 있다"[64)]고 포스터는 쓰고 있다. 그러나 우리들은 오히려 그 건축을 더욱 더 깊게 잠재우고, 좀 더 깊이 망각해야 하지 않을까 — 그 망각 속에서 그의 건축이 다시 한번 그 작고 기묘한, 거의 말을 하지 않는 생물들로 돌아갈 때까지. 알도 로시의 엄밀하고 과학적인 분석으로서의 자서전과 자전적 드로잉은 왜곡된 유사성을 추적해서 반복하기 위한, 이러한 망각의 시학이자 유추의 세서법을 가르쳐 주고 있었던 것이리라.

제3장

청천백일멱망시(青天白日覓亡市)

고무라 셋타이(小村雪岱) 『니혼바시 히모노초(日本橋檜物町)』

연꽃이 피니 통메장이의 가게 골목길이 막다른 길이 되는구나.

- 만타로(久保田万太郎* 일본 근대소설가, 극작가, 하이쿠작가)

셋타이의 도쿄(東京)

떠나고선 돌아오지 않는 그리운 모습 –

가부라키 기요카타(鏑木清方* 1878~1972 일본 근대의 화가, 우키요에浮世繪 風俗화가)가 『고무라 셋타이(小村雪岱* 1887~1940 일본 근대 초기 1910~20년대의 일본화가, 판화가, 삽화가, 장식가) 화집(畵集)』에 실은 문장이다.[1)]

셋타이는 소설가 이즈미 교카(泉鏡花* 1873~1939)의 작품의 표지 디자인〔그림 1〕으로 알려져 있다. 독특하게 양식화된 미인화를 그려서 '최후의 우키요에시(浮世繪師* 일본 에도江戶시대에 발달한 민중적인 풍속화의 한 양식인 우키요에 화가)'로 불리는 한편, 소설가 구니에다 간지(邦枝完二* 1892~1956)의 『오센(おせん)』, 『오덴 지옥(お傳地獄)』 등의 신문 소설을 위해 그린 단색 삽화에는 영국의 화가 오브리 비어즐리(Aubrey Vincent Beardsley* 1872~1898 영국의 삽화가)와 공통되는 감각도 있다.

1940년에 셋타이는 54세로 갑작스럽게 세상을 떠났다. 1942년 11월에는 생전 신문잡지에 기고했던 문장을 모은 유고(遺稿) 문집 『니혼바시 히모노초』가 다카미사와 목판사(高見澤木版社)에서 간행되었다. 서명은 1940년대에 집필된 도쿄와 관련된 수필 중 하나에서 가져왔다. 이 수필의 표제를 열거해 보면 「이리야(入谷)・류센지(龍泉寺)」, 「기바(木場)」, 「니혼바시 히모노초」, 「다이온지(大音寺) 앞」, 「관음당(觀音堂)」등이다. 그 외에 문집에는 교카와의 회고담 등도 수록되어 있는데, 그것은 그것 나름대로 살아 있는 문호의 모습을 전해 주고 있어 흥미롭지만, 이 서적의 모습을 결정짓고 있는 것은 오히려 오래된 도쿄에 대한 추억이며, 이와 더불어 때로는 뒤섞이기도 하면서 셋타이의 가슴속에 깃들어 있는 이미지(心像)로

[그림 1] 고무라 셋타이 그림, 이즈미 교카 『유곽모음집(遊里集)』 앞쪽 면지(面紙), 1915년.

서의 '여성' 에 대한 동경이다.

그런 것들이 모두 "떠나고선 돌아오지 않는 그리운 모습" 인 것이다. 「이리야 · 류센지」는 서두에 기요모토(淸元* 기요모토부시淸元節. 일본 전통악기인 샤미센三味線 반주에 맞추어 가락을 붙여 엮어 나가는 조루리淨瑠璃의 한 유파에 속하는 가곡)의 「눈 내리는 추운 봄날 밤의 밀회(* 忍逢春雪解雪 1881년 도쿄에서 초연)」의 한 구절을 인용하며 유곽의 숙소에 대한 기억을 더듬어 간다.

나는 어린 시절 네기시(根岸)에서 자라서 도중에 다른 곳으로 이사를 하였으며, 중년이 되어 다시 네기시에 거주하였습니다. 마침 그 무렵은 고(故) 사와무라 겐노스케(澤村源之助* 일본의 전통예능의 하나인 가부키歌舞伎의 배우이며, 초대 사와무라 겐노스케 이후 5대까지 이어지고 있다)의 미야토자(宮戸座* 도쿄 아사쿠사 공원 뒤쪽에 있던 작은 규모의 가부키 극장) 시대였는데, 교겐(狂言* 일본의 전통예능인 노가쿠能樂의 막간에 상연하는 희극) 한 편을 두세 번씩 보러 갔었던 시절이라, 오가는 길에 이리야, 류센지 주변을 꽤 자주 걸었습니다. 그리고 류센지초(町)에는 친구가 살고 있었습니다. 그 집은 가나스기카미초(金杉上町)의 미시마 신사(三島神社)의 모퉁이를 돌아 곧바로 오하구로(鐵漿) 하수구로 나가는 좌측 편에 있는 작은 2층식 연립주택인데, 오른쪽 옆에는 술집, 왼쪽 옆에는 인력거 가게가 있고 인력거꾼들이 많이 있었습니다.[2)]

양쪽 이웃들의 가업으로 미루어보아, 이곳은 히구치 이치요(樋口一葉* 1872~1896 일본근대 여류 소설가)가 살았던 장소이다.[3)] 『키재기(たけくらべ)』에 나오는 미즈노야(水の谷) 연못도 아직 남아 있었다. 그 당시 봄에 요시와라 유곽에서 큰 화재가 난 뒤(吉原大火* 1911년 4월 도쿄 아사하라구의 요시와라 유곽의 한 모퉁이에서 화재가 발생하여, 유곽 전체를 태우고 주변의 가옥으로 불이 번지게 된다. 이 불로 가옥 약 6500호가 소실되었다), 피난 온 유녀(遊女)들이 차린 요릿집이 여기저기에 늘어나, 마치 작은 방에서 요염한 여성의 모습이 새어나올 것 같은 불가사의한 풍경이었다고 서술되어 있는 점으로 보아, 그 시기는 1911년 셋타이가 24살 되던 무렵이었을 것이다.

과연 화가의 회상답게 셋타이의 기억은 종종 한 폭의 그림과 같은 이미지로 응결된다.

정말 사소한 일이지만, 어느 날 오하구로 하수구 속에 수국(紫陽花)이 버려져 있었던 것을 아주 확실하게 기억하고 있습니다. 오하구로 하수구의 그 거무스름하고 탁한 보랏빛 속에 수국의 진한 쪽빛, 옅은 쪽빛, 옅은 노란 빛의 꽃이 반쯤 가라앉은 색의 배합이 참으로 아름다웠습니다.[4)]

그리고 꽃과 여자의 모습 또한 일체를 이룬다.

내가 문간에서 몇 번이나 불렀지만 대답이 없어서 입구의 미닫이를 열었더니, 방이 고작 한 칸밖에 없는 집이었습니다. 눈앞에 16, 17세쯤 되어 보이는 그 집의 언니와 14, 15세 정도의 여동생이 목이 약간 기름한 도자기 술병에 가지가 휘어진 채 이미 다 피어버린 벚꽃 가지를 꽂아 다다미(疊) 한가운데에 두고, 장난으로 향기라도 맡고 있는 것처럼 두 사람 모두 꽃 속에 얼굴을 파묻고 있다가 놀라서 이쪽을 돌아보았습니다. 나 역시 놀랐지만 아름답다고 생각했습니다. 그 후 그 사람들은 어떻게 지낼까요? 언니는 겐, 동생은 노부라는 이름인데, 두 사람 모두 부모님이 정말 자랑스러워할 만한 미인이었습니다.[5)]

류센지초와 이리야 부근의 추억을 매듭짓는 것은 기야리(木遣* 무거운 재목 등을 노래를 부르면서 운반하는 것)의 목소리이다. "떠들썩해 보이면서도 묘하게 쓸쓸한 느낌이 든다"고 셋타이는 말한다.

고요하게 맑은 봄날의 상량식(上梁式)에서 기야리 노래를 부르며 공사장에서 도편수의 집으로 돌아가는 모습을 보고 있으면, 대단히 기세가 좋으면서도 왠지 모르게 쓸쓸한 느낌이 듭니다. 그럴 때는 시타마치(下町* 서민동네)의 잡음도 나름대로 하나의 완성된 소리가 되어 사람들을 묘한 기분에 빠지게 합니다.[6)]

셋타이의 도쿄에는 이상한 고요함이 있다. 거기에 소리가 존재한다 해도, 그것은 들릴 듯 말 듯한 여운이라 표현해야 할 것 같다. 그 고요함은 1924년 무렵의 작품인 《푸른 버드나무(青柳)》〔그림 2〕에서 마치 버드나무의 가지 너머로 내려다보는 것처럼 다다미 깔린 큰 방을 그리고, 그 방에 한 짝의 샤미센과 크고 작은 북이 정연히 놓여있는 모습만을 그렸다는 사실을 상기시킨다. 악기는 있어도 음색을 연주하고 있는 것은 아니다. 봄바람이 버드나무를 흔드는 소리가 희미하게 들릴 듯한, 그런 기척이 감돌고 있을 뿐이다. "묘한 기분"이라고 셋타이는 서술하고 있다. 여러 가지 잡음이 하나로 합쳐졌을 때 탄생하는 '마을의 소리'로 부를 수밖에 없을

[그림 2] 고무라 셋타이 《푸른 버드나무》 1924년 무렵.

것 같은 무언가에 의해, 사람들은 술에 취한 것처럼 거나한 기분에 사로잡힌다.

지붕이 낮고, 집은 작고, 마을의 소리는 절구처럼 합쳐져서는 희미하게 하늘로 사라지고, 유곽의 높은 소리는 그대로 하늘에 울려 퍼져 나비가 아득히 먼 허공을 나는 것을 보니 정신이 아찔해졌던 적도 있습니다. 나는 같은 지역이라도 니혼즈츠미(日本堤)의 동쪽과 서쪽은 상당히 감정이 다르다고 생각했습니다.[7)]

대개 두서없는 화가의 인상기에 지나지 않을지도 모른다. 그러나 지식과 논리에 의해서만이 아닌, 몸의 감각을 통해 포착된 이러한 마을의 기억, 그리고 그 기록에는 다른 방법으로는 아마도 발견할 수 없을 아주 섬세하고 미묘하면서도 본질적인 무언가의 조짐이 느껴진다. 셋타이를 매개로 하여 도쿄를 표현할 수 있을 거라 막연하게 생각했던 것은 이 말로 전하기 힘든 감촉 때문이었다.

도쿄에서도 셋타이가 가장 좋아하는 풍경 중의 하나였다는 기바 역시, 그 고요함을 통해 "또 다른 세상" 을 보여주고 있다.

이 마을의 고요함을 뭐라고 말해야 할까요, 나무의 향은 콧속까지 깊이 스며들어 수로에 가득 찬 목재나 길을 짓누르며 숲의 나무처럼 죽 늘어서 있는 앙상한 목재를 보고 있으면, 묘하게 심산유곡(深山幽谷)이라는 말이 떠오릅니다.[8)]

배가 하천을 왕래하고, 자동차가 목재를 나르며, 상하좌우로 바쁘게 움직이면서 일하는 사람들이 많이 있는데도 그곳에서는 묘하게도 소리가 없다. 목재를 자르는 톱 소리가 이상할 정도로 귀에 들어오고, 곳곳에서 얼굴을 내비치는 화분 속의 초목과 잡화와 새싹이 눈길을 끌 뿐이다.

> 색(色)이라 할 만한 것은 하늘색과 사람주나무(白木* 6월에 노란색의 꽃이 피는 대극과大戟科에 속한 낙엽 활엽 교목)의 목재, 하천의 물 색깔 정도라서 길가에 떨어진 귤껍질 한 장의 주황색조차도 몹시 돋보였습니다.[9)]

단순히 화가이기 때문만은 아니다. 연극을 좋아했으며, 오랜 세월에 걸쳐 친숙하게 지내온 교카의 가르침에 따라 귀의 예리함도 갖추게 된 것이리라. 아사쿠사(淺草寺*가 있는 도쿄의 한 지역) 관음당을 방문했을 때에도 초여름 맑은 날의 심정을 이런 식으로 말한다.

> 도시의 소리라고 할까요, 아주 멀리서 들리는 천둥 같은 소리가 불당을 감싸면서, 불당 안의 경문이며 염불이며 비둘기의 날갯짓 소리며 이 모든 소리에 발소리마저 뒤섞여 향 내음과 함께 허공으로 사라지는 것 이었습니다. 이때 나는 의미는 잘 모르지만, 구천(九天) 중에서 가장 높은 하늘이라는 유정천(有頂天)을 떠올렸습니다. 아득히 먼 용마루에 앉은 비둘기의 움직임에도 마치 기와가 움직이는 것처럼 느껴졌습니다.[10)]

이 황홀한 감각 속에서 톱 소리나 화초의 색, 또는 기와(비둘기)의 움직임만이 두드러지게 눈에 띄는 것은 일종의 '칵테일파티 효과' 라고 할 수 있을 것이다. 나카이 히사오가 지적하고 있는 바와 같이, 두 가지의 질이 다른 지각 형태가 "서로 겹치는(parataxis* 併置)" 것이다.[11)] 그것을 통해 기억에는 정동환기적 기억과 비정동적(非情動的) 기억의 이중성이 발생한다. 나카이의 개념 정의[12)]를 배경으로 하여 서술하면, 혼연일체가 된 '도시의 소리' 라는 '여운' 및 '예감' 과 거기에서 분절된 세부인 '색인' 및 '징후' 로서의 소리가 겹침으로써 셋타이를 '유정천' 이라는 텅 빈 공허한 심정에 이르게 한 그 무언가가 발생한다.

이러한 지각의 상태는 기억의 기명과 상기에 깊이 관여되어 있다. 20살이 넘을 때까지 살았던 니혼바시 히모노초 주변에 대해 셋타이는 다음과 같이 쓰고 있다.

> 그리고 이 일대는 지진이 일어났을 때마다 모두 불타버려서 이후 한동안 아무것도 없는 들판과 같은 상태가 되어 버렸습니다만, 지금은 그 터에 위로 올려다볼 정도의 석조 빌딩이 세워져 있어 원래의 이 일대는 땅속으로 묻혀버린 것 같은 심정이 듭니다. 최근 사람을 방문하기 위해 이 빌딩에 왔습니다. 그날은 참으로 맑게 갠 조용한 날이었는데, 응접실에서 사람을 기다리고 있자니 옛일이 떠올라 어쩐지 하늘에서 기야리의 소리가 들리는 것 같은 기분이 들었습니다.[13]

바로 이 기야리의 소리야말로 틀림없는 여운이다. 셋타이에게는 예전의 니혼바시 히모노초도 결코 소실되지 않고, 석조빌딩의 지하에 묻혀서 그 여운으로 그대로 보존되고 있었다. 물론 그것은 실제로 그곳에는 없다. 그러나 문제는 니혼바시 히모노초가 아직도 그곳에 있는 것처럼 바라보는, 알도 로시가 말하는 현대 도시로 향한 "고고학자의 눈"[14]이다.

셋타이도 마찬가지로 지진으로 불탄 뒤의 류센지초에 "예전의 고장의 향기"[15]가 남아 있는 것을 느끼고, 모습이 변한 마을에서 "배어 나오는 옛날 그대로의 심정" 에 감정이 격해진다. "이 부근 사람들의 얼굴이나 용모도 왠지 모르게 다른 지역과는 다르고, 집 밖에서 노는 장난꾸러기 아이의 얼굴에서도 『키재기』의 주인공 산고로 세이타(三五郎正太)의 옛날 모습을 발견하는 것 같습니다."[16]

화가의 감각이 유난히 민감한 것은 특별한 경우라 하더라도, "토지의 향기"나 사람들의 모습에서 과거를 느끼는 것 자체는 그리 드문 일이 아닐 것이다. 다만 셋타이의 회상이 흥미를 끄는 것은, 도쿄의 옛 모습의 실상이 그의 본분인 그림에 등장하는 '여성'의 모습과 서로 겹치는 것처럼 보인다는 점이다.

셋타이는 자신의 내부에 있는 심상으로서의 여성과 비슷한 여성만을 그리고 싶다고 말한다. 그것은 어린 시절 헤어진 어머니의 모습이자, 교토에서 본 고쇼인형(御所人形* 호분胡粉을 바른 머리가 큰 아기의 나체 인형)의 반들반들하고 아름다운 얼굴, 혹은 구니사다(歌川國貞* 우키요에 화가)가 그린 니시키에(錦繪* 여러 색으로 화려하게 찍어낸 우키요에의 판화)의 여성, 그리고 무엇보다도 첫째로는 불상, 그중에서도 나라(奈良)의 고후쿠지(興福寺)에 있는 아수라왕(阿修羅王)의 형상이다. 이 화가는 이른바 '원형'으로서 이미 자신 속에 존재하는 이러한 심상과 닮은 여성을 현실에서 발견했기에 그 여성을 그린 것이다〔그림 3~6〕.

"인형이나 불상을 본보기로 삼고 있기에 내가 그린 인물에는 개성이 없습니다"[17]라고 셋타이는 스스로 인정했다. 그는 개성을 표현하는 일에 관심이 없었던 것이다. 여성을 그릴 때도 절대로 스케치하지 않았다고 한다.

> 그럼 어디에 흥미를 느껴서 개성이 없는 인물을 그리고 있는지 묻는다면, 나는 노(能*樂 무로마치室町시대에 집대성된 일본 고유의 가면 가극)에서 쓰는 가면처럼 무표정한 얼굴이 가진 힘 같은 것을 열망하고 있는 것입니다. 노의 가면인 노멘(能面)은 단 하나의 무표정한 얼굴입니다. 하지만 연기자의 연기 여하에 따라서 어떤 장면에서는 우는 것처럼 보이고, 또 어떤 장면에서는 웃고 있는

[그림 3] 고무라 셋타이 삽화, 구니에다 간지 『오센』 1933년, 목욕하는 오센.

[그림 4] 고무라 셋타이 삽화, 구니에다 간지 『오센』 1933년, 생각에 잠긴 오센.

> 것처럼도 보입니다. 즉 나는 개성이 없는 표정 속에서 아련한 정감을 나타내고 싶은 것입니다. 그것도 인간이 웃거나 우는 것이 아니라, 불상이나 인형이 울거나 웃는 아련한 풍취를 머금게 하고 싶습니다.[18)]

셋타이가 그리는 여성은 인간으로서 울거나 웃는 것은 아니다. 어디까지나 노멘의 무표정한 얼굴이다. 그 얼굴은 불상이나 인형처럼 울고 웃는다. 불상이나 인형은 그 자체로서는 표정을 바꿀 수 없으므로, 분명 이것은 지극히 곤란한 목표일 것이다. 개성이 없는 원형이 아련하게 머금고 있는 그 희미한 정감, 풍취는 눈으로 알아차릴 수 있는 표정의 주변에 떠돌고 있는, 눈앞에 있다고 할 수도 없고 없다고도 말할 수 없는 그 무엇인

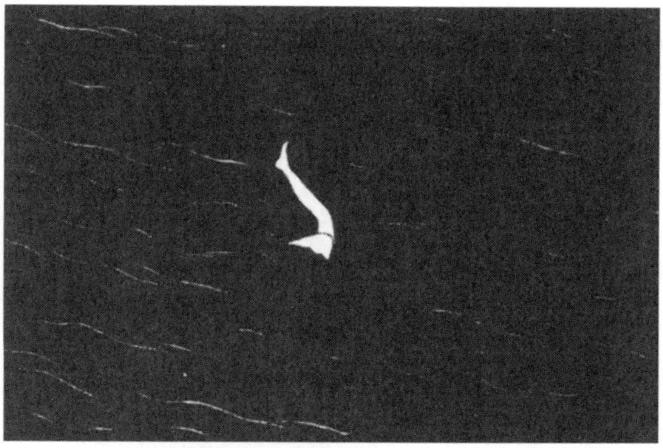

[그림 5] 고무라 셋타이의 삽화, 구니에다 간지 『오덴 지옥』 1934~35년. 검은 그림자가 오하쓰(お初)의 목덜미를 잡고 첨벙거리며 강 속으로. 가부라키 기요카타는 셋타이의 어둠을 평하여 "암향부동(暗香浮動* 그윽한 향기가 은은히 떠돎) (…) 어둠에 뒤섞인 아름다움"이라고 말하고 있다.

[그림 6] 고무라 셋타이의 삽화, 구니에다 간지 『오덴 지옥』 1934~35년. 조금 흥분된 눈가에 붉은빛을 머금으며 한일자로 굳게 다문 오덴의 입술.

가이다. 말하자면 징후 내지는 색인이다.

니혼바시 히모노초 혹은 이리야 · 류센지초라는 지역의 아주 제한된 시대의 경험과 깊게 연결되어 있으면서, 셋타이가 말하는 도쿄의 추억이 어떠한 원형으로 수렴해 가는 듯이 느껴지는 것도 어쩌면 같은 이유일지도 모른다. 그곳에서 들리는 것은 혼연일체가 된 마을의 소리와 마을을 뒤로하면서 멀리 허공으로 사라져가는 기야리의 소리이며, 눈에 보이는 것은 가라앉은 색조를 배경으로 삼아 위로 떠오르는 선명한 꽃들이다. 시기는 봄, 혹은 초여름의 맑은 날이다.

정신이 아득해질 것 같은 유정천, 셋타이에게 그것은 이른바, 그러한 순간이 때때로 문득 찾아오지 않는다면 애초에 살아가는 것조차도 힘들 것 같은 감각적인 행복의 원형이자, 심상이었을 것이다. 「봄의 여인」이라는 제목의 수필은 이 행복한 심상과 여성의 심상이 교착하는 모습을 흡사 단편소설처럼 그려내고 있다.

강풍이 분 다음 날 하늘이 너무나 맑아서 돌연 마음먹고 근교에 있는 오래된 절을 방문했을 때의 일이다. 역에서 절까지 작은 새 소리를 들으며 밭길을 어슬렁어슬렁 걷자니, 그러는 사이에 정신이 아득해진다. 절 뒤편의 들판에는 나물 캐는 여성들뿐. 뱀밥(土筆* 쇠뜨기 포자의 줄기)을 피해서 드러눕는다. 여자아이 소리가 희미하게 들리는 것 이외에는 이상할 정도로 고요하다.

> 어디에선가 하얀 나비가 두 마리 날아올라 왔습니다. 뚫어지게 바라보고 있는 동안 점점 높이 올라 푸른 하늘에 동화되어 보이지 않게 되었습니다.[19)]

어느새 잠이 들어버렸는지, 너무나도 따뜻해 눈을 떴습니다. 일어나 본당 쪽으로 가서 3칸 둘레 정도의 불당을 돌아보던 도중, 그 불당 마루에 젊은 여자가 자고 있는 것을 발견한다.

> 이쪽으로 등을 돌려 목덜미를 길게 내보이며 앞으로 구부린 자세로 쓰러져 있는 것처럼. 옅은 색 기모노에 바탕이 하얀 오비(帶* 일본 옷의 허리띠)가 눈에 띄었습니다. 병에 걸렸는지, 울고 있는 건지, 앞으로 돌아가서 넌지시 보니, 볼을 마루에 붙인 것 같은 자세를 하고 손가락 끝으로 마룻바닥에 무언가 쓰고 있는 모습이었습니다만, 나를 보고는 얼굴을 그대로 둔 채 눈썹을 찡그리며 눈으로만 웃고 있었습니다.[20)]

셋타이는 도망치듯이 본당 쪽으로 간다. 여성의 나이는 20살 또는 21살

정도. '애굽(* 이집트의 음역) 옛 그림(古畵)의 여자 얼굴' 과 닮았다고 생각한다. 왠지 멍하고 묘한 기분이 들어 슬슬 돌아가려고 마루 쪽을 바라보니 이미 모습이 사라졌다. 마룻바닥에 가까이 다가가 보니 여자가 남긴 손톱자국이 보인다.

> 글자인 것 같아서 좀 더 가까이 다가가 잘 살펴봤더니
> 청천백일멱망자(靑天白日覓亡子)
> 백일청천멱망자(白日靑天覓亡子)
> 청천백일멱망자(靑天白日覓亡子)[21]

느긋한 봄날의 먼 나들이는, 백일몽처럼 나타났다가 사라진 여성의 얼굴과 "활짝 갠 날에 세상을 떠난 아이를 찾아 나선다" 라고 반복되는 중얼거림과도 같은 손톱자국으로 끝을 맺는다. 푸른 하늘로 사라진 나비, '애굽의 옛 그림' 과 닮은 여성, 누군지도 모르는 '죽은 아이' — 어느 쪽이든 모두 꿈의 형상처럼 보였는가 하면 사라져 버리는 흔적과 같은 모습이다. 과거의 도쿄, 혹은 지금 바야흐로 사라지고 있는 도시를 향한 셋타이의 시선도 역시 이러한 흔적을 찾고 있었을지도 모른다. 봄날의 여성이 남긴 말을 빌리자면 그것은 "청천백일멱망시" 라는 행위일 것이리라.

지령론(地靈論)

장소에 독특한 향기나 흔적이 깃들게 하는 그 무엇, 그것을 '지령' 이라고 칭해 보겠다. 서양에서 말하는 '지니어스 로사이(genius loci* 라틴어로 고장의 수호신, 고장의 분위기)' 이다. 지령 또는 지니어스 로사이의 논자(論者)

로는 스즈키 히로유키(鈴木博之)와 크리스티안 노르베르크 슐츠(Christian Norberg-Schultz* 1926~2000 노르웨이의 건축학자)가 있다. 후자의 『지니어스 로사이』[22]는 현상학적 건축론의 하나이며, 마르틴 하이데거(Martin Heidegger* 독일의 철학자, 20세기 실존주의의 대표자)의 사상 중에서 특히 논고(論考) 「건축하기, 거주하기, 사유하기(building dwelling thinking)」등의 강한 영향을 받아 집필되었다. 슐츠는 건축을 지니어스 로사이의 구체화로 파악하고, 지니어스 로사이와의 관계를 통해 건축한다는 것의 실존적 의의를 발견하고자 하였다.

이 책이 지니어스 로사이의 개념을 소생시킨 점은 높이 평가해야 할 것이다. 그렇지만 앞에서 서술했듯이 이론적 배경이 강하게 작용하고 있으므로, 실제로 프라하, 하르툼(Khartoum* 아프리카 북동부 수단 공화국의 수도), 로마의 세 도시를 채택하여 각각의 지니어스 로사이를 자연환경이나 도시의 공간 구조, 역사로부터 개별적으로 파헤치는 과정에서 개별적인 토지, 그 장소의 특이성(적어도 그 일부)이 이미 보이지 않게 되어 버린 것은 아닌가 하는 인상을 부정할 수 없다.

그 점에서 스즈키의 입장은 명쾌하다. 『도쿄의 〔지령〕』이나 『일본의 〈지령〉』에서 스즈키가 묘사하려고 한 것은 도시계획이나 도시의 제도에 관한 역사가 아니라, 어디까지나 개별적인 토지를 둘러싼 역사의 집적(集積)이다. 18세기 영국에서 주목받은 지령의 개념에서 그가 발견한 것은 그러한 것들을 위한 관점이었다.

알려진 바와 같이 이 시대의 미의식을 논할 때 '픽처레스크(picturesque* 그림 같은 모양, 18세기 후반 영국에서 시작된 전원 풍경이나 이국취미 등의 회화적 정경을 존중하는 미적 개념)' 라는 개념이 중요한 역할을 해 왔다. 미학에서 '지령(지니어스 로사이)' 은 건축 등 조형의 출발점을 의미하는 언어로 사용되었다. 1731년 알렉산더 포프(Alexander Pope* 1688~1744 영국의 시인)의 시 「벌링턴 경에게 보내는 서간(書簡)」에는 정원을 설계할 때 "토지의 정령"에 대한 배려를 촉구하는 말이 있다.

스즈키는 지령의 개념 속에서 단순히 토지의 물리적인 형상으로부터 유래하는 가능성뿐만 아니라, 장소의 문화적 · 역사적 · 사회적 배경과 그 성격을 해독하는 열쇠를 찾아내고자 했다. 그것은 "눈에 보이지 않는 잠재적 구조를 해독하기 위한 급진적(先鋭的)인 개념"[23)]이며, 이 개념을 통해 장소는 하나의 텍스트로 간주된다.

여기에서 스즈키가 참고로 한 것은, 18세기 런던의 역사를 귀족들이 소유한 토지 개발의 역사로 서술한 서머슨(John Summerson* 1904~1992 영국의 건축사학자)의 연구였다.[24)] 이를 모방하여 예를 들면, 미나토구 롯폰기 린야초(港區六本木林野廳)의 일본 농림수산성 소속 관사(宿舍) 터에 잠들고 있던 세이칸인노미야(靜寬院宮* 황녀 가즈노미야和宮 1846~1877 일왕 닌코仁孝의 8번째 딸이자 도쿠가와德川 막부 14대 장군 도쿠가와 이에모치德川家茂의 부인)에 대한 기억이 발굴되어, 오쿠보 도시미치(大久保利通* 막부 말의 정치가, 메이지유신의 중심에 있던 소위 유신삼걸維新三傑 중 한 사람) 암살의 현장인 지요다구 기오이초(千代田區紀尾井町) 일대의 100년 역사가 회고된다. 그것은 장소를 정점(定点)으로 하여, 토지의 소유자, 거주자에 대한 전기를 통해 전해지는 메이지 이후의 근대사이다. 따라서 조사 자료가 되는 것은 지도와 더불어 사사(社史) · 전기(傳記)자료 및 지적도(地籍圖) 등이다. 도쿄의 근대는 스즈키의 역사관에 따라 선택된 장소를 매개로 하여, 그곳을 소유하다 떠나간 사람들에 대한 전기의 집적으로 나타나고 있다.

『일본의 〈지령〉』에서 스즈키는 이러한 방법에 대해, 도시를 구조체로 파악하지 않고 각각의 '장소'로 파악하는 방법이라고 서술하고 있다.[25)] 즉 도시를 정치사, 제도사, 계획사가 아닌, '사례(case history)'의 중첩으로 해석하는 것이다. 이러한 방법을 통해서만 도시 그 자체의 자립성을 찾아낼 수 있다고 스즈키는 말한다. '중심과 주변' 이라는 식의 구조적인 파악은 문자 그대로 구조적으로 부정된다. 지령을 통해 이어지는 것은 구조적 변용을 설명하는 거대한 이야기가 아니라, 토지의 소유 관계에서 발견하게 되는 작은 정치(micro politics) 이야기의 모음집이다.

이렇게 개관해 본 것만으로도 확실하게 알 수 있듯이, 노르베르크 슐츠와 스즈키는 지령이라는 개념에 의한 분석의 차원이 다르다. 노르베르크 슐츠는 어떠한 도시의 지니어스 로사이가 문제가 되는 것에 비해, 스즈키의 경우에는 도시를 형성하는 여러 장소의 지령이야말로 발견되어야 할 그 무언가이다. 스즈키의 입장에서 본다면 노르베르크 슐츠의 견해는 피해야 할 도시의 구조론일 뿐만 아니라, 보다 아련하게 추상화된 생활세계의 현상학적 구조론일 것이다. 한편 스즈키가 고찰하고 있는 것처럼, 장소를 둘러싼 작은 정치의 발현이 단순한 내력 이야기로 끝날 우려도 적지 않다. 스즈키의 지령론은 구조론을 거부하지만, 그래도 역시 어떠한 '잠재적 구조' 를 가정할 수밖에 없다.

그 잠재적 구조란 무엇인가? 스즈키가 지령론은 장소를 텍스트로 본다고 지적한 바와 같이, 그것은 바로 언어적 구조이다. 고유성을 잃지 않은 존재형식으로서의 '장소' 의식이 도시나 정원을 해석할 때 취해야 할 형태를 둘러싸고 스즈키가 다음과 같이 서술함으로써, 그 구조는 확실히 문학적인 형식으로 도출된다.

> 우리나라의 명소는 어디까지나 장소로서 이름이 붙여지고, 문학화되었다. 시가현의 비와호수(*滋賀縣琵琶湖) 남서부에 있는 여덟 곳의 명승지인 오우미 8경(近江八景* 오우미는 일본의 옛 지명, 현재의 시가현)을 비롯하여 여덟 곳의 명소를 하나의 세트로 묶어 이름 짓는 것을 좋아하는 정신은 공간의 보편성이나 특이성을 평가하는 것이 아니라, 외부의 세계를 장소의 연계(連繫)로 해석하려

는 것이다. 8경뿐만 아니라, 우키요에의 주제가 된 무타마가와(六玉川)라든지 성스러운 순례지(靈場)의 구성에 사용되는 33개소와 88개소(*시코쿠四國의 관음 성지순례觀音聖地巡禮), 그리고 정원이나 도시에 만들어진 88경(景), 그리고 100경 등은 우리가 장소로 에워싸여 있는 것을 얼마나 기뻐하고, 그 장소를 두루 돌아다니는 것을 얼마나 즐거워하는가를 나타내고 있다.[26)]

일본 문학에 나타나는 장소의 문제는 나중에 다시 다루기로 하고, 여기에서는 서양의 전통적 수사학을 통해 지니어스 로사이를 고찰한 나카무라 유지로(中村雄二郎)의 논고를 조명해 두고 싶다. 나카무라는 지니어스 로사이에 접근하는 방법으로 현상학적 고찰과 기호론적 고찰을 언급하면서, 수사학적인 토포스(장소)론을 제3의 관점으로 들고 있다. 수사학이 "깊은 장소 그 자체에 관련된 언어적 지식"[27)]이기 때문이다.

장소는 공간적인 것으로만 머무르지 않고, 의미를 산출하여 분절화하는 수사학적인 성격을 가진다. 지니어스 로사이는 역사적인 경과에 따라 다양한 기억이 포장된 중층적인 의미를 산출하는 장(場)이다. 따라서 수사학의 전통을 이루고 있는 문채론(文彩論)이 지니어스 로사이의 분석에 도움이 된다고 나카무라는 말한다. 여기에서 염두에 두고 있는 것은 인접관계에서 발생하는 환유(換喩 metonymy), 포함관계에서 발생하는 제유(提喩 synecdoche), 유사(類似)관계에서 발생하는 은유(隱喩 metaphor), 대의(對義)관계에서 발생하는 반어(反語 irony)의 4대 문채이다.

유감스럽게도 분석의 구체적인 예시가 제시된 것은 아니다. 다만 다음의 지적은 인용할 만하다.

즉 언뜻 보아 단순히 공간적으로 보이는 장소가 있더라도 그것이 우리 인간의 집단적 기억과 관련된 이상, 그 기억과 관계된 과거의 여러 표현이 포장된 언어적 장소이며, 따라서 그러한 집단적 기억을 발굴하여 밖으로 드러내기 위해서는 언어적 지식의 유산에 무감각해서는 안 된다는 것이다.[28)]

추상적으로 들리겠지만, 아무것도 아닌 '지명' 이야말로 토지의 집단적 기억이 파묻힌 언어적 장소임을 나타내는 상징이다. 지명을 통해 토지의 역사를 찾고, 그 장소와 지명과의 관계에서 나카무라가 언급한 문채를 포함하는 수사학적인 구조를 파악하는 민속학의 분석이 이루어지고 있으며, 여기에 야나기타 구니오(柳田國男* 1875~1962 일본의 민속학자, 관료)의 「지명의 연구」 이후의 축적이 있다. 나카타니 노리히토(中谷礼仁* 1965~ 건축사가)의 아름다운 표현을 빌리자면, "지명은 시인을 품는다."[29)] 지명과 장소의 유대를 보증하는 시적 프로세스 즉 언어적 구조에 대해, 여기에서는 헤이조쿄(平城京* 고대 일본의 옛 도읍지, 지금의 나라시奈良市) 터 발견의 계기가 되었던 '다이코쿠노시바' 라는 지명을 둘러싼 나카타니의 고찰을 예로 들어보자.

헤이조쿄 터가 세키노 다다시(關野貞)에 의해 발견되려던 무렵, 그곳에는 가축의 배설물투성이였던 토담밖에 없었다. '다이코쿠덴' 이라는 단어를 언뜻 보면 그 장소가 헤이조쿄 터라는 사실을 직접적으로 나타내고 있는 것 같지만, 소구역(小字* 행정구역상의 소구역)의 이름은 발견의 계기가 되지 못했다. 실제로는 다이고쿠텐(大極殿* 옛날 천황이 정무를 보고 즉위식 등을 행한 정전正殿)의 북동쪽 약 15Km, 여황제 겐메이(元明) 천황을 화장한 장소의 이름이기도 한 '다이코쿠노시바' 야말로, '검은 잔디(大黒の芝) → 다이코쿠노시바 → 다이고쿠노시바 → 다이고쿠(大極)(殿)' 라는 연상을 통한 '발견' 의 이야기를 만들어 낸 것이다.

다이코쿠노시바는 지금은 숨을 그늘조차 없는 배설물투성이의 토담에 어울리는 이름이었다. 여기에서 누군가가 죽었다는 사실은 죽음, 그 물성(物性)을 '변경불능' 인 묘지로 연결하는 패턴 랭귀지(pattern language* 조형 언어. 전문 지식 분야에서 뛰어난 디자인 실례를 묘사하는 구조법)였던 것이 아닐까? 세키노는 당시 민유지(民有地)이자, 토지 소유자들의 동의 없이는 보존조차 할 수 없는 이 헤이조쿄 터에, 그들의 심적 의식에 꼭 들어맞고 그것이 본질적으로 그들의 것이 아니라는 사실 – 더욱 '고귀' 한 누군가가 죽은 장소였다는 사실 – 을 부연하는 절차를 만들어 낸 것은 아닐까?[30)]

나카타니는 '다이코쿠노시바' 라는 이른바 '묘지명' 이 기억의 패턴(型)으로 인용되었다고 말한다. 지명의 전용(轉用)이라는 수사(修辭)에 의해, 다른 장소의 기억이 헤이조쿄 터에 인용되어 의미의 중층화를 실행하고 있는 것이다. 여기에서 나카타니가 알레고리라는 수사학적인 비유의 구조를 찾아내고 있는 것도 당연한 것이리라. 먼 과거에 일어난 사건의 희미한 기억을 되살렸으므로, 이 때 지명은 '색인' 으로서 기능한 것이라고 할 수 있다.

지명이 '징후' 로서 기능하는 것도 가능하다. 방문한 적도 없는 도시의 이름이 바로 그것이다. 『잃어버린 시간을 찾아서』의 「고장의 이름 · 이름」에서 마르셀 프루스트(Marcel Proust)는 이렇게 쓰고 있다.

그것들의 꿈을 되살리기 위해, 나는 그저 바알베크(*baalbek 레바논 동부의 폐허 도시), 베네치아, 피렌체라고, 그 이름을 발음하는 것만으로도 좋았다. – 이런 이름 속에 어느새 그 이름이 가리키는 고장으로부터 스며든 나의 욕망이 축적되어 있었던 것이다.[31)]

도시의 이름이 그 당시 그곳에서 내가 조우(遭遇)하는 사건에 대한 기대와 예감을 내포한 징후로 바뀌고 있는 것이다.

이름은 마을에 대한 이미지를 흡수한다고 프루스트는 계속해서 설명한다. 그러나 동시에 그것은 그 이미지를 변형시켜 버리고 이름 고유의 법칙에 따르게 만든다. "이름은 다양한 모습의 인간에 대해, 또한 마을에 대해 — 이름 덕분에 우리들은 마을도 한 명 한 명의 사람처럼 개별적이고 독특한 것으로 생각하는 데에 익숙해져 있지만 — 하나의 애매한 이미지를 제공하고, 그 이미지가 이름으로부터 또는 그 이름의 화려하거나 어두웠던 음의 여운으로부터 이미지 전체를 빈틈없이 온통 한 가지 색으로 물들이고 있는 바로 그 색채를 끌어내고 있다."[32] 마치 프루스트가 열거하고 있는 마을들의 이름처럼.

> 예를 들어 바이외(* Bayeux 프랑스 북서부 바스노르망디 지방 칼바도스주에 있는 도시. 바이외 마을에 전해져 오는 11~12세기경의 벽걸이 융단인 베이유 벽걸이 융단으로 유명하다) 마을은 붉은빛을 머금은 품위 있는 레이스(lace)로 둘러싸여 있으며, 끝없이 높고, 정상은 마지막 음철(音綴* 음을 모은 것)의 오래된 황금으로 비춰지고 있었다. 비트레(Vitré) 마을은 마을 이름에 붙여진 악상 테귀(accent aigu* 발음 구별 기호의 하나)처럼 오래된 유리문(Vitrage)에 마름모꼴의 검은 나무로 구획을 짓고 있다. 평온한 랑발(Lamballe) 마을은 흰자위(blanc) 안쪽인데, 계란 껍질 같은 황색에서 마치 진주처럼 엷은 회색으로 바뀌고 있다.[33]

게다가 "기름지고 누르스름한 말미(末尾)의 이중모음"을 가진 쿠탕스(Coutances) 마을, 라니옹(Lannion) 마을, 케스텅베르(Questembert)와 퐁트르송(Pontrson) 마을, 베노데(Benodet), 퐁타벤(Pont-Aven), 켐벨레 마을……. 하나의 이름에 이미지가 응집된 이상, 마을의 이미지는 단순화되는 것을 피하기 힘들다. 그러나 이름이 환기하는 이미지의 힘은 이러한 단순화를 통해 더욱 강화되는 것이다.

그러한 의미에서 이름은 도시의 모습이라고 할 수 있다. 벤야민은 『파사주론』에서 거리명의 이론을 위해, 프루스트와 관련된 레오 슈피처(Leo Spitzer* 1887~1960 오스트리아의 라틴계 언어학자, 문학자)의 고찰을 인용하고 있다. 그에 따르면 지명과 같은 고유명사는 개념으로서 작용하지 않고, 순수하게 울림으로 작용한다. 따라서 프루스트는 여기에 그의 감각을 써넣을 수 있었다. 이름은 언어에 의한 합리화를 적당히 빠져나간다.[34] 이름은 청각뿐만 아니라 시각적인 인상도 환기하며, 게다가 독특한 향기나 맛, 손의 감촉도 가지고 있다.

따라서 『잃어버린 시간을 찾아서』처럼 도시명만 문제가 되는 것은 아니다. "거리명에 내재된 감각성. 그것은 보통 시민에게 어떠한 식으로든 느껴지는 유일한 감각성이"[35]라고 벤야민은 말한다. 길거리에 있는 돌의 뜨거움이나 더러움을 맨발로 느껴본 적이 없는 자 — 즉 부랑자(Lumpen)도 거지도 아닌 자 — 에게 도시의 감각성은 오로지 거리명에만 내재되어 있다. 그러므로 벤야민에 따르면, 거리명은 때때로 그 장소의 현실의 광경과 이름이 환기하는 알레고리적인 이미지의 상호 침투로 인해 마약과도 비슷한 도취를 일으키는 것이다. — 다이코쿠노시바가 그러한 이름이었던 것은 아닐까? 그리고 이름은 그 울림이 자아내는 색채의 인상과 향기, 미각, 피부의 촉감에 따라 오관(五官) 전체에 작용하므로 깊은 정동(情動)에 이르게 되는 것이 틀림없다.

벤야민은 말한다. 도시는 보통 극히 사소한 언어, 특권계급의 언어만이 접근할 수 있는 것을 대부분의 언어로 접근 가능하게 한다고… 이것은 무슨 뜻일까? '이름' 이라는 언어의 귀족계급이다. 이름을 둘러싼 벤야민의 형이상학에 깊이 파고드는 것은 피하도록 하겠다. 다만 "도시는 거리명을 통해 언어의 우주가 된다"[36]라는 아름다운 한 구절만을 인용하고 싶다.

이것은 도시 이름의 별자리가 된다는 뜻이다(그리고 벤야민에게는 바로 도시가 이념의 표현이 된다는 것을 의미한다).

도시명, 거리명의 매력을 다른 측면에서 파악해 보자. 마루야 사이이치(丸谷才一* 일본 근대 소설가, 문예평론가, 번역가)는 프루스트의 「고장의 이름」을 "모더니즘판(版) 기행문"[37]이라고 평하고 있다. 이러한 평가의 배경은 20세기 문학을 19세기 문학에 대한 반항으로 파악하여, 19세기 이전의 문학의 특성이 새로운 색조로서 되살아난 것으로 이해하는 문학사관(文學史觀)이다. 「고장의 이름」에서 사용되고 있는 '열거법(列記 enumeratio)' 이라는 기법도 역시 모더니즘(예를 들면 이외에 조이스)에 의해 재생된 문학 기법의 하나이다.

여기에는 스즈키가 18세기 영국의 지령론에서 그 틀을 찾았던 것과 같은 그러한 지향성이 없는 것일까? 지령을 거침없이 드러내는 가장 유효한 방법은 그 장소에 이름을 붙이는 것이다. 8경, 33개소, 88개소, 88경, 100경 등의 "장소로 이름이 붙여지고 문학화된" 명소(名所) 세트의 사례를 들면서 스즈키가 시사한 것이 바로 그것이다. 19세기 이후 지배적이었던 도시를 '공간' 의 구조로 파악하는 견해에 반항했을 때, 스즈키가 시선을 돌린 것이 '장소' 의 조합(세트)으로 도시를 보는 견해이며, 이른바 픽처레스크의 미학을 적용하여 만들어진 영국식 정원을 돌아다니는 '기행문' 처럼, '장소' 의 열거를 방법으로 삼았다.

자크린 피조(Jacqueline Pigeot)의 연구 『모노즈쿠시(物盡し* 같은 종류의 것을 전부 열거하는 것)』[38]를 보거나, 『마쿠라노소시(枕草子* 헤이안平安 중기의 수필)』의 "같은 종류를 모두 열거하는 것" 을 비롯하여, 일본문학은 참으로 열거가 풍부하다. 마루야는 이 열거법에서, 노리토(祝詞* 제사 의식에서 신 앞에 고하는 축문)에서 신들에게 바치는 물품들을 열거하기 시작하는 이른바 '말의 포틀래치(potlatch* 막대한 선물을 하여 부 · 권력을 과시하는 북아메리카 해안

인디언들의 의례적인 행사)'로서의 주술적 · 축제적 성격을 읽어내고 있다.[39) 도카이도(東海道* 도쿄의 옛 지명인 에도江戶에서 교토京都까지 이르는 해안선을 낀 가도街道)의 53개 역참(五十三次* 도카이도 가도에 있었던 53개의 역참驛站)을 말판으로 이용한 주사위 놀이 쌍륙(道中双六)이 역참명의 열거라면, 에도 · 도쿄의 명소에 있는 칠복신(七福神* 복덕을 주는 일본의 7명의 행운의 신) 순례도 절의 이름이나 지명의 열거와 다름없을 것이다. 에도 · 도쿄가 쌍륙과 유사한 군도(群島)적 소도시의 세트라는 견해는 자주 언급되는데, 8경, 33개소 등과 마찬가지로 이것 역시 지명의 열거라고 할 수 있다.

이것은 고장의 이름을 '있는 대로 다' 열거하여 도시를 파악하려는 방법이다. 8경, 33개소, 88개소, 88경, 100경과 같은 장소에 둘러싸여 있는 것을 기뻐하고 즐겁게 그 장소를 돌아보는 것을 말하자면 장소의 이름을 열거함으로써 도시를 탕진하는 축제의 장으로 바꾸는 행위로 받아들여도 좋을까(여기에는 옛날 천황이 높은 곳에 올라가 멀리 나라를 돌아보는 민정 시찰의 의식적인 감각이 남아있을지도 모른다)?[40)]

명소의 지명은 우타마쿠라(歌枕* 일본 고유의 시 형식인 와카和歌의 소재가 된 명승지)가 되어 때로는 단순한 하나의 고유명사를 넘어 와카를 비롯한 문학적 텍스트를 연쇄적으로 불러내는 색인이 된다. 기행문은 어떤 인물의 여행 과정을 그리면서, 때로는 가케코토바(掛詞* 동음이의를 이용하여 한 개의 단어에 두 개 이상의 의미가 있게 하는 수사법) 등의 수사를 계속 구사하여 연쇄를 전개하는 문학 형식이다. 이 경우 장소의 수사학적인 구조는 문학사적인 기억과 밀접하게 엮여 있다. 또는 거꾸로 표현하여 일본의 문학사에는 고장의 기억이 채워져 있다.

예를 들면 잘 알려진 『다이헤이키(太平記)』 제2권의 「도시모토아손(俊基朝臣)이 다시 관동지방으로 내려간 일」의 단(段)에서, "눈보라처럼 흩어지는 벚꽃 잎에 길을 잃고 헤맬 것 같구나, 가타노(片野)의 봄 벚꽃놀이와 떨어지는 단풍에 마치 비단 웃옷을 입은 것 같은 아라시노야마(嵐の山)의 가을 저녁이여, 하룻밤이라도 다른 곳에서 잔다는 것이 마음이 내키지 않는구나……"는 후지와라 도시나리(藤原俊成* 헤이안 말기의 가인歌人)의 노래 "또 다시 볼 수 있을까, 아마 그럴 수 없겠지. 가타노(交野)의 황실 소유지에서의 벚꽃놀이와 꽃이 눈처럼 흩뿌리는 봄 새벽녘의 이 아름다운 광경을……", 및 후지와라 긴토(藤原公任* 헤이안 중기의 가인)의 노래 "아리시노야마의 아침은 아직 추워서, 산에서 불어오는 바람 때문에 단풍이 흩날려 비단옷을 입지 않은 사람이 없는 것 같구나"를 전거(典據)로 하고 있다. 게다가 이 중 전자(前者)는 고레타카 친왕(惟喬親王* 몬토쿠천황文德天皇의 제1황자)이 가타노에서 벚꽃 구경을 하며 놀았다는 사실을 전하고 있는 이세모노가타리(伊勢物語* 헤이안 시대 전기의 와카로 된 이야기. 남성의 풍류적인 일대기가 약 125개의 단락으로 구성되어 있다)의 82단을 떠올리게 한다. '가타노' 라는 장소는 이러한 간(間)텍스트성의 결절점(結節点)이 됨으로써 언어적 구조를 중층화 시켜가는 것이다.

도쿄를 둘러싼 고무라 셋타이의 수필도 마찬가지인데, 예를 들면 기요모토의 "봄의 추위에 내리는 비가 유난히 맑지만, 날이 저물어 어느새 눈이 되어 버리는구나. 우에노(上野)의 종소리도 얼어붙는 여러 굽의 가느다란 물살이 굽어져서, 그 끝이 다가와(田川)로 향해 이리야 마을로 가는구나"를 인용하며 이야기를 시작하고 있고, 이치요의 『키재기』 혹은 교카의 『니혼바시』가 언급되는 식으로 이리야나 미즈노야, 그리고 니혼바시 히모노초를 일종의 문학적인 '명소' 로 만들어 내고 있다. 반복해서 인용되고 있는 구보타 만타로의 시구 "연꽃이 피니 통메장이의 가게 골목길이 막다른 길이 되는구나(蓮咲くや桶屋の路地の行きどまり)"를 통해 류센지초 근방의 특별히 내세울 것도 없는 연립주택이 우타마쿠라가 되는 것이다.

하지만 설령 그 장소에 의식화된 문학적 텍스트의 기억이 존재하지 않더라도, 프루스트의 예시가 나타내듯이 울림으로 감각적인 것을 남기는 토지의 지명은 저절로 무의식의 시학을 따른다. 무의식은 수사학을 구사한다. 그리고 그중에서도 무의식이 좋아하는 것은, 인명이나 지명 등 고유명사의 조작이다. 건망증에 대한 프로이트(Sigmund Freud* 1856~1939 오스트리아의 정신의학자)의 유명한 일화를 살펴보자. 보스니아의 헤르체고비나(Herzegowina) 지역에서 마차 여행을 한창 즐기며 이야기를 나누던 도중에 화가 시뇨렐리(Signorelli* 1441?~1523 이탈리아 르네상스 시대의 프레스코 화가)의 이름을 깜박 잊어버린 경험을 프로이트는 다음과 같이 자기분석하고 있다.[41)]

바로 직전의 화제(話題)와 관련된 죽음과 성(性)에 얽힌 상념을 억누르려 하고 있었으므로, 기억 속에서 이 상념과 연관된 상대방을 부르는 칭호(고유명사에 준하는 것이라 말해두겠다) 헤르(Herr) 및 여기에 대응하는 이탈리아어 시뇨(Signor)도 억압을 받아 시뇨렐리(Signorelli)를 떠올릴 수 없었다. 그 대신 헤르(Herr)는 지명 헤르체고비나(Herzegowina)의 앞쪽 스펠링인 헤르를 연상시킨다. 한편 헤르체고비나와 한 지역을 이루고 있는 지명 보스니아(Bosnien)의 보(Bo)는 보티첼리(Botticelli) 및 볼트라피오(Boltraffio)라는 두 개의 단어를 이끌어내는 색인이 되고, 시뇨렐리(Signorelli)의 말미(末尾) 엘리(elli)는 보티첼리(Botticelli)의 말미로 이동한다. 게다가 프로이트가, 불치의 성적 장해(性的障害)가 원인이 되어 자살한 환자의 부음을 받았던 지명 트라포이(Traffoi) 역시, 억압된 채 이동한 결과 볼트라피오(Boltraffio)의 뒤쪽 스펠링에 출현하는 것이다〔그림 7〕. 문채론으로 표현하자면 헤르(Herr)와 시뇨(Signor)의 사이에 있는 것이 은유적 유사 관계이며, 시뇨렐리(Signorelli)와 보티첼리(Botticelli), 또는 보스니아(Bosnień), 보티첼리(Botticellï), 볼트라피오(Boltraffio)의 삼자 사이에 있는 것은 환유적 인접 관계이다. 도시가 마약과도 같은 도취를 야기하는

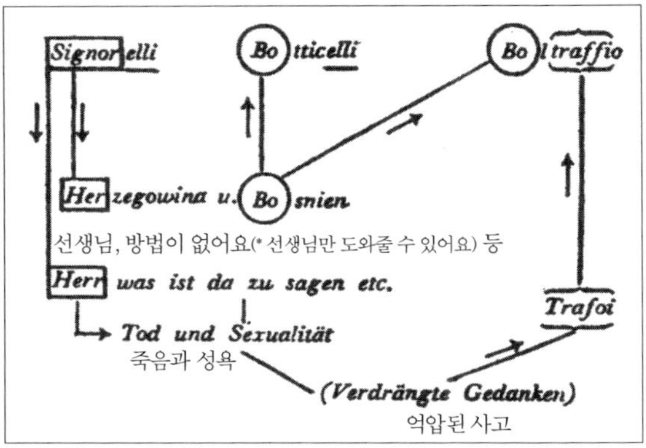

[그림 7] 억압에 의한 언어변형의 메카니즘. 프로이트 『일상생활의 정신병리학』에서 (Freud 1904의 그림에서 발췌하여 작성).

꿈의 공간이 되는 것은, 거리명이 이런 식으로 복잡하게 얽힌 수사적인 네트워크를 향해 무의식을 불러일으키기 때문이다.

명소처럼 이미 언어적 구조를 가진 장소로 이름이 붙여진 장소를 분석 대상으로 삼지 않고, 반대로 그 장소에 관여한 사람들의 내력을 통해 '지령' 으로서의 텍스트를 이해하는 것이 스즈키의 방법이다. 어떤 장소를 고른 다음이라면, 그 고장과 관계자의 전기는 실증적인 방법으로 구성하면 된다. 그러나 가장 곤란한 문제는 어떤 장소를 고를 것인지, 어디에 지령이 있다고 느끼는지 라는 출발점이다. 바로 이러한 국면에서, 무의식적인 것을 포함하여 쉽게 언어화되지 않는 신체성이 중요한 계기가 된다.

이러한 점에 대해 나카무라는 지니어스 로사이가 관여하는 것이 "파토스적인 기억" 이며, 그 기색을 민감하게 받아들이기 위해 오감을 꿰뚫는 "공통 감각" 을 움직일 필요가 있다고 지적하고 있다.[42] 우리들은 그것을 '징후적 지식' 이라고 부르고 싶다(이러한 발상을 차용하고 있는 나카이 히사오 자신은 나카무라의 "임상적(臨床的) 지식" 을 이것과 동일시하고 있다).[43] 나카이는 관념이 향기와 유사하다고 말한다.[44] 관념의 발견을 위해서는 후각에 대응하는 섬세한 감각이 불가결하다. 빠짐없이 모두 조사하는 것이 아니라, 숨겨진 것을 능숙하게 잘 발견하는 '세렌디피티(serendipity* 동화

「세렌디프의 세 왕자(The Three Princes of Serendip)」에서 유래한 표현으로 뜻밖의 것을 우연히 발견하는 능력. 행운을 가져오는 힘)'에 의존하지 않으면 지령과 만나는 것은 지극히 어려운 일이다. 따라서 오관의 모든 감각이 활성화되어야 한다.

평론가 구사모리 신이치(草森紳一)는 셋타이의 그림에 대해, 세계의 '향기'를 민감하게 포착하여 탄생한 '짐승적인 관능'의 표출을 인정하고 있다. 그 그림에는 오관을 총동원하여 파악한 '향기가 날 듯한 향기'가 있다. 특히 예민하게 작용하고 있는 것은 시각과 후각이다. 예를 들어 셋타이의《낙엽》〔그림 8〕은 가을의 기운 속에서 '향기' 마저 느껴진다. 오관이란 인간이라는 '동물'의 짐승적인 부분의 능력이므로, 고무라 셋타이가 "한없이 정직할 정도로 짐승적인 인간이지 않았을까?"라고 구사모리는 말한다. 셋타이는 "짐승적인 관능을 한없이 정직하게 번역(디자인)하는 능력을 지닌 사람"[45)]이었다.

구사모리가 말하는 '향기'는 가부라키 기요타카가 셋타이의 삽화에 그려진 어둠에 관해 언급한, "암향부동의 모습마저 감도는 어둠에 뒤섞인 아름다움이라고 형용하고 싶을 정도이다"[46)]라는 성격과 통하는 것이리라. 구사모리는 비를 맞아 반짝이는 낙엽, 썩은 낙엽, 벌레 먹거나 이슬에 젖은 낙엽, 그러모아져서 불타버린 낙엽 등등, 이른바 "낙엽의 생애"가 셋타이의 뇌리에 새겨져 있기에 그 순간을 떼어낸 그림 속에 '향기'가 태어난다고 지적한다. 그 속에는 셋타이가 짐승적인 '생명체'로서 모든 감각을 완전히 연마하여, 같은 '생명체'인 '낙엽'과 대치했기에 파악할 수 있었던 '낙엽의 생애'에 대한 모든 시간과 장소가 내포되어 있다.

셋타이에게 원형적인 심상으로서의 '여인' 역시 그러한 '생명체'이며, '여인'을 둘러싼 모든 시간과 장소를 품는 '짐승적인 관능'이 번역되어 있을 것이다. 셋타이가 그리는 삽화 속의 여성들에게서 숨 막힐 것 같은

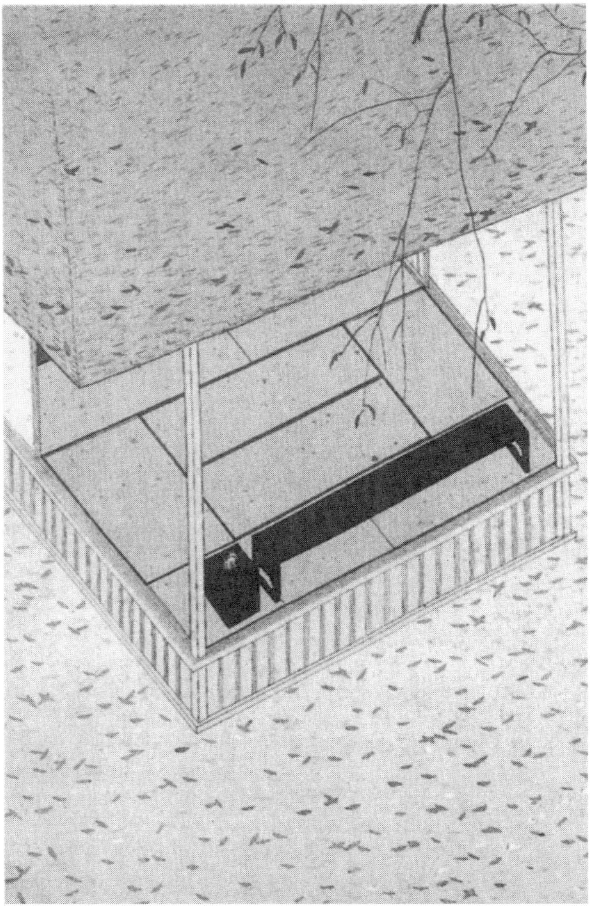

[그림 8] 고무라 셋타이 《낙엽》 1924년 무렵.

향기가 감도는 이유도 바로 그 때문이다. 그 “향기 속에서 시각을 바라보는” 후각은 짐승적이며, 사냥꾼의 지혜(知)와 통한다. “그의 세계는 근대와 어울리지만, 정확하게 말하면 근대가 잃어버린 것을 지니고 있다고 말할 수 있다”[47]라는 구사모리의 평은, 이러한 짐승적인 관능이나 지식의 반시대성을 정확하게 파악하고 있다.

도시에 도취하여 이리저리 거닐며 돌아다니는 산책자는 이러한 짐승적 관능을 지닌 능숙한 발견자이다. 셋타이의 수필에서 느껴지는 것도 역시 공통 감각적인 여러 감각의 상호작용을 배경으로 한, 장소에 대한 징후적 지식의 생생한 활동상이다.

그렇다면 마룻바닥에 '청천백일멱망시' 라고 새겨 넣고서는 모습을 감춘 봄날의 여인은 분명 한 사람의 지령이었음이 틀림없다.

2부

빛 · 어둠 · 황혼

제4장

자연의 무관심

하타케야마 나오야(畠山直哉) 「도시와 그 기원」

자연이란 석화(石化)된 마성의 도시(魔都)이다.

– 노발리스(Novalis* 1772~1801 독일의 시인, 작가)

「도시와 그 기원」

사진작가 하타케야마 나오야에게는 석회석 광산을 찍은 연작《라임 힐즈(LIME HILLS)》(1986~90),《라임 웍스(LIME WORKS)》(1991~94년),《블래스트(BLAST)》(1997~99)가 있다.《라임 힐즈》는 채굴장,《라임 웍스》는 석회 정제공장 및 시멘트 공장을 피사체로 하고 있으며,《블래스트》는 석회암으로 뒤덮인 산을 다이너마이트로 폭파하는 순간을 촬영하고 있다.

《라임 힐즈》에서 석회석 광산은 황혼 무렵의 붉은 기운을 머금은 노을빛에 둘러싸인 채, 운반용 덤프차 바퀴의 궤적이나 빛줄기와 함께 깎인 단면이 노출된 바위 표면을 드러내고 있다. 높은 곳에서 내려다본 전망으로는 포크레인을 비롯한 공사용 기계 이외에 채굴 작업을 하는 사람의 모습은 거의 알아볼 수 없다. 규격에 맞게 변형된 산이나 넓은 평지, 그리고 확실히 인공적으로 만들어진 호수의 중앙을 가로지르는 도로〔그림 1〕는 대지가 거대한 규모로 하나의 의지를 가지고 변용되고 있음을 보여주고 있다.

사진가가 조감(鳥瞰)을 그만두고 지표로 접근할 때 카메라가 포착한 것은, 폭파되어 깎여 내리고 벗겨져 떨어진 석회석 파편이 흩어진 풍경이다. 암석의 담갈색 색상에 황혼 빛깔이 겹쳐진다. 카스파르 다비드 프리드리히(Caspar David Friedrich* 1774~1840 독일 낭만주의 회화를 대표하는 작가)의《빙해(氷海)》를 연상시키는 바위를 촬영한 사진〔그림 2〕에 감도는 것 또한, 자연의 숭고함이라기보다는 황혼의 빛바랜 시간 틈에서 흔들리는 대지의 떨림과 같은 그 무엇인가이다.

한편 굵은 덕트(duct* 건물 내에서, 공기 조절 · 환기를 위해서 공기를 통하게 하는

[그림 1] 하타케야마 나오야 《라임 힐즈》에서.

[그림 2] 하타케야마 나오야 《라임 힐즈》에서.

관로)가 갑자기 이해하기 힘들 정도로 복잡하게 종횡(縱橫)으로 달리는 모습을 포착한 《라임 웍스》의 많은 공장들도 역시 황혼 내지는 옅은 어둠 속에 있다〔그림 3〕. 공장 내부에서 새어 나오는 전등 빛으로 설비가 가동

[그림 3] 하타케야마 나오야 《라임 웍스》에서.

중인 것을 추측할 수 있지만, 여기에도 인기척이 느껴지거나 생산 활동을 명시하는 요소는 없다. 이 사진집에는 석회석을 정제해서 시멘트를 제조하는 거대한 메커니즘이, 대체로 가로가 긴 구도로 조감 촬영에 의해 수록되어있다. 공장들은 모두 다 낡아 보이고, 덕트는 계획적으로 배치되어 있다기보다 오히려 각각의 장소의 필요에 따라 계속 보충되는 것 같은 인상을 주고 있으며, 전체가 시간을 들여서 자연스럽게 생성된 하나의 기계, 또는 하나의 도시와도 비슷해 보인다〔그림 4〕. 여기에서 느껴지는 것은

[그림 4] 하타케야마 나오야 《라임 웍스》에서.

인간 개개인의 일이 아니라, 공장 자체가 덕트라는 촉수를 뻗어 지금이라도 움직이려는 것 같다. 따라서 그 내부 사진은 마치 거대한 동물의 체내를 떠올리게 한다. 석회의 하얀 분말을 뒤집어쓴 기계나 계단〔그림 5〕, 덕트류는 화석화된 태고의 거대생물의 골격을 방불케 한다.

하타케야마는 일본이 석회석의 나라라는 사실을 알고 있었기에, 자신에게는 도시경관의 의미가 조금 달라졌다고 말한다. 석회석은 일본 국내에서 자급이 가능한 몇 안 되는 자원이며, 연간 약 2억 톤이 전국 각지의 광산에서 잘라 반출되어 절반은 시멘트로, 남은 절반은 철이나 유리, 종이, 잉크 등으로 모습을 바꾸어서 일상생활에 파고들어 와 있다. 이러한 지식을 통해 도시의 도로와 건축물의 조망에 광산이나 공장의 광경에 대한 기억이 오버랩(overlap) 된다. 석회석은 몇억 년 이상 전부터 해저에 내려 쌓인 해양생물의 화석이 광물화된 것이므로, 콘크리트의 질감 속에 "2억 년에서 4억 년 이상 이전에 적도 부근의 따뜻한 바다에서 살고 있었

[그림 5] 하타케야마 나오야 《라임 웍스》에서) P.103

던 산호나 푸줄리나(Fusulina* 방추충紡錘蟲 고생대의 석탄기와 이첩기에 번성하였던 원생동물 유공충의 하나)의 자취를 느낄"[1] 수 있다고 해도 이상하지 않다. 푸줄리나, 산호, 유공충(有孔蟲* 지질 시대에 크게 번성했던 생물로, 석회질이나 규산질, 키틴질의 껍질이 있고, 껍질에 있는 작은 구멍에서 실 모양의 위족을 내밀어 운동하고 먹이를 취한다), 석회조(石灰藻* 다량의 석회(탄산칼슘)가 침착되어, 딱딱한 체벽을 가진 조류藻類의 일군), 갯나리, 쌍각류(二枚貝* 몸은 좌우 대칭이며 몸 좌우로 2장의 조가비를 가지고 있는 대합 · 말조개 · 굴 · 재첩 등의 이패류) 등의 퇴적된 화석은 판(板 plate)의 이동으로 일본 부근까지 옮겨져서 융기하고, 물에 침식되어 석회석 산을 형성한 것이다.

하네다(羽田)공항에서 탑승한 모노레일 차량 안에서 사진작가는 이러한 몽상에 빠진다.

> 모노레일의 창문에 이마를 누른 채, 나의 망상은 부풀어 오른다. 아득히 먼 지평선까지 이어지는 콘크리트 빌딩과 도로가 모두 저 산에서 파낸 석회석을 원료로 하고 있다면, 이 빌딩이나 도로를 모두 문지르고 잘게 부수어서 그 방대한 양의 탄산칼슘을 신중하게 원래의 장소로 되돌려 놓아, 마지막 한 스푼으로 이전 산의 능선이 꼭 들어맞게 복원될 것이다. 광산과 도시는 마치 사진의 소재(negative* 음화陰畵, 원판)와 필름(positive* 양화陽畵)의 관계와 같다.[2]

석회석 광산은 매일 깎여져 모습을 감춰 간다. 그 소멸과 맞바꾸어 도시에는 콘크리트 덩어리로 된 빌딩이나 도로가 증식한다. 광산의 소멸이라는 '소재'를 반전시키면 도시 풍경이라는 '필름'이 등장한다. 사진의 소재 · 필름법을 발견한 W. H. 폭스 탤벗(Fox Talbot)의 박물관에서 1994년에 광산의 연작에 의한 개인전을 열었을 때, 하타케야마는 「도시와 그 기원」이라는 부제(副題)를 붙였다.[3] 이 사진가가 고층 빌딩에서 조감 촬영

한 도쿄의 풍경을 《라임 힐즈(ライム・ヒルズ)》의 '필름' 으로 간주할 수 있을지도 모른다. 이 사진집은 1989년에서부터 계속되는 연작이며, 여러 곳의 촬영 지점(일부는 요코하마横兵)에서 촬영한 정점관측(定點觀測) 사진의 성격을 띤다. 다만 각각 촬영된 계절이나 날씨, 시간 등이 다르기 때문에, 사진의 색상이나 표정에 상당한 차이가 있다. 전람회에서는 같은 크기의 가로가 긴 사진이 세로로 7점, 가로로 10점씩, 아주 좁은 간격으로 정연하게 나열되어 있었다. 같은 지점에서 촬영된 사진끼리 비교하여 시간의 흐름에 따른 변화를 발견할 수도 있다. 그러나 사진가가 포착하려고 하는 것은 오히려 "과거에 집착하지 않는" 도시 · 도쿄의 표층을 이루면서 흘러가듯이 변화하여 동일하게 머무르는 "도시의 결(짜임새)"[4]이다.

이 사진들에 대해서 하타케야마는 10Km 사방의 도시경관을 이루는 세세한 직선의 집적이 카메라의 핀트글라스(brandpunt glas* 네덜란드어, 조립 카메라, 리플렉스 카메라 등에서 피사체의 영상을 맺게 해 초점을 맞추고 구도를 정하기 위한 간유리)와 자신의 망막 상으로 정확히 미세(micro)한 투영상(投影像)이 되고 있다는 사실이 불가사의하다고 말한다. 거대한 도시 속에 몸을 두고 있는 사진가의 카메라 또는 그 자신의 망막에 그 도시의 일부가 광학적으로 결상(結像)되고 있다. 여기서는 차곡차곡 포개어 넣는 네스팅(nesting) 구조의 불가사의함이 있다. 그리고 17장의 패널(panel)에 의한 전시 방법 역시, 전체로 형성되는 '도시의 결' 의 내부에 그 미니어처가 있는 것 같은 네스팅과 유사한 인상을 주고 있다.

생물의 피부는 신진대사를 반복하면서 동일성을 보존한다. 도쿄와 같은 거대 도시도 마찬가지로, 건축물이나 도로 등의 파괴와 건설을 반복하면서 전체적으로는 거의 동일한 상태로 남아있다. '결' 이라는 단어가 시사하고 있는 것은 변화하면서 동일성을 유지한다는 도시의 이러한 성격을 가리킨다. 10년 이상의 시간에 걸쳐 촬영되면서 결을 거의 바꾸지 않는 도시의 표정은, 발파의 순간을 단숨에 36장의 사진에 정착시켜 그 가운데서 선별한 《블래스트》의 석회암의 표정과 지극히 대조적인데, 이 양쪽의 모습은 그 시간성에 대해서도 필름과 소재의 관계를 이루고 있는 것처럼 느껴진다.

이와 같이 날카로운 대조를 나타내면서도 공통된 것이 있다면, 그것은 석회석 광산과 도시를 '자연'으로 파악한 사진가의 시선이다. 여기에서 말하는 '자연'에 대해 하타케야마는 사진집 『Underground』(2000)〔그림 6〕에서 다음과 같이 정의(定義)를 부여하고 있다.

> 분명 '자연'은 인간의 정신에 대해 철저히 무관심한 체하는 자들에게 우리들의 조상이 최후의 순간 어쩔 수 없어서 부여한 언어이다. 하늘도 산도 물도 빛도 그리고 사진조차도 인간에 대한 무관심을 나타내며 우리들을 어쩔 수 없는 무력감으로 이끌고 있기에 '자연'이라고 불리는 것이리라.[5)]

이 사진가가 이러한 무력감을 느낀 것은 사하라 사막의 거대한 모래언덕 위에 섰을 때, 세스나 경비행기에서 알래스카의 설원을 내려다보았을 때, 오키나와(沖縄)의 깊은 바다에 빠지면서 바라보았을 때, 그리고 도쿄 한가운데의 지하 수로에 들어가서 칠흑 같은 어둠의 세계에서 빛을 필요로 하는 것은 나 혼자 만이라는 사실을 알아차린 순간이었다고 말한다. 지하 수로라는 동굴 세계는 빛 따위는 없어도 계속 '여기에 존재한다' 그런데도 나 자신은 이 어둠의 세계에 존재한다는 사실 이외의 다른 어떠한 것을 필요로 하고 있기에 이곳에서는 완전한 외부인일 수밖에 없다.

어둠 속의 생물과 사물에게 빛을 통해 발견되어 사진으로 정착된 색채나 형태(form) 등은 사실 어찌 되어도 상관없다. 빛이 사라지면 그것들은 환상처럼 소실되어 버리기 때문이다. 하지만 사진가의 무력감은 그러한

[그림 6] 하타케야마 나오야 《Underground》에서.

투영이 좌절되어 있음을 알리고 있다. '자연' 은 그 좌절의 지점에서 출현한다고 하타케야마는 말한다. "그 순간 '자연' 의 모습이 설령 경외와 미(美)와 숭고와 치유로 가득 차 있었다고 해도, 그것은 어둠 속의 사물이 순간적으로 드러내는 형태나 색채처럼 '자연' 자신에게는 아무 상관이 없을 것이다."[6)]

『Underground』에 앞서 발표한 《강의 연작(連作)》(1993~1994)에서 하타케야마는 콘크리트로 굳어진 도쿄 도심의 강으로 내려가, 그곳에서 보이는 풍경을 촬영하고 있다. 콘크리트 호안(護岸* 하안 또는 제방을 유수로 인한 파괴와 침식으로부터 직접 보호하기 위하여 그 비탈에 설치하는 구조물)이 수직으로 경사가 된 높이에 카메라 눈의 위치가 맞춰지고, 그 수평선을 경계로 하여 상하가 균등해지는 거의 1대 2의 세로가 긴 구도이기 때문에, 이러한 사진은 세계가 정확하게 2등분 된 것 같은 인상을 준다. 강바닥이 지상으로부터 5m 내려갈 뿐인데 "몇 광년이나 떨어진 다른 장소"에 있는 것 같았다고 하타케야마는 서술하고 있다.

> 올려다보니 지상의 빌딩들은 멀리서 향수를 띠며 빛나고 있다. 우주비행사가 밤에 지구의 반구(半球)에서 도시의 등불을 확인했을 때에도 이러한 느낌이 드는 것일까?[7)]

강바닥에 내려서 있는 것만으로도 사진가는 도시를 멀리 이탈하여 우주비행사가 지구 행성을 보는 듯한 시선을 획득하고 있다. 사진을 이등분하는 수평선은 '향수'를 환기할 만큼 멀리 떨어진 간격의 각인이다.

이러한 연작 속에 시커먼 지하 수로의 입구가 빼끔히 열려있는 한 장의 사진이 있다〔그림 7〕. 이 배수로의 사진을 다시 응시한 하타케야마는 강을 촬영하고 있을 때는 무서워서 가까이하지 않았다고 하는데, 마치 블랙홀에 이끌려 들어가는 것처럼 지하 수로에 발을 들여 넣기로 마음먹는다.[8)] 등불도 들지 않고 지하 수로를 걸어 나간 끝에 그가 경험한 것은 탄력이 있는 '벽'과 같은 어떤 것이었다고 한다. 그 '벽'은 '어둠' 그 자체였다. 눈을 뜨고 있는데도 감은 채로 있는 것 같은 느낌. 눈에 보이지 않음으로써 발밑의 물이나 양손과 양다리, 그리고 자신의 존재 자체까지도 흐릿해진다. 그래서 자신의 신체와 공간을 되돌려놓기 위해 사진가는 어떻게든 빛이 필요했다.[9)] 하지만 이것이 바로 그가 이 세계에서 외부자라는 사실에 대한 증명이었다.

지하 수로의 사진에서는 터널의 중심에 자리 잡아 삼각 받침대에 실린

[그림 7] 하타케야마 나오야 《강의 연작》에서.

광원(光源) 그 자체가 촬영되어 있다. 그 사진을 통해 이 세계에서 광원은 이물질이라는 사실이 확실하게 드러난다. 동굴의 벽면, 동굴에 서식하는 쥐, 박쥐, 곤충, 잔 물고기 등의 동물들, 수중 · 수면에 증식한 곰팡이〔그림 8〕와 진흙과 무지개처럼 일곱 가지로 비치는 기름 막, 그리고 정체가

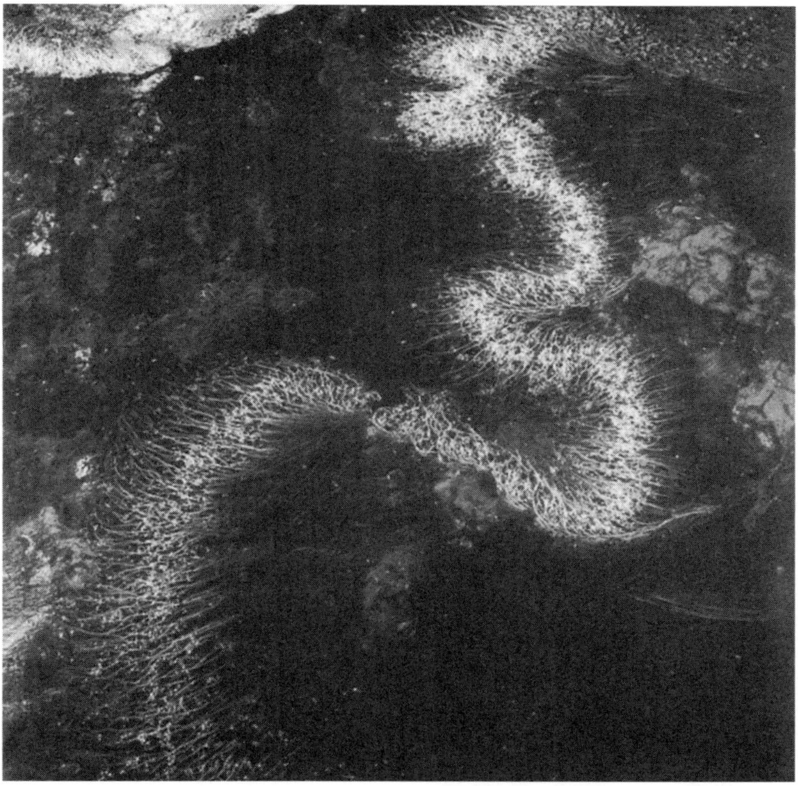

[그림 8] 하타케야마 나오야 《Underground》에서.

확실치 않은 가지각색의 다른 형태와 모양들은 이러한 빛이 필요하지 않는다. 어둠을 비추는 빛에 의해 이곳을 이른바 '인간화' 하려는 작업은 그들의 '무관심' 앞에서 좌절한다.

그 이유는 이 지하 수로가 '자연' 이기 때문이다. 여기에서 살아가는 생명체만이 '자연' 인 것은 아니다. 콘크리트 지하 수로라는 구조체(構造体) 또한 '자연' 이다. 하타케야마는 아키요시 동굴(秋芳洞* 야마구치현山口縣 아키요시다이秋吉台에서 가장 규모가 큰 종유굴, 길이는 약 10km)에서 그 고장의 박물관 관장에게 곰팡이의 사진을 보여주었다고 한다. 그 곰팡이는 동굴에 사는 박쥐의 배설물에서 생겨나는 것이었다. 그것을 본 하타케야마는 자신이 시부야(澁谷* 도쿄도 23구의 하나, 부도심)의 지하 수로에서 촬영한 시궁창 쥐의 배설물에서 생겨난 곰팡이와 완전히 같다는 사실을 알게 된다.[10] 아키요시 동굴의 위에는 석회석 대지가 펼쳐져있고, 시부야 지하 수로의 위에는 몇십만이나 되는 사람들이 이리저리 돌아다니는 도시라는 차이는 있지만, 지하 수로의 터널은 아키요시 동굴처럼 곰팡이를 만들어내는 '자연' 이다. 게다가 콘크리트로 만들어진 도시의 동굴은 원래 야키요시 동굴과 마찬가지로 석회석의 기억, 즉 산호와 푸즐리나의 자취를 품고 있었다. 사진가는 강바닥에서 지하 수로로 진입해 들어감으로써, 도시의 한가운데에 있으면서도 먼 곳에서 지구를 바라보는 우주비행사보다도 아득히 먼 '자연' — 그곳은 그리스 신화 속의 키메리오스족(Cimmerians族)이 사는 암흑의 나라, 스틱스(Styx* 그리스 신화의 칠흑같이 어두운 저승의 강)가 흐르는 명부(冥府)이다 — 으로 헤매어 들어간다.

이러한 '자연' 은 아름다움과 숭고함, 또는 치유 등의 '인간' 의 정신 작용과는 전혀 무관하다. 단순히 인간에 대한 '무관심' 만이 존재하기 때문이다. 이 점에서 하타케야마의 일종의 풍경 사진이 「뉴 토포그래픽스(New topographics)」 이후의 사진의 감성과 연관되어 있다고 볼 수 있다. 「뉴 토포그래픽스」는 1975년에 조지 이스트만 하우스 국제 사진 박물관에서 개최된 사진전이며, 「인간이 변화시킨 풍경의 사진」이라는 부제가 붙어있다. 이 전람회에서는 로버트 애덤스(Robert Adams* 1937~ 미국의 사진가)와 루이스 발츠(Lewis Baltz* 1945~2014 미국의 사진가)를 비롯한 10명의 사진가의 작품이 전시되었다.

이들의 공통된 스타일은 로맨틱하게 이상화된 자연미를 강조하는 전통적인 풍경 사진에 대한 비판이며, 어떤 종류의 과학적인 객관성으로의 지향이 거론된다. 「토포그래픽스」라는 명칭 자체가 그 사실을 알리고 있다. 같은 방향성을 가진 활동으로는 지질조사의 경험을 가진 사진가 마크 클렛(Mark Klett* 1952~ 미국의 사진가)을 중심으로 하여 1977년에 개시된 재촬영조사 프로젝트(RSP)가 있다. 이 프로젝트는 1860~80년대에 걸친 미국 서부개척 시절, 합중국 지질조사국의 지휘로 사진가 티모시 오설리번(Timothy O'Sullivan* 1840~1882 미국의 사진가)의 조사대에 의해 촬영된 방대한 풍경 사진을 오리지널과 같은 위치, 계절, 시간에 재촬영하려는 시도였다〔그림 9~11〕. RSP는 3년간 230점에 달하는 사진을 재촬영하고 있다.[11)]

이 재촬영 프로젝트는 큰 어려움을 동반하고 있었다. 100년 전과 동일한 촬영 위치, 동일한 앵글, 동일한 시계(視界)를 만들기 위해서는 폴라로이드 카메라로 몇 번이나 확인한 뒤, 한 곳당 10~15점의 촬영이 필요했다. 게다가 19세기에 사용된 프린트용 계란지(鷄卵紙* 계란의 흰자와 염화암모늄의 혼합물을 발라서 만든 종이이며, 사진을 인화하는 데 쓰인다)는 대지(臺紙* 그림이나 사진 따위를 붙일 때, 뒤에 붙여 그 바탕이 되게 하는 두꺼운 종이)에 장착할(mount) 때 수축하기 쉬웠으므로, 이에 의한 뒤틀림이 정확한 렌즈의 선택을 방해했다고도 한다. 재촬영 과정에서는 19세기 사진가들이 이중 인화(二重燒付* 새김사진 또는 영화 제작상의 기법, 별도로 촬영한 2장의 원판을 동일 필름 또는 인화지에 인화하여 특수한 효과를 거두는 것) 등의 방법으로 사진을 가공했을 가능성도 발견되었다.

엄밀하게 같은 조건에서 재촬영을 수행하려는 이러한 시도가 지금껏 프런티어(frontier)가 존재했던 과거에 대한 노스탤지어를 불식시키고, 주관의 개입 없이 동일한 경관에 대한 100년 전과 현재와의 차이를 부각시키려 하는 것임을 쉽게 알 수 있다. 하지만 이러한 의도뿐만 아니라, 이렇게 수고스럽게 풍경에 대한 시점을 정확히 일치시키려는 욕망에 다른 유래가 존재할 것 같다.

[그림 9] 티모시 오설리번《여러 층의 바위(岩累層), 피라미드 호수, 네바다주》1867년.

[그림 10] 마크 클렛(RSP)《피라미드 섬, 피라미드 호수, 네바다주》1979년.

[그림 11] 마크 클렛(Third View project)《피라미드 섬, 피라미드 호수, 네바다주》2000년.

이 점과 관련하여 로잘린드 크라우스(Rosalind Krauss* 포스트모더니즘을 대표하는 미국의 미술평론가)는 오설리번의 사진이 19세기에는 출판되지 않았으며, 일반적으로 스테레오 사진(입체사진)이라는 매체에 의해서만 유통되었다는 흥미로운 사실에 주의를 환기시키고 있다.[12] 스테레오 사진에 의해 제시되는 시(視)공간에서는 깊이 있는 원근이 더욱 더 강조된다. 스테레오스코프(stereoscope* 입체경)라는 광학 장치를 소개하기 위해, 보는 이의 시야가 주위로부터 차단됨에 따라 이러한 깊은 깊이감이 한층 더 강화된다. 게다가 스테레오 사진의 촬영자들은 공간이 수렴하는 중심을 결정할 것 같은 대상을 전경(前景) 및 중경(中景)에 설치함으로써 깊이를 의도적으로 과장하는 작업도 수행하였다.

크라우스에 의하면, 19세기 후반 당시 스테레오 사진에 의한 이러한 시각 경험의 핵심은 '전망(view)' 이라는 언어로 표현되고 있었다. '입체사진(stereography)' 은 바로 '입체 조망도(stereo view)' 였다. 오설리번도 자신들이 촬영한 사진에 대해 이 '조망' 이라는 단어를 자주 사용하고 있다. 그들 사진가들에게 중요했던 것은 주관적으로 파악된 '풍경' 이 아니라, 자연의 객관적인 표현으로서의 '조망' 이었다. 예술가와 같은 매개자 없이 자연현상으로서의 경관이 그 모습 그대로 보는 이의 앞에 드러날 필요가 있었다. 그리고 '조망' 에서 깊이와 초점이 강조됨으로써 중심이 되는 장소는 두드러지고, 놀랄만한 어떤 특이한 대상이 하나의 '명소' 로 바뀌어 간 것이다.[13]

또한 이러한 조망의 몇몇은 각각의 특이한 장소가 질서화를 이루어 배치되는 지리학적 체계를 요청하였다. 이러한 지리학적 공간은 입체 조망도를 보관하는 캐비닛(cabinet)이라는 가구의 형태로 실체화되어, 공립도서관이나 중류 가정에 구비되어졌다고 한다.

> 조망의 공간성과 그 강렬한 심도는 그 주제 역시 공간이며, 더욱더 추상적인 하나의 체계의 감각 모델로서 움직인다. 조망과 토지측량은 상호 규정적이고 상호 연관적인 것이다.[14)]

조망은 지리학과의 관계 속에서 일관된 언설(言說) 공간을 형성하고 있다. 그 공간은 스테레오 사진이라는 매개, 스테레오스코프라는 장치, 조망의 '저작권' 을 둘러싼 법적 제도('작가로서의 자격' 은 사진가가 아닌 출판사에 귀속됐다), 보존을 위한 파일 · 캐비닛이라는 요소로부터 이루어지며, 총체로서 지리학적 질서의 한 이미지를 구성하고 있었다. RSP는 공간이나 시간적으로 특이한 한 지점으로 한정된 조망을 정확히 재현하고자 함으로써, 로맨틱하게 주관화된('인간' 이 투영된) 풍경 사진의 미학적 언설 공간과는 다른, 이러한 지리학적 언설 공간 속에 스스로를 자리매김하고자 했다고 말할 수 있을지도 모른다. 하지만 관점을 바꾸면, 오설리번 일행의 사진이 '명소' 를 강조하여 특별함을 부여한(特異點化) '조망' 이었기에 강력하게 RSP와 같은 엄밀한 반복적 재연을 야기했다고 할 수 있다. 완전히 같은 지점에서 같은 조건으로 촬영하는 것이 엄청난 의미를 가졌던 이유는, 오리지널의 사진으로 제시되어 있던 대상이 주관에 좌우되지 않는 특이한 '조망' 이었기 때문이다.

물론 이러한 재연은 비평성을 의도하고 있다. 19세기의 지리학적 사진이 과학적인 프로그램뿐만 아니라, 광물자원 조사라는 산업적인 프로그램에서도 만들어졌으며, 정복과 이민과 개척을 추진하기 위한 자료인 동시에 선전 수단이었던 점에 비해 RSP의 재촬영 사진은 완전히 같은 조망이었을 경관에 대한 차이를 통해서 100년이라는 시간의 경과에 따른 변화의 의미를 반성하게 한다. 즉 이 사진에서는 자연이 역사적인 시간 속으로 끌려들어가고 있는 것이다. 그 당시 미국 서부의 대자연도 마찬가지로 "때 묻지 않았" 다는 것을 인정하지 않고, 좋든 싫든 모습을 바꾸어, 말하자면 쇠퇴하고 있음이 드러난다. 이미 인간의 손길이 뻗어 "때 묻지 않은" 것이 아니게 된 일상의 자연경관에 카메라를 돌린 「뉴 토포그래픽스」전(展)의 애덤스나 발츠의 사진 역시, 그러한 풍경이 나날이 파괴되어가는 과정에 대한 위기감을 배경 속에 감돌게 하고 있다. 1970년대 중반 이후의 이러한 풍경 사진이 '비평적 풍경(Critical Landscape)' 으로 불리는 이유도 여기에 있다.

자연사적(自然史的)인 도시의 연약함(fragility)

그런데 이러한 동향은 원래 무엇에 유래하는 것일까? 가토 노리히로(加藤典洋* 1948~ 일본의 문예평론가)는 「뉴 토포그래픽스」 이후의 풍경 사진을 논한 문장으로 우선 「풍경의 기원」에 대해 거론하며, 여기에 두 가지의 사고방식이 있다고 서술한다. 한 가지는 근대적인 '내면' 을 가진 인간이 등장함에 따라 그와 짝을 이루지만 인간적인 요소가 제거된 장소로서의 '풍경' 이 발견되었다는 의견이다. 또 한 가지는 카메라 오브스쿠라(camera obscura* 어두운 방의 뜻, 작은 구멍 또는 렌즈가 붙은 어둠상자)가 구현하고 있는 원근법적인 인식 장치, 넓은 의미의 사진 장치가 '풍경' 을 형성하고, 또한 '내면' 을 성립시킨다는 생각이다.[15)]

가토는 풍경 · 인간 · 사진으로 이루어지는 트라이앵글에 얽힌 두 가지의 사고방식 중 어느 쪽이 옳은가는 확증할 수 없다고 말한 뒤, 풍경 사진 그 자체에서 출발한 논의로 옮겨가고 있다. 하지만 여기에서 우리들은 이 대조적인 두 가지의 의견으로부터 하나의 공통 항목을 추론해 볼 수 있을 것 같다. 그것은 어느 쪽이든 풍경에서 인간적인 요소가 원칙적으로는 제거된다는 점이다. 그리고 이러한 풍경과 인간의 배타적 대치의 구도를 여실히 체현하고 있는 것이 사진장치이다.

또한 하타케야마도 사진집 『Lime Works』에 수록된 문장을 통해, 자연과 인간 사이에 존재하는 동일한 배타적 구조에 대해 언급하고 있다. "우리들은 광경 속에서 인간의 흔적이 확인되는 한 그것을 자연이라고 부르기를 주저하며, 인간과 관련된 것을 그 광경으로부터 배제하기를 원할 것이다."[16] 인간은 자연 속에서가 아니라, 그 자연을 외부에서 바라보는 눈으로 존재하고 있다. 그리고 "사진의 근대적인 방법"이란 이와 같은 자연과의 관계와 마찬가지로 "대상 세계(對象世界)로의 불참가(不參加)"[17]를 기반으로 하고 있다. 그렇다면 사진가는 이러한 불참가의 상태인 채로 자연을 촬영하고 있으면 되는 것일까? 『Lime Works』의 단계에서 하타케야마는 망설이고 있는 것처럼 보인다. "사진이라는 매개만이 안과 밖의 경계를 때로는 자유롭게 왕래하는" "인간 정신과 물리 세계가 교류하는 장"[18]이므로, "저쪽 편"의 자연으로 가는 것이 불가능할지라도 사진이라고 하는 매개에 참가할 수는 있을 것이라고 그는 말한다. 어딘가 한계를 의식한 이러한 중얼거림이 주저의 표현처럼 느껴진다.

여기에서 「뉴 토포그래픽스」전에 참가한 사진가 루이스 발츠의 활동을 추적하고 있는 가토의 분석을 참조해 보고 싶다. 가토는 발츠의 사진에서 "능동적인 중립성의 창출"[19]을 발견하고 있다. 바로 사진으로부터 정서 · 예술 · 모럴(moral)을 소거하는 것이다. 그 결과 의미가 제거되어 중립화된 발츠의 '풍경'이 만들어진다.

가토가 발츠의 사진에서 발견한 이 "능동적인 중립성의 창출"은 칸트가 취미 판단을 위해 조건으로 삼은 '무관심'에 대해 관조한다고 하는 태도이다. 다만 그 태도에는 참인지 거짓인지를 둘러싼 인식적인 관심이나, 선인지 악인지 등의 도덕적인 관심 외에 예술성을 둘러싼 미적 관심도 괄호 안에 들어가 버린다. 가토의 분석을 수용해서 말하자면, 발츠의 '풍경' 을 성립시킨 것은 이와 같이 의식적으로 괄호 안에 포함시킴으로써 다양한 관심이 적극적으로 포기되는 '능동성' 의 강도였다. 이러한 포기가 곤란하면 곤란할수록 주관의 능동성 자체가 '쾌감(快)' 으로 받아들여지는 것이다. 이것은 칸트의 『판단력 비판』에 나타나는 취미 판단이나 숭고성을 둘러싼 논의와 마찬가지로, 어디까지나 주관을 중심으로 한 미학이었다.

그러나 1990년대에 들어서면 발츠에게 탈의미화(脫意味化)나 중립화에 의한 '풍경' 화(化)에 대한 충동이 사라진다. 도시화와 개발로 황폐한 풍경으로 내몰린 이 사진가가 "범행 현장" 을 극명하게 기록하는 "과학조사관의 태도" 에서, "비(非)범행 현장" 을 기록하는 "과학수사관인 것을 알리지 않으려는 태도" [20]로 근접해 가고 있었다고 가토는 예리하게 지적한다. 각각의 작품으로부터 개성을 박탈하기 위한 집합 사진의 시도(『파크시티(Park City, 1980)』)〔그림 12〕와 작품의 단편화(『캔들스틱 포인트(Candlestick point, 1988)』)가 그러한 과정을 보여주고 있으며, 특히 『산 쿠엔틴 포인트(San Quentin point, 1986)』에 잘 나타나 있다. 가토는 핀업(pin-up* 벽에 핀으로 꽂아 두는 미인 사진) 잡지의 흔해 빠진 사진을 그대로 촬영한 한 장의 사진에서 "하필이면 본래 바싹 다가가 힐문(肉迫)할 수 없는 것을 선택해 불가능한 힐문을 시도할 수밖에 없는" [21] 발츠의 방법이 슬럼프에 빠진 단적(端的)인 흔적을 찾아내고 있다.

발츠 사진의 변질이 어디에서 초래하게 되었는지에 대해 미국의 프런티어가 이제는 현실에서나 환상으로나 모두 사라져버렸다는 사태가 원인인지, 발츠가 앞에서 언급한 딜레마에 가로막혔다는 이유에 의한 것인지, 가토는 그 어느 쪽도 확답하지 않는다. 다만 한 가지의 사실로 주목해야 할 것은, 이미 "능동적인 중립성(가토는 이것을 "중간적인 것" 이라 부른다)"

[그림 12] 루이스 발츠 《파크 시티, 인테리어 33》 1980년.

이 끝났다는 점이다. 따라서 발츠에게 있어서의 '풍경' 도 사라졌다.

1993년의 단계에서 가토가 동시대의 풍경 사진에서 인정하고 있었던 점 역시, 더 이상 중립화해야 할 것이 존재하지 않으므로 중립화가 일어날 수 없다는 상황이었다. 그 상황은 '풍경' 의 끝을 의미한다. 호텔의 1층과 2층이 동일한 형태의 방에 각각 서로를 관찰하는 카메라를 설치한다는, 발츠가 실현하지 못한 기획을 언급하며 가토는 다음과 같이 서술하고 있다.

> 간단히 말하면, 그는 이렇게 말하고 있다. "풍경은 끝났다."
>
> 풍경은 보는 자와 보이는 자의 관계에 대한 고정화를 전제로 하고 있지만, 나는 보는 자로서의 특권성을 버린다고, 그는 말한다. 사진은 보는 것의 특권성에 안주해 왔으나 그 특권성이야말로, 이제 "풍경의 끝" 으로 추궁당하고 있다고.[22)]

여기에서 가토는 발츠에게서 "태도의 변경"을 보았다. 지금까지 발츠는 사진을 통해 세계를 보고, 사진에서 포착한 것이 그의 '풍경' 이었다. 그 '풍경' 이 끝났을 때 "그는 세계로부터, 세계에 의해 사진을 보고 있다."[23] 다만 가토는 보는 것(監視)과 보이는 것(spectacle)의 관계를 둘러싼 변증법으로 향하는 이 방법성을 발츠와 공유하려 하지는 않는다. 그것은 "사진이 사진의 장소에서 발견하는 해답"[24]은 아니기 때문이다. 베케트(Samuel Beckett* 프랑스의 극작가 · 소설가)의 "상상력은 죽었다, 상상하라"는 말을 본떠, "풍경의 끝"에 직면하여, 역시 촬영하는 것 이외에는 "사진의 장소"는 없다고 가토는 결론짓는다.

발츠의 딜레마는 하타케야마가 말하는 "사진의 근대적 작법(作法)"의 딜레마라고 해도 좋을 것이다. 한마디로 말해서 그것은 모더니즘의 순수화의 논리이다(따라서 그 자체만을 거론하면, 특별하게 색다른 것은 아니며, 이 논리의 철저화가 발츠의 경우처럼 파탄을 초래한 것도 어떠한 특별한 사례는 아니다). 발츠는 이러한 작법을 철저화한 풍경에 대한 중립화의 끝에 보는 자로서의 특권성을 버리게 되었다. 발츠의 이러한 "태도의 변경"에 관련된 가토의 평가가 정확한지에 대한 판단은 보류한다. 사진가가 아닌 가토 자신이 "사진이 사진의 장소에서 발견하는 해답"을 적극적으로 제시하지 않은 점도 굳이 물어봐야 할 문제는 아닐 것이다.

그러나 한 가지 확실하게 말할 수 있는 것은 하타케야마의 『Underground』를 보고 있는 우리들에게는 발츠가 "풍경의 끝" 이후에 도달한 '세계' 가 여전히 지독하게 '인간적' 인 것으로 보이게 된다는 점이다. 그 '세계' 에서는 인간에게 보이는 것 따위에는 전혀 무관심한 '자연' 이 누락되어있다. 『Lime Works』에서 하타케야마도 마찬가지로, "보는 자와 보이는 자의 관계에 대한 고정화"라는 문제에 직면해 있었다. 다만 『Underground』에서 이 사진가는, '자연' 의 '무관심' 을 눈앞에 둔 좌절과 무력감을 통해 자연이 인간 따위는 전혀 보고 있지 않다는 것, 인간에 의해 보이든 말든 아무런 상관없다는 것, 즉 "보는 자와 보이는 자의 관계"라는 문제 그 자체가 지극히 인간적인 관심사일 수밖에 없다는 것을 표현한 것 같다. 자연의 '무관심' 앞에서는 인간 자신이 괄호에 들어가 버리고 만다.

하타케야마가 "자연의 입장에서 자연을 통해 사진을 보고 있다"고 말하지는 않는다. 그러한 것은 불가능하다. 자연은 '저쪽 편'에 머문다. 하지만 "인간이 변화시킨 풍경"이라는 전제하에, 사실은 개척자처럼 어딘가 "아직 때 묻지 않은 자연"에 대한 환상을 갖고 있는 사진작가들이 아니라, 도시의 인공적인 경관을 이루고 있는 콘크리트 그 자체에서 '자연'의 감촉을 감지하는 사진작가가 훨씬 더 사진 자체가 포함된 자연사적인 프로세스에 대해 자각적이었음은 확실하다. 그리고 그 '자연'의 무관심은 "보는 자와 보이는 자의 관계"를 둘러싼 망설임 따위 공중에 띄워버린다.

하타케야마의 사진에서는 도시도 마찬가지로 자연사적인 산물로 포착되고 있다. 광산과 도시가 사진의 소재와 필름이라면, 석회석 광산의 연작 역시 일종의 도시 사진이며, 그 사진은 도쿄의 조감촬영 사진이나 지하 수로의 사진과 짝을 이루어, 도시라는 생명체의 생성과 신진대사의 과정을 자연사로서 기록하고 있는 것이다. 19세기의 지리학적인 '전망'을 특징지었던 '특이성(singularity)'의 관념의 원천에 대해, 바버라 마리아 스태퍼드(Barbara Maria Stafford* 1941~ 오스트리아 출신의 예술역사가)는, "지리학적 현상 — 광물계의 여러 표본을 포함한 가장 넓은 의미로 — 이 풍경 형태를 구성하여 자연사가 미적 현상을 발견하"는 것이며, "진정한 역사는 자연사라는 발상이 자연물을 인간의 지배로부터 해방한다"고 지적하고 있다. 이러한 발상이 결국에는 다음과 같은 견해로 이어지고 있다.

자연에 대한 역사화의 최종 단계에서는 역사의 소산(所産)이 자연화 되는 것이다. 1789년 독일의《서번트(識者 savant)》자무엘 비테는(……) 이집트 피라미드를 현무암의 분화에 의한 것으로 단정하고, 자연의 일부로 간주하였으며, 또한 마찬가지로 페르세폴리스, 바알베크, 팔미라의 유적도 아그리젠토의 제우스 신전이나 페루의 잉카제국의 궁전처럼 리튬(lithium* 그리스어로 돌이라는 뜻의 lithos에서 유래)의 노출과 동일한 것으로 보고 있었다.[25)]

이것은 벤야민이 독일 바로크의 연극에서 발견한 자연과 역사가 교착하는 과정으로서의 자연사적 인식이다. 자연의 역사성을 현재화(顯在化)하는 시도로는 RSP에 의한 미국 서부의 '전망'의 재현이 떠오른다. 한편 도시라는 역사적인 산물을 자연물로 관조하는 시선이 마치 역사를 자연의 노후 과정인 것처럼 파악하는 상황에 대해서는, 예를 들어 1980년대에 도쿄에서 시도한 노상관찰을 실례(實例)로 들 수 있다.[26)]

여기에서 다시 한 번 도시에 대한 자연사적 시선에 주목하고자 하는 이유는 그것이 이미 인간을 비롯한 유기적인 생명체의 스케일로 측정할 수 있는 시간에 의해서가 아니라, 광물의 생성과 변성으로 구성되는 지질학적인 시간에 근거를 두고 있기 때문이다. 하타케야마가 발표한 석회석 광산의 연작이나 지하 수로 사진은 도시에 흐르는 시간을 단번에 몇억 년이나 이전 옛 해양생물들의 세계로까지 거슬러 올라간다. 석회석 광산이라는 소재와 도시라는 필름이 짝을 이룬 지점서 드러나는 것이 그러한 새로운 도시 신화이자, 일종의 도시의 지질학이다.

압도적인 "자연의 무관심"에 직면하고 있다는 점에서 하타케야마의 사진은 '뉴 토포그래픽스'나 RSP보다 틀림없이 서부 개척 시대의 지질학적 '전망'의 사진에 가깝다. 그 사진은 도시의 '기원'을 석회석 광산에서 찾고, 도시의 미개척 자연을 지하 수로의 어둠 속에서 발견해내려고 한다.

이 사진가의 몸짓은 카메라를 통해 프런티어를 기억하는 조사대 자세이다. 석회석 광산, 도시의 조감, 또는 강의 연작이나 지하 수로 사진과 같이 언뜻 보기에 여러 갈래에 걸친 이 작업은 예술보다 오히려 과학기술이나 산업과 깊이 결합된 언설 공간 속에서 평가받아야 하며, 19세기의 풍경 사진과 유사하게 전체로서 현대 도시의 지리학적 내지는 지질학적 질서의 이미지를 구성하는 것이 아닐까? 다만 오설리번의 사진과 크게 다른 점은, 하타케야마의 경우 오로지 도시만을 깊이 탐험해야 할 새로운 자연으로 보고 있다는 점과 이에 더해 사진조차 그러한 무관심한 자연의 일부로 자각하고 있는 점이다.

도쿄를 흐르는 강으로 내려간 것만으로도 몇 광년이나 떨어진 우주 공간에 있는 듯한 별세계가 출현한다. 미지의 우주가 도시의 발밑에 펼쳐져 있다. 시궁창 쥐의 배설물에서 생겨난 곰팡이, 녹인 유리를 공중에서 몇 번이나 잡아당겨서 길게 늘인 듯한 가는 실 모양의 그 곰팡이에 "빛을 비추면, 유리처럼 반짝반짝 빛나는 이 곰팡이는 자신이 이렇게 아름다운 모습을 하고 있다는 것을 모르고 있다."[27] 자연은 자신의 아름다움에 철저히 무관심하다. 여기에는 인간을 난처하게 하는 무언가가 있다.

이 "어찌할 수 없는 무력감"에 어떤 이름을 붙일 수 있을까? 아마도 "능동적인 중립성"의 대극(對極)점에 있는 한없이 약한 자각일 것이다. 무관심한 자연에게 인간이 미를 발견할 수 있었다 해도, 그것은 어둠 속에서 한순간 사진에 정착된 색채나 형태(form)와 같은 순간적이고 덧없는 것에 지나지 않는다. 가냘프고 하얀 솜털과 같은 곰팡이의 아름다움은 자연을 눈앞에 둔 인간의 좌절, 나약함, 어떠한 종류의 결핍과 짝을 이루고 있다. 무엇이 결여되어 있을까? 무엇보다도 우선 우리들에게는 '자연'과의 관계가 결핍되어 있다. 왜냐하면 애초에 자연은 우리들에 대해 무관심한 존재로 정의되어 있었으니.

무관심한 자연을 우연히 기록한 사진 속에서 포착된 그 무언가, 그것을 프래질리티(* fragility 연약함)이라고 불러도 될지 모른다. 자연 자체가 덧없고 부서지기 쉬운 것은 아니다. 자연의 무관심과 조우한다는 사건 그 자체가 나약한(fragile)한 것이다. 이나가키 다루호(稲垣足穗* 1900~1970 일본의 소설가)는 다음과 같이 말했다고 한다.

> 결국은 애초에 천체(天體)라는 것이 나약한(Fragilitat) 것이지요. 그것은 말이죠, 무관심이라는 광대한 근원적 고향〔原鄕〕입니다.[28]

도쿄의 지하 수로에서 발견된 '자연'은 이러한 "원향(근원적 고향)"으로서의 다른 천체가 아니었을까? 강바닥에서 올려다본 빌딩의 등불에 확실히 보이는 것, 지구상에 있으면서 지상의 도시로부터 몇 광년이나 먼 이 천체에서 느끼는 것이 바로 다루호가 말한 "우주적 향수"일까?

하타케야마는 사진이라는 "인간 정신과 물리 세계가 교류하는 장"을 통해, 지상의 천체에서 생성하고 소멸하는 덧없이 나약하고 미미한 사건을 포착하기 위한 아주 섬세한 과학 실험을 수행하고 있다. 그것은 사진이 "안과 밖의 경계를 때때로 자유롭게 왕래할" 수 있는 경계성에 민감한 매개이기 때문에 비로소 가능한 것이다. 《라임 힐즈》나 《라임 웍스》에서 이 사진작가가 해 질 무렵을 즐겨 선택하는 듯 느껴지는 것도, 낮과 밤의 경계에 있는 황혼이 질 때의 빛의 연약함 속에서 무관심한 자연이 잠시 보여주는 표정을 포착하기 위해서가 아닐까?

그러한 자연과 우연한 만남을 위해 사진가는 인간과 인간에 대해 철저한 무관심한 것들의 경계선상에 자리를 잡는다. 카메라는 이 경계를 넘나들려는 자가 사용하는 마법의 지팡이 같은 도구이다. 우리들은 이러한 샤먼(shaman)과 같은 존재의 눈이 포착한 '조망'을 본다. 그 '조망'은 우리들을 같은 장소, 같은 황혼(twilight)의 시간으로 이끈다. 하타케야마는 다음과 같이 쓰고 있다.

> 내가 찍은 사진이 그다음에 무엇을 하면 좋을지를 가르쳐 주었을 때만큼 설렜던 적은 없다. 다행히 나는 이렇게 사진에게 가르침을 받으며, 마치 사방치기(* 땅바닥에 직사각형을 여러 개 그린 다음, 한쪽 발을 들고 나머지 한 발로 납작한 돌멩이를 한 칸씩 차면서 가는 어린이들의 놀이의 하나)라도 하듯이 여러 장소를 돌아다녔다. 석회석 광산에서 시작한 나의 사방치기가 도쿄 지하의 강까지 오게 될 거라고는, 예전의 나는 전혀 예상하지 못했다.
>
> 아마 이러한 사방치기는 앞으로도 계속되겠지만, 초등학교 때 귀갓길의 사방치기 놀이와는 달리 '집까지' 라는 목표를 정해서 찰 수 없는 성질의 것이다. 나는 다만 내가 찬 돌에 이끌려서 앞으로 나가고 있을 뿐이다. 도중에 많은 예기치 못한 광경에 맞닥뜨릴 때마다 이 특별할 것 없는 돌멩이가 나에게 소중한 것이 되어간다.[29)]

사진이란 돌멩이이다. 차인 돌멩이가 어디로 굴러가는지, 촬영자인 사진작가도 모른다. 돌멩이는 목적지를 점치는 부적이다. 한쪽 발로 서서 사방치기 놀이를 하면서, 비틀거리듯이 걸어가는 사진작가는 마치 파행(跛行)적인 신처럼 여러 다른 세계를 편력하며 이리저리 돌아다닌다. 그 돌멩이가 굴러간 지점에 도시의 '자연' 이 뜻밖의 모습으로 출현한다. 19세기 미국 서부의 풍경 사진이 지리학적 · 지질학적 체계의 이미지를 제공한 데에 반해, 이 사진가의 사진은 애초에 그런 체계로부터 떨어져 나와 정처 없이 헤맨 장소에서 도시의 기원과 그 미래가 물질화된 '형태' 를 발견한 것 같다.

그에게 카메라는 심미적인 이미지 창조의 장치가 아니라, 광산기사가

[그림 13] 하타케야마 나오야 《Underground》에서.

광석을 파내는 기술과 마찬가지로 실험과 탐색의 과학적 수단이므로 우리들은 이에 의해 발굴된 사진이라는 단단한 '돌멩이'를 자신이 '차' 듯이, 눈으로 보는 것을 찾을 수 있다. 그것은 바로 자연의 무관심을 눈앞에 두고 도시의 물질적인 '전망'을 통해 자기 자신을 괄호에 넣어, 비인간적인 다른 세계와의 경계선상에 붕 떠서 매달려진 경험이다.

그 때 자신이 아름답다는 사실을 결코 알 리 없는 깨지기 쉬운 유리세공 같은 곰팡이 사진은, 한순간에 사라져버린 빛 속에서 위태로운 프래질리티를 힘없이 발산시켜 우리들을 어쩔 수 없는 기분에 빠져들게 하면서, 이제 막 태어난 아주 작은 성운(星雲)처럼 차갑게 떨고 있다〔그림 13〕.

제5장

갈림길의 에로티시즘

영화에 나타나는 황혼의 점괘

해 질 무렵은 을씨년스럽구나,
꼭두각시 인형 놀리는 사람 손에 춤추는
유녀(花魁)의 목은 창백하고
깜빡깜빡 눈이 움직인다. ……

– 기타하라 하쿠슈(北原白秋* 1885~1942 일본의 시인)

어둠의 관능화

여배우 스기무라 하루코(杉村春子* 1906~1997)를 그리워하는 문장 속에서, 영화감독 다니엘 슈미트(Daniel Schmid* 1941~2006 스위스의 영화감독, 각본가)는 "영화관은 모습을 지우는 하나의 기법이다"라고 말하고 있다.

> 어둠 속에 섞여 들어가 버리면 눈에 보이지 않게 된다. 혼자 영화관에 가서 그 영화를 내 것으로 만든다 — 다 보고 난 뒤 영화에 대해 말할 필요조차 없다면. 이러한 신비는 결코 길게 지속되지 않지만, 어쩌면 균형을 잘 잡으면서 다시 거리를 횡단하여 조금 전에 일어난 이 변신에 대해서는 아무것도 모르는 사람들 사이를 빠져나갈 수 있을지도 모른다.[1)]

그리고 스기무라가 주연한 나루세 미키오(成瀨巳喜男* 1905~1969) 감독의 『만국(晩菊* 계절을 지나쳐 늦게 피는 국화)』(1954)은 많은 거리를 횡단한 뒤에도 어둠을 틈타 잠입한 변신이라는 신비의 여운을 남기는 영화 중 하나라고 슈미트는 말한다.

이렇듯이 슈미트는 영화 그 자체보다 영화관이라는 공간의 마력으로부터 이야기를 시작하고 있으며, "영화관에서 나가는" 것을 좋아한다고 고백하는 롤랑 바르트(Roland Barthes* 1915~1980 프랑스의 철학자, 비평가)의 텍스트를 기억에 남겨두고 있었던 것은 아닐까? 「영화관을 나오면서」라는 제목의 에세이에서 바르트는 언제나 주말 밤에 영화관을 찾은 뒤, 가로등이 켜지고 사람이 뜸한 거리에 나와서 기분 좋게 카페로 발길을 돌리는 경험을 반추(反芻)하고 있다. 그럴 때 그도 역시 지금 막 보고 나온 영화에 대해 이야기할 필요 없이, 말없이 그대로 있을 것을 조건으로 들고 있다. 이 글에서 바르트가 관찰·묘사하고 있는 자신의 신체의 상태는 다음과 같다.

> 다소 멍하게 목을 움츠리고, 추운 듯이, 요컨대 잠이 올 것 같다. 졸린다, 라고 지금 그는 생각하고 있다. 그의 신체는 어쩐지 졸리는 듯하며, 조용하고 온화한 상태가 되고 있다. 그는 자신이 잠들어 있는 고양이처럼 부드럽고 다소 관절이 빠진 것처럼, 혹은 (정신 조직에서 휴식은 거기까지만 도달할 수 있으므로) 무책임해진 것처럼 느끼고 있다.[2)]

그의 신체는 마치 최면술에서 막 깨어나는 것 같은 상태이다. 영화관에서 나올 때 바르트는 자신이 최면술이 지닌 가장 오래된 힘, 즉 병을 고치는 힘을 몸속에서 느끼고 있다는 것을 알아차린다. 단순히 한가하기 때문이라는 이유로 사람이 영화관에 갈 때 그 의식의 공허함과 무위, 무료함으로 인해 영화관에 들어가기 전에 이미 최면술에 걸리는 여러 조건이 갖추어진다고 바르트는 말한다. 그런 의미에서 영화가 사람들에게 꿈을 보여주는 것은 아니다. 관객이 되기 이전에 자신도 모르는 채로 이미 사람들은 꿈을 꾸고 있다. 그 이전의 최면 상태에 나타나는 몽상(브로이어 및 프로이트의 『히스테리 연구』를 모방하여 "박명(薄明)의 몽상"으로 불리고 있다) 이 영화관의 어둠을 선점하고 있다.

> 이 몽상은 영화관의 어둠에 앞서 주체를 거리에서 거리로, 광고에서 광고로 이끌며, 결국에는 어둡게 익명으로 무관심의 정육면체 속으로 가라앉힌다. 그 속에서 영화라고 불리는 저 다양한 감정의 제전(祭典)이 개최된다.[3)]

영화에서 영상(및 소리)은 "눈속임 미끼"라고 바르트는 단언한다(인용된 것은 쟈크 라캉(Jacques Lacan* 1901~1981 프랑스의 대표적인 정신분석학자이자 사상가)의 경상단계이론鏡像段階理論 이다).[4] 스크린 위의 영상은 상상적인 타자이며, 주체는 이 타자에게 나르시스적으로 자기 동일화하여 고착한다. 이러한 특징으로 인해 영상은 본질에서부터 "이데올로기적인 것"과 비슷하다. 영화의 영상이 관객의 고착을 통해 '자연' 스러운 것으로 간주되듯이, 이데올로기적인 것도 역시 이데올로기적 언설에 대한 주체의 고착으로 그 자연스러움과 그것이 '진실' 이라는 감각을 "눈속임 미끼"처럼 부여하기 때문이다. 이데올로기적인 것은 분명히 한 사회의 '영화' 이다.

그러나 영화를 본다는 경험에는 이것과는 또 다른 측면 · 방법이 있다. 그것을 바르트는 "다른 장소에 있을"[5] 필요성이라 부른다. 이 다른 방법이란 바로 영화관이 권하는 또 하나의 최면술에 굳이 자기 스스로가 빠져 들어가는 것이다. 이것이 고착의 대상인 영상이라는 '거울' 에서 몸을 떼어놓는 기술이다. 영화가 최면술이라는 인식만 가지고 있다면 특별할 바가 없다. 바르트가 제창하는 것은 이것을 역으로 이용한 도착적(倒錯的)인 전략이다. 최면술에 빠지지 않기 위해 영화의 이데올로기적 작용에 경계심을 갈고 닦는 것이 아니라, 영화의 또 하나의 매혹에 몸을 맡기는 것이다.

그 매혹은 영화관의 어둠 속에서 비로소 존재한다. 익명의 많은 사람들로 이루어지는 이 다양한 어둠은 "확산하는 에로티시즘의 색채"로 가득 차 있다. 바르트는 침대에 기어들어 가듯이 좌석에 앉아 발을 앞 좌석에 얹는 관객들의 이완된 자세가 나타내는 영화관에서의 신체의 자유로움과 무료함에서 "현대의 에로티시즘", 그것도 광고나 스트립의 에로티시즘이 아닌 "대도시의 에로티시즘"을 발견하고 있다. 영화를 보는 신체의 자유가 형성되는 이 "도회적인 어둠"의 내부에서 말이다. 이것은 관객이 그 속에 틀어박힘으로써 스스로의 신체를 "관능화(에로티자시옹)" 시키기 위한 "영화의 누에고치"[6]이다.

영화 경험의 매혹은 이중화되어 있다. 하나는 영상에 의한 것, 또 하나는 영상을 에워싸는 것의 매혹이다. 마치 자신이 두 개의 신체를 가지고 있는 것과 같다고 바르트는 말한다. 이 두 개의 신체는 "가까이 있는 거울에 몰입하여 응시하고 있는 나르시스적 신체"와 "영상이 아니라, 완전히 그것을 뛰어넘는 것, 즉 소리의 결, 영화관 내부, 어둠, 다른 신체의 어두운 집단, 빛줄기, 입구, 출구를 페티시화(fetish化* 숭배를 일으킬 수 있는 물건 혹은 부분으로 삼음)하려는 도착적 신체"[7]이다. 영상에 대해 거리를 두기 위해 이용되는 "영화의 누에고치"가 의식적이고 분별 있는 "까다로운 페티시스트(fetishist)"[8]인 바르트를 매혹한다. 결코 비평적이지도 지적이지도 않은 – 왜냐하면 그것은 별다른 "반 이데올로기적"인 것들을 의도하고 있지 않으므로 – 이 거리감을 그는 "사랑에 빠지는 거리감"[9]이라고 부른다.

영화를 본다는 행위의 관련성을 이렇게 뒤섞어버림으로써 그 경험을 관능화 한다. 이러한 관계의 착종화(錯綜化)가 영화관 내부에만 한정된 것은 아니다. "박명의 몽상"이 영화관의 어둠에 앞서 이미 관객을 사로잡아 버리고 있기 때문이다. 혹은 영화관에서 나와, 졸린 듯이 카페로 어슬렁거리며 걸어가는 것이야말로 쾌락이 될 수 있기 때문이다. 그리고 마찬가지로 영화관의 입구, 출구만이 페티시가 되는 것은 아니다. 영화관의 "도회적인 어둠"은 도시 그 자체의 어둠을 관능적인 것으로 만드는 촉매가 되고, 거기에서 대도시에 고유의 에로티시즘을 발생시킨다. 사회의 "이데올로기적인 것"이 '영화'라면, 이러한 대도시의 관능화는 이데올로기적인 '영상'으로의 고착에서 몸을 떼어내 도시 공간을 페티시화하는 도착적인 전략임이 틀림없다.

바르트의 "까다로운" 페티시즘은 영화의 자연스러움이 해체된 지점에서 최면적인 매력을 찾고 있다. 예를 들면 극장의 스피커에서 흘러나오는 어울리지 않게 확대된 소리에 의해 소리와 영상의 자연적인 일치감이 흐트러져지고, 스크린상의 영상에 대한 고착은 영사기에서 나와 어둠 속에서 꿈틀거리는 광선에 의해 방해를 받는다. 그러나 영화의 관능적인 매력은 이러한 장해와 관계없이 변용되지 않고 머무르는 영상과 이러한 "다른 장소"의 존재가 공존하는 상태에 깃들어 있다.

영상을 어지럽히는 이러한 다양한 요소를 바르트는 "인위 구조(artifact)"[10]라고 부른다. 이것은 의학 실험에서 시약의 사용 등에 의해 생명체에 나타나는 인위적 상태를 지칭하는 단어이다. 영화를 보는 것은 일종의 실험 장소이다. 영상에 대한 고착으로부터 거리를 확보하기 위해 인공적인 '시약(試藥)'에 해당하는 다양한, 말하자면 '잡음'이 페티시화 되고, '자연'적인 경험이 끊임없이 변질(異化)된다. — 다만 브레히트(Brecht* 1898~1956 독일의 시인 · 극작가)처럼 지적 · 비판적인 거리감으로서가 아니라, 어디까지나 "사랑에 빠지는 거리감"으로서 이다. 이때 영화관의 어둠이 머금고 있는 것이 이러한 실험에 의해 잠시 생성된 에로티시즘이다. 바르트가 보다 더 적합한 것으로 '관능화'라는 단어를 선택한 것은 그 가벼움과 미완성적인 성격 때문이다. 하지만 가볍고 미완성적이기에 확실히 매혹적이라고 할 만하다.

다른 문맥(논문 「제3의 의미」)으로 바르트는 영화에 대한 "인위 구조"로서 "포토그램(photogram)"(스틸 사진과 거의 같은 의미)을 언급하고 있다. "역설적이지만"이라고 전제한 뒤 그는 영화적인 것은 "상황(situation) 속에서" "움직임 중" "있는 그대로"의 영화에서는 포착할 수 없으며, 포토그램이라는 "가장 인위 구조인 것" 안에서만 포착될 수 있다고 기술하고 있다.[11] 이 논문에서 바르트가 지적한 것은 그 자신의 이러한 체험이다.

꽤 오래전부터 나는 다음과 같은 현상에 흥미를 느껴왔다. (영화관의 입구와 프랑스의 영화잡지 『카이에 뒤 시네마(Cahiers du Cinéma)』지의) 영화의 사진에 관심을 가져 그 자리에서 꼼짝 못할 정도가 된 적도 있고, 게다가 영화관에 들어가면 그런 사진 모두를(사진 속에서 포착한 것뿐만 아니라, 사진 그 자체에 대한 기억조차도) 잊어버리는 현상이다. 그것은 가치의 전면적 전도(顚倒)에 도달할 수 있는 변화이다.[12)]

영화의 내부에 존재하되 기술될 수 없는 것, 표상될 수 없는 표상이야말로 언어적인 것으로는 환원되지 않는 '영화적인 것' (바르트는 그것을 "제3의 의미" 또는 "희미한 의미"라고 부른다)이라고 한다면, 오히려 영화적인 시간의 속박을 벗어난 포토그램의 이론을 통해 이 본래의 '영화적인 것' 에 접근할 수 있는 것이 아닐까, 라고 바르트는 추리한다. 만년의 소쉬르(Ferdinand de Saussure* 1857~1913 스위스의 언어학자)가 시 속에서 찾으려 한 애너그램(anagram* 어구의 철자 위치를 바꾸어 다른 어구를 만듦)처럼, 포토그램은 영화라는 텍스트 속에 아로새겨진 또 하나의 텍스트를 엮어내는 문자이다.

이 텍스트의 말미에서 바르트는 영화든 텍스트이든, '읽는' 그 자체와 읽는 대상을 바꾸는 것이 중요한 과제라고 지적하고 있다. 이러한 읽기의 개혁은 곧 그를 영화관의 어둠이라는 "인위 구조"에 의한 관능화로 향하게 할 것이다. 다만 포토그램에 대한 주목은 이미 영상에 서 자연스러운 운동으로 향하는 고착으로부터 거리를 두고 있으며, 영화를 보는 경험이 내포하고 있는 가볍고 미완성적인 에로티시즘의 차원으로 접근하는 것이었다고 말할 수 있다.

연쇄적 이미지와 내적 언어

바르트는 사진의 일반적인 성격으로도 환원할 수 없고, 영화를 보고 있는 동안에는 잊어버리게 되는 포토그램(photogram* 카메라를 사용하지 않고, 인화지 위에 직접 물건을 두어 감광시키는 등의 방법으로 제작된 사진 작품)의 특이성에 매료되었다. 그것은 사진도 아니고 영화도 아닌, 양자의 틈새에 위치하는 이미지이다. 그러한 중간적인 이미지가 영화를 보기 이전의 관객을 사로잡는다.

그렇다면 영화관에서 나온 관객에게 남겨진 영화의 이미지에 대해서는 어떨까? 미술작가이자 비평가인 빅터 버긴(Victor Burgin* 1941~ 영국의 사진작가)은 영화의 기억이 종종 포토그램처럼 중간적인 단편성을 가지고 있는 것을 지적하고 있으며, 그것을 '이미지' 나 '이미지 연쇄(image sequence)와 구별하여 "연쇄적 이미지(sequence image)"라고 명명하고 있다. 그 특징은 영화의 내러티브(narrative)에서 분리되어 거의 스틸사진에 근접할 정도로 단편화되어 있는 점이다. 예를 들면 다음 문장과 같이 버긴 자신의 영화에 대한 가장 오래된 기억이다.

> 어두운 밤 누군가가 좁은 강가를 걸어서 내려온다. 나에게 보이는 것은 물을 튀기며 내뻗는 발쪽으로, 어딘가 위쪽에서 비춰는 띄엄띄엄 이어진 반사광뿐이다. 그쪽 방향에는 알 수 없는 무서운 무언가가 기다리고 있다.[13]

"누군가", "어딘가", "무언가"라는 애매하기 짝이 없는 요소로 구성되어 있고, 배경을 이루는 상황이 확실하지 않음에도 불구하고 그 기억은 선명하며, 그 자체만으로도 스스로 만족한 상태로 집요하게 지속되고 있다고 버긴은 말한다.

그러한 영화의 기억은 사소한 계기로 의도치 않은 연상(聯想)의 형태를 취하며 잊고 있던 것을 생각나게 하다. 13년간의 미국 체류를 끝낸 2001년, 9 · 11사건의 여파가 한창이던 무렵 모국인 영국으로 돌아간 버긴은 브리스톨시 박물관(Bristol Museum)에서 비디오 작품을 상영하기 위해 런던에서 열차를 탔다. 시골 풍경을 바라보면서 그의 뇌리에는 독일군의 침략 위협에 영국이 위태로웠던 1942년에 제작된 영화 『영국의 말을 경청하라(Listen to Britain)』(험프리 제닝스, 스튜어트 맥칼리스터 감독)의 서두에 비춰지는 영상과 같은 한가로운 정경이 되살아난다. 그 이미지는 1944년의 영화 『캔터베리 이야기(A Canterbury Tale)』(마이클 파웰, 에머릭 프레스버거 감독)에 등장하는 구릉(丘陵) 위를 걷는 여성의 모습에 대한 기억을 연쇄적으로 이끌어 내게 된다.[14]

이러한 무의지적인 이미지의 연쇄는 직선적(linear)으로 연속하는 형태로는 일어나지 않는다. 버긴은 그것을 "고속의 아르페지오로 연주된 화음"[15]에 비유하고 있다. 이러한 화음에서는 각각의 음이 잇달아 연속적으로 들리지만, 실제로는 모두 동시에 진동한다. 버긴의 가장 오래된 영화에 대한 기억도 비슷한 특징을 가지고 있었다. 이러한 점에서 그것은 '이미지 연쇄'가 아니라 "연쇄적 이미지"이다. 병렬적(parataxis)이라고 할 수 있다.

버긴은 그 독특한 단편성을 고찰하기 위한 단서가 되는 한 구절을 바르트의 『텍스트의 쾌락』에서 인용하고 있다. 그 내용은 어느 날 밤 바(bar)의 의자에서 꾸벅꾸벅 졸면서 귀에 들어오는 언어활동을 모두 열거하려는 시도이다. 귀에 들려온 것은 "음악, 회화, 의자 소리, 잔이 부딪치는 소리 등, 요컨대 입체음향의 모든 것"이었다. 그것은 모로코의 광장에 가득 찬 음성과 유사하였다.

나의 내부에서도 소리가 들리고 있었다(자주 그러했듯이). 《내적(內的)》이라고 불리는 이 언어(parole* 파롤: 소쉬르의 용어, 말하는 언어)는 광장의 소리와 외부에서 들려오는 작은 소리의 연속과 상당히 유사했다. 나 자신이 광장이고, 시장(souq 市場)이었다. 나의 내부를 단어나, 작은 신태그마(syntagm* 連辭, 말의 질서 있는 집합)나, 상투구의 자투리가 지나쳐 갔다. 그리고 어떠한 문장도 형성되지 않았다. 마치 그것이 이러한 언어활동의 법칙인 것처럼. 지극히 문화적이면서, 동시에 지극히 야만적인 이 언어(파롤)는 유달리 어휘적이며 산발적이었다. 언어는 내 안에서 언뜻 보기에 흐르고 있는 것처럼 보이면서도 완전히 불연속이었다. 이 비문(非文)은 문장으로 도달할 힘이 없는 것, 문장 이전에 존재하는 것이 아니라, 영원히 당당하게 문장의 외부에 있는 것이었다.[16)]

여기에서는 꾸벅꾸벅 졸았던, 이른바 최면 이전의 상태로 내인성(內因性)과 외인성(外因性)의 음성이 각각 서로 호응하면서 결코 문장을 형성하지 않는 언어의 단편을 산발적으로 떠올리고 있다. 이러한 단편은 레프 비고츠키(Lev Vygotsky* 1896~1934 구소련의 심리학자)의 "내적 언어(* 內言 마음 속에서만 전개되는 언어. 생각할 때나 소리 내지 않고 책을 읽는 경우 등)" 처럼[17)] 문장을 형성하지 않으므로 어떤 말도 하지 않는다. 연쇄적 이미지 역시 이와 같이, 흐르고 있는 듯이 보이지만 산발적이며, 이른바 어휘적이다. 그렇다 해도 이것은 이미지 연쇄로서의 영상에 도달할 수 없는 무력한 이미지가 아니며, 혹은 이러한 영상의 전 단계에 있는 것도 아니고, 이와는 달리 이질적인 영상의 '바깥' 에 위치하는 무엇인가 이다.

그렇다면 왜 특정한 연쇄적 이미지만이 새삼스럽게 기억에 남는 것일까? 그러한 기억이 그 심리적인 강도를 무의식과의 관계에 결부시키고 있는 것으로 추측할 수 있다. 버긴이 본 최초의 영화에 대한 기억이 나타내고 있듯이, 연쇄적 이미지는 그 간결함으로 인해 극히 짧은 어구로 요약

가능하다는 점에서 프로이트가 분석한 "아이가 야단맞다"라는 병리적 환상의 표상과 서로 유사한 성질을 띠고 있다.[18)]

더욱 구체적인 예로 히치콕의 영화 『현기증』을 기억으로부터 상기시키려 할 때, 우선 버긴이 최초에 마음속에 떠올렸다고 하는 이미지를 살펴보자.[19)] 여기에는 두 개의 다른 이미지가 서로 겹쳐 있다. 그중 한 가지는 샌프란시스코 만(灣)에 몸을 던진 여인, 마들렌의 신체와 수면에 떠오른 그녀의 얼굴의 이미지〔그림 1〕이며, 또 다른 하나는 죽은 그녀와 꼭 닮은 모습으로 치장하고 녹색의 빛에 휘감겨 떠도는 듯이 어두운 호텔 방 안을 걷는 또 다른 여인 주디(사실은 동일 인물)의 얼굴이다. 이 겹쳐져 반복되는 이미지는 사랑하는 여인을 물속에서 구해냈다는 환상에 사로잡히는 남성의 유형(type)을 둘러싼 "남성의 대상 선택에 대한 어떤 특수한 유형에 관한" 프로이트의 분석(여기에서 이 환상은 양수 속에서 거두어들여 생명을 부여한 어머니의 은혜에 보답하고자, 자신의 어머니의 대리인 여성을 구해내려고 하는 남성의 오이디푸스적인 욕망을 반영한 것이라고 해석되어 있다)을 연상시키며, 또한 보티첼리(Sandro Botticelli* 1444~1510 이탈리아의 화가)의 《비너스의 탄생》에서 존 에버렛 밀레이(John Everett Millais* 1829~1876 영국의

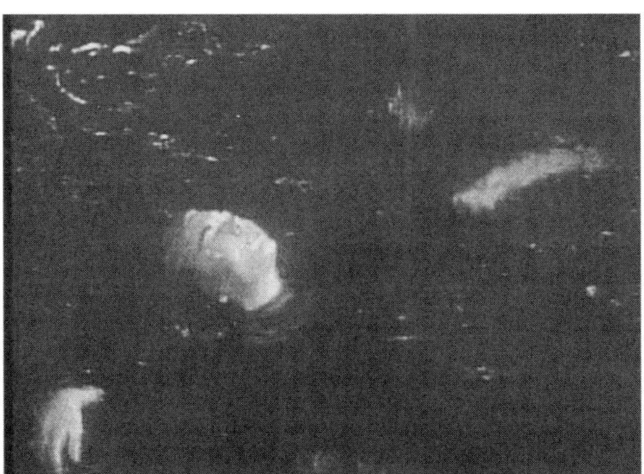

[그림 1] 알프레드 히치콕 감독 『현기증』(1958년)에서, 킴 노박.

화가)의 《오필리아》〔그림 2〕에 이르는 서양미술사에서 물과 관계된 무수한 여성의 이미지로 발전되어 간다. 그렇다면 이번에는 밀레이의 《오필리아》에서 강 표면에 떠돌고 있는 꽃의 이미지가 『현기증』에서 몸을 던지기 전의 마들렌이 바다를 향해 던져 버린 꽃다발을 상기시킨다. “이렇게 나는 『현기증』의 텍스트를 다시 횡단하고, 다른 출구를 통해 또 다른 텍스트로 나아가며, 그곳에서 다시 되돌아 또 다른 …… 이라고 반복하게 된다.”[20)]

거기에서 도착할 수 있는 종점, 내지는 거슬러 올라갈 수 있는 명확한 시점은 없다. 버긴이 여기에서 지적하고 있는 것은 한마디로 말하자면 이미지의 간텍스트성(間text性* Intertext 여러 텍스트와 텍스트들 사이에서 파생되는 의미들)이다. 영화의 복잡한 구조 속에 형상화된 오이디푸스적 욕망의 시나리오는 “여자가 물에 빠져 있다, 내가 그 여자를 구한다”라는 간결한 이야기로 요약되는 연쇄적인 이미지를 통해서 생명 탄생에 얽힌 남성의 환상을 나타내는 이미지 기억의 집합으로 추이(推移)해 간다. 『현기증』의 경우에는 오이디푸스적 환상이 전경으로 밀려 올라오지만, 반드시 그 환상이 이미지 연상의 시점인 것은 아니다. 연상이 묘사하는 궤도는 무언가

[그림 2] 존 에버렛 밀레이 《오필리아》 1851~52년.

별개의 다른 환상의 궤도로 표류해갈 수밖에 없는 불확실한 것이므로 연쇄적인 '궤도' 라기보다 오히려 불연속적이고 산발적인 내적 언어이며, 이야기로 성립되지 않는 이야기와 유사하다.

차라리 새롭게 주목해야 할 것은 버긴의 영상 분석(인 동시에 자기분석) 속에서 영화의 내러티브(narrative)가 해체되고, 물속의 여인으로 되살아난 죽은 자로서의 여인의 이중화된 연쇄적 이미지만이 특권적으로 강한 정동(감정의 움직임)을 갖춘 것으로 고립화하고 있는 점이다. 그것은 시점이나 종점은 아니지만, 이미지 연상의 중심부와 같은 요소라는 점은 확실하다. 버긴은 그것을 "히에로글리프(hieroglyph* 고대 이집트의 상형문자)적인 감정의 움직임을 가지는 이미지"[21]라고 부르고 있다. 이 경우의 히에로글리프는 디드로(Denis Diderot* 1713~84 프랑스 백과전서파를 대표하는 계몽주의 철학가이자 작가)의 회화론에서 유래하는 것으로, 언설로 번역할 수 없는 정동적(情動的)인 의미(바르트가 말한 "희미한 의미")의 표상이다. 버긴은 이 개념을 역시 디드로가 말하는 "타블로(tableau* 극적정경)"와 대립시킨다.[22] 타블로는 로코코(rococo)적인 형식화된 장식성과 의미의 모호화에 대항해서 생성되었으며, 단순하고 상식적인 일반인이 한눈에 이해할 수 있도록 통일되어 한 점에 집중된 구성을 가진 이미지이다. 이것은 많은 단어를 늘어놓지 않고도 사건의 본질을 전달할 수 있다.

타블로의 개념이 뛰어넘으려 한 로코코적인 의미의 모호성이란 예를 들면 역사화(畵)의 장르가 필요로 한 알레고리 형식이 복잡화하여 극도로 난해해진 결과의 산물이었다. 도상 표현에 관한 알레고리인 엠블럼(emblem* 문장, 휘장)은 안드레아 알키아티(Andreae Alciati* 1492~1550 이탈리아의 법학자, 작가)의 『엠블럼 모음집(*Emblemata*)』이나 체사레 리파(Cesare Ripa* 1560~1622 이탈리아의 도상학자)의 『이코놀로지아(*Iconologia*)』와 같은 일종의 사전이 있어야 했다. 그리고 버긴은 언급하지 않았지만, 이 엠블럼의 표현에 큰 영향을 준 것이 히에로글리프였다. 해독의 열쇠를 잃어버려도 다시 수수께끼 같은 매력을 지속적으로 발산하는 엠블럼에는 히에로글리프적인 감정의 움직임이 깃들어 있다.

그러므로 언설화 할 수 없는 히에로글리프적 감정을 품은 연쇄적 이미지란 말하자면 해석할 수 없는 엠블럼이다. 영화의 이야기는 기억 속에서 하나의 엠블럼으로 압축되어 버린다. 혹은 보다 적절하게 표현하면 엠블럼이 되어 내러티브의 외부로 일탈해 버린다. 그러나 감정의 움직임을 동반하여 신체에 깊숙이 새겨지는 것은 영화의 이야기보다도 이 단편화되어 압축된 연쇄적 이미지이다.

서두에 인용한 텍스트에서 슈미트는 나루세의 『만국』 속의 이러한 장면을 자신은 결코 잊을 수 없었다고 서술하고 있다.[23] 옛 연인의 방문을 받은 전직 게이샤 스기무라 하루코가 금품을 요구하기 시작한 남자(우에하라 켄 上原謙)를 두고 옆방으로 이동해서, 그곳에 소중히 간직해 둔 남자의 사진을 불태워버린다〔그림 3〕. 술에 취해 방의 칸막이에 나타난 남자가 "냄새가 나네?" 라고 묻자, 스기무라는 "담배꽁초에요" 라고 대답한다. 연인을 대신한 감정이 담긴 영상을 불태워 지워버리는 영상이, 여기에서

[그림 3] 나루세 미키오 감독 『만국』(1954년)에서. 스기무라 하루코.

는 슈미트 자신의 입장에서 히에로글리프적 감정의 움직임을 간직하는 연쇄적인 이미지가 되어 있는 것이다.

이러한 이미지가 무의식적으로 형성됨에 따라 비로소 영화는 아니 그보다도, 영화와 관객과의 관계는 감정을 품고 관능화 된다. 바르트와 슈미트가 입을 모아 말한 영화관이라는 어둠의 경험은 이를 위한 조건이다. 특히 영화를 보고 난 뒤, 그 영화를 언어화하는 것은 신중하게 피해야만 한다. 왜냐하면 그것은 바로 문장으로는 존재할 수 없는 것을 문장으로 만드는 것이기 때문이다. 그리고 또한 영화관 안에서 반쯤 최면상태로 빠져들면서, 영상을 둘러싼 다양한 것 — "소리의 결, 영화관 내부, 어둠, 다른 신체의 어두운 집단, 빛줄기, 입구, 출구" — 에 주의를 확산시키는 것은 바에서 귀에 들어오는 언어활동을 취사선택하지 않고 수용하는 것과 아주 유사하다.

영상에 고착된 영화 경험이 아닌, 산만하고 희박하며 한눈팔기 쉬운 감상에야말로 에로티시즘이 깃들 수 있다. 그리고 이러한 감상은 영화관을 방문하기 전에 이미 시작되며, 영화관을 나온 뒤에도 역시 계속되고 있다. 어스름한 몽상은 "영화관의 어둠에 앞서, 주체를, 거리에서 거리로, 광고에서 광고로 이끌"어 간다. 여기에서 광고가 거론되고 있는 것처럼, 혹은 영화를 보기 이전에 포토그램이 바르트를 매혹했듯이, 우리들은 전편(全編)을 다 본 것도 아닌 영화에 매혹되고, 때로는 단편의 패치워크(patchwork)처럼 이어 붙여서, 이미 보고 있는 것처럼 생각해 버리는 일조차 있다. 이제 영화의 수용은 예고편이나 홈페이지의 정보, 포스터나 신문 · 잡지 · 텔레비전의 선전 또는 리뷰, 스틸사진을 사용한 영화 평론 등의 다양한 종류의 잡다한 정보를 포함하고 있다.[24] 그런 방식으로 기억된 영화는 여러 상황에 응하여 의도하지 않은 형태로 단편적으로 상기되거나, 미술 작품에서 비롯되는 이미지 기억의 연상을 자아내고 있다.

영화 작품의 주변 · 전후로 길게 여운을 남기고 있는 여러 현상이 영화 연구의 부수적인 테마이기는 하지만, 주요한 대상이 될 수는 없을 것이다. 그러나 영화와의 관계를 관능화 하는 것은 오히려 이런 단편화된 요소일지도 모르는데, 이것은 정해진 시퀀스(sequence* 몇 개의 장면을 모아 구성한 하나로 연속된 화면)만을 반복하여 비디오로 재생하는 영화 연구자의 몸짓이 의도하는 바 없이 나타내고 있는 것이 아닐까? 그 자체가 방대한 연쇄적 이미지의 집적으로 이루어진 영화의 기억을 둘러싼 영화로 장 뤽 고다르(Jean-Luc Godard* 1930~ 스위스계 프랑스인 영화감독, 누벨바그의 기수)의 『영화사』를 상기해 볼 수도 있다. 1970년대의 바르트가 마치 "공용의 냄비가 놓인 난로"와 같은 "가족 단란함의 도구"[25]라며 혐오하고 경멸한 텔레비전 영화는 영화관에 존재하는 어둠을 소거하여 익명성을 억압하고 있었다. 한편 비디오 기술에 의해 영상의 흐름을 자유자재로 다루어 단편화해서 반복하는 것이 가능해진 현재에는 영상의 일부분을 페티쉬화 하는 것이 매우 용이해졌다.

그러나 이러한 감상 형태의 보급이 영화관에서의 영상에 대한 고착과의 거리 관계 속에서 생성된 장소의 관능화를 놓치게 했다는 점 역시 분명하다. 바르트가 영화와의 사이에서 구축하려고 하는 "사랑에 빠지는 거리감"은 바의 술렁거림에 몸을 열듯이 눈앞에 있는 영상의 주변에 떠다니는 다양한 이미지군(群)을 받아들이기 위한 일종의 자세(신체적인 준비)이다. 거기에 호응하여, 무수한 음성이 산발적으로 스쳐지나가는 내적 언어과 마찬가지로, 무의식적인 연상도 역시 활성화된다. 그리고 이를 위해서는 시장이나 광장, 바나 영화관 등의 불특정 다수가 익명의 상태로 군집하는 도시 공간이 아직도 필요불가결하다.

황혼(黃昏)의 교통 공간

브로이어와 프로이트는 반(半)최면 상태나 유사 최면 상태를 "몽롱 상태(Dammerzustand)"[26]로 부르고 있는데, 문자 그대로는 '박명의 상태'를 의미한다. "사랑에 빠지는 거리감"에 의해 확보되는 것은 영상이라는 꿈 혹은 최면 상태로 향한 완전한 매몰이 아닌, 꿈과 현실이 확실하지 않은 임계(臨界) 상황이다. 그리고 완전한 각성을 향해 의식을 선명하게 만들어 가는 것이 아니라 오히려 반대로 어둠의 매혹에 자진해서 이끌려가기를 바라고 있으므로 이 '박명'은 해 질 녘의 빛이 어울린다.

그렇다면 일본의 전통 예능 가부키의 유명 배우인 반도 다마사부로(坂東玉三郎)에 대한 영화를 제작한 슈미트가 그 작품에서, 바르트의 일본론 『기호(記號)의 제국』에서 차용한 「쓰여진 얼굴(* The Written Face)」이라는 타이틀을 붙이고, 또한 그 속에서 다마사부로를 주인공인 중년의 게이샤로 설정한 극을 끼워 넣어 「Twilight Geisha Story(황혼의 게이샤)」라는 제목을 단 것을 이제는 우연이라고 생각할 수 없다. 이 영화에서는 다마사부로의 우상으로 스기무라 하루코 외에 다케하라 한(武原はん), 그리고 오노 가즈오(大野一雄)가 등장한다. 『만국』의 저 연쇄 이미지도 역시 인용되고 있다.

슈미트는 이 영화 자체가 황혼, 트와일라잇(Twilight)에 관한 영화라고 말한다.[27] 어떤 황혼일까? 오야마(女形* 가부키에서 여자 역할을 하는 남자 배우)의, 가부키의, 그리고 영화의 황혼이다. 스기무라를 비롯한 배우들도 마찬가지로 커다란 황혼 속에 있다. 슈미트에게 있어서 다마사부로는 이러한 황혼 속의 마지막 전설이다. 그는 이 영화의 주제인 동시에 허구의 인물이기도 하다. 그 인물은 다양한 가부키의 망령과 만난다. 예를 들면 야마가(山鹿* 구마모토현熊本縣 북부의 시市)의 가부키 극장인 야치요자(八千代座)

에 찾아온 가부키의 망령, 오야마에게 찾아온 반도 다마사부로라는 …… 그 망령. 슈미트에 의하면, 이러한 이유로 인해 이 영화는 다큐멘터리가 아닌, 어디까지나 황혼에 관한 허구적인 이야기가 되는 것이다. 해 질 녘의 박명 속에서, 다마사부로와 그 망령, 픽션과 다큐멘터리, 꿈과 현실의 경계는 확실치 않게 되어버린다. 거기에 영화 그 자체의 황혼이 서로 겹쳐진다.

황혼이 '당신은 누구?(誰そ彼* 일본어의 黃昏과 誰そ彼는 동음, 에도시대 해 질 녘에 사람의 얼굴을 정확히 식별할 수 없어 상대가 누구인지 물어보고 확인하던 습관)'에서 유래된 말이라는 것에서 알 수 있듯이, 해 질 녘에는 사람의 모습이 분간하기 어려워지고, 표정이나 윤곽은 희미해져 버린다. 인간과 망령을 구별하기 힘들다. 세상이 박명 속에서 잠겨버림으로써 자신의 존재까지도 땅거미에 뒤섞여 자신과 타인의 경계가 차츰 어두워져서 사라져간다. 이러한 의지할 곳 없는 불안감으로 인해 예로부터 어두컴컴한 해 질 녘을 재앙이 닥칠 시각(大禍時)으로 부르며 두려워했다.

예전부터 지금에 이르기까지 일본에는 이 해 질 녘에 거리에 서서 왕래하는 사람의 이야기를 듣고 이를 바탕으로 길흉이나 화복을 점치는 유케(夕占* 황혼의 점괘)가 있었다. 이후에는 쓰지우라(辻占* 징조)라고 불렸다. 만요슈(万葉集* 나라奈良시대 말기에 편찬된 일본에서 가장 오래된 시가집)에는 다음과 같은 노래가 수록되어있다.

> 言霊の八十の街に夕占問ふ占まさに告る妹は相寄らむ (巻 一一 二五〇六)
>
> (언령(言霊* 말에 깃들어 있다고 믿어지는 영적인 힘)으로 가득한 네거리의 모퉁이에서 해 질 녘에 점을 봤더니 점괘가 전한다. 틀림없이 연모하고 있는 그녀가 나에게 마음을 줄 거라고……[28])

玉桙の道行き占に占なへば妹は逢はむとわれに告りつる (巻 一一 二五〇七)

(〔다마호코玉桙* 道, 里 등에 붙는 관용적 수사어 마쿠라고토바枕詞〕 길에 나가 네거리에 서서 처음 보는 사람에게 길흉을 묻는 점을 보았더니, 반드시 그녀를 만날 것이라고 나에게 알려주었네.)

'갈림길(衢 · 巷 · 岐)' 은 '길(道)' 의 '가랑이(股)' 에서 유래한 분기점을 의미한다. "수많은 거리(八十の衢)" 는 '갈림길(八衢)' 과 마찬가지로, 복수의 도로가 교차하는 거리, 또는 십자로의 의미이며 그곳에는 시장이 섰다. 저절로 사람들로 붐비는 장소이다. 황혼 무렵 장막이 내려가면 인파로 붐비는 갈림길에서 사람들 한 사람 한 사람의 얼굴은 판별할 수 없게 된다. 유케는 이 '당신은 누구? (誰そ彼)' 의 상태에서 길가는 사람들의 말을 토대로 한 점보기였던 것이다.

그 방식은 이런 상황이었다고 한다. 저녁 식사 시간에 "フナドサヘ 夕占の神物問はば 道行く人よ 占まさにせよ(해 질 녘 거리의 신에게 길흉을 묻는다면, 길 가는 인간이여 틀림없이 점괘를 내라)" 라고 세 번 외치고, 그다음에 갈림길에서 일정한 토지를 구분해서 쌀을 뿌리며 빗살을 퉁겨 소리를 낸다. 그리고 나서 그곳을 지나는 사람의 말로 길흉을 점치는 것이다.[29)]'후나도(フナド)' ('구나도(クナド)' 라고도 불린다)나 '사에(サヘ)' 는 모두 경계의 정령(精靈) 또는 신이다.

아카사카 노리오(赤坂憲雄* 1953~ 일본의 민속학자)에 의하면 갈림길은 틀림없이 이질적인 타자나 공동체로 향하는 열린 '소통' 의 장소였다.[30)] 그곳은 시장이 서는 교역의 장소이자, 공동체를 벗어나 행해지는 우타가키(歌垣* 남녀가 산이나 바닷가 등에 모여 먹고 춤추며 노래 부름으로써 성적 해방을 꾀하던 놀이)라는 성적(性的) 교류의 장이기도 했다.[31)] 또한 무지개가 뜨는 곳에 시장을 세우는 관습이 고대에 존재했다는 것에서 알 수 있듯이, 갈림길은 천상계의 뇌신(雷神* 천둥과 번개를 일으키는 일을 맡은 신)과의 '소통'을 위한 장소이기도 했으며 다른 공동체들이 서로 경쟁하는 전쟁의 무대이기도 했다. 갈림길의 시장에는 귤을 비롯한 성스러운 수목을 심어서 제사·의례나 형벌을 거행하고, 죄나 불결함을 씻어내어 깨끗이 하는 장이라는 역할도 수행하고 있었다. 게다가 고대에서부터 중세에 걸쳐 시장이 서는 장소가 종종 매장지와 겹치고 있으며, 장송 의식이 행해지는 지역이기도 했다. 가키노모토노 히토마로(柿本人麻呂* 660~724 일본의 고대 아스카飛鳥시대의 가인歌人)가 죽은 아내를 애도한 노래에도 이러한 성격이 드러나 있다.

我妹子が やまず出で見し 輕市に 我が立ち聞けば 玉だすき 畝傍の山に 鳴く鳥の 聲も聞こえず

玉桙の道行き人も ひとりだに 似てし行かねば すべをなみ 妹が名呼びて 袖そ振りつる

(巻二 - 二〇七)

(아내가 자주 나가 둘러보던 가루노이치(輕市)에 내가 서서 귀를 기울이니, 〔다마다스키玉だすき* 畝傍를 수식하는 마쿠라고토바〕 우네비(畝傍)산에 우는 새의 울음소리도 들리지 않고, 〔다마호코〕 길가는 사람 아무도 아내와 닮은 사람이 지나가지 않아서, 어찌할 바를 몰라 그녀의 이름 부르며 소매를 적셨다네)

'가루노이치(輕の市)'는 후지와라쿄(藤原京* 694~710년까지 3대 16년간의 도읍)의 서남쪽에 있던 가루노 갈림길(輕の衢)〔그림 4〕에 발전한 시장이다. 여기에서는 혼잡함 속에서 죽은 자의 목소리를 듣고, 길 가는 사람에게서 죽은 자의 모습을 확인하는 등, 시장의 갈림길에서 다른 세계(異界* 일상과는 다른 세계. 귀신이나 혼령이 사는 영역)와의 '소통'을 찾아다니고 있다.

다른 공동체, 다른 세계 간의 물질, 남녀, 천지(天地), 생사(生死)에 대한

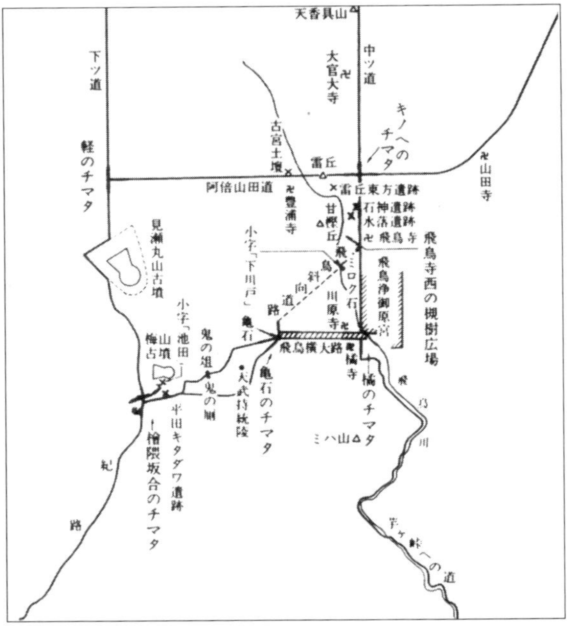

[그림 4] 고대 아스카의 길과 갈림길, 와다 아쓰무(和田萃) 『일본고대의 의례와 제사 · 신앙 중』에서.

'소통'의 장이 갈림길이라면 그곳을 '도시' 발생의 장이라 불러도 지장이 없을 것이다. 그리고 동시에 거리는 우타가키에서 출발하여, 거리의 공연에서 큰 거리의 예능 공연으로 연결되는 예능 탄생의 무대이기도 했다. 또한 주목해야 할 것은 갈림길이 언령이 무리 지어 우글거리는 특이한 공간이기도 했다는 점이다. 그 공간의 경계성에 저녁이라는 경계적 시간이 서로 겹쳐짐으로써 해 질 녘 점괘인 유케와 같은 언령에 의한 점보기가 발생된 것이다.

나카이 히사오는 총합실조증(總合失調症)의 회복기에 있는 환자가 '경증재연(輕症再燃)' 하는 사례로서, 자전거로 인파를 뚫고 달릴 때 그 증상이 일어나기 쉬운 경우가 있다는 점에 주목하고 있다.[32] 앞지르는 사람들이 말하는 대화의 한 마디 한 마디를 주워서 달리게 되며, 토막토막이 되어 단편적으로 귀에 들어오는 단어가 그 자체로서는 거의 아무런 의미가

없음에도 불구하고, 아니 오히려 그러한 이유 때문에, 못들은 체 그냥 지나칠 수 없는 어떠한(예를 들면 자신에 대한 비평의) 조짐이 된다. 그로 인해 다양한 이상 체험이 일어나는 것이다. 유케도 마찬가지로 시각에 의해 인지능력이 저하된 황혼 무렵에 청각이 이상하게 발달하여, 화이트노이즈(white noise* 모든 주파수 성분을 거의 같은 양씩 포함하는 가상적인 정상 잡음)까지 포함해서 희미한 징후 모두를 세세하게 포착하여 해석하려는 시도임에 틀림없다. 그것이 정신의 실조를 불러일으킨다는 점에서도 역시 '황혼(逢魔が時* 大禍時의 변한 말, 황혼 무렵, 재앙이 닥칠 시각의 의미)' 의 마성(魔性)이 있었던 모양이다.

다른 공동체의 모르는 사람들이 운집하는 장소에서, 자타의 구별이 확실하지 않은 박명 속에서, 익명화한 사람들의 말이나 기척을 느끼는 것 — 이러한 황혼의 점괘(유케)는 바에서 다양한 소음에 귀를 기울이거나 영화관의 어둠 속에서 타자의 신체의 어두운 집단을 페티시화 하고 있는 바르트의 작업과 유사하지 않을까? 그가 말하는 "대도시의 에로티시즘"은 말하자면 "갈림길의 에로티시즘"인 것이다. 스크린상의 영상에 몰입해서 일체화되어 버리는 것이 아니라, 어디까지나 반쯤은 최면 상태가 되어 그 애매한 거리감 속에서 비로소 신체를 관능화시키는 공간이 영화관이라면, 그곳은 칠흑의 어둠에 에워싸인 밤이라기보다 오히려 해 질 녘의 거리이다. 인간은 그곳에서 망령들의 목소리를 듣는다.

영화는 바로 이 황혼의 빛이다. 따라서 슈미트가 말하는 "황혼에 관한 영화"란 진정 영화적인 빛을 에워싼 영화가 될 것이다. 춤추는 다마사부로나 다케하라 한은 가부키나 무용의 황혼에 자리하고 있다는 점에서 지극히 영화적인 존재이다. 그들이 이 땅거미 속에서 드러내고 있는 것은 틀림없이 갈림길에서 나타나는 예능 발생의 원광경(原光景* 프로이트의 용어, 어린이의 기억이나 공상 속에 있는 부모의 성행위 광경)과도 같은 그 무언가일 것이다.

영화관에서 나온 바르트를 기다리고 있는 가로등 켜진 거리도 역시 길게 늦추어진 황혼의 해 질 녘이다. 고대에서 갈림길의 황혼이 한정된 구역을 방문할 때의 비일상성이었다는 점에 반해, 근대에서는 갈림길의 윤곽이나 황혼과 밤의 구별 그 자체가 저물어간다. 갈림길이 도시가 된다. 모습을 인공광(人工光)의 땅거미에 숨기며 여러 거리를 횡단하고, 결국 갈림길을 편력한 신체는 그곳에 무리 지어 우글거리는 언령과 마주 스쳐 지나가면서 관능화되어 간다. "오후에 일하는 것은 여전히 힘들다. 여섯 시 반, 목적도 없이 외출했다"[33]라고 바르트는 일기 형식의 로마네스크적인 텍스트 「파리의 밤」에서 쓰고 있다. 스쳐 지나가는 남창(男娼)과의 사이에서 눈빛과 말을 주고받는 「소돔의 도시」, 그러한 갈림길로서의 파리.[34]

유케가 자타의 경계를 감추고 길 가는 사람의 말을 들음으로써, 사실은 스스로의 내적 언어에 귀를 기울이는 행위였다면, 영화관, 바 혹은 어두어둑한 노상에서, 대도시의 에로티시즘에 몸을 내맡긴 사람들도 역시 자신도 모르게 황혼의 점괘를 보고 있었는지도 모른다. 그때 산발적으로 기억에 남거나 또는 기억에서 끄집어내는 것은 내적 언어와 같은 말뿐만 아니라, 연쇄적 이미지처럼 단편화된 영상의 연결이다. 히에로글리프적 감정을 품은 환상의 표상, 혹은 길 가는 사람들의 얼굴과 서로 겹쳐지고 빠른 속도의 아르페지오로 진동하는 화음과 같은 이마고(imago* 유아기에 형성된 심상, 사랑한 사람에 대한 이상상理想像, 보통은 이성의 부모) — 그것은 히토마로가 혼잡한 인파 속에서 찾아내고자 한 죽은 아내의 모습과 어딘가 닮았다.

3부

신화(神話)와 과학

제6장

산 자와 죽은 자의 토폴로지

마음의 고고학(1)

방법이란 인간이 달려온 뒤에 생겨난 길이다.

- 마르셀 그라네(Marcel Granet* 1884~1940 프랑스 출신의 중국학자)

폴리스 성립의 디알렉티케

서양에서 '정치'의 성립은 고대 그리스의 도시국가(폴리스) 창건과 깊이 관련되어 있다. 문자 그대로 『정치의 성립』이라는 제목이 붙은 고바 아키라(木庭顯* 1951~ 일본의 법학자)의 저작은, 기원전 8세기 후반의 그리스에서 발생하여 폴리스와 정치를 탄생하게 하는 사회변동의 논리를 세밀하게 재구성하고 있다.[1)] 이 책에 의하면, '정치'라는 것의 개념(엄밀히 정의된 고바의 용어를 빌어 말하자면 "정치적 패러다임(Paradigma* 규범)")이 성립되기 위해서는 "기존의 파라디그마로에 대한 직접적인 준거(準據)의 거부"를 포함해서, 상호 대항하는 입장에서 자유로운 논의로 관철되는 사고 양식이 마련되어야만 한다. 고바는 그것을 "디알렉티케(dialektike* 변증술, 문답법)"라고 부른다. 그 자체가 디알렉티케적인 고바의 논의 제기는 준거를 엄밀히 구축하는 것으로부터 시작하고 있으며, 간단한 요약을 허용하지 않고 호메로스(Homeros* 기원전 8세기, 고대 그리스의 시인)나 헤시오도스(Hesiodos* 기원전 8세기 말, 고대 그리스의 시인)의 텍스트 독해를 통해 그리스 신화 속에서 이 디알렉티케를 파악해 나가게 된다.

그러나 이 책에서 그리스 신화는 다른 신화처럼 인류학적인 접근에 의지하지 않는다. 그리스 신화의 텍스트에는 선명하게 대립하는 다양한 버전(version)이 의식적으로 보존 · 축적되어 있으며, 이를 바탕으로 디알렉티케를 내포한 파라디그마의 층을 이루고 있다. 그러한 점에서 그리스 신화에는 소재인 신화 그 자체에 대한 메타 레벨(meta level)에서의 추상(抽象) 작용이 움직이고 있다. 해독되어야 하는 것은 바로 이 추상 작용의 층이다(그러므로 그 텍스트는 다른 신화와 구별되어 〈신화〉로 표기된다).

그리고 정치의 성립을 서술하기 위해 이용할 수 있는 사료(史料) 대부분이 사실은 그곳 이외에는 없다. 직접적으로 정치 시스템의 성립이라는 사건을 이야기하는 전승(傳承)이 잔존하지 않기(이 점에서 '공화혁명'을 둘러싼 전승이 있는 로마와는 다르다) 때문이다. 거대한 사회변동의 기억이 마치 암호화된 것처럼 〈신화〉 속에서 잠들어 있다. 사회구조에 대해 보고하는 소수의 사료 역시 마찬가지이며, 그 자료가 말해주는 사건의 정확한 서술이 아니라, 오히려 역사적인 바이어스(bias)를 품은 파라디그마로서 거의 〈신화〉 분석처럼 해독되어야 한다.

신들이나 영웅들이 맡은 역할에서 파악되는 디알렉티케는 정밀하면서 또한 영묘하며, 그러한 것을 떠올리게 하는 고바의 손놀림도 한층 돋보이지만, 그 연유를 언급하는 것은 여기에서의 목적이 아니다. 우리들에게 중요한 것은 언어적 사료에 필적하는 한 무더기의 사료로서 고바가 거론하는 "현실의 파라디그마 P-Q가 지표면에 남긴 흔적"[2], 즉 고고학적 사료의 분석이다. 그것이야말로 '도시'의 성립에 직결하기 때문이다. 게다가 이런 종류의 사료는 '정치의 성립'에 대해서도 특별히 의미를 지닌다. 왜냐하면 정치 성립의 메르크말(Merkmal* 표지, 지표)이 되는 것은 어느 테리터리(territory* 영역, 세력권) 상의 인적 조직의 '분절(articulation)'이기 때문이다. '분절'이 달성된 상태란, 테리터리의 모든 부분이 복수의 집단의 어딘가에 근본적으로 귀속하며, 동시에 복수의 집단에 귀속하지 않고, 게다가 이들의 모든 집단이 테리터리를 구분하면서 통합되고 있는 것을 말한다. 따라서 그것은 공시적 또는 통시적(계보적)으로 무언가의 정점을 가진 관계성인 '지분절(枝分節 segmentation)'과는 다르며, 그 반대개념으로 정의된다(이 점을 명확히 하기 위해서 고바는 그것을〈분절〉로 표기하고 있다).

디알렉티케를 기록한 호메로스나 헤시오도스의 텍스트가 성립한 기원전 8세기경, 지표면에 남겨진 흔적에서도 극적인 변화가 발생하고 있다.

그 포인트는 특수한 특징이 있는 신전을 기축으로 한, 특수한 구조를 가진 '도시'의 흔적이 출현하는 점에 있다. 이에 앞선 직전의 시대에는 지표면에 장송 의례의 흔적으로 무덤밖에 없었던 것에 반해, 기원전 8세기에는 일제히 동시에 대단히 돋보이는 형태로 신전이 흔적을 남기기 시작한 것이다.

고대 그리스 세계에 나타난 최초의 눈에 띄는 고고학적인 흔적은, 청동기시대 중기인 기원전 7세기에 이르기까지의 모뉴먼트(monument)적인 석실 무덤과 그것이 모인 집합 분구묘(墳丘墓* 흙을 쌓아 올려서 축조된 나지막한 언덕인 분구가 있는 묘)이다. 이것들은 수장제(首長制)에 대응하는 것으로 보인다. 기원전 1600년 전후가 되면 미케네(Mycenae* 그리스의 펠로폰네소스 반도 북동쪽에 있는 유적지) 등에서 석실 무덤의 지표면 위에 원형으로 경계를 지은 구역이 설치되어 모뉴먼트의 성격이 이중으로 강조된다. 이어서 더욱더 이러한 성격을 강조하는 무덤 형식으로서, 돔(dome) 형태로 돌을 쌓아 올린 내부 공간에 여러 세대에 걸쳐 매장하는 구조물이 건조되게 된다. 이 구조물은 전체를 분구(墳丘)의 형태로 흙이 쌓아 올려 매몰하였다.

기원전 14세기에 미케네의 이러한 봉묘는 거대한 복합적 건축물인 왕궁에 편입되게 된다. 게다가 여기에서는 신전(神殿)도 구분하기 어렵게 일체화한다. 이러한 형식은 오리엔트나 이집트의 영향을 받아 생성된 것으로 생각되나, 신전과 왕궁 모두가 어중간한 규모로 합체되고 있는 점으로 미루어보아, 수장제에서 군주제로의 이행이 완전하지 않았음을 나타내는 것으로 해석된다.

이러한 건조물군의 발전과 축적은 기원전 12세기 즈음부터 시작되는 부정과 파괴의 파도에 노출돼 간다. 결정적으로 이러한 경향을 띠게 되는 것이 기원전 1050년경이다. 그 후 기원전 8세기에 이르는 이 시대는 고대 그리스의 '암흑시대'라고 불린다. 고고학상으로 나타나는 특징은 미케네 형식의 왕궁에 대한 의식적인 파괴의 흔적, 모뉴먼트화된 분묘에 대한 부정과 사람 한 명을 위해 검소한 무덤만을 만드는 습관, 또한 애초에 이러한 단일 무덤 이외의 흔적을 남기지 않은 경향 등이다. 이 단일 무덤은 집락지 일대에 넓게 무작위로 흩어지는 경향이 있다. 이 시대의 토기도 역시 그 당시까지의 전통을 모두 부정하여 모든 구상적인 도상을 포기하고, 기하학 문양을 많이 사용하고 있다. 이러한 고고학적 징표로부터 파악할 수 있는 것은, 선행하는 시대의 수장제나 군주제에 대한 대항의식을 강하게 지니면서도, 반쯤은 의도적으로 더욱 원시적인 부족제를 향해 반동적(反動的)으로 역행하고 있는 듯한 사회의 양상이다.

암흑시대에 변화가 찾아든 것은 기원전 9세기부터이다. 그러나 그 징후는 도시에 의해 여러 형태로 나타나며, 이후에 도달하게 되는 발전 과정도 다양하다. 고바가 중심적으로 거론하고 있는 아테네에서는 기원전 9세기 중반에 일단 수장제를 회복한 듯한 모뉴먼트화 된 무덤의 흔적을 남긴 뒤, 기원전 8세기 말까지는 다시 이러한 징표 전체가 파괴되어 말소되는 우여곡절의 원상 복귀와 반격의 움직임이 있었던 것으로 보인다.

고대 그리스 세계 전체의 거대한 사회·경제적 변동은 기원전 750년경으로 추정되는데, 이 무렵 '폴리스'가 성립한 것으로 생각된다. 그러나 그 이후 기원전 7세기에 이르러서도 역시 '아르카이크(alcaïque* 구식의, 고풍스러운)' 한 국가와 이미 폴리스로 이행한 코린트(Corinth* 고대 그리스의 도시국가의 하나)나 아르고스(Argos* 고대 그리스의 도시국가의 하나)와 같은 '모던(modern)' 한 국가와의 발전 과정의 차이는 존재했다. 이러한 상태에서 아테네는 순조롭게 폴리스로 이행한 것이 아니며, 기원전 700년경에 수장제적인 징표의 파괴라는 형태로 나타난 것이 폴리스 이념의 전복(轉覆)이기도 하여, 아테네에서는 이 시기 암흑시대와 유사한 사회제도로의 역행이 발생하고, 기원전 6세기가 되어 겨우 폴리스로 향하는 완전한 발전을

이루게 되었다고 해석하는 견해도 있다. 즉 아테네는 이른바 일종의 '반동적' 국가였던 셈이다.[3)]

이와 같이 지역에 따라 이행 과정에 차이가 있다고 해도 네크로폴리스(necropolis* 고대 도시 가까이 많은 묘로 형성된 묘지)와 관련하여 초기 폴리스가 나타내고 있는 고고학적 징표는 그 이전의 것과 선명한 대조를 이루는 점에서 공통하고 있다. 고바는 이러한 특징을 다음과 같이 정리하고 있다.

> 첫째로, 테리터리에 산개해 있던 무덤의 징표가 일소되어 한 점으로 집중한다. 마치 이 사실을 강조라도 하듯이 방금 출현한 근방의 현저한 집락이나 '왕궁' 이 파괴되어 드높이 고립된 신전으로 변해버린다. 그러나 둘째로, 한 점에 집중한다 해도 그 형태는 미묘한 특징을 나타낸다. 주거와 신전의 복합체인 공간과 네크로폴리스가 서로 복잡하게 뒤얽히지 않는 형태로 엄밀히 구분된다. 단적으로 말하면, 전자의 공간이 가장 근본적인 선에 의해 구분 지어지고, 거기에서부터 네크로폴리스를 그 바깥쪽으로 쓸어내는 것이다. 이 "쓸어냄"은 세세하고 빈틈이 없으며, 쓸어내어 진 네크로폴리스는 오로지 주거와 신전의 복합체인 공간과 반드시 하나의 선을 사이에 두고 접촉하고, 결코 다시 테리터리 일반 속으로 흩어지는 법이 없다. 그리고 세 번째로, 각각의 무덤이 차지하고 있는 공간이 차츰차츰 더 구획이 나뉘어져, 다른 무덤에 가로막히지 않고('공적(公的)' 으로) 바깥쪽에서부터 각각의 무덤에 접근할 수 있도록 도로가 구조화된다.[4)]

네크로폴리스를 "쓸어내는 것" 은 폴리스 성립에 대한 최대의 메르크말이다. 기원전 8세기에 무덤은 도시 구역 안으로부터 외부로 배제되며, 동시에 신들과 인간, 그리고 죽은 자들 사이의 경계는 물체적으로든 사고상(思考上)으로든 분명히 견고한 것이 되어 있었다. 네크로폴리스를 "쓸어내는 것"은 신의 영역에 대한 경계 획정(境界劃定)과도 연결되어 있다. 이러한 점에 대한 고바의 논리 전개가 상당히 추상화되어 있으므로 결론에 도달하기가 쉽지 않지만, 요약하자면 죽은 자가 의례적으로 점거하는 테리터리(네크로폴리스)를 폴리스로부터 잘라내어 양자(兩者) 간에 지분절 관계가 발생하지 않도록 하려면(즉 완전히〈분절〉한다) 어떻게 하는 것이 좋을까? 라는 물음에 대한 해답이 "전혀 테리터리 점거의 관계가 허용되지 않는 공간", 즉 완전히 그 누구에게도 귀속될 수 없는 공간의 절제 · 창출이라는 명제로 집약된다. "그 공간은 신들과 인간들이 각각 엄밀하게 구분된 구획을 점거하면서 서로 완전하게 열린 관계를 갖도록 보장됨으로써 실현된다."[5] 네크로폴리스는 이러한 공간과의 분절적 관계에 대해서만 관념되며, 동시에 이러한 공간이 지니는 의례적 테리터리 점거의 장이라는 성격을 보강하는 역할을 한다.

이와 같은 공간 창출을 위해 폴리스는 종교의 이용을 불가결(不可缺)한 것으로 삼았다. 그러나 그 이용 방법은 종교 그 자체를 중화해 버리는 것이었다. 그곳에서는 신들이 지극히 특수한 방법으로 거리를 두고 관념화되어 있으며, 인간과의 관계는 단절되어 있다. 호메로스나 헤시오도스의 텍스트가 준비한 디알렉티케에 의해, 〈신화〉는 신들에 대한 이러한 거리감을 만들어 내고 있었던 것이다. 문제는 이러한 〈신화〉화된 신들의 관념을 공간적으로 재현실화(=재현 표상)하여, 현실의 테리터리를 실제로 점거시키는 것이었다. 이러한 신들에게 인간을 지배할 힘은 없다. 신들은 의례라는 연극 속에서만 살아있으며, 인간들의 종교적 활동도 연기에 지나지 않는 제사라는 형식만으로 한정되어 신앙을 완전히 손상시키게 된다. 말하자면 종교가 완전히 정치화되어 버리는 것이다.

이때 신들은 인간의 모습으로 구상화되며, 게다가 가능한 한 나체에 가까운 모습의 사실적인 육체를 소유하고 특정의 한정된 공간에 '살기'를 강요받는다. 신들은 무한정한 공간에 편재(偏在)하는 것, 신비적인 부분, 숨겨진 부분이 금지된다. 신역(神域)의 공간적인 한정성을 명확히 하기 위해, 경계가 쉽게 모호해 지지 않은 견고한 건조물이 만들어진다. 그것이 신들의 '주거지' 로서의 그리스 · 폴리스의 신전이다. 이 건축물이 갖춰야 할 조건은 다음과 같은 것이었다.

> 즉 신전은 다른 구조물에서 구조적으로 분리된 신들의 주거지이지만, 단순히 그것만은 아니다. 그곳은 열린 공간의 한 가운데에 떠 있으면서 그 자체가 열린 공간이어여 한다. 이 두 가지의 조건을 충족하기 위해, 신전은 두 조(組)의 평행선으로 잘린 평면에 구축돼야 한다. 그 선 혹은 그 연장선이 닫혀있으면, 적어도 추상적으로 한쪽의 닫힌 앞부분의 맨 끝에서 다른 쪽의 피지배 공간으로 뻗어있는 방향성의 관념이 발생하게 된다. 우선 그것을 피하기 위해서는 두 조의 엄밀한 평행선을 사용하는 것 이외에는 방법이 없다. 물론 그 기법 자체는 오리엔트 등에서 선례가 있는 진부한 것이다. 그러나 그것만을 사용하여 어떤 구조물을 완전한 해방공간 속에 무방향으로 떠올릴 수 있다는 것은 초기 폴리스의 독창성이다. 그리고 이렇게 잘린 평면상에 건조된 구조물의 내부의 공간을 해방한다. 그리스 · 폴리스의 신전은 내부에 사람을 모아놓고 문을 닫는 그러한 공간이 아니다. 내부에 사람이 모인다는 것을 예정하지 않으며, 또한 그것을 불가능하게 한다. 이것은 밖에서 보이는 건물이다. 게다가 특정의 방향에서 볼 수 있도록 의식하면서 그 도면을 설계할 수 있는 것은 아니다. 모든 방향에서 동등하게 보이도록, 즉 처음부터 입체적인 공간으로서 설계된다. 그 공동(空洞)의 용적(volume)이 강조되는 것이다.[6)]

열주(列柱)의 사용은 공간을 이렇게 엄밀하게 한정하면서, 사람들을 에워싸 안에 넣어두지 않고, 열린 상태를 유지하기 위한 것이었으며, 동시에 어디에서나 접근할 수 있도록 방향성을 지우는 효과도 발휘했다. 이 신전 내부에서 제사는 행해지지 않는다. 예를 들면 희생식(犧牲式)은 신전 앞에 설치된 신전으로부터는 독립된 제단에서 이루어진다. 신전이라는 건조물은 다른 건조물과의 사이에 지분절 관계를 결코 만들지 않으며, 신들의 의례적 테리터리 점거를 목적으로 엄밀하게 구분된 공간을 창출하기 위한 장치이다. 그 공간에는 누구나 자유롭게 접근 가능하며, 한편으로 사람들을 끌어들여 가두지도 않는다.

고대 그리스의 도시(폴리스)는 이러한 신전을 처음부터 복수, 다원적으로 갖추고 있었다. 앞에서 언급한 바와 같이, 신전의 성격으로 미루어보아 이러한 복수의 신전은 서로 관련된 것이 아니라, 완전히 개별적으로 독립되어 있다. 사람들은 이와 같은 〈분절〉적인 관계에 있는 복수의 신전에 자유롭게 접근할 수 있다. 이것이 단일의 신전이라면 그곳으로 흘러가는 동일한 집단이 가능하겠지만, 복수인 경우에는 그러한 흐름이 복수가 되며, 코스(順路)를 설정하는 규칙이 없다는 전제를 둔다면 그러한 흐름이 자유롭게 교차하는 공간이 성립될 것이다. 고바는 '광장(아고라)'의 생성을 이러한 경위에서 찾고 있다. 그곳은 복수의 구별된 집단이 서로 병존하는 공간이며, 어떠한 것으로도 편입되지 않고 보호받지도 않는 공공의 공간, "완전하게 〈분절〉적인 많은 구조물에 독립적으로 인접(接)하는, 비방향적이고 그 자체가 독립된 개방 공간"[7]이다. '도시'란 이 광장처럼 일정한 테리터리의 모든 집단이 접근할 수 있는, 혹은 접근해야 하는 열린 공간이며, 폴리스의 성립은 바로 이러한 공간의 시스템이 출현하는 것이다. 그리고 정치란 필경 〈분절〉을 가리키는 것이며, 도시의 외부에서 모든 집단이 배타적으로 점거하는 테리터리를 '영역'으로 바꾸어 말한다면, 정치 성립을 위한 하나의 조건은 테리터리가 도시 중심과 영역으로 판연(判然)하게 구별되는 것이다.

정연하게 재구성된 폴리스 형식의 논리에 눈이 번쩍 뜨일 따름이다. 고대 그리스의 도시는 공간화된 디알렉티케, 혹은 디알렉티케에 의해 생성한 공간이다. 고바에 의한 이러한 재구성은, 명석한 자각을 가진 인간들의 계획에 근거하여 도시나 정치가 성립했다기보다, 〈신화〉에 파묻힌 디알렉티케가 신전의 공간화를 통해 광장이나 도시를 생성하게 되었으며, 그 도시적 디알렉티케가 정치적 주체로서의 '시민'의 모태가 되는 경위를 떠올리게 한다. 폴리스는 논리적으로 시민에 선행(先行)하는 것이다(에밀 벤베니스트(Émile Benveniste* 1902~1976, 프랑스의 언어학자)는 그리스의 도시-시민의 이러한 관계와 로마의 그것이 역전하고 있는 점을 지적했다).[8)]

마시모 카차리(Massimo Cacciari* 1944~ 이탈리아의 철학자, 미학자, 정치가)는 고대 그리스의 이러한 도시-시민 관계에 호응하는 공동체관(觀)이나 일종의 고전성을 미스 반 데어 로에(Ludwig Mies van der Rohe* 1886~1969, 독일의 건축가)의 건축에서 확인하고 있었다.[9)] 예를 들면 바르셀로나 파빌리온(Barcelona Pavilion* 1929년 바르셀로나 만국박람회에서 독일관으로 개관되었던 건축물)에 감도는 신전과도 유사한 분위기에는 확실히 고바가 서술하는 "열린 공간의 한 가운데에 떠 있으면서 그 자체가 열린 공간"의 성격이 엿보인다. 미스의 공간구성 의도가 평면적으로 공간을 잘라내어 한정한 뒤, 그곳을 최대한으로 열린 공간으로 삼으려는 것이었다는 점 또한 주지의 사실이다. 원래 그 배경이 되는 〈신화〉가 20세기의 건축가에게 있었을 리 없으며, 이 신전에 '사는' 신은 없다. — 건물 안쪽의 본당에서 사람을 맞이하고 있는 것은 대체로 여성 나체상뿐이다. 그럼에도 불구하고, 1929년 바르셀로나 만국박람회 독일관이라는 이 바이마르(Weimar) 민주주의의 상징은, 그 아나크로니즘적(anachronism的)이면서 폴리스 성립기로 연결되는 신전의 개방 공간이 지니는 고전성에 의해, 서양의 '정치'의 근원에 위치하는 공간표상을 상기시키고 있었던 것이다.

고바는 정치의 성립에 있어서 도시의 존재는 불가결하다고 말한다. 하지만 이 재구성 과정에서 상정된 여러 작용을 비물질적인 수단으로 대체할 수 있다면 그 역시 물론 상관없다. 바꾸어 말하면 이러한 대체가 가능하므로, 인간은 도시국가 이외의 형태로도 정치를 할 수 있게 된다. 그렇지만 고대 그리스에 관해 이용할 수 있는 사료 중에서, 도시의 고고학적 징표가 정치에 각별하게 중요한 파라디그마를 제시하고 있다는 점에는 의심할 바가 없을 것이다(그것이 폴리스 성립의 결정적인 메르크말이 될 수는 없다고 해도).

다만 이러한 폴리스 성립 과정의 추적에서 누락되고 있는 요소가 있다는 사실도 역시 인정해야 한다. 그것은 노예의 존재이다. 아테네가 노예제 사회였다는 것은 잘 알려져 있지만, 가내(家內) 노예제와 시민권이 출현하여 지배적인 사회관계가 된 것은 폴리스의 성립과 같은 시기였다고 알려져 있다.[10] 주민의 양극적인 계층 분화는 이미 예전부터 존재하고 있었다고는 하지만, 아마도 그것이 내부적 투쟁의 결과로서 노예와 시민이라는 형태로 변질되는 것은 다름 아닌 '정치'의 성립과 완벽하게 융합하여 무차별적으로 일체(一體)했다.

폴리스와 정치의 탄생이 디알렉티케를 통해 디알렉티케로서 논해지는 이상, 노예라는 "말 없는 자"의 그림자가 그곳에서 완전히 소실되는 것은 당연하다. 이것을 방법적인 한계라고는 말하지 않는다. 하지만 고바에 의해 재구성된 정치와 도시가 너무나도 잘 만들어진 모델의 의제적(擬制的* 본질은 같지 않지만 법률에서 다룰 때는 동일한 것으로 처리하여 동일한 효과를 주는 것)인 성격을 띠고 있는 것처럼 보이는 점은 부정하기 어렵다. 따라서 그 세밀하고 명석한 관념 구조에 매료되면서도, 디알렉티케가 배제되어버리는 것, 정치가 그 기원에서부터 놓치고 있는 것이 무엇인가를 묻는 것으로 관심이 향한다.

그리고 또한 애초에 정치를 발생시키지 않는 사고, 그 발생을 막고 회피하는 사고에 고유의 잠재력(potential)은 없었던 것일까? 하는 의혹도 역시 제기된다. 폴리스적인 도시에서도 왕궁이나 신전을 중심으로 한 오리엔트적인 도시 혹은 이집트적인 도시가 아닌, 공동체의 공간 구조가 '정치' 나 전제적 지배체제를 대신하는 질서를 유지할 수는 없었던 것일까?

마음의 조몬시대

예를 들면 언뜻 보기에는 고바의 정교하고 치밀한 역사학적 검증과는 대조적인 '건방진' 가설로서, 나카자와 신이치(中澤新一* 1950~ 일본의 사상가, 종교학자, 인류학자)가 제시한 조몬 환상집락(縄文環狀集落)의 구조를 둘러싼 지적이 있다.[11] 조몬 중기의 유적으로는 한 가운데 광장 주변에 주거가 배치되는 동그란 형태의 환상집락이 많다. 집회나 제사의 장으로 추측되는 광장의 지하에는 죽은 자가 매장되어 있다. 즉 살아있는 자의 주거가 죽은 자가 사는 묘지를 껴안는 것처럼 만들어져, 일상생활이 항상 죽음이 머무르는 속에서 펼쳐져 있었던 것 같다.

같은 방식의 집락 구조는 파푸아뉴기니에 속해 있는 트로브리안드 제도(Trobriand Íslands)의 오마라카나족(Omarakana族) 등에게도 존재한다. 동심원적 구조 그 자체만 있으면, 중심/주변, 성(聖)/속(俗), 남/녀, 독신자/기혼자, 날 것/불에 익힌 것 등의 이항 대립으로 이루어지는, 쌍분제(双分制* 세력권이 인접해 있는 두 집단이 세력 다툼의 긴장을 완화하기 위해 집단끼리 혼인 관계를 맺는 것)의 논리적인 귀결로 간주할 수 있다. 처음부터 레비스트로스(Claude Lévi-Strauss* 1908~2009 프랑스의 문화인류학자, 구조주의의 창시자)가 설명하고 있듯이, 이러한 언뜻 보기에 공간적 배치의 명쾌함은 있는 그대로의 사회구조를 나타내고 있는 것이 아니라, 주민의 의식에 있는 현실과는 다른 공상적인 모델을 나타내고 있다. 동심원적 쌍분제를 제시하는 사회라 해도, 이원적 구조뿐만 아니라 삼원적 구조를 내포하는 경우가 있다.[12] 레비스트로스가 아마존강 유역의 보로로족(Bororo族* 브라질의 마투그로수강 유역에 사는 남아메리카 인디언)의 집락에서 발견한 것은, 이원적인 동심원적 구조와 직경적 구조와의 공존 상태가 배후에 숨겨져 있는 이러한 삼원적 구조였다.

예를 들어 레비스트로스가 보로로족의 집락 구조에서 발견한 것은 원시적인 사회구조의 잔존이 아니라, 지극히 복잡한 구조가 퇴화하여 표면적으로 왜곡되어 드러난 상태이다. 여기에 대해 나카자와는 환상집락과 같은 구조가 인류학적으로 어느 정도의 확산을 통해 확인 가능하다는 점을 근거로 하면서도, 선사시대로 시선을 돌려 집락의 공간적 배치가 암시하는 이원적 구조 그 자체의 토폴로지컬(Topological)한 별도의 해석을 하려는 것이다. 이를 위한 단서가 되는 것이 조몬 토기〔그림 1〕의 조형(造形) 중 하나이다.

이 손잡이가 사람 얼굴을 닮은 토기(人面付深鉢)는 야마나시현 스타마초 고쇼마에(山梨縣須玉町御所前)에서 출토되었다. 무언가 동물 같은 것이 토기를 끌어안고 있는 듯이 보인다. 고고학자 고바야시 고메이(小林公明)에 따르면 토기 군(群)에 널리 사용되며, 개구리의 눈을 타나내는 두개의 둥근 도상으로 미루어보아 이 동물은 개구리라고 추측할 수 있다. 이러한 사실은 이 토기처럼 손잡이 부분이 사람의 얼굴을 닮은 다른 토기에 개구리의 손을 표현하고 있는 것으로 추정되는 세 손가락의 도상이 나타나고 있는 점으로도 근거가 뒷받침된다.[13]

고바야시는 조몬 중기의 엄청나게 많은 도상군을 중국 신석기시대의 도상과 비교, 대조하면서 거기에 숨겨진 상징주의(symbolisme)를 해석하고 있다. 개구리에 관해서는 눈이나 몸통 부분, 세 손가락의 손, 굴곡이 진 다리 등의 신체 부위가 다양한 변형을 동반하면서 단독 혹은 조합을 이루며 사용됨으로써, 이른바 도상적인 문자로서 의미 작용을 수행하고 있는 것을 확인할 수 있다. 사실적으로 그려진 개구리가 아니라, 그 특정의 신체 부위가 개구리라는 관념을 의미하고 있는 점이 도상의 반복적인 사용에서 유추된다(고바야시는 이러한 도상을 '사의(寫意* 대상의 외형을 그리는 것이 아니라 그 본질이나 화가의 정신성을 표현하는 것)' 적인 도상이라 부른다). 사실적인 형태에서 특징적인 신체 부위가 추출되어, 단순화 · 변형된 후, '사의' 적으로 사용된다. 그 과정에서 인체 형상과의 융합이 일어나 반인반와(半人半蛙)적인 도상이 태어난다.

[그림 1] 안면 손잡이 토기(顔面把手付深鉢), 야마나시현 스타마초 고쇼마에 유적, 조몬 중기, 상부 손잡이의 뒤에 사람 얼굴을 닮은 부분이 있다.

조몬 중기와 거의 대응하는 중국 신석기 문화의 도상과 이것들을 비교해 보면, 개구리 혹은 반인반와 도상과 유사한 표현이 확인된다. 이것은 신화적 세계관의 공통성을 시사하지만, 그 내실에 대해서는 분명히 밝힐 수 없다. 따라서 중국 후세의 도상으로부터의 추측이 시도된다. 그렇다면 은(殷)나라 · 주(周)나라 문화의 청동기 도상에서 한(漢)나라의 고대 도상에 이르기까지, 개구리 혹은 반인반와 도상이 여전히 출현하고 있으며, 이러한 도상에 대응하는 신화적 세계상을 문헌을 통해 확인할 수 있다. 물론 그 신화적 세계상이 신석기시대의 도상이 나타내는 신화상과 동일할 수는 없다고 해도, 일정의 구조적 특징을 갖춘 도상이 시대적으로 계속적으로 나타난다면, 문헌을 통해 찾아볼 수 있는 신화적 세계상을 신석기시대까지 역행시켜 상정하는 것에 어느 정도의 타당성은 부여할 수 있을 것이다.

중국 신석기시대의 개구리 도상과 공통된 특징을 가진 도상은 예를 들면 창사 마왕퇴 한묘(長沙 馬王堆 漢墓* 중국 후난성 장사에 있는 기원전 2세기의 고분)에서 출토한 백화〔그림 2〕에서처럼, 개구리가 초승달 위에 놓인 형태이며, 게다가 토끼 도상도 동반하여 한나라 시대의 묘지의 벽면이나 출토된 백화에서도 여러 개 발견된다. 달 속에 있는 이 개구리는 섬여(蟾蜍)라

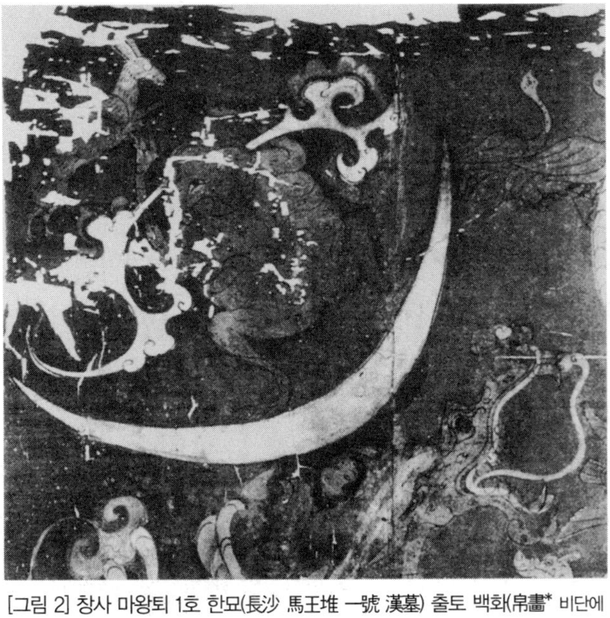

[그림 2] 창사 마왕퇴 1호 한묘(長沙 馬王堆 一號 漢墓) 출토 백화(帛畫* 비단에 그린 그림)(부분), 두꺼비(蟾蜍)와 토끼.

고 불리는 신화적인 두꺼비라고 하는데, 한나라의 『회남자(淮南子)』와 초나라의 『초사(楚辭)』에 의하면, 섬여는 달의 음기를, 토끼는 양기를 나타낸다고 한다. 마왕퇴의 백화에서는 섬여는 그늘진 달의 어두운 부분에 살도록 그려져 있으며, 토끼는 하늘을 날아다니며 달의 양기를 늘리는 존재로 묘사된 것처럼 보인다. 즉 차고 이지러지는 달의 작용을 개구리와 토끼라는 음양을 나타내는 두 개의 동물 도상을 통해 제시하는 신화적 세계관이 그려져 있다.

이러한 신화적 관념을 중국의 신석기시대, 나아가서는 일본의 조몬 중기의 개구리 도상에 소급해서 상정할 수 있다면, 토기의 개구리 도상과 달 사이에 관념상의 연결을 추측할 수 있게 된다. 고바야시에 의하면 개구리의 신체 부위를 나타내는 도상 자체에 그늘진 달이나 초승달과 동일한 형태적인 요소가 있고, 이러한 달 표상과의 관계성으로 인해 개구리의 손이나 몸통만이 독립된 도상 기호가 될 수 있었던 것으로 해석된다. 따라서 예를 들면, 세 개의 손가락이 형성하는 원호(圓弧) 위에 개구리의 흉부가 놓인 것 같은 기묘한 도상은 마왕퇴의 백화 속에 그려진 섬여와 초승달의 관계에 대응한 것으로 이해할 수 있게 된다. 즉 이 경우에는 초승달이 손으로, 섬여가 몸통 부분으로만 변형되어 있는 것이다.

문제의 조몬 토기로 되돌아가면, 흡사 개구리의 등이 빠끔히 크게 갈라진 그곳에서 사람의 얼굴이 출현하고 있는 것처럼 보인다. 개구리의 몸통에 해당하는 부분이 다른 도상의 예에서는 여성의 음부를 나타내고 있는 것으로 생각되는 경우도 많으므로, 이것을 탄생의 광경으로 간주할 수 있을 것이다. 개구리의 몸통 부분이 그늘진 달의 의미까지 다중적으로 표현한다고 전제하면, 이 사람의 얼굴을 닮은 부분은 그늘진 달에서 태어난 신생아이며 새로 뜬 달(新月* 음력으로 매달 초하루부터 며칠 동안 뜨는 달)로 볼 수 있다. 새로 뜬 달이나 초승달을 '미월(眉月)' 이라고 부르는 점이 암시하고 있듯이, 고바야시에 의하면 사람 얼굴 닮은 부분의 눈썹에 대한 표현도 이것이 새로 뜬 달이라는 것을 나타내고 있다. 또한 이 점에 대해서는 '눈썹(眉* 마유)=누에고치(繭* 마유)' (고어에서는 모두 '눈썹(마요)')라는 언어적 관계성으로 인해 눈썹은 고치이고, 동시에 달이며, 눈썹에서 누에고치=새로 뜬 달이 태어난다는 표상의 연쇄 가능성이 별도로 지적되어 있다.[14)]

결국 개구리로부터 태어나려는 사람의 얼굴은 달의 자식이자, 새로 뜬 달의 빛을 나타내는 것으로 생각된다. 또한 토기 전체의 구조를 근거로 하여, 고바야시는 다음과 같이 말한다.

> 그리고 앞뒤 어느 쪽에서 보아도 이 개구리의 머리 위에 사람의 얼굴이 얹혀 있는 셈이다. 그렇다면 이것도 역시 개구리, 즉 삭월(朔月* 음력 초하룻날의 달)에 속하는 인물이며, 달의 아이에 대해 어머니라고 해야 할 존재, 즉 달의 모신(母神)의 모습이라고 해석할 수밖에 없다. 토기 전체로서는 달의 신의 몸체가 개구리이며, 볼록한 그릇의 형태가 그 태내에 응결되어있는 것이다.[15)]

고바야시의 추리는 역사적 · 지역적인 비교에 근거한 도상 분석으로서 일정한 설득력이 있다. 나카자와는 그 식견에 더하여 개구리가 신화에서 담당하는 의미에 대한 인류학적인 지식을 추가하며 한층 더 깊이 있는 해석을 한다.

많은 신화에서 개구리는 죽음의 영역에 가까운 곳에서 서식하는 양의적인 동물로 간주되고 있다. 개구리는 그늘진 달에 살거나, 혹은 개구리 그 자체가 '달의 구석' 이며, 입에서 물을 내뱉어 귀중한 불을 꺼 버린다. 이와 같이 죽음의 요소를 내포한 개구리라는 동물의 등에서 신생아가 태어난다는 도상에서 나카자와는 생과 사가 뫼비우스의 띠(Möbius strip)처럼 (또는 클라인의 항아리(Klein's bottle)처럼) 하나의 연결체이며, 눈에 보이지 않는 생과 사가 아직 하나인 영역에서부터 에너지가 일어나고, 새로운 생명을 탄생시키려는 순간, 생과 사가 나누어진 세계로 향하는 변화의 순간에 대한 표현을 포착한다. 그리고 조몬 환상집락의 구조에서는 정확히 이것을 역전시켜서, 살아있는 자가 사는 공간의 "등을 갈라" 죽은 자의 세계로 향하는 통로가 열린 것처럼, 이른바 뫼비우스의 띠가 비틀려 반전을 일으키는 장소로서의 광장=묘지의 모습을 확인하는 것이다. 그것은 쌍분적인 구조의 논리 이전으로 거슬러 올라가, 거기에서 다른 논리적인 '구조'를 발견하려는 사고의 몸짓이라고 말할 수 있다.

이러한 조몬인(縄文人)의 마음의 세계에서 장송 의례는 어떠한 방식이었을까? 일반적인 장송 의례에 대한 원리적(原理的)인 고찰로는 로버트 헤르츠(Robert Hertz* 1882~1915 프랑스의 사회학자, 인류학자)의 논고「죽음의 종교사회학」이 있으며, 여기에서는 시체와 혼의 이원론에 바탕을 둔 이중 장례식이 그 기본적인 인식의 틀을 이루고 있다. 고바는 그 틀에서부터 출발하여 호메로스의 텍스트에 의거한, 즉 정치의 성립을 전제로 한 고대 그리스적인 인류학의 시점에서 일반적인 정식화(正式化)를 수행하고 있다. 여기에 따르면 사람의 죽음은 계보를 이루는 파라디그마의 편형이며, 테리터리 점거 관계의 과감(drastic)한 변화를 불러일으키므로 사회관계 전체의 배치는 일단 해소되어 재형성되어야 한다. 그 과정을 이루는 장송 의례에서 죽은 자는 신화적 파라디그마의 영역으로 들어간다.

그 의례의 내부에서는 죽은 자에게 '(별도의) 다른' 테리터리를 실제로 점거하게 하는 일이 흔히 일어난다. 죽은 자가 그때까지 점거하고 있던 테리터리를 살아있는 자가 새롭게 점거해야 하고, 죽은 자가 그를 통해 계속 점거하는 것이 아니라는 것을 명확히 하기 위해서는 죽은 자에게 굳이 '다른' 테리터리를 점거하게 해두는 것이 구별을 명확히 하는 이유이다. 즉 rite de passage (통과의례通過儀禮)로서 장송 의례의 중심적인 내용은 통상적으로 틀림없이 죽은 자에게 '다른' 테리터리를 점거하게 할 것이라는 것을 현실에서 연기해 보여주는 것이다. 이렇게 하여 의례적인 공간으로서의 무덤의 관념이 발생한다. 그것은 통상의 테리터리가 아니라도 상관없지만, 그러나 현실의 지표면 위를 점거한다.[16)]

마지막의 한 문장에서 확실하게 밝힌 바와 같이, '(별도의) 다른' 테리터리는 "현실의 지표면" 위이어야만 한다. 그곳을 죽은 자에게 점거시킴으로써 장송 의례가 성립하는 것이다. 다만 고바는 고대 그리스의 예를 염두에 두어, 화장을 통한 장송은 극단적인 경우에는 무덤이 없으며, 전적으로 기호로써 '다른' 테리터리를 점거할 가능성을 부여하고 있음을 지적하고 있다.

결국 장송 의례의 문제는 이 '다른' 테리터리를 어떻게 형성하는가에 있다. 이미 살펴본 바와 같이, 도시와 정치의 성립에 즈음하여 묘지를 '쓸어내는' 방식으로 '다른' 테리터리가 시(市)의 경계 바깥쪽으로 집중시켜졌다. 이러한 분리 자체가 고대 그리스 특유의 것은 물론 아니다. 나카자와도 언급하고 있듯이, 조몬 후기부터 야요이(弥生* 조몬시대 이후 2세기경부터 수백 년간 계속된 일본의 농경 시대)의 집락에서도 마찬가지로 묘지가 집락의 외부로 '쓸어내어' 져 버린 것을 확인할 수 있다.

조몬 환상집락에서는 확실하게 시체를 화장해서 말소하는 등의 방법으로 '다른' 테리터리로서의 묘지가 현실에서 지표면을 점거하는 것을 회피하고 있는 것은 아니다. 시체는 집락의 중앙에 매장되었다. 그렇다면 그곳은 '다른' 테리터리로서의 '묘지' 인가? 나카자와가 반쯤 직관(直觀)한 것 같은 조몬인의 '마음' 을 가정하면, 거기에 통과의례로서의 장송 의례의 필요가 있었을까? '다른' 테리터리라는 관념을 상정할 수 있다고 해도, 그 테리터리의 토폴로지컬한 배치 관계가 단순하게 지표면(평면) 위의 〈분절〉로 한정되지 않는 것이 아닐까? 되풀이해 말하자면, 이중의 점유를 감당할 수 있는 공간이 그곳에 관념화되어 있었다면 어떠할까?

"동일한 공간은 이중의 점유를 감당할 수 없"으므로, "역사적인 인접을 공간적으로 나타내려면 공간에서의 인접에 의해서만 가능하다"[17]고 말한 프로이트의 말이 떠오른다. 그는 이때 모든 역사적 흔적을 동일한 공간에 계속 보존하는 공상의 로마(현실에서는 존재할 수 없는 도시)를 무의식적 기호의 은유로 삼았다. 그러한 "존재할 수 없는" 공간을 죽은 자들과 산 자들이 공유하고 있었다면, 테리터리 점거의 관계도 〈분절〉적인 디알렉티케와는 전혀 다른 것일 수도 있었을 것이다.

이러한 가설들에 대해 여기에서 명확한 결론을 부여할 수는 없다. 그 대신 이 자리에서 추론 과정을 더듬어온 고고학적 사고 자체의 특성을 반성함으로써, 여기에 내포된 지식의 가능성과 방법을 묻기로 하겠다.

나카자와가 토기의 조형에서 확인되는 세계 인식과 동형적(同形的)인 '뫼비우스의 띠(또는 클라인의 항아리)' 라는 토폴로지 모델의 구조를 환상집락에서 발견함으로써, 조몬인의 유추적 사고를 부각시켰다고 할 만하다. 여러 레벨의 동형성을 인식하고 창조하는 이 유추 능력(오리구치 시노부折口信夫가 말하는 「유화성능」)은 스티븐 미슨(Steven Mithen* 1960~ 영국의 고고학자)이 『마음의 선사시대』에서 서술하는 현생인류 특유의 "인지적 유동성"[18]의 현저한 발로로 파악할 수 있을 것이다. 미슨은 진화 과정에서 일반적 지능에서 형성된 기술적 지능, 사회적 지능, 박물적(博物的) 지능이라는 마음의 모듈(Module)이 네안데르탈인까지의 초기 인류에서는 각 영역으로 분할된 채 유동성이 결여되어 있던 것에 반해, 현생인류에서는 10만 년 전에서부터 3만 년 전에 걸쳐 이들 영역 간에 인지적인 유동성이 발생하게 됨으로써, 과학 · 종교 · 예술 등을 창조하기에 이르는 특유의 문화적 발달이 일어났다고 주장하고 있다. 이러한 능력을 둘러싼 인지과학적인 해명에 관련되는 것이 '인지' 고고학이다. 이것은 '마음' 그 자체의 고고학으로서, 무의식 속에서 이른바 스스로의 내부에 존재하는 조몬인을 찾아내는 시도이기도 하다.

이 경우 직접적으로는 신화를 표현하지 않는 도상이나 집락 구조로부터 조몬인의 사고를 추출하기 위해, 주변 지역에 있는 도상과의 면밀한 비교나 문헌 자료에 의거하는 신화적 세계관의 소급 가능성에 대한 검토가 필요할 것이다. 게다가 광범한 지역에 달하는 신화의 성분 및 요소(神話素)에 관한 인류학적인 식견도 불가결한 것임이 틀림없다. 동시대의 언어적 사료를 동반하지 않고, 도상이나 유적의 공간 배치로부터 과거를 복원할 수밖에 없는 고고학의 영역에서 '사고' 나 '정신', '마음' 이라는 대상에 접근하기에는 상당한 어려움이 따른다. 이른바 프로세스 고고학과 포스트 프로세스 고고학의 논쟁이나, 이를 바탕으로 한 인지고고학에서의 '마음의 고고학' 에 대한 방법론의 모색은 줄곧 이러한 곤란을 겪고 있다.[19)]

전통적인 문화사적 고고학에 대한 비판으로서 1960년대에 제창된 프로세스 고고학은 문화 변화의 프로세스를 엄밀하게 과학적으로 해명하기 위해, 사회학, 지리학, 경제학, 정보과학 등의 계량적 수법을 도입하여 보편적인 법칙성의 발견을 목표로 삼았다. 이에 반해 1980년대에 시작된 포스트 프로세스 고고학은 프로세스 고고학이 문화의 의미나 개인의 능동적인 행위를 파악하고 있지 않다고 비판하며, 게다가 고고학자 자신도 스스로가 위치하는 사회적 · 문화적 배경(context)이나 이데올로기로부터 자유로워질 수 없다는 상대주의를 주장하였다.

이러한 양쪽의 논쟁은 증거를 과거로 향하는 투명한 매개체로 파악하는 역사실증주의라는 한쪽 편의 극(極)과 역사 서술이 서로 상대적인 어떤 해석의 틀의 내부에 존재하는 '이야기' 에 지나지 않는다는 상대주의적 회의론이라는 또 다른 쪽 극의, 역사학에 관한 지식의 표상형식의 분열에 대응하고 있다. 후자를 대표하는 헤이든 화이트(Hayden White* 1928~ 미국의 역사학자)와의 논쟁에서 카를로 긴즈부르그는 증거를 "일그러진 유리" 에 비유하여, 개별적인 자료에 대해 개별적으로 왜곡된 해독으로부터 역사의 구축을 발견함으로써, 이 양극의 그 어느 쪽도 아닌 입장을 제시하였다.[20] 마찬가지로 긴즈부르그가 부각시킨 '징후적인 지식' 의 계보는, 이러한 '일그러짐' 과 같은 세부를 파악하는 역사가 자신의 인지능력과도 관련되어 있다고 할 수 있을 것이다.

다른 학문 분야(discipline)를 통한 '마음의 고고학' 의 성과로 나카이 히사오의 『분열증과 인류』를 거론하고 싶다. 특히 제1장 「분열증과 인류 — 예감, 불안, 원망사고(願望思考)」는 부시먼(Bushman* 아프리카 남부의 칼라하리사막 부근에 사는 수렵 민족)을 시작으로 하는 현재 수렵채집민의 인지 특성을 근거로 하면서, 통합실조증의 특징을 이루는 "징후 공간=미분회로적 인지" 의 우위가 계통 발생적으로 오래된 형태인 동시에, 인류사에서도 가장 오래된 단계의 수렵채집민 사이에서 가장 장점을 발휘할 수 있었던 것이 아닌가 하는 추측을 하고 있다.[21] 다른 동물에게 "사냥되는 자" 였던 가장 오래전의 채집민에게서 가장 현저하게 나타났다고 추정되는 미분회로적 인지 특성의 고찰을 통해, "사냥하는 자" 로의 전화(轉化)에 동반하는 '원망사고' 의 등장과 동굴 벽화의 관계, 또한 농경 사회의 성립이 초래한 강박증 친화성, 그리고 근대의 분열병(Schizophrenia* 스킷서프리니어, 조현증, 일본에서는 통합실조증이라는 명칭 사용) 친화자(親和者 S친화자)로서의 항해자(고독한 결단자로서의 선장, 함장)의 직업윤리에 이르기까지, 수많은 독창적인 탁견이 비정상적일 정도로 응축된 이 논고 자체가 필시 '징후' 로 가득 차고 넘친다.

나카이는 이 고찰의 선행 연구로 에도 중기 이후의 일본에서 집착 기질을 가진 자가 우연히 사회적 위기에 처하여 발휘한 역할에 따라, 해당하는 기질의 특징이 윤리 혹은 통속 도덕의 덕목이 되고 있었던 경위를 명확히 밝히고 있었다. 그 어프로치를 오랫동안 자신의 임상의 대상이었던 통합실조증에 적용하려고 시도했을 때, 나카이는 "무서운 일을 시작해 버렸다"라는 전율적인 감정을 느끼고 있다. 통합실조증의 역사적 연원을 탐색해 가면 집착 기질과는 다르며, 어디까지 거슬러 올라가더라도 바닥에 도달할 수 없기 때문이다. 겨우 바닥에 도달했을 때에는 농경문화를 밟아 구멍을 내어, 그 아래에 이르러 있었다.[22]

통합실조증과 그러한 기질로 생각되는 것과 구별하기 위해서, 나카이가 "그 실조의 현대적인 형태가 분열증〔통합실조증〕인 듯한 증상의 원래 형태"라는 신중한 표현을 하는 대상은 인간의 집착 기질보다 훨씬 기본적이며, S친화자가 윤리적으로 소수자가 된 것이 아득히 먼 태고의 농경사회 성립과 동반하는 현상이라면, 여기에 내포된 문제의 깊이는 비교가 되지 않는다. 이러한 탐구를 통해 나카이는 앞서 서술한 "원래의 형태"의 비실조 형태가 현재에도 여전히 인간에게 필요불가결하며, 그 생존과 역사를 지탱하고 있다는 인식에 이르고 있다. 이러한 입장에서 나카이는 쓰고 있다.

> 제1장의 발표에서는 약간의 용기가 필요했다. 혹시 내가 자신 속에 "실조하면 분열증이 되는 것"의 씨앗을 계속 느끼면서, 한 세월 동안 정신과 의사로서 분열병자라고 불리는 사람들과 함께 지내오지 않았더라면 (……) 발표를 단행했을지 의심스럽다. 애초에 내 속에 발상이 생길 수 있었을지도 역시 (의심스럽다). 언뜻 보면 이론적인 형태를 가지면서 거의 개인적이라고까지 말할 수

있을 정도로, 가장 경험 밀착적인 것이 아마 이번 장(章)일 것이다.[23)]

'마음의 고고학' 의 방법과 윤리의 한 가지가 여기에 제시된 것처럼 느껴진다. 그리고 생각건대, 이러한 고고학적 탐색을 가능하게 한 것 역시 나카이가 자기 분석적으로 찾고 있던 "징후 공간=미분회로적 인지" 그 자체일 것이다.

그 인지능력이 부하(負荷)에 허덕이고 공전(空轉)하여 실조에 빠지는 위험도 또한 크다고 할 수 있다. 다만 인지고고학이 고고학 그 자체의 인지능력을 반성적으로 추궁하려는 이상, 안전하고 확실한 방법론 같은 것은 존재할 수 없는 것이 아닐까? 이러한 반성의식 자체가 고고학이라는 학문에 대한 위기의 자각이기 때문이다. 말 없는 흔적의 왜곡으로서 존재하는 태고의 파묻힌 사고를 발굴하기 위해, 항해자의 직업윤리, 비상사태의 윤리만은 '마음의 고고학' 에 필요한 이유이다.

제7장

아하스베루스의 얼굴

마음의 고고학(2)

탈라사(Talassa 또는 Talatta* 그리스 신화에 등장하는 바다의 여신)적인 퇴행,
즉 태고의 시대에 이별을 고한 바다로의 회귀라는 욕망….

– 산도르 페렌치(Sándor Ferenczi* 1873~1933 헝가리의 정신의학자)

무의식(無意識) 도시의 다이빙

조지 쿠블러(George A. Kubler* 1912~1996 미국의 예술역사학자)는 저서 『시간의 형상』에서 통상적으로 단체(單體)로 간주되는 사물의 각 구성 요소가 각각 다른 연대에 속하는 경우가 있을 수 있다는 사실에 주의를 촉구하고 있다. 오랜 세월에 걸쳐 건조된 건축물 등이 이에 해당한다. 쿠블러는 모든 사물은 다른 "계통연대(systematic age)"에 있는 복수의 특성의 그룹을 가진 복합체이다[1]라고 지적한다. 여기에서 말하는 "계통연대"는 시간축의 한 점으로 특정되는 "절대연대(absolute age)"와는 대조적으로, 형상의 연쇄로부터 이루어지는 각 시퀀스(sequence* 장소, 시간, 사건의 연속성을 통해 하나의 에피소드를 이루는 구성단위)의 지속에 대한 상대적인 위치로 규정된다. 이러한 시퀀스는 예술 작품을 비롯한 모든 사물의 형상이 영향관계 등에 의해 서로 관련되어 있다는 점에서 발생된다.

> 예를 들면 1560년에 건조된 대계단(大階段)은 그 〔형상의〕 집합으로서는 새로운 형태일 것이다. 그 이유는 대계단이 스페인에서, 뒤늦게 이탈리아에서 건조되기 시작한 것이 16세기 초두(初頭)보다 빠르지 않기 때문이다. 1760년 존 웨브(John Webb* 1611~1674 영국의 건축가)에 의해 오래된 가옥에 비대칭적인 고딕풍의 개조가 시행되었는데, 이 역시 그림 같은 픽처레스크(picturesque)한 건축적 효과의 형태집합(form-class)으로는 무척 새로웠으나, 웨브에 의한 중심 부분은 그것이 속한 이탈리아풍 형태의 집합으로는 후기의 것이었다.[2]

이것은 사물을 복수의 시퀀스의 복합체로 파악하는 시각이다. 각각의 사물이 어느 시대에서는 개별적인 계통연대를 가지고 있을 뿐만 아니라, 그 사물 자체의 요소도 마찬가지로 다른 계통연대의 묶음으로 분해될 수 있다는 것이다. 이것을 건축물을 예로 들어 설명하고 있는 것에 대해서는 나중에 다시 돌아가 살펴보도록 하겠다.

쿠블러에게 역사학자 고유의 책무는 "시간의 다종다양(多種多樣)한 형상의 발견"[3]이다. 지크프리트 크라카우어(Siegfried Kracauers* 1889~1966 독일 출신의 사회학자, 문화이론가)는 단선적(單線的)으로 과거에서 미래로 흐르는 "연대기적 시간"을 전제로 한 역사적 프로세스의 연속성이라는 관념에 대해 강하게 비판하면서, 예술작품의 역사를 둘러싼 이러한 쿠블러(및 그의 스승인 앙리 포시옹(Henri Focillon* 1881~1943 프랑스의 미술사학자))의 고찰을 높게 평가하고 있다. 쿠블러의 관점에서 보면 "동시적(同時的)인 사건은 대체로 본래 비동시적"[4]인 것이 된다고 크라카우어는 능숙하게 표현하였다. 이에 반해 균질(均質)한 흐름으로서의 역사 프로세스라는 이미지는 모든 사건의 시퀀스가 구체화되는 다양한 복수의 시간을 은폐해버리고 만다.

그러나 한편으로 크라카우어는 야코프 부르크하르트(Jacob Burckhardt* 1818~1897 스위스의 예술 및 문화사가)에 의한 이탈리아 · 르네상스 연구를 음미하고, 연대기의 의의를 새롭게 재평가하는 방향으로 향한다. 그리고 거기에서 "여러 영역의 연쇄의 융합에 대한 가능성을 거의 배제하고 있는 점에서는 결정적으로 핵심을 벗어나고 있다"[5]고 쿠블러를 비판한다. 어느 '시기'란 쿠블러가 서술한 바와 같이, 우연히 시간적으로 합쳐진 각각의 부분의 모자이크 같은 것이 아니라, 어디까지나 그 자신의 '용모' (에르빈 파노프스키(Erwin Panofsky* 1892~1968 독일 출신 미술사가)의 말)를 가지고 있을 것이라고 크라카우어는 지적하고 있다.

균질한 연대기적 시간을 단순히 부활시키는 것이 아니라면 여기에서 발생하는 딜레마에 어떠한 결정을 부여할 수 있을까? 여기에서 재발견된 비교적 같은 성질을 가지는 시기는 두 개의 양립하지 않는 시간의 이미지를 구현하는 이율배반적인 것이 될 수밖에 없다. 그러한 양극성을 내포한 이중화된 시간의 이미지로서, 크라카우어는 아하스베루스(Ahasverus* 일명 방랑하는 유대인, 십자가에 못 박히러 가는 예수를 조롱한 벌로 세상이 끝날 때까지 살아야 하는 운명을 선고받은 그리스도교 전설상의 인물), '영원한 유대인' 의 용모로 비유를 들고 있다.

> 확인하기가 대단히 어려운 이러한 사항에 대해 유일하게 신뢰할 수 있는 증인은 전설의 인물 — 영원한 유대인, 아하스베루스라는 것이 내 마음속에 떠올랐다. 사실 그는 여러 가지 발전이나 추이에 관해 직접 알고 있을 것이다. 왜냐하면 그만이 모든 역사에 대해, 생성과 소멸의 과정 자체를 체험할 기회를 찾지 않고 이미 가지고 있었기 때문이다(얼마나 그가 틀림없이 필설로 다하기 어려울 정도로 무서워 보일까! 물론 그의 얼굴은 나이가 든다는 사실에 고통받았을 리 없다. 그러나 나는 그 얼굴이 많은 얼굴로 이루어져 있다고 상상한다. 그리고 그 얼굴들 하나하나가, 그가 통과한 각 시기 중 하나를 반영하며, 그들의 얼굴 전체가 결합하여 항상 새로운 형태를 만들어 낸다. 그동안 그는 쉬지 않고, 그리고 헛되게 편력하던 도중에, 그를 형성한 여러 시간 속에서 그가 체현하는 운명에 속해 있는 어느 하나의 시간을 재구성하고자 시도한다).[6)]

그러나 아하스베루스가 여러 시기를 두루 돌아다녔던 자신의 편력을 회고해 볼 수 있는 것은, 자기 자신이 사라져버린 '시간의 끝' 직전의 가상적 순간뿐이고, 시간의 중핵에 있는 이율 배반은 풀기 힘들다고 크라카우어는 서술한다. 이러한 '끝' 을 예시하는 예술작품으로 마르셀 프루스트의 『잃어버린 시간을 찾아서』가 있지만, 그것은 예술이라는 영역이기

에 이룰 수 있었던 프루스트 개인적인 해결이며, 게다가 또한 현실에서 역사의 끝은 존재하지 않는다.[7)]

다만 모든 역사를 죄다 알고 있는 자가 아니더라도, 영원한 유대인과 닮은 얼굴을 가진 실제의 존재를 우리들은 알고 있는 것이 아닌가? 쿠블러가 건축물을 예로 들면서 복수의 계통연대의 시퀀스를 내포시킨 사물에 관해 서술한 것을 전개해 보면, 도시야말로 아하스베루스처럼 많은 얼굴을 가지며, 그것을 끊임없이 하나의 모습으로 결합시키는 복수적인 시간의 장(場)이 아닐까? 왜냐하면 도시는 통시적인 사건의 무수한 연쇄를 거대한 규모로 물리적으로, 공시적인 공간 구조로서 기록해 가는 미디어이기 때문이다. 따라서 도시는 다른 시퀀스를 가지는 시간의 형상을 서로 포개면서, 크라카우어가 마지막에 다소 과도하게 신학화(神學化)해 버린 듯이 보이기도 하는 시간의 이원성을 지극히 구체적, 감성적으로 표현하고 있다고 생각한다.

나카자와 신이치의 저서 『어스 다이버(*Earth Diver*)』는 도쿄라는 아하스베루스에 깃든 숨겨진 하나의 용모를 선명하게 부각시킨 도쿄론(東京論)이다. 도쿄의 지형은 특히 현재의 도심부에 약 200만~1만 년 전에 퇴적된 홍적층(洪積層)과 1만 년 전~현재에 형성된 충적층(沖積層)이 복잡하게 뒤얽혀있다. 세계적인 온난기(溫暖期)라 해면 수위가 상승했던 약 5천 년 전의 조몬 해진기(繩文海進期* 해수면의 상승이나 지반의 침강 때문에 바다가 육지 위로 침입한 시기)에 홍적대지(洪積臺地* 홍적세의 지층으로 구성된 평탄한 대지)의 깊숙한 곳까지 해수에 의한 침식이 일어났기 때문이다. 이러한 두 지층의 분포를 통해, 조몬 시대에 이 도시가 어떠한 윤곽을 하고 있었는지 나타난다.

나카자와는 이러한 발상을 바탕으로 하여 만들어진 지도("조몬 지도")에 조몬 시대부터 야요이(弥生) 시대에 걸쳐 형성된 취락 터, 오래된 신사의 위치, 고분과 사원의 장소를 표시하고, 현재의 거리와 대조해보면서 도쿄를 걸었다고 한다. 그 결과 도쿄에서도 개발이나 진보 등 시간의 침식을 받기 힘들어 다른 시간이 흐르는 "무(無)의 장소"[8]가 조몬 시대에는 바다를 뚫고 나온 곶이나 반도의 돌출부였다는 점을 확인할 수 있다. 그리고 그러한 장소에서는 언제나 죽음의 향기가 떠돈다.

> 도쿄는 결코 균질한 공간으로서 완성되지 않았다. 참으로 복잡한 다양체의 구조를 하고 있으나, 그 다양체가 기묘한 비틀림을 보이거나 이상할 만큼 높은 밀도를 나타내고 있는 지점은 신기할 정도로 판에 박은 듯이 조몬 지도에서도 홍적층과 충적층의 대립을 보여주는 특이한 장소였다는 점을 알 수 있다.[9]

곶은 다른 세계를 향해 몸을 앞으로 내밀고 있는 장소이며, 도쿄에는 그러한 장소로 특히 중요한 곳이 두 군데 있었다고 나카자와는 말한다. 바로 우에노(上野)와 시바(芝) 곶이다.[10] 그중에서도 시바 반도(半島)에는 조몬 시대부터 죽은 자의 매장과 관련된 중요한 성지가 조성됐다. 조죠지(增上寺* 도쿄도 미나토구東京都 港區 시바공원에 있는 정토종淨土宗의 대본산) 옆에 있는 전방후원분(前方後円墳* 앞이 장방형이고 뒤가 원형인 일본의 고분 형식의 하나)을 중심으로 한 시바마루야마 고분군(芝丸山古墳群)도 그 발현이다. 나카자와는 이 근처에 건조된 도쿄타워 역시 죽은 자의 영혼의 왕국을 바라보며 지어진 다른 세계로 향한 안테나이자 교량이라고 서술한다.[11]

해상에서 육상을 바라보는 어민의 시선으로 보면, 그것은 바로 우에다 아쓰시(上田篤* 1930~ 일본의 건축학자, 건축가, 도시계획가)가 말하는 "해변 성표(海辺聖標* 바닷가의 성스러운 표식이라는 의미로 저자가 만든 단어)" 일 것이다.[12] 우에다에 의하면, 습기가 많은 일본에서는 천문 관측도 뜻대로 되지 않고, 해도나 나침반 등도 가지고 있지 않은 고대 일본인이 위험한 조류나 암초를 피해서 자신의 위치와 나아가야 할 방향을 알기 위해서는 육상의 '산'

을 중심으로 한 지문항법(地文航法* 지상의 물표에 의해 선박이나 항공기의 위치를 구하여 행하는 항법)에 따를 수밖에 없었다. 지문항법이란 땅 위의 주요 랜드마크(landmark)가 되는 것을 서로 맞추어보면서 조금씩 배를 전진시켜 가는 항법이다. 따라서 '산' 은 랜드마크가 될 수 있는 것이라면 바위든, 나무든, 산이든, 무엇이든 괜찮다. 현대에서도 어부들은 평소에도 신세를 지고 있는 이러한 산에게 기도를 하고, 술이나 생선을 바친다. 그곳은 그들에게 생명줄과 같은 장소이며, 신성한 공간이기 때문이다. "해변 성표" 라는 랜드마크는 육상에서 다른 세계인 바다로 몸을 내밀기 위한 장소로서 죽음과 가까운 성지였을 뿐만 아니라, 위험한 영역인 해상에서 삶의 세계로 귀환하기 위한 목표물이었다. 시바공원의 시바마루야마 고분군(추정하면 4세기 후반부터 5세기 초반에 건조)은 이러한 해변 성표의 성격을 가지는 해안고분군(海岸古墳群 대부분 4세기 후반부터 5세기 후반에 걸쳐 건조)에 속한다고 할 수 있다.[13)]

나카자와의 서적으로 다시 돌아가 보자. 『어스 다이버』라는 서명은 아직 이 세상에 육지가 없었던 무렵, 동물들이 물속으로 잠수하여 육지를 만들 재료를 찾았다는 아메리카 원주민의 창세신화에서 유래한다. 그 신화에서는 마지막으로 논병아리가 물밑에서 손에 넣어 온 한 줌의 진흙을 재료로 육지 형태가 만들어지게 된다. 나카자와는 "사람의 마음" 이라는 육지를 만드는 근원의 진흙을 "무의식" 이라고 부른다.[14)] 일본 열도의 사람들은 "무의식" 이라는 진흙을 반죽해서 만들어내듯이 어딘가 정체를 알 수 없는 부분이 있는 사회를 만들어 왔다. 즉 그것은 어스 다이버 형(型)의 특징을 가지고 있다. 자신을 논병아리에 비유하며 한 번 더 물밑에서 진흙을 손에 넣어 오려고 시도하는 나카자와는 도쿄라는 도시에서 아주 먼 옛날에 물속에서 끌어올려진 진흙의 퇴적이 여기저기에 흩어져 있음을 발견한다. 이 도시는 어스 다이버 형의" 무의식 도시" 인 것이다.

깨어있는 의식에 '무의식' 이 침입해 들어오면, 인간은 꿈을 꾼다. 어스 다이버 형태의 사회에서는 꿈과 현실이 자유롭게 왕래할 수 있는 회로가 도처에 만들어져 있었다. 시간의 계열을 무시하고, 먼 과거와 현대가 같은 공간에 방치되어 있다. 스마트함의 극치에 달할 것 같은 장소의 바로 뒤편에, 어이없이 오래된 시대에 마음의 밑바닥 속에서부터 끌어올려진 진흙의 퇴적이 남아 있다. 이러한 철저하지 못하고 볼품없는 부분이 우리들이 사는 이 사회의 매력인 것이다.[15)]

최신 유행을 갖춘 가게가 줄지어 늘어선 다이칸야마(代官山)의 뒤편에 사루가쿠초(猿樂町)의 고대 유적이 웅크리고 있듯이, 도쿄에서 살아가는 사람들의 마음속도 마찬가지로 다양한 시간을 동시에 살아가고 있다.

여기서 예를 들면, 로마에서도 이런 사정은 동일하지 않으냐는 의문이 고개를 들지도 모른다. 『문명 속의 불만』을 쓴 프로이트처럼, 무의식의 구조를 로마의 도시 공간에 비유할 수도 있다 — 다만 거기에서는 모든 과거의 건조물이 원래의 형태대로 같은 장소를 공유해야만 하지만.[16)] 그러나 국가 성립 이전의 조몬 취락과 제국의 '영원한 도시' 라는 큰 차이 이외에, 도쿄라고 하는 도시의 무의식이 대부분의 경우, 지형 그 자체가 대규모의 변용을 나타내는 곶이나 반도, 해안선 등 수륙(水陸)의 경계를 통해 발견되어 있는 점을 중시해야 할 것이다. 제국의 기억을 전하는 기념비적인 건축물이 퇴적된 도시가 로마라면, 도쿄에서 문제가 되는 것은 다른 세계로 향하는 통로를 여는 장소를 표시하고 있는 희미한 흔적이다. 그것은 로마 제국의 유적군(群)처럼 견고한 지층을 이루며 겹쳐 쌓여 있지 않고, 수륙의 경계에 여기저기 흩어져 있는 '진흙의 퇴적' 이 조각조각으로 표출되는 물가의 연약한 선에 지나지 않는다. 그 흔적을 더듬어갈 때 되살아나게 되는 것은, 지층을 파헤치는 고고학자의 감각이라기보다 육상과 수중, 생과 사, 현실과 꿈 사이를 왕래하는 문자 그대로 '다이버'의 신체성(身體性)이다.

나카자와가 조몬 시대의 지형을 현대의 도시 지도에 겹쳐서 서로 맞추어 보며 제시한 것은, 이른바 대홍수에 의해 수몰된 도쿄의 모습이다. 그런 이유로 이 서적은 세계의 정화(淨化)를 요구하는 신화적인 상상력에 아주 강하게 호소할 수 있었던 것이다. 제13장에서 거론한 '강변의 모래밭'이라는 '무연(無緣)'의 장소와 연결되는 카니발의 기원 전설을 근거로 삼는다면, 『어스 다이버』는 확실히 카니발과 같은 서적이었다.

나카자와는 루이 아라공(Louis Aragon* 1897~1982 프랑스의 시인, 작가)의 『파리의 농부(*Le Paysan de Paris*)』(1926)가 도쿄라고 하는 도시 그 자체를 주인공으로 한 시적인 작품을 엮고 싶다는 욕망의 계기가 되었다고 고백하고 있다.[17] 벤야민의 『파사주론』도 역시 『파리의 농부』로부터 크게 촉발되고 있다는 점은 나카자와가 여기에서 언급하고 있는 바와 같다. 아라공의 '농부의 눈'이 발견한 파리의 마술적 매혹으로 가득 찬 용모에 반해, 『어스 다이버』는 조몬적인 '수렵채집민의 눈'을 통해 불가시(不可視)적인 도쿄의 구조를 꿰뚫어 보고자 한다. 이때 도시 안에서 육안으로 볼 수 없게 불가시화 된 경계에 주목하는 시점은 『파사주론』과도 상통한다. 그러나 나카자와의 작품은 '조몬 지도'가 나타내는 도쿄의 토포그래프(topograph* 물체 표면의 정밀 사진)에 기반을 둠으로써 "국소적인 지형의 변화가 발생하는 의미 작용의 층"을 능숙하게 하나로 연결하여, 도쿄의 "포괄적인 도시 공간의 구조"를 한층 더 구체적으로 부각시키고 있다고 할 수 있다.[18]

물론 이 책은 『파리의 농부』와 마찬가지로 "시적인 작품"이므로 엄밀하게 실증적인 것을 의도하고 있지는 않다. 나카자와의 "조몬 지리학"만을 의존하여 현대의 신주쿠(新宿)나 시부야(澁谷), 또는 긴자(銀座)의 양상을 예외 없이 해독할 수 있는 것도 아니다. 수천 년의 역사를 넘어서, 조몬 지도와 현재의 시가도(市街圖)를 서로 포개어 맞춘 몽타주만이 그 방법이라고 본다면, 그 사이 에도막부(江戶幕府)의 정치 · 군사적 의도에 기초한 도시 건설이나 메이지기(明治期) 이후의 도시계획이 언급되지 않는 것도 당연하다. 그것들은 어디까지나 도시의 '의식(意識)' 일 뿐이니까.

문제는 이 몽타주에 의해 도쿄의 어떠한 용모가 (재)발견되어지는가 일 것이다. 태고의 도쿄를 한 번에 재현하는 지도와 세부적으로 현대와의 조응을 엮어가는 텍스트에 의해 익숙한 거리가 이화(理化)된다. 바로 도쿄를 신화적인 공간으로 변모시킨 것이다. 나카자와는 이 대홍수 이후의 도시를 자전거나 도보로 떠돌아다니는, 꿈꾸는 산책자이다. 여기에서 기대할만한 것은 깨어난 역사 인식이 아니라 벤야민이 쉬르레알리슴(surréalisme* 초현실주의, 1920년대 다다이즘에 이어 프랑스에서 일어난 예술운동)에 대해 말했을 때와 같은 '세속적 계시' [19]일 것이다. 그것은 도시에 남겨진 흔적을 통해 집단의 무의식에 숨어든 것임이 틀림없다.

도취를 통한 혁명, 문학에 의한 정치 — 쉬르레알리슴과 동일하게 『어스 다이버』가 지향하는 것도 거기에 있다. 도쿄라는 도시의 태곳적인 용모에서 이러한 혁명적 에너지를 발견했다는 점으로 말미암아 확실히 이 서적은 '오래된 것' 에 잠재되어 있는 힘을 폭발시키려고 한 쉬르레알리슴에 가깝다. 다만 쉬르레알리슴이 어디까지나 근대도시 파리가 순식간에 고대의 양상을 띤다는 근대성의 역설 범주에서 '오래된 것' 을 계시의 계기로 삼은 것에 반해, 어스 다이버인 나카자와 신이치는 글자 그대로 태고의 조몬 시대를 참조하고 있다는 큰 차이점이 존재한다. 벤야민은 『파리의 농부』에 대해, "아라공의 경우에는 인상주의적인 요소 — 그것은 '신화' 로 불린다 — 가 남아 있다" 고 비판하고 있다.

그의 저작 〔『파리의 농부』에는 명확한 외양을 가지지 않는 철학적 사고 요소가 다양하게 존재하는데, 그것은 이러한 인상주의에 의한 것이다. 여기에 비해 나의 작업 〔『파사주론』〕에서는 '신화'를 역사 공간 속으로 해체할 수 있다는 점이 문제가 된다. 그것은 과거에 대한 아직 의식화되어 있지 않은 지식을 환기시키는 것에 의해서만 가능하다.[20)]

인상주의는 『어스 다이버』에 대해서도 이와 마찬가지로 말할 수 있을 것이다. 나카자와의 작품은 아라공보다 한층 더 신화에 가까운 위치에 있다. 그 작품에서 강조된 고대성이 파리 등과 비교한 도쿄라는 도시 그 자체의 특징일 수 있다는 점이 확실하다 해도, 지형 변화라는 토포그래픽에 명확한 사실에 입각해서, 홍적층과 충적층의 차이에 기반을 둔 이항 대립에 의해 이원적인 도식을 너무나 명쾌하게 "포괄적인 도시 공간의 구조"로서 명확히 내세우고 있으므로, "조몬 도시 도쿄"의 신화화가 더욱 더 눈에 띄는 결과가 되었다.

쿠블러에 의하면, 어느 특정의 사물 연쇄는 일단 후계를 잃고 중단된 후, 시간적으로는 멀리 떨어진 사건에 의해 계승되어 가는 경우가 있다.[21)] 크라카우어도 역시 "본질적인 영향은 암흑 속에 가라앉았다가 되돌아가듯이 예정된 것 같다"[22)]고 말한다. 그리고 그 때 새로운 계승자의 출현에 의해 과거 또한 쇄신된다. '도쿄의 조몬인' 나카자와 신이치는 조몬 시대의 패총(貝塚)이나 매장지가 개시(開始)하여 고분군이 계승한 시퀀스를, 이후에는 조죠지, 현대에는 도쿄타워가 기능적으로 이어받고 있는 점을 발견했다. 그것들을 하나의 시퀀스로 파악할 때, 도쿄타워가 단숨에 다른 세계로 향하는 안테나로 변모하며, 동시에 조몬 시대에 곶(岬* 갑, 바다 또는 호수로 뾰족하게 내민 육지의 끝)의 매장지가 가지는 의미도 변용한다.

아마도 우리들 독자는 이 작품이 품고 있는 잠세력(潛勢力* 내부에 숨어 표면에 드러나지 않는 세력)을 충분히 인식한 뒤, 그 '신화'를 최종적으로는 "역사 공간 속으로 해체"해야 할 것이다. 다만 그것이 역사에 관한 연대기적인 지식에 의해 수행될 수 있는 일이 아니라는 사실은 벤야민에서 인용한 마지막 한 구절에 제시된 바와 같다. 그러므로 『어스 다이버』는 아주 시적인 텍스트이기는 하지만, 그것을 "판타지, 또는 포에지(poésie* 시)에 지나지 않는다"라고 표현해서는 안 된다. 문제가 되는 것은 정말로 이 환상적(fantastic)이고 시적인 신화의 절정에서 작용하고 있는 사고에 내재하여 있는 "아직 의식화되지 않은 지식"이다. 그것을 신화의 차원에 머무르게 하지 않고, 과거를 쇄신하는 시퀀스를 발견하기 위한 새로운 역사적 사고의 실마리로 삼아야 한다.

히루코(蛭子), 구에비코(久延毘古), 다니구쿠(多邇具久)들의 꿈

신화와 역사의 두 면이 만나는 가장자리 끝(edge)을 찾는 모험적인 사고가 지닌 매력의 근원에 접근하기 위해 나카자와가 대담하게 행동했듯이, 여기에서는 국소적인 사례의 세세한 부분에서 출발하여 신화적 논리의 계보를 더듬어보고 싶다. 그 사고 형태의 시퀀스는 특이한 '시간의 형상'이라는 사상에 이르게 될 것이다. 그 단서로 채택한 것은 개구리이다.

1980년대에 아라마타 히로시(荒俣宏* 1947~ 일본의 박물학자, 소설가, 번역가)의 『제국의 수도 이야기(帝都物語)』에 의해 널리 알려지게 된 도쿄의 사적(史跡) 중에 다이라노 마사카도(平將門* 9~10세기 초 무렵으로 추정, 간무천황桓武天皇으로부터 최초로 다이라平 성씨를 하사받은 간무 천황의 5세손이며 헤이안平安 시대 중기 일본 간토關東 지역의 호족. 다이라노 마사카도의 난亂을 일으켜 무사들에게 정부의 무력함과 자신들의 실력을 일깨우는 계기가 되었다)의 수급 무덤(首塚* 전쟁에서 죽인

적군의 머리나 처형된 죄인의 머리를 매장한 무덤)이 있다. 주소는 지요다(千代田)구 오오테마치(大手町) 잇초메(一丁目). 이 부근은 예전에 시바사키(芝崎, 柴崎) 마을이라고 불렸는데, 잇펜쇼닌(一遍上人* 1239~1289 가마쿠라鎌倉 시대 중기의 승려. 쇼닌은 고승 또는 큰스님의 의미)을 창시자로 두고 있는 지슈(時宗* 가마쿠라시대 말기에 융성한 정토종淨土敎의 한 종파)의 제2대 신쿄쇼닌(眞敎上人* 1237~1319 가마쿠라시대 후기의 승려, 다아他阿로 불리기도 함)이 도쿠지(德治* 1306~1307년의 일본 연호) 2년(1307)에 마사카도의 혼령을 회향(回向* 죽은 사람을 위해 명복을 빎)한 무덤이 있었다. 신쿄쇼닌은 엔쿄(延慶* 1308~1310년의 일본 연호) 2년(1309)에 옛 아와신사(安房神社* 지바현千葉縣 다테야마시館山市에 있는 옛 황실 숭경의 신사)의 신전을 수복하고, 마사카도의 혼령을 합사(合祀)하여 간다묘진(神田明神* 도쿄 지요다구 소토칸다外神田そとかんだ에 있는 옛 신사)으로 만든 후, 근처의 니치린지(日輪寺)를 '간다산 니치린지(神田山 日輪寺)'로 개명하여, 두 신사 모두 마사카도의 혼령을 신으로 모시며 제사 지내는 곳으로 삼았다고 한다(에도시대 초기에 간다묘진은 간다쓰루가다이駿河台, 니치린지는 니시아사쿠사西淺草의 현재 위치로 이전). 간분(寬文* 1661~1673년의 일본 연호)년간에는 가무(歌舞)를 관장하는 우타료(雅樂寮)의 장관인 우타노카미(雅樂頭)를 맡은 사카이 다다키요(酒井忠淸* 1624~1681)의 저택 안뜰이었으며, 다테 소동(伊達騷動* 에도시대 센다이번仙台藩의 영주인 다테 가문의 후계자 상속 문제를 둘러싼 집안싸움)으로 알려진 하라다 가이(原田甲斐* 다테 소동의 한쪽 편 당사자이며, 센다이번의 가신)가 살해된 장소였다. 메이지 시대에 들어와서 대장성(大藏省* 1869년에 설치되어 2001년 재무성으로 바뀐 중앙 행정 기관)의 부지가 되었고, 관동대지진으로 청사가 소실된 후 무덤을 부수어 임시 청사를 건조하려고 했을 때, 관계자가 사망하거나 부상자가 속출하여 중지하게 되었다고 전해지면서, 마사카도의 '응보'를 둘러싼 전설이 사람들의 입에 오르내리고 있다.

현재의 수급 무덤을 방문하면 비석과 석등롱(石燈籠* 돌로 네모지게 만들어 밤에 불을 켜는 석등) 주변에 아주 새로운 석조물과 도자기로 만든 개구리나 두꺼비가 여러 개 배치되어 있다는 점을 알 수 있다. 이곳에 개구리 상을 시주한 이유는 참배한 사람이 무사히 '돌아오다' 라는 말장난(* '개구리蛙' 의 일본어 음이 '귀가하다' 를 뜻하는 '돌아오다歸る' 와 동음이므로)' 이외에, 마사카도의 딸인 다키야샤 히메(瀧夜叉姬* 다이라노 마사카도의 셋째 딸인 요게쓰니如月尼가 귀녀鬼女로 변한 모습이라 전해짐)가 두꺼비 요술을 부린다는 설화와 관련된 것으로 알려졌다.[23] 예를 들면, 덴포(天保* 1831~1845년의 일본 연호) 7년(1836)에 초연한 가부키 무용극인「시노비요루 고이와 구세모노(忍夜戀曲者)」(통칭「마사카도」)에서는 다키야샤 히메가 시마바라(島原* 교토의 서부에 유곽이 있었던 지역)의 창녀 기사라기(如月)로 신분을 바꾸고 나타나서, 미인계를 사용하여 마사카토의 남은 잔당을 수색하기 위해 숨어 들어온 오오야노타로 미쓰쿠니(大宅太郞光圀)를 아군으로 끌어들이려고 하지만, 미쓰쿠니가 그녀의 책략을 간파하는 바람에 요술을 사용해서 심한 격투를 벌이게 된다. 대규모로 무대장치가 무너진 뒤, 다키야샤 히메가 큰 두꺼비에 올라타고 궁궐의 지붕 위에 나타나 미치쿠니를 노려보면서 극의 한 단락이 끝나고 무대의 막이 내린다.

「시노비요루 고이와 구세모노」는 원래 산토 교덴(山東京伝* 에도 후기의 희작戱作문학의 작가, 우키요에 화가浮世繪師)의 요미혼(讀本* 에도 중기~후기의 소설의 일종)『우토야스카타 충의전(善知鳥安方忠義伝)』을 각색한『요니우토소마노후루고쇼(世善鳥相馬旧殿)』의 마지막 부분만 남은 것이다. 산토 교덴이 작품의 분위기를 살리기 위해 즐겨 사용하고 있는 장치 중의 하나가 두꺼비 요술이며, 이 작품도 그 연속선상에 있다. 요미혼「지라이야(兒雷也)」를 비롯하여, 가부키에도 두꺼비 요술이 자주 등장한다.

하지만 설령 개구리 모양의 장식품이 놓이게 된 원래의 계기가 무엇이든, 마사카도의 수급 무덤 또는 마사카도 전설과 개구리의 결합은 또 다른 배경을 추측하게 한다. 수급 무덤이 위치하는 장소의 내력이 그것을 시사한다. 나카자와의 방식을 따라 이곳의 지형을 과거로 역행해 보면, 에도막부 개설 후인 게이초(慶長* 1596~1615년의 일본 연호) 12년(1607) 무렵 히비야(日比谷) 포구가 매립될 때까지, 이 수급 무덤 주변은 포구의 가장 후미진 장소에 있었다는 것을 확인할 수 있다. 그곳은 바다와 육지의 구별이 확실하게 눈에 띄는 곳이다. 이러한 사정은 '시바사키 마을' 이라는 옛 지명으로도 짐작할 수 있다. 애초에 교토에서부터 목이 날아왔다는 마사카도 전설에 대해 근거를 찾을 필요가 없는 이상, 이 지역이 수급 무덤의 소재지로 선택된 유래는 그곳이 오래전부터 무언가의 형태로 특징이 나타나는 유표화(有標化, 有徵化)된 장소였다는 것을 암시한다.

여하튼 수급 무덤 역시 에도 초기까지는 일종의 해변의 성지였음이 틀림없다. 수륙이 접한 이 주변에 대한 기억은 수중과 육상을 왕래하는 개구리나 두꺼비의 이미지와 결부된다. 마사카도와 같은 무시무시하고 사나운 영웅의 옛 유적과 개구리가 서로 관계되어 이어짐으로써, 이 지역에 죽음의 영역과 가까운 성스러운 습지대의 이미지가 환기된다. 대체로 천박하게(Kitsch) 희화화(戲畵化)되기만 했던 개구리 장식품이 상기시키는 것은 영혼의 이름으로 살아가는 죽은 자를 둘러싼 이러한 연상 작용이다.

여기에서는 개구리 장식품들의 사실적인 유래를 찾으려는 것이 아니다(애초에 그러한 유래들은 발생한 지 얼마 되지 않은 지극히 새로운 것에 지나지 않는다). 그러한 것이 아니라, 의식된 의도가 어떠한 것이든, 이 도시의 수호령이면서 원령으로도 관념화된 영혼이 잠든 성지에 다른 그 무엇도 아닌 개구리라는 생물이 결부된 '무의식' 에 대한 의미를 묻고자 하는 것이다. 이 개구리들에게서 나카자와가 말하는 '진흙의 퇴적' 과 같은 과거의 흔적(그 아날로그적인 재출현)을 보고 있다.

그러한 이유로 여기에서는 개구리의 이미지에서부터 어떻게 신화적 상상력의 세계가 전개될 수 있는가를 확인하고 싶다. 그것은 우리들의 상상력의 심층에서 개구리가 어떠한 관념군의 연상네트워크 속에 있는가를 더듬어가는 것이다. 이때 문제가 되는 것이 '무의식' 이므로, 개구리가 『고킨슈(古今集* 고킨와카슈古今和歌集의 준말, 905년경에 성립된 헤이안시대의 대표적인 시가집)』의 서문에서부터 마쓰오 바쇼(松尾芭蕉* 1644~1694 에도시대 전기의 하이카이俳諧 작가)의 시구에 이르기까지, 일본 문학에서 각별히 사랑받은 동물이었다는 점 등에 대한 역사적인 회고는 굳이 생략하고, 단숨에 『만요슈(万葉集* 나라奈良시대 말기에 편찬된 일본에서 가장 오래된 시가집)』나 『고지키(古事記* 712년에 편찬된 나라시대 초기의 일본에서 가장 오래된 역사서)』시대로, 그리고 그 이전으로 역행하겠다.

『만요슈』에서는 두꺼비를 의미하는 '다니구쿠(谷蟆)' 라는 단어가 두 번 등장한다. 그중의 하나는 진키(神龜* 724~729년 나라시대의 연호) 5년(728)에 야마노우에노 오쿠라(山上憶良* 660~733추정 나라시대 초기의 시인)가 노래한 시에 쓰인 다음과 같은 한 구절이다.

> この照らす 日月の下は, 天雲の, 向伏す極み たにぐくの さ渡る極み 聞こし食す 國のまほらぞ…… (巻五 - 八〇〇)
>
> 〔지상을 비추고 있는 해와 달 아래는, 하늘의 구름이 길게 깔린 끝까지, 그리고 두꺼비가 기어가는 지상의 끝까지 천자님이 다스리고 계시는 훌륭한 나라이다. ……[24)]〕

또 한 가지는 덴표(天平* 729~749년의 일본 연호) 4년(732), 다카하시노무라지 무시마로(高橋連虫麻呂* 일본 나라시대 초기~중기의 가인歌人)가 만든 다음과 같은 이별의 노래의 한 구절이다.

山彦の応へむ極み たにぐくの さ渡る極み 國狀を 見したまひて 冬ごもり 春さり行かば

飛ぶ鳥の 早く來まさね…… (卷六 – 九七一)

〔메아리의 응답 소리가 닿아 있는 땅끝, 두꺼비가 기어갈 수 있는 땅끝까지 나라의 모습을 살펴보시고, (겨울의 추운 동안 동면하다가) 봄이 되면 날아가는 새처럼 빨리 돌아와 주십시오. ……〕

여기에서 문제가 되는 것은 '두꺼비가 기어갈 수 있는 땅끝' 인데, 이것은 '풍작을 비는 제사(祈年の祭* 음력 2월 4일에 풍년과 나라의 무사함을 빌던 제사)' 의 축문(祝詞)이나 『다카하시 우지부미(高橋氏文* 고대 씨족의 하나인 다카하시씨가 아즈미토씨阿曇氏와의 세력다툼을 유리하게 하려고 조정에 제출한 자신 가문의 내력서)』에 나오는 관용구이다. 축문은 다음과 같이 아뢰고 있다.

皇神の敷きます島の八十島は 谷蟆のさ渡る極み 鹽床の留まり限り 狹き國は博く 峻しき國は平らけく 島の八十島墮つる事なく…… [25)]

〔황실의 조상신이 지배하는 수많은 섬들은 두꺼비가 지나가는 땅끝까지, 바다의 물거품이 남아있을 때까지, 좁은 지역은 넓게, 험준한 지역은 평평하게, 많은 섬들이 모두 ……〕

'두꺼비가 기어갈 수 있는 땅끝' 이 여기에서는 천황이 지배하는 국토의 경계를 의미하고 있다. 하지만 왜 두꺼비가 마지막까지 기어간 곳이 땅끝과 같은 뜻이 되는가? 나카니시 스스무(中西進* 1929~ 일본의 문학자, 만요학자)는 이 의문에 답하기 위해 『고지키(*古事記 나라시대 초기인 712년에 편찬된 일본 최고最古의 역사서)』에 등장하는 '두꺼비' 로 시선을 돌린다.[26)] 즉 박주가리로 만든 배를 탄 작은 신이 오쿠니누시노카미(大國主神* 일본 신화에서

이즈모出雲いずも 지방의 주신, 다른 여러 이름이 전해지지만, 『고지키』에서 이들 지방신을 '오쿠니누시노카미'로 통합한 것)를 찾아오는 부분이다. 오쿠니누시노카미는 그 신에게 이름을 묻지만 대답하지 않는다. 다른 신들에게 물어봐도 모두 모른다고 말한다.

爾に多邇具久白言しつらく,「此は久延毘古ぞ必ず知りつらむ.」とまをしつれば, 即ち久延毘古を召して問はす時に,「此は神産巣日神の御子, 小名毘古那神ぞ.」と答へ白しき[27]

〔이때 두꺼비가 아뢰기를, "그것은 구에비코(久延毘古* 일본 신화에 나오는 신의 이름, 지금의 허수아비를 일컫는다고 함)가 분명히 알고 있겠죠"라고 말씀드렸더니, 곧바로 구에비코를 불러서 물어보시자, "이 신은 가무무스히노카미(神産巣日神* 『고지키』, 『일본신화』에서 천지개벽 때 오메노미나카누시노카미天御中主神, 다카미무스히노카미高皇産靈神와 함께 다카마가하라高天原에 출현했다고 전해지는 신)의 아들이고, 스쿠나비코나노카미입니다"라고 대답해 드렸다.〕

스쿠나비코나노카미는 너무 작아서, 가무무스히노카미의 손가락 틈새로 새어 아래로 떨어져버린 아이였다. 가무무스히노카미는 자신의 아이에게 오쿠니누시노카미와 형제가 되어 그 나라를 굳게 세우라고 명한다. 그래서 스쿠나비코나노와 오호나무지(오쿠니누시노카미의 다른 이름)라는 두 기둥의 신들이 협력해서 나라를 만들고 굳건하게 했다. 그 후 스쿠나비코나노카미는 바다 저편의 황천으로 건너갔다.

『고지키』에 의하면, '구에비코'를 요즘은 '야마다(山田)의 소호도(曾富騰)'라고 부르며, "이 신은 다리가 움직이지 않지만 하늘 아래의 모든 일을 알고 있는 신이다"[28]이라고 한다. 이후 헤이안 시대에는 '소호도'를 '소호즈'로 칭하고, 허수아비를 가리키게 된다.

하지만 나카니시는 허수아비가 어디까지나 산에도 밭을 경작하는 시대가 된 이후의 구에비코의 한 형태에 지나지 않으며, 본래 그것은 훨씬 다른 것이었을 것이라고 말한다. '구에' 는 다리가 '부서지(壞)' 는 것을 의미하고, 구에비코는 불구의 다리를 가진 남자(日子* 히코, 남자의 미칭)라는 앉아 있는 지혜자이다. 그의 동료가 땅끝까지 기어가는 두꺼비이다. 나카니시는 이 부분에 대해서 아래와 같이 추론한다.

> 이 조합은 조금 복잡하지만, 다음과 같은 상황이 아니었을까? 구에비코란 두꺼비를 지배하고 있는 지식의 작용에 일시적으로 형태를 부여한 것. 그러므로 구에비코에게 고유의 형태는 없으며, 두꺼비를 통해서 관상(觀相) 되는 존재였던 것은 아닐까? 따라서 두꺼비 그 자체도 어떤 의미로는 다리가 부서진 자였다. 끝내 지상으로부터 일어설 수 없는 존재, 흔히 뱀 같은 것을 판단하는 방식으로 두꺼비를 바라보고 있었던 것은 아닐까? 그 모습은 다리가 상한 모습이었다. 그러나 두꺼비는 섣불리 지상에서 일어설 수 없을 뿐, 영겁의 긴 세월 대지를 기어 돌아다녔기에 대지와는 관계를 끊기 힘들만큼 밀착하고 있다. 대개 지상과 관련되는 것에 한해서 두꺼비가 닿지 않는 곳이 없으며 속속들이 빠짐없이 다 알고 있다고 생각된다. 이렇게 움직이는 방법에만 이름을 부여하여 다른 존재의 형태를 칭한 것이 바로 구에비코였다.[29)]

다리가 온전하지 못한 신에 대한 신화는 고지키의 앞부분에도 있다. 이자나기, 이자나미 두 신이 처음으로 낳은 자식이 '히루코(水蛭子)', 즉 손발의 힘이 풀린 불구의 아이였다. 그다음에 태어난 아와시마(淡島)와 함께 자식의 수에 넣지도 않은 이 아이는 갈대 배에 실려 바다로 버려진 채 떠내려 가버린다. 『니혼쇼키(日本書記* 나라시대인 720년에 편찬된 일본의 역사서)』에는 '히루코(蛭兒)' 가 '3살이 되었지만, 여전히 다리로 서지 않는다.'[30)]

라고 되어 있다.

히루코와 대비를 이루는 것으로 추정되는 히루메라는 여신이 '히루메(日女)', 즉 태양의 여신이라는 점으로 미루어보아, 히루코가 '히루코(日子)였다는 견해도 있다. 나카니시는 고대인이 언어의 다의성(多義性) 속에서 살아가고 있었으므로, 히루코는 히루코(日子)이기도 하고, 히루코(蛭子)일 가능성도 있으며, 또한 다리로 설 수 없는 거머리 같은 아이가 그 괴이한 모습으로 인해 신으로서 경외되었을 것으로 추측한다(이 부분에서 '신황(新皇* 다이라노 마사카도가 반란을 일으켰을 때, 스스로 칭한 지배자로서의 칭호)' 마사카도에 대한 외구심畏懼心과 결합한다). 그리고 때때로 일반적인 것과는 모습이 다른 자는 경외되어지는 존재이기에 소외당하고 추방된다. 그렇다면 구이비코 또는 다리가 온전치 못한 두꺼비에게도 같은 성질을 상정할 수 있다.

> 두꺼비의 다리가 온전치 못하여 지상의 끝까지 기어 돌아다니면서 살아가야 한다는 것은 아마도 언제 끝날지 모르는 별나게 생긴 자의 유랑·표류를 나타내고 있는 것 같다. 그리고 바다로 떠내려 가버린 히루코(蛭子)가 동시에 히루코(日子)인 것처럼, 계속 기어 다니는 두꺼비 역시 온 세상의 일을 모두 다 알고 있는 구에비코라는 신이었다.[31)]

그런데 한편으로, 제6장에서 살펴본 것처럼 조몬 중기의 토기군에는 개구리나 반인반와(半人半蛙)의 도상이 아주 많이 등장한다. 시기적으로 대응하는 중국 신석기 문화의 도상과 동일한 모티브를 확인할 수 있다. 토끼와 함께 달 속에 있다고 여겨온 섬여라는 두꺼비에 대한 중국의 신화가 그 흐름을 이어가는 것으로 추정된다. 여기에서 섬여는 달의 음기를, 토끼는 양기를 나타낸다고 한다.

야마나시현(山梨縣) 스타마초(須玉町)에서 출토된 조몬 토기 중에는 개구리의 등이 쩍 갈라져 그곳에서 사람의 얼굴이 드러나는 것처럼 보이는 것이 있다. 신생아가 탄생하는 광경인 듯하다. 개구리의 몸통에 해당하는 부분이 여성의 음부를 나타내는 예는 이외에도 많다. 이러한 도상이 고대의 일본이나 중국에 한정된 것만은 아니다. 마리야 김부타스(Marija Gimbutas* 1921~1994 리투아니아 출신으로 미국에서 활동한 고고학자)에 의하면, 유럽 동남쪽의 옛 유럽 문명에서 생명이나 재생의 여신이 종종 두꺼비의 모습으로 표현되었다. 크레타(Creta) 궁전에서 출토한 암포라(amphora* 고대 그리스, 로마에서 사용되었으며, 목이 길쭉하고 바닥이 뾰족한, 손잡이가 둘 달린 항아리)에는 자궁의 심벌(symbol)과 함께 두꺼비가 그려진 것이 있다. 오스트리아 저지대(低地帶) 지방의 무덤에서는 기원전 1100년 무렵의 '두꺼비 귀부인' 이라고 불리는 테라코타(terracotta* 점토를 구워서 만든 토기류) 상(像)이 발견되었다. 이 형상물은 인간의 얼굴과 여자의 가슴을 가지고 있으나, 거의 사실적인 두꺼비의 형태를 이루고 있으며, 하반신에 여성의 음부를 드러내고 있다.[32)]

두꺼비상을 성모 마리아에게 바치는 공물로 교회에 봉납하는 풍습은 오늘날까지도 남아있는데, 이러한 형상물 중에는 인간의 머리 부분을 가진 것과 여성의 음문(陰門)의 각인이 보이는 것 등이 있다고 한다. 아마도 이 두꺼비상은 원래 순산을 기원하기 위해 만들어진 것으로 생각된다. 분만을 촉진하기 위해 임산부가 두꺼비 고기를 먹는 풍습도 있으며, 혹은 마찬가지로 두꺼비의 피가 성욕을 일으키는 미약(媚藥)이었다.[33)]

바바라 워커(Barbara G. Walker* 1930~ 미국의 작가, 페미니스트)의 『신화 · 전승사전(神話 · 傳承事典)』에 의하면, 개구리는 이집트의 여신 헤케트(Heqat)의 토템(totem)이자, 태아의 심벌이었다고 한다. 헤케트는 매일 아침 태양신을 낳은 '천상계의 산파' 였다. 그리스 신화 속의 천상계 · 지상 · 명계(冥界)를 지배하는 삼상일체(三相一體)의 여신 헤카테(Hekate)의 이름이 이 헤케트에서 유래된 것으로 전해진다. 유럽의 중세 초기에 헤카테는 '영계의 여왕' 또는 '마녀들의 여왕' 으로 불렸는데, 이 여신이 비호하는 것도 산파들이었다. 그리고 헤카테에게 바친 동물이 역시 개구리였다. 또한 고대 로마에서 개구리는 비너스(Venus)에게 바치는 공물이었으며, 헤카테가 비너스의 일면을 나타내기도 했다고 한다. 게다가 비너스의 생식기가 세 마리의 개구리로 이루어진 꽃잎 세 장짜리 백합으로 묘사되는 경우가 있었다고 한다.[34]

김부타스의 서술에 의하면, 아직도 유럽의 농촌에서는 자궁이 여성의 신체 속을 돌아다닌다는 미신이 남아 있다. 이와 비슷한 신앙이 그리스 · 로마 시대에도 있으며, 히포크라테스(Hippokratēs* 기원전 460경~기원전 375경, 고대 그리스의 의사)나 플라톤, 아리스토텔레스(Aristotelēs B.C. 384~B.C. 322)도 자궁을 여성의 하반신을 움직이며 돌아다니는 동물로 비유했다고 한다. 그 동물은 여체 속에서 지내기가 거북해지면 위로 올라가 숨을 멎게 하거나, 갑자기 놀라게 하는 등 여러 가지로 못된 장난을 친다고 여겨졌다. 이러한 신앙은 이집트에도 존재했다.[35]

여성의 신체 내부를 돌아다니는 이 동물을 두꺼비라고 생각했던 것 같다. 또한 자궁에 몰래 숨어 들어간 태아도 두꺼비로 간주되고 있었다. 김부타스는 여기에 대해 대담한 상상을 하고 있다.

> 신석기시대, 아니 후기 구석기시대에도 인간은 임신 후 두, 세 달 된 태아가 어떠한 모습을 하고 있는지를 알고 있었다. 신장은 3.5cm 정도이다. 큰 머리, 검은 반점 같은 눈, 아직 완전히 코의 모습을 이루지 못한 두 개의 구멍, 귀가 생겨나기 위해 움푹 파인 두 곳, 입이 될 가늘고 긴 틈, 그리고 짧은 손발. 이런 모습의 생물이라면, 곧바로 두꺼비가 연상될 것이다! 이와 같은 발상은 필시

일만 년 전의 사람들에게도 존재했다. 그리고 그 신앙은 현대에 이르러서도 완전히 소멸되지 않고 남아있다.[36)]

태아로서의 두꺼비, 혹은 두꺼비로 간주된 태아 — 이것은 앞에서 언급한 히루코를 연상시킨다. 히루코가 바로 실패한 교접 · 출산으로 태어난 아이였다. 두꺼비나 히루코의 이미지를 빌어 표현하고 있었던 것은 아직 인간으로서의 형태를 이루지 못한 인간의 모습이었을까? 히루코, 구에비코, 다니구쿠는 개월 수가 다 차기 전에 어머니의 몸에서 분리되어버린 다양한 단계의 태아를 부르는 이름이었을지도 모른다.

유산된 아이에게서 두꺼비의 모습을 본 신석기인들의 이러한 시선은 해부학자 미키 시게오(三木成夫* 1925~1987)의 견해를 떠올리게 한다. 미키에 의하면, 인간의 태아는 임신 한 달 후 몇 일 동안, 고생대(古生代)에 발생한 어류에서부터 양서류, 파충류, 그리고 포유류에 이르기까지 바다에서 육지로 향하는 "상륙지(上陸誌)"와 같은 모습을, 마치 하나의 "상징극"을 연기하듯이 스스로 그 역할을 맡아서 보여준다고 한다.[37)] 임신 32일째의 태아의 얼굴에는 고대 어류의, 34일에는 양서류의, 36일에는 원시 파충류의〔그림 1〕, 38일에는 원시 포유류의 '모습'이 깃들기 시작한다.[38)] 미키는 태아에게 깃드는 이러한 다양한 유형의 '모습'을 "고대 형상"이라고 부른다.

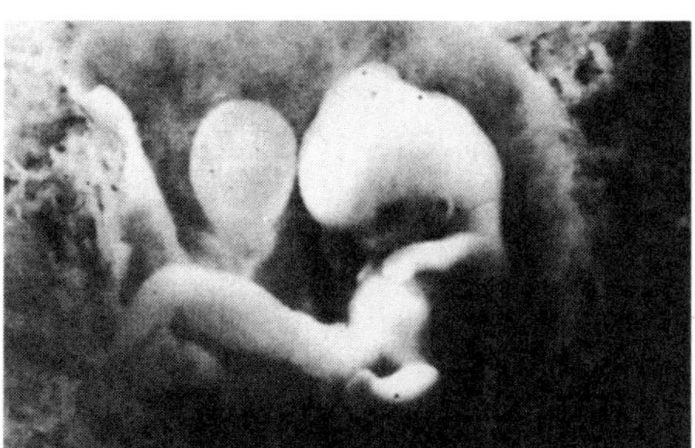

[그림 1] 미키 시게오 『태아의 세계』에서, 임신 36일 된 태아.

태아가 연기하는 상징극의 진수(眞髓)는 얼굴의 정면상(正面像)에 숨겨져 있다고 미키는 말한다.[39)] 그러나 가슴에 얼굴을 파묻은 구옥(勾玉* 곡옥曲玉, 옥을 반달 모양으로 다듬어 만든 구슬)과 같은 자세에서는 정면이 보이지 않는다. 태아의 얼굴을 바로 정면에서 보기 위해서는 표본의 목을 잘라내어야만 한다. 목을 절단하는 것에 대한 거부반응과 망설임 속에서 자문자답(自問自答)이 이어진다.

> 그러던 어느 날 아침 깊은 나무숲으로 뒤덮인 창가에서, 문득 손을 뻗어 32일째의 표본 병을 가만히 빛에 비추었다. 폭풍처럼 요한란 매미 소리가 귀를 때린다. 반투명의 주옥과 같은 몸이 액체 속에서 희미하게 흔들린다. 뚜껑을 열고, 깨끗이 씻은 샬레(Schale * 화학 실험 등에 쓰이는 접시 모양의 유리그릇)의 포르말린 용액 속으로 조용히 내용물을 옮긴다. 절단은 참으로 손쉽게 거행되었다.
>
> 기우뚱하고 순간적으로 심하게 기울어지면서, 이윽고 액체 속을 흔들거리다 떨어진다, 그 참깨 알갱이 같은 머리(頭部) ……. 그러나 내가 그 순간 얼굴이 간신히 이쪽으로 향한 것을 놓칠 리가 없었다. 상어다! 무심코 숨을 삼킨다. 역시 상어다.……[40]

그 상황에서 광기에 가까운 무언가가 있었다는 점을 미키 자신이 인정하고 있지만, "거의 광기에 가까운 실증의 정신이 신비스러운 빛을 발하고 있는 그 깊숙한 곳에서 『생명 기억』의 태고의 세계를 목표로 하는 "역행(逆行) 본능" 이 힘차게 소용돌이친다."[41] "실증의 칼날이 번쩍였다" 는 것은, 이러한 "본능" 의 명령에서 비롯된 것이라고 미키는 서술한다.

신비의 베일에 덮인 인류의 영원한 수수께끼였을지도 모를 양수 안의 태아의 세계 — 그것을 "역행 본능" 의 명령에 따라 직접 눈으로 보고 말았던 미키는, 거의 상상을 초월할 정도의 세월이 빈틈없이 잘 덧발라져 있는 태아의 얼굴에 매료되어, 지구지(地球誌)적인 생명기억의 신화라고도 부를 만한 사상을 형성하게 된다. "상징극" 이란 그러한 신화성을 저절로 말하게 하는 단어이다. 그것은 두꺼비라는 생물의 이미지 주변에 태아, 생과 사(왜냐하면 탄생 이전과 사후의 세계는 연속하고 있으므로), 재생, 기형 등의 관념을 포위하듯이 배치시킨 고대인의 사고방식과 결코 동떨어지지 않았다.

개체발생에서 반복되는 계통발생을, 미키는 태아의 극(劇)으로 파악하고 특히 얼굴 생김새의 변용으로 그려낸다. 예를 들면 임신 40일 후, 태아의 용모에는 파충류와 포유류에 인류의 모습이 더해지고, 그것들이 서로 기묘한 균형(balance)을 이루면서 아슬아슬한 형태로 동거하고 있다〔그림 2〕.[42] 몇억 년이나 되는 그 진화사(進化史)를 압축한 용모는 자신이 통과한 시기 하나하나를 반영하는 많은 얼굴에 대한 모든 것이 결합하여 성립되었다는 아하스베루스의 용모를 떠올리게 하는 것이 아닐까? 이 방황하는 인간처럼 태아는 한 사람 한 사람 모두, 자신을 형상화하는 다양한 시간의 단계에서 자신이 구현하는 운명에 존재하는 단 하나의 시간을 구성하고자 필사적으로 시도해보고 있는 것이다.

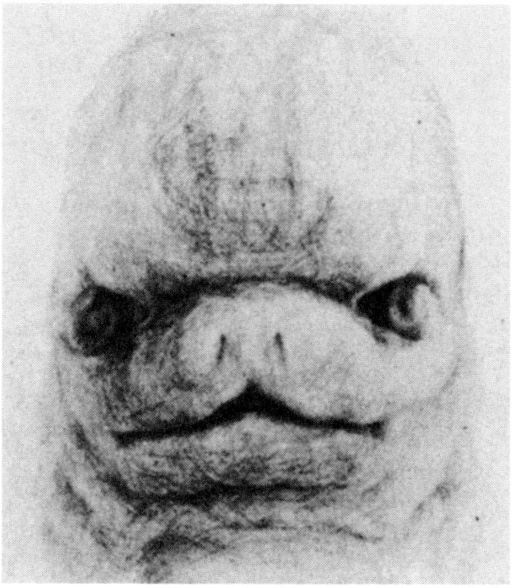

[그림 2] 미키 시게오 『태아의 세계』에서, 임신 40일 된 태아의 얼굴(고츠 하루히코 그림鄕津晴彦 畵).

이러한 태아의 얼굴에 생명사적인 '시간의 형상'이 드러난다고 할 수 있다. 미키가 말한 "모습" 또는 "고대 형상"이라는 것은 괴테의 자연학에서 말하는 "원형"에 대응한다. 에르빈 파노프스키(Erwin Panofsky* 1892~1968 독일 출신 미술사가)나 크라카우어가 어느 시기(예를 들면 이탈리아 · 르네상스 시대)의 '용모'라고 불렀던 것도,

다양한 변이 · 변용의 가능성을 잠재시키면서 하나의 통합을 보여주는 시대의 원형적인 '모습' 이다. 양수 속의 태아라고 하는 아하스베루스는, 탄생이라는 하나의 시간(역사)의 끝, 꿈(유메노 규사쿠(夢野久作* 1889~1936 소설가) 『도구라 마구라(ドグラーマグラ)』의 「태아의 꿈」)의 끝을 가지고 있기에, 그 얼굴 모습에 다종다양한 원형을 동거시킬 수 있다.

여기에서 실행하려는 것은, 세부에서 끌어들인 이미지와 관념의 추적으로 도쿄를 일단 무의식적인 꿈의 층 깊숙이 가라앉히는 일이었다. 그때 도심 빌딩의 골짜기에는 고대의 습원(濕原)이 되살아나고, 영혼의 무덤 주변에 히루코, 구에비코, 다니구쿠 등 고대 신화에 등장하는 다리가 부서진 권속(眷屬)들이 모여든다. 그리고 그들의 모습을 통해 양수 속에서 태아가 꾸는 꿈과 그 생명 기억의 형태가 드러난다. 우리들이 마지막으로 보게 된 것은 바로 지상에서 가장 오래된 인간인, 꿈꾸는 태아의 얼굴이었다.

이 꿈의 도시에서 다시 한 번 역사에 대해 자각할 것, 신화를 "역사 공간 속으로 해체" 할 필요가 있다는 것은 두말할 나위가 없다. 그러나 그러한 '자각' 을 언급하고 있는 벤야민일지라도, 우선은 깊이 꿈꾸는 것을 선택했하지 않았을까? 개체발생과 계통발생으로 이중화된 생명에 대한 '시간의 형상' 를 탐구한 미키 시게오의 생명형태학은, 벤야민이 말하는 "과거에 대해서 아직도 의식화되어 있지 않은 지식" 이 깃든, 꿈과 유사한 신화의 상징극이었다. 그러나 동시에 그것은 광기에 가까운 과학적 실증의 정신적인 산물이며, 게다가 그 배경에는 "생명 기억" 이라는 태고의 세계를 향해 소용돌이치는 "역행 본능" 이 있었다.

미키의 발상의 배경에 존재하는 것은, 에른스트 헤켈(Ernst Haeckel* 1834~1919 독일의 생물학자, 박물학자 겸 철학자, 의사, 화가)의 "개체발생은 계통발생을 요약한 형태로서 반복한다" 는 반복설(생물발생원칙)이다. 마찬가지로 생물발생원칙을 배경으로 한 산도르 페렌치의 『생식기 이론(*A Theory of Genitality*)』(통칭 『탈라사*Thalassa*』)에서는 미키가 말한 "역행 본능"이 지구의 건조(乾燥)라는 계통발생적인 "파국"의 결과, 이미 이별을 고했던 대양(大洋)으로 회귀하고자 하는 "탈라사적 퇴행"의 욕망으로서 상정되고 있다('탈라사'는 그리스어로 '바다'를 의미한다). 육상 생활에 적응한 고등 척추동물은 모체의 자궁 안에서 수정과 태아의 발육을 성공시킴으로써 탈라사적 퇴행의 욕망을 충족시키려고 했다. 또한 페렌치는 성교(性交)가 탄생이라는 개체발생적인 위기와 건조에 대한 적응이라는 계통발생적인 위기라는 이중(二重)의 반복이라고 말한다.

> 성교의 모든 요소는 개체가 자궁 내 생존의 쾌감과 탄생의 괴로움 및 위험에서 무사히 탈출했다는 기쁨을 다시 맛보기 위해 필요한 상징적인 행위로 이해되어야 한다. 남성이 질에 삽입되는 음경(陰莖)과 동일화 하고, 여체 속에 흘러들어간 정자와 동일화 할 때, 그는 상징적인 방법으로 죽음의 위기를 되풀이하고 있는 것이다. 즉 선조의 동물들이 건조해지는 대양의 지리학(地學)적인 파국에 즈음하여 극복하고 승리했던 저 죽음의 위기를.[43]

즉 음경은 상징적으로는 어류인데, 질에 삽입하게 되어 습윤한 모체 안의 '대양'으로 회귀하려는 욕망을 성취한다. 페렌치는 마찬가지로, 성교 중 오르가슴에 다다른 과정에서 일어나는 호흡의 변화에서도 탄생할 때의 호흡곤란이나 계통발생에서 산소가 필요했던 투쟁의 반복을 보고 있다.[44]

페렌치가 "탈라사적 퇴행"이라고 명명한 것을 미키는 "바다로 내려가는(陸海* 물고기가 호수나 강에서 바다로 이동) 허황된 꿈"으로 부르고 있다. "이에 비해 기형아의 대부분은 그 몸의 일부를 뻗어 상륙이 아닌 항해의 허황된 꿈을 모방하면서 그 진기한 발생을 마친 것처럼 보인다."[45] 따라서 기형의 아이들은 개체·계통발생 과정에서의 '상륙지'에 역행하고 있는 것이다. 기형이란 한창 바다로 회귀하는 도중에 몸의 구조에서 나타난 "고대 형상"임에 틀림없다. 이러한 지적을 수용하여 다네무라 스에히로(種村季弘* 1933~2004 일본의 독문학자, 평론가)는 바다와의 유대를 끊기 힘들다고 느낀 태아의 "바다에 대한 향수" 또는 "생명적 역행 본능"의 호소가 기형을 낳는다고 바꾸어 설명하고 있다.

> 그러고 보니 헤파이스토스(Hēphaistos* 그리스 신화에 등장하는 불과 대장간의 신. 다리가 불편하고 추모로 알려짐)를 비롯한 기형아는 항상 바다 근처에 있었다. 그리고 뭍에 사는 우리들에게 그동안의 일상에서 알려지지 않았던 '진기한 것'이라고 하는 발명이나 새로운 아름다움을 증여해 주었다. 기형은 진화의 다양한 가능성 중 실현되지 않은 채 여백으로 머물러 있던 형상이며, 미키와 같은 관점에서 본다면 꺼려야 하는 것이 아니라, 태고의 바다로부터 또한 바다를 향한 호소임이 분명하다.[46]

페렌치가 말하는 탈라사적 퇴행의 욕망이든 미키가 서술하는 생명 기억의 태고 세계를 목표로 하는 역행 본능이든 프로이트의 "죽음의 욕망"과 마찬가지로 그 자체로서는 '실증'할 방법이 없는 본능이다. 가나모리 오사무(金森修* 1954~2016 철학연구가, 평론가)는 역시 생물발생원칙을 배경으로 한 유메노 규사쿠의 『도구라 마구라』와 더불어 페렌치나 미키의 이러한 사상과 실증주의적인 진리성과의 관계를 신중하게 음미하고 있다.[47] 미키와 페렌치가 근거로 삼고 있는 헤켈의 생명발생원칙이 이제 생물학의 내부에서 재고되는 일은 거의 없다. 미키의 해부학자로서의 업적이나 페렌치의 정신분석에서의 공헌과는 별도로, '생명형태학'이나 『탈라사』는 홀로 고립된 이론적 산물에 머물고 있다. 그렇다면 이러한 언설이 의

미하는 진리성의 사정거리가 이제는 대체 어떠한 것인가?

헤켈의 생물발생원칙이나 페렌치가 설명하는 탈라사적 퇴행의 욕망, 혹은 임신 후 33일째부터 7일간에 나타나는 태아의 발달이, 어류에서 포유류에 이르는 일억 년 이상의 생물사를 요약하여 각각의 단계의 얼굴 생김새를 드러내고 있다는 미키의 설(說) 등이 진실인지 아닌지를 물을 때, 상식적으로는 어느 쪽에 대해서도 아니라고 대답할 수밖에 없을 것이라고 가나모리는 판단한다. 하지만 그 결과 명백해지는 것은 이러한 물음을 정식화하는 그 자체의 빈곤함과 편협함이다. 동시대의 과학적 언설을 복합한 형태로 받아들인 유메노에 의한 허구적 언설을 포함하여, 이들의 이해군(群)과 텍스트는 실증과학과의 거리를 둠으로써 비로소 그 가치를 완전히 발휘할 가능성을 가지게 되는 것이다. 그들에게 가능한 의미 부여는 실증성을 향한 접근에 따른 의미 부여가 아니라, 실증성으로부터 괴리되는 것에 대한 의미 부여이다. 거기에는 "다른 뜻밖의 언설과 뒤얽혀, 서로 끌어당김으로써 생각지도 못한 창조성을 발휘할지도 모를 가능성", "다른 분야로 향하는 활주나 증폭을 촉발할 어떤 종류의 관념 연합이 가지는 힘"[48]이 있다. 이러한 힘을 문제 삼는 한, 허구와 과학을 상호 배타적으로 경계 짓는 것 역시 의미가 없다.

헤켈 등의 언어가 꿈틀거리고 있었던 것은 실증의 대상으로서의 생물군과 물질군이 아니라, 생명이라는 개념이 움직이는 '생명론'의 언설 공간이었다. 가나모리는 여기에서 "생물발생원칙이라는 구상의 거대한 가설을 축으로 한 하나의 군집의 개념 연합이 엮어내는 하나의 황무지, 생명론이라고 하는 위상이 없다면, 아무도 돌아보지 않았을지도 모르는 하나의 황무지"[49]라고 부르고 있다.

그 '황무지'는 정신분석과 생물학, 시적 직감과 해부학, 허구적 언설과 과학적 식견의 왕래에서부터 발생하고 있다. 그곳은 시나 신화와 과학이 배타적으로 자기의 경계를 지키는 것이 아니라, 완전히 반대로 다이내믹하게 교착하는 이른바 '무연'의 장소이다. 가나모리는 프로이트의 『과학적 심리학 초고』를 비롯하여, 정신분석의 주변에 해석학과 자연과학이 미묘하게 교차하는 독특한 언설의 장이 존재해 왔다는 점을 지적하고 있다. 무연의 '황무지'는 이 양자가 적극적으로 교류하는 언설의 장임이 틀림없다.

미키나 페렌치, 그리고 나카자와의 사고의 힘은 어류에서 육상 생물로 향하는 진화의 과정에서 질식감(窒息感)으로 가득 찬 상륙의 드라마나, 곶에서 바다라는 또 다른 세계를 바라보았던 조몬인이 진한 전투의 현장으로 단숨에 역행하는 원동력(dynamism)에 존재한다. 주목할 만한 것은 이러한 사고의 약동에 우리들이 무심코 공명해버린다는 사실이며, 거기에서 발생하는 창조적인 관념 연합이 아닐까? 그 강렬한 역행 본능 없이는 마음의 고고학도 역시 불가능한 것일지도 모른다. 도시라는 아하스베루스의 변용해 마지않는 얼굴에 깃드는 무수한 '모습'을 간파하는 기술에 있어서도 마찬가지이다. 그러한 언설의 장은 필경, 경계성을 띠는 강가의 모래밭이나 해변의 일대와도 같은 '황무지'에 머무는 것일 것이다. 하지만 이 물가에 서 있음으로써 비로소 예감되는 지식 또한 틀림없이 존재할 것이다.

꿈과 현실 사이를 떠도는 시와 과학이라는 두 세계를 살아가는 "의식화되어 있지 않은 지식"의, 광기를 띤 파토스를 맞아들이는 실증의 형식은 아직 존재하지 않는다. 그러한 지식은 역행 본능을 품고 바다로 회귀하는 "바다로 내려가는 허황된 꿈"을 모방한 기형적인 형태로 계속 존재하고 있을지도 모른다. 어스 다이버는 그 근거가 되는 신화와는 정반대로 오히려 '상륙지'에 역행하는 이 기형성에 대해서만 절름발이 지자(知者)인 다니구쿠들의 권속이었던 것으로 느껴진다.

| 보론 2 |

'시간의 형상'의 형태학

형태학과 반복설

1920년대에서 30년대에 걸쳐 유럽, 그중에서 특히 독일에서 요한 볼프강 괴테의 형태학(morphology)은 미술사를 포함한 많은 학문에 지대한 영향을 끼쳤다. 예를 들면 아비 바르부르크의 도상 아틀라스(圖像 Atlas) 「므네모시네(Mnemosyne)」, 발터 벤야민의 『파사주론』, 안드레 욜레스(André Jolles* 1874~1946 네덜란드의 문예학자)의 『단순 형태(*Einfache Formen*)』, 칼 구스타프 융(Carl Gustav Jung* 1875~1961 스위스의 정신의학자)의 '원형(元型)' 개념, 오스발트 슈펭글러(Oswald Spengler* 1880~1936 독일의 문화 철학자)의 『서양의 몰락』, 루드비히 클라게스(Ludwig Klages* 1872~1956 독일의 심리학자 · 철학자)의 '표현 이론', 블라디미르 프로프(Vladimir Iakovlevich Propp* 1895~1970 러시아 민화연구자)의 『옛이야기의 형태학』 등이 있다. 한편으로 형태학은 슈펭글러의 경우처럼, 의사(擬似) 과학적인 사변(思辨)으로 빠질 위험을 내포하고 있었다. 그러나 다른 방면으로 클로드 레비스트로

스에 대한 프로프의 영향에서 나타나듯이, 형태학의 방법은 문화 현상의 과학적 분석, 특히 구조주의나 카를로 긴즈부르그의 '마이크로 역사학'의 방법론을 준비하는 것이었다.

말할 것도 없이 애초에 괴테의 형태학은 그의 자연학 연구로부터 비롯되었다. 그 기축을 이루는 것이 '원형(原型)'과 '메타모르포제(변용, 변태)'의 관념이었다. 원형(원래의 동물, 원래의 식물)은 모든 동물이나 식물을 그 안에 포섭하는 이념이며, 다종다양한 자연이 모두 여기서부터 메타모르포제에 의해 생성한다. 괴테에게 원형은 직관적으로 파악되는 이미지였다. 또한 메타모르포제는 원형을 구성하는 부분에 대해서도 일어나며, 식물의 경우에는 잎이 꽃받침, 꽃잎, 수술, 암술, 과실, 종자로 변용해간다. 동물은 척추골이 정강이뼈에서 꼬리뼈에 다다르는 뼈로 메타모르포제 한다. 두개골을 변형된 척추뼈의 연결로 간주하는 괴테의 '두개골 척추골설(說)'도 이러한 발상의 산물이었다.

잎이 꽃받침이나 꽃잎으로, 척추뼈가 정강이뼈나 꼬리뼈로 변용하는 메타모르포제가 개체 수준의 '발생'으로 연결된다면, 원형에서 다양한 동식물이 생성되는 것은 '진화'와 관계된다. 물론 괴테의 형태학은 다윈의 진화론이 발표되기 이전에 구상되었으며, 괴테가 생명사적인 시간의 관념에 중점을 두지 않았다는 것이 정설이다. 다만 환경 조건과의 관계에서 메타모르포제에 의한 형태적 차이를 파악하는 괴테의 시점은 라마르크(Jean Baptiste Lamarck* 1744~1829 프랑스의 박물학자)의 환경 적응론에 근접해 있으며, 메타모르포제가 시간 속에서 전개된다고 추정되는 이상, 에른스트 헤켈이 괴테의 원형을 기원적인 생물로 파악하여 거기에서 진화론의 시초를 본 듯한 '오해'는 당연히 일어날 수 있는 일이었다.

현재의 진화형태학에서도 괴테 형태학의 구조론적인 사고는 형태적 통합을 이룬 요소의 "반복과 변형"을 동반한 "원형적 패턴의 인식"에 기초를 두고 있는 점에서 발생생물학과 진화생물학의 양쪽에 직접 이어지는 것으로 평가받고 있다.[1] 가설에 머무른 두개골 척추골설과는 다르며, 식물의 꽃을 잎의 변형으로 보는 아이디어가 발생학적으로 상당히 정확한 것으로도 증명되고 있다. 발생생물학과 진화생물학의 양방향으로 발전할 가능성을 내포한 괴테 형태학이, 개체발생과 계통발생을 '반복' 의 관념에 의해 엄밀하게 연결한 헤켈의 이론에서 커다란 의미를 부여받고 있었다는 점도 수긍할 수 있을 것이다.

괴테의 '원형' 개념은 현실에 존재하는 생명체의 모든 파생적 차이를 모두 통합한 것이 아니라, 거기에서 파생적인 패턴을 도출할 수 있는 심층적 공통 패턴을 의미하고 있었다. 이 점에서 구라타니 시게루(倉谷滋* 1958~ 동물 진화형태학자)가 거론하고 있는 19세기 중반 리처드 오언(Richard Owen* 1804~1892 척추고생물 학자)의 원척추(原脊椎)동물〔그림 1〕과는 대조적이다. 이 원척추동물은 경골어(硬骨魚* 뼈가 굳고 단단한 물고기)에서 파충류, 새, 포유류의 골격계(骨格系)를 모두 직접 찾아낼 수 있도록 설계되어 있었다. 따라서 늑골에는 조류에게만 있는 갈고랑이 모양의 구상 돌기(鉤狀突起)가 그려져 있거나, 등지느러미가 포유류에게도 있는데, 그 양쪽이 다 나타난 것이 쌍봉낙타의 혹이고, 앞쪽의 것만이 적용된 것이 바이슨(bison* 북미산 들소)의 혹이라고 설명되어 있었다.[2]

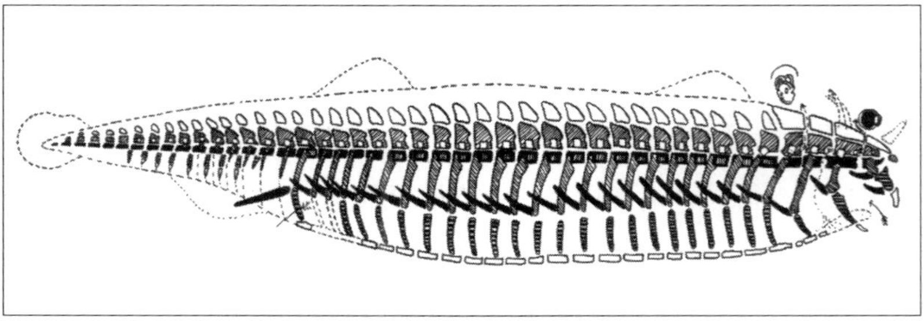

[그림 1] 리처드 오언 『척추동물의 골격의 원형과 상동성(相同性 homology)에 대해』(1848년)에 나오는 척추동물의 '원형(archetype)'

괴테의 원형은 이러한 이차적인 파생 패턴을 빠짐없이 받아들이려는 것이 아니라, 생명체의 내외로부터 작용하는 힘으로 메타모르포제 해 가는 원시적 형질로 생각된다. 구라타니는 그것을 "파이로타입(phylotype* 동물이 개체발생을 할 때 그 발생 중기에 진화적인 변경이 가장 더해지기 힘든 시기가 존재하며, 이 발생 중기에 해당하는 시기가 동물의 '문(phyla 門)' 에 특징적인 신체 구조를 나타낸다는 의미로 이 시기의 배아 상태를 파이로타입, 즉 계통형이라 한다)" 이라 불리는 배아 형태 패턴의 개념에 가깝다고 말한다. 척추동물에서는 인두(咽頭* 구강과 식도, 비강과 후두 사이에 붙어 있는 깔때기 모양의 근육성 기관) 배양기에 파이로타입이 확인되며, 다양한 척추동물의 개체발생 과정의 형태는 이 시기에 가장 서로 유사하다.

이러한 닮은 형태는 왜 발생하는 것인가? 구라타니에 의하면, 동물의 발생단계(stage) 중 초기 단계에서는 대국적인 상호작용이 소수 발생할 뿐이지만, 발생 프로그램이 변형할 가능성이 크다. 한편 후기 발생단계에서는 국소적인 모듈이 여럿이 성립하며, 그 내부에서 상호작용이 발생하고 있는 상태라서 그 개개의 모듈을 변형하는 것이 용이하다. 그러나 양쪽의 중간에 있는 기관 발생단계에서는 대국적인 상호작용이 다수 발생하고, 그 네트워크가 일단 성립해버리면 변화시키기가 대단히 어렵다. 이 단계에 대해서는 개체의 발생 경로가 자유도(自由度)를 잃고 수습될 수밖에 없으므로, 각 동물 종(種)의 배아 형태가 서로 아주 비슷한 결과가 되는 것이다. 파이로타입은 발생 과정에서의 도태(내부 도태)로 진화적으로 획득되며, 적극적으로 안정화함으로써 성립된 것으로 생각된다.[3)]

파이로타입의 존재 등을 계기로 삼아 "개체발생이 진화 과정(계통발생)을 반복한다"는 반복설(생물발생원칙)이 활발하게 설파되어 왔던 점은 주지하는 바와 같다. 구라타니의 저서는 진화발생학의 견지에서 도그마로서의 반복설을 자세히 비판하고 있으나, 그의 견해가 근거가 없음을 되풀이하여 논할 수밖에 없다는 점에서 오히려 반복설의 탄탄한 영향력이 엿보인다.

구라타니는 개체발생 과정의 상세한 분석에 입각하여, 발생을 통해 진화의 방향성에 제약이 가해지는 '발생구속'의 성립과 그 변화, 형태형성에서의 역할 등의 관점에서 형태 진화를 이해한다. 그리고 실체로서 거기에 존재하는 것은 이상화된 과정으로서의 반복이 아니라, 실험적으로 제시할 수 있는 발생 구속이라고 주장한다. 이러한 논의가 진화생물학 전체에서 어떻게 자리매김 되어야 할지는 여기에서 다루기 힘든 문제이다. 예를 들면 구라타니가 '반복설적 선험론(反復說的先驗論)'에 포함된다는, 발육의 타이밍과 속도 변화를 나타내는 '헤테로크로니(heterochrony* 異時性)'라는 개념을 진화 연구에서 결정적인 '소실 고리(missing link)'로서 중요시하는 연구 동향도 존재한다(케네스 J. 맥나마라 『동물의 발육과 진화』 등).[4] 같은 형태 진화에 대한 문제를 다루지만, 발생학과 고생물학이라는 상이한 입장에서 접근한다는 점에서 차이가 발생하는 측면이 있을지도 모른다.

'역사적인 것들'과 진화론

이러한 진화생물학의 논의를 여기에서 거론한 것은, 그것이 진화(및 발생)의 문제를 둘러싸고 '시간의 형상'과 그 변용을 기술 · 분석하는 모델을 제공하고 있기 때문이다. 맥나마라(Kenneth J. McNamara* 잉글랜드 출신의 진화생물학자)의 저서의 원제는 *Shapes of Time* 즉 『시간의 여러 형상들』로 발표되었다. 이 책은 조지 쿠블러의 저서 『시간의 형상 - 역사적인 것들에 대한 비망록(*The Shape of Time: Remarks on the History of Things*)』

을 연상시킨다. 1962년에 출판되어 미술사나 고고학에서의 작품과 물체의 시간성을 파악하는 방법을 쇄신하고, 동시대 미국 미술에도 영향을 준 것으로 평가받고 있는 서적이다. 이 쿠블러의 저서가 목표로 삼은 것은 "시리즈와 시퀀스에 관한 지속의 형태학적인 문제"[5]에 주의를 환기하는 것이었다. 그것 역시 형태학적인 탐구였다.

쿠블러는 예술 작품을 역사상의 어떤 문제에 대한 해결이라고 간주했다. 문제와 그 다양한 해결은 하나의 형태의 집합을 만든다. 영향 관계 등에 의해 서로 관계하고 있는 해결이 연결되어, 하나의 '시퀀스'를 이룬다. 그러한 시퀀스가 완결되어 닫혀버린 경우, 그것은 과거에만 소속하는 '시리즈'로 불린다. 쿠블러가 묻고자 하는 것은 이러한 시퀀스나 시리즈가 내포하는 지속의 형태학이다. 이때 그는 자신이 탐구하는 수학적 아날로지는 위상기하학(位相幾何學* topology 길이나 크기 따위의 양적 관계를 무시하고 도형을 구성하는 점의 연속적 위치 관계에만 착안하는 기하학)이며, 생물학적 아날로지는 종(種)의 분화라고 주장하고 있다.[6] 전자는 양(量)과 차원을 도외시한 관계성의 기하학이기 때문이며, 후자에서는 형태가 유전적 변화를 짊어지는 방대한 수의 개체에 의해 나타나기 때문이다.

여기에서 이미 생물학, 그것도 진화론으로 향하는 아날로지가 얼굴을 내비치고 있다. 쿠블러의 저서 그 자체가 미술사 연구에서 "어떤 예술의 탄생", "어떤 양식의 일생", "어느 유파의 사멸", "개화", "성숙", 또는 "쇠퇴" 등의 생물학적 은유를 비판하고, 개인만이 유일한 연구 대상인 것처럼 다루는 전기적 방법의 한계를 지적하는 것에서부터 시작되고 있다. 그리고 그는 역사적인 것들을 설명하기 위해서는 생물학적인 모델보다 물리학에 의거한 은유 시스템이 더욱 적합할지도 모른다고 서술하고 있다.[7]

그럼에도 불구하고, 생물학적인 인유는 각 요소에서 드러난다. 예를 들면 시퀀스라고 하는 영역 내부의 구분을 둘러싼 논의로 이행한 쿠블러가 "일차적 산물(Prime objects)"과 그 "복제(replications)"에 대해 논하고 있다. 일차적 산물은 자기 자신과 1 이외에는 약수(約數)를 가지지 않는 소수(Prime number)처럼 세분화되는 것에 저항하고, 원형(original)적인 실체로 계속 존재한다. 그 성격은 선행물(先行物)에 의해서는 설명할 수 없다. 역사 속에서 그 존재 상태는 수수께끼와 같다. 그리고 쿠블러는 여기에서, "이 저서를 통해서 생물학적인 은유는 피하려고 하고 있지만, 일차적 산물을 말할 때 알기 어려운 차이를 명확히 하기 위해 일시적으로 생물학적 은유를 사용하는 것은 허용될 것"이라고 신중하게 서두에서 표명한 데 이어, "일차적 산물이 통상의 사물과 다른 것은, 어떤 돌연변이 유전자를 가진 개체가 그 종의 표준적인 실례(實例)와 다르다는 점과 같다"고 비유한다. "이 돌연변이 유전자는 한없이 작을지도 모르지만, 그 존재가 초래하는 행동상의 차이는 실제로 아주 큰 것일 수도 있다."[8)]

쿠블러는 파르테논 신전, 랑스 대성당의 정면 조각군, 라파엘로가 그린 바티칸 궁전의 프레스코화를 일차적 산물에 가까운 사례로 들고 있으나, 그것들 모두가 치명적인 마모에 의해 이미 희미해져 버렸다고 말하기도 한다. 따라서 "생물학자의 말을 빌려 표현하자면", 이들은 세 종류의 "표현형(phenotype)"이며, 우리들은 그것들을 발생시킨 "유전자형(geno-type)"을 여기서부터 연역해야만 한다.[9)] 대부분 일차적 산물은 방대한 양의 복제 속에 숨겨져 있으므로, 그것을 발견하는 어려움은 "생물학적인 종으로 최초로 인지되는 실례"[10)]를 발견하는 만큼의 어려움과도 유사하다.

개체의 탄생, 성장, 죽음을 모델로 삼고 있는 것 같은 생물학적 은유를 포기하는 대신에, 유전학이나 진화론으로의 아날로지가 오히려 적극적으로 도입되고 있다. 일차적 산물과 통상의 사물의 차이는 이러한 아날로지에 기반을 둔 은유에 의거하지 않으면 표현할 수 없는 것이며, 약간의 유전자의 차이가 큰 귀결을 초래한다고 하는 점에서도 쿠블러가 말하는 "역사적인 것들"과 종의 레벨에서 일어나는 생물의 진화적 역사와의 유연성(類緣性* 형태 · 성질 등 비슷한 관계에 있어 상호 간에 연고가 있음)은 깊다. 시퀀스는 이른바 돌연변이에 의해 시작되는 새로운 '종'에 대응하고 있다.

쿠블러가 파르테논 신전 등을 "표현형"이라고 부르고, 그것들이 생성되어 오는 원천이 되는 보다 근원적인 일차적 산물을 '유전자형'에 비유하고 있는 것은 후자인 일차적 산물도 또한 어디까지나 사물이며 종의 실례가 되는 개체라는 점을 생각한다면 약간 부적절한 비유로 보인다. 이와 같이 무리한 비유를 통해 암시되고 있는 것은, 돌연변이에 의해 어떤 '종'의 역사적인 기원에 위치하는 측면 이상으로, 거기에서 다양한 복제를 시퀀스로 만들어내는 일차적 산물의, 즉 괴테 형태학이라는 '원형'에 가까운 이념성(理念性)이 아닐까? 그러므로 그것은 표현형으로부터 '연역' 되어야만 하는 것이다.

흥미로운 것은 쿠블러가 일차적 산물과 복제의 차이를 설명하기 위해, 크로스워드 퍼즐(crossword puzzle* 십자말풀이)의 제작자가 작성한 육필 초고와 심심풀이로 적어 둔 퍼즐의 그 무수한 해답이라는 비유에 호소하고 있다는 점이다. 일차적 산물은 갑자기 생각나서 기록한 메모나 스케치 같은 형태로만 존재해 왔을지도 모른다고 쿠블러는 말한다.[11] 이것은 일차적 산물이라는 원형을 작품이라고 하는 개체의 발생 과정에서 파악하려는 인식이라 할 수 있을 것이다. "유전자형"이라는 은유도 거기서부터 비롯된다.

따라서 이상과 같은 은유에 나타나는 아날로지는 단체(單體* 홑원소 물질)로서의 '사물'을 생물의 개체에 비유하고 있다. 그런데 통상적으로는 단체로 간주하는 사물의 각 부분이 다른 연대에 속해있는 경우가 있을 수 있다. 긴 세월에 걸쳐 건조된 건축물 등이 거기에 해당한다. 쿠블러는 모든 사물이 각각 다른 "계통 연대(systematic age)"를 지니는 복수의 특징을 가지고 있을 뿐만 아니라, 고유의 연대가 있는 그러한 특성과 측면의 '군(群)'을 가진 복합체라고 지적하고 있다.[12] 여기서 말하는 "계통 연대"란 시간 축의 한 점으로 특정되는 "절대연대(absolute age)"와는 대조적으로, 형상의 연쇄가 만들어내는 각 시퀀스의 지속 속에서 상대적인 위치로 규정된다.

이것은 사물을 다른 계통 연대를 지닌 복수의 시퀀스의 다층적인 복합체로 파악하는 것이다. 여기에서 쿠블러는 거듭 생물학에서 도움을 구하여 설명한다. 이와 같은 복합적 조직체가 정확히 포유동물 조직체의 그것과 같다는 것이다. "그 혈액과 신경은 다른 생물학적 고대성(古代性)을 가지며, 눈과 피부는 다른 계통 연대에 속해있다."[13] 이것은 포유동물의 기관이 각각 개체발생·발육 과정에서 독립된 계통 연대를 가지고 있는 양상을 지적하는 문장이지만, 한편으로 "생물학적 고대성(biological antiquity)"이라는 표현은 진화 과정에 있어서 혈액이나 신경의 계통발생적인 고대성까지 포함하고 있는 것으로 생각된다.

형상의 헤테로크로니

물론 쿠블러는 생물학, 그중에서도 진화론이나 유전학의 체계적인 이해에 따른 은유를 말하고 있는 것은 아니다. 그는 오히려 '시간의 형상'을 논하면서 좋든 싫든 일련의 은유의 사용을 강요받고 있는 것 같다. 그렇다면 쿠블러가 다룬 사물 연쇄 시스템의 분석은, 예를 들면 진화형태학을 필두로 하는 '시간의 형상'과 그 변용을 기술하고 분석한 생물학의 모델을 통해 조금 더 적극적으로 배울 수 있지 않을까? 이것은 양식(樣式)이나 유파(流派)를 생명체로 비유하는 식의 은유와는 전혀 다르다. 예술 작품의 형태학과 진화형태학의 본질적 유사는, 후자를 지탱하는 고생물학이 화석이라는 '사물' 로 변한 생명 형태를 비교하여 진화의 '시퀀스' 를 구상하는 작업이라는 점에서도 확실히 나타날 것이다.

거기에서 발생하는 아포리아(aporia* 어떤 명제에 대해 두 가지 대립된 결론이 있는 일. 해결할 수 없는 문제)도 공통된다. 스티븐 J. 굴드(Stephen Jay Gould* 1941~2002 미국의 고생물학자, 진화생물학자, 과학사가)는 "화석의 기록은 새로운 형태상의 디자인 기원에 대해서는 아무것도 전해주지 않는다"[14]고 지적한다. "고차분류군은 정확한 선행자나 발단이 되는 단계도 없이 화석의 기록 속에 태연하게 나타나는 것이 보통이다." 이것은 정확히 쿠블러가 언급했던 바와 같이 시퀀스를 개시하는 일차적 산물에 대한 포착의 난해함에 대응하고 있는 것은 아닐까?

굴드에 의하면, 이러한 "당돌함" 이 '유형진화 가설(幼形進化假設)' 을 낳는 계기가 되었다고 한다. 유형진화(paedomorphosis* 한 개체가 성체가 되어서도 어린 시기나 심지어 유생시기의 형태를 계속 유지하고 있는 현상)는 선조의 유약형질(幼若形質)이 자손의 성체(成體)로 나타나는 현상을 가리킨다. 유형진화 중 체세포 발육의 지체(감속)에 의한 것이 네오테니(neoteny 幼形成熟), 성적(性的) 성숙의 가속과 함께 성장이 정지하는 것이 프로제네시스(Progenesis* 早熟)이다. 이러한 유형진화에서는 유생(幼生)의 형질이 그대로 성체로 승격함으로써, 중간 단계 없이 새로운 디자인을 만들어 낼 수 있게 되는 것이다.

그런데 쿠블러는 문제 해결로서의 형태의 계통 연대에 대한 초기 단계와 후기 단계의 차이를 다음과 같이 파악하고 있다.

초기의 모든 해결(전기 형태적 前期形態的 promorphic)은 기술적으로 단순하고, 에너지적으로 저렴하며, 표현으로서 명쾌하다.

후기의 모든 해결(후기 형태적 後期形態的 neomorphic)은 사치, 곤란, 복잡, 회삽(晦澁* 뜻을 잘 알 수 없을 만큼 어려움), 그리고 움직임이 풍부하다. 초기의 모든 해결은 그것이 해결하려고 하는 문제와의 관계가 하나로 정리되어 있지만, 후기의 모든 해결은 같은 문제의 전체성에 대한 것보다 기능이나 표현의 세부에 특화하고 있다.[15)]

언뜻 보면 자명한 것처럼 보인다. 그러나 순수하게 형태의 시각적 특징에서부터 초기 단계와 후기 단계와의 분별이 되는지는 불확실하다. 그것은 반드시 단순명쾌한 형태에서 복잡하고 풍부한 세부를 지닌 형상으로 향하는 변화의 길을 더듬어가지 않는다. 유형진화라는 것은 정확히 이러한 역전현상이 아닐까? 미술사와 진화생물학의 접점을 나타내는 일례로서, 맥나마라는 만화에서의 유형진화를 「피넛츠(PEANUTS* 찰스 먼로 슐츠가 그린 미국의 만화 및 만화를 원작으로 하는 애니메이션)」에 등장하는 스누피(Snoopy)의 변화에서 발견하고 있다. 1950년대 초기의 스누피는 보통의 성견(成犬)의 특징을 가지고 있었다. 이에 반해 널리 알려진 스누피는 마치 강아지 때 성장을 멈춘 것 같은 유형진화 개체이다.[16)] 굴드는 비슷한 유형진화를 미키마우스(Mickey Mouse* 미국의 월트 디즈니가 제작한 만화영화 가운데 가장 유명한 주인공인 쥐의 이름)의 변화에서 확인하고 있다.

이것은 '귀여움' 이 도태선택(淘汰選擇) 상 유리한 특징으로서 작용하고 있다는 사실에 의거한, 어디까지나 허구의 진화 과정에서 일어나는 형태 변화였다. 하지만 맥나마라는 이 사례가 현실의 세계에서도 개나 쥐 등의 동물에게 발생하는 진화적 변화를 투영하고 있음을 재차 지적하고 있다. 인위도태(人爲淘汰)라는 형태로 인간에게 제어된 진화의 길을 가는 개(집에서 기르는 개)는 단지 하나의 종임에도 상당한 다양성을 보이고 있다. 많은 애완견을 낳게 되는 인위도태에 작용한 큰 요인의 하나가 '앳된' 특징(눈이 큰 점, 광대뼈가 높은 점, 코가 작은 점, 턱이 작은 점)에 대한 인간의 기호였음이 분명하다. 이것은 틀림없이 생물의 진화 과정과 '역사적인 것들' 의 경계 영역이라고 말할 수 있을 것이다.

이것은 아주 특수한 예시일지도 모른다. 그러나 쿠블러가 말하는 계통 연대의 지속에 대한 형태 변화의 분석이 네오테니나 프로제네시스 등의 발육 과정에서 나타나는 국부적인 시간 진행의 감속과 촉진에 의한 유형 진화를 비롯한, 헤테로크로니(heterochrony, 異時性)가 초래하는 형태 진화의 패턴에서 습득할 만한 것이 있다는 사실은 분명하다. 왜냐하면 그것은 바로 생명을 다른 계통 연대를 지닌 복수의 시퀀스의 복합체로 파악하고, 각각의 형성 시기나 형성 순서에 따른 시간적 변화를 문제시 하고 있기 때문이다.

서두에서 다루었듯이, 더욱 엄밀하게 선험론(先驗論)을 배척한 발생생물학적인 진화 과정의 해명도 역시, 각각의 형태학이 형태적 요소의 '반복과 변형' 을 동반하는 "원형적 패턴의 인식" 이라는 점에서 공통되어 있는 한, 그것이 무엇이든 인위적 산물이 엮어내는 '시간의 형상' 에 어떠한 모델을 분명히 제공할 수 있을 것이다. '시간의 형상' 이라는 디자인의 분석을 둘러싸고, 쿠블러의 착상을 다시 '시퀀스' 로서 계승하여 진화생물학의 적극적인 수용 하에 형태학을 다시 한 번 새로운 형태로 역사 연구에 도입하는 시대가 도래할 것 같은 생각이 든다. 이 때 생물학적 은유는 더 이상 피해야 할 것이 아니라, '역사적인 것들' 을 연구하는 연구자에게 발견법적(發見法的)인 가치를 가지는 사고의 인도자가 되어야 한다.[17)]

제8장

장식이라는 이름의 군중

신경계 도시론(神經系 都市論)의 계보

아편 — 비단과 같은 속도

- 장 콕토(Jean Cocteau* 1889~1963 프랑스의 영화감독, 시인, 극작가, 화가)

신체 · 이미지 공간의 주름

1960년대에 마셜 맥루언(Marshall McLuhan* 1911~1980 캐나다의 미디어 이론가, 문화비평가)이 『미디어의 이해(*Understanding Media*)』(1964)에서 전기(電氣) 미디어를 신체 외부로 향하는 중추신경계의 확장이라고 서술한 것에 앞서, 20세기 초반의 게오르크 지멜(Georg Simmel* 1858~1918 독일의 철학자, 사회학자)이나 발터 벤야민의 도시론은 근대도시의 경험이 인간의 신경에 미치는 작용을 통해서 도시에서의 인간 신체를 일종의 사이보그로 파악한 한편, 도시를 하나의 '신체 공간' 으로 그려내고 있다.

지멜은 논문 「대도시와 정신생활」(1903)에서 외적, 내적인 자극의 신속한 교대가 "신경 생활의 고양(高揚)" 을 발생시키는 대도시에서는 자극이 지나치게 과잉되고 너무 강력하여, 일종의 적응 현상으로서 독특한 '권태' 라는 무감각 상태가 생기게 된다고 말한다. 그에 의하면, 이러한 "사물의 상이함에 대한 무감각" 은 화폐경제의 논리가 인간의 정신에 침투한 결과라고 한다. 지멜에게는 대도시가 개인의 "주관적 정신" 을 이해하는 "객관적 정신" 의 발로이며, 그러한 의미에서는 대도시야말로 "정신생활" 그 자체였던 것이다.[1] 이것은 이른바 변증법적 통합의 논리에 의해 독일 사회학이 쌓아 올린 도시 이데올로기이다.

벤야민은 「보들레르의 몇 가지 모티브에 관하여」에서, 지멜의 인식을 계승하면서 거기에서 분석된 프로세스를 감각 변용의 과정으로 다시 파악했다. 보들레르에 관한 군중의 경험을 분석하던 중 그는 포(Edgar Allan Poe* 1809~1849 미국의 작가)의 『군중 속의 사람(*The Man of the Crowd*)』(1840)에 등장하는 통행인들이 마치 자동 장치에 순응하고 있는 것처럼,

쇼크에 대해 자동적, 기능적인 반응밖에 할 수 없는 모습을 지적한다. 그 분석을 통해, 대도시의 길가에서 일어나는 이러한 쇼크 체험이 기계장치를 상대로 한 노동이나 도박의 승부로 그 기저(基底)가 연결돼 간다.

> 대도시의 교통 속을 움직이며 가는 것은, 개개인에게 일련의 쇼크와 마찰을 낳는다. 위험한 교차점에서 신경 자극의 전달이 마치 배터리의 충격처럼 서서히 몸을 관통한다.[2)]

테크놀러지(technology)는 공업 생산, 교통, 오락 등의 여러 분야를 횡단하면서, 같은 신체 반응을 요구한다. 영화도 역시 이 테크놀러지의 요청에 응답하기 위한 훈련의 장이다.

> 이와 같이 기술은 인간의 감각기관에 복잡한 훈련을 부과하였다. 자극을 향한 새롭고 절실한 욕구에 호응하는 것으로 영화가 등장하는 날이 도래했다. 영화에서는 쇼크의 형상을 받아들이는 지각이 형식원리로서 유효해진다. 벨트 컨베이어(belt conveyor* 2개 이상의 벨트 바퀴에 벨트를 걸쳐서 순환시키면서 그 위에 물건을 올려서 운반하는 장치)에서 생산 리듬을 규정하는 것이, 영화에서는 수용(受容) 리듬의 기반이 된다.[3)]

지그문트 프로이트의 『쾌감원칙의 피안(彼岸)』의 "의식은 추억 흔적 대신 성립한다"라는 명제를 인용하여, 쇼크에 대한 방어와 그에 대한 실패에 동반되는 외상을 축으로 해서 보들레르의 작품을 해석하는 벤야민의 분석은, 대도시의 신경생리학적인 시론(詩論)이라고 불러야 할 만한 것이다. 이러한 성격은 사진이나 영화에 의한 쇼크 효과를 주제로 한 복제기술론과도 통한다. 거기에서는 이 쇼크가 '촉각적'인 것, 즉 피부 감각적인 자극이라고 불리고 있다. 그것은 "아무리 가까이 있어도 다르다"라는 성격을 가진 '아우라(Aura)' 에 대립하여, 아우라를 파쇄할 것 같은 '가까움' 의 경험이다. 도시는 항상 신체를 습격한다. 여기에 거리를 확보하는 것 같은 행위는 허용되지 않으며, 도시와 신체는 자극과 반사의 관계를 이룬다. 맥루언이 전기 미디어에 의한 신체 확장과 전(全) 인류의 피부화를 논한 것을 굳이 관련 지어 부연해서 말하면, 중추신경계가 연장됨과 동시에 도시가 피부화 하고 있다는 것이다.[4)]

이때 피부는 신체와 환경의 경계면, 즉 인터페이스(interface)임이 틀림없다. 도시 경험의 촉각성은 이러한 인터페이스에서의 접촉을 표현하고 있다. 이러한 접촉에서 발생하는 '이미지' 의 생성에서 도시 공간은 "이미지 공간" 또는 "신체 공간" 으로 파악된다. 쉬르레알리슴론(論)에서 벤야민은 정치적 행동의 공간에 수용되어야 할 "이미지 공간" 을 둘러싸고, "하나의 행동 자체가 이미지를 자신의 내부에서부터 드러내게 하여 그 자체가 이미지이며, 이미지를 자신 속에 끌어들여서 받아들이는 점에서는 어디든, 가까운 것의 가까움이 그 자체의 눈빛으로 나타나고 있는 곳이라면 어디라도, 이러한 이미지 공간이 펼쳐진다"[5)]라고 서술한다. 그곳은 "전면적으로 통합적인 액추얼리티(actuality* 현실, 실상)의 세계" 이다.

> 한마디로 말하면, 이 공간에서는 정치적 유물론과 육체 피조물이 내면적 인간이라든지 영혼이라든지 개인이라든지, 그 외에 거기에 속해 있는 것, 즉 보통이라면 우리들이 비난하고 싶어지는 것을 변증법적인 공정함에 따라 모든 부분을 조각조각으로 억지로 갈라놓은 후에 서로 공유하게 되는 것이다. 그러나 그럼에도 불구하고 역시 — 아니 틀림없이 그러한 변증법적인 파괴 이후에는 — 이 공간은 이미지 공간(Bildraum)이자, 더욱 구체적으로 말하면 신체 공간(Leibraum)일 것이다.[6)]

여기에서 말하는 "신체"는 Leib이므로, 프랑스어의 corps와 같은 계통인 Körper는 아니다. 그리고 위의 문장에서 "모든 부분을 조각조각으로 갈라놓은 후에"라고 서술되어 있는 것은, 신체 이미지의 상상적 통일성의 해체도 시사하고 있는 것으로 생각해야 할 것이다. 모리스 메를로퐁티(Maurice Merleau-Ponty* 1908~1961 프랑스의 철학자)의 어법으로 표현하면, Leibraum은 '몸의 공간'이라고 부르는 것이 나올지도 모른다. 느끼는 것이 동시에 느껴지는 것이기도 하다는 이중성이 내포하고 있는 가역성(可逆性)을 메를로퐁티는 "살(chair)"이라고 불렀다.[7] 때로는 독일어의 '육체(Leib)'와 등가(等値) 개념으로 쓰이고 있는 이 '살'이라는 개념은 '신체(corps)'와는 다르다. 그것은 물질이 아니며, 접촉하는 신체와 닿은 것, 보이는 것과 보는 신체가 긴밀하게 결합하면서, 반전이 가능한 상태에 있는 하나의 계통, 또는 사물을 연결시켜 고정하는 경첩과 같은 양쪽의 회전축을 가리킨다. 그곳은 신체와 여러 많은 사물의 내부와 외부가 지속적으로 밀착하면서 반전하는 '열개(裂開* 터져 벌어짐)'의 장이다. 그 토폴로지컬한 가역성을 메를로퐁티는 "안팎이 뒤집힌 장갑의 손가락"[8], 즉 하나의 주름의 이미지로 비유했다.

Leibraum이 '몸의 공간'인 것은 그곳에서는 공간 그 자체나 그 속의 사물과 신체가 각각의 이미지에 따라 밀착하여, 서로 꿰뚫고 들어가는 상호 관입(相互貫入)을 하고 있기 때문이다. 더욱 중요한 것은 그것이 집단의 육체에 관여하고 있다는 점이다. 벤야민은 다음과 말한다.

> 집단도 역시 마찬가지로 신체적(leibhaft)이다. 기술 속에서 조직되는 집단의 육체가 그 정치적·구체적인 현실성의 모든 것을 구비한 모습으로 새롭게 형성되는 것은 그러한 이미지 공간, 세속적 계시 덕분에 우리들이 정착할 수 있는 그 공간 이외에서는 불가능하다. 세속적 계시 속에서 신체와 이미지 공간

이 깊숙이 상호 침투하고, 그 결과 혁명의 모든 긴장감이 신체적 · 집단적인 신경 자극이 되고, 집단에서의 모든 신체적인 신경 자극이 혁명 속에서 방전된다면, 그때 비로소 현실은 『공산당선언』이 요구하고 있는 수준까지 자기 자신을 넘어서게 된다.[9]

세속적 계시라는 것은 '유물론적 · 인간학적인 영감(靈感)'이다. 해시시(hashish)나 아편 같은 마약조차 이러한 영감을 향해 들어가는 입문(入門)으로서 도움이 된다고 벤야민은 말한다. 브르통(André Breton* 1896~1966 프랑스의 쉬르레알리스트 작가 · 비평가)의 소설 『나자(*Nadja*)』(1928)나 브르통의 『파리의 농부』에 관한 세속적 계시를 그는 예로 들고 있다. 그들 쉬르레알리스트(surrealist* 초현실주의자)들은 "낡고 오래된 사물" 속에 잠재된 혁명적 에너지를 발견했다. 그리고 그 사물 세계의 중심에 있는 "더욱 더 많이 꿈꿀 수 있는 것"이, 바로 파리라는 도시이다. "어떠한 도시의 진정한 모습보다 더 쉬르레알리슴적인 모습은 없다."[10] 쉬르레알리스트들은 마약에 취한 듯한 도취 속에서, 도시에 잠재하는 혁명적인 에너지라고 하는 '신경 자극'을 상기시키려고 한다.

지그리트 바이겔(Sigrid Weigel* 1950~ 독일의 문학연구자)에 의하면, 신체 · 이미지 공간이란 현실이 되어버린 "꿈꾸었던" 사물 세계이면서, 혹은 물질화한 원초적 환상(原幻想 Urphantasie)이다. 이러한 이미지는 주체가 자신이 상상하는 광경에 참가하고 있으며, 관찰자로서 외부에 있는 것이 아니라는 특징에 의해 구조화되고 있다.[11]

그 토폴로지컬한 모델이 바로 파리의 파사주이다. "대중에게 가로(街路)는 파사주에서 다른 어떠한 장소보다 가구가 정돈되어 있고 오래 살아서 익숙한 실내라는 점이 명백해진다."[12] 집단에게는 가로가 방인 것이다. 개인과 집단에서는 도시 공간의 구조가 반전되고 있다. 그리고 파사주가 문제로 삼고 있는 것은 내부 공간을 밝게 비추는 것이 아니라, 어디까지나 "외부 공간의 침입을 억누르는 것"[13]이었다. 파사주란 외부를 소유하지 않는 내부, 순수한 실내이다. 그것은 꿈과 유사하다. "파사주는 바깥쪽이 없는 집이거나 복도이다 — 마치 꿈처럼."[14]

이 꿈의 구조를 둘러싸고 벤야민은 우리들은 꿈을 꿀 때 "내면에 화려하고 다채로운 비단 직물의 안감을 펼친 따스한 회색 천"[15]에 몸이 푹 감싸여져 있다고 말한다. 그 겉감은 권태에 가득 차 있지만, 안감은 아라베스크(arabesque* 아라비아풍의 기하학적 무늬와 식물의 잎, 꽃, 덩굴 등을 유려한 당초무늬로 배열한 것) 문양으로 장식되어있다. 꿈을 이야기한다는 것은 이러한 "시간의 안감을 단번에 바깥쪽으로 뒤집어 놓는 것"이다. 우리들이 과거의 생을 다시금 살고 있는 꿈의 공간인 파사주도 마찬가지로, 이러한 식으로 뒤집어 놓아야 한다.

여기에 존재하는 것이 가역성의 토폴로지이다. 파사주라는 역사의 주름, 바로 그 '장갑의 손가락'인 것이다. 즉 그것은 '살'이며, 널리 알려져 정평이 난 이미지 공간, 신체 공간임에 틀림없다. 그곳에서는 피부와 유사한 경계면으로서의 이미지를 매개로 하여 신체와 환경 세계가 밀착해서 서로가 서로를 에워싸고 있다. — 그러나 문제는 그것을 '뒤집는' 것이다.

실내장식과 신경과학

화려한 아라베스크 문양의 장식으로 가득 찬 실내(室內)에 대한 꿈 — 벤야민은 19세기를 "거주하는 것에 병적으로 집착한 세기"[16]라고 부르고 있는데, 이 세기말에 실내장식을 둘러싸고 나타나는 주목해야 할 현상으로서, 아르누보(Art Nouveau* 19세기 말에서 20세기 초에 걸쳐 프랑스에서 유행한 건축, 공예, 회화 등 여러 예술의 새로운 양식) 장식의 양식이 인체의 내부 조직을 감각신경의 메커니즘(mechanism)으로 이해하는 프랑스의 새로운 임상 심리학과 깊이 연결되어 있었다는 점이 거론되고 있다. 여기에서 아르누보의 유기적 곡선, 신경의 파상(波狀) 운동이나 최면 상태에서 나타나는 암시, 꿈으로의 유도(誘導)와 관련되어 있었다.[17]

프랑스의 상징주의 문학자들은 사적인 실내를 감각의 한계를 확대하기 위한 실험의 장으로 삼았다. 실내장식은 그곳에서 거주하는 자의 신경을 동요시키고, 시각적으로 자극하는 촉매의 역할을 완수했다. 공쿠르 형제(Edmond and Jules Goncourt* 1822~1896, 1830~1870 프랑스의 형제 작가)에 의해 확립된 이러한 실내장식과 내면의 심리 사이의 연결은, 예를 들자면 조리스 카를 위스망스(Joris-Karl Huysmans* 1848~1907 프랑스의 작가)의 소설 『거꾸로(*À Rebours*)』(1884)에 영향을 미치고 있다. 작품의 주인공인 데 제셍트(des Esseintes)는 미적 자극을 일으키는 촉매가 되는 여러 물품에 따라 실내를 정성 들여 장식하고 꾸며낸다. 그러한 상황의 실내 묘사는 심리묘사로 직결한다.

이러한 묘사를 위해서는 심리학적인 지식이 필요했다. 위스망스는 신경의 흥분과 소모의 임상적 상태(臨床的 狀態)에 관한 의학서로부터 배운 지식을 바탕으로, 데 제셍트의 신경증에 관한 서술을 전개하고 있다. 신경의 작용에 관한 의학적 개념은 당시 아주 빠르면서도 광범위하게 보급되는 중이었다. 1890년대에 이러한 새로운 심리학을 선도한 것은 장 마르탱 샤르코(Jean-Martin Charcot* 1825~1893 현대 신경학의 기초를 세운 프랑스의 의학교육자 · 의사)와 이폴리트 베른하임(Hippolyte Bernheim* 1840~1919 정신의학자, 심리학자)이다. 데보라 실버맨(Debora silverman* 1954~ 미술사가)은 그들의 심리학이 실내장식의 변용에 직접 관계한 세 가지 측면을 거론하고 있다.

우선 첫 번째로, 1880년대 말 국가의 쇠퇴를 둘러싼 광범위한 정치적 논의에서 대도시의 과잉된 감각적 자극이 국민에게 '신경쇠약'을 일으키는 요인으로 간주되었던 점. 정신적인 감각 과민이나 육체 피로를 징후로 하는 신경쇠약은 샤르코의 신경 병리학에 관한 연구에서 시작되었으며, 공쿠르나 위스망스, 또는 에밀 졸라(Emile Zola* 1840~1902 프랑스의 소설가) 등의 문학자들에 의해 문학작품에도 도입됐다. 그것이 이제는 나라 전체의 쇠퇴를 나타내는 집단적인 질병으로 자리 잡게 된 것이다. 이러한 경향의 정점을 이룬 것이 1892년에 독일에서 간행된 막스 노르다우(Max Simon Nordau* 1849~1923 헝가리 출신의 유대계 독일인 의사 · 작가)의 저서 『퇴폐(*Die Entartung*)』(1892)(프랑스어 번역판은 1894년 간행)였다. 이와 같은 움직임 속에서 수공예로 이루어진 유기적 형태의 실내장식은 도시 공간에서 피폐해진 신경을 위로하는 마취약으로 선전되었다.

그러나 두 번째 측면으로서, 새로운 심리학적인 식견이 실내장식의 실천과 정신 내부의 불안정한 유동성을 끊기 어려울 정도로 결합함으로써, 실내 공간은 더는 안정된 구체적인 안식처가 되지 않는다. 최면술을 이용한 분석을 통해 샤르코는 시각적 이미지가 히스테리 환자에게 유달리 강한 영향력을 가지고 있다는 점, 또한 히스테리 환자가 이미지의 투영으로 내적 비전(vision)의 외면화(外面化)를 실행하고 있다는 점을 발견했다. 샤르코 자신은 이러한 현상을 히스테리 환자의 신경조직 내부에서 질환으로 되돌리는 병적인 상태라고 했지만, 베른하임은 여기에 반론하여 정상적인 사람들도 마찬가지로 암시나 최면에 걸릴 수 있다는 점, 이미지에 의한 암시의 특별한 힘이나 시각적인 것의 외면화는 정상적인 주체의 특징이기도 하다는 점을 명확하게 밝혔다. 외계(外界)는 자극의 격렬한 흐름이며, 그것에 대해 개인은 예측할 수 없는 이미지를 통해 반응하고, 그 이미지를 외부로 향해 투영함으로써 자신의 내적 비전에 맞는 환경을 형성해 간다. 감각적인 환영은 히스테리 환자에 한정된 것이 아니라, 모든 개인의 일상적인 상태 일부이다. 최면술이나 암시를 비롯한 신경심리학적 연구에 관한 화제는 저널리즘이나 소설가뿐만이 아니라, 앙리 베르그송(Henri Bergson* 1859~1941 프랑스의 철학자)과 같은 철학자의 깊은 관심을 끌게 되었다. 대도시의 감각적인 과잉 자극으로부터 도피할 수 있는 피난처를 실내에서 발견할 수 있다고 하더라도, 그 실내를 안정되고 정적이며 역사적인 장식을 이용하여 꾸미는 것은 더 이상 불가능했다. 1890년대까지 실내는 주관과 대상이 역동적으로 관계를 맺는 장소가 되어 있었기 때문이다. 이러한 경우 외부 환경으로부터 암시적인 힘을 활용할 수 있도록 내적인 비전이 실내장식의 형태를 취하여 외계로 투영되고 있었다.

마지막으로 실내 디자인과 새로운 심리학의 결합은 임상심리학자 샤르코가 실제로 장식 예술에 관여함으로써 보증되었다. 샤르코는 마차를 제작하는 장인의 아들이었으며, 어린 시절부터 마차를 꾸미는 장식 모티브의 데생을 직접 담당하고 있었다. 프랑스 파리에 있는 살페트리에르(Pitié-Salpêtrière) 병원의 히스테리 환자를 촬영한 『사진도상집(寫眞圖像集)』이나 폴 리셰(Paul Richer* 1849~1933 프랑스의 생리학자)와 공동 집필한 『예술에 나타나는 빙의(신들림)』에 표현된 시각적 이미지에 대한 샤르코의 강렬한 관심은 잘 알려져 있다. 게다가 그 스스로 히스테리 환자에게만 한정된 병적 현상으로서 파악한 내적 비전의 환시(幻視)는 사실은 그 자신으로서는 매우 친숙한 경험이었다.

한편 아내와 두 명의 딸이 모여 함께 만든 '공방' 에서는 샤르코의 디자인에 맞추어 다양한 장식품을 생산했다. 그 모티브는 과거의 장식 양식과 그 자신의 예술적 몽상의 융합이다. 그러한 장식품에는 가족과의 추억이 가득 형상화되어 있으며, 공방은 가족이 제작한 장식품으로 이루어진 지극히 사적인 의미로 충만한 실내였다.

집의 정면인 파사드에 박아 넣은 자기판(磁器板)에는 알브레히트 뒤러(Albrecht Dürer* 1471~1528 독일 르네상스의 대표적 화가)의《바보들의 배(Das Narrenschiff)》(1494)에 바탕을 둔 광기와 죽음을 비롯하여, 샤르코가 발견한 히스테리의 여러 형태가 출몰하고 있었다고 한다. 역사 취미적인 요소의 배후에서는 환상적으로 뒤얽힌 나뭇잎과 철 세공품으로 만들어진 아라베스크의 지그재그 선이 불규칙적이고 동적인 환기력(喚起力)이 있는 이미지를 만들어 내면서 실내를 활성화 시키고 있다. 그러한 디자인을 새롭게 창출해 내기 위해, 이 장식가가 모르핀을 비롯한 강력한 마약에 의존하고 있었다는 증언도 있다.

샤르코가 꿈꾸어 온 공방의 실내는 예술에 열중했던 젊은 날에 꿈꿨던 환상의 재현이기도 했다. 1890년대의 의학생으로서, 그는 멋쟁이(dandy)나 방랑자(bohemian) 중의 한 명이 되고자 했다. 1853년에 샤르코는 해시시를 흡입한 후, 한 장의 데생(dessin)〔그림 1〕을 그리고 있다.

> 마약의 효력이 나타나기 시작하자, 곧바로 차례차례로 변화하는 혼란스러운 비전이 그〔샤르코〕의 머리에 떠올랐다. 그는 차츰차츰 기묘해져서, 점차 판독하기 힘들어진 문자로 특징을 기록해두기 시작했다. (……) 그 후로 단어는 읽을 수 없게 된다. 문자는 확실히 길고 가늘어지고, 지그재그나 나선형으로 일그러지며, 서로 뒤얽힌 문양을 이루어서, 잎이나 꽃잎이나 건축 모티브의 형태로 변형하여… 더 이상 문자가 아니게 된다. 페이지 전체가 선(線)으로만 묘사하여 그림을 그리는 선묘(線描)로 뒤덮여 있다. 이상한 용(龍)이나 찌푸린 얼굴의 괴물, 지리멸렬한 인물들이 서로 겹쳐지고, 서로 뒤얽히고, 구불거리며, 끔찍한 소용돌이가 되어, 히에로니무스 보스(Hieronymus Bosch* 1450경~1516 네덜란드의 화가)나 자크 칼로(Jacques Callot* 1592경~1635 프랑스의 판화

[그림 1] J. M. 샤르코, 해시시 흡입 실험에 의한 환상적인 데생, 1853년.

가)의 묵시록적인 세계를 떠올리게 한다.[18)]

남겨진 데생에는 확실히 가지각색의 크기나 용모의 인물상 이외에 몇 가지 괴물처럼 보이는 존재도 만화 같은 필치로 그려져 있다. 선묘로 그려진 윤곽은 장식적인 문양과 서로 뒤섞여 있고, 연속된 전체를 이루어서 화면을 가득 채우려 하고 있다. 문자가 차츰 변형하여 그래픽과 일체화하고 있는 문장을 화면의 왼쪽 위에서부터 오른쪽으로 더듬어가 보면 다음과 같다.

이 무슨 혼란스러운 관념인지, 하지만 이 얼마나 기분 좋은 꽃 장식(* 꽃을 엮어서 밧줄처럼 만든 서양의 축제 장식)인가 …… 다만 그것은, 완전히 …… 의지를 벗어나 있지는 않은 …… 페니스(penis)에 대해 생각한다. …… 클레오파트라 …… I love you my Jenny Road …… 내가 접한 모든 것이 전기를 머금은 공

기에 에워싸여져 있고 …… 하지만 …… 하지만[19)]

샤르코의 이러한 데생은 에밀 갈레(Charles Martin Émile Gallé* 1846~1904 프랑스의 유리공예 디자이너이며 기술 혁신의 선구자)가 유리로 만들어진 물주전자를 디자인할 때 의식적인 사유 없이 종이 위에 풀어 놓은 아래와 같은 상상력의 산물과 유사하다.

생각지도 못하게, 모든 종류의 이상한 기호가 종이 위에서 형태를 갖추기 시작했다. 야행성 동물의 기묘한 특성을 가진 어떤 종류의 생명체가 그 생존 조건에 수수께끼 같은 알 수 없는 방식으로 적응하고 있다. 하나의 눈, 유충(幼蟲)의 흰 눈, 외투를 걸친 익족동물(翼足動物* Pteropoda 복족강 후새아강의 작은 해산 연체류. 바다나비라고도 하며, 자유롭게 헤엄치는 것이 특징인 원양의 바다 달팽이와 바다 민달팽이 분류군), 원원류(原猿類* 원숭이목靈長類 중 진원숭이류에 대하여 원시적인 원숭이류의 총칭)의 망령, 유령, 흡혈귀, 야행성 맹금류 등이다. 이러한 형상을 그리기 위해서는 유리 장인의 도구가 아니라, 호쿠사이(葛飾北齋* 1760~1849 에도 후기의 풍속화가)의 붓, 수많은 악마가 모이는 고야(Francisco Goya* 1746~1828 스페인의 대표적인 낭만주의 화가이자 판화가, 궁정화가)의 연필, 그리고 오딜롱 르동(Odilon Redon* 1840~1916 프랑스의 상징주의 화가)의 악몽이 필요할 것이다.[20)]

갈레는 마약이 아니라, 빅토르 위고(Victor-Marie Hugo* 1802~1885 프랑스의 소설가이자 시인 겸 극작가)의 시를 환시의 계기로 삼고 있다. 시가 가지고 있는 주문과 같은 힘이 최면술이나 암시처럼 작용하고, 시각적인 연상을 유발하고 있었던 것이다. 갈레는 샤르코의 신경쇠약 이론이나 베른하임의 암시 이론을 알고 있었던 것으로 생각된다. 그것들을 바탕으로 하여 이론을 무장한 갈레는, 실내를 마치 암시를 위한 방으로 바꿔버린 것 같은 작품을 창조해 가려고 했다. 모티브가 된 식물의 잎맥(葉脈)은 신경에 비유되어 있으며, 그 곡선은 미묘하게 진동함으로써, 감상하는 자의 신경을 자극하여 공명(共振)시켜야 했다. 유리 제품에는 신경의 긴장이 투영되었다. 갈레에게 장식예술은 신경의 진동에 응답하여 떨면서 전율하는 비물질적인 힘의 매체이어야만 하는 것이다.

아르누보는 선(線)의 예술이다. 그중에서도 식물적 추상무늬 일반을 의미하는 '아라베스크'의 개념이 그 양식을 보다 더 적확하게 표현한다. 이미 포가 「실내장식의 철학(The Philosophy of Furniture)」(1840)에서 아라베스크에 대한 편애를 고백하고 있으며, 보들레르는 아라베스크를 가장 관념적, 가장 정신적인 문양이라고 부르고 있었다. 그리고 동시에 세기말 무렵 아라베스크는 미묘하게 진동하는 감각신경의 표현이기도 했던 것이다. 이것은 프랑스에만 국한되지 않는다. 빈 분리파(Wien Secession* 1897년 오스트리아의 빈에서 건축, 공예, 회화 등 다방면에 걸쳐 일어났던 혁신적 예술 운동)의 기관지 『베르 사크룸(*Ver Sacrum*)』에서 1899년에 일본 미술을 논한 에른스트 슈어(Ernst Schur* 1876~1912 독일의 작사가, 예술저자, 비평가)는, "두뇌의 예술"인 유럽의 미술에 "신경의 예술"인 일본 미술을 서로 맞세워 대치하고 있다. 이 때 일본 미술은 무엇보다도 우선, 아라베스크적인 선묘성(線描性)으로 그 특징이 부각되고 있었다.[21]

아르누보의 최종적인 야심은 실내뿐만 아니라, 도시의 전역을 아라베스크 문양으로 다 채워 넣어서, 건축물의 장식과 인간의 감각신경 사이에 미세한 진동의 공명을 일으키는 것이었다고 말할 수 있을지도 모른다. 그러한 공명에 의해 도시는 암시로 가득 찬 공간이 된다. 사람들은 그곳에서 과잉된 감각 자극 대신에, 장식에 의한 최면술에 이끌리게 되고, 권태를 겉 거죽으로 삼은 꿈을 꾼다. 벤야민은 19세기 파리의 집단에 있어서는 파사주가 이미 그러한 강력하고도 암시적인 실내 공간이었음을 파악하고 있었다.

지멜의 에세이 「대도시와 정신생활」은 1880~90년대 프랑스의 대도시와 신경쇠약을 둘러싼 논의의 문제 설정과 상통하는 부분이 있으면서도, 실내로의 피난을 촉구하지 않고, 노상에서 일어나는 무감각성의 발생(그것은 신경의 과잉된 고양에 기인한다)에 대도시의 고유한 합리성의 발로를 확인하고 있었다. 내부에서는 계차(階差* 수열에서 연속하는 두 항의 차이)를 많이 사용하는 미궁(迷宮)적인 공간을 구성하면서, 하얗고 편편한 파사드를 설치함으로써 외부를 향해서는 아무것도 말하려고 하지 않는 아돌프 로스(Adolf Loos* 1870~1933 오스트리아의 건축가)의 건축은, 과잉 자극에 대한 방위기제(防衛機制* 두렵거나 불쾌한 일 또는 욕구 불만의 상태에 부딪쳤을 때, 자기 자신을 지키기 위해 자동적으로 취하는 적응 행위)로서의 이러한 무관심함을 연기하는 댄디즘(dandyism* 겉치레나 허세 따위로 멋을 부리려는 경향)의 산물이다. 한편 「장식과 범죄」(1908)를 필두로 하는 그의 장식 부정론은 유겐트스틸(Jugendstil* 독일어로 '젊은이의 양식youth style' 이라는 의미이며, 프랑스에서 아르누보가 유행되던 시기인 1895~1912년에 독일에서 일어난 디자인 양식, 아르누보보다는 훨씬 절제된 완만한 곡선을 특징으로 한다)(독일어권의 아르누보)에서 보이는 장식과 감각신경과의 유착에, 본래 외부로 나타나지 않아야 할 욕망이 밖으로 드러난 신경증적인 쇠약을 간파하고 있다는 점에서, 노르다우의 『퇴폐』와 무관하지 않다. 장식과 문신을 동일시하고, 문신한 현대인은 범죄자라고 일방적으로 단정 지어버리려 하는, 범죄학자 체사레 롬브로소(Cesare Lombroso* 1836~1909 이탈리아의 정신병학자. 범죄인류학을 창시)를 연상시키는 로스의 주장에는 그러한 유사성이 나타나고 있다. 여기서도 장식론은 정신 병리학과 깊이 관련되어 있다. 그리고 이러한 논의가 정신분석과 연관된 것은 말할 필요도 없다. 로스에게 있어서 현대의 유겐트스틸과도 같은 장식은, 프로이트가 말하는 "억압된 것의 회귀" 임에 분명했다.

그렇지만 이 점에 대해서는, 빈의 미하엘 광장(Michaelerplatz)에 세워진 로스의 건물(통칭 「로스 하우스」)이 그 장식이 없는 파사드 때문에 빈 시민들의 '신경' 을 거슬리게 자극하고, 다른 장식적인 건축물보다도 훨씬 흥분시켰다는 사실이야말로 병리학적으로 흥미가 깊다. 그것은 마치, 빈 시민이 일제히 '광장공포(Agoraphobia* 사람들이 밀집한 장소, 광장, 공공의 장소 등에 혼자 나갈 때, 까닭 없이 공포감을 느끼는 증상)' 에 빠져서 패닉을 일으킨 것 같다.

'광장공포' 라는 명칭은 1860년대부터 베를린과 빈에서 보고된 병증(病症)의 예에 대해, 1871년에 베를린의 심리학자 칼 오토 베스트팔(Carl Otto Westphal* 1800~1879)이 붙인 이름이다. 이 병증은, 도시의 광장을 가로지르거나, 도로를 걸어갈 때 휩싸이게 되는 격심한 불안이며, 심장의 두근거림이나 떨림 등을 동반한다. 이러한 광장공포는 인기척이 없는 장소뿐만 아니라, 많은 사람들로 가득 찬 혼잡한 도시 공간에서도 발생했다.[22)]

광장공포 증세가 있는 환자에게는 광장이나 건축물 그 자체가 애초에 불안의 요인이 아니며, 금지된 욕망이나 내면적인 위기가 환유적(換喩* 어떤 사물이나 사실을 표현하기 위하여 그것과 가까운 다른 낱말을 사용)으로 외부 세계에 투영되고 있는 것이다. 따라서 건축물이 도상학적 요소가 미리 가득 채워진 장식 과잉적인 파사드처럼 타자에 의해 규정된 대상임을 포기하고, 무장식적인 평면성에 의해 욕망이 투영되는 스크린이라는 점을 있는 그대로 명백하게 내보일 때 사람들은 자기 자신의 극복되지 않은 욕망과 더 직접적으로 마주 보게 될 것이다. 그런 의미에서 외르크 글라이터(Jörg H. Gleiter* 독일의 건축이론가)가 지적하고 있듯이, "무례하고 살집이 좋은 창부" 라던가, "노골적으로 드러낸 상반신" 등으로 불린 로스 하우스(Looshaus* 1910년 아돌프 로스가 지은 단순하고 근대적인 흰 벽의 건물)의 파사드가 환기하는 성적인 이미지는, 연상에 의한 것이라기보다는 사회적으로 억압된 욕망의 환유적인 투영에 의한 회귀인 것이다.[23)]

샤르코를 비롯한 심리학과 실내장식의 결합에서 출발하여 지멜의 대도시론이나 『파사주론』, 그리고 로스에 의한 장식 부정론이나 광장공포에 이르기까지 그 자취를 더듬어서 찾아온 것은 이른바, 도시의 신경 병리학이다. 이러한 시점이 품고 있던 가능성을 바바라 마리아 스태퍼드가 제창한 "신경계 미학(Neuronal Aesthetics)"을 흉내 내어, "신경계 도시론(Neuronal Urban Studies)"이라고 부르고 싶다. 그것은 벤야민 등 여러 연구자들이 통찰했던 도시와 인간 신체의 상호작용을 뇌 신경과학으로 연결하려는 시도이다.[24)] 이 때, 그것들을 이어주는 경첩의 역할을 해낸 것이 19세기 말의 신경쇠약을 둘러싼 논의를 단서로 삼아 찾아낸 도시와 신체의 '크라이시스(crisis* 위기, 공황)' 이다. 왜냐하면 그곳에서만, 이 양자 상호작용의 장이 되는, 신체의 피부와 도시의 피부가 만나는 경계면이 분명하게 겉으로 나타나 있기 때문이다.

군중의 회귀

여기에서는 이러한 시점에서 출발하여 도시에 관한 한 가지 별개의 다른 공포증을 거론하고 싶다. 그것은 바로 군중공포 혹은 접촉공포이다.

클로드 르포르(Claude Lefort* 1924~2010 프랑스의 정치철학자)는 스승인 메를로퐁티의 '살'의 사상을 독자적인 정치철학으로 발전시키던 중에, 유기적 통일성을 가진 표상('몸')의 형태는 이미 근대 민주주의 사회의 '살'을 얻을 수 없지만, 뿔뿔이 흩어져 있는 개인에 이르기까지 환원되어버린 상태도 아닌, 중간적인 차원에 위치하는 것으로 파악하고 있다. 일찍이 군주를 통해 체현되고 있던 권력은 사회에게 몸을 내주고 있다. 민주주의는 그 권력의 장소를 비워두고 있다. 따라서 민주주의 사회에 유기적 전체성의 표상으로서의 '몸'은 결여되어 있다. '살'은 거기에서 발생한 "표상할 수 없는 것" 그 자체의 이름임이 분명하다.[25)]

사회적인 것이 비(非)신체화 되어 정치의 신체를 확정할 수 없게 되는 것과 병행하여, 근대 민주주의 사회는 군중 속에서 자신을 잃어버리는 공포라고 하는 패닉(panic) 심리를 낳는다. 그러나 엘리아스 카네티(Elias Canetti* 1905~1994 불가리아 태생의 작가, 사상가)가 접촉공포에 대해 말했듯이, 이 공포는 군중 속에서야말로 그 반대적인 상태로 변화시킬 수 있다. 패닉 심리 자체가 애초에 접촉공포의 산물이지만, 그 공포로부터의 결정적인 해방은 육체와 육체가 양쪽에서 서로 미는 것처럼 틈새 없이 밀착되어 있는 군중 속에 몸을 두었을 때 비로소 찾아온다.

> 한 사람의 인간이 한 번 군중에게 몸을 던지자마자 곧 그는 그 접촉을 두려워하지 않게 된다. 이상적인 경우에는 모든 사람이 그곳에서 평등해진다. 어떠한 차별도, 성별조차도 전혀 문제가 되지 않는다. 사람들을 누르고 있는 자도, 사람들 자신과 같은 행동을 하고 있는 것에 지나지 않는다. 사람들은 그를, 자기 자신을 느끼는 것과 같이 느낀다. 그때 갑자기 모든 일이 마치 하나의 육체의 내부에서 발생했을 때처럼 일어나는 것이다.[26)]

여기에서는 군중이라는 집단의 촉각성을 통한 집단적 이미지의 생성을 서술하고 있다. 사회를 유기적인 통일체로서 표상하는 신체가 상실되었을 때, 촉각적 접촉을 매개로 하여 하나의 집합적 육체의 환상이 새롭게 만들어진다. 근대의 여명에 우뚝 솟은 그러한 환상으로서, 영국 국왕이 참수된 뒤 국왕의 자리가 비어 있던 공위(空位)의 시대에 쓰인 홉스

(Thomas Hobbes* 1588~1679 영국의 철학자)의 『리바이어던(*Leviathan** 리바이어던이란 『구약성서』「욥기」에 등장하는 거대한 영생 동물의 이름이며, 리바이어던의 속표지에는 인민이 뭉쳐서 만들어낸 거대한 인간형의 존재가 산 너머에서 도시를 굽어보는 모습이 그려져 있다)』(1651)의 속표지 그림을 떠올릴 수 있을 것이다. 밀집된 몸으로 이루어진 그 거인상은 군중에 의해 형성된 무시무시한 국가 기계(國家機械* 홉스, 강력한 기계와 같은 국가)라고 하는 "죽음을 면할 수 없는 신(The mortal God)"의 이미지이다.[27)]

군중의 한 가운데에서 "표상할 수 없는 것"이 표상된다. 미나토 치히로(港千尋* 1960~ 평론가, 사진가)는 군중의 문제가 '피부'를 둘러싼 촉각 문화론과 더불어, 훌륭한 '이미지' 창조(즉 '창상(創像* 이미지 창조라는 뜻으로 저자가 쓰고 있는 표현)')에 대한 문제라는 사실을 『군중론(群衆論)』(1991) 이외에도 다면적으로 분명히 밝혀 왔다. 『군중론』이 쓰인 1991년의 시점에서 미나토는 형상(像)을 창조하는 테크놀러지가 세계 이미지 시스템으로의 흡수 통합을 지향하는 정보 시스템의 상부에 대한 움직임과 환경에서 신체로, 신체에서 신경 회로로 향해 가는 정보 시스템의 하부로 집중된 움직임의 두 가지 벡터(Vektor* 크기와 방향을 가진 양. 힘 · 속도 · 가속도 등을 이것으로 나타냄)를 가지고 있음을 확인하고 있다. 전자는 전자 네트워크에 의한 동시적 지각의 체제를 확대하고, 이미지 창조 행위는 그 시스템에 접촉되어 잠재적인 관객 수를 날이 갈수록 더욱 더 증대시켜 간다. 후자의 경향으로는 이미지 창조(창상) 행위의 기점이 점점 표현자 자신의 신체 및 신체 운동에 놓이게 되고, 인지 메커니즘의 연구나 가상 환경 시스템의 실험이 그것을 보강한다. 세계 시스템과 신경 시스템의 두 방향을 향하고 있는 이러한 지향성은 십수 년 후의 현재에도 변함없으며, 오히려 인터넷의 보급이나 뇌과학의 급속한 발전으로 더욱 강해졌다 해도 과언이 아닐 것이다. 그리고 그것들은 이미지 창조의 가능성에 대한 확장과 함께 권력에 의한 군중 관리의 강화에도 기여할 수 있는 테크놀러지이다. 『군중론』의 말미에서 미나토는 "군중에 의한 해방"에 대해 이렇게 말하고 있다.

> 군중 속에서 거리가 사라질 때, 그것은 어찌 되었든 합리적 이성의 종착역이 된다. 거기에서는 사고하고 드러내어 상징하는 합리적 이성을 가진 주체는 소멸한다. 플라톤에게서 그 기원을 찾을 수 있으며, 군집심리학에 의해 군중=악이 된 것은 이 합리적 이성의 소멸에 대한 저항이었지만, 이 종국(終局)의 순간에 비로소 우리들의 시작이 존재한다. 이 극적인 순간에는 심리적 해방 이상의 것이 포함되어있다. 이 순간에는 모든 사회적인 조건부(條件附)로부터의 해방의 가능성이 감추어져 있다. 합리적 이성을 비판하고, 그 표징(表徵) 체계를 해체하려 한다면, 군중에 의한 접촉공포에 대한 해방의 가치를 정당하게 평가해야만 한다. 부품화하여 분열을 반복하는 인간에게 통일을 가져오는 군중 체험의, 정치적 재이용과 차이의 확대 재생산을 직시하고, 접촉공포의 선동을 탄압해야만 한다. (……) 우리들의 전략은 이 순간을 군중에 의해 진정한 해방으로 인정함으로써, 변신에 타고난 자유로운 신체에 새로운 인식의 문을 가리키는 것이 될 것이다.[28)]

이미 보았듯이, 이러한 해방의 순간을 "신체 · 이미지 공간"에 나타나는 "세속적 계시" 도래의 시기로 서술하고 있었던 것이, 1920년대 말의 벤야민이었다. 이를 위한 방법이 19세기 말의 신경 시스템의 탐구와 교차하고 있었던 것은 벤야민도 역시 샤르코와 마찬가지로 파사주나 메스칼린(mescaline* 선인장 따위에 함유된 알칼로이드의 하나. 마취성이 있고, 정신을 항진(亢進)시키는 작용이 있다)의 흡입 실험을 시행하면서, 도취 경험의 기억〔그림 2〕를 남기고 있다는 점에서도 알 수 있다. 「마약 도취 노트」에서 벤야민은 "장식을 만들어내고 있는 전반적인 상황에서 마약을 이용하여 느닷없이 가장 접근 곤란한 숨겨진 표면의 세계로 들어간다고 하는 의식이야말로 마약의 정당성을 후세에까지 보증하는 것이다"[29]라고 쓰고 있다.

장식이 마약 도취에 부여하는 상상력의 특징은 그것이 언제나 시리즈의 형태로 나타난다는 점이다. 마약 흡입자에게 상상력이 언제나 대상을 — 특히 작은 대상을 — 시리즈의 형태로 게시하는 것은 이상하다. 마약 흡입자의 눈앞에서 항상 전개되는 여러 가지 문양 — 그것은 도구류이기도 하고, 작은 동물이기도 하고, 식물의 형태가 되기도 했지만 — 은 어떠한 의미로는 원시시대 장식 중 아직 형태를 갖추지 않은 다른 형태(異形)의 도안을 대변하는 것이다.[30]

[그림 2] 발터 벤야민, 메스칼린 흡입 실험에 관한 속필(速筆). 1934년 "양(schaf)", "나의(mein)", "선잠(Schl fchen)" 등의 단어가 자장가처럼 반복되고 있다. 벤야민은 여기서 태아의 형상이 반복해서 나타나 있는 점에 주목하고 있다.

벤야민의 노트에 쓰인 기술을 통해서는 파사주에 표현된 유랑자의 도취 등이 이러한 마약 경험을 통해 전해지고 있다는 것을 알아차릴 수 있다. 마약에 의한 도취가 도시에서 군중의 한 가운데에서 느끼는 황홀함과 연결되는 유사한 현상을 미나토는 시인 앙리 미쇼(Henri Michaux* 1899~1984 프랑스의 시인, 화가)의 메스칼린 실험에서 확인하고 있다. 미나토는 메스칼린 복용을 통해 미쇼가 본 스펙터클(spectacle)적인 환각의 특징으로서, "끝없는 지그재그의 움직임", "현미경적 · 대도시적 · 우주적", "홍수 · 침략 · 역학", "색의 범람" 등의 단어를 골라내어, 그 속에서 군중의 속성 및 군중을 형용하는 요소를 발견하고 있다.[31] 진동하는 지그재그 선이 엮어내는 환각 속에서 그린 데생(그림 3)에 대해 미쇼는 스스로 이렇게 말하고 있다.

> 그리고나서 최초의 선을 그리는 동시에, 거기에서 겹쳐져 지그재그로 움직이는 다른 한 무리가 보이기 시작했다. 아주 작고 많아서, 내가 선묘한 것보다도 훨씬 빠르다. 초대받지 않은 존재, 인간인가, 아니면 작은 동물인가, 서두르고 있는 거대한 군중의 전위(前衛)부대가 내 쪽으로, 혹은 페이지 쪽으로, 혹은 데생이 있는 장소 쪽을 향해 온다.[32]

미쇼는 "신경의 가장 깊은 곳에 군중을 발견했다"[33]고 미나토는 말한다. 이러한 체험 이후, 미쇼의 데생에서는 선의 진동이 점점 촘촘해지고, 여백도 사라질 정도로 밀도가 높아져서, 종이 전체를 뒤덮게 된다. 군중의 증식이 진행된다. 미쇼는 마치 "군중의 에너지에 이끌리듯이, 아니면 군중이 있는 곳에 도달하기 위해"[34] 계속 그렸던 것으로 보인다.

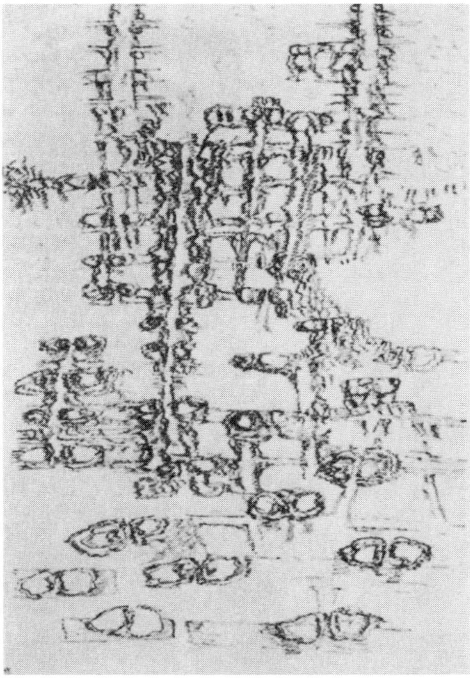

[그림 3] 앙리 미쇼, 메스칼린 실험에 의한 데생, 1959년.

여기에서 군중론은 장식론과 만난다. 마약 도취 속에서 신경 시스템 내부에 발견된 증식하는 군중이란 "원시시대 장식 중 아직 형태를 갖추지 않은 다른 형태의 도안"이다. 샤르코와 갈레는 마약이나 시의 주문에 의한 이러한 도취로부터, 미묘하게 흔들려 진동하는 선이 그려내는 장식 문양을 뽑아서 자아 내려한다. 그것은 바로 도시로부터의 피난소인 실내에 재현되어 회귀한 군중이다.

이러한 군중이라는 '이미지' 속에 집단적인 신체 공간으로서의 이미지 공간이 열려 있다. 1920~30년대 세계 시스템의 테크놀러지는 틸러 걸즈(Tiller Girls* 1900년대 유행했던 영국의 댄스그룹)의 댄스에서부터 나치의 당대회(党大會) 연출에 이르기까지, 지크프리트 크라카우어가 "대중의 장식"(그것은 '군중'의 장식이다)이라고 불렀던 이미지에 의한 군중 관리를 고안해 냈다. 이에 반해 도취의, 또는 세속적 계시의 전략은 신경계의 첨단에서 증식하는 군중이라고 하는 장식을 발견했다. 벤야민에게는 "집단에서 나타나는 모든 신체적인 신경 자극"이 방전되는 신체·이미지 공간의 동시대적인 모델은 바로, 변신 능력을 갖춘 장식적 동물인 미키 마우스가 마음껏 힘을 발휘하여 활약하는 영화관이었다. 다른 한편으로 『파사주론』은 파리의 쉬르레알리슴적인 모습을 찾아서, 파사주를 비롯한 19세기의 도취적인 도시 공간의 이미지를 끝없이 재구성해 가게 된다.

이미지 창조의 테크놀러지가 세계 이미지·시스템으로의 흡수 통합을 목표로 하는 글로벌화와, 환경에서 신체, 신경 회로로 향하는 뇌과학에 의한 세밀화의 두 방향으로 급격히 전개되어가는 시대에 즈음하여, 신경계 도시론의 과제는 신경계의 말단과 세계 시스템이 서로 뒤얽히는 '육체'로서의 신체·이미지 공간을 개척하는 데에 있다. 도시라는 꿈 꿔왔던 "오래된 공간"과 "가장 망각되어 있는 타향"(벤야민 「프란츠 카프카(Franz Kafka)」)[35]인 우리들의 몸이 만나는 장소에 잠재하는 군중의 혁명적 에너지가 새로운 도취의 기법을 인식하는 신경 병리학에서 발견되어야만 한다. 여기에서 더듬어 가며 살펴본 것은, 아직 형태를 갖추지 않은 그러한 이론을 예감하게 하는 사상의 계보가 그려진 역사의 아라베스크였다.

| 보론 3 |

신경계 이미지학(image學)을 향해서

도상적 전회(圖像的轉回)의 제도적 조건

문화론에서 무게중심이 언어 텍스트에서 시각적 이미지로 이행함으로써, 1990년대 초반에 에르빈 파노프스키(Erwin Panofsky* 1892~1968 독일 출신 미술사가)의 이코놀로지(iconology* 도상 해석학. 작품의 성립 기반을 그 문화적 · 시대적 배경에 비추어 연구하는 학문)를 쇄신해야 할 '시각적 전회(pictorial turn)' (W. T. J. 미첼* William John Thomas Mitchell 1942~ 미국의 미술사학자)으로 평가하고 있다. 게다가 고트프리트 뵘(Gottfried Benn* 1886~1956 독일의 대표적인 표현주의 시인)이 1994년에 고안한 '도상적 전회(iconic turn)' 라는 명칭이 원래의 해석학적인 이유를 상실하였으며, 특히 독일의 학계를 중심으로 '회화적 전회' 처럼 미술사를 넘어선, 보다 광범한 이미지학의 도래를 알리는 슬로건(slogan)으로 변하기에 이르렀다.[1)]

이러한 주제를 둘러싼 학제적인 논문집의 서문에서 미술사학가 호르스트 브레데캄프(Horst Bredekamp* 1947~ 독일의 예술역사가)는 도상적 전회의 3가지의 근원으로서, 사진의 탄생이나 인터넷의 등장과 더불어, 찰스 다윈(Charles Robert Darwin* 1809~1882 영국의 생물학자이자 지질학자)의 이름을 거론하면서, 규칙성을 한눈에 명확하게 하는 도상 다이어그램(diagram* 도표)의 매개로 진화론이 전개된 경위를 강조하고 있다.[2)] 예술 작품뿐만 아니라 오히려 그것은 자연과학의 영역에서의 이미징(imaging)이 도상적 전회로 도달하는 거대한 모멘트(moment)라는 사실을 나타내고 있다.

다윈의 예를 들 필요도 없이, (시각적으로) 보는 쾌락을 추구한 18세기의 테크놀러지가 이미 시각화의 아트=사이언스(art=science) 복합체를 형성하여, 언어로 환원되지 않는 이미지의 지식에 대해 현대인에게 많은 것을 가르치고 있다고 바바라 마리아 스태퍼드는 말한다.[3)] 20세기 프랑스 사상에 나타나는 시각성의 경시에 대한 마틴 제이(Martyn Jay* 1944~ 미국의 역사학자)의 비판적 고찰과 축을 같이하여, 스태퍼드는 '언어에 미친' 포스트구조주의(Post-structuralism)나 탈구축(脫構築) 비평으로부터의 결별과 속임수나 사기 등의 나쁜 성격을 부여받아온 이미지, 외관, 시각화의 가치 복권을 호소한다. 이러한 현상 인식에 의하면, 뉴아트 히스토리(New Art History)에 이르기까지 예전의 낡은 방식을 고수하는 언설로의 우회가 미술사학을 침투하고 있으며, 이로 인해 시각적으로 변용을 이루어 가고 있는 분야나 직능에 대한 공헌의 기회를 스스로 자진해서 잃어버리고 있는 것이다.

도상적 전회에 대한 논의이든, 시각적 지식의 가치 회복과 초영역적(超領域的)인 이미징(imaging) 과학의 창조를 제창하는 스태퍼드의 공론가적(空論家的)인 선언이든, 모두 다 고등교육의 영역에서의 인문학, 그중에서도 미술사학의 생존을 건 패러다임(paradigm* 한 시대의 사람들의 견해나 사고를 근본적으로 규정하고 있는 인식의 체계) 전환의 시도이다. 추상적인 것을 구체화하고, 쾌락을 주는 이미지의 놀라울만한 힘으로 한 번 더 되돌아가라고 스태퍼드는 말한다. 이미지로 에워싸인 환경 속에서 실천적인 안내자가 될 수 있는 지식이 요구되고 있다. 이미지의 과학은 그 자체가 목적인 이상으로, 예를 들면 교육, 의료, 법조 등의 장에서 활용할 수 있어야 한다.

속 시원하고 도발적인 실용주의(pragmatism)이다. 이와 같은 공론가적인 제언(提言)은 1990년대 이후의 미국에서 발생하는 인문과학의 제도적인 위기에서 비롯되고 있지만, 이러한 사정은 일본도 마찬가지이다. 아니, 문제의 자각에 관한 시간차(스태퍼드의 『굿 루킹(*Good Looking*)』 원저 출판은 1996년)를 포함해서, 이곳의 상황이 훨씬 심각하다고 해야 할 것이다. 각 분야에서 개별적으로 전개되고 있는 연구의 가치를 폄하하는 것이 아니며, 어디까지나 거시적(巨視的 macro)인 제도론(制度論)에 지나지 않을지도 모른다. 그러나 스태퍼드가 새로운 이미지학의 구상에 도달하기까지 구체적인 제도적 현실에서 출발했듯이, 우선 음미해야 할 것은 제도의 실효성이며, 최종적으로 바꾸어야 할 것은 그 실천의 형태일 것이다.

작품의 작가와 제작 연도의 확정에만 한정되거나, 혹은 동시대의 작품 수용을 언설 분석으로 명확히 밝히는 것에만 국한된 연구가 정통적인 것처럼 버젓이 통용되는 상황에서 도상적 전회나 초영역적 이미지학을 유입한다 해도 겉돌 뿐이다. 다만 문화자원학(文化資源學)이라는 새로운 학문 분야(discipline)의 등장에서 알 수 있듯이, 그러한 정통적 미술사학은 해체 과정 중에 있으며, 미술 작품의 '자원' 으로서의 가치에 대한 의식을 분명하게 밝힌 이 학문(거기에서도 일종의 프래그머티즘이 확인된다)으로 '정통' 의 핵심을 인도하려 할지도 모른다. 한편 미술사의 그 외의 다른 부분은 '시각 연구(Visual Studies)', '시각 문화론', '표상 문화론', '이미지

인류학' 등으로 대체되거나, 영역을 침식당하고 있다.

근대 미술사학 발상지이자, 이러한 학문 분야가 아카데미즘의 내부에서 비교적 견고하게 제도화된 독일에서는 *Kunstgeschichte. Eine Einfuhrung*(* 미술사의 소개: 저자 Herausgegeben von Hans Belting, 2005)라는 미술사학의 입문서가 있으며, 1985년의 초판간행 이래 2003년의 제6판까지 증보와 개정을 반복하고 있다.[4] 제3판과 최종판의 항목을 비교해보면, 미술사라는 학문의 대상 규정이나 개별 작품의 검증 방법에 대해서는 거의 변화가 없지만, 해석 방법의 섹션(section)에서 대폭적인 교체가 일어나고 있다. 형식 분석, 이코노그래피(Iconography* 도해, 도상화) 및 이코놀러지(iconology* 도상 해석학 : 작품의 성립 기반을 그 문화적 · 시대적 배경에 비추어 연구하는 학문), 해석학, 작품이 수행하는 기능의 콘텍스트 분석, 수용(受容) 미학, 사회사적 어프로치에 대해서는, 어느 쪽이든 모두 포함되어 있다. 한편 예술심리학이나 기호론의 해설은 삭제되고, 페미니즘 비평의 항목에는 '젠더론(gender論)' 의 명칭이 추가되었다.

주목해야 할 것은 새로운 항목으로 '신경계 이미지학(Neuronale Bildwissenschaften)', '이미지 미디어(Bildmedien)', 그리고 '포스트 모던(Post-modern) 현상과 뉴아트 히스토리(New Art History)' 가 추가된 점이다. 예술심리학이 신경계 이미지학으로 대체되고, 기호론이 마찬가지로 신경계 이미지학과 이미지 미디어에 흡수되었다는 점이 아닐까? 미술사의 하부구조와 상부구조의 관계나 학문 체계 전체의 재편성과 역학 관계의 변화가 강요하는 디시플린 개혁의 동향이 엿보인다. 보수적인 부분을 많이 남겨두는 독일 미술사학이 가장 먼저, 입문서에서마저 해석의 차원에서 끊임없이 방법론적인 궤도 수정을 하는 것이다.

여기에서 '신경계 이미지학' 으로 명명되어 있는 것은 미술사학을 중심으로 생각하면 어떤 의미에서 전통적인 감각 · 지각 생리학(知覺生理學)과의 결합의 연장선상에서, 뇌과학의 현저한 발전에 의한 성과에 기반을 두는 이미지 현상의 본질을 찾으려는 시도이다. 이 항목의 집필자인 카를 크라우스베르크(Karl Clausberg* 1938~ 독일의 예술역사가)는, 르네 마그리트(René Magritte* 1898~1967 벨기에의 초현실주의 화가)의 회화에 관한 스테레오스코프적인 구성과 19세기 뇌과학으로부터의 영향을 지적함으로써, 과학사와 미디어사, 기술사가 서로 뒤얽힌 영역에 미술사가 기여할 가능성을 제시하였다.[5] 이러한 예시가 시사하고 있듯이, 크라우스베르크가 생각하는 신경계 이미지학은 미술사를 시각 표현의 실험 결과가 축적된 방대한 아카이브(archive* 많은 기록 및 파일을 압축하여 하나로 저장한 것)로서 파악하고, 그 샘플과 뇌과학의 식견을 대조하는 것에 의해, 지금까지 미술사가 다루어 오지 않았던 이미지의 의미의 층인, 표상으로서의 이미지가 생성하는 차원을 밝히는 행위로 구상되고 있다.

『신경계 미술사(神經系美術史)』라는 제목 붙여진 크라우스베르크의 논문집에 수록된 연구도 마그리트나 달리(Salvador Dali* 1904~1989 스페인의 화가), 또는「빈 창세기(Wiener Genesis)」, 벨라스케스(Diego Rodríguez de Silvay Velázquez* 1599~1660 스페인의 화가)의《라스 매니나스(Las Meninas)》(1656) 등의 작품을 신경 과학의 시점에서 해독하는 식의 방법으로 쓰여 있다. 스태퍼드는「신경계 미학-인지적 이미지의 역사를 향해서」라는 제목의 논문에서 이 새로운 미학 혹은 이미지학의 과제는 생명과학의 성과를 문화적 실천에 도입함과 동시에, 역사적 인식을 둘러싼 인문학의 지식을 현대의 인지과학과 관련짓는 것이라고 말하고 있다.[6] 그러한 가교적인 시험의 일환으로 스태퍼드는 18~19세기 영국의 연상주의(連想主義* 영국의 경험론 및 연상학파의 영향을 받아 발전하였으며, 처음에는 의식 내용의 여러 단위가 시공적 접근이나 유사 · 대비를 기본으로 한 연합 원리에 의해서 결합한다고 주장하는 연상심리학을 가리킴)에 신경 다위니즘(Darwinism* 생물 진화의 요인에 관한 다윈의 설, 특히 자연도태설)의 신경군(群) 도태 이론과 연결되는 의론 구성을 발견하고, 그것과 병행한 18세기의 호가스(William Hogarth* 1697~1764 영국의 화가. 날카로운 관찰로 풍자적인 풍속화나 판화를 그림)에서 그뢰즈(Jean-Baptiste Greuze* 1725~1805 프랑스의 화가. 당시의 서민 사회 풍속을 감상적으로 그림)에 이르는 회화에서 나타나는 감정을 강조한 몸짓과 감상적인 허구의 산문성을, 이른바 '거울 뉴런(Mirror neuron* 다른 사람의 몸짓을 보거나 말을 듣는 것만으로 마치 자신이 직접 행동하거나 겪은 것과 같은 느낌을 받게 하는 신경세포)' 에 관한 뇌과학의 식견과 대조하고 있다. 낭만주의의 풍경화도 역시, 관찰되는 외계와 내면에서의 그 시뮬레이션 사이에 일치를 이루게 하려는 화가의 노력의 산물이며, 그 형식적인 측면의 분석이 인지 과정의 과학적인 이해에 공헌할 수 있다고 지적되어 있다.

시각성 그 자체를 반성하는 방향으로 전개되어 온 근대 이후의 미술이 심리학이나 지각 생리학과 교차하여, 마그리트(혹은 뒤샹Henri Robert Marcel Duchamp* 1887~1968 프랑스의 화가)의 경우와 같이 노골적으로 시각을 둘러싼 과학 실험의 기색을 띠는 것은 당연하다고 할 수 있다. 크라우스베르크나 스태퍼드의 논의는 뇌과학 등과 미술사와의 접합을 너무 성급하게 추구한 나머지, 미술 작품이 과학 이론의 도해처럼 보이는 것이 난점(難點)이다. 그것은 미술사에서의 도상의 축적을 카탈로그화(化) 하는 것으로 끝나버릴 수도 있다. 그러한 방향이 아니라, 뇌과학이나 인지과학 그 자체가 미술 작품이라고 하는 인공적으로 형성된 도상 속에, 스태퍼드가 시사하는 것과 같은 인지 행위의 변증법적 과정을 발견할 수 있을지를 탐구 영역으로 삼아야 하지 않을까?

아비 바르부르크와 증상(症狀)의 시간

브레데캄프가 도상적 전회의 연원(淵源) 중 하나로 생각한 다윈에게, 매우 중요한 이미지란 동물이나 인간의 표정이었다. 이러한 연구가 미술사를 대신할 이미지학의 선도자인 아비 바르부르크의 '정념정형(情念定型 Pathosformel)' 이라는 개념에 끼친 영향은 널리 생물학과 미술사와의 관계를 재고하는 데에 있어 참조할만한 가치가 있다. 『인간 및 동물의 표정』에서 다윈이 주목한 것은 지극히 경미하고 순간적인 표정의 동물과 거기에서 동정이나 상상이 빚어내는 변형 작용의 역할이었다. 이 연구에 착수할 즈음에 다윈은 유명한 미술 작품의 사진이나 판화를 조사했지만, 대부분 얻은 것이 없었다고 서술하고 있다. 이와 같이 다윈이 포기한 장소에서 바르부르크가 발견한 것이 '정념정형' 이라 불리는 몸짓 표현이었다.

다윈의 저작에서 분석되는 것은 털을 곤두세운 고양이, 원숭이의 경련적인 웃음, 정신병 환자인 노인에게 전기 자극을 가하여 인공적으로 만들어 낸 공포의 표정 등이다. 조르주 디디 위베르만(Georges Didi-Huberman* 1953~ 프랑스의 미술사학자, 철학자)은 바르부르크가 그것을 통해 "표현적 몸짓의 변증법적 원리"[7]를 발견했다고 말한다. 그것이 변증법적인 이유는, 정념적인 움직임 속에 서로 모순되는 세 가지의 과정을 결합시키고 있기 때문이다. 그 세 가지는 다윈이 "표정의 일반 원칙" 이라고 부르는 "각인(刻印)", "치환(置換)", "상반(相反)" 이다.

"각인" 이란 신체적 몸짓에 대한 신경계의 직접 작용이며, 의지나 습관으로부터는 독립된 부분이다. 그것은 인간의 표현 행위를 조작하는 무의식의 기억을 생리학적으로 지탱하고 있다. "치환" 은 동일한 정신 상태가 유발될 때 아무런 도움이 되지 않아도, 같은 행위를 야기하여 몸짓을 관장하는 습관적인 연합의 힘이다. "상반"은 연합 프로세스의 반전 능력을 암시하며, 어떤 몸짓이 생리학적으로 불필요할 뿐만 아니라, 역설적으로 그 표현 능력 그 자체를 강조하는 결과가 되는 작용이다. 구체적으로 말하자면, 어떠한 정신 상태와 몸짓이 습관화되어 연합을 이루고 있을 때 그것과 정반대의 정신 상태가 유발된 경우에는 이것과 반대로 아무런 도움도 되지 않는 불수의적(不隨意的)인 운동이 발생한다. 그리고 그 운동은 지극히 '표현적'인 것이 될 수 있다.

다윈은 유전적으로 계승되어온 표현적 몸짓의 생물학적 필연성을 인정하는 한편으로 더 많은 몸짓이 생물학적으로 무용하다는 것을 이해하고 있었다. 다음은 디디 위베르만의 바르부르크론에서 인용한 문장이다.

> 무의식의 기억은 표현 운동의 원초성을 영속화해 현재화하지만, 그러한 표현 운동을 — 연합과 상반이라는 과정을 거쳐 — 그 직접적 필연성으로부터 풀어놓는 것이다. 바르부르크라면 아마도 그것은 다양한 표현 운동을 문화의 모든 영역에서 조작 가능한 정형으로 변형한다고 말할 것이다.[8)]

이탈리아 르네상스의 미술에서 바르부르크가 발견하였으며, 격렬한 감정을 나타내기 위해 종종 이용된 정형적 몸짓의 표현인 '정념정형'은, 형태를 통해서 정동의 환기를 강화하는 한편, 의미 작용에서 발생하는 전도(轉倒)나 모순에 대한 무감각을 동반한다. 고대 이교(異教)의 마이나데스(Mainades* 광란하는 여인들)의 거동이 수태(受胎)를 통보하는 천사의 몸짓으로 전용 가능했던 것도 그 때문이다.

바르부르크가 여기에서 문제 삼고 있는 것은 이미지의 역사적인 기억이다. 다윈의 생물학상 논의는 이미지의 역사, 이미지가 숨어서 보이지 않게 잠재시키는 시간성을 둘러싼 고찰로 결부되는 것이다. 신경계 이미지학에 있어서도 신경 과학의 패러다임 영역 내에서 역사를 어떻게 취급하는지가 과제가 되고 있음이 분명하다. 크라우스베르크의 『신경계 미술사』처럼 미술사와 과학사를 병렬적으로 조율하는 것이 아니라, 이미지에 내재하는 논리에 의해 역사의 시간성을 다시 묻는 점에 오히려 그 초점이 있다. 역사의 규범적인 시간성을 온존(溫存)한 상태에서는 신경계 이미지학은 고작 뇌과학의 식견에 합치하는 사례를 제공하는 도상 카탈로그 만들기나, 과학사의 보조가 될 수밖에 없을 것이다.

이미지의 시간, 기억 속에 남아있는 이미지의 잔존과 그 재출현의 시간성은 언어에 의해 엮어지는 역사의 선형성(線形性)을 교란하고, 역사적 시간이 다른 차원을 드러낸다. — 이와 같은 이미지의 시간성을 선구적으로 거론한 것이 바르부르크였으며, 그 성과를 충분히 이해하고 음미하여, 미술사에 관한 시간 모델의 비판적인 검토를 반복해온 것이 디디 위베르만이다. "고대의 잔존(Nachleben der Antike)"은 바르부르크에 의한 시도를 관통하는 말이다. 이 '잔존'의 개념은 목적론이나 진화·진보의 관념과는 무관하며, 오히려 "살아있는 화석"이 가리키듯이 역사적 시간이 복잡하게 얽히고설킴을 의미한다. 디디 위베르만은 바르부르크의 이러한 개념 속에서, 이미지에 고유의 시간 모델로서의 아나크로니즘(anachro-nism)을 읽고 있다. 역사 속에서 잔존의 시간성으로는 장기적으로 잠복했던 것이 돌연 재출현한다. 바르부르크가 분석한 예시를 들어 말해보면, 15세기의 페라라(Ferrara* 이탈리아의 북부지역) 스키파노이아(Palazzo Schifanoia) 궁의 벽면에 그려진 인물상에, 시간적으로나 공간적으로 멀리 떨어진 인도의 점성술의 이미지가 깃들어 있는 것과 같다.

물론 거기에는 연대순으로(chronological) 역행할 수 있는 과거에 위치하는 원형으로부터 전승과 변형을 거치는 역사적 과정이 존재한다. 그러나 모든 것이 같은 과정을 통해 전승되는 것이 아닌 이상 특정의 대상이 선택적으로 잔존하며, 거기에 다시 변형이 더해지고 있다는 사실 그 자체가 분석의 주제가 되어야만 한다. 『어둠의 역사』에서 카를로 긴즈부르그는 이 문제를, 역사와 형태학의 상극(相剋)을 내포한 결절점(結節点)으로 간주하고 있다. 긴즈부르그는 광범한 통시태를 대상으로 한 비교 연구를 통해서는 유질동상(類質同像somorphism* 서로 비슷한 화학 조성을 가진 광물들이 동일한 결정 구조를 가지는 것)이 동일성의 기초가 되고, 그 반대는 아니라고 지적한다.[9] 고대의 원형은 유질동상을 통한, 이른바 "가족적 유사성"으로서 사후(事後)로 발견되는 것이므로, 유전적으로 계승되어 가는 무의식 상태의 융(Jung)적 원형은 아니다.

한편 디디 위베르만은 여기에서 정신분석적인 '증상(symptome)'의 시간성을 본다. 흔히 지적되기도 하는데, 샤르코에 의해 기록된 히스테리적 신체의 타블로와 바르부르크의 정념정형의 유사성을 둘러싸고, 디디 위베르만은 오히려 여기에 존재하는 결정적인 차이를 통해 바르부르크와 프로이트의 공통성을 부각시키고 있다. 샤르코의 경우에는 증상의 차이가 히스테리 환자의 신체가 나타내는 규칙적인 타블로와 질병 분류학으로 최종적으로 환원되어버리는 것에 반해, 바르부르크의 정념정형은 양식사(史)적인 규칙성을 파쇄하고 시대마다 상이한, 의미의 중층결정(中層決定)에 일임되어 있는 점이 특징이다. 마찬가지로 샤르코의 이른바 '도상학주의(圖像學主義)'를 뛰어넘어, 중층결정을 통한 히스테리 증상의 이론을 구축한 것이 바로 프로이트이다. 프로이트에게 있어서 히스테리적 신체가 나타내는 증상은 안정된 타블로가 아니라, 복수의 극성(極性)을 지니고 상반되는 방향으로 향하는 힘이 잠깐 균형을 이룬 불안정한 타협의 산물이었다.[10]

증상이 가지고 있는 시간성은 아나크로니즘이다. 그것은 바로 무의식 속에서 작동하는 중층결정의 시간적 양상이다. 무의식적인 기억은 증상의 순간에 비로소 파악되는 것이며, 그 속에서는 이질적인 복수의 시간성이 복잡하게 뒤얽혀 있다. 증상의 역사에 작용하는 '트라우마(trauma)' 의 무의식적 기억에 대해 '사후성(事後性)' 이 지니고 있는 관계는, 바르부르크가 말하는 '잔존' 이 이미지의 역사적 기억에 대해 가지고 있는 관계와 대응한다. 억압된 과거가 사후적으로만 트라우마로 변하는 것과 마찬가지로, 고전 속의 고대 님프(Nymph)의 몸짓이 증상으로서의 정념정형으로 바뀌는 것은 어디까지나 사후적으로 이탈리아 · 르네상스에서 일어난다. 문제는 이러한 "다름을 내포한 반복" 이었다. 바르부르르크의 탐구는 집단적인 "표현의 역사 심리학" 이었지만, 그 탐구에서는 역사적 시간의 관념이 심적인 증상의 시간에 의해 착란을 일으키게 된다. 그리고 프로이트도 역시, 영향력을 가진 망각과 그 무의식적 기호를 둘러싼 '증상' 의 역사로서, 스스로 『모세와 일신교(*Moses and Monotheism*)』(1938)를 쓸 수밖에 없었다.

신경계 이미지학을 통해 역사를 둘러싼 인문지식(해석학)과 뇌과학(자연과학)의 가교가 될 수 있다면 그것은 이러한 '역사 심리학' 을 재개할 수 있을 것이다. 바로 스태퍼드가 "인지적 이미지의 역사" 라고 불렀던 행보이다. 여기에서 밝혀져야 할 것은 뇌과학으로부터 이미지 현상을 파악해 갈 때 발견되는 시간성이, 역사가 의거하는 인과성의 시간 모델과 서로 일치되어 조화를 이루는지에 관한 부분이다.

이미지의 징후적(徵候的) 지식을 향해

널리 알려진 신경생리학자 벤저민 리벳(Benjamin Libet* 1916~2007 미국의 의사, 생리학자)의 실험은 감각과 그 의식적 경험의 사이에는 '시간의 앞당김' 이라는 기묘한 현상이 있다는 사실을 밝혔다. 외계로부터 받은 피부 자극이 뇌에서 의식으로 전달되기 위해서는 0.5초의 지연이 존재함에도 불구하고, 주관적으로는 자극과 거의 동시에 의식적인 자각(awareness* 自覺, 認知)이 발생한 것처럼 느껴진다. 이러한 의식을 동반한 감각 경험은 시간을 거슬러 올라가서 마치 뇌의 내부 현상에 선행하고 있는 것처럼 경험되고 있다. 이것을 "주관적 시간 소급(遡及)" 이라 부른다.[11)]

기무라 빈(木村敏* 1931~ 일본의 의학자, 정신과 의사)은 인간도 생물의 일종으로서 "개체 이전" "개별화 이전" 의 종적(種的) · 본능적인 감각이나 행동을 버추얼(virtual)한 방법으로 보존하고 있다고 파악하고 있다. 그리고 이 "이전" 이란 발생적 · 계보적(genealogique)인 의미로 인간의 "이전" 에만 한정되지 않고, 그때마다 경험 속에서 시간적인 "이전" 일 수도 있는데, 그것 역시 계측할 수 있을지 모르는 일이며, 리벳의 실험은 그러한 견해를 지지하고 있다고 말한다.[12)]

리벳에 의하면, 주관적 시간 소급을 담당하고 있는 것은 "특수 투사계(投射系)" 라고 불리는 계통 발생적으로는 새로운 경로이다. 기무라는 이러한 측면을 통해, 주관적 시간 소급의 수정을 받기 전의 무의식적인 자극 감수(感受)를 전달하고 있는 경로가 계통 발생적으로 오래되었으며, 인간 이외의 동물과 공통된 것이기도 하다고 추정한다. 기무라의 말을 인용하면 다음과 같다.

이 버추얼한 감각은 인간의 집단행동에 대해서는 집단 전체의 주체성으로 흡수되어버는, 개별 주체 성립 이전의 기저층에서 수용될 것이다. 이에 비해, 감각이 '지금 현재 느껴지고 있다'는 실제적(actual)인 현전 의식(現前意識)은, 무의식에서 버추얼한 '집단 감각'과 의식에 표상된 '개체 감각'의 엇갈림 그 자체로서 성립하며, 또한 이 엇갈림은 성립함과 동시에 '주관적 시간 소행(溯行)'의 기제(機制* 인간의 행동에 영향을 미치는 심리의 작용이나 원리)에 의해 실질적으로 소거된다. 바꾸어 말하면, 실제적인 현전 의식은 성립하자마자 즉시 대상 의식(對象意識)의 리얼리티에 의해 은폐된다.[13)]

인간의 자아가 지각하고 의식한 외계의 대상은 리얼리티로 인지되지만, 이러한 의식적 표상적인 경험 이전에 이미 대상과의 생명적인 연관성이 있으며, 자신 혹은 신체라고 하는 양의적(兩義的)인 매개를 거침으로써, 인간의 경험에 우연히 얼굴을 비춘다. 이와 같이 한순간 번뜩이는 실제적 본질(virtuality)의 "비항상적(非恒常的)인 시작"과 함께 현실의 실상(actuality)이 발생하며, 그것이 리얼리티의 생성을 촉발하여 리얼리티에 빈틈없이 들러붙는 형태로 그 자신을 현재화하는 것이다.

리얼리티가 현전하는 대상의 의식이라면, 여기에서 서술되고 있는 버추얼리티 및 액추얼리티를 둘러싼 논의는 나카이 히사오가 "눈앞의 현실 주변에 길게 꼬리를 끌고 있는 것"으로서의 예감과 징후, 여운과 색인에 대해 전개하고 있는 사색과 연결되는 것이다. 예감과 징후는 모두 미래와 관련되어 있으며, 여운과 색인은 과거와 관계되어 있다. 그것들은 재(在)와 부재(不在)의 갈림길에서 계속적으로 명멸하고 있으며, 무언가 전모를 알지 못한 채로, 그런데도 무시할 수 없는 무언가를 암시하고 있는 기척 혹은 표시이다.[14)]

나카이는 통합실조증 친화자의 행동 특성과 우울증 친화자의 행동 특성이 각각 미분회로, 적분회로와 유사한 점에 주목하고 있다. 미분회로적 인지는 예감 · 징후적으로 미세한 차이를 미리 파악하려고 한다. 그것을 무리하게 증폭시키면 회로는 즉시 불안정한 상태가 된다. 이에 반해, 적분회로적 인지는 자극의 입력에 대해 과거의 축적된 모든 체험을 참조하기 위해 회로로서는 안정되어 있지만, '시간이 지연' 되기 쉽다. 또한 여기에 대비시켜서, 외계의 자극 강도를 대수(對數)로 변환하여 인지하는 '베버-페히너 법칙(Weber-Fechner law)' 이 알맞게 들어맞는 통상의 인지는 '비례회로적 인지' 라고 불린다.

이른바 세계는 비례회로적 인지시스템의 세계(비례세계)이며, 미분회로적 인지나 적분회로적 인지를 통해 분명히 알 수 있는 것은 이 세계와의 관계에서는 '메타 세계' 로 칭해야 한다는 점이다. 예감이나 징후는 미분적 메타 세계와 통하며, 여운과 색인은 적분적 메타 세계의 문을 연다. 그리고 꿈의 탐구나 과거의 개인적 기억을 더듬어가는 행위는 징후와 색인이 거의 하나가 되어 징후=색인이라 부를 수 있는 것과 더없이 가까운 미분=적분적 메타 세계로의 접근이라고 한다.

나카이는 미분회로적 인지가 과거의 데이터를 필요로 하지 않는다는 점에서 개체 발생적으로 선행할 것으로 생각하고 있으며, 또한 작은 뉴런으로 슬기롭고 날렵하게 행동해야 하는 작은 동물은 장치가 작아도 되는 이 인지 쪽이 더 우수하다며 진화론적인 선행성도 추측하고 있다. 변화만을 선별하여 가까운 미래의 동향을 예측하는 미분회로적 인지는 움직이는 것만을 인지하는 개구리를 필두로, 생명으로서는 계통 발생적으로 상당히 오래된 것으로 생각된다. 그렇다면 기무라가 대상과의 버츄얼한 "생명적 관계" 라고 부르는 차원에 가까울지도 모른다.

이미지의 인지에도 예감 · 징후의 미분적 메타 세계와 색인 · 여운의 적분적 메타 세계로의 확장이 수반될 것이다. 나카이는 문학에서 예를 들면서, 프루스트의 『잃어버린 시간을 찾아서(*Á la recherche du temps perdu*)』(1913~1927)는 적분적 메타 세계의 색인이며, 한편 시(詩)가 언어의 징후 우위적 사용에 의해 만들어진 것이라고 말한다. 조이스(James Augustine Aloysius Joyce* 1882~1941 아일랜드의 더블린 출신의 소설가, 시인, 극작가)의 『율리시스(*Ulysses*)』(1922)에는 개인적 적분 세계와 서구 세계의 초개인적인 기억이 서로 겹쳐져 있으며, 『피네건스 웨이크(*Finnegans Wake*)』는 한층 더 색인이 징후가 되는 꿈과 유사한 메타 세계로 접근하고 있다. 같은 형태의 관계를 몇 가지의 미술 작품에 대해서 지적하는 것도 가능할 것이다. 하지만 원래 꿈의 세계가 먼저 언어를 이미지로 번역해서 표현하듯이, 언어 이상의 이미지는 징후와 색인의 양쪽에 걸쳐있는 성격을 강하게 나타내고 있음에 틀림없다.

그리고 이러한 이미지의 징후=색인화에 매우 민감한 역사학자가 바르부르크였다. 나카이는 통합실조증에서 나타나는 것과 같은 불안 없이 대상 세계가 징후화 하는 경우로, 사냥꾼의 "징후적 지식"을 언급하고 있다. 이것은 긴즈부르그가 역사학자, 의사, 탐정 등의 방법에 대한 선구(先驅)를 이루는 지식, 연역이나 귀납에 의한 과학과는 다른 지식의 형태로서 논해진 것이다.[15] 그것은 의식적인 방법론이 아니며, 숨겨진 것을 재빠르게 발견하는 "세렌디피티"에 의한 지식이다. 긴즈부르그의 징후적 지식의 개념을 둘러싸고는, 정신분석적인 '증상'의 인식 모델을 오해하고 있다는 디디 위베르만의 비판이 있지만[16], 그것은 징후의 해독에 관련되는 차원의 문제이고, 징후적 세부의 발견법 자체는 프로이트와도 통하고 있으며, 긴즈부르그는 바르부르크의 "신은 세부(細部)에 깃든다"를 밑바탕으로 하고 있다.

대상 세계인 이미지의 징후화는 바르부르크에게 불안을 동반하지 않는 것은 아니었다. 제1차 세계대전에서 독일이 패배하자 그는 수년간

통합실조증을 앓았으며, 이윽고 루트비히 빈스방거의 요양소에 들어가는 것이 된 경위가 그러한 사실을 증명하고 있다. 병에 걸리기 이전, 그는 스스로를 시각적 이미지의 비밀을 둘러싼 관념이라는 '트뤼프(truffe* 송로버섯. 주로 개나 돼지의 후각을 이용해서 채취함)' 에 흥분하는 돼지로 비유하고 있었다.[17] 징후화한 이미지를 앞에 두고, 이 사냥꾼으로서의 역사학자는 계통발생을 역행하여, 짐승 같아 보이고 본능적인, 이미지와의 "생명적 관계"에 사로잡혀 버리는 듯하다. 사냥감의 발자취를 교묘하게 발견해내는 사냥꾼의 인지는 들뜬 상태인 여기(勵起* 원자나 분자 안에 있는 전자가 에너지가 낮은 상태에 있다가 외부의 자극에 의하여 일정한 에너지를 흡수하고 보다 높은 에너지로 이동한 상태)된 버츄얼한 야생의 감각에 기반을 둔 것일지도 모른다. 어찌 되었든 이러한 메타 세계로 향하는 민감한 후각은 바르부르크가 유럽에서 이미지 기억의 징후=색인이 되는 세부를 발견하고, 문화사의 새로운 영역을 개척하는 사냥꾼이 되었다는 사실과 무관하지 않을 것이다. 나카이가 지적하듯이, 냄새와 관념은 유사하다. 그것은 의식을 습격하듯이 사람을 타격한다. 나카이의 말을 인용해 보자.

> 냄새도, 관념도, 지극히 작은 원인 물질에 의해 촉발된다. 관념도 지극히 사소한, 그리고 종종 의외인 원자에 의해 촉발된다. 결코 방법론으로 환원할 수 없다고 나는 생각한다. 채집 여행에 전문가와 동행해 보라. 버섯 찾기 명인의 뒤를 따라가 보라.[18]

예감과 징후, 여운과 색인을 둘러싼 나카이의 논의는, 인지에 있어서 주관적인 시간성과 깊이 관련되어 있다. 미분회로적 인지나 적분회로적 인지가 어느 것이든 모두 눈앞에 나타나는 세계를 향한 엇갈림으로써 매번 주체의 경험 속에서 메타 세계를 만들어 내는 것이라는 점으로 미루어 보아, 리벳의 실험에서처럼 그것이 무언가의 형태로 계측 가능성을 가지는 것도 생각해볼 수 있을 것이다.

신경계 이미지학이 전개되어야 할 장(場)은 메타 세계를 향한 팽창을 가진 이미지의 이러한 확장, 바꾸어 말하면 징후로서의 이미지와 색인으로서의 이미지 양쪽 모두를 포섭하는 영역이 아닐까? 뇌과학을 통한 주관적 경험의 시간성에 대한 해명을 새로운 "표현의 역사 심리학"으로 전개해 가기 위해서는 긴즈부르그가 지적한 바와 같이, 그 자체가 징후적인 지식이라는 사냥꾼의 세렌디피티를 역사 속에서 구사할 필요가 있다. 그것은 즉 대상 의식의 리얼리티에 도달하기까지의 주관적 시간 소급의 0.5초를 신축시키는 인지의 새로운 회로를 만드는 것이라고 할 수 있을지도 모른다.

도상적 전회에서 요구되는 것은 압도적인 규모로 증대하고 유통하는 이미지의 홍수 속에서, 이러한 종류의 세렌디피티를 가진 안내자의 역할을 완수하는 것이다. 미술사적인 이미지의 아카이브가 단지 그것만으로 이러한 안내자의 역할을 담당하지는 않는다. 이코노그래피나 이코놀러지로도 충분하지 않다. 그것은 이미지의, 이른바 '리터러시(literacy* 읽고 쓰는 능력)'를 말하기에는 알맞은 방법이지만, 이미지 속에서의 중층결정이나 증상의 시간성, 혹은 징후=색인화의 가능성을 생각하지 않기 때문이다. 미술 작품을 비롯하여, 눈앞에 나타나는 이미지가 문제의 중심이 아니다. 오히려, 이미지의 사후(死後)의 생이라고 불러야 할 사후성(事後性)에서의 증상화와 같은 심적(心的) 시간의 이론이나, 미분적 · 적분적 메타 세계로의 확장 속에서 이미지라는 현상을 파악하는 이론에 그 초점이 있다. 이미지를 단서로 하여 인문 지식에서 뇌과학 분야로 개입하고, 이러한 이미지의 탄생과 죽음, 발생과 소멸의 과정을 찾아낼 수 있는 징후적인 지식으로 뇌과학의 식견을 대담하게 변용시키는 것을 신경계 이미지학의 야심으로 삼아야 할 것이다.

제9장

도시의 애니미즘(animism)

신(神)의 원(原)풍경

어느 날 밤 보이기 시작한 무시무시한 무언가
그리고 그다음 순간에는 실루엣이 되어 그곳을 스쳐 지나간 군중에
지나지 않았던 무언가

– 이나가키 다루호(稲垣足穂* 1900~1977 오사카 출신의 소설가)

유사(類似)의 존재론

로제 카유아(Roger Caillois* 1913~1978 놀이 연구로 저명한 프랑스의 사회학자)는 『신화와 인간』(1938)에서 "동물계를 둘로 나누는 분기점이 된 진화 즉, 각각의 진화가 인간과 곤충으로 귀결하듯이, 가장 완성된 진화의 모델 두 개를 비교하면 단적으로 말해서 양쪽 중 한쪽의 행동과 다른 쪽의 신화 사이의 대응 관계를 찾아내는 것이 무모하지는 않을 것이다"[1]라고 주장하고 있다. 그가 여기에서 거론하고 있는 것은 사마귀이거나, 혹은 의태(擬態* 동물이 자신을 보호하거나 사냥을 위하여 색깔 · 형태 등을 주위의 것과 비슷하게 변화시키는 일)를 하는 다양한 생물들이다.

카유아는 사마귀가 신화나 민간전승 속에서 얼마나 광범위하게 나타나며, 사람들의 상상력을 강하게 몰아넣어 왔는지를 예를 들어 보여주고 있다. 그 예시가 곤충학자들이 이 벌레의 생태를 기술할 때, 객관적인 기술의 영역을 넘어서는 감정 표현으로까지 이어지고 있는 점을 통해서도 엿볼 수 있다. 이러한 경향은 특히 교미 중이거나 그 후에 암컷이 수컷을 먹어버리는 사마귀의 습성과 연관되어 있다. 카유아는 그것을 통해, 영양섭취와 섹스 사이에 깃들어 있는 깊은 관련성을 둘러싸고 인간이 다른 종의 생물 행동에 반응하여 환상이 형성되는 과정을 이해하고 있다.

즉 감정의 가장 의도적인 내재적 성질을 바깥 세계에서 물질적으로 실현한 일종의 객관적 표의문자로서 사마귀가 등장한다. 그것은 결코 놀랄만한 일이 아니다. 이러한 특수한 세계 속에서, 곤충의 행동에서 인간의 의식까지 길이 이어져 있기 때문이다. 암컷 사마귀는 그 수컷을 성교 중에 먹어버린다. 인간

남성은 여성이 그 팔 안으로 끌어당긴 뒤에 자신을 먹어버린다고 상상한다. 여기에 행위에서부터 표상에 이르는 차이가 존재하지만, 동일한 생물적 지향이 평행 관계를 구성하여 근사(近似) 현상을 결정한다.[2)]

사마귀에게 그 행동을 결정짓고 있는 생물학적 법칙이 인간에게는 표상만을 조건부로 하고 있다. 카유아는 인간의 원시적인 감정적 반응이 신화의 구성을 결정하고 있으며, 이 원시적인 감정적 반응이라는, 반은 생물학적이고 반은 심리학적인 요인의 배후에서 곤충의 본능적 행동과의 연속성을 발견하고 있는 것이다. 즉 상상력은 생물학적으로 조건이 정해져 있다.

카유아에 의하면, 이러한 시점에서 볼 때 곤충을 비롯한 인간 이외의 생물에 관한 의태는 인간의 정신쇠약에 대응하는 것으로 파악하고 있다. 의태는 바로 생물이 자신과 환경과의 구별을 해소하려는 활동이며, 환경으로의 동화이다. 가랑잎나비(학명 Kallima inachus* 네발나빗과의 나비)가 실물의 나뭇잎과 대칭되는 형태를 이루고, 그 아래 날개의 돌기가 잎자루와 같은 위치에 자리 잡는 것처럼 멈출 때, 그곳에는 마치 "공간의 유혹"이 작용하고 있는 것 같다고 카유아는 말한다.[3)] 그것은 순수한 공간으로의 회귀 현상이라고 간주할 수 있기 때문이다.

카유아는 여기에서 피에르 자네(Pierre Janet* 1859~1947 프랑스의 심리학자)의 연구를 참조하면서, 통합실조증 환자들에게 있어서 공간은 하나의 탐욕적인 힘이며, 공간은 그들을 쫓아다니면서 포위하고, 결국에는 먹어치우고 소화해 버리는 것이라고 말한다. 여기에서 공간으로의 동화에 의한 인격의 상실이 발생한다. 그것은 바로 공간에 신체가 대체된다는 경험이다.

그때 신체는 사고로부터 분리되고, 개인은 그 피부의 경계를 넘어서서, 오감의 맞은편에 머문다. 신체는 공간의 임의의 한 점에서 어떻게든 자신을 보려고 한다. 신체는 그 자체가 공간이 된 것같이 마치 물건을 놓아둘 수 없는 암흑 공간이 된 것처럼 느낀다. 신체는 닮았다. 무언가와 닮은 것이 아닌, 그저 단지 닮았을 뿐이다.[4]

이러한 유사 그 자체로서의 신체를 형태적으로 실현하고 있는 것이 바로 의태이다. 이때 대부분의 경우, 생명은 한 단계 후퇴하고, 결국은 부패한 생물이나 무기물로까지 동일화 해간다. 카유아처럼 그러한 경향성을 자기 포기 본능이라든지, 프로이트가 말하는 "죽음의 본능(충동)"이라고 부르며 일반화해야 하는지는 제쳐놓는다고 해도, 주목해야 할 것은 곤충 등의 생물의 의태와 신경쇠약이나 통합실조증이, 어느 쪽이든 모두 "공간의 유혹"과의 관계로 파악되고 있다는 점이다.

카유아의 이러한 입론에 대해, 19세기 말 샤르코 등 연구자들의 심리학에서 출발하는 도시인의 신경쇠약을 둘러싼 논의와 아르누보의 실내장식과의 밀접한 관계의 반영을 간파하는 것도 가능할 것이다.[5] 이 당시 실내장식이 신경쇠약의 완화에 도움이 된다고 생각하게 된 것은 여기에서 공간의 유혹력이 강하게 느껴지고 있다는 점을 나타내고 있다. 게다가 아르누보의 경우, 그 유혹력은 우거진 식물처럼 공간을 완전히 메우고 있는 장식 문양에 요구되고 있었다. 때로는 실내가 통합 예술 작품으로서, 일정한 양식으로 통일된 가구나 벽면 장식으로 장식되고, 거주인의 의복도 역시 같은 취급을 받았다.

사마귀가 거세 공포를 비롯한 환상의 "객관적 표의문자"였다면, 이러한 아르누보의 실내는 실내 공간 속으로 자신을 흔적도 없이 지워 없애고 싶다는 자기 소멸 충동의 "객관적 표의문자"였다고 해도 좋을 것이다. 즉 그것은 자신의 둥지와 동화되어 버리는 것과 같은 의태인 것이다. 이때 거주인의 신체는 유사 그 자체가 되려고 한다.

그런데 한편, 『메두사와 그 무리들(*Meduse et Cie*)』(1960)에서 카유아는 자신의 모습을 보이지 않게 하는 의태와 함께, 그것과는 정반대인 안상문(眼狀紋* eyespot 곤충의 눈 모양 무늬)에 의한 위협 작용을 거론하고 있다. 이 양쪽의 행동은 때로는 위장으로 몸을 숨기고, 위협 작용이 있는 무서운 모습으로 갑자기 출현하는 형태로 연결된다. 이 때 안상문은 인간의 가면에 대응한다. 가면은 괴물처럼 보이는 또 하나의 얼굴을 내보여서, 본래의 얼굴을 덮어 가림과 동시에 공포를 준다. 즉 이 책에서는 의태와 안상문의 두 가지 기능이 서로 연결되어 있다.

> 가면과 서로 마주할 때 나는 시선에서 벗어나면서, 소름이 끼칠 것 같은 구경거리로 말미암아 갑자기 그 시선에 기습을 가한다는 이중의 특성을 갖춘 이렇게도 많은 곤충들의 행동과 시위, 갑작스럽게 발생하는 위협, 경련, 몸놀림에 의한 의태, 변신 등을 같은 선상에 세워두고 생각할 수밖에 없었던 것이다.[6)]

인간의 가면과 안상문을 비롯한 곤충의 위협적 형태와의 유사는 공포를 주는 외관의 레퍼토리(repertory) 그 자체가 한정되어 있다는 점의 귀결이라고 카유아는 주장하고 있다. 예를 들어 악어의 머리와 닮은 돌기를 가진 꽃매미(琵琶羽衣* lantern fly 꽃매밋과에 속하는 열대산 멸구의 일종)는 악어를 모방한 것이 아니다. 위협 작용이 있는 형태의 두 가지 변형으로서 악어의 머리 부분과 꽃매미의 돌기가 각각 생겨났으며, 유사는 그 사후적인 결과에 지나지 않는다. 안상문도 마찬가지로 다른 생물의 눈의 모방이 아니라, 무늬가 지닌 효과에 근거한 같은 종류의 형태 형성에 의한다.

동물의 행동에 대해서 인간의 신화라는 대응에 관해 말해보면 의태는 모습을 감추는 망토나 샌들(sandal)의 전설로는 안상문은 말할 것도 없이, 사람을 돌로 바꾸어 버리는 메두사 신화와 연결된다. 그러나 의태와 실내장식, 위협적 형태와 가면이라는 관계에 대해서는 이미 곤충과 인간, 행동과 신화, 행위와 표상의 구별 자체가 사라진 것 같다(카유아는 악어의 머리 부분과 닮은 돌기를 "단호하게" 꽃매미의 가면이라고 부른다고 선언한다).[7] 어찌 되었든, 그러한 점에서 대응 관계가 있다는 것은 분명하다.

카유아처럼 여기에서 만약 "동일한 생물적 지향"을 설정한다면 그러한 지향성을 말하기 위해서는 자기 파괴 본능이나 죽음의 충동과 같은 일반 원리를 가정한, 어떠한 의인화에 의거한 것이 될 것이다. 그러나 이 의인화라는 것은 관점을 역전시키면 의(擬)곤충화이며, 결국은 인간의 행동이 곤충의 그것과, 곤충의 행동이 인간의 그것과 닮았다는 상호적인 유사 그 자체가 문제이므로, 그러한 유사를 어떻게 파악해야 할 것인가로 귀착된다.

카유아가 "대각선의 과학"이라고 부른 것은 이러한 유사를 다룰 수 있는 관점을 열어야 할 지식으로서 구상되고 있다. 그것은 한편으로는 근거가 없는 표면적인 유사라고 생각되는 것의 배후에서 공통되는 동일한 원리를 발견하려고 한다. 그중에서도 특히 인간과 곤충이라는 종(種)을 타고 넘은 유사성 이외에, 동물계 · 식물계 · 광물계 등 계(界)의 경계도 횡단하며, 그로 인해 보통은 각각의 계와 대응한 기존 과학의 구분을 밟고 넘어서 가는 것을 특징으로 하고 있다. 그러한 근원적 유사 현상의 한 가지가, 예를 들면 카유아가 거론한 대칭과 반(反)대칭의 문제였다.

대각선의 과학은 유사의 존재론이며, 새로운 기준으로 세계를 다시 파악하는 분류학이라고 할 수 있을 것이다. 그것은 매우 대담한 지적 모험으로 보이지만, 이러한 시도를 밑에서 떠받치고 있는 것은 카유아의 합리주의적 정신이다. 유사는 의인화를 동반하는 아날로지를 지속적으로 유발하며, 최종적으로는 안상문의 위협 작용과 같은 기본 원리를 통해 합리적인 설명을 제공할 수 있다. 그러므로 대각선의 과학은 지적 구조물로서는 대단히 안정적이다.

한편 여기서 주목하고 싶은 것은 카유아의 접근(approach) 그 자체도 역시 제시하고 있는, 말하자면 유사의 인식론이라고 부를만한 차원이다. 사마귀에게서 남자를 탐식하는 신화적인 여자 괴물의 모습을 발견하거나, 안상문을 가지고 있는 나방에게서 메두사의 머리를 찾아내는 이러한 놀라움으로 가득 찬 발견은 과연 무엇일까? 그것은 바로 아날로지 사고의 시초에 있는 경험을 묻는 것이다.

가미(カミ)의 공간 구조

이러한 점에서 "대각선의 과학"을 방법론적으로 자각하여 합리적으로 정리한 이후의 저작보다, 카유아의 처녀작이라고 불러도 좋은 『신화와 인간』에 글자 그대로 신화 및 신화의 발생을 실마리로 한 전개의 단서가 있을 것으로 생각된다. 카유아는 사마귀가 가지고 있는 감정에 직접 작용하는 능력을 지적하고, 그것이 기본적으로 자발적인 반응이므로 집단표상과 같은 공적인 매개 없이 압력을 가한다고 서술하고 있다. 그러한 경험은 신화 형성 이전의 것이다. 따라서 "사마귀 자체, 사회 결정이 신화의 구조를 확정하기 이전에, 틀림없이 발생 상태의 신화가 도대체 어떠한 것인지 상상하는 것을 도와주었을 것이다."[8] 여기에서 사마귀를 통해 상상할 수 있는 것은 발생 상태의 신화라는 것과 더불어 신화 발생의 현장이다.

그러므로 여기에서 '신(神)'으로부터는 구별된 '가미(カミ '神'의 일본어 음독)'라는 개념을 도입하고 싶다. 이러한 구별은 이와타 게이지(岩田慶治* 1922~2013 일본의 문화 인류학자)에 의거한다.[9] 가미는 시간을 정하지 않고 생활의 장에 출몰하며, 교의(教義)를 가지고 있지 않고, 문화적으로 충분히 상징되어 그려지지 않은 데에 비해, 신은 문화적인 의미와 언어의 장에 편성되어 있으며, 정해진 출현과 퇴출의 시간과 장소를 가지고 있다. 이러한 변별은 지금까지 샤머니즘(shamanism)이나 다신교, 일신교 이전의 미개한 신의 관념으로 간주되어 온 애니미즘(animism)의 가미 관념의 재평가와 연결되어 있다.

또한 이와타는 가미 관념이 아니라, 가미 그 자체의 발단이 어디에서 발견되는가를 묻고자 한다. 그때 실증적인 경험과학인 인류학의 입장에서 방법적인 모험이 필요하게 된다. 이러한 문제에 파고들기 위해서는 자기 자신의 경험에 근거를 두는 직관적인 추체험(追體驗)을 통해 가미가 출현하는 장소가 반복되어야만 한다고 이와타는 말한다. 이와 같은 직관이 지식인지, 그렇지 않으면 믿음인지 당장에는 알 수 없다. 하지만 어찌 되었든 그것이 필요불가결해지는 것은 이와타가 애니미즘의 가미 관념, 가미 경험을 성급하게 허구적인 것으로 간주하면 않으려 힘쓰고 있기 때문이다.

그렇다면 가미의 출현에 대해 어떠한 사실을 말할 수 있을까? 이와타는 우선 첫 번째로, 가미는 충격 중에 출현한다고 지적한다. 그 충격의 시점, 또는 그 장소는 출현한 듯싶더니 사라져 없어지는 덧없는 것이다. 그것은 아침 이슬처럼 나타났다가 사라진다.

> 놀라 흠칫하고, 멈춰 서서 꼼짝 않고 가만히 서 있기만 한다. 그때 그곳에서 이상하고 불가사의한 것을 건드린다. 혹은 대면한다. 바스락, 쌓인 마른 잎 속

에서 소리가 나고, 거기에서 도마뱀이 얼굴을 내밀었다. 이상하게 눈이 빛나는 뱀이 있었다. 바람도 없는데 어째서인지, 그곳만 나뭇잎의 수풀이 흔들린다. 또는 그곳에서 고요함을 기리며 마냥 앉아 있는 거지가 있다. 이들의 모습을 보고, 소리를 들으며 흠칫한다. 놀라서 그 장소에 빨려 들어감과 동시에, 말로는 표현할 수 없는 불가사의한 존재감을 느낀다. 만물의 생명의 깊은 바닥에 발이 닿은 것 같은 안도감을 느낀다.[10)]

그곳에서 직관되는 것은 자신과 뱀, 자신과 바람 소리, 자신과 그 거지라던가, 같은 하나의 궁극의 장소를 공유하고 있다는 사실이 아닐까? 하고 이와타는 말한다. 그때 자신이 회색의 눈을 가진 까마귀로 변신하여, 양쪽이 모두 서로 변환할 수 있는 장소가 열린다. 그곳에 가미가 출현하는 "불가사의한 장소" 의 구조가 있다.

이와타는 그 장소의 구조를 해명하는 단서를, 라오족(Lao族), 타이족(Thai族)에게 정령(精靈)을 의미하는 피(Phi)의 연구에서 얻고 있다. 그들은 거석(巨石), 거목(巨木), 강, 짐승 등의 생물, 무생물 모두에게 피가 머물고 있다고 생각한다. 호랑이의 신체에는 피(Phi) · 수아(호랑이)라고 하는 정령이, 산 정상 부근에는 피 · 도이(산)라고 하는 정령이 있다는 방식이다. 이러한 피(Phi) 관념을 분석한 결과로써 이와타가 얻은 결론은 언뜻 보기에는 모순되는 것 같은 다음의 두 가지 성격이다.

1. 피(Phi)는 형체를 벗어나지 않는다. 호랑이의 피(Phi)는 호랑이라는 형체로부터 분리되지 않으며, 어디까지나 호랑이와 한 몸이다.
2. 피(Phi)는 하나이다. 호랑이의 피도 까마귀의 피(Phi)도 모두 동일하다.

우선 첫 번째로, 피(Phi)는 겨자씨나 깨알처럼, 실제로는 존재하지 않는

극히 적은 물체에서는 존재할 수 없다. 피(Phi)가 오해에 기반을 둔 그러한 허구적 관념이 아니라면, 이 이율배반이 해결될 것 같은 구조가 거기에 존재해야만 한다. 이와타는 그것을 세계에 대한, 이원적이면서도 일원적인 접근 방법에서 발견한다. 하늘과 땅, 저 세상과 이 세상, 눈에 보이지 않는 세계와 눈에 보이는 세계, 형태와 그 형태를 지탱하는 것, 드러난 자연과 숨겨진 자연 등으로 표현되는 무늬(柄)와 바탕(地)으로 이루어지는 이원(二元)세계가 피(Phi)의 가미 관념으로는 봉쇄되어 있지만, 그곳에서 무늬(형태)란 바탕(형태가 없는 것)의 자기표현이다. 피(Phi)라고 하는 가미는 바탕을 이루는 숨겨진 자연의 별명이다. 몸집으로서의 가미는 천차만별이지만, 바탕으로서의 가미는 하나인 것이다.

> 가미는 허상(虛)이다. 그럼에도 불구하고, 그것이 때로는 까마귀가 되고, 도마뱀이 된다. 그러한 생물의 모습과는 별개의 것이 아니다. 별다른 것은 아니지만, 그것은 동시에 숨겨진 뒷면이며, 다른 세계이자, 허공이다.[11)]

숲의 어둠 속에서 갑자기 나타난 까마귀나 도마뱀과 대면한다. 그러자 그 생물들과 동시에 그 배경을 이루는 눈에는 보이지 않는 자연이 눈에 들어온다. 까마귀나 도마뱀은 이러한 피(Phi) 세계의 자기표현이 된다. 그러한 이원 세계의 열린 풍경을 단번에 파악할 수 있는 지식을 이와타는 "일상의 지식(知)"과는 다른 "어렴풋한 지식"으로 이름 붙이고 있다.[12)] 나카이 히사오의 표현을 빌리자면 그것은 "미분회로적 인지"로도 부를 수 있으며, 혹은 카를로 긴즈부르그의 말을 빌려서 "징후적인 지식"이라고도 부를 수 있을 것이다.[13)]

이것은 갑자기 나타난 동물들이나 갑작스러운 나뭇잎의 술렁거림 등의 국소적인 현상을 통해 보이지 않는 세계, 또는 다른 세계와 접촉하는 경험이다. 이와타는 우주비행사들이 우주 공간에서 경험한 신비경험을 인용한 뒤, 그곳에서 그들이 체험한 것과 같은 "진정한 공간"은, 도마뱀의 등이 푸르게 빛나고, 거미의 사체가 뒹굴고 있으며, 개미가 바쁘게 여기저기 돌아다니고, 지하의 무덤 속에는 죽은 자의 혼이 숨어 있는 듯한, 바로 거기 있는 국소(局所) 공간일 수도 있다고 지적한다. 그야말로 이와타가 말하는 "신(新)애니미즘"의 공간 구조이다. 가미와의 조우란 이러한 아주 작은 국소 공간과의 만남인 것이다.

이와타는 대학생을 대상으로 한 조사를 통해, 그러한 조우의 경험이 특수한 부족에게만 한정된 것은 아니라는 것을 "나(자기 자신)라고 하는 공간 구조"의 양상으로서 밝히고 있다. 그 설문은 바로 "마음속의 풍경" 또는 "나에게 원풍경(原風景)"은 무엇인가? 였다. 설문에 대한 회답을 정리하면 다음과 같은 세 가지 사항으로 요약할 수 있다.

1. 마이크로코스모스(Mikrokosmos* 소우주)로서의 고향과 그 상징으로서의 작은 생물들. 매미나 잠자리, 메뚜기, 투구벌레, 나비를 쫓아다니면서, 붙잡아서 놀았던 추억.
2. 배경으로서의 자연의 풍경, 또는 사물의 향기. 바다의 푸르름과 숲의 녹음, 또는 캄캄한 밤의 경험.
3. 1과 2를 결부시키는 놀라움, 두려움, 불가사의, 신비감. 대나무 숲의 깊은 곳에 있는 어스레한 늪 근처에서 유령이 나올 것 같은 공포감 등.

애니미즘의 가미 경험과 마찬가지로, 여기에서는 풍경에 나타나는 무늬와 바탕이 놀라움이나 두려움에 의해 결합하여서 구조화되고 있다. '나'는, 이러한 풍경의 지속이며, 그 원형이 여기에서 말하는 원풍경인 것이다.

곤충의 의태와 위협 효과가 있는 문양을 집요하게 논하는 카유아의 지적 관심의 배후에 존재하는 것도 역시, 애니미즘적이라고 부를 수 있는 이러한 원풍경이 아니었을까? 그것은 발생 상태의 신화 내지 신화의 발단이 되는 경험을 되묻고 있다는 점에서, 가미 경험과 관련되어 있다고 할 수 있다. 그리고 때로는 의태에 의해 공간으로 동일화하는 한편, 일종의 가면성에 의해 충격을 주고 있는, 카유아가 특히 주목하고 있는 곤충의 생태 그 자체가 가미 경험과 같은 구조로 되어 있다. 의태는 자기 파괴 본능이나 죽음의 충동에 대한 표현이라고 하기보다, 눈에 보이지 않는 바탕으로서의 자연이라는 다른 세계를 향한 동화로서 파악되는 것이리라. 바깥 세계의 징후에 대해 극도로 민감해진 신경쇠약 상태에서의 "공간의 유혹"은, 일상의 지식을 대신하는 "어렴풋한 지식"에 의해 감지된 다른 세계의 유혹이라고 해도 좋을 것이다. 어찌 되었든 인간과 곤충의 상호적인 유사의 발견 그 자체가, 자타가 서로 변환할 수 있는 장으로서의, 가미가 출현하는 불가사의한 장소를 경험시켜주고 있는 것이다. 아날로지 사고의 시작에 존재하는 것은 이러한 의미에서의 가미의 출현이다.

야생(野生)의 도시

카유아는 『신화와 인간』에 「파리(Paris) - 현대의 신화」라는 논고를 수록하고 있다. 근대도시가 아케익(archaic* 고풍스런)한 신화를 환기시키는 장이 되고 있다는 인식은 벤야민의 도시론에서도 확인할 수 있다. 그렇다면 그 신화성이란 어떠한 것일까? 코스모로지컬(cosmological* 우주론적인)한 공간 구조라는 점에서는 동서의 고대 도시가 이미 질서 잡힌 체계를 갖추고 있었다. 카유아는 19세기의 문학에 나타나는 파리 신화의 발생을 추적하고 있는데, 그것이 페니모어 쿠퍼(Fenimore Cooper* 1789~1851 미국의 소설가)의 모험소설에 나오는 사바나(savanna)나 나무가 우거진 숲이, 탐정소설 속의 도시라는 무대장치로 치환되었다는 점에서 기인된 것으로 보고 있다. "사바나나 삼림에서는 어떤 부러진 나뭇가지든 불안이나, 아니면 희망을 의미하고 있으며, 어떤 나무줄기이든 적의 총포나 보이지 않는 무언(無言)의 복수자의 활을 숨기고 있기 때문이다."[14] 이것은 도시가 사바나나 숲이 되었다는 점, 즉 문명화된 코스모로지컬한 구조체에서 야생으로 회귀했다는 사실을 의미하는 것이라고 볼 수 있다.

문제는 여기에서도 사회화된 신화의 구조이기보다는 발생 상태에서의 신화이며, 신화 발생의 장(場)에 관한 양상이다. 고대 이후 도시의 구조를 규정하고 있는 것은 대부분의 경우, 종교적 혹은 민속적인 우주론(cosmology)이고, 그것은 문화적인 교양이라고 불러야 할 소산물(所產物)이다. 그러나 그러한 구조가 자본주의의 발전에 따른 공간의 재편성으로 조금씩 처리돼 갈 때, 도시 경험의 양상이 완전히 바뀐다. 거리는 예감을 불러일으키는 징후로 가득 찬 야생의 공간이 되고, 댄디(dandy* 멋쟁이)들을 비롯한 영웅신화의 무대가 된다. 그리고 그것은 또한 애니미즘적이라고도 부를 수 있는, 가미와의 만남의 장이 되기도 하는 것은 아닐까? 그 가미의 이름은 도시의 '이미지'라고 한다. 도시 신화는 이러한 이미지의 주변에 결정(結晶)의 형태를 이루어간다.

그러한 도시 이미지를 집요하게 추구한 것이 쉬르레알리슴이었다. 한때 이 운동에 참여했었던 카유아는 쉬르레알리슴의 특징을 이미지에 특권적인 우위성을 부여하는 점에서 찾고 있다. 그 이미지는 사람들에게 갑작스러운 놀라움을 가져오는 것이어야만 했다. 그와 같은 이미지는 관습적인 의미를 전달하는 기호가 아니라, 확고한 의미 작용을 하지 않으며, 충격 이외에는 아무것도 전할 수 없을 것 같은 기호이다.[15] 앙드레 브르통의 『나자』를 비롯하여 쉬르레알리스트들이 파리라는 도시에서 찾으려 했던 것도 바로 그러한 이미지였을 것이다.

그러한 이미지와의 만남은 우리들의 언어로 말하자면 야생화된 도시에서의 가미의 출현이다. 예를 들면 쉬르레알리스트는 외젠 아제(Eugène Atget* 1857~1927 프랑스의 사진사)의 파리 사진에서 터무니없이 오래된 가미의 출현을 본 것이다. 그 사진에는 도시의 애니미즘이 있었다고 서술할 수 있을지도 모른다. 쉬르레알리슴에서의 이러한 신과의 조우를 벤야민은 "세속적 계시"라고 불렀다.

이와타는 '초목충어(草木虫魚)의 인류학'(* 이와타의 저서 『草木虫魚の人類學 アニミズムの世界』(1973)에서 유래)의 시점에서, 어디까지나 자연과의 관계 속에서 가미의 불가사의한 장소에 관한 것 말고는 말하지 않는다. 현대의 도시 생활은 가미뿐만 아니라 가미 이후의 눈에 보이지 않는 자연이나 다른 세계를 소홀히 한 채, 세속적인 문화의 차이에 의해 단편화된 장으로 간주되고 있다.

확실히 애니미즘의 가미 경험에서 출발하여, 샤머니즘이나 다신교, 일신교로 이어지는 신의 공간 구조는 가미 또는 신의 장을 자연에서 사원 등의 문화적 구축물로 이행시켜서, 우주론의 형태로 도시 공간의 형태를 규정해 왔다. 그러나 '신의 죽음' 이후의 시대에서 사바나나 숲에 비유되는, 이른바 제2의 자연, 인공적인 유사 자연으로서의 근대도시는 애니미즘적인 구조로 회귀한 것이 아닐까? 대학생들의 원풍경이 나타내듯이, 현대에서도 마찬가지로 자연을 배경으로 한 경이로움으로서의 가미 경험이 사라진 것은 아니다. 그리고 또한 신 관념이나 종교 문화를 배경으로 유지되고 있는 가미 경험이 끈질기게 살아남아서, 제1의 자연뿐만 아니라, 제2의 인공 자연 속에도, 순간의 국소 공간을 무수히 새겨 넣고 있는 것은 아닐까?

예를 들면 현대의 아이들에게는 『포켓몬스터(Pocket Monsters* 포켓몬이라는 가상의 생물을 수집하고, 육성하며 모험하는 닌텐도의 전설적인 게임 시리즈 중 하나)』나 『무시킹(甲虫王者ムシキング* 일본어로 벌레를 뜻하는 ムシ+King. 벌레들의 왕이라는 뜻의 아케이드 게임)』의 딱정벌레야말로, 원풍경을 이루는 작은 생물들일 것이다. 이 작은 가미들은 제1 자연과 제2 자연, 현실 공간과 정보 공간이 서로 겹쳐져서 융합된 영역으로부터 모습을 드러낸다. 『포켓몬스터』의 게임 디자이너 다지리 사토시(田尻智* 1965~ 일본의 게임 개발자)는 도쿄 교외의 마치다(町田)에서 성장했으며, 논이나 숲에서 곤충을 잡거나, 가재를 사육하는 것을 좋아하는 아이였다고 한다. 그는 포켓몬스터를 만들 때, 자신이 어릴 때 무엇을 생각하고 있었는지를 필사적으로 떠올렸으며, 그러한 추억 속에서, 자주 관찰하면서 기억하고 있었던 올챙이와 비슷한 수중 몬스터 '발챙이(ニョロモ)'가 탄생했다.[16] 포켓몬스터는 다지리 사토시의 원풍경의 일부를 이루는 작은 생물들이 변용한 모습인 것이다. 그리고 『포켓몬스터』에 빠져들어 열중하는 아이들은 근처의 조그마한 덤불이나 공원의 풀숲에서, 느닷없이 '포켓몬스터'와 같은 생명체가 튀어나올 것 같은 기척을 느끼게 되어서 곤란했다고 한다.[17] 아이들은 이러한 두려움을 통해, 이 작은 생명체들을 마이크로코스모스의 상징으로서 내면화하고, 원풍경으로 삼게 된다.

도시에서의 가미와의 조우도 역시, 자연 속의 애니미즘과 마찬가지로, 어디까지나 국소적으로 일어난다. 그곳에서도 애니미즘적인, 무늬와 바탕으로 이루어진 이원 세계의 구조가 있다고 한다면, 그러한 국소 공간이란 눈에 보이지 않는 숨겨진 다른 세계가 한순간에 '이미지'라는 가미의 형태를 갖춘 것을 말한다. 그것이 과연 자연 속에서의 애니미즘과 완전히 같은 구조인지는 확실하지 않다. 명확한 의미 작용을 하지 않은 기호로서의 쉬르레알리슴적인 도시 이미지는 인간을 불안 속으로 매달아 버리려는 것처럼 보인다. 다만 예측하는 것 등의 행위가 불가능한 충격이 가미의 출현이고 보면, 이러한 불안도 역시 불가사의한 장소에서는 늘 따라다니는 것임이 틀림없다.

도시를 무대로 한 애니미즘을 둘러싼 '초목충어의 인류학'을 쓸 수 있지 않을까? 이를 통해 도시 구조에 편입된 우주론(cosmology)에서 도시 공간의 종교적 위상을 탐색하는 등의 접근만으로는 접근이 곤란한, 단편적이고 순간적인 가미의 출현과 유사한 도시 경험의 장의 구조가 명확하게 밝혀져야 한다. 그러한 출현은 국소 공간에서 일어난 일이며, 눈에 보이는 형상을 떠받치는 숨겨진 다른 세계라고 하는 또 하나의 장과 연결되어 있다. 카유아가 의태와 신경쇠약을 결합했듯이 대담하게 대각선을 그으면서, 자연과 테크놀러지, 숲과 도시가 서로 겹쳐지는 불가사의한 장소를 핵심으로 하여, 현대에서의 가미의 원풍경이 그려져야만 한다. 사마귀나 꽃매미와 마찬가지로, 포켓몬스터를 비롯한 작은 가미들을 통해서 도시라고 하는 애니미즘의 우주가 그곳에 참여한 관찰자의 눈길을 기다리고 있는 것이다.

4부

유희(遊戱)의 규칙

제10장

개(犬)의 거리

경계(境界)의 서사시, 모리야마 다이도(森山大道) 『신주쿠(新宿)』

눈앞이 한 눈에 보이는 …… 황야다 ……

– 데라야마 슈지(寺山修司* 1935~1983 일본의 시인 · 극작가 · 연출가)

『아아, 황야(あゝ, 荒野)』(1966)

도시의 통과의례

경계는 이방인들이 사는 곳이었다. 다리나 비탈진 고갯길에는 유녀(遊女)와 거지, 주술사, 점쟁이, 예능인 등 일반인과는 다른 사람들이 군집을 이루어 살고 있었다. 다리는 '가장자리', 고개는 '경계'의 의미를 포함하고 있다. 그곳은 걸어가는 사람에게 들러붙는다는 히다루가미(ひだる神)나, 출산할 때 죽은 여자 귀신(産神) 등의 신령이나 요괴가 출현하는 다른 세계(他界)와의 접점이며, 이 장소를 수호하기 위해서 고갯길의 신(坂神)이나 다리를 지키는 여신(橋姫)과 같은 신들이 그 한쪽 끝에 모셔졌다. "이것이 바로 도읍인 교토에서 관동 지방으로 가거나 교토로 돌아오는 사람들이 만나고 헤어지는 곳이자, 서로 아는 사이이거나 알지 못하는 사람이 모두 헤어지고 다시 만난다고 하는 오사카(逢坂* 원래는 '만남의 고개'라는 뜻의 아우사카)의 관문이구나(これやこの 行くも歸るも 別れては 知るも知らぬも 逢坂の關* 헤이안 시대 전기의 가인 세미마루蟬丸의 와카)" — 눈이 보이지 않는 비파법사(琵琶法師* 동양 현악기의 하나인 비파를 거리에서 연주하는 맹인 예능인) 세미마루(蟬丸)도 역시 고갯길의 주민이었으며, 요곡(謠曲* 일본 고유의 가면 가극인 노가쿠能樂의 사장詞章 또는 이것에 가락을 붙여 부르는 것) 『세미마루』에 등장하는 그의 누나 '사카가미노 미야(逆髮の宮)'도 문자 그대로 '고갯길의 신'이다. 이 세미마루 전설은 경계를 거처로 삼은, 보통과는 다른 형태의 예능인들의 존재를 배경으로 하고 있다. 그리고 그들 맹인 승려 혹은 승려의 형상을 한 예능인들은 본래 경계를 지키는 악령의 침입을 막고 토지를 진정시키는 사제였다고 한다.[1)]

여기에서 말하는 경계란 단순한 선이 아니다. 다른 영역이 서로 접하고 있는 경계면만이 문제가 되는 것이 아니다. 그곳은 명확히 구분된 복수의 영역 모두이기도 하며, 그 어느 곳도 아닌 양의적(兩義的)이고 애매한 장소이다. 공동체에 대한 현실적인 귀속 관계나 소유 관계, 혹은 코스모로지컬(cosmological)한 질서라는 의미를 담당하고 있다는 점이야말로 장소가 '장소' 이기 위한 조건이라고 한다면, 경계는 그러한 장소가 아닌 '의심스러움' 을 감돌게 하고 있다.

성(聖)과 속(俗), 죽음과 삶을 나누는 경계선이라면, 그곳을 횡단하여 변화되는 것만 문제가 되면 된다. 그러나 경계 자체가 확산을 가진 공간이므로, 인간은 이 의심스러운 장소의 주술에 사로잡혀 꼼짝 못 하게 되거나, 혹은 그곳에 강제로 쫓아 보내져서 거주지로 삼기도 한다. 이방인의 존재로 경계가 의심스러운 장소가 된다는 것이 아니다. 경계의 신비스러움이 인간을 이방인으로 바꾼다. 다른 영역을 향한 '통과' 그 자체가 끝없이 길게 지연된 이 공간에 사는 자는 성속(聖俗), 생사(生死)의 그 어느 쪽에도 완전히 속할 수 없다.

그것은 바로 반 게네프(판 헤네프)(Van Gennep* 1873~1957 네덜란드계 프랑스의 민속학자)가 '통과의례' 를 세분화하여 추려낸 "이행(과도) 의례(Rites de marge)" 의 성격이다. 이것은 통과의례 일반을 "분리 의례(Rite de separation)", "Rites de marge", "합체 의례(Rite d'agregation)" 로 나누어서 파악한, 그 중간 단계에 해당한다. marge에 본래 '이행' 이나 '과도' 의 의미는 없다. marge가 가리키는 것은 '여백' 이나 '여유' 등, 어떤 일정한 공간적 혹은 시간적 확장이다.[2] 이 점과 관련하여 게네프는 그리스도교가 보급된 토지가 유럽의 일부밖에 없었던 시대에, 그들의 토지를 에워싸고 있던 "중립지대" 를 언급하고 있다. 이와 같은 지대는 고대 그리스에서도 역시 시장을 열 장소이거나 전쟁터로 사용되었다. 이러한 중립지대는 대체로 사막이나 습지대 원시림 등에 배치되었다.

성스러움에 대한 반전현상에 의해, 중립지대에 있는 사람들에게는 양측으로 점유된 토지가 신성시되었으며, 또한 그 지역의 주민에게는 그 중립지대가 신성한 것으로 여겨진다. 한쪽에서 다른 쪽으로 이동하는 사람은 누구나 잠시 동안은 구체적으로든, 주술-종교적으로든 특수한 상태에 놓여진다. 즉 두 세계 사이를 흔들흔들 흔들려 움직이고 있는 것이다. 바로 이러한 상태를 나는 이행(移行 marge)이라고 부르고 있으며, 본서의 목적 중 한 가지는 이 이념적이면서도 구체적인 이행이, 어떤 사회적 혹은 주술-종교적인 상태로부터 다른 곳을 향해 통과할 때 동반하는 모든 의식에 많든 적든 명확한 형태하에 발견된다는 사실을 증명하는 것이다.[3)]

marge는 이념적인 동시에 구체적인 상태이다. 게네프에 의하면 통과의례에서 각종 사회적 상황 간의 '통과' 와 공간적 이동이라는 '구체적 통과' 는 종종 동일시된다. marge는 일찍이 중립지대에서 시작되어, 그것이 축소되거나 사라진 이후의 경계석 및 건물의 대들보 혹은 문지방에 이르는 신체를 이용하여 구체적으로 통과할 수 있는 공간으로서의 '여백' 이며, Rites de marge는 그러한 여백 속에서 "두 세계 사이를 흔들흔들 흔들려 움직이" 는 경계 경험의 의례이다.

『파사주론』이 19세기의 파리에서 그러한 경계로서의 수많은 문턱을 발견하려는 시도였다는 점을 필두로 하여, 벤야민은 문지방의 이미지에 매료되었으며, 그의 저서는 하나의 '문지방 학(敷居學)' 을 형성하고 있다.[4)] 『파사주론』은 그 제목에서부터 통과의례(Rites de passage)와 무관하지 않다. 그것은 '통과' 의 장을 대상으로 하여, 그 자체가 수많은 인용으로 이루어진 파사주가 되고 집단적인 꿈으로부터 깨어나 각성을 향한 이행을 끌어내려는 시도였다. 다음과 같이 벤야민은 스스로 통과의례에 대해 직접 언급하고 있다.

통과(파사주)의례 — 죽음이나, 탄생이나, 결혼 및 성인 등과 결부된 의식을 민속학에서는 이렇게 부른다. 근대의 생활에서는 이러한 전환점이 점점 눈에 띄지 않게 되고, 체험하기 힘든 것이 되어 버렸다. 우리들은 다른 세계로 향하는 문지방을 넘는 경험이 매우 부족해지고 있다. 아마도 잠드는 것이, 이러한 경험 중 우리들에게 남겨진 유일한 것이리라(따라서 잠에서 깨는 것도 마찬가지이다). (……) — 문지방(Schwelle)이라고 하는 것은, 경계선(Grenze)과는 명확하게 구별돼야만 한다. 문지방은 일종의 영역이다. '흘러넘치다(schwelle)'라는 단어에는 변화와, 이행과, 만조(滿潮) 등의 의미가 포함되어 있다. 어원연구에서는 이러한 의미를 놓치지 말아야 한다. 그러나 그 한편으로, 이 단어가 직접적으로 그러한 의미를 가지게 된 구조적, 의식적인 연관을 확정하는 것이 필요하다.[5)]

'문지방(Schwelle)' 이 '흘러넘치다(schwelle)' 와 어원학적으로 관련이 있는지는 사실 의심스럽다. 하지만 벤야민은 문지방이 의례적인 구조적 관련성을 배경으로 하는 하나의 영역이라는 점을 정확히 간파하고 있다. 『파사주론』의 내용 중에는 『바르부르크 문고 기요(紀要)』에 게재된 페르디난트 노아크(Ferdinand Noack* 1865~1931 독일의 고고학자)의 고대 로마의 개선(凱旋) 행진과 개선문〔그림 1〕에 대한 연구가 인용되어 있다. 그 연구에서 노아크는 게네프 등에 의거하여 개선문을 통과하는 행진이 통과의례와 비슷하다는 사실을 지적하고 있었다. 개선문을 지나가는 행진을 함으로써, 군사령관은 시외에서의 전투 행위에 대해서만 유효했던 전쟁지휘권을 잃는 한편, 살육전에서의 비열한 행위나 범죄 등의 오욕이 군대에서 완전히 제거되고 성스러운 문의 건너편에 내 버려진다. 이를 통해 군대는 그들의 뒤를 뒤쫓아 오는, 전장(戰場)에서 참살된 적들의 망령으로부터 멀리 벗어나려 한다.[6)]

[그림 1] 아우구스투스의 개선문, 리미니(Rimini), 기원전 27년.

그러나 이러한 적의에 가득 찬 영역에서 벗어나 더러움으로부터 몸을 씻어 깨끗이 하고, 병이나 죽은 자의 망령과 선을 그어 명확히 구분하기 위해서는 대지에 꽂힌 두 개의 막대기나 나무 가랑이를 쪼갠 좁은 틈 등, 어딘지 모르게 통로처럼 보이는 것을 통과하는 것만으로 충분하다. 망령들이 좁은 통로를 빠져나와 쫓아올 수 없기 때문이다.[7)]

프레이저(James George Fraser* 1854~1941 영국의 인류학자)나 게네프에게서 비롯된 이러한 민족학적 지식에 기반을 두고, 노아크는 개선문이 처음에는 승리를 상찬(賞讚)하고 기념하는 건조물 등이 아니라 어디까지나 통과의례를 위한 것이었으며, 원래는 수평의 들보를 걸친 두 개의 지주(支柱)가 세워진 것에 지나지 않을 것이라고 말한다.[8)] "좁은 빈틈 사이를 빠져나간다"는 행위로 인해, 개선 행진은 재생을 담당한다. 이에 반하여 벤야민은 "파사주에 발을 들여놓는 것은, 반대의 의미로 문(門)=길(道)을 나아간다"[9)]고 말한다. 그것은 바로 "자궁 속의 세계로 깊숙이 들어가는" 것이다. 즉 태어나기 이전에 삶과 죽음 사이를 흔들흔들 흔들리며 움직이고 있던 것처럼, 멀리 사라져 버린 시간을 향해서 나아간다. 그것은 한가하게 이리저리 거닐면서 산책하는 자에게 도시의 거리가 모두 그를 아래로 아래에 이끌며, "어머니들이 있는 곳은 아닐지언정 어떠한 과거"로, "그 자신의 개인적인 과거가 아닌 만큼 한층 더 매혹적인" 과거로 데려가는 "가파른 내리막길"[10)]이라는 점에 조응하고 있다.

파사주나 거리가 군중에게는 실내이다. 그곳을 독특한 리듬으로 어슬렁거리며 산책하는 자는 경계에 살고 있는 이방인들이다. "또한 산책하는 자는 대도시의 경계(문지방 Schwelle), 시민계급의 경계 위에 서 있다."[11)] 벤야민은 산책하는 사람들을 엄습하는 도취감에 대해 반복하여 서술했다. 그것은 "추억(Anamnesis)"으로서의 도취이며[12)], 시간적으로든 공간적으로든 멀리 떨어져 있는 것이 지금 현재의 풍경과 순간에 침입하여 비슷하게 서로 겹쳐지며, 해시시에 의한 환각과도 유사한 경험이다.[13)] 그 도취감은 거의 샤머니즘과 같은 주술적 환시(幻視)를 연상시킨다.

벤야민은 도취하는 산책자들의 후예를 쉬르레알리슴 속에서 발견했다(또는 쉬르레알리슴에서의 "세속적 계시"의 원형을 산책자의 경험 속에서 찾으려고 했다). 그는 브르통의 『나자』에 삽입된 사진〔그림 2〕에 대해 다음과 같이 쓰고 있다.

> 이 사진들은 도시의 거리와 문과 광장을 통속소설의 삽화인 것처럼 만들어 버리며, 이러한 수백 년의 역사를 가진 건축물로부터 그 진부한 명백함을 거두어 버린다. 그것은 이 건축물들이 가장 근원적인 박진감을 가졌던 모습으로, 기술되는 사건에 배치되도록 하기 위함이다. 옛날 하녀가 읽은 소설과 완전히 같은 형태로, 도판 아래에는 본문에서 쓰인 글자 그대로의 인용이 있고 페이지 수가 적혀져 있으며, 본문에 관한 기술을 지시하고 있다. 그리고 여기에 등장하는 파리의 여러 장소에서는 어느 곳이든, 이러한 사람들 사이에 존재하는 무

[그림 2] 앙드레 브르통 『나자』에서 인용. "물론 그것은 정말 아름다우며 동시에 그다지 도움이 되지 않는 바로 그 생 드니 문(Saint-Denis 門)이 아니다." Photo J.-A. Boiffard.

언가가 회전문처럼 그 주위를 맴돌고 있다.[14)]

이러한 사진은 19세기 중엽 파리에서의 "산책자의 기초적인 경험"이라고 벤야민이 말하고 있는, "공간이 대중문학 서적(colportage)의 삽화처럼 보이는 현상"[15)]을 눈에 보이는 형태로 정착하고 있다(그것은 해시시를 흡입해서 본 환각과도 통한다). 사진 속에서 현실 파리의 여기저기 사방이 '회전문'이라는 문지방으로 변용된다.

지금까지 살펴본 바와 같이, '파사주 신화'를 대상으로 한 벤야민의 도시론에는 민족학 혹인 인류학적인 공간 경험의 분석과 상통하는 것이 있었다. 그러한 시점에서 본다면, 20세기 도시의 새로운 신화를 이어가고 있는 것처럼 보이는 쉬르레알리슴도 대도시에서 '계시'의 장(場)으로서의 경계를 발견하려고 하는, 도취를 동반한 참여적 관찰이었다고 말할 수 있을지도 모른다. 이러한 도시론, 도시 소설에는 독특한 도시 인류학의 징조가 있었던 것이 아닐까? 적어도 레비스트로스가 말하는 "차가운 사회"에 부응한 조사법(調査法)을 주체로 해 온 인류학이 거대한 유동성을 특징으로 하는 도시 공간이라는 "뜨거운 사회"의 참여적 관찰로 향하려고 할 때, 거기에서 새롭게 탐색해야 하는 방법론은, 이러한 구체적 도시 경험에 뿌리를 두어야 할 것이다.

문화 인류학자인 세키네 야스마사(關根康正* 1949~ 일본의 문화 인류학자)는 "인류학은 스스로의 신체를 동반한, 세심한 대상에 대한 참여의 과정(위화違和와의 조우와 위화와의 극복의 동태적 과정)을 불가결하게 하는 점에서, 자신과 대상이 상호 침투적으로 의미를 이끌어내는 것을 특징으로 한다"[16] 고 정의하고 있으며, 도쿄와 같은 대도시를 "인류학 하기" 곤란한 점 중 한 가지는 참여하는 필드(field)를 발견하기 힘들다는 것이라고 지적하고 있다. 그러므로 "상이한 것"과 관계를 맺는다는 인류학의 참여성을 살려내기 위해서, 세키네는 "인간, 언어, 어떠한 네트워크가 다양하게 엮어내는 도시 공간에서 발견되는 〈경계적인 장의 발견과 응시〉[17]"를 조사법으로 채택한다. 거기에서 발견되는 경계는 도시에 참여하는 주체에 따라서 여러 가지의 형태가 될 수 있다(세키네는 세대의 상이함에 기반을 둔 차이를 새삼스럽게 강조하고 있다).

대도시에서는 밀도가 높은 전수조사(全數調査)를 중심으로 하는 기존 형태의 필드워크(fieldwork* 현장 조사)는 제대로 기능을 발휘하지 않는다. 따라서 세키네는 가와키타 지로(川喜田二郎* 1920~2009 일본의 지리학자, 문화인류학자)가 말하는 "가설 발상(假設發想)"을 위한 사회조사와 "가설 검증"을 위한 사회조사와의 구별에 기반을 두고, "가설 발상을 위한 필드워크"라는 방법을 찾으려고 한다.

정체를 알 수 없는 현대 도시의 질주 풍경은 그대로 가설 검증형(檢證型) 조사로 향할 수 있을 것 같은(간단하게 가설이 떠오르는) 기지(旣知)의 현상이 아니다. 가장 중요한 점은 당장 진행 중인 그 현상에 대한 '알 수 없음' 을 우선 그리는 것이다. 미지(未知)의 현상으로 생각되는 것을 대상으로 삼으면 삼을수록, 적절한 가설 발상을 이끌기 위한 착실하고 유연한 구조의 필드워크가 불가결해 진다. 현대의 거대도시의 상황을 도출함에 있어서, 무엇이 중요하고 적절한 기준(문제 대상에 맞는 적절한 가설)인지는 누구도 명확하게 알 수 없다. 그것을 먼저 찾아내어야 한다.[18)]

따라서 세키네는 학생들에게 현장이 되는 도시를 여기저기 걸어 다니면서 마음이 움직이는 것, 힘을 느끼는 것, '알 수 없음' 을 호소해오는 것을 사진으로 찍게 했다. 이러한 방법은 사회학자 고토 노리아키(後藤範章* 1956~ 일본의 사회학자)가 제창하는 "집합적 사진 관찰법" 을 참고로 하고 있다. 그것은 예를 들면 참가자가 '도쿄' 나 '도쿄 사람' 의 모습을 급진적 · 상징적으로 표상한다고 느낀 장면을 사진에 기록하고, 그 이미지 · 데이터를 사용하여 집단으로(집합적으로) 사회현상을 관찰함으로써, 사회에 대한 해독을 시험하고자 하는 것이다. 개인이 기록한 도시 사진은 관찰자들의 집단 내에 행해진 논의의 상호작용으로, 집합적인 해석의 틀 속으로 재배치되어 간다. 이러한 공동 주관성의 형성이나 다양한 실증 데이터의 수집 · 분석을 통한 '집합성' 에 의해, 데이터의 균질화와 일반화된 해석의 타당성이 강화된다고 고토는 말한다.[19)] 실제로 이러한 방법에 따라 작성된 타이틀 · 도쿄의 사진 · 해설문의 세 가지 요소로 이루어지는 작품군은 우의화집(寓意畫集)을 연상시키는 동시에, 도쿄라고 하는 도시로부터 추출된 사회학적인 "패턴 랭귀지(pattern language* 크리스토퍼 알렉산더 Christopher Alexander가 제창한 건축 및 도시계획에 관련된 이론. 패턴이 모여 언어가

되고, 이 패턴 언어를 사용하여 생동감 있는 건물과 커뮤니티를 형성 할 수 있는 것으로 알려졌다.)" 라고 불러도 좋을 것이다.[20)]

사회학적 분석을 위한 실증적 관찰법이 집합성의 획득에 마음을 쓰고 있는 의미는 이해할 수 있다. 균질화 및 일반화의 가능성을 추구하는 것도 어쩔 수 없을 것이다. 그러나 작품을 눈으로 바라본 인상에 따르면 사회학적인 시점에서 '도쿄' 나 '도쿄인' 의 현상을 가장 상징적으로 표상하는 장면을 기억하고자 하는 관찰자의 의식이야말로 애초에 처음부터 결과를 균질화하는 틀로서 작용하고 있는 것처럼 느껴진다.[21)] 이러한 수법이 불가시적인 사회 변용을 가시화하고, 사회적인 리얼리티를 실증 프로세스 속으로 편입시킬 가능성을 간직하고 있다는 사실은 충분히 인정하면서도, 거기에 미리 정해진 한계의 존재를 기억한다(공동 주관성을 추구하는 이상, 그것은 피하기 힘든 것임에도).

그러한 점에서 가설 발상에 철저한 세키네의 방법은 보다 유연하다. '알 수 없음' 의 발견을 호소하는 그 수법은 고토의 방법과 유사하지만, 훨씬 유희적인 "집합적 사진 관찰법" 이 이미 20년 이상 이전에 도쿄를 주로 하는 무대로서 실천되고 있었다는 사실을 상기시킨다. 바로 아카세가와 겐페이(赤瀬川原平* 1937~2014 현대미술가, 소설가)등의 예술가에 의한 '토머슨(超芸術トマソン* 아카세가와가 발견한 예술상의 개념. 1980년대 일본 프로야구팀 요미우리 자이언트의 선수인 게리 토머슨의 이름에서 유래되었다)' 이다.[22)] 이것은 도시에서 "쓸모없는 물건" 을 발견하여 사진으로 기록하고, 잡지라는 매체를 통해 집단으로 그 이미지 · 데이터를 공유하여 각각의 물건이 "초예술" 인지 아닌지를 판정하며, 또한 그 물건에 "무용문(無用門* 쓸모없는 문. 아카세가와는 초예술 토머슨의 시각으로 '무용문' 으로 명명함)" 등의 이름을 부여하기까지에 이르는, 철저하고 즉물적인 데이터의 '균질화' 와 해석의 '일반화' 를 편입시킨 지적 게임이었다.

아카세가와를 비롯한 예술가들은 발견된 물건에 공통되는 무용성(無用性)을 새삼스럽게 강조하고 있지만, 초(超)예술적 물건들의 근본적인 구조에 대해서는 말하지 않았다. 그 '물건'이 '공간'으로 불리는 도시 구조를 벗어난 세부 사항으로 간주되고, 바로 그 점에서 더욱 평가받았으므로 그것도 역시 당연했다.[23)]

그러나 쓸모없는 물건의 선택에는 일정한 공통된 경향이 확인된다. 처음으로 초예술의 의식화를 가져온 세 가지의 토머슨 물건은 '요쓰야(四谷)의 순수 계단(純粹階段* 쓸모없는 계단)', '에고타(江古田)의 쓸모없는 창구', '오차노미즈의 무용문(* 쓸모없는 문)' 〔그림 3〕이다. 이 모두가 봉쇄되어 통과할 수 없는 개구부(開口部)와 관련되어 있다. 즉 그것들은 모두 통과할 수 없게 된 문지방이나, 그 문지방을 향한 접근인 것이다. 토머슨 물건 중에는 옆집의 윤곽이 벽에 남겨진 '원폭' 처럼 이러한 성격이 희박한 유형

[그림 3] 토머슨 제3호, 오차노미즈(お茶の水) 산라쿠(三樂)병원, 쓸모없는 문, 촬영 : 이무라 아키히코 飯村昭彦).

도 있지만, '쓸모없는 차양' 이나 '고층의 문' 혹은 '순수 터널(* 쓸모없는 터널)' 등, 통과할 수 없는 문지방이나 본래의 용도에서 일탈하거나, 기형화된 통과를 위한 건조물의 예시가 매우 많다. 그것들은 정상적인 통과를 허용하는 문지방이 그 기능을 상실하여, 오로지 "이제 자신은 경계가 아니"라고 말하기 위해 남겨진 흔적이다. 아카세가와를 비롯한 예술가들은 이른바 여러 문지방들의 사체를 도시의 거리 위에서 수집하고 있었던 것이다. 마치 고열로 정신이 혼미한 것처럼 몰두하여 즐기고 있음에도, 그것은 본질적으로 멜랑콜릭(melancholic)한 애도(喪)의 행위였다.

그러나 문지방의 사체는 적어도 그곳에 이전에 경계가 있었다는 사실을 말하고 있다. 아카세가와를 비롯한 예술가들은 현실에서는 상실되어 버린 경계의 사체를 기록 · 공개함으로써, 반어적인 몸짓으로 있을 수 없는 경계 통과를 사람들에게 상상으로 경험하게 한 것이다. 완전히 봉쇄된 문은 완전히 닫혀있음으로써 오히려 다른 세계로 향하는 입구가 되기도 한다.

파사주와 같은 특권적인 도시의 여백은 이미 1970~80년대의 도쿄에는 존재하지 않는다. 도시 내부의 "중립지대"는 소멸하고, 신체에 의한 구체적인 통과의례는 더 이상 일어날 수 없는 것처럼 보인다. 그렇지만 현실에서는 흔하게 어디에나 있는 민가(民家)의 문에 지나지 않는 문지방이, 문으로서의 모습을 간직한 채 봉쇄되어 있다는 사태의 발견을 통해, 상상적으로만 가능한 통과의례의 무대가 된 것이다. 따라서 그것을 발견하고 기록한 사람들은 결과적으로는 역시 도시에 잠들어 있는 문지방을 발굴하고 있었던 것이다. 그러한 발굴 행위 그 자체가 하나의 통과의례였다. 이때 문이나 문짝 등의 문지방은 무용의 쓸모없는 것으로 변한 모습에 의해, 비로소 경계의 수호신이 될 수 있었던 것이다.

이것은 토머슨이나 노상관찰학(路上觀察學)이 남긴 이미지군(群)을 바꾸어 읽을 수 있는 하나의 가능성이다. 사진을 도시 분석의 이미지 · 데이터로 사용하려면, 그들처럼 집단적인 필드워크의 실천뿐만 아니라, 개개인의 사진가들에 의해 기록되어 온 방대한 도시 이미지 역시 마찬가지로, 이를 위한 아카이브가 될 수 있을 것이다. 고토가 요구하고 있는 집단성이나 공동 주관성은 확실히 여기에서는 구하기 힘들 것이다. 하지만 한편으로, 경계적인 장의 발견이 참여하는 주체의 모습과 밀접하게 관련되어 있는 이상, 필드워크를 수행하는 신체의 감도(感度)를 문제 삼을 수밖에 없을 것이다. 참여적 관찰을 할 때 결정적인 상이함을 발생시키는 것은, 세키네가 강조한 바와 같이 세대의 차이뿐만이 아니다. 그러한 점에서 주목해야 할 것은 촬영이라는 행위를 통해서 도시 공간에 깊숙이 참여해 온 사진가의 신체이다.

개로 변신한 사진가

모리야마 다이도는 사진집 『도노 모노가타리(遠野物語* 민속학자인 야나기타 구니오가 1910년에 발표한 설화집에서 비롯됨)』(1976)를 둘러싸고, 사진과 민속학에 공통하는 서사성에 대해 이와 같이 서술하고 있다.

> 사진이라는 것은 당연한 사실이지만 눈에 보이는 것 이외에는 찍히지 않지요. 내가 사진을 좋아하는 이유 중 하나는 이렇게 보이는 것만 찍힌다는 점이 좋기 때문입니다. 그래서 내가 아무리 심정을 계속 담아 질질 끌어 본들, 사진은 그런 것을 아주 간단하게 끊어버리고 말아요. 그러한 점에서 말하자면, 사진이라는 것은 애초에 민속 그 자체였다는 느낌이 드는 것입니다. 그래서 민속학이 서정이 아니라 서사인 것처럼, 사진도 역시 서사 그 자체일 것이라고 생

각합니다. 내 마음속의, 고향으로 향하는 일종의 서사성도 바로 지금의 서사 그 자체로서의 도오노(遠野* 이와테현岩手縣 남동부의 시, 도오노遠野 분지의 중심)에 카메라를 가지고 가는 한, 심정과 현장의 길항(拮抗)과 갭(gap)을 어쩔 수 없이 강요당하게 되기 때문입니다.[24)]

야나기타 구니오의 『도노 모노가타리』의 세계를 향수 어린 모습으로 재현하지 않고, 도오노의 사실상의(actual) 생활을 찍어서 그려내는 것이야말로 민속학의 서사성과 상통한다. 왜냐하면 『가타리』의 세계는 바로 "그 옛날의 지금 현재"[25)]였기 때문이라고 모리야마는 말한다. 그렇다면 그러한 사진은 순수하게 객관적인 기록일 것이라고 받아들여야 하는가? 그렇지 않다. 중요한 것은 오히려 심정과 현장, 서정과 서사의 길항이며, 갭이다.

예를 들면 야나기타 구니오의 『가타리』가 단지 민속학상에서 뿐만 아니라 널리 명작으로 평가받고 있다는 것은, 단순히 전설의 기록이 아니며 역시 기억과 원경(遠景)에 닿아 있기 때문이라고 생각합니다. 그것은 일본인의 것이라고 단언해 버리기 이전에, 보다 더 야나기타 구니오 개인에게 뿌리를 둔 기억과 원경의 문제였던 것은 아닐까? 하고 저는 생각해요. 제가 종종 사진은 기록이라기보다 오히려 기억이나 기념이다, 라고 말하는 의미는 바로 이 부분에 대한 것입니다. 즉 사진은 카메라라는 복사기의 존재가 있는 이상 기능으로서의 기록성은 말할 필요도 없는 원칙 · 전제이므로, 찍혀진 것은 모두 기록입니다. 그러한 의미에서 카메라는 하드웨어이고, 거기에 기억이라는 상대적인 현실을 프로그래밍(programming) 해서 찍는 쪽이 소프트웨어, 즉 개인(카메라맨)이었던 거죠. 그리고 그러한 꼼짝할 수 없는 개인이 어쩔 수 없이 서 있는 곳이 바로 사진이자 현장이라고 저는 생각합니다.[26)]

기억의 깊은 곳에 가라앉은 원경과 실경(實景)은 결코 완전하게 겹치지는 않는다. 서정(叙情)은 카메라가 기록하는 현실과 어긋난다. 사진과 연결되는 민속학의 서사성은 개인의 서정의 일부를 잘라내는 기록성에 있다. 그러나 한편으로 사진이라고 하는 기록에는 좋든 싫든 촬영자의 기억이 무조건 섞여 들어간다. 기록된 실경은 오로지 객관적인 것은 아니다. 그곳에는 원경이 은밀하게 침투하고 있다.

모리야마는 자신과 사진의 관계를 지그소 퍼즐(jigsaw puzzle* 여러 개로 쪼갠 한 장의 그림을 원그림대로 맞추는 조각그림 맞추기)에 비유하고 있다. 그에게는 '고향'과 같은 원경 자체가 먼 기억의 단편을 이어붙인 지그소 퍼즐이므로, 그러한 원경이 현실의 특정한 장소와 과부족 없이 일치한다는 것은 있을 수 없다. 사진에 의한 기록은 실경의 단편을 퍼즐의 조각처럼 주워 모아서, 원경이라고 하는 기억의 형태를 조립해서 하나로 완성하려는 행위이다.[27)]

『개의 기억(犬の記憶)』이라는 제목이 붙어있는 문장 속에서 모리야마는 실경에 기억이 겹쳐져 보이게 된다는 산책자의 도취를 떠올리게 하는 경험에 대해 반복해서 이야기하고 있다. 그것은 예를 들면, 출생지인 오사카의 이케다(池田)를 방문했을 당시의 "눈앞의 실제 풍경이 서서히 이미지의 풍경과 서로 겹쳐지기 시작해서, 더 이상 어느 곳을 바라보든, 여기가 태어난 장소가 아니었던가 하는 기묘한 착각에 사로잡혀 버린"[28)] 경험이다. 또는 마찬가지로 차창을 흘러가는 풍경이 남긴 종잡을 수 없는 이미지의 파편이 여러 층의 잔상의 층을 이루며 마음속에 가라앉고, 그런 식으로 멀리 도망쳐 달아난 여러 풍경들이 마침내, 도쿄의 길모퉁이나 심야의 술집의 벽, 붉은 암실의 현상액 속 등의, 시공(時空)을 뛰어넘은 장소와 의식 속에 "또 하나의 풍경"이 되어 갑자기 출현한다는 등의 사건이다.[29)] 십수 년 전에 촬영한 장소를 다시 방문하면, 조금도 틀리지 않는 프

레이밍(framing* 구성, 틀)으로 과거와 현재라는 두 장의 상(像)이 꼭 들어맞아, 머나먼 날짜와 지금이 순간적으로나마 동시적으로 인식된다.[30] 지나간 시간은 결코 사멸된 것이 아니라, 각성을 기다리면서 준비되어 있으며, 경험의 바닥 깊은 곳에 가라앉은 기억의 단편은 새로운 기억을 환기시키려고 한다. "흔적이 없는 풍경을 카메라로 재현하듯 찍어내는 것은 불가능하지만, 흔적이 없는 풍경 앞에서 서로 다시 마주침으로써 새로운 흔적을 불러들일 수 있지 않을까?" 라고 모리야마는 말한다. 따라서 "과거는 항상 현재(지금)의 비유" [31]이다.

> 결국 내가, 사진가가 "지금이다" 라고 생각하면서 찍고 있는 현실인 듯한 것이 사실은 저편 너머에 융화되어 버린 끝없는 세계의 과거와, 멀리서부터 어떤 징조와 그리움을 동반하여 걸어오는 미래와의 교차점인 것은 아닐까? 바꾸어 말하면, 기억이란 과거를 반복하면서 재생하는 것만이 아니라, 끝없이 계속되는 '현재(지금)' 라는 분수령을 경계로 해서 기억이 과거를 상상하고, 다양한 매체를 통과함으로써 재구축되며, 또한 그것이 다가올 미래에 대해서도 투영되어 간다는 영원한 사이클과 관련된 것은 아니겠냐고, 나는 나 자신의 기억을 통해서 셔터를 누르고 있는 지금 현재 그렇게 생각하고 있다. 사진의 기록성은 단순히 사건의 시간을 멈추는 것만이 아니며, 끝없이 계속 전후로 이어져 가는 시간 전체와 끊임없이 관련되어 가는 성질을 가지고 있는 것처럼 느껴진다. 단 한 장의 사진을 많은 사람들이 개별적으로 공유할 수 있다는 것은 그 판독에 각개의 기억이 연관되어 있기 때문이라고 생각한다.[32]

그러므로 "과거는 언제나 새롭고, 미래는 언제나 그립다." 모리야마의 사진에서는 시간이 희박하다는 평가를 받는 것도, 여기에 서술돼 있는 바와 같이 '기억' 의 시간성에 의한 것이리라. "내가 지금, 카메라를 손에 들고 실제의 거리를 걷는 것은, 이전부터 있었던 거리가 이야기를 걸어오는 꿈의 기억에 계속 귀를 기울이면서, 앞으로 다가올 거리에 대한 꿈에 향해 어떠한 자그마한 실증을 계획하고 있는 것 바로 그것이다"[33]라고 모리야마는 쓰고 있다. 그리고 그때 식역(識閾* 의식 작용이 일어날 때와 없어질 때의 경계) 하에 있는 것은 "아직 보지 않은 전후의 풍경"[34]이라고 그는 말한다. 사진을 찍는 순간에 그 전후 풍경이 나타난다. 오래된 영화를 떠올리게 하는 듯한, 그러한 시공의 어둠으로서의 전후의 이미지는 '영년(零年)' 의 풍경이라고 부를 수 있을 지도 모른다. 그것은 로셀리니의 『독일 영년』 또는 고다르의 『신독일 영년(Allegmagne Anne Neuf Zero)』(1991)에 기록된 '전후' 이며, 크로노로지컬(chronological* 연대순, 시간 순)한 시간의 '여백', 즉 시간의 '문지방' 이다. 영년이란 과거와 미래 양쪽 모두이면서 그 어느 쪽도 아닌, 둘 사이를 왔다갔다 하며 흔들리는 시간의 파사주임에 틀림없다.[35]

거리를 걸을 때 모리야마는 대상을 응시하는 것이 아니라, 슬쩍 엿볼 뿐 오히려 시선을 외면하고 있다고 한다.[36] "균등하게 감도는 주의"(프로이트), 혹은 "산만한 수용"(벤야민)이다. 그렇게 해서 사진가는 지금 있는 이 장소보다도 모퉁이를 돌아선 끝의 풍경을 언제나 환시(幻視)하며, 초조감(焦燥感)에 내몰려 관능에 강제로 끌려가듯이 하면서, 일종의 트랜스(transformer) 상태로 들어간다. 사진가의 신체는 이 때, 예민한 센서(sensor)가 되어 굉장한 스피드로 도시를 지각하며 직감하고 있다. "모든 것을 눈으로 보아야 한다" 고 재촉하는 의식과, "모든 것은 이미 눈으로 보고 촬영해 버렸다" 는 감각의 기묘한 동시적인 공존이 이 트랜스 상태의 특징이다.[37]

후자의 감각은 모리야마가 말하고 있는 "찍기 이전부터 사진을 찍고 있다", "세계는 이미 사진이다" 라는 인상으로 연결되어 있다. 거리를 걷는 것이 거기에서는 바로 즉시 "사진의 숲" 속을 헤치고 들어가는 것이다.[38] 실경과 기억의 갈등 및 갭에 주술 걸려 꼼짝 못 하게 된 트랜스 상태가 되어 버린 사진가의 신체는 이때, 입체적인 세계와 평면적인 사진 사이에서도 찢겨 갈라져 있다. "어떤 종류, 자신이 트립(trip* 환각제 사용에 의한 환각 상태) 상태에 빠져버렸을 때는 한없이 거리의 표면만을 술술 찍고 싶다, 다다미이와시(疊鰯* 잔 멸치류를 김처럼 붙여 말린 포. 뱅어포와 유사)처럼 찍고 싶다"라고 모리야마는 말한다. "울퉁불퉁한 길에서 병이 반짝이며 굴러가고 있어도 눌러서 납작하게 하고 싶을" 만큼, "술렁술렁 끝없이 평면성으로 향해서"[39] 세포가 술렁이는 것이다.

포스터와 같은 인쇄물을 피사체로 삼는 것에 대한 모리야마의 강한 집착은 잘 알려져 있다.[40] 그것은 "사진에서의 기억"이 "사진의 기억"까지 포함할 수밖에 없다는 점과 연관되어 있다고 하자. 삼차원적인 외계가 혼돈된 상태에서의 디자인으로서 플랫(flat* 초秒 이하의 우수리가 없음)으로 시계(視界)에 찍혀서 보이는 것, 현실의 세계가 포스터나 일러스트, 또는 극화(劇畵* 이야기의 장면을 연속적으로 그린 그림을 순서대로 보이면서 이야기를 들려주는 그림연극)처럼, 술술 인공적인 것으로 좇아와 점점 감응되는 것에 대한 흥미를 이 사진가는 말한다.[41] 모리야마의 사진집에서 현저한 것은 확실히 흑백의 콘트라스트(contrast)를 강조한 사진이 극화나 일러스트처럼 실경을 패턴화 혹은 디자인화 하는 점이다.

하지만 이 평면화로의 지향은 동시에, 피사체로 삼은 평면 상태인 벽의 포스터가 역으로 입체로서 비추어져야만 한다는 역설적인 진폭을 내포하고 있다.[42] 모리야마가 건물의 벽면이나 포스터 등의 평면적인 소재를 피사체로서 촬영할 때에도 풍화되어 막 벗겨지기 시작하거나 불룩거리기도 하는 그 텍스처(texture* 질감)를 돋보이게 하고 있는 점에서 그러한 진폭에 대한 배려가 엿보인다. 사진에서 모든 것은 무조건 평면화되며, 모리야마는 그러한 평면성을 강조하지만, 그러나 그 한편으로 피사체로서의 평면은 어디까지나 평면적인 입체로 보여야만 한다. “사진의 기억”을 “영상 환경” 등으로 부르는 것은 손쉽지만, 그러한 환경 그 자체를 피사체로 삼으려는 사진가의 입장에서는 이차원 영상의 기저재(基底材)인 물질의 모양 및 텍스처가 바로 문제이다. 모리야마의 사진이 추구하는 평면성은 바로 이와 같은 뒤섞여 엉킨 진폭의 폭을 남긴 채로, 그것을 극한까지 희미해지게 만들어 가는 지점에서 발생해야 하는 그 무엇인가이다. 그러한 사진은 삼차원의 환영(illusion)에 의해 시선을 속이는 것이 아니라, 이차원과 삼차원의 틈새에 생기는 아주 얇은 두께라는 중간 지대로 바라보는 자를 사로잡는다.

이러한 모리야마의 사진에서 결정적으로 중요한 도시 공간이 신주쿠이다. 그는 신주쿠를 “거대한 무대장치”, “확대된 극화”, “영원한 가건물(barrack) 도시”[43]라고 부른다. 그것은 바로 신주쿠가 이미 사진이라는 사실이다. 거기에서는 “시간이 눈에 띄지 않는다.”

> 신주쿠라는 이름의 몬스터(monster)는 정점도 없고 시간도 불분명. 오로지 한결같이 표피의 연동(蠕動)과 탈피만 반복하는 어쩐지 기분 나쁜 생물이 되어 모든 것을 병탄(倂呑)하지만, 웬일인지 시간을 포식하지 않는다. 단 한 번 신주쿠가 눈앞이 캄캄해질 만큼 어지럽고 정치적(radical)이었던 저 60년대의 말기, ‘10 · 21’ 이라는 날짜만이 명기되는 유일한 예외가 되고, 그 이전에도 그 이후에도, 신주쿠에서 모든 시간이 소멸해 버렸다.

‘10 · 21’ 은 1968년 10월 21일, 국제 반전(反戰) 데모에서 학생과 시민의 데모가 격화되어, 국철(國鐵) 신주쿠역이 점거되고, 기동대와 충돌한 끝에 소란죄가 적용되어 다수의 체포자가 발생한, 이른바 ‘신주쿠 소란 사건’

의 날짜이다. 모리야마는 우연히 그 현장과 조우하여 사진을 찍었다. 이 날짜를 예외로 하고 신주쿠에서 시간이 사라져 버렸다고 한다, 앞서 인용한 말과는 모순되는 것 같지만, 그는 또한 도쿄를 구성하는 다른 거리가 전후 50년 이상에 이르는 시간의 그러데이션(gradation* 점차적 이행)을 마구 달려서, "하얗게 완전히 위생적이고 무해한 새니터리(sanitary)한 풍경이 되어 버리고 말았다"는 점에 비해, "신주쿠는 아직도 원색의, 다양한 시간의 흔적을 내포하고 있다"라고도 쓰고 있다.

그러나 이것은 동일한 사태의 앞면과 뒷면이다. 가라 주로(唐十郎* 1940~ 도쿄 출신의 극작가, 작가, 연출가, 배우)의 "신주쿠 보고 싶으면 지금 봐 두어라, 머지않아 신주쿠는 불탄 들판", 데라야마 슈지의 『아아, 황야』(1966) 등의 연극적, 문학적인 선언(manifesto)은 "나 좀 봐 달라는 듯이 겉모습의 번영과 환락에 의해 성립되는 지표를 겨우 한 장 넘겨보면, 그곳은 온통 집이 황폐해지고 몰락해서 차가운 바람이 부는 황야"라는, 신주쿠에 대한 조바심과 징조의 표현이었다고 모리야마는 말한다. 모리야마에게 있어서 신주쿠는 '전후(戰後)'의 풍경이며, 그 시간성은 바로 영년의 시간이다. "10 · 21"은 이러한 영년의 시간이 크로노지컬한 역사의 흐름을 돌파하여 분출된, 예외적인 날짜이다. 그곳은 언제나 영년의 전후이기에, 시간의 진행과 함께 위생적이고 무해한 풍경으로 바뀌어 가는 다른 거리와는 달리, 과거와 미래의 시간의 단편적인 흔적을 지속적으로 혼재시키고 있다. "카메라맨이라면 역시 신주쿠를 찍을 수밖에 없다." — 왜냐하면 이 "거대한 변두리"야말로 이미 울창한, 그러한 "사진의 숲"이기 때문이다.

그 숲에 발을 들여놓는 것은 위협과 위험으로 가득 찬 사냥과 유사하다. "밤에 카메라를 손에 들고, 가부키초(歌舞伎町* 도쿄도 신주쿠구 남부의 음식점 · 영화관 · 극장 등이 밀집한 환락가)에서 구청대로(區役所通り)로, 그리고 신오쿠보(新大久保)역 방향으로 오쿠보도오리(大久保通り* 오쿠보대로)를 걸어

갈 때, 나는 가끔 등줄기가 오싹해진다"라고 모리야마는 말한다.

뭐라고 하는 것도 아닌데 어딘가에서 기가 죽는 자신을 느낀다. 어둠 속에서 꿈틀대며 움직이는 사람들의 "곤충처럼 민감한 반응"이, 손에 들고 있는 카메라에 전류가 되어 전해져 온다〔그림 4 · 5〕. 그 긴장감이 신체의 세포를 설레게 하여, 근처의 공기가 좌르르 한바탕 소동이 일 것을 깨닫게 한다 — 그 "어딘지 모르게 폭력적인 애트머스피어(atmosphere* 분위기, 공기)." 정체를 알 수 없는, 마치 전설상의 괴물 누에(鵺ぬえ* 울음소리는 호랑지빠귀 비슷하고, 머리는 원숭이, 손발은 호랑이, 몸은 너구리, 꼬리는 뱀 모양의 괴물)처럼 "마음의 원근법(perspective)"을 어지럽히는 미로(迷路)와 같은 거리, 신주쿠.

모리야마의 사진집 《신주쿠(新宿)》(2001)에는 이럭저럭 하는 동안에 이미 방대한 사진의 집적(集積)인 신주쿠라고 하는 '숲'의 모든 표정을, "다다미이와시(* 뱅어포)처럼" 평면화해서 복사하려고 하는 사진가의 도취감

[그림 4] 모리야마 다이도 《신주쿠》 2001년.

[그림 5] 모리야마 다이도 《신주쿠》 2001년.

이 넘쳐흐르고 있다. 그 느낌이 이 사진집을 보는 이들에게도 전염된다. 분석적인 시선을 집중시키면, 유사한 패턴이나 앵글의 반복과 그것이 만들어 내는 리듬을 손쉽게 발견할 수 있을 것이다. 그러나 오히려 그렇게 응시함으로써 잃어버리게 되는 속도, 즉 사진가의 그것과 마찬가지로 곁눈질로 슬쩍 한번 엿보는 것만으로 이동해 가는 속도를, 이 사진집이 요구하고 있는 것은 아닐까? 앞뒤로 페이지를 부지런히 넘기면서 독자는 그런 식으로 모리야마의 신주쿠를 통과해 간다. 그는 이 거리에 대해서 이렇게 쓰고 있다. "요상함에 이끌리고, 의심스러움에 취하며, 위험함을 화제로 삼으면서도 많은 사람들은 결코 이곳에 정착하지 않고, 언제나 언제나 압도적으로 통과할 뿐이다." — 그러므로 이 "거대한 변두리", "만만찮은 험한 곳"은 그 본성에서부터 '통과'의 공간이며, 영역적인 확장을 가진 문지방으로서의 파사주, 이방인들과 신령, 요괴가 횡행하는 경계이다.

그런 까닭에 그 복사물과 다를 바 없는 모리야마의 사진집의 페이지를 넘기는 경험 역시 마찬가지로, 문자 그대로 하나의 통과의례가 된다. 그 아주 얇은 두께에 사로잡힘으로써, 파리의 파사주에 발을 들여놓은 자가 그러했듯이, 머나먼 과거와 미래, 미생(未生)과 사후(死後)가 흔들리듯이 서로 침투하여 합쳐진 시간을 향해 깊숙이 파고 들어가는 것이리라.

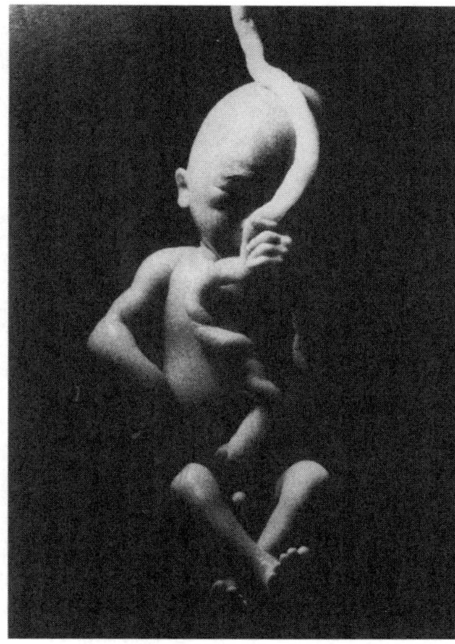

[그림 6] 모리야마 다이도 《팬터마임》 1964년.

벤야민은 이것을 "자궁 속의 세계로 들어간다"고 표현했다. 모리야마의 사진가로서의 출발점인 작품《팬터마임》(1964)은, 포르말린 액에 담긴 태아들을 촬영한 연작사진이다〔그림 6〕. 모리야마는 이 '청춘의 사진'이 "이후의 나의 모든 작품에 연관되어 가는 일종의 데생적(dessin的)인 역할까지 담당하고 있는 느낌이 든다"[44]고 말한다. 그것은 묵극(默劇* 말을 하지 않고 배우들의 몸짓과 표정만으로 극의 내용을 표현하는 연극, 무언극)을 연기한 이 태아들이 체현하고 있는 시간, 즉 아직 태어나지 않은 미생의 상태임과 동시에 사후의 시간이, 모리야마의 그 후의 작품군 전체에 그늘을 드리우고 있다는 것이리라. 이 사진가 자신이 그러한 시간에 끊임없이 매료되어, 신주쿠와 같은 경계를 촬영상의 거처로 삼은, 별종의 인간으로 보이기도 한다.

그리고 만약 그렇다고 한다면, 기지(基地) 마을인 미사와(三澤)에서 찍힌 한 마리의 개의 사진〔그림 7〕이, 모리야마의 일종의 자화상과도 유사한 것으로 평가받고 있다는 점, 『개의 기억(犬の記憶)』(1984) 『개의 시간(犬の時間)』(1995) 등의 저서 · 작품명이 나타내는 바와 같이, 그 자신이 스스로

[그림 7] 모리야마 다이도 《Stray dog》 1971년.

를 어딘가 들개로 간주하여 비유하고 있는 점도 역시, 이러한 맥락과 아마도 전혀 무연한 것은 아닐 것이다. 개는 오래전부터 이승에서 저승으로의 이행을 상징하는 동물이자, 죽은 자를 안내하는 존재로 생각했기 때문이다. 신화 상의 개나 늑대가 거처로 삼는 곳은 이 세상과 저 세상 사이의 중간 지대이다. 그들은 문지방을 지키는 짐승들이었다. 그러한 개의 입장으로서의 사진가가 기록한 신주쿠라는 경계적인 거리는 이를테면 인류의 점유에서 벗어난 개와 늑대의 도시(犬狼都市* 도쿄 출신의 불문학자 · 평론가 · 소설가인 시부자와 타츠히코澁澤龍彥:1928~1987 의 작품명 『犬狼都市キュノポリス』에서 유래)이다.

도쿄의 인류학을 위해서 그 다른 세계나 경계를 찾으려고 하는 자는 스스로 들개 같은 이방인으로 변용되어야만 할지도 모른다. 혹은 자신을 끝없이 섬세한 센서(sensor)로 삼아 도시를 배회하면서 이계에 깊숙이 들어가는 과정에서, 그 또는 그녀는 그러한 개의 권속으로 변신해 버리는 것일까? 모리야마의 쌍둥이 형, 가즈미치(一道)는 우리 나이로 두 살에 세상을 떠났다. 『개의 기억』은 다음의 문장으로 시작되고 있었다.

> 형을 모리야마 집안의 복사본(copy)이라고 한다면, 나는 형의 재(再) 복사본(recopy)이다. 형의 이름에 쓰인 한 일(一)자에 사람 인(人)자가 끼어 들어가서, 나는 살아남게 되었다.[45)]

그리고 다이도(大道)라는 이름의 큰 대(大)자에 점(点)이 상처처럼 뚫려서, 그는 경계를 방황하는 짐승이 되었다.

그러한 변신은 인간적인 서정을 끊어낸 "카피" "리카피"의 서사성에 대해 철저하고자 하는 한 비로소 가능하게 된다. "복사하라, 복사하라, 복사하라"라고 하는 도시의 명령에 자극받아 움직이면서, 뭔가에 홀린 듯이 거리의 표정을 기록함으로써 사진가가 이루려고 하는 것은 바로 그러한 "자그마한 실증"이다. 신주쿠를 무대로 한 모리야마의 두꺼운 사진집은 팬터마임 같은 사진가의 몸짓의 추체험(追体験* 남이 체험한 것을 마치 자기가 한 것처럼 느낌)을 보는 자에게 강요하는, 평면화된 도시의 어두운 숲이라는 통과의례의 진공 지대, 개나 늑대들이 여기저기 뛰어 돌아다니는 '전후'의 황야이다. 그것은 경계의 도시 인류학이 처음부터 끝까지 현장의 실증주의로 일관하기 위해서, 스스로의 기원으로서 선택해야 할 개를 시조로 하는 신화(犬祖神話)의 서사시일지도 모른다.

제11장

사냥꾼들의 이야기

렌가(連歌)로서의 노상(路上)관찰

텍스트란 그 안에서 독자가 사냥꾼이 되는 숲이다.

– 벤야민 『파사주론』

사진이라는 가설 형성의 장

사진가인 모리야마 다이도가 신주쿠를 방황하면서 사진을 찍는 행위는 마치 사냥과 유사하다. 황야와 같은, 혹은 아질(Asyl* Asylum 세속 세계와 차단된 불가침의 성스러운 장소, 영역을 가리킴. 자연 속의 숲, 산, 거목이나, 노예 · 범죄자 등이 비호받는 자치도시 · 교회당 등)로서의 숲과 같은 도시 공간에서 사진가는 개로 변신한다. 그곳이 아질이라는 것은, 반대로 말하면 이러한 삼림이 반 게네프가 말한 "중립지대"이므로 누구나가 통과하여 사냥할 권리를 가지는 원생림이라는 뜻이다. 사진가는 거기에서 사냥개처럼, 혹은 늑대처럼 사진을 찍는다.

신주쿠라는 도시의 늑대인간 전설(人狼傳說). 인간이 각자 늑대가 되어, 여자가 남자를, 남자가 여자를, 혹은 남자가 남자, 여자가 여자를 사냥하는 거리. 인간이 늑대가 된다는 것은 중세 유럽에서 모든 법의 비호 아래에서 쫓겨난 '평화상실자'가 되는 것이었다. 그러나 그것은 법으로 지켜진 자유가 아닌, 법으로부터의 자유를 의미했다. 세속의 인연을 끊어내어 '무연(無緣)'하게 된 숲의 아우트로(outlaw* 법의 영역 밖이라는 의미. 사회질서를 어지럽히는 무법자)들은 법적 질서가 정지되거나, 혹은 세상이 거꾸로 뒤바뀌는 12일절의 전야나 카니발 등의 기간에만 죽은 자들의 영혼을 체현하는 존재가 되어 사람이 사는 마을을 습격했다고 한다.[1)]

삶과 죽음의 틈새에 몸을 두고 있는 늑대인간의 양의성은 야생의 늑대 그 자체보다도, 사람에게 길든 육식 짐승인 개가 가진, 동물과 인간, 야생과 문명, 자연과 문화 등의 양의성과 오히려 상통하고 있다고 말할 수 있을 것이다.[2)] '개 데릴사위(犬婿入り* 개와 인간의 아가씨가 결혼하는 전승 민화)'

를 비롯한 다른 종족과의 혼인담은 개가 이미 반쯤은 인간이라는 사실을 말하고 있는 것일까? 이러한 경계적 성격으로 인해, 이 짐승은 삶과 죽음의 경계를 지키는 지옥의 경비견 케르베로스(Kerberos* 그리스 신화에서 지옥의 문을 지키는 개)가 될 수 있었다.

'사진의 숲' 으로서의 신주쿠에서, 늑대인간 혹은 짐승과 인간의 이류(異類) 혼인의 산물인 개로 몸을 변신한 사진가는 등줄기가 서늘해질 것 같은 공포를 느낀다. 숲의 어둠에 숨어 있는 다른 짐승들의 기척이 까슬까슬한 공기의 감촉으로 바뀌어 신체의 세포를 술렁이게 한다. — 그것은 바로 그의 감각이 짐승의 그것으로 변화하고 있기 때문이다. 사냥감을 재빠르게 노리면서, 스스로가 사냥감이 되는 위험을 날쌔게 탐지하려는 육식 짐승의 갈고닦은 예민한 감각의 센서.

촬영 행위는 사냥에 비유되는 경우가 많다. 그중에서도 스냅숏(snapshot* 변화하는 장면을 인위적으로 연출하지 않고 재빨리 촬영하여 기록한 사진)에 그러한 성격이 강하다. 연속사진 촬영을 위해서 고안된 사진 총(寫眞銃* camera gun)이 분명하게 나타내고 있듯이, 촬영과 사격이나 수렵과의 신체 감각의 유사함은 19세기부터 자각돼 왔다. 전쟁에서의 영상의 이용은 찍는 것과 쏘는 것이 등가(等價)일 수 있다는 사실을 명백히 밝히고 있다.

미나토 치히로는 이와 같은 직접적 관계의 차원과는 별개로, 스냅숏에는 근대 이전의 구시대적인(archaic) 몸짓이 남아 있는 것이 아니겠냐고 말한다. 거기에는 원시적 수렵 문화의 편린(片鱗)이 보존되어 있다. 사진가로서의 미나토 자신이 귀속되어 있음을 실감할 수 있는 문화는 특정 지역의 전통문화이기보다 오히려 아득히 먼 이러한 태고의 문화이다.[3)]

미나토가 여기에서 수렵의 '문화' 라고 부르고 있는 것은 바로 카를로 긴즈부르그가 "추론적 패러다임"의 계보로서 표현한 지식의 한 형태이다. 이 주제에 관한 긴즈부르그의 저명한 논문 「징후들」은 조반니 모렐리

(Giovanni Morelli* 1916~1891 이탈리아의 미술평론가)의 회화 감정법과 프로이트의 정신분석, 그리고 셜록 홈스(Sherlock Holmes* 추리 작가 코난 도일의 탐정소설에 나오는 명탐정)의 추리에 공통으로 나타나는 세부의 징후에 착안하는 분석 수법의 배후에서, 1870년대의 의학적 증후학(症候學 symptomatology* 병이나 상처 때문에 나타나는 현상이나 상태 즉 증상에 대한 학문)에 기초를 두는 추론적 패러다임의 재부상을 확인하고 있다.[4] 긴즈부르그 자신이 융단에 비유하면서 그려 낸, 종횡으로 서로 이어지는 추론적 지식의 계보는, 미세한 차이에 대해서는 약간 무관심한 채로 하나로 합쳐져 일괄적으로 정리되어 있는데, 예를 들면 정신분석에서의 증후(증상 symptome) 개념의 인식론적인 특질을 간과하고 있는 점이라던가[5], 지문에 의한 개인 동정법(同定* 어떤 생물에 대해 그 분류학상의 소속이나 명칭을 바르게 정함)을 비롯한 사법적 동일성 형성을 위한 지식을 수렵적인 지식과 같은 패러다임으로 받아들이는 점에 대한 옳고 그름의 시비[6] 등의 문제점을 내포하고 있다고 할 수 있다.

그럼에도 불구하고, 긴즈부르그의 논문이 대단히 매력적인 것은 1870년대의 다양한 '징후'를 단서로 해서, 그 자체의 증세학적인 추론으로, 태고로 이어지는 지식의 계보를 힘차게 끌어당기고 있기 때문일 것이다. 그 탐구를 안내하고, 때로는 길을 헤맬 것 같은 독자를 강하게 지탱해 주는 것은 다음과 같은 이미지이다.

인간은 몇천 년 동안 사냥꾼이었다. 그리고 여러 차례 사냥감을 추적하는 동안에 진흙에 새겨진 발자국이나, 부러진 나뭇가지, 배설물의 흩어진 상태, 한 움큼의 체모, 서로 휘감겨 얽힌 깃털, 희미하게 남아있는 체취 등에서 사냥감의 모습이나 움직임을 추측하는 것을 배웠다. 인간은 명주실처럼 미세한 흔적을 찾아내어, 기록하고, 해석하며, 분류하는 것을 익혔다. 인간은 밀림의 초목이 우거진 곳과 덫이 가득한 수풀 사이의 빈 땅에서, 이러한 복잡한 정신 작업을 순식간에 시행할 수 있게 된 것이다.[7)]

그리고 이러한 사냥꾼의 지식, 혹은 감각에 뿌리를 둔 "낮은 직관" 이야말로, 동물로서의 인간을 다른 동물들과 긴밀하게 결합하고 있다.[8)]

사냥꾼이 가지고 있는 추론적 지식의 패러다임은 예를 들면 주인공이 사소한 단서를 해독하여 눈으로 본 적이 없는 동물의 모습을 정확하게 표현하는 민화와 같은 형태로 전승되며, 이러한 민화가 이윽고 『세렌디프 왕의 세 왕자의 편력』(1557)이라는 제목의 서적에 수록되었다. 유럽에서 대성공을 거둔 이 서적에 근거를 두고, 1754년 호레이스 월폴(Horace Walpole* 1717~1797 영국의 소설가)이 "뜻밖의 발견을 하는 능력" 을 의미하는 신조어로 만든 것이 '세린디피티(serendipity)' 라고 하는 단어이다.[9)] 한편 볼테르(Voltaire* 1694~1778 프랑스의 작가 · 사상가, 계몽주의의 대표자)는 『편력』의 설화를 개작하여, 자신의 작품인 『자디그(*Zadig*)』(1747)에서 주인공에게 본 적이 없는 말과 개의 모습을 약간의 흔적을 통해 추측하게 하고 있다. 이후의 19세기 말 역사학, 고고학, 지질학, 천체물리학, 고생물학 등의 학문에 공통으로 나타나는 방법을 영국의 생물학자 토머스 헉슬리(Thomas Huxley* 1825~1895 영국의 생물학자)는 '자디그의 방법' 이라고 명명했다. 헉슬리에 의하면 그것은 바로 "과거로 향한 예언" 이었다.[10)]

이 '예언' 이라는 단어가 시사하고 있듯이, 사냥꾼적인 패러다임과 고대 메소포타미아에서 행해진 점술의 패러다임이 아주 흡사하다. 사냥꾼이 사냥감의 배설물, 발자국, 털, 깃털을 자세하게 살피듯이, 점술의 경우에는 동물의 내장, 물가의 기름, 천체의 배치를 통해 운명 해독의 실마리를 구할 수 있다. 사냥꾼도 점쟁이도 모두 흔적을 '읽는다.' 긴즈부르그는 이야기(物語* 허구의 이야기)를 말한다는 사고 그 자체가 흔적의 관찰을 통해 "어떤 것이 그곳을 지나갔다"라고 하는 이야기적인 배열을 만들어 내는 사냥꾼의 경험으로부터 발생하고 있는 것은 아니겠냐고 추측하고 있다. 부분으로부터 전체를 파악하고 결과를 통해서 원인을 찾는 사냥꾼의 흔적 해독법은 원래 환유적이며, 서사시적인 문장 수식이라는 점에서 공통점을 갖고 있기 때문이다.[11)]

이러한 점으로 미루어 보아, 사진가를 "새로 점을 치는 조류 점쟁이(鳥占い師)와 희생물 내장의 형상으로 점을 치는 창자 점쟁이(腸卜師)의 후예"라고 부르고, 도시라는 "범행 현장"을 촬영한 사진 속에서 죄를 발견하여, 누군가가 그 범인임을 지목할 사명이 사진가에게는 있다고 기술한 벤야민이, 사진을 징후로 해독하는 일종의 추론적 지식에 대하여 말하고 있었다는 점이 분명해진다.[12)] 벤야민에 의하면, 그 원리는 호프만스탈이 말하는 "전혀 쓰여 있지 않은 것을 읽는" 것이다.[13)] 벤야민은 사진가 카를 다우텐다이(Karl Dauthendey)가 결혼 시절 아내와 함께 찍혀 있는 사진을 거론하면서, 그 영상의 눈에 띄지 않는 부분에서 "섬광(閃光)과 같은 우연"이 남긴 "불탄 구멍"과 비슷한 징조(구체적으로는 아내의 자살 징조)를 확인하려 하고, 과거의 시점에서 장래에 도래할 예정이었던 것을, 사진을 매체로 한 회고를 통해 발견하기 위해서, 바빌로니아(Babylonia)의 점쟁이와도 유사한 몸짓으로 추론적 지식을 발휘하고 있다.[14)] 이러한 지식을 그는 마술적인 조응이나 유추, 유사의 인식을 수행하는 태곳적인 "모방의 능력"이라고 불렀다.

사진은 벤야민의 역사철학에 한가지의 패러다임을 부여하고 있다.[15)] 그리고 역사를 둘러싼 그의 사고는, 폐허로서의 역사의 죽은 얼굴(히포크라테스의 얼굴)을 파악하는 관상술이었으며, 그것 역시 의학적 증후학을 모델로 하는 추론적 지식의 계보로 이어지고 있었다고 해도 좋을 것이다.

그리고 모방의 능력에 대하여 작용하는 추론적인 지식은 벤야민이 농부나 뱃사람, 혹은 중세 장인들의 수공 작업과 깊숙이 연결되어 있는, 같은 수작업적인 기술로 간주하고 있는 이야기 작가의 능력과 상통하고 있다. 사냥꾼은 일정한 곳에 오래도록 머물러 사는 정주자(농부)와 여행자(뱃사람)라는 두 가지 유형의 화자보다 훨씬 오래된 이야기꾼이다. 벤야민은 "마치 도자기 그릇에 도공의 손의 흔적이 묻어 있듯이"[16], 이야기에서는 화자 고유의 흔적이 남겨져 있다고 말한다. 그것도 마찬가지로 말 속에 묻힌 징후이다.

여기에서 다시 생각해 보면, 사진가가 "조류 점쟁이와 창자 점쟁이의 후예"라고 말하는 벤야민의 지적이 기묘하지 않은가? 사진을 해독하기만 하는 것이라면, 특별히 사진가가 아니더라도 충분히 가능하기 때문이다. 그렇다면 사진가가 태곳적 점쟁이의 혈통을 잇는다는 말은 대체 무엇을 의미하는 것일까? 미나토가 스냅숏에서 수렵적 지식의 잔존을 발견한 것은 스냅숏을 촬영할 때, 추론적 패러다임 특유의 "후각, 직감, 한 번 흘낏 본 것에 의한 판단 등 예측할 수 없는 요소"가 무조건 개입되므로, 아니, 그러한 예측 불가능한 요소에 의해서야 말로, 스냅숏이 가능하기 때문이었다. 언어화되어 공식화한 규범은 그곳에서는 통용되지 않는다. "그러한 사진가들이 혼잡하고 붐비는 광장의 군중 속에 들어갈 때, 렌즈를 통해서 들이닥치는, 평소에는 의식되지 않는 사소한 부분을 통해서, 우리들은 일상과는 다른 얼굴을 발견하는 경우가 있다."[17] 히포크라테스의 얼굴이기도 한 것 같은, 그러한 '얼굴'은 순간적으로밖에 존재하지 않는다. 발자국이나 체모 같은 사냥꾼의 입장에서 흔적이 물질적이라는 점에 비해, 사진가에게 징후는 이미지이다. 촬영 행위를 동반하지 않으면, 징후로서의 흔적 그 자체가 객관적으로는 존재하지 않는다. 스냅숏 촬영은, 사냥꾼에게는 흔적 발견의 순간인 동시에 흔적 그 자체를 반쯤 만들어 내는 행위이기도 하다.

그리고 그 흔적을 징후로 이해하기 위해서는 다시 추론적 지식이 요구된다. 사진가는 이러한 이중의 징후 해독을 담당하기에 "조류 점쟁이와 창자 점쟁이의 후예"이다. 사진 속에 숨겨진 조짐을 읽어내려는 시도만이 이러한 점쟁이의 점술인 것은 아니다. 오히려 현실 세계의 시공에 잠깐 나타나는 '이미지'로서의 흔적을, 시각뿐만 아니라 청각, 후각, 직감, 피부감각, 또는 기억이나 감정까지 한 번에 작용시켜서 포착하고, 순간의 판단에 따라 정착하는 빠른 인식과 기술을 통해 비로소 사진가에게 사냥꾼이나 점쟁이의 예스러운 몸짓이 잔존한다고 말할 수 있다.

사진을 영상으로서만이 아니라, 하나의 실천으로서 파악해야 한다는 점은 예를 들어 프랑스의 정신분석학자 세르주 티스롱(Serge Tisseron)도 지적하고 있다. 그는 사진이 단순한 물리적 각인이 아니라 하나의 행위에 대한 흔적이며, 그것을 실현한 주체의 의지까지 증언하기 위해 사진에서 "세계의 심적인 소화=동화를 위한 하나의 보조 수단"[18]을 찾아내려고 한다. 하지만 사진 촬영이 영상에 의한 상징화와 그 실패에 의한 끝없는 반복이라는 정신분석적인 도식으로 흡수되어 버릴만한 것이라면 얼마나 빈약한 이야기이겠는가? 그러한 도식화는 초기의 지층에까지 도달하는 사진 촬영의 경험상의 비등(沸騰) 상태에 대한 야생적인 사고를 살펴보려 하지 않는, 너무나 연역적이고 근대적인 규범화에 지나지 않는다.

여기에서 거론해 온 추론적 패러다임의 "과거를 향한 예언"은 바로, C. S. 퍼스(Charles Sanders Peirce)가 말하는 가추법(abduction* 가정추론법, 저자는 소행법溯行法이라는 용어를 사용함. 어브덕션이란 퍼스가 제기한 과학적 탐구 방법. 연역법, 귀납법과는 달리, 그것에 앞서 미해명 현상 속에 가설적 법칙 질서를 찾아내는 발견적 방법을 말한다) 혹은 역행법(逆行法 retroduction* 개별적인 일을 가장 적절하게 설명할 수 있는 가설을 도출하는 이론적 추론, 가설 형성 또는 가설적 추론 등으로 번역됨)이다. 퍼스에 의하면, 그것은 가설 형성을 위한 유일한 방법이다. 연역이 규칙의 필연적인 결과를 도출해낼 뿐이며, 귀납은 규칙이 유효하다는 것을 나타내는 것에 한정되어 있음에 반해, 어브덕션(abduction)만이 새로운 가설을 만들어 낼 수 있다. 어브덕션에 의한 가설 형성만이 어떤 개별적인 사례에 대한 추론을 가능하게 하고, 사실에 관한 발견의 논리가 될 수 있는 것이다.

어브덕션은 반드시 확실한 추론 같은 것은 아니며, 어디까지나 개연적인 가설 형성의 행위이다. 그것은 이른바 '억측'이지만, 이러한 억측에 의해 가설을 형성하고, 그것을 검증하는 것이 아니라면, 지식은 조금도 진보하지 않는다. 퍼스는 여기에 무의식적으로 행해지는 지각 단계의 판단이 작용한다고 생각하고 있었다. 토머스 세벅 부부의 표현을 빌리면, 어브덕션이란 "세계의 여러 모습을 결합시키는 무의식 상태의 지각을 근거로 한 본능이며, 다시 바꾸어 말하면 의식하에서 일어나는 메시지(message)의 상호 전달"[19]이다. 그것은 귀납이나 연역과는 무관한 일종의 정동(情動)과 결합된다. 퍼스는 다음과 같이 쓰고 있다.

> 가설 구축에서는 하나의 주체에 부여된 기술(記述)의 복합체가 단일한 개념에 의해 치환된다. 사고라는 행위에는 특수한 정동이 연결되어 있지만, 그것은 각각의 기술이 주체의 입장에서 내재적인 필연성을 가지고 있다는 감각이다. 가설 구축이라고 하는 추론에서는 이러한 복합적인 감각은 보다 더 긴밀도가 높은 일원적 감각으로 교체되고, 사고는 가설상의 결론에 도달한다. 우리들의 신경조직이 복잡한 과정을 넘어서서 흥분 상태에 있을 때, 그 구성 요소 사이에는 어떠한 관계가 맺어지며, 그 결과로서 내가 정동이라고 부르는 일원적인 조화를 이룬 정신의 움직임이 발생하는 것이다. 이렇게 해서 오케스트라의 다양한 악기에 의해 새롭게 만들어진 소리가 귀에 들릴 때, 그곳에서 발생하는 것이 각각의 소리보다도 높은 차원의 특이한 음악적 정동이다. 이 정동은 본질

적으로는 가설 구축에 관한 것과 동일한 것이며, 가설 구축에는 항상 이러한 정동이 포함되어 있다. 따라서 가설 구축은 사고의 정감적인 요소를, 귀납법은 관습적인 요소를 만들어내는 것이라고 말할 수 있다.[20)]

개연적인 추론의 중핵을 이루는 어브덕션의 과정에 작용하고 그곳에서 무의식적인 지각이나 흥분을 동반한 정동이 일어난다. 세벅 부부는 그러한 감각의 작용과 본능적 · 비언어적인 힘에 대응하는 것을, 왓슨(John H. Watson* 코난 도일이 쓴 셜록 홈스 시리즈의 화자. 주인공 셜록 홈스의 친구이자 전기 작가이며 의사로 등장)이 묘사하고 있는 사냥개와 같은 셜록 홈스의 모습에서 발견하고 있다. 추리의 단서가 되는 '냄새' 를 맡고 흥분한 홈스는 검은빛을 머금고 홍조된 표정으로, 비강(鼻腔)은 사냥감을 쫓는 동물처럼 넓어져서, 말을 걸어도 신음 소리와 같은 성급한 목소리가 되돌아올 뿐이다.[21)] 냄새와 관념이 유사하다는 나카이 히사오의 통찰을 여기에서 떠올려 볼 수도 된다.[22)] 이토 구니타케(伊藤邦武* 1949~ 일본의 철학연구자)에 의하면, 퍼스 역시 마찬가지로, 소년 시절부터 아버지의 지도로 와인의 맛과 향기에 대한 식별에 특별한 재능을 발휘했다고 한다.[23)]

징후를 해독하는 힘, 과거를 향해서 소행적인 예언을 하는 가설 형성의 능력으로는, 마치 사냥개로의 변신을 끌어낼 것 같은 정동적 흥분이 있다. 스냅숏을 촬영하는 사진가의 몸으로 되살아난 태고의 몸짓을 가득 채우고 있는 것이 바로 그러한 사고의 열광 상태이다. 촬영된 사진에는 그와 같은 몸짓의 흔적도 역시 남겨진다. 따라서 그러한 사진들은 예스러운 사냥꾼의 몸짓을 '읽기' 위한 흔적이기도 하다.

만약 그러하다면, 사진이란 추론적 지식이 스스로 자신의 몸짓을 해독함으로써 반성적으로 이중화되고, 그에 의한 정동적 고양 상태 속에서 "섬광과 같은 우연" 이 남긴 "불탄 구멍" 을 탐색할 수 있는 특권적인 행위의 장(場)이 아닐까? 따라서 사진 촬영이라고 하는 실천은 외부 세계를 고작 개인의 심적 환경의 내부로 "소화(消火)=동화(同化)" 한다는 식의 자폐적 행위에 머물지 않고, 다양한 감각과 무의식, 정동이 개재(介在)하는 대담한 가설 형성 능력을 통해, 세상의 뜻밖의 모습을 발견하는 수단이 될 수 있을 것이다. 여기에서 필요한 것은 바로, 고대의 조류 점쟁이나 창자 점쟁이뿐만이 아니라, 신석기시대의 수렵채집민의 후예가 되어 수행해야 할 사냥의 기술이다.

진혼(鎭魂)으로서의 초예술(超藝術)

발자국을 해독하여 이야기를 해주는 사냥꾼의 지식 실태는 예를 들면 시턴(Ernest Thompson Seton* 1860~1946 영국 태생의 미국 동물문학자)의 자연 관찰 속에 극명하게 기록되어 있다. 『동물의 발자국과 헌터의 표식(*Wild Animals I Have Known** 『시턴의 동물기』로 널리 알려짐)』(1898)이라는 제목이 붙여진 서적에서는 개, 고양이, 쥐로 시작해서, 토끼와 사슴, 여우, 코요테, 늑대, 미국너구리, 밍크, 들소, 곰, 그리고 인간에 이르는 엄청나게 많은 짐승과 새들의 발자국이 손만으로 그린 자재화법(freehand* 컴퍼스나 자 없이 제도製圖함)의 스케치로 수록되어 있다. 시턴은 대지에 남겨진 이러한 발자국에 "이집트의 상형문자나 동굴 벽화처럼 예스러운 필체" 로 기록된, 그러나 인류의 기록보다도 아득히 오래된 '문자' 의 성격을 확인하고 있다.[24] 즉 그것은 "전혀 쓰인 적이 없는 것" 으로서의 인류 탄생에 앞서는 '문자' 이다. 사냥꾼들이 사냥감을 포획하기 위해서 개발한 이 문자 해독의 기술을, 시턴과 같은 내추럴리스트(naturalist)는 야생 생물의 생활을 파악하기 위한 기술로 활용한다. 그 기술 덕분에, 발자국은 그들에게 숲의 생물들 이야기를 자세히 말해주기 시작한다. 그 이야기란 예를 들면 토끼를 쫓는 밍크에 관한 이야기이거나, 스컹크의 가스로 격퇴된 살쾡이에 관한 이야기, 혹은 1885년 2월 25일에 기록된, 다음의 「숲의 비극」〔그림 1〕이다.

> A의 장소에서, 대략 13cm×20cm의 둥근 장소를 발견했다. 그곳은 눈이 약간 내렸을 때, 솜꼬리토끼(cottontail rabbit)가 몸을 웅크리고 있던 곳이었다. B는 토끼가 튀어나온 장소인데, 토끼는 그곳에 멈춰 서서 근처를 둘러보았다. 앞에 있는 작은 발자국은 앞발로 갖다 대어 남겨진 것이고, 긴 두 개의 흔적은 뒷발의 자국이다. 그 뒤에 있는 작게 움푹 패어 있는 곳은 꼬리의 흔적이며, 토끼가 거기에 엉덩이를 대고 앉아 있었다.
>
> 그다음 무언가가 토끼에게 위기를 느끼게 하여, 토끼가 전속력으로 C와 D를 향해 질주했음을 확실하게 알 수 있다. 그 발자국을 통해서 뚜렷한 변화를 알아낼 수 있다. 즉 앞발을 갖다 대어 생긴 발자국이, 뒷발에 의해 만들어진 큰 발자국보다 뒤쪽에 남아 있다. 이것은 토끼가 한번 뛰어오를 때마다 크게 튀어 올라서, 뒷발을 앞발보다 훨씬 앞쪽으로 갖다 붙였기 때문이다.[25]

[그림 1] 시턴 『시턴의 동물기』 중에서 「숲의 비극」.

또한 D, E, F의 지점에서 토끼는 대단히 높은 도약과 몸을 교차시키는 뜀박질을 몇 번이나 반복하고 있다. 그것은 적으로부터 도망가려 했던 표식처럼 보인다. G에는 몇 군데 피의 흔적이 발견된다. 거기에서부터 2, 3m 앞의 H에는 조금 더 큰 혈흔이 확인된다. 게다가 20m 앞의 I의 지점에서 시턴은 토끼의 양측에 폭이 넓은 날개로 쌓인 눈의 표면을 두드린 흔적을 찾아낸다.

이 흔적으로 인해 토끼가 독수리나 매나 올빼미에 쫓기고 있었음이 판명된다. 그리고 그 2, 3m 앞에는 몸 일부를 잡아먹힌 토끼의 잔해가 있었다. 독수리라면 사냥감을 통째로 멀리 운반해 가기 때문에 토끼의 적은 독수리가 아니다. 자객은 매나 올빼미이다. 따라서 그중 어느 쪽인지를 결정하는 단서를 찾아보니, 발가락이 두 개씩 앞뒤로 붙어 있는 올빼미 특유의 발자국이 눈에 띈다. 그렇다면 어떤 올빼미일까? 증거를 찾은 시턴은 근처의 어린나무 위에 작은 날개(L)가 걸려 있다는 사실을 알아차린다. 그 날개에는 폭이 넓은 3개의 가로줄무늬가 있었다. 이로써 솜꼬리토끼를 습격한 것이 반점올빼미(Blakiston's fish owl* 섬올빼미)임을 추측할 수 있다.

내가 바쁘게 기록하고 있을 때, 계곡의 물줄기를 따라 날아와서 가까이 다가온 새가 있었다. 그것은 틀림없는 반점올빼미이며, 아무래도 남겨 둔 사냥감을 처리하기 위해 현장으로 되돌아온 듯 했다. 그 올빼미가 내 머리 위 3m 지점에서 멈춰 있었는데, 그곳은 토끼의 잔해 바로 위였다.(……)

이 장소에 대한 최후의 증거는 순수하게 부차적인 것이었다. 그렇지만 나는 다음과 같은 결론을 도출해낼 수 있다고 생각한다. 즉 눈 위에 남겨진 발자국이라는 증거는 완전한 것이며, 설득력이 충분하다는 사실이다.[26)]

"완전한" 증거라고 하는 화자의 확신에 주목해 보자. 시턴은 이 서적에서, "동물들의 모습을 눈으로 보지 않고서도 발자국을 해독하여 말해주는 내 이야기는 틀림없는 사실이다"라는 등의 발언을 반복하고 있다. 그 발언에는 사냥꾼의 지식을 배경으로 하여 서사적인 이야기를 해주는 화자의 권위와 같은 것이 엿보인다. 그것은 필시 퍼스가 "각각의 소리보다도 높은 차원의 특이한 음악적 정동"에 비유한 가설 구축이 불러일으키는 사고의 정감에 기인하고 있다.

이 서적에서 시턴은 동물들이 일종의 '명함'처럼 같은 종류와의 커뮤니케이션(communication* 몸짓이나 음성 · 냄새 등을 통한 정보 전달)의 도구로 삼고 있는 배설물의 특징을 거론한 뒤, 미국 원주민이 사용하는 횃불이나 나무의 껍질을 벗기거나 돌을 쌓아 올려서 만들어진 각종 표식에 대해 언급하고 있다. 그것은 말하자면 나무껍질이나 돌, 작은 가지, 풀 다발 등을 이용해서 써놓은 비언어적인 문자이다. 그리고 그러한 것들의 근본원리가 도시 생활 속에서도 결코 소멸하지 않았으며, 교통 표식처럼 모습을 바꾸어서 살아남아 있다고 시턴은 말한다. 따라서 이 내추럴리스트가 자연과 인공을 이어가는 흔적의 기호론을 말하고 있었다고 파악해도 좋을 것이다.

길 안내 표식을 비롯하여 사회적 · 문화적 배경과 강하게 결합한 도시의 내비게이션 시스템(navigation system)은 그 배경을 공유하지 않으면 이해하기 어려운 부분이 적지 않다. 거주자에게는 명백한 표시가 외부인의 처지에서는 "읽을 수 없는 문자"가 된다. 그리고 반대로, 언뜻 보기에 자명한 사실만으로 가득 찬 도시의 기호 공간은 이질적인 표시를 기입해 넣으려는 활동을 낳는다. 예를 들면 '터부'라고 불리는 일종의 서명(署名)을 건물의 벽면 등에 스프레이(spray)로 그리는 현대의 그래피티 라이터(graffiti writer)들의 행위에는 의례적인 커뮤니케이션의 측면이 있다고 한다.[27] '트라이브(tribe* 가족, 집단)' 등으로도 불리는 집단의 멤버는 터부라고 하는 흔적에 의해 다른 라이터의 존재를 알게 되고, 인사 대신에 스스로의 흔적을 그 근처에 그려 넣거나, 일부로 위에 덧칠함으로써 공격의 의사를 표현하기도 한다. 마치 "나의 것이 여기에 있고, 그 녀석의 것이 저쪽에 있을 거라는 사실이 쉽게 머릿속에 그려진다"고 말할 수 있는 심리 지도가 여기에서 출현되며, "이 뒤쪽에는 그 녀석의 것이 있겠구나 하고 생각했는데 대체로 그곳에 있다"라는 식으로, 터부가 있는 곳을 찾아낼 수 있는 독특한 추론적인 지식이 발생한다.[28] 직감되는 바와 같이, 거기에 강하게 작용하고 있는 것은 아마도 도시 환경에 대한 사회 비판적인 의지라기보다, 마킹(marking* 동물이 오줌 등으로 자신의 세력 범위를 나타냄)으로써 세력권을 서로 확인하면서 커뮤니케이션을 하는 동물적인 욕구이며, 그것은 동시에 반달리즘(vandalism* 문화나 예술을 파괴하려는 경향)(공공물 파괴)에 동반되는, 스스로가 "사냥하는" 자가 되는 스릴(thrill)과 일체를 이루는 것이다.

시턴에 의한 흔적의 기호론이 도시론과 접점을 가진다는 점은 이미 1980년대에 아라마타 히로시(荒俣宏* 1947~ 일본의 동물학자, 소설가)가 지적하고 있다. 아라마타는 시턴의 자연 관찰 기록 속에서, 박물학(博物學)과 노상관찰학을 이어주는 수집 행위의 즐거움을 파악하고 있었다. 아라마타는 시턴이 대표하고 있는 것이 "자연 속에도 동물들이 생활하는 거리가 있으며, 도시에서도 인간이라는 생물이 정착해 있다고 생각하는 양의적 시점, 혹은 행복한 일탈"[29]이라고 파악했다.

노상관찰이나 초예술 토머슨에서 도시는 일종의 자연이었다. '물건' 이라고 불렸던 것이 인간의 의도와 관계없이 남겨진 채, 마치 작가 없는 흔적처럼 처리되어 박물지의 계보로 이어지는 수집과 분류의 대상이 되어 있었다. 한 것은 여기에서 발생하는 최고의 즐거움은, 짐승의 발자국부터 도시의 교통 표식에까지 이르는 기호를 수집하여 해독해서 서술했던 시턴처럼, 애초에 엄밀하게 구별하지 말고 다양한 표시를 발견하여 모아서, 그것들을 둘러싼 추론을 이야기하는 행위에 있다고 아라마타는 지적하였다.

초예술 토머슨의 사례를 통해서 그 실태를 상세하게 살펴보겠다. 토머슨은 잡지 『사진시대(寫眞時代)』(1980~1988)에 실린 아카세가와 겐페이의 연재를 무대로 삼아 전개되었다. 아카세가와는 「요쓰야의 순수계단」(1972)을 비롯한 실례를 들어서, 철저한 무용성(無用性)을 특징으로 하는 초예술의 개념을 제시한 뒤 잡지라는 매체를 이용하여, 독자로부터 '토머슨 물건' 에 대한 보고를 모집하였다. 보고서에는 물건의 사진, 발견 장소, 발견 날짜, 발견자, 그리고 물건을 둘러싼 상황에 대한 언어로 이루어진 서술이 필요했다. 그러한 보고를 바탕으로 하여 아카세가와가 잡지의 지면에서 각각의 물건이 토머슨인지 아닌지를 최종적으로 판정하였으며, 경우에 따라서는 '~형태(유형type)' 등의 명명과 분류가 이루어졌다.

보고할 때에는 물건의 유래를 엄밀하게 조사하는 일만 필요한 것이 아니다. 오히려 그러한 현실의 경위를 떠나서, 일종의 미의식보다 무의미하다는 점을 적극적으로 평가하는 굴절된 취미를 바탕으로 하여 건축물의 무용화된 부분적인 흔적이 사랑받았으며, 그것들을 둘러싼 이야기가 엮여진다. 판정자인 아카세가와는 물건 사진에서 출발해서 망상 같아 보이는 이야기를 해줌으로써, 도시의 기묘한 흔적을 이어붙인 지점에서 떠오르는 퇴락한 덧없는 물건들의 신화를 보고자들과 함께 만들어 내고 있었다.

여기서 주목하고 싶은 것은, 그것이 판정자를 중심으로 경기의 성격을 띠고 있다는 점이다. 각각의 보고는 우선 물건이 토머슨인지 아닌지를 둘러싸고 선별되며, 또한 그 사진의 '아름다움' 이나 보고문의 문체가 논평되었다. 투고자와 심사위원이라는 관계가 결사성(結社性)을 동반하는데, 유사한 활동과 일체화하여 노상관찰학회라고 불리는 모방적인 조직을 결성하기에 이르렀다는 점도 주지의 사실이다. 그것이 뚜렷하게 정해 놓은 목적이 없는 취미를 공유하는 자들의 결사인 이상, 주창자들의 자의식으로서는 어찌 되었든 간에, 거기에 자폐적인 섹트성(sect性* 조직체 안의 한 분파가 자기들의 주장만을 내세우고 남을 배척하는 독선적인 경향)이 있었던 점은 부정할 수 없다. 그로 인해, 이 활동이 내포하고 있던, 집단적인 경기로서의 사진에 의한 도시론의 방법론적 가능성은 명확하게 자각되지 않은 채 끝난 것처럼 보인다. 게다가 곤 와지로(今和次郎* 1881~1973 일본의 민속학 연구자) 등의 고현학(考現學* 현대 사회현상을 조사 · 연구하고, 세태나 풍습을 분석 · 해설하려고 하는 학문)과의 관계를 제외하고는 아라마타가 수행한 것처럼 노상관찰을 정신사(精神史)적인 계보 속에서 평가하는 역사적 전망이 거의 이루어지지 않았던 점도 역시, 그 배경에서 작용하고 있는 지적 패러다임의 검증을 등한시하는 결과가 되었다.

후자에 대해서는 말할 것도 없이 초예술이나 노상관찰이 긴즈부르그에 의해 제시된 사냥꾼들의 추론적 지식의 계보에 속해 있다. 정말 망상으로 가득 찬 이야기화로 일탈하는 경향을 내포하고 있었다고 해도, 노상관찰이나 초예술이 출발점으로 삼은 것이 무엇보다도 우선 노상의 물건이라고 하는 흔적이자 그 발견술이었기 때문이다. 초예술의 중심 멤버였던 다나카 치히로(田中ちひろ)는 처음에 전혀 물건을 찾아내지 못해서 고민하고 있을 무렵, 초예술의 집단 탐사에 참가하여 어느 베테랑의 몸짓을 실제로 보았을 때 전기(轉機)가 찾아온 점을 다음과 같이 말하고 있다.

> 그는 식사 후 산책 정도의 느긋한 속도로 우리들의 선두에서 걸어가면서, 거리에서 퍼져오는 냄새만으로도 코로 식별할 수 있을 것처럼, "이쪽으로 가 봅시다"라던가 "저쪽에서 냄새가 나네요"라고 말하면서, "아아, 이쪽에도 있군요" "이것도 의심스럽네요"라고 할 정도로 길거리에 묻혀 있는 초예술의 원석

을 우리들 앞쪽으로 계속해서 끊임없이 찾아내 주었습니다.

이러한 S군의 행동을 8mm의 파인더(finder)를 통해서 보고 있던 나는 이윽고 내 앞에 자욱이 끼어 있던 안개가 갑자기 개어서 맑아지는 듯한 이상한 기분을 맛보며, 갑작스럽게 초예술 발견의 요령과 같은 것을 확하고 금방 이해하게 되었습니다.[30)]

이 S군이 보여준 능력이 바로 세렌디피티이다. 초예술의 개념하에, 도시에서 "전혀 글로 쓰여 있지 않았던 것을 읽는" 행위가 실천되었던 것이다.

한편 집단적인 경기로서의 사진을 이용한 도시론에 대해서는 고토 노리아키(後藤範章* 1956~ 일본의 사회학 연구자)가 집단적 사진 관찰법을 독자적으로 전개하고 있다. 그것을 받아들인 세키네 야스마사의 '도쿄' 의 인류학적 필드워크는 "가설 발상" 을 주축으로 하고 있다는 점에서, 틀림없이 어브덕션으로서의 정동과 깊숙이 연결된 발견적인 가설 형성의 가능성을, 사진이라는 매체를 사용한 도시 조사로 보고 있다.

특히 이때 고토는 사진의 집단적인 관찰과 토의에서 발생하는 공통 주관성을 중시함으로써, 사회학의 실증적 수법으로서의 근거를 형상화하려 한다. 거기에서는 초예술에서의 아카세가와와 같은 판정자의 존재를 대신해서, 다른 사회학적 조사법을 사용한 검증과 데이터의 균질화가 공동 주관성으로서 형성되는 사진을 둘러싼 일정한 해석을 가능하게 한다.

그러나 사회학적인 해석이라고 하는 틀이 없는 곳에서는 집합적 사진 관찰법이 용이하게 공통 주관성으로 도달할 수 없을 것이다. 보다 더 자유도를 올린 세키네의 방법이 가설 발상적인 것이 될 수밖에 없는 이유이기도 하다. 그러나 그것은 방법으로서의 결함이나 약점이라기보다, 오히려 애초에 여기에서 추구되고 있는 기술 그 자체가 상이한 지적 패러다임에 근거를 두고 있다는 사실의 귀결이다. 세렌디피티를 균질하게 반복 가능한 데이터 수집법으로 환원하는 것은 불가능하다.

가설 형성적인 필드워크로서 초예술을 살펴보면, 거기에는 이른바 게임의 룰(rule)이라고 말할 수 있을 만한 것을 확인할 수 있다. 「요쓰야의 순수계단」을 비롯한 사례를 제시함으로써 시작된 게임은, 연쇄적으로 몇 가지 유형의 변종이나 다른 유형의 물건을 발견하게 된다. 엄밀하게 규정된 특징군에 기초를 둔 전수조사가 아니므로, 신종 발견의 가능성이 항상 열려 있다. 아카세가와는 다음과 같이 기술하고 있다.

> 토머슨이라는 점에서 일단 그 논지의 흐름을 더듬어 가면, 그 이전의 부분에서 역시 뭔가 이상한 점이 드러나기 시작한다. 오랜 옛날, 지구의 원시의 바다에서 유기물이 발생하기 시작한 것처럼, 지금 여기에서도 그런 일이 일어나고 있다. 토머슨 물건 하나하나는 소멸해 가면서도, 거기에 무엇인가, 지금은 아직 보이지 않는 투명한 유기체와 같은 사고가 생겨나고 있는 것이다.[31)]

이 게임에 렌가와 비슷한 구조가 있는 것이 아닐까? 알려진 바와 같이, 렌가는 홋쿠(發句* 와카和歌의 첫 구, 렌가連歌れんが와 익살스런 하이카이俳諧에서 제1구를 가리킴)에 계속 연결하여, 복수의 참가자가 구(句)를 이어서 붙여가며 합작하는 시 형태이다. 홋쿠와 와키쿠(脇句* 렌가와 하이카이에서 구를 주고받으며 이어갈 때 홋쿠 다음에 붙이는 제2구)를 통해 새롭게 만들어지는 정경(情景)은 제3구, 제4구에서 다음 정경으로 옮겨지고, 또한 계속해서 이어지는 구에 의해 다른 정경으로 바뀌어 간다. 와카(和歌* 일본 고유 형식의 시가詩歌의 총칭)라면, 혼카도리(本歌取り* 와카, 렌가 등에서 의식적으로 선인들이 만든 용어 · 어구 등을 받아들여 짓는 것)로 다른 노래와 연관시킨다 해도 개인의 범주에서 일회적인 것으로 끝나 버리지만, 렌가는 그것을 집단적인 것으로 행하기 때문에, 자신으로서는 생각하지도 못했던 세계가 타인에 의해 열리게 되는 경험을 낳는다.

그런 경우 규칙을 점검하는 것이 구를 기입하는 슈히쓰(執筆* 렌가, 하이카이의 자리에서 스승의 지시에 따라 참가자들의 구를 용지에 적고, 규칙에 따라 진행을 꾀하는 사람)이며, 최종적으로 채택 여부를 결정하는 것이 소쇼(宗匠* 와카, 하이쿠俳句, 다도茶道 등의 스승)이다. 렌가의 모임을 어떻게 움직여 가는가는 소쇼의 운영 방침에 달려 있다. 중세에 벚꽃이 만개하여 가지가 늘어진 꽃그늘 아래에서 행해진 '하나노모토 렌가(花の下連歌* 일본의 가마쿠라鎌倉시대에서 남북조南北朝시대에 걸쳐 지어진 렌가의 종류 중 하나. 벚꽃이 만개한 절이나 신사에서 신분의 귀천을 가리지 않고 서민과 풍류인, 은둔자들 등 많은 사람들이 모여 떠들썩하게 즐기면서 렌가를 지음)' 에서는 채택된 구에 상금이 걸려 있어, 다양한 계층의 참가자가 서로 구를 투고하며 경쟁했다. 그것은 언어가 언어를 이어가며 만들어 가는, "언어의 잔 돌려 마시기"[32](마쓰오카 신페이松岡心平* 1954~ 일본의 노가쿠能樂 연구자)가 가져다주는 지적 흥분의 장이었다.

초예술에 렌가의 자리처럼 즉흥적인 장면 전환에 의한 지적 고양이 있었던 것은 아니다. 그러나 각 지역으로부터 전해져 온 보고가 아카세가와의 손에 의해 절묘하게 어레인지(arrange* 각색, 배치, 편곡)되어, 몇 가지의 계열을 이루면서 연쇄하여 다양한 이야기가 하나로 엮여 갈 때, 혹은 '토머스니언' 들의 집단적인 노상관찰이 마치 역행하는 것 같은 편력이 되어 거리의 숨겨진 용모를 밝혀내 갈 때, 거기에 기묘한 오브제(objet)들의 이미지와 그것과 관련된 이야기의 "잔 돌려 마시기" 에 취해버린 것처럼 꿈꾸는 집단의 모습이 있었던 것은 아닐까?

초예술의 물건이 재빠르게 철거되고 도시에서 사라져서 없어져 버리는 덧없음에 대해, 아카세가와 등은 감상을 서로 주고받는 대신 담담하게 자각하고 있었다. 요모타 이누히코(四方田犬彦* 1953~ 일본의 비교문학자, 영화사가)는 요시다 겐코(吉田兼好* 1283경~1352경 가마쿠라시대-남북조시대의 관료, 가인, 수필가)와 아카세가와가 과잉 혹은 결핍이라는 일탈을 내포한 사물에서 유머의 계기를 찾았으며, 시간이 사물을 어떻게 변용시키는가에 대해 놀라움의 눈길을 잃지 않았다는 점에서 많은 것을 공유하고 있다고 지적하고 있다.[33)]

저서를 통해 요모타가 서술하고 있듯이, 분명히 아카세가와에게는 겐코와 서로 통하는 무상(無常)의 철학은 없었을지도 모른다. 하지만 설령 무상감이나 감상과는 거리가 멀다 하더라도, 초예술을 특징짓고 있던 것이 단지 요모타가 강조하는, 사물을 순수 상태의 오브제로서 즐기는 유머러스(humorous)하고 깨어있는 시선뿐이었다고 단정할 수는 없다. 초예술에는 뿌리 깊은 종말감과 어두운 죽음의 기색 역시 감돌고 있었다. 아카세가와 스스로 토머슨을 "도시의 유령"[34)]이라고 부르고, "토머슨이란 것은 대체로 무서운 것이"라고 기술하고 있었다.

> 대체로 이 세상의 콘크리트에 깊숙이 묻힌 것이라서, 그것은 언제나 사체 발굴과 같습니다. 가끔 오싹하고 소름이 끼치는 것은 거기에 영적인 것이 있기 때문이겠죠. 건물의 영혼이랄까! 마치 공간의 영혼과 같습니다. 공간도 살아있다고 할까! 인간에 의해 되살려져서 활용되고 있는 공간이 있다. 인간의 숨결이 닿은 공간이라고 할까요. 그렇기 때문에 살아있던 공간의 죽음이라는 것도 발생하고, 공간의 영혼이라는 것도 그 장소에서 발생을 준비하고 기다리고 있다. 어느 쪽이든 그것을 감지하는 것은 인간이니까요. 아마도 인간의 입장에서는 느낄 가능성이 클 것입니다. 그 무서움이 한꺼번에 나오지 않고, 작게 분산되어 나타나면, 때로는 가련한 표정을 보이기도 합니다.
>
> 향수의 향기도 원래는 배설물과 같은 것이었다고 합니다. 그것을 아주 엷게 늘려서 극히 소량을 꺼내면 은은하고 고상한 향기가 된다고 합니다.
>
> 따라서 토머슨 속에 가득 차 있는 것은 죽음이겠지요.(……) 우리들이 초예

술(토머슨)에 흥미를 가지는 것도, 이 죽음에 대한 흥미이죠. 죽음의 공포가 분산되어 엷어지면서, 공포가 흥미로 바뀌고 있다.[35)]

하나노모토 렌가가 명부(冥府)로 향하는 입구로 여기던 만개한 벚꽃 아래에서 언어의 열기로 죽은 이의 원령을 진혼하려는 행위였듯이, 초예술의 실천자들도 역시 도시의 사체〔그림 2〕의 존재를 확인하면서, 토머슨이라는 유령의 기척을 사진에 기록하고 있었을지도 모른다. 만개하여 가지가 늘어진 벚꽃이 "영혼의 세계인 명계(冥界)의 시그널(signal)을 현세에 알리는 나무"[36)]였다면, 토머슨 물건도 마찬가지로 이러한 시그널을 발신하는 안테나가 아니었을까? 가지이 모토지로(梶井基次郎* 1901~1932 일본의 소설가)가 쓴 소설 속에서 벚꽃 나무는 흙 속에 묻힌 시체에서 나온 액체를 빨아올려서 멋지게 꽃을 피운다고 하는데, 중세시대에 꽃을 진정시키는 하나시즈메(花鎭め* 음력 3월의 꽃이 떨어지는 시기에 역병의 유행이 성행하여, 이것

[그림 2] 아카세가와 겐페이 『초예술 토머슨』에서 발췌, 「아사쿠사(淺草) 지하도에 있는 계단의 질식된 사체(死體)」. 발견 장소 도쿄도 다이토구 아사쿠사 잇초메(東京都台東區淺草一丁目), 발견 일자 1983년 11월, 발견자 하기와라 유타카(萩原寬* 1986~ 일본의 스모相撲선수). "계단 위의 공간부에 콘크리트가 채워진 것(……) 이전의 스텝(step) 위로 꽤 많은 구두 자국이 보인다."

을 가라앉히기 위해 역병신行疫神인 오오미와大神, 사이狹井의 두 신에게 제사 지내던 궁중의 행사)의 관념과 상통하는 환시(幻視)에 비유하면, 초예술 물건의 아름다움도 썩어 문드러진 사체에 뿌리를 내린 요상한 아름다움이었을지 모른다. 초예술의 유머러스하면서도 어딘가 어두운 열광은 토머스니언들이 그러한 도시의 시취(屍臭)에 취해 있었기 때문일까? 그리고 확실히 진혼에는 심각한 것보다 카니발과 같은 축제적인 웃음과 열광이 어울린다.

그러므로 세키네가 집합적 사진 관찰법을 도쿄의 인류학으로 전용했을 때 '다른 세계' 를 테마로 삼은 점에 대해서는 충분한 이유가 있었다. 이 방법이 정동을 깊숙이 흔들어 움직이게 하는 가설 형성적인 것이 되기 위해서는 머지않아 도시 공간의 시취가 필요하게 될 것이다. 사냥꾼의 지식을 바탕으로 탐색 되어야 할 것은 바로 파묻히고 감추어진 도시의 사체들이다. 따라서 모든 거리는 범행 현장이다. 그 송장 썩는 냄새를 감지하는 후각을 갖춘 사냥개 떼가 되어, 여기저기 돌아다니는 유행(遊行)의 집단이 거리를 배회한다. 이때 사진은 조류 점쟁이나 창자 점쟁이의 후예가 점을 치는 매체가 되어, "전혀 쓰여 있지 않았던 것을 읽어" 내어가며 들려주는 도시 유령담의 시나리오가 될 것이다. 벤야민은 전해 들은 이야기의 근원에는 죽어가는 사람만이 가지는 권위가 있다고 서술했었다. 이야기의 작가는 죽음으로부터 권위를 빌린다. 그리고 그 이야기가 가리키고 있는 근원은 자연사(自然史 Naturgeschichte), 즉 박물지의 세계이다.[37]

하나노모토 렌가에서 일반 대중은 신령의 빙의물(依代* 신령이 나타나 머문다고 하는 수목, 암석 등의 유형물. 신위神位, 위패位牌)이자 심벌인 삿갓을 쓰고, 익명으로 렌가의 구를 투고했다고 한다. 신원을 알 수 없게 하는 삿갓복장은 훗날 가사기 렌가(笠着連歌* 앉아서 정식으로 시가를 만드는 사람들 이외에, 중세 이후 절과 신사에서 참배자가 선 채로 삿갓도 벗지 않고 자유롭게 시가를 만드는 것)로 계승되었다. 이것은 사람들을 무연화(無緣化* 사회 혹은 집단과 개인 간의 인연,

유대감 등이 사라지는 것)하여, 하나노모토(벚꽃 아래)를 성역(asylum* 聖域)으로 삼기 위한 상징적 행위였다.[38] 짚으로 만든 도롱이와 삿갓은 황야를 방황했던 '저승' 의 지배자 스사노오(素戔鳴尊, 須佐之男命* 일본 신화에서 이자나기노미코토伊弉諾尊의 아들, 아마테라스 오미카미天照大神의 동생)의 옷차림이며, 게르만 신화의 최고신으로서 죽은 자의 신인 보덴(Voden 오딘)의 복장이기도 했다. 즉 삿갓 복장은 망자에게 접근하는 방법이었던 것이다.

인간이 누구인지는 더 이상 묻지 않고, 누구든 될 수 있는 존재가 되는 변신의 장소를 미나토는 "군중" 이라고 불렀다.[39] 하지만 여기에서는 이미 관찰되어 촬영되고 있는 살아있는 군중만이 문제가 되는 것이 아니다. 초예술에서 모든 의도성의 배제라고 하는 형태로 추구되었던 작자의 부재는 토머슨의 물건을 이른바 '군중' 의 산물로밖에 부를 수 없는 것으로 만들었다. 그 이야기의 근원에 숨어서 존재하고 있었던 사람이 바로 그러한 "보이지 않는 군중" 이다. 이 불가시적인 군중이 남긴 희미한 흔적을 더듬어가는 사냥꾼은, 입으면 모습이 보이지 않는다는 상상의 도롱이와 같은 새로운 변신 방법을 습득해야 할지도 모른다. '도시의 유령' 들의 박물지는 그러한 무연자(無緣者)들이 모여 형성하는, 다성적(多聲的)이고 열려있는 결사적(決社的)인 '자리' 를 필요로 하고 있다.

제12장

도시(都市)라는 경이로운 방

박물지(博物誌)의 지식에 대한 재고(再考)

Ut Translatio Natura(자연은 비유와 같다)

– MJT의 좌우명

‘경이(驚異)’의 수사학(修辭學)

카메룬(Cameroon)의 열대우림에 서식하면서 털벚나무(tomentella)속(屬)의 균류(菌類)가 기생하여 이마에서 못과 같은 돌기물이 자라나 있는 ‘악취개미(異臭蟻)’ 메갈로포네라(Megaloponera foetens)〔그림 1〕, 혹은 이구아수폭포 부근의 보양지에서 신경생리학자인 제프리 소나벤트(Jeffrey Sonabento)가 착상했다는 기억 이론의 모델, 혹은 두꺼운 납으로 된 칸막이벽이라는 함정에 붙잡힌 특수한 콧방울을 가진 박쥐, 일명 ‘작은 악마’ 마이오티스 루시피거스(Myotis lucifigus* 작은 갈색박쥐) …… 이러한 기묘한 생물과 이론을 전시하고 있는 쥐라기 테크놀러지(Jurassic technology) 박물관은 언뜻 보기에 로스앤젤레스 서부의 도심지에 지어진 정체를 알 수 없는 작은 가게에 불과하다.

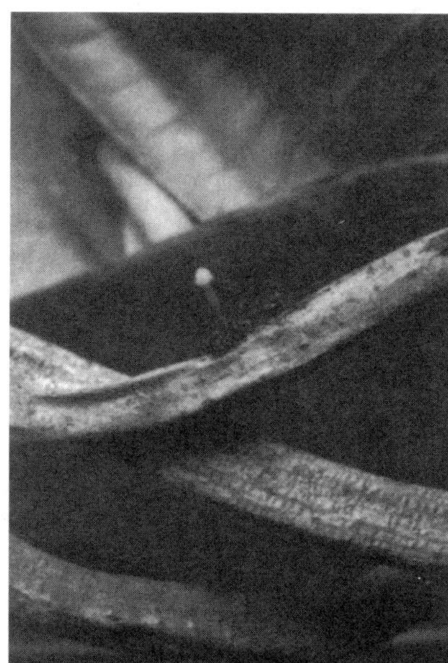
[그림 1] 쥐라기 테크놀러지 박물관의 전시에서 인용. 카메룬의 악취개미, 메갈로포네라. 이마에 못과 같은 돌출물이 자라나고 있다.

이 박물관은 목요일 밤과 토요일의 정오부터 6시까지밖에 문을 열지 않는다. 훌쩍 정처 없이 누군가가 방문하면, 바로 정면에 있는 정류소에서 버스를 기다리는 동안 입구의 양쪽 측면에 끼워 넣어진 신기한 디오라마(diorama* 실제 풍경을 모방하여, 소형 모형을 배치하는 것) — 진주 빛 광택을 지닌 나방이 에워싸고 있는 흰 항아리나, 티타늄 및 철의 산화물과 알루미늄을 나란히 늘어놓은 디스플레이(display) —에 넋을 빼앗겨버릴 것이다.

이런 방식으로 『윌슨 씨의 경이로운 진열실(*Mr. Wilson's Cabinet of Wonder*)』(1995)의 저자 로렌스 웨슬러(Lawrence Weschler* 1952~ 미국의 작가, 비평가)는 독자를 안내하고 있다.[1] 박물관의 어두침침한 내부에는 이취개미의 표본이 자연사 박물관 풍의 디오라마 속에 보존되어 있으며, 유리로 만들어진 장식 선반 옆에 설치된 수화기를 들면 이 개미를 둘러싼 학술적인 설명을 들을 수 있다. 다음 홀에서는 이구아수폭포의 디오라마(접안렌즈를 통해 들여다볼 때만 현수교의 영상이 보인다) 이외에, 복원된 소나벤트의 연구실과 그가 이론의 영감을 얻었던, 애조를 띤 목소리의 소유자인 가수 막달레나 딜라니(Madelena Delany) — 그녀는 코르사코프 증후군(Korsakov's syndrome* 기억력 장애, 시공간적 짐작에 곤란을 느끼는 장애, 건망증 등의 증세를 통틀어 이르는 말)을 앓았으며, 음악 이외의 단기(短期)·중기(中期)의 기억을 상실했다고 한다 — 의 보석류, 악보 등의 여러 가지 물건들이 전시되어 있는 것을 볼 수 있다. 소나벤트가 고안한 두 개의 원추(圓錐)와 거기에 비스듬히 교차한 평면으로 이루어진 기억상실 모델의 디오라마도 있다. 여기에도 각각 음성 해설이 구비되어 있다. 그리고 이어서 박쥐에게 나타나는 반향정위(反響定位* echolocation 동물이 소리 또는 초음파를 발생시켜 그 반향으로 방향을 정하는 것. 박쥐의 초음파가 대표적 예)의 도해를 전시한 후, 납으로 된 벽이 내부에서 비친 것처럼 밝아지면 비행하는 도중 타의에 의해 정지당해 그 속에 묻혀버린 '작은 악마'를 보게 된다.

그 밖의 전시물은 수시로 교체되는데, 유럽 두더지의 해골, 멸종된 19세기 프랑스 나방의 표본, 일부를 잘라내어 내부를 보여주는 노아의 방주 축척(縮尺) 모형, 17세기 어느 여성의 후두부에 생겼다고 하는 털투성이의 뿔, 마운트 윌슨 천문대(Mount Wilson Observatory)에 전달된 기상천외한 우주론을 비롯한 망상을 엮은 수많은 서간(書簡) 등이 있다. 그 두서없는 모습을 통해 어딘가 상태가 정상이 아니라는 것을 깨달은 관람객은, 창립자인 동시에 관리인인 데이비드 힐데브란트 윌슨(David Hildebrand Wilson)에게 이렇게 묻지 않을 수 없다. — "여기는 대체 어떤 곳입니까?"

박물관의 팸플릿(pamphlet)은 그러한 의문에 대해, "전기 쥐라기의 지식이나 그에 대한 일반적인 이해를 촉진시키는 것을 목적으로 설립된 교육기관"이라고 답하고 있다.[2] 그리고 이 기관의 목적은 "진기하거나 혹은 색다른 기술적 특성을 증명하는 일"에 중점을 둔 전시와 박물관의 관람객에게 "쥐라기의 생활" 등 참가 방식의 경험을 제공하는 것이라고 한다. 그런데 그곳에 붙어있는 "쥐라기"라는 지도가 이집트의 지도와 완전히 흡사하여, "전기 쥐라기(Lower Jurassic)"라는 화살 표시가 가리키고 있는 것은 바로 나일강 하류의 델타지대, 즉 "하(下) 이집트(Lower Egypt)"이다.

팸플릿의 해설문은 박물관의 역사를 개관하고, 고대 알렉산드리아(Alexandria)의 모든 시설과 "가장 완벽한 자연사 박물관"으로서 노아의 방주를 언급한 뒤, 오늘날의 공공적(公共的)인 자연사박물관의 기원이 되는 시대를 16~17세기로 정하고 있다. 그 대표적인 것이 올레 보름(Ole Worm* 1588~1654 올라우스 보르미우스, 덴마크의 의사)의 「뮤지엄 보르니아눔(Museum Wormianum)」〔그림 2〕과 앨리어스 애슈몰(Elias Ashmole* 1617~1692 영국의 골동품 수집가, 정치가)의 컬렉션(collection)이었다. 공개된 초기에는 아직 그러한 수집품들이 사회적 엘리트의 독점물이었던 점에 반해서, 18세기 후반의 미국의 화가 찰스 윌슨 필(Charles Wilson Peale* 1741~1827)은 이것을 아이들이나 여성까지 포함한 모든 사람들에게 공개했다. 팸플릿에는 필에게 특별한 경의를 보내고 있다. 그러나 그가 목표로 한 "이성

[그림 2] 올레 보름의 「뮤지엄 보르미아눔」 판화(engraving), Ole Worm : *Museum Wormianum seu historia rerum rariorum*, Leiden: Iohannem Elsevirisum, 1655의 속표지 그림.

(理性)의 오락" 으로서의 박물관은 결과적으로 진기한 구경거리 장사를 위한 유사 박물관을 유행시키는 간접적인 원인이 되어 버렸다.

자부심을 내비치면서 팸플릿에 서술된 바에 의하면, 이러한 가운데 쥐라기 테크놀러지 박물관이 자연사 박물관의 초기 시절에 분명히 존재했던, "불가결한 현상을 문제시하지 않는 정신의 열정이 낳은 부조화" 의 정서를 지금도 여전히 그 저변에 유지하고 있다는 점이다.

데이비드 윌슨에게 가르침을 받았던 그대로, UCLA 도서관에서 소나벤트의 위대한 저서인 『기억상실-망각이론과 물질문제』를 검색한 웨슬러는 이 저자와 책뿐만 아니라 판권 자체가 존재하지 않는다는 사실을 알게 된다. 하지만 모든 것이 날조된 것은 아니며, 소나벤트의 인생과 관련된 인물의 정보 중 어떤 것은 실재 인물을 바탕으로 하고 있었다. 또한 마이오티스 루시퍼거스라고 하는 박쥐가 분명히 존재하지만, 납으로 된 벽으로 포획했다는 등의 이야기는 물론 허구이며, 이 동물에 관한 책을 집필한 연구자의 이름도 미묘하게 달랐는데, 한편으로 그것이 박쥐의 반향정위를 실증한 연구였다는 점은 어디까지나 사실이다.

어떠한 경우이든 거짓과 진실이 뒤섞여 구분할 수 없으며, 조사 없이는 명확하게 판별할 수 없다. 『테아이테토스(Theaitetos* 기원전 417경~기원전 369 그리스의 수학자. 플라톤이 테아이테토스를 대화 내용의 주제로 삼아 '지식의 본질'을 집필)』(BC 369)에서 플라톤이 새장의 비유를 들면서 기억을 서술하고 있는데, 거짓 판단을 알리기 위해 그 새장에서 원래의 새가 아닌 다른 새를 끄집어내는 것을 비유한 것에 의거하여, 쥐라기 테크놀러지 박물관에서는 박제된 새를 붙잡는 밀랍으로 만든 손을 전시하고 있다. 새장의 비유는 지식과 비지식의 관계를 묻는 소크라테스와 테아이테토스의 치밀한 논의를 끌어내고 있으며, 이러한 오브제는 이른바 엠블럼처럼, 박물관 자체가 제공하는 지식/비지식의 구별이 곤란한 전시에 대해 은밀한 고백을 하는 것처럼 보인다.

진실성이 의심스러운 대상을 전시하고 있다면, 그러면 쥐라기 테크놀러지 박물관은 박물관이라는 제도의 역설적인(ironical) 모방(parody)일까? 아니, 반드시 그렇지는 않다. 어느 비평가가 언급하듯이, 과연 이 박물관은 박물관이라는 제도적 권위를 형성하는 전통적인 기호나 기술의 종류 — 전시 방법, 캡션(caption* 삽화나 사진 따위에 붙는 짧은 설명문), 수많은 조명 —를 확실히 구비하고 있으며, 관람객에게 의심의 작은 소용돌이를 안겨줌으로써 진정한 박물관이나 학문으로까지 그러한 의심을 파급시켜서 학문 그 자체에 깃드는 현학적인 성질을 풍자하고 있는 것처럼 보이기도 한다.[3)]

그러나 아이러니한 풍자를 지탱하고 있는 안정된 거리감 따위는 실제로 그곳에 존재하지 않는다. 그렇기 때문에 작은 의심이 사라지지 않고 파급될 수 있는 것이다. 웨슬러는 아래와 같이 어느 박물관 관계자의 감상을 인용하고 있다.

> 처음에는 모든 것이 그대로 명백하다고 생각되죠. 당연히 자신이 무언가를 경험하고 있구나, 하고 의식하고 있는 것과 무언가가 잘못되었구나, 라고 느끼는 것의 사이에는 미묘한 하나의 선이 있는 거죠. 미세하게 어긋나 있는데, 그 어긋남이야말로 그 장소의 본질이 아닐까요.[4)]

그것은 농담이 농담인지 아닌지 명확하지 않은 채로 공중에 매달리듯 붕 떠버린 감각이다. 박물관 관계자들의 국제회의에서 월슨이 한 연설은 청중을 자극하면서도 매료하고 있으며, 박물관에 대한 그의 지대한 관심을 불러일으켰다고 한다. 그때 쥐라기 테크놀러지 박물관은 마치 정신분석처럼 "자기 투영과 감정 전이를 위한 경이로운 장소"[5)]를 제공하게 되었다. 쥐라기 테크놀러지 박물관이 박물관 그 자체를 비평하는 박물관이기 때문이다.

이 박물관은 단순하게 이러한 자기 언급성이 박물관 관계자의 반성적 의식을 환기할 뿐만 아니라, 일반적인 관람객들까지 강하게 매혹시키고 있다. 어떤 사람은 관내에서 오랜 시간을 보낸 뒤, 월슨의 책상 위에 있던 연필깎이를 마치 전시물인 것처럼 응시했다. 그리고 다른 노인은 그곳을 교회 이상의 장소라고 울면서 말했다고 한다.

월슨은 박물관의 사명 중 하나를 "사람들을 경이로움을 향해 재통합하는 것"[6)]이라고 서술하고 있다. 그것은 놀라움과 의심의 사이를 흔들거리며 동요하고, 불안정함이 동반된 즐거운 착란을 가져다주는 '경이'이다. 이 박물관 안에서 처음에는 견고하고 확실한 대지 위를 걷고 있는 듯하지만, 문득 깨달으면 그 발판은 사라지고, 자신들이 어디에 있는지, 이제 갈피를 잡을 수도 없다. 하지만 지성은 불안한 전율과 함께 그것을 기뻐한다. 경이는 확실성을 제거함으로써 비로소 매혹적인 것이다. 이러한 점에서 쥐라기 테크놀러지 박물관이 분더캄머(Wunderkammer), 즉 '경이로운 방'의 직계라는 점은 틀림없다.

16~17세기의 유럽을 지배한 '경이'에 대한 열광, 웨슬러는 그 배경으로 '신대륙'으로부터 미지의 물품들의 눈사태처럼 유입되고 있었다고 말한다. 『경이와 점유』(1994)에서 스티븐 그린블랫(Stephen Greenblatt* 1943~ 미국의 문예평론가)이 지적한 바와 같이, 콜럼버스의 항해가 문을 연 것은 "강렬한 경이로움의 세기"[7]였다. 그것은 어린아이의 몸이 순간적으로 경련을 일으키는 것 같은 유럽 문화의 반응과 함께 시작되었다.

경이로움(Wunder)'의 방인 분더캄머는 문자 그대로는 '예술의 방'을 의미하는 '쿤스트캄머(Kunstkammer)'로 불리는 경우가 많았다. 이 경우 '쿤스트'에는 '예술 · 미술'과 '인공 · 인조'라는 양쪽의 의미가 분리하기 어렵게 결합되어 있다. 호르스트 브레데캄프에 의하면, 자연물에 대한 기술을 취지로 삼고 있는 '자연지(自然誌)(플리니우스Gaius Plinius Secundus의 naturalis historia, 독일어로 Naturgeschichte)'가 '자연사(自然史)(역시 Naturgeschichte)'에서 말하는 '자연의 역사화'를 지향하고 있는 경향은 16~17세기의 쿤스트캄머에서 시작되었다.[8] 여기에는 "자연물 – 고대의 조각상 – 인공물 – 기계"라는 연쇄에 의해 자연에서 기계에 이르기까지의 발전사가 상정되어 있었다. 또한 4개의 구성 요소의 연쇄는 각지의 쿤스트캄머에 있어서 수집물의 이상적인 배열 원리가 되기도 했다. 이탈리아 볼로냐(Bologna)의 박물학자 코스피(Marchese Ferdinando Cospi* 1606~1686) 후작의 박물관〔그림 3〕은 "고대의 숭고한 회상을 위한, 인공과 자연의 박식한 산물(machinamenta)"의 컬렉션이라고 자칭하고 있다. 이

[그림 3] 볼로냐의 「페르디난도 코스피 박물관」 부식 동판화(etching), Lorenzo Legati : *Museo Cospiano Annesso a quello del famoso Ulisse Aldrovandi*. Bologna: Giacomo Monti, 1677의 속표지 그림.

'machinamenta' 라는 단어에는 자연물 이외에 조각상, 건축, 회화, 도구, 기계의 모든 것이 포함되어 있다.[9)]

그러나 이 컬렉션은 표제(標題)인 역사적 연쇄의 4단계를 개념으로서는 지지하면서도 실제의 전시에서는 확실하게 알 수 있는 분류로 수집물을 구분하고 있지는 않았다. 1677년 간행된 카탈로그의 텍스트는 합리적 원리에 따라 자료를 질서에 맞추어 정리하고 있는 반면, 1680년의 직접 손으로 쓴 재고(在庫) 목록을 통해, 수집품을 전시할 때 이 원리가 전혀 적용되고 있지 않다는 사실을 추측해 볼 수 있다.[10)]

자연의 3영역〔광물계 · 식물계 · 동물계〕을 통합하는 산호(珊瑚)가, 고대의 기름항아리나 작은 입상(立像), 화폐, 표본이나 도구와 뒤섞여서 나란히 배열되어 있으면 분명히 자연, 고대의 조각상, 고대 이후의 숙련된 일과 도구 중에서 샘플을 선택한 것은 되겠지만, 그것들은 구분되지 않고 동류로 간주되고 있었다. 아무래도 경계를 교묘하게 숨기듯이, 또한 쿤스트캄머의 이론가인 마욜(Maillol* 1861~1944 프랑스의 화가, 판화가)이 얼마 후에 자신의 컬렉션의 인공물에 관하여 서술한 바와 같이, "의도적으로 분산시킨 무질서" 라는 인상을 주듯이 컬렉션을 함께 나열한 것 같다.[11)]

그 의도는 "시각적인 가교가 되어 눈의 연상 능력에 의해 자연의 유희 능력을 돕는다"[12)]는 점에 있었다. 다양한 외관을 취하며 놀이를 즐기는 자연의 '유희' 를 바로 눈앞에 볼 수 있는 장소가 바로 쿤스트캄머이기 때문이다. '경이로운 방' 의 '경이' 란 유희자(遊戲者)인 자연의 '놀이' 가 가져다주는 놀라움이다. 이미 플리니우스(Gaius Plinius Secundus* 23~79 로마시대의 학자)는 유희의 즐거움을 위해 환상적인 형태를 스스로 창조하는 자연의 충동에 대해 말하고 있었다. 유희적인 창조 속에서 신과 닮은 요소가 확인되었으므로, 마이크로코스모스를 창출하려고 하는 수집욕에는 이러한 신의 유희를 모방하려는 경향이 깃들어있다. 지고(至高)의 카테고리(Kategorie)인 '유희' 에 돌진함으로써, 인간은 신을 완벽하게 닮은 모습이 된다. 세계는 신의 쿤스트캄머이고, 수집가는 이러한 '유희하는 신' 의 이미지를 모방하려 하는 것이다.[13)]

바바라 마리아 스태퍼드의 말을 빌리면, 쿤스트캄머는 "오락과 예술 행위(performance)와 실제적 교육 사이의 애매한 위치" 를 차지함으로써, "지각의 패턴을 시행하는 학교로서의 전시 공간"[14)]이 되었다. 16~17세기의 "구송(口誦) – 시각 문화의 박학 취미(polymathy)"[15)]에서 출발하는 "다양하고 표면적인 커넥션들(connections)이 많은 분야를 횡단하면서 나타나는 것을 허용하는 광학(光學)에 기초를 둔 지식(épistémologie)에 의거하는 정보의 집합체"[16)]로서의 쿤스트캄머는 이윽고 합리적 시스템 분석을 가능하게 하는, 계몽주의 시대의 '분류의 문화' 와 긴장된 길항(拮抗) 관계를 가지게 된다. 과연 자연-고대-인공-기계 등의 연쇄 구조가 있었다 해도 쿤스트캄머 고유의 지식은 어디까지나 시각적 박학 취미의 유희적 열락(悅樂)에 있었으며, 심층을 이루는 이와 같은 분류법이 아니다.

그런 점에서 고전주의시대의 표본 진열관이나 동식물원은 르네상스적인 '구경거리' 의 행렬을 '타블로(表 tableau)' 형태의 전시 양식으로 바꾸어 놓았다고 해서 "박물학이 가능해진 것이, 사람들이 보다 더 자세히 눈여겨보는 것을 배웠기 때문은 아니다"[17]라고 논한 미셸 푸코(Michel Foucault* 1926~1984 프랑스의 철학자)의 분명한 단언(斷言)은 브레데캄프가 비판하고 있는 바와 같이, 르네상스와의 단절을 강조한 나머지 쿤스트캄머에서 시각적인 것이 나타내고 있던 "소재(material)의 변신 능력"과 "역사성"[18] - 자연의 역사성 - 을 잃어버릴 우려가 있다. 푸코가 서술하고 있듯이, 동식물의 가시성(可視性)을 제한하고 여과하여, 그것을 기록하는 언설 속에 완전히 이행시키는 것을 가능하게 하는 '구조' 가 린네(Linne* Carl von Linne 1707~1778 스웨덴의 식물학자)에 의한 분류학의 조건이었다는 점, 린네의 적(敵)인 뷔퐁(buffon* 1707~1788 프랑스의 박물학자)에게도 같은 구조가 존재하며, 동일한 기능을 하고 있었던 점이 확실하다 해도, 언제나 뷔퐁이 자연물을 바라보고 컬렉션으로서의 안목을 기를 것을 강조하고 있으며, 젊은 날의 린네 역시, 각시석남(Andromeda polifolia* 진달랫과의 소관목)을 우연히 발견하자마자 쿤스트캄머적인 연상을 발휘하여, 신화 속의 미녀 안드로메다(Andromeda)의 이미지를 뇌리에 떠올리며 스스로 그림으로 그려서 남겨두고 있다〔그림 4〕.[19] 그 그림에는 각시석남의 생육 장소인, 두꺼비 등 독이 있는 짐승이 뛰어 돌아다니는 습지의 흙더미에 대응시켜서, 안드로메다를 감시하는 용이나 그녀를 쇠사슬로 매어 둔 바위도 그려져 있다. 이러한 신화적 이미지 때문인지, 린네는 각시석남을

[그림 4] 각시석남과 안드로메다의 비교, 칼 폰 린네의 스케치, 1732년.

"Andromeda polifolia" 로 명명(命名)하고 있다.

쿤스트캄머에 수집된 '사물' 들은 말하고 있는 것은, 정연된 언설보다 오히려 이러한 린네의 환상과 유사한, 종잡을 수 없는 '수다' 였다.

배합이 뒤죽박죽으로 조화가 이루어지지 않은 임파스토(impasto* 유화에서 물감을 겹치어 두껍게 칠하는 기법)와도 유사하며, 눈길을 끄는 돌의 부서진 파편은 보는 사람에게 묘하게 서로 연결시키고 싶은 기분을 불러일으킨다. 불규칙적인 돌을 교묘하게, 거의 곡예적으로 언뜻 보기에는 우연의 소산인 것처럼 병치함으로써 눈을 매혹할 뿐만 아니라 대화까지도 이끌어낸다. 조개껍데기의 파편, 돌산호(石珊瑚) 덩어리, 산호의 가지, 미니어처의 흉상, 중국 토기로 만들어진 티포트(tea pot), 작은 메달(medal), 음각된(Intaglio) 보석, 도자기의 파편, 신체의 초상의 선묘화(線描畵)나 조판화(彫版畵* 나무 따위에 어떤 형상이나 글자를 입체적으로 새긴 그림), 가면, 상아(象牙) 세공품, 용액에 담긴 괴물, 종교 용품 그리고 다문화적인 유물 등이 그것들 스스로의 사이에서, 또한 보는 인간과의 사이에서 서로 잘 어울려 조화를 이루지 못하는 불협화음의 '수다'를 시작하는 것이었다. 형태를 이루지 못하는 물감의 얼룩이나 알 수 없는 더러움과 흡사하며, 그것들은 어떻게 봐도 불완전해서 이어 붙인 부분 하나 없는 말끔한 이야기나 지배적 분류학(taxonomy)의 범주에 포함된다고는 생각하지 않는다. 아마추어를 기쁘게 하고, 분류가를 고생시키는 이러한 컬렉션은 아나모포시스(Anamorphosis* 왜상화법歪像畵法 역원근법으로 볼 수 있는 착시의 기법)와 동일한 것이었다. 의미를 알 수 없는 내용이 보는 사람의 즐거운 시선 속에서 해답을 주는 찰나를 기다리고 있었다.[20)]

잡동사니처럼 보이는 물품들을 가득 실은 쿤스트캄머의 선반이나 옷장은 구조적이지 못한 수다와 흡사했다. 그것이 "구송-시각 문화"로 불리는 이유이다. 스태퍼드는 로렌스 스턴(Laurence Sterne* 1713~1768 아일랜드 태생 영국의 소설가, 유머 작가)의 『감정여행(感情旅行)』(1768)을 대표로 하는 18세기 소설에 등장하는, 문장을 도중에서 끊어버리는 돈절법(頓絶法 aposiopesis* 감정이 고양되어 이야기를 중간에서 갑자기 그만두기)이나 대시(dash), 생략기호의 빈번한 사용이 마구잡이식(random) 수다의 유동적인 모습을 모방한 텍스트의 수사학적 방법으로 쿤스트캄머의 물품들을 지배하고 있던 것처럼 파단(破斷)되어 버린 몰(沒) 관계의 패턴을 따르고 있었다고 말한다.[21)]

오래된 문물이나 박물학 표본을 시스템에 의해 수집하고 있는 사람들에게는 쓰레기에 지나지 않는 애매하면서도 진기하고 낯선 물품은 마치 소문과 비슷하다. 바로 그것임을 알 수 있는 기호도 없고, 그러한 거칠고 세련되지 못한 단편(斷片)들은 요약하자면 '문맹(illiterate)'이며, 불명료하여 의미를 알 수 없는 메시지를 오랜 세월 동안 작은 소리로 전해주는 것이 고작이었다. 무언가 그것임을 알아볼 수 있는 권위(auctoritas)에 힘입은 공적인 선언의 명석함과 명쾌함이 결여된 깨진 돌들은 애매한 의견, 낮은 속삭임의 사소한 부분과 완전히 흡사했다.[22)]

분류 체계를 위협하는 '괴물' 따위는 숭고화 할 필요도 없다. 그것 또한 다른 형태의 계몽주의적인 권위 부여일 수밖에 없을 것이다. '문맹'의 단편은 그런 과장된 것이 아니라, 더듬거리는 말투의 중얼거림과 유사한 쓰레기에 지나지 않는다. 하지만 그런 미세한 먼지처럼, 진귀하고 신기한 물건들은 어느새 시스템의 그물망으로부터 흘러 떨어져 나와 수북이 쌓여 간다.

그 단편적인 관계성의 희박함만을 강조하면, 진기하고 낯선 물품은 알레고리와 다름없어진다. 그러나 유희하는 신을 흉내 낸, 쿤스트캄머라는 유희의 즐거움은 오히려 불협화음의 '수다'에 의해 사물끼리 서로 연결되는 곳, 즉 아날로지에 있었다. 스태퍼드의 판단에 의하면, 독일 낭만파 이후 아이러니컬한 알레고리가 우세한 미학적 사고 속에서 아날로지는 부당하게 폄하되어 왔다. 그것은 언어에 대해서 시각적인 것을 낮게 평가하는 경향과 연결되어 있다. 계몽주의 이전의, 보는 쾌락을 추구한 테크놀러지는 시각화의 아트=사이언스 복합체를 형성하며, 언어로 환원되지 않은 이미지의 지식을 실현하고 있었다. 스태퍼드는 이미지, 외관, 시각화와 함께, 아날로지의 가치 복권(復權)까지 외치고 있다.[23)]

쿤스트캄머란 추상적인 것을 구체화하여 쾌락을 전해주는 이미지의 힘을 활성화하고, 또한 영역을 횡단하여 사물을 서로 잇는 아날로지의 능력을 구사하기 위한, 발견적인 동시에 교육적인 모습의 장치였다. 알레고리컬(allegorical* 우화적인, 우의적인)한 단편화에 머무를 것이 아니라, 분류학자의 입장에서 보면 '쓰레기 줍기' 처럼 진기하고 낯선 물품을 수집하고, 시각적인 아날로지의 힘으로 관련짓는 쿤스트캄머에는 체계적인 분류법과는 다른, 보다 섬세한 관찰을 요구하는 표준화 경향이 있었다고 스태퍼드는 지적하고 있다. 그리고 "이러한 문화-규범적 시스템은 그 의미를 분명히 하는 데에 힘을 보태어 주는 공유 가능한 모범적인 현상 위에 귀납적으로 만들어지"[24]므로, 후원자(patron)들의 개인적인 요구는 눈에 보이는 형태로, '밈(meme* 재현 · 모방을 되풀이하며 이어지는 사회 관습, 문화)'(리처드 도킨스 Richard Dawkins* 1941~ 영국의 동물행동학자, 진화생물학자 및 대중과학 저술가)처럼 사회화된 해석자들의 단위 집단과 결합되었다. 진기한 물건으로 가득 찬 캐비닛(cabinet) 서랍은 아날로지컬(analogical* 유추에 의한, 유추적인)한 관련성의 통찰을 이끌어내기 위해 보는 자에게 도전하고, 유희적인 창조로의 참가를 재촉하고 있었던 것이었다.

에도(江戸)의 박물(博物) 취미와 언어유희

사회화된 집단적 유희성이라는 성격의 측면에서 쿤스트캄머의 비교 대상이 될 수 있는 것은 에도시대 후반의 일본에서 나타나는 박물학(博物學)의 유행이다. 다만 '박물학' 이라고 해도, 그것은 중국의 본초학(本草學)에서 시작된 약물 연구를 토대로 하여 발달한 실용의 학문이며, 특히 일본의 경우, 질서 정연한 분류 체계를 이론적으로 구축한 것이 아니라, 단일한 개체에 대한 정보를 수집 · 정비하여 오로지 일일이 하나하나 세는 것과 같았다. 니시무라 사부로(西村三朗* 1930~2001 생물지리학, 해양생물학자)의 『문명 속의 박물학-서구와 일본』(1999)에 근거하여 언급하자면, 오노란잔(小野蘭山* 1729~1810 에도시대의 본초학자)의 『본초강목계몽(本草綱目啓

蒙)』(1803~06)을 하나의 집대성으로 삼고 있는 박물서의 간행과 더불어, 극도로 정밀한 개체의 묘사를 특징으로 하는 박물 도감의 제작도 활발하였다. 그 대부분은 때를 맞추어 진기한 물건이 입수된 경우에 수시로 그려진 것이기에, 체계적인 분류와는 거의 무관하다. 그러나 그것이 아무리 불규칙적이고 무질서한 배열이더라도, 각각의 그림이 '사진', 즉 '진실을 담은 것' 이라면 당시의 사람들에게는 아무런 불편함도 없었다.[25)]

에도시대의 진기하고 낯선 물품에 대한 관심을 가장 현저하게 드러낸 것은 물산회(物產會, 약품회藥品會, 본초회本草會)였다. 막부(幕府)의 의학관(醫學館)에서 매년 물산회가 열렸으며, 그밖에 에도에서는 민간의 약품회도 매월 정기적으로 개최되어 활기를 띠고 있었다. 교토(京都), 오사카(大阪)뿐만 아니라, 오와리 나고야(尾張名古屋), 히고 구마모토(肥後熊本), 나가사키(長崎), 기슈 와카야마(紀州和歌山) 등에서도 자주 물산회가 개최되어 인기를 얻었다고 한다. 『오와리 명소도회(尾張名所圖會)』(1844)〔그림 5〕에는 그러한 성대한 모임의 모습을 전해주는, 아래와 같은 광경이 그려져 있다.

> 넓은 방 일부를 휘장으로 구분하여, 호랑이와 줄무늬 쥐(縞鼠 줄무늬 다람쥐?)의 박제, 갈색 킹크랩(Lithodes turritus)의 건조 표본을 설치하고, 그 앞에는 광물 표본 같은 것을 나열하고 있다. 또한 그 반대 측에는 커다란 해달 모피(해달의 가죽?), 살아있는 머리가 두 개 달린 뱀(파충류에서는 종종 이러한 종의 기형이 출현한다), 백조(까마귀가 백색화한 기형), 화석, 물고기의 건조 표본 및 조개류의 표본 같은 것, 그리고 안쪽에는 우리 안에 들어간 야생 돼지(멧돼지), 검은 너구리(정체?), 재두루미와 황새, 대야에 들어있는 큰 물고기(큰 도롱뇽) 등이 전시되어 있다. 기둥에는 서양에서 건너온 풍조(風鳥 Paradisaeini 극락조)와 천산갑(穿山甲* 아르마딜로armadillo, 머리의 일부와 몸 전체,

[그림 5] 오와리번(藩)의 의학관에서 열린 약품회 『오와리 명소도회』 2권(덴포 15년=1844년 간행)에서.

꼬리까지 튼튼한 갑옷으로 덮여 있는 포유류 빈치목 아르마딜로과에 속한 동물을 통틀어 이르는 말)의 박제가 걸려있고, 또한 천장에는 마찬가지로 큰 뱀(비단뱀?)의 허물이 매달려있다. 큰 홀(hall) 안쪽의 바닥을 조금 높여 꾸민 곳에는, 아마도 의학관에서 교재로 사용하고 있을 것 같은 목제(木製) 및 동제(銅製)로 만들어진 두 구(具)의 인골(人骨) 모형이 자리 잡고 앉아 있으며, 그 옆에는 번주(藩主* 에도시대 일정한 영토를 가지고 그 영내의 백성을 다스리던 영주)가 출품한 것인지, '하사받은 인삼' 과 '웅담(熊膽)' 이 자그마한 비단 보자기를 깐 받침대 위에 공손하게 올려져있다. 참으로 이상한 물건 · 기이한 물건 · 명품이 뒤섞인 전시이다.[26]

자연 속의 진기한 짐승, 낯선 조류뿐만 아니라, 다른 나라에서 만든 가구나 장식품, 인형, 이화학 기계(망원경, 전기elektriciteit 등)도 역시 이러한 전시에 제공되는 '박물' 의 일부였다. 진기한 물품이라면 무엇이든 좋았던 것이다. 또한 호레키(宝暦) 7년(1757) 7월, 에도의 유시마(湯島* 도쿄의 동쪽 끝에 있는 지역. 에도시대부터 공자를 모신 사당이 있었다)에서 최초로 열린 물산회를 주최한 사람은 본초학자인 다무라 란스이(田村藍水* 1718~1776 에도시대 중기의 의사. 본초학자)이지만, 개최를 제안하고 실무를 전담하여 관리한 것은 고향인 사누키(讃岐)를 탈출하여 란스이에게 입문한 지 얼마 되지 않은 히라가 겐나이(平賀源内* 1728~1780 에도시대 중기의 박물학자, 작가, 화가, 도예가, 발명가)였다.

니시무라 사부로(西村三朗)는 여러 사람이 제각기 자신의 아주 뛰어난 물품을 추렴하여, 모여서 서로 보여주고 경쟁하며 즐기면서, 서로 품평하고 배우는 공간이었던 물산회가 에도시대에 '샤(社)' 나 '렌(連)', 혹은 '가이(會)' 로 불렸으며, 신분 · 직업 · 성별과는 관계없이, 취미가 같다는 공통 사항만으로 느슨하게 맺어진 애호가 집단의 하나였다고 지적하고 있다. 이것은 오래전 우타아와세(歌合* 사람들을 두 패로 갈라 와카和歌를 지어서 서로 우열을 겨루던 놀이)나 렌가에서 시작되었으며, 근세에 들어서 하이카이(俳諧* 하이카이렌가俳諧連歌의 준말, 중세 무로마치 시대 말기에 시작된 익살스러운 형식의 렌가)의 렌쿠(連句* 하이카이에서, 장구 5 · 7 · 5와 단구 7 · 7을 섞바꾸어 길게 이은 구)나 구아와세(句合* 하이카이에서 좌우 두 편으로 갈라, 첫 구인 홋쿠發句를 지어 우열을 겨루는 놀이), 센류(川柳* 에도시대 서민층 사이에서 성행한 5 · 7 · 5의 세 구句로 된 풍자 · 익살을 주로 한 짧은 시), 교카(狂歌* 에도시대에 성행했던 풍자와 익살을 주로 한 와카) 등 문예 장르로 대중화되어 한층 광범위하게 침투된 취미의 범주에 속하는 활동이었다고 할 수 있다.[27)]

동료들끼리 모여 진행된 자랑스러운 물품의 '경쟁' 과 '비교' 에는 삽화가 들어간 목록이 출판되는 일도 자주 있었다. 박물 취미가 다이묘(大名* 헤이안 시대 말기에서 중세에 걸쳐 많은 영지를 소유한 지체 높은 무사)나 궁정 귀족, 하타모토(旗本* 에도시대 장군가에 직속되어 있는 무사) 등의 상류계급에 파급되

어, 전속으로 고용된 화가에게 명령하거나 직접 화필을 들고 박물도(博物圖)를 제작하였으며, 게다가 스스로 자신이 화초 재배나 동물을 사육하고, 그 생육과 변태의 모습을 관찰하여 그림으로 나타낸 '도노사마(殿様* 주군 · 귀인의 높임말) 박물학' 도 융성하였다. 그 배경에는 화조화(花鳥畵* 풀, 꽃, 새, 벌레를 그리는 동양화의 총칭)의 전통이 있었지만, 에도 중 · 후기에 나타나는 에이리본(繪入り本* 그림이 들어간 책)과 우키요에(浮世繪* 에도시대의 풍속화)의 대유행이 박물도의 열기를 한층 더 고조시켰다. 기타가와 우타마로(喜多川歌麿* 1753~1806 에도시대 후기의 풍속화가. 미인화의 명수이며 관능적이고 우아한 화풍을 지님)의 『에혼 무시에라미(畵本蟲選* 무시에라미는 궁중의 물자 조달 부서의 담당자가 교토 인근의 사가노嵯峨野 등에 나가, 여러 벌레들의 울음소리 · 모양 등의 우열을 겨루는 놀이인 무시아와세虫合에 쓰일 벌레를 잡아 바구니에 넣어 궁중에 바쳤던 일)』(1788)와 『개펄 조개잡이의 선물(潮干のつと)』(연도 동일)은, 교카에서 읊은 동식물을 화려한 다색(多色) 인쇄로 표현한 교카 그림책의 대표작이다. '가문(家紋) 열거하기', '상투(髷) 열거하기', '꽃 열거하기', '곤충 열거하기', '물고기 열거하기' 등, 같은 종류의 사물을 다수 나열해서 그림으로 표현함으로써 그 다양성을 즐겼던, '모노즈쿠시(物盡し* 같은 종류의 것을 전부 열거함)', '모노쿠라베(物競べ* 물품을 나열하여 경쟁함)' 라고 불리는 장르를 종이 한 장에 인쇄한 판화가 대중들 사이에서 특히 널리 보급된 것으로 생각된다.[28)]

박물 취미가 일반 대중 사이에 크게 유행한 요인은, 에도 초기에 교토에서 발생한 후 뒤이어 에도로 전파된 하이카이의 열기와 화훼 원예열(園藝熱) 등 두 가지 서민적인 유행 때문일 것으로 니시무라는 추측하고 있다.[29)] 원예열이 박물 취미를 육성하는 것은 서구에서도 찾아볼 수 있다. 하지만 하이카이에 대한 열기와는 어떤 관계가 있었을까?

하이카이의 보급을 지도한 데이몬파(貞門派* 에도시대 초기, 마츠나가 데이토쿠松永貞德 중심의 하이카이 유파)는 입문서나 하이카이론(論)을 출판하는 등, 하이쿠(俳句)를 짓는 사람들의 모임인 하이단(俳壇)을 전국적으로 조직화하고 있었는데, 서민층의 박물 취미의 발전에 공헌했을 것으로 생각되는 것은 기요세(季寄せ* 하이카이나 렌가에서 계절을 나타내기 위하여 정해진 기고季語를 분류, 해석한 책. 세시기)·세시기(歲時記)의 편술(編述)과 간행이다. 하이카이 시인(俳人)이 세시기를 엮을 때 본초서(本草書)를 참고하고, 본초가(本草家)가 세시기의 편찬에 관여하는 경우도 있었다. 이후에는 박물서의 기술과 비교해도 손색이 없는 세시기도 등장했다. 또한 니시무라에 의하면, 일본 고유의 언어인 야마토 고토바(大和言葉)나 속어, 특히 방언사전 역시 동일하게 하이카이와 밀접한 관계가 있는 출판 장르이며, 각지의 동식물과 관련된 풍부한 해설을 통해 서민층으로 박물 취미의 침투를 도운 것으로 보인다. 이러한 서적은 본초서보다 가격이 저렴했으므로 서민의 손길이 닿을 수 있는 물건이었다.

한편 이마하시 리코(今橋理子* 1964~ 일본의 미술사학자)는 가와모토 고지(川本皓嗣* 1939~일본의 비교문학자)에 의해 밝혀진 하이카이 특유의 시학(詩學)에 주목하고 있다. 이마하시에 의하면, 예부터 지금까지 정해진 '아어(雅語)'로 시구를 만들어야만 했던 전통적인 와카나 렌가에 반해, 하이카이렌가는 '아어' 속에 포함되지 않은 다양한 단어나 사물을 '속어'인 '하이곤(俳言)'으로서 자유롭게 받아들였으며, 그로 인해 발생하는 웃음이나 해학을 본령으로 삼았기 때문에, '아어' 이외의 사물과 단어를 자신의 주변 세계에서 골라낼 수밖에 없었고, 거기에서부터 본초학·박물학과 통하는 이념이나 세계관, 사물에 대한 시선 등이 새롭게 생겨나게 되었다.[30] 그리고 이러한 분야가 서로 겹쳐진 영역에서 기타오 시게마사(北尾重政* 1739~1820 에도시대 중기의 우키요에 화가)와 같은 우키요에 화가가 하이카이에 관한 책인 하이쇼(俳書)에 참가하여 기고(季語* 렌가, 하이쿠 등에서 계절을 나타내기 위해 사용하는 특정한 말)가 되는 식물을 정교하고 치밀하게 묘사해 내고 있는데, 그것이 우타마로 등에 의해 화조(花鳥) 판화의 걸작을 낳는 계기가 되었다.

물산회에서부터 출발하여 박물도, 기요세 · 세시기, 방언사전, 에데혼(繪手本* 그림을 배우는 데 사용하는 그림본), 화조 판화에 이르기까지, 이러한 에도 시각 문화의 총체가 바로 쿤스트캄머와 상통하는 오락이자 예술 행위이며, 또한 동시에 교육의 기능을 가진 사회적 장치였던 것이다. 더구나 하이카이 취미와 긴밀하게 결합되었다는 점에서 언어 표현과 대립하지 않았다. 아니, 그 점에서는 유럽의 18세기 소설에 대응하는 것과 같은 형태로 언어 표현이 쿤스트캄머적인 형태에 접근했을지도 모른다. 분류학적인 기준에서 보면 애매하고 명료함이 결여된 '수다'나 '소문'과 같은 것이었다고 해도 구조가 전혀 부족하지도 않으며, 유희하는 해석자들이 집단으로 형성 · 축적해 온 규범적인 시스템이 존재하고 있다. 그리고 그 시스템을 배경으로 개체와의 발견적인 조우를 계기로 삼아서 단시(短詩) 형태의 문예 작품이 만들어지게 되고, 연쇄를 이루면서 이 시스템을 재편성해 가는 것이다.[31]

폐허의 경련적(痙攣的)인 지식

그린블랫은 콜럼버스가 느낀 발견의 "놀라움(wonder)"이 "경이적 점유(marvelous possession)"에 다다르는 과정을 분석하면서, 거기에는 "강렬하고 거의 마술적 환등(幻燈)이라고도 할 수 있는 마음의 상태와 깜짝 놀란 최초의 순간이 지나간 뒤에 접촉하고 목록을 만들어서 거기에 기재하고 점유할 수 있는 완전히 외재화(外在化)된 대상"[32]과의 왕래가 있다고 지적하고 있다. 후자가 가리키는 "경이로운 것의 식민지화"[33]는 콜럼버스의 항해일지에 나타난 관찰 소견의 한 형태에 대응하고 있다. 그것은 예를 들면 신대륙 발견 직전에 쓰인 다음과 같은 기술이다.

> 그들은 배 부근에 있는 발데라섬(Baldera Island)과 녹색의 갈대를 보았다. 카라벨선(caravel* 15~16세기경 스페인 · 포르투갈의 쾌속 소형 돛배, 작은 범선)인 핀타(Pinta)호의 부하들은 줄기와 막대를 보았다. 그리고 철을 사용하여 만들어진 것처럼 보이는 또 다른 가느다란 막대, 줄기 한 개, 그리고 육지에서 생육하는 또 다른 식물, 그리고 두꺼운 널빤지를 배로 끌어 올렸다. 카라벨선 니냐(Niña)호의 부하들은 또한 육지의 표시(기호)와 따개비 등이 붙은 작은 막대를 보았다. 이러한 표시(기호)를 손에 넣자, 모두가 안도의 한숨을 쉬며 기운을 되찾았다.[34]

콜럼버스 일행은 눈으로 본 것을 "표시(기호)"로서 해독하고, 그것을 하나의 이론, 하나의 욕망이 실현될 가능성으로 파악하는 과정을 반복하고 있다. 거기에는 사물을 특정화하는 "시각적인 것"과 일반화 · 추상화하는 "언어적인 것"과의 긴장 관계를 나타내는 "중간휴지(中間休止* caesura 본래는 행간의 역동적인 휴지(쉼)를 뜻하는 문학 용어. 리듬상의 발전을 변화시킴으로써 싯구의 강세를 강화시키는데 사용된다)"가 있다고 그린블랫은 말한다. 서기(書記)를 통해 전달되는 콜럼버스의 관찰은 처음부터 하나의 기대와 지각 인식의 구조에 의존하고 있었다. 눈으로 본 것을 우선 등록하고, 곧바로 이어서 그 의식을 등록할 때 "서기의 설명력은 대상(對象)에 대한 눈의 불투명함을 투명한 기호로 변환함으로써 반복하여 길들이고 있다."[35] 따라서 콜럼버스는 사실은 이미 알고 있는 것만 발견하고 있다. "표시(기호)"는 항상 유리처럼 투명해서 그가 발견할 것이라고 기대하고 있는 것만을 찾아보고 있다. 거기에는 더 이상 "놀라움"의 심적 경련은 없다.

쿤스트캄머 내지 분더캄머와 분류학적으로 질서 잡힌 박물관 사이에 존재하는 것은 콜럼버스의 항해일지에 나타나는 "중간휴지"이다. "강렬한 놀라움의 세기"의 내부에서 세계를 "투명한 기호"를 이용하여 지적으로 체계를 잡아 지배하는 "경이적 점유"의 과정이 진행되어 간다. 유럽인에게 신대륙 발견에 의한 심각한 심적 경련이 극복할 수 있는 과정으로 정복되었던 것은, 새로운 대륙뿐만 아니라 구(舊)세계의, 놀이로 가득 찬 자연도 있었다. 따라서 쿤스트캄머에서 이미지의 지식, 아날로지(analogy)의 지식을 소생시키는 것은, 경이적 점유에서 놀라움의 경련을 향해 "중간휴지"를 넘어서 거슬러 올라가는 일이며, 세계를 "점유"하는 것이 아닌, 자연과의 관계성의 재발견으로 연결된다. 그것은 바로 시각적인 놀라움이 고유의 논리로 전개하는, 이른바 "경련적인 지식"을 회복하는 것이다.

마쓰우라 히사키(松浦壽輝* 1954~ 일본의 시인, 소설가, 비평가)는 해 질 녘에 식물원의 화단 사이를 아내와 돌아다니면서, 식물의 독특한(baroque) 학명을 찾아내며 흐뭇해하는 테스트 씨(발레리Paul Valery 1871~1945: 프랑스의 시인, 철학자 「에밀리 테스트 부인의 편지」1924)에게서, 린네적(的)인 분류학을 오로지 관능적으로 향락할만한 무상(無償)의 기호군(群)의 무질서한 유희로 변모시켜버리는, 거의 폭력적이기 조차한 몸짓을 보고 있다.[36)]Antirhinum Siculum(금어초金魚草), Solanum Warscewiezii(가지과의 식물), Sisymbriifolium(풍화채속), 또는 "무슨 Vulgare이거나, 무슨 Asper이거나, 무슨 Palustris이거나, 무슨 Sinuata이거나, 무슨 Flexuosum이거나, 무언가 Proealtum이거나" 등의 식물명은 말할 것도 없이 린네가 창조한 기호 체계에 기반을 두고 있다. 그것은 푸코가 말한 "고전주의 시대"의 지식 원리의 하나인 "택소노미(taxinomia* 분류 체계)"의 전형적인 표현이다. 그 시스템에 의해 순서가 정연하게 정리된 정원을 "형용사의 뜰" "사전이자 묘지이기도 한 뜰"이라고 깨닫고 있는 테스트 씨가 "시적(詩的)이라고 불러도 좋을 것 같은 이 인정미 없이 함축적인 몸짓으로", 고전적인 박물학 공간을 "폐허화" 해 버리고 있다고 마쓰우라는 말한다. 지식의 체계로서의 '학명' 이 치장된 무지(無知)에 의해 정체불명의 '은어(隱語)' 의 지위로 미끄러져 내려가고, 지식은 지식의 폐허를 향해 쇠퇴하여 허물어진다. "그 때 『지식의 주체』가 가능한 것은 과학적인 정합성(整合性)으로부터 일탈한 일그러진(baroque) 기호의 유희를, 현기증이 날 것 같은 시적 충격으로서 향락하는 것뿐이다."[37] 그리고 식물원은 이미 그곳에서, '사전' 을 형성하는 수많은 어휘가 겹겹이 쌓인 기호의 시체가 되어 파묻힌 음침한 '묘지' 로 변해버리고 말았다.

이러한 '박물학의 네크로필리아(necrophilia* 시체 애호증)' 는 과연 고전주의 시대의 표상 공간으로부터 결별하는 것처럼 보이지만, 문자 그대로 '바로크' 시대의 연극에서 벤야민이 재발견한 알레고리의 세계와는 직결되어 있다고 할 수 있다. 『독일 비애극(悲哀劇)의 근원』의 벤야민은 자연의 역사화와 역사의 자연화가 교차하는 '자연사' 의 개념하에 바로크 연극에 나타나는 알레고리의 재평가를 시행하면서, 알레고리적인 것이 본질적으로 쿤스트캄머적인 마술사의 방이나 연금술 실험실의 무질서하게 보이는 사물의 퇴적에 깊이 관련되어 있음을 지적했다. 그곳에서는 부패하여 썩어가는 자연의 죽은 얼굴 속에서, '택소노미' 가 미리 시간적 쇠퇴 하에 놓여지고, 나아가 쓸모없는 물건의 어수선한 집적으로 변해 있었던 것이다. 쿤스트캄머의 유희의 지식은 18세기 소설뿐만 아니라, 이와 같은 알레고리 표현을 포함하는, 마니에리슴(maniérisme* 미술사에서 르네상스로부터 바로크에 이르는 시기의 과장이 많은 기교적 양식)에서 바로크에 이르는 "언어 연금술과 밀교적 결합술"(구스타프 르네 호케Gustav René Hocke* 1908~1985 독일의 저널리스트)에 조응하고 있었다.

벤야민의 『파사주론』이 파사주를 자연사=박물지적인 '경이로운 방' 과 유사한 공간으로 파악하고 있는 점, 그리고 그와 같이 도시를 박물지적 폐허(폐허는 자연과 역사가 서로 섞여서 하나가 되는 장소이다)로 간주하는 시선이 1980년대 도쿄에서의 노상관찰과 상통하고 있다는 점에 대해서는 이미 논한 적이 있다.[38] 벤야민은 파사주를 "유럽 최후의 디노사우루스(dinosaurs)인 자본주의의, 더구나 제정(帝政)시대 이전에 생존하고 있던 소비자들" 이라는 "괴수들의 화석" 이 발견되는 동굴에 비유하고 있었다.[39] 그곳은 말하자면, 자본주의라고 하는 공룡이 번영했던 쥐라기의 지층으로 이루어진 발굴 현장인 것이다.

어디까지나 구상적(具象的* 사물 따위가 직접 경험하거나 지각할 수 있도록 일정한 모습을 갖추고 있는 것)인 이미지를 통한 인식을 방법으로서 거론하고, 길을 헤매는 산책자의 마약에 취한 듯한 도취 속에 나타나는 현재로 향한 과거의 침투나 거리명의 울림이 환기하는 연상, 그리고 그러한 것들의 다층적인 조응에 대해 지침 없이 계속해서 인용과 메모를 적은 『파사주론』의 벤야민은 알레고리의 단편성을 강조하는 경향이 있었던 『독일 비애극의 근원』보다 훨씬 더, 쿤스트캄머적인 지식에 고유의 아날로지라는 방법을 그 문체 자체에 의해 실천하고 있다고 할 수 있다. 그것은 도시가, 적어도 "집단의 꿈" 이라는 차원에서 파악할 수 있는 19세기의 파리가 이미 하나의 쿤스트캄머였기 때문일 것이다.

웨슬러는 쥐라기 테크놀러지 박물관의 소재지를 다음과 같이 담담하게 묘사하고 있지만, 거기에는 무언가 현기증을 불러일으킬 것 같은 요소가 있다. 이 대목에는 컬버시티(Culver City* 미국 캘리포니아주의 도시) 베네치아 대로 9300에 세워진 이 가게를 묘사한 스케치도 함께 게재되어 있다.

한쪽 편에 카펫 매장과 개점휴업 상태의 부동산 가게(보아하니 오랫동안 방치된 상태이다)가 있고, 또 한쪽 편에 법의학 연구소와 태국 음식점이 자리 잡고 있으며(그대로 조금 앞으로 가서 도로를 건너, 첫 번째 도로를 따라 PIP인쇄 도매업, 인도 과자 향신료 가게, 하레 크리슈나(Hare Krishna* 인도의 종교지도자이자 작가인 A. C. 박티베단타가 1966년 미국에서 시작한 종교 운동) 사원이 있고, 한편 그 반대 방향으로 한 블록(block) 더 가면, 마누엘(Manuel) 자동차 차체(車體)공장, 인 앤드 아웃 버거 가게(In-N-Out burger* 미국의 패스트푸드 레스토랑 체인), 블록버스터 비디오 체인점이 있다), 그 박물관의 정면은 통행자가 무심코 깜빡 놓치고 지나치기 쉬운 모호한 느낌을 준다. 거의 매일 문을 닫고 있어서 더욱 더 그랬으며, 거의 항상 그런 인상을 줄 수밖에 없었다.[40)]

그것은 16세기의 '경이로운 방' 이 현대의 미국에 있다는 어울리지 않는 사태에서 비롯된 당혹감이었을까? 웨슬러는 동일한 내용을 월슨에게 말하면서 사실은 로스앤젤레스야말로 이러한 박물관으로 가장 적합한 장소의 하나라고 깨닫는다. 16~17세기에는 경이로움을 추구하며, 일확천금을 노린 유럽인이 이 부근에서 득실거리고 있었고, 캘리포니아의 명칭 그 자체가 16세기 초반에 가르시 로드리게스 데 몬탈보(Garci Rodríguez de Montalvo* 1450~1504 스페인의 작가)가 쓴 『에스프란디안(Esplandian)의 위업(偉業)』(1510)이라는 이야기에 등장하는 지명이었다. 그 이야기 속에서 캘리포니아는 금 이외의 금속은 없으며, 인간과 괴수 그리핀(Griffon)이 함께 사는 섬이었다고 한다.[41)]

그러나 방금 느낀 현기증은 토지의 이러한 내력에서 유래한다기보다, 쥐라기 테크놀러지 박물관이 카펫 매장, "개점휴업 상태의" 부동산 가게, 법의학 연구소, 태국 음식점, 인쇄 도매업, 인도 과자 향신료 가게, 하레 크리슈나 사원, 자동차 차체공장, 햄버거 가게, 그리고 비디오 체인점 등의 대체로 잡다하면서 통일되지 않은 점포 등과 나란히 줄지어 서 있는 것 자체에서 비롯된 것 같다. 그것은 마치 '경이로운 방' 이 네스팅(nesting* 중첩 구조) 모양으로 여러 겹 겹쳐 포개어진 '경이로운 방' 에 내포된 것 같다. 쥐라기 테크놀러지 박물관 내부에서의 기묘한 전시를 통해서 얻을 수 있었던 감각이 그것을 둘러싼 도시로까지 파급되어, 근처의 모든 점포를 쿤스트캄머의 진기하고 낯선 물품처럼 보이게 한다. 따라서 웨슬러의 서적에 수록된 박물관 주변의 스케치는 윌슨의 박물관에 있는 전시물과 비슷한 종류의 어긋남의 기운이 깃든다. 그것은 마치 쥐라기 테크놀러지 박물관이 로스앤젤레스의 번화가 일대를 내부로 삼켜서 자신의 컬렉션으로 삼아 버린 것 같다.[42] 이 박물관이 바늘구멍으로 만들어진 인형이나 나비의 인분(鱗粉* 나비, 나방 등의 날개에 붙은 비늘 모양의 가루)으로 그려진 그림 같은 슈퍼 미니어처(super miniature) 작품을 수집하는 것은, 그것이 미크로코스모스 속에 매크로코스모스를 내포하는 세계 모형이 되려 하고 있기 때문이다.

쥐라기 테크놀러지 박물관이 다소 사실에서 벗어난 세밀한 위조를 통해 만들어낸 수많은 전시물들은, 확고한 지식의 지원을 벗어남으로써 발생하는 불안정함을 동반한 '경이' 의 감각을 되살리는 마술 같은 장치이다. 그리고 이 작은 가게 자체가 역시 '박물관' 다운 곳을 약간 왜곡시킨 공간, 말하자면 교묘하게 변장한 박물관이 됨으로써 로스앤젤레스의 도심지를 '경이로운 방' 으로 바꾸고 있다.

언뜻 보기에 명백한 도시의 풍경인 대지에 균열을 넣고, 거기에 놀라움의 감각을 끌어들이기 위해서는, 윌슨의 박물관이 실행하고 있는 바와 같이 교묘한 위조와 변장이 필요할지도 모른다. 그것은 풍부한 유희의 정신과 정밀한 기술을 필요로 하는 작업이다. 경련적인 지식은 유희자인 도시라고 하는 자연, 그 창조의 논리에 근거를 두고 있다. 그 목적하는 바는 익숙한 거리에 있으면서도 이렇게 스스로 자문할 수밖에 없는 놀라움의 경험이다. — “여기는 대체 어디일까?”

아니, 오히려 쥐라기 테크놀러지 박물관은 그 일대가 ‘경이로운 방’ 이라는 사실을 재발견하게 한다고 말해야 할지도 모른다. 도취 상태에서 거리를 헤매는 산책자는 진기하고 낯선 물품 같은 ‘경이’ 로서의 거리 풍경이나 거리 이름과의 조우에 놀라고, 그 ‘경이’ 에 취하는 방법을 알고 있었다. 벤야민이 아제(Atget)의 도시 사진이나 쉬르레알리슴에서 발견한 것도 ‘경련적’ 인 미(美)로서의 경이였다. 이때 도시는 경이로움의 대상을 투명한 기호로 변환함으로써 이미 알고 있는 것밖에 볼 수 없는 “경이적인 점유” 에 다다른 지식이 아닌, 서로 다른 지식, 별도 경험의 장(場)이어야 했다.

자연의 유희를 모방한 쿤스트캄머 속에서 ‘사물’ 들의 세상 이야기에 귀를 기울이고, 유추적 사고를 통한 관계성의 네트워크를 형성하고 있던 전(前) 박물학 시대의 유럽 사람들이나, 하이카이와 결합한 박물 취미의 철저하게 개별적 사물에 집착한 도상(圖像)과 정보의 집적이 집단적인 ‘경쟁’ 이나 ‘비교’ 의 축제를 탄생시켰던 에도시대의 사람들은, 그 본질에서부터 체계적인 지식으로 담론화된 적이 없었다 해도, ‘언어’ 와 ‘사물’ 이 교차한 지점에서 발생하는 유희의 문화를 집단적으로 공유하고 있었던 것으로 볼 수 있다. 『파사주론』이나 노상관찰학 같은 도시론은, 이번에는 폐허가 된 박물학 공간 속에서 알레고리적인 쓸모없는 물건을 상대로 하여, 저절로 즉 설령 의식하지 않더라도 이러한 파묻혀 있는 아날로지적인 유희의 기법을 계승함으로써, 도시에 존재하는 ‘사물’ 들의 불명료하고 정체를 알 수 없는 작은 목소리의 메시지를 건져 올리려 했던 것이다. 그것은 은어로 변한 학명처럼 왜곡된(baroque) 기호들 그 자체의 ‘시학’ 이라는 논리를 모색하는 행위였다.

'고약한 냄새가 나는 악취개미' 메갈로포네라, 일명 '작은 악마' 마이오티스 루시피거스(작은 갈색박쥐), 또는 소나벤트의 기억 이론 등의, 진실과 거짓, 실재와 비(非)실재, 현실과 허구의 틈새를 떠도는 진기한 사물이나 학설과도 같은 '도시의 경이로움'을 발견·수집하고, '사진'으로써 극명하게 기록하는 박물지적(博物誌的)인 유희 — 그곳에 형성되는 개체의 방대한 집적인 아카이브(archive)에는 도시의 진기하고 낯선 물품이 그것들 자신 사이에서, 또는 바라보는 인간을 향해서 세상 이야기를 하는 시끌시끌한 수많은 수다 소리가 술렁이고 있다.

5부

경관(景觀)의 논리

제13장

무연(無緣)의 근원

강변의 모래밭과 영혼의 시장(市庭)

저승길로 가는 산기슭
삼도천(三途川)의 강변 이야기

－「지장화찬(地藏和讚* 일본 중세의 불교가요)」

근원 카드의 우의(寓意)

나카타니 노리히토를 중심으로 하는 도시연쇄연구체(都市連鎖研究体)는 동서고금의 도시 상공 사진, 시가지의 사진, 주거 형태, 그리고 건축가의 도시 · 건축 작품 등의 표본추출(sampling)을 통해 도시적 건조물과 인간 사이에서 발생하는 근원적인 관계성을 제시하는 여섯 가지의 다이어그램(diagram)을 발견하였다. 그것들은 여섯 장의 "근원 카드"〔그림 1〕로 표현되어 있다.[1] 여기에서 근본적인 모티브를 이루고 것은 잉여와 공공적인 공간으로 접속하는 생활공간의 모습이다.

이 모티브를 최초로 부여한 것은 "엿에 몰려든 개미"의 사진이었다고 한다.[2] 생존을 위한 잉여를 찾아서 생물이 모여든 이 상태는 무진장의 잉여를 품고 있는 바다와 어촌의 관계와 매우 흡사했다. 어촌 마을은 바다를 향해 모든 세대가 직접, 수직으로 인접해 있다. 이러한 기본 구조를 도시연쇄연구체는 "순수 어촌"이라고 부르고 있다.

근원 카드의 다이어그램은 "순수 어촌" 외에, "간전(墾田* 새로 개간한 밭. 나라奈良 시대에 공유지 이외의 땅을 개간시켜, 사유를 허가한 전답)", "길", "교토(京都)", "무연(無緣)", "슈쿠네기(宿根木* 니가타현新潟縣 사도시佐渡市의 최남단에 있는 마을 이름)"이다. 자급 단위의 폐쇄군(群)을 나타내는 "간전"에서는 개간하여서 만든 토지에 주거와 논밭을 하나의 세트(set)로 하여 자기 완결된 "세포(細胞)"가 빈틈없이 전개되어 있다. 이 자기 충족성 때문에 원칙적으로 길이 필요하지 않다. 한편 "길"은 정치권력에 의해 발생되었으며, 생활에 대해 "선험적 혹은 형이상적인 행동하는" 유형으로 파악된다. 그것은 다른 사람 사이를 서로 연결하는 동시에 구분하는 공간 형태이다.

"교토"는 "길"을 따라 늘어선 "신(新) · 순수 어촌"이다. 여기에 대해서는 해설을 인용하겠다.

> 예전에 귀족의 택지였던 교토를 경제도시로 변화시킨 것은 길에 면해서 나란히 세워진 임시 상점이었다. 이것들이 상점가의 원형이며, 상점은 귀족이 쇠퇴하자마자 정사각형의 택지를 안쪽 방향으로 여기저기서 사 모았다.
>
> 정사각형의 택지를 사방으로 마구 부수다 보니, 가게의 안쪽까지의 길이가 제각각이 된다. 그 때문에 중심에 집회소라고 하는 '무연'이 생겼다.[3)]

여기에서 언급되고 있는 "무연"도 역시 근원 카드 중 한 장이다. 그것은 모두의 것인 동시에 그 누구의 것도 아닌 "무연"인 장소이며, 강변이나 다리 밑 등의 "사회적 공간으로서의 존재가 인식되지 않는" 장소나 누구에게도 속하지 않지만 불가피하게 만들어지는 공공적인 공간으로서의 뒷골목이나 우물가 등을 포함하고 있다. 서로 견제하면서 사용되고 있는 점이 그 특징이다.

마지막의 "슈쿠네기"(이 명칭은 사도佐渡市의 슈큐네기宿根木마을에서 유래한다)는 "순수 어촌"처럼 잉여에 대한 직접적인 접근에 한계가 발생한 경우, 거기에 '공공 개념'이 생겨나서 공유해야 할 대상으로의 직접적인 접촉이 금지되고, 잉여에 대한 접근(access)을 제어한 결과 새롭게 만들어진 공간 형태이다. "한계(限界) 어촌"으로도 불린다. 건축물의 필로티(pilotis* 건축에서 건물을 지면보다 높이 떠받치는 기둥)는 '슈쿠네기'의 수직 형태인 것으로 알려져 있다.

나카타니에 의하면, 이들 근원 카드는 구체적인 지형, 기존의 도시 형태, 경제활동 등의 개별적인 모든 조건과 서로 '연쇄'함으로써, 각각 복잡하고 '타당'한 경제 · 집주(集住* 일정한 지역에 모여 사는 것) 패턴의 형태를

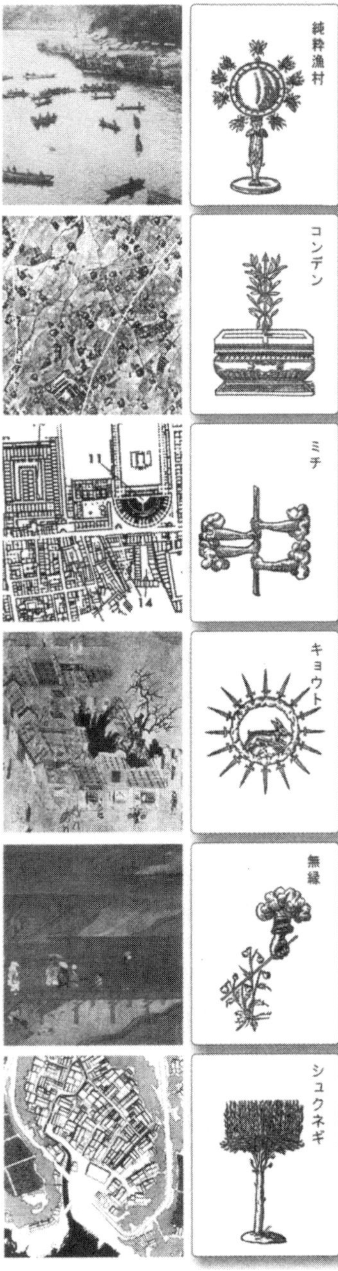

[그림 1] 여섯 장의 "근원 카드"

생성해 가는 것이 전제 조건이다. 시미즈 시게아쓰(清水重敦)의 「선행(先行) 디자인 선언」에서는, 그것들을 "도시 형태의 성립과 변용의 근원"으로서 도시 디자인에 재적용할 수법을 이용한 "프로세스 유형학"의 계획이 거론되고 있다.[4]

중요한 것은 모든 개별 조건의 연쇄는 자동으로 형태를 결정하는 것이 아니며, 거기에는 언제나 선택을 실행하는 권력투쟁이 존재한다는 점이다. 근원 카드는 그러한 투쟁의 패턴을 일으키고, 그 해결을 이끌어내는 프로세스, 즉 '도시화'를 가능하게 하는 유형으로서 선택되었다.[5]

투쟁의 패턴을 나타내는 도시화 다이어그램(diagram* 일정표)으로서 가장 먼저 발견된 것이 사실은 '교토'였다고 한다. 고대부터 존재한 조보세이(條坊制* 중국, 조선, 일본 등의 고대 궁성 도시에서 볼 수 있는 도시계획. 당唐의 도시계획을 모방하여, 시가 구획을 헤이조쿄平城京うきょう · 헤이안쿄平安京 등의, 대로大路 · 소로小路에 따라 바둑판 모양으로 나누며, 남북의 대로는 구조九條, 중앙의 스자쿠

오지朱雀大路를 사이에 두고 좌우의 동서는 두 지역의 대로에 각 4개의 시보四坊를 배치함)라고 하는 선행 형태의 변용으로서 교토의 마을이 형성되어가는 프로세스 속에서 '순수 어촌'과 '길'에 해당하는 요소를 찾을 수 있으며, 또한 '교토'의 사후(事後)를 생각함으로써 '무연'과 '슈쿠네기'가 발견되었다.[6] 즉 '간전'을 제외하면, 남은 다섯 개의 근원 카드가 모두 교토라는 실제로 존재하는 도시의 조보세이에 기반을 둔 고대 도시에서부터 상점가(상업 지구)가 형성되는 중세의 상업 도시로의 변용의 과정을 분석하여 해석하는 과정에서 생겨났다고 할 수 있다. 그것은 도시 형태의 역사적 변화에 의거하면서도, 상점가가 만들어지는 중세 도시의 형성 과정에서부터 집주에 동반되는 투쟁과 그 해결을 결정짓는 요인을 추출하고, 그것들 상호 간의 관계성을 추상화한 다이어그램이다.

그러한 요인의 근저에는 항상 욕망이 상정되어 있다. 나카타니는 보다 많은 인간의 욕망에 대응하여, 그들이 생활할 수 있을 것 같은 잉여를 창출하는 다이어그램으로서 도시를 파악하고 있다. 단순한 집주로는 폐쇄적 공동체에 머무를 수밖에 없지만, 도시는 주민의 투쟁적인 교체를 수반하면서 스스로 확장시키는 자가 전개를 진행해 간다.[7] 이러한 도시의 자가 전개를 지탱하는 것은 한없는 잉여의 존재이며, '순수 어촌'에서부터 그 변형으로서의 '교토', 그리고 '슈쿠네기'에 이르기까지, '간전' 이외에는 바다가 일관되게 그러한 현실의 환경요인, 또는 그 상징('길'은 '상점'에 대한 잉여의 장으로서, 물자(物資)의 '바다'이다)이 되고 있다.

그렇다면 '간전'에서의 잉여는 무엇이 보증할까? 폐쇄된 생활 단위가 증식하여 스프롤(sprawl* 대도시의 교외가 무질서 · 무계획적으로 발전함) 현상이 나타나는 이 도시화 다이어그램의 기초에는 자급자족을 가능하게 하는 대지의 생산력이 존재한다. 구체적으로는 새로운 생활단위의 형성을 허용할 정도로 넓고 경작이 가능한 토지의 존재이다. 그러한 이상적인 상황을 가정해 보면, 과연 상호 교류 없이 스스로 만족하는 생활단위가 제멋대로 증가해 가는 프로세스도 상상하지 못할 일은 아니다.

그렇기는 하지만 근원 카드의 모든 형태는 고도로 추상화되어 있기에 '잉여' 를 비롯한 개념이 대단히 다의적이며, 도시 형태 내지 집주 형태와 역사의 관계를 둘러싼 다른 해석의 여지를 크게 남겨둔 것처럼 느껴진다. 예를 들면 '순수 어촌' 의 경우, 잉여는 바다라는 자연의 생산력을 의미했다. 한편 '교토' 에서는 '길' 에 접해 있음으로써 가능해지는 '가게' 의 매매(賣買)가 가져다주는 상업적인 이익이었을 것이다. 이 경우 '길' 은 교환경제의 장이며, 권력에 의해 야기되었다고 하는 유래와는 다른 별도의 기능을 수행하고 있다. 일본 중세사에서 길이 '무연' 의 장의 하나로 인식되고 있는 것도 주지하는 바와 같다. 또한 '슈쿠네기' 의 이름의 근원이 되는 사도의 슈쿠네기가 중세에는 운송업으로 번창했고, 에도시대에는 선주(船主)나 배를 만드는 목수의 마을이었다는 특수성, 즉 대규모의 해운경제와 관련된 상인과 기술자 집단의 집주지(集住地)였다는 특성은 어촌의 연장이라는 구조로는 완전히 파악할 수 없을 것이라 생각된다.

가장 원형적인 '순수 어촌' 의 다이어그램에 관해서 말하자면, 대부분 경작지가 아닌 바닷가에 빽빽하게 집이 늘어선 주거 형태가 바닷사람들의 정주(定住) 양식의 전형이라는 점이 분명히 확실하다고 해도, 그 현실적인 성립 과정은 다음과 같다.

와카사(若狹* 옛 지방 이름. 지금의 후쿠이현福井縣의 서부)의 다가라스노우라(多烏浦) 마을은 히루가(日向* 후쿠이 현 미하마초美浜町의 와카사만灣에 접한 어촌)에서 '도망' 쳐서 일단 스우라(須浦)에 정착한 바닷사람들의 집단이 지방 관리인 자이초(在廳* 나라, 헤이안 시대 지방에 파견된 지방관인 고쿠시國司의 관청에 근무하고, 사무를 행하는 모쿠다이目代 이하의 관리, 대개 현지의 토호가 임명되었으며 고대 말기에 무사화武士化 했다)이자 지역의 권력가인 이나바(稲庭) 씨의 알선으로 사부리쿄(佐分利鄕)의 빈집을 '바다에서 건너와' 머무를 집으로 세우고, 그곳을 최초의 근거지로 삼아 정착함으로써 시작되었다. 와카사만의 해안가에 산재한 바닷사람들의 취락은 모두 이렇게 해서 시작되었다고 봐도 좋을 것이다.[8)]

즉 그곳은 해상에서의 표류 끝에 간신히 도착한 토지이며, 더욱이 이 경우에는 일부러 집을 물가로부터 멀리 옮기고 있다. 아미노 요시히코(網野善彦* 1928~2004 일본의 역사학자)는 이 점에 대해 바닷사람들이 간단하게 집을 세울 수 없었을지도 모른다고 추측하고 있다.[9)] 미야모토 쓰네이치(宮本常一* 1907~1981 일본의 민속학자)가 기록한 쓰시마(對馬* 규슈와 한반도 사이에 있는 섬으로 나가사키현의 일부)의 한 노인의 담화에 의하면, 메이지(明治) 첫해에 스오오시마(周防大島* 야마구치현 남동부의 섬)의 어부들이 쓰시마의 아자모(淺藻* 쓰시마섬 최남단의 취락)로 이주했으나, 그곳은 원래 '시게치(シゲ地* 繁地 원래는 초목이 무성한 지역을 뜻하지만, 일본 신화에서는 함부로 출입하면 재앙을 입는다는 성지의 의미로 쓰임)', '덴도시게(天道シゲ)'라고 불린 성지였다. '덴도'는 '덴도법사(天道法師* 쓰시마의 전설에 등장)'를 가리키는데, 히라이즈미 기요시(平泉澄* 1895~1984 일본의 역사학자. 일본 중세사 전공)의 『중세의 신사(神社)·절과 사회의 관계』를 통해 알려진 바와 같이, 쓰시마의 덴도법사의 숲은 고대부터 출입을 엄격하게 금지할 수 있었던 성스러운 아질이었다. 스오오시마의 어부들은 쓰시마 사람들을 설득하여 허가를 받았으며, 이 경우에도 도매상에게 부탁하여 숲을 개척하고 헛간을 지었다고 한다.[10)] 바닷사람들은 이러한 해안가나 모래톱 등의 '주인 없는' 땅에 우선 가건물을 짓고, 서서히 자리 잡고 정착해서 살아가는 형태가 일반적이었다.[11)]

바닷사람들은 바다를 건너와 '주인 없는' 장소를 발견하고, 그곳에 정착한다. 건물을 옮겨 짓는 이축(移築)이라는 독특한 취락 형성 방법까지 포함하여, 이러한 정착 과정에는 바다를 교통로로 삼은 네트워크가 전제되어 있다. "순수 어촌"의 집주 형태는 어딘가의 해안이 '주인 없는' '무연'의 장소라는 점과 함께, 해양 교통을 이용한 여러 장소라는 관계없이는 성립하지 않는다. '순수 어촌'의 다이어그램은 형식적으로는 '순수'한 기원이지만, 역사적으로는 여러 겹으로 매개되어 있다.

물론 도시연쇄연구체의 의도가 도시의 기능이 아니라, 잔존하는 형태의 흔적이 도시를 변용시키는 근거가 된다고 하는 '형태'의 힘을 석출(析出)하는 데에 있는 이상, 각각의 역사적 상황으로부터 분리된 다이어그램의 형상에 중점이 놓이는 것은 당연하며, 그 의미 부여나 역사적인 성립 과정은 어디까지나 이차적인 요소에 지나지 않을 것이다. 굳이 적극적으로 역사성을 버리지 않고서는 '근원'으로서의 다이어그램은 추출할 수 없다. 따라서 다이어그램으로서의 '교토'는 교토가 아니며, '슈쿠네기'는 사도의 슈쿠네기 마을과는 다르다. 그리고 그러한 개개의 특수성을 버림으로써 비로소 각각의 다이어그램에는 도시 디자인으로의 전용 가능성이 주어지게 된다.

근원 카드가 기초적인 도시 형태를 추출하고 있는 점, 그리고 그것을 사용한 게임이 도시 디자인에서 발견법적(發見法的)인 가치를 갖게 될 것이라는 점은 부정할 수 없다. 각각의 다이어그램이 일정한 역사적 사실에 입각해 있는 점도 확실하리다. 여기에서의 의도는 이러한 점들에 대해 세세한 수정을 추가하는 것이 아니다.

하지만 교토를 비롯한 도시가 더듬어 찾아간 역사적 프로세스나 도시 구조의 또 다른 해석으로 여섯 가지의 다이어그램 사이에서 서로 다른 관계성을 발견하거나, 또는 새로운 다이어그램을 고안하는 것도 충분히 가능할 것이다. 그러므로 이들의 카드에 추상화된 도시 이미지의 상호 관계를 역사적인 관점에서 음미함으로써 '도시적인 것'의 본연의 자세를 재고하고, 다이어그램화(化) 할 수 없는 상태로 남겨져 있는 것의 윤곽을 찾아보고 싶다.

이를 위해 우선 근원 카드 그 자체로 돌아가 보자. 그러면 『10+1』 37호의 「다양한 연쇄식 도시」에 게시된 근원 카드에 도시연쇄연구체가 해설하지 않았고, 관련된 토론에서도 전혀 언급하지 않은 요소가 있다는 사실을 알게 된다. 그것은 바로 타로 카드를 본떠서 여섯 장 각각에 그려 넣은 수수께끼 같은 도상(圖像)이다. 이것은 무엇인가?

출전은 명기되어있지 않지만, 이들은 모두 16세기에 출판된 클로드 패러딘(Claude Paradin* 1510~1573 프랑스의 문장 및 계보작가)의 『영웅적 표장집(*Devises heroiques*)』〔그림 2〕에 수록된 도상이다. '표장(標章 Devises)'이란 엠블럼, 더 정확하게는 문장(impresa* 방패에 그려진 문장紋章)이다. 그것은 바로 왕후(王侯) 귀족들이 자신의 의도나 소망, 행위의 지침을 모토(motto* 서양의 봉건 귀족이 방패 · 문장 등에 적은 제명題銘)와 도상에 의해 상징적으로 표현한 것이다. 배경이 동반된 장면을 묘사하는 경우가 많은 엠블럼과는 달리 이러한 표장들은 배경이 없으며, 한정된 요소의 조합만으로 만들어져 있다. 1551년에 초판이 나온 『영웅적 표장집』에는 모토와 도상만 있었지만, 1557년에 다

HEROÏQVES. 143

Acquari pauet alta minor.

Tarquin le Superbe, pour faire entendre à son fils son intencion, sans se fier d'en communiquer autrement à un Gentilhomme que sondit fils lui auoit enuoyé, s'en alla pourmener dens un iardin, & là se print à abatre auec une baguette les testes des plus grans Pauoz: comme desirant lui faire entendre, qu'il lui plaisoit que les grans

Tite Liue. Valere le Grand.

[그림 2] 클로드 패러딘 『영웅적 표장집』(1557년)에서.

시 출판된 재판(再版)에는 설명문이 추가되어 엠블럼 북(book)과 유사한 모양을 갖추고 있다.

『영웅적 표장집』에 의거하면, '순수 어촌' 의 도상의 모토는 "미끄러지기 쉬운 것에는 미끄러지지만, 딱딱하고 울퉁불퉁한 것에는 제대로 달라붙는다" 이고, 도상 그 자체는 거울 주변을 날아다니는 파리를 표현하고 있다. '간전' 의 도상은 과부가 된 어느 귀부인의 표장으로, 묘지 위에 세워진 활과 화살에 두 그루의 어린나무가 감겨 있다. 모토는 "그의 안에서만 살아있다" 이다. '길' 의 도상이 나타내고 있는 것은 두 쌍의 팔이 한 개의 지팡이를 서로 당기고 있는 모습이다. 그 모토는 "양쪽 다 함께" 라고 쓰여 있다.

'교토' 의 카드에는 원형을 이룬 구름의 내부를 산토끼가 달리고 있고, 그 주위에 바깥쪽을 향해서 검이 늘어선 도상이 그려져 있다. 그 모토는 "어떠한 곳에서도 파멸이 사악한 자를 기다린다" 이다. '무연' 의 도상은 손에 쥐어진 지팡이가 양귀비꽃을 두들겨 꺾고 있는 광경을 나타내고 있다. 패러딘에 의하면, 이것은 로마 최후의 왕 타르퀴니우스 수페르부스(Lucius Tarquinius Superbus* BC 534~509 공화정 시대 로마의 마지막 왕)의 손이라고 한다. 그 모토는 "신분이 낮은 자는 같은 운명을 두려워한다" 이다. '슈쿠네기' 카드의 도상은 그물 같은 것으로 나뭇가지를 정해진 방향으로 성장하게끔 강요하고 있는 나무이다. 그 모토는 "변함없는 회귀" 이며, 인공적인 강제에 지배당하지 않는 자연의 힘을 나타낸다고 한다.

이러한 표장의 도상은 주로 형태적인 유사나 연상 때문에 근원 카드로 사용되고 있음에 불과할지도 모른다. 따라서 각각의 카드가 취급하고 있는 도시 형태의 다이어그램이 도상의 세부적인 내용이나 모토, 혹은 패러딘의 해설과 대응 관계를 갖지 않아도 당연하다. 실제로 '순수 어촌' 카드의 파리들은 중심에 있는 엿이 아닌 거울에도 앉을 수 없을 것이며, '간전' 의 도상은 논밭이 아니라 묘지이다. 수많은 검을 통해 표현된 폭력의 위협은 부지의 경합적인 공유를 나타내는 '교토' 의 다이어그램과는 연결되지 않는다. 한편 점유를 요구하는 투쟁적 긴장 관계를 나타내고 있는 "양쪽 다 함께" 의 도상을 선택한 '길' 과, 하나의 줄기와 무수한 나뭇가지의 관계로 표현된 '슈쿠네기' 의 카드는 어느 정도 다이어그램과의 연관성이 있다고 말할 수 있다.

도상과 다이어그램과의 관계가 가장 동떨어져진 것처럼 보이는 것은 '무연' 의 카드이다. 이 도상은 최고 권력자인 로마의 폭군이 양귀비를 두들겨 꺾음으로써 적대자들의 지도자를 엄하게 벌해야 한다고 암시한 행위를 표현하고 있다. 모토가 말해 주듯이, 신분이 낮은 자들은 "같은 운명을 두려워한다." 즉 이것은 죽음으로써 복종을 강요하는 정치적 권력의 표장이다.

근원 카드 그 자체가 종류가 많고 다양한 도시의 이미지 속에서 추출된 다이어그램인 이상, 여기에서 발생하는 이미지의 연쇄를 전혀 무시할 수는 없을 것이다. 또한 근원 카드는 도시 디자인의 '패턴 랭귀지(크리스토퍼 알렉산더Christopher Alexander* 1936~ 오스트리아 출신의 건축가)라고 말할 수 있겠지만, 나카타니는 패턴 랭귀지가 가진 "특수한 생산성" 이 알레고리(allegory)와 대단히 가깝다고 지적하고 있다.[12] 엠블럼이나 임프레이저는 시각 표현상의 알레고리임이 틀림없다. 엠블럼과 유사하게 패턴 랭귀지는 연상의 연쇄를 낳고, 옆으로 미끄러지듯이 의미를 수평적으로 바꾸면서 이동시켜 간다. 나카타니는 이러한 점에서 패턴 랭귀지가 "농도를 가진 의미의 공기" 라고 말하고, 이러한 단어야말로 사물을 생산하는 경우가 있다고 서술한다. 만약 그러하다면 근원 카드를 엠블럼 북처럼 만들어서 읽고, '순수 어촌' 이나 '간전' 등의 다이어그램을 표장의 도상에 의해 재해석하는 것도 허용될 것이다.

의미 깊게 느껴지는 것은, 여기에서 사용되고 있는 표장이 모두 욕망의 좌절이나 장해(障害)를 주장하고 있는 점이다. 바다가 아닌 거울은 잉여의 원천과도 같은 것이 아니라, 정착할 수 없는 표면이다. 묘지는 죽은 자를 향한, 더 이상 이루어질 수 없는 사랑의 우의(寓意)이다. 막대기를 서로 붙잡고 쟁탈하는 두 쌍의 팔은 대립의 균형을 나타낸다. 겁먹은 산토끼는 폭력에 노출되어 있다. 양귀비꽃은 두들겨 꺾이고, 나무는 강제적으로 모양을 바꿀 수 있다. 잉여를 향한 액세스나 욕망의 충족을 기본 원리로 하는 다이어그램에 비해, 이러한 표장들은 다이어그램이 나타내는 관계의 배후에서 작용하는 폭력이나 그러한 관계의 성립을 저해하는 요인을 암시하고 있는 것 같다. 반쯤 무의식적으로 선택되었을 표장의 이미지와 의식화된 다이어그램의 이러한 어긋남을 통해서, 정연한 논리를 기반으로 하는 다이어그램의 질서의 이면에 존재하고 있는 것이 투영되어 보인다. 그러한 이면 – 근원의 무의식 – 을 살펴보기 위해 여기에서 특별히 거론하고자 하는 것은, 근원 카드의 연쇄 속에서 최종적인 여백에 불과해 보이는 '무연' 의 장이다.

강변의 부정과 비일상성

각각의 근원 카드에는 관련된 도상이 함께 붙어 있다. '순수 어촌' 과 '간전' 의 경우에는 어촌과 농촌의 항공사진, '길' 은 유럽의 도시계획, '교토' 는 상점가가 늘어서 있는 모습의 그림, '슈쿠네기' 는 슈쿠네기(宿根木)의 지도이다.

'무연' 의 카드와 짝을 이루고 있는 도상은 가마쿠라 시대 말기에 그려진 『잇펜 히지리에(一遍聖繪* 가마쿠라 시대 중기의 승려, 잇펜을 그린 그림 두루마리. 일본의 국보)』의 한 장면이며, 가모가와 시조가와라(鴨川四條河原* 교토를 관통하는 가모가와의 강변. 시조거리의 시조오하시四條大橋 부근)의 모습이다〔그림 3〕. 다리 왼쪽이 교토 시내 방면, 오른쪽이 기온샤(祇園社* 교토 야사카신사八坂神社의 옛 명칭) 방면이 된다. 다리의 밑에는 말을 씻어주는 남자들의 모습이 보인다. 안개가 끼어 상류의 모래톱에 흐릿하게 보이는 것은 '천한 자(河原者* 가와라모노. 중세에 강가나 냇가의 모래밭에 살면서 잡역이나 하급 예능에 종사했던 사람을 비천하게 여겨 부르는 말. 당시 강가나 냇가의 모래밭은 부정不淨을 버리는 장소로 여겼다)' 들이 거주하는 몇 채의 주거와 '천민의 자갈밭(河原畠)' 인 듯하다. 이 강변이라는 도시 공간이 교토의 마을에게 얼마나 큰 위협으로 연결되어 있었는지, 요코이 기요시(橫井清* 1935~ 일본의 중세사학자)의 다음과 같은 문장에서 엿볼 수 있다.

[그림 3] 『잇펜 히지리에(一遍聖繪)』에서, 가모가와(鴨川)의 시조가와라(四條河原).

교토를 예로 들면 강변은 가모가와나 가쓰라가와(桂川* 교토의 남서부를 흐르는 강)가 대표 격인데, 비가 많이 오는 우기에는 항상 홍수를 발생시켜서, 심할 때는 교토 시내가 "바다 같다" 고 한탄할 정도였다. 가장 먼저 강변의 오두막집을 임시 주거지로 삼고 있는 사람들을 덮쳐 피해를 주고, 그다음에는 맹렬한 역병이 만연한다. 미쳐 날뛰는 역귀(疫鬼)는 우선 수도의 주변부에 모여 있는 비천한 백성을 쓰러뜨리고, 그들과 접촉하는 마을의 남녀노소를 죽음의 문으로 끌어들이며, 드나드는 하인들이나 '음식' 을 통해서 귀족 사회로 이동하여 조정의 중추부에까지 육박했다. 그리고 어떻게 해서든지 역귀의 분노를 가라앉히고 누그러뜨리려는 사람들의 소원이 응축되어, 강변과 조정을 굳게 결속시키는 의미에서 다양한 제사 · 행사를 만들어 내기도 했다.[13)]

강에 설치된 다리도 중세에는 취약한 것에 불과하여, 대홍수라도 나면 순식간에 물거품이 되었다. 이러한 불안정하고 위험을 품은 강변에 주거지를 마련하는 사람들이 있었던 것은, 원래 그곳이 도로와 마찬가지로 비과세(非課稅) 토지였기 때문이다. 공사(公私)의 구분을 초월한 '주인 없는' 장소였으므로, 그곳에서 정착해서 경작지를 일굴 생각을 전혀 하지 못했다. 그러나 자연재해나 기근, 전란으로 인해 고향을 도망친 사람들이 강변에 살게 되자, 그러한 곳이 개발되어 "강변의 논밭" 이 점점 늘어났다. 교토에 집중되어 있던 거지들 역시 강변이나 다리 밑에 많이 기거하고 있었다.

강변은 장송(葬送)의 장소이자, 시체나 해골의 집적지였다. 그곳은 바로 '삼도천의 모래밭(賽の河原* 사람이 죽은 후, 첫 7일에 저승으로 가는 도중에 있다고 하는 저승의 삼도천三途川 강가의 모래밭. 부모에 앞서 죽은 자식이 여기에서 부모를 위해 돌을 쌓아 탑을 세워도, 곧 귀신이 허문다는 곳. 헛된 노력을 가리키기도 함)' 이었다. 사원에 살지 않는 승려들이나 짐승 가축류를 도살하는 일에 종사하는 자를

비롯하여, 중세에는 죽은 소를 처리하는 '천한 자', 또는 『덴구조시(天狗草紙* 가마쿠라 시대의 그림 두루마리. 승려의 교만함이나 독선을, 얼굴이 빨갛고 코가 높은 상상의 괴물 덴구天狗에 빗대어 풍자한 이색 작품)』에서 볼 수 있는 '천민(穢多* 에타. 천민 계층의 하나)' '천민 아이(穢多童)'가 그곳에서 활동하고 있었다. 『덴구조시』에는 매를 다루는 흐트러진 머리의 '천민 아이'의 모습이 보인다 〔그림 4〕. 궁핍해 보이는 오두막에 인접한 울타리로 둘러싸인 채소밭 근처에서는, 말이나 소의 가죽을 펼쳐서 땅바닥에 고정하여 햇빛에 건조하였다. 요코이에 의하면 "천한 자(河原者 가와라모노)"라는 말은, 고대 말~중세 초기에는 강변 지역의 땅으로 유입되어 정착하기 시작한 사회적 몰락자 · 도시 빈민의 총칭이며, 중세 무로마치 무렵부터 의식적으로 '천민(穢多 에타)'과 같은 뜻으로 사용하게 되었다고 한다.[14]

강변은 귀천을 묻지 않는 부정을 씻는 미소기하라에(禊祓* 몸에 죄나 더러움이 있을 때 또는 중대한 제례 등에 임하기 전에 강이나 바다에서 몸을 씻어 정결하게 하는 일)의 무대가 되었으며, 귀족의 저택 내에서 다 죽어가는 하녀나 시녀는 죽음의 불결함을 두려워하여, 급히 이곳으로 운반되어 유기되었다고 한다. 강변의 모래톱에서는 범죄자나 모반인(謀反人)의 공개 처형도 행해졌다.

강변은 저승과 이승의 경계였다. 오리구치 시노부(折口信夫* 1887~1953 일본의 민속학자, 국문학자, 국어학자)는 축복과 진혼을 위해 산에서 내려온 수행자와 마을 사람이 시기를 정해서 만나는 장소가 '삼도천'이며, 그곳이 일종의 시장이라고 말한다.[15] 시장이란 원래 사람과 사람, 사람과 신, 산 자와 죽은 자가 물품의 교환을 통해서 영혼을 교류하는 장소였다. 시체나 해골이 겹겹이 쌓이고, 기근 때에는 송장 썩는 냄새로 자욱한 지옥도(地獄圖)가 강변의 모습이었기에 그곳에는 시장이 서게 된다. 강변은 또한 서민에게는 대규모의 구경거리인 아이들의 돌싸움인 인지우치(印地打* 5월 5일

[그림 4] 『덴구조시(天狗草紙)』에서, 시조가와라 부근의 가와라모노(河原者).

단옷날에 바닷가나 강가에서 많은 아이들이 두 편으로 나뉘어 작은 돌을 서로 던지며 승부를 내는 놀이)의 전장(戰場)이 되었으며, 음식과 차를 파는 찻집이 열리거나, 다음 시대에는 가부키와 곡예 · 요술 등의 가설 흥행장이 늘어서는 환락의 장소였다. 그리고 아수라장이든 환락장이든 마치 연중행사처럼 홍수가 흔적도 없이 모두 흘려보내고, 다시 끊임없이 동일한 행위가 강변을 무대로 하여 반복되어 간다.

강변은 '무연' 의 장소로 정평이 난 곳이다. 도시가 성립되는 장소의 특징을 모래톱 · 강변 · 해변 등의 '무연' 의 장소에서 확인하고 있는 아미노에 따르면[16], 지금까지 서술한 바와 같은 성격을 가진 강변이야말로 도시적인 것이 발생시키는 하나의 근원이라고 볼 수 있다. 이것이 '천민' 이나 '천한 자' 에 대한 차별과 결합하여, 근세에서 근대에 이르기까지 이러한 차별의 시선을 집중시키는 장(場)의 성격을 강화해왔던 것도 강변이 언제나 아질(Asyl)적인 경계성을 짊어지고 있기 때문이다. 근대가 되어 도시로 유입된 사람들이 열악한 조건에서 노동력으로 살아가던 곳 역시 강변이라는 장소인데, 각지의 피차별 부락에서 나온 사람들이 그곳에 모여서 슬럼가와 성질이 다른 각종 부락으로 분화된 지역을 거느린 거대한 도시 부

락이 생겨나기도 했다.[17)]

모리쿠리 시게카즈(森栗茂一* 1956~ 일본의 도시 민속학자)는 전국 모든 도시의 '강변 마을'의 역사를 더듬어 찾아감으로써, 도시에 대한 민속학적 접근을 재구성하려 한다. 모리쿠리에 의하면, 각지의 강변 마을에 공통되는 특색은 다음과 같은 부분이다.

1. 근세 이후의 메갈로폴리스(megalopolis* 거대도시)인 에도 · 오사카에서는, 강변의 묘지가 중요한 의미가 있다. 대도시에서는 동시대 영혼의 공동성(나나하카마이리 七墓巡り* 옛날 오사카에서 음력 7월 15일 저녁부터 새벽까지 징과 북을 두드리며 일곱 군데의 묘지를 순례하던 풍속, 또는 그 순례자)과 세대를 뛰어넘는 영혼의 계승이 강변에서 행해졌으며, 이윽고 그곳에 번화가가 형성되었다.
2. 근대도시의 강변에는, 시가지의 중심부나 농촌으로부터 동경의 시선과 차별의 시선을 가리키는 하레(ハレ* 맑음晴, 비일상非日常)와 게가레(ケガレ* 더러움穢, 부정不淨)의 두 시선이 쏟아졌다. 한편 대도시 주변의 슬럼은 그 시야에서 배제되어 불가시화 되었다.
3. 대도시의 강변에서는 시대에 따라 다양한 자유공간이 제공되어, 제작이나 예능의 무대, 유통 · 교환의 장을 전개했다.
4. 대도시의 강변은 다양한 사람들이 만나서, 마이너리티(minority)를 받아들이는 장이었다.[18)]

나나하카마이리(七墓巡り)란 에도기 이후 순례자가 추석날(お盆* 오봉, 음력 7월 보름에 조상의 명복을 비는 행사. 백중맞이) 밤이나 춘분 · 추분 전후의 3일씩 총 7일간에 해당하는 피안(彼岸)에, 이 세상에 살아 있는 모든 존재와 무연불(無緣佛* 장사 지내줄 연고자가 없는 망자)을 공양하기 위해 징이나 북을

들고 오사카 주변의 묘지를 돌아다녔던 참배를 말한다. 배를 이용한 순행(巡行)과 들판과 강변의 사형장을 돌아다니는 경우도 있었다. 모리쿠리에 의하면, 이것은 가와우치 나나하카마이리(河内七墓参り* 나라 시대에 승려인 교기行基가 현재의 오사카 동부 가와치노쿠니河內國에 세운 7개의 묘지) 등 마을의 민속이 도시로 반입되어 공동 순례가 된 것 같다. 모리쿠리는 여기에서 도시인의 "영혼의 공동성"의 심리를 발견하고, 묘지가 철거된 터에 번화가가 생긴 경위와 관련짓고 있다.[19] 무연불에 대한 공양을 공동으로 행하고 있던 도시의 주민들에게 묘지는 연고가 없는 사람들의 영혼이 모이는 번화한 장소이며, 그곳에서는 산 자와 죽은 자의 영혼의 교류도 가능하다고 느끼고 있었다. 무연불에 대한 공양이 행사화된 도시에서 강변의 묘지란 죽은 자와 산 자가 왕래하는 '공공의 공간' 이었던 것이다.

모리쿠리는 미야타 노보루(宮田登* 1936~2000 일본의 민속학자)의 지적에 따라, 도시에서의 민속 원리를 촌락에서처럼 '하레(ハレ* 晴, 비일상) · 게(ケ* 褻, 일상日常)' 가 아니라, '하레 · 게가레' 를 축으로 삼는 고찰 방법을 강변에서의 차별적인 민속을 분석하기 위한 작업의 가설로 세우고 있다.[20] 1980년대에 나미히라 에미코(波平惠美子* 1942~ 일본의 문화인류학자)가 제창한 "하레(비일상) · 게(일상) · 게가레(부정)" 의 삼원론(三元論)에서 비롯된 민속학의 이론 전개는 조금 복잡하게 뒤얽혀 있는데, 모리쿠리는 그것을 총괄하여 현대의 민속에서는 하레와 게의 순환이 존재하고, 그 순환의 에너지를 게가레 · 기요메(キヨメ* 정화淨化)라고 부른다는 의견을 채용하고 있다.[21] 게가레(부정)는 하레(비일상)의 방향으로 향하는 벡터를 가진 에너지이고, 기요메(정화)는 하레(비일상)에서 게(일상)의 방향으로 향하는 벡터를 가진 에너지이다. 이 경우 모리쿠리가 말하는 "현대의 민속" 은 "도시화 속에서의 민속", "도시의 민속" 으로 파악할 수 있다.

모리쿠리는 하레(비일상)와 게(일상), 게가레(부정)와 기요메(정화)의 상

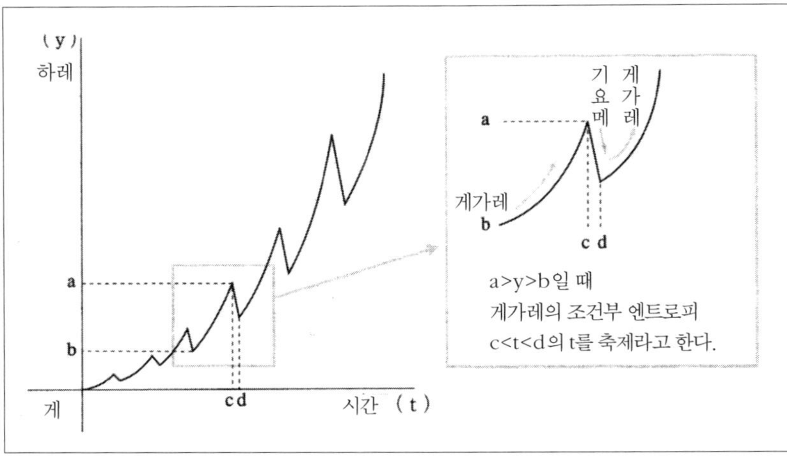

[그림 5] 모리쿠리 시게카즈 『강변 마을의 역사와 도시 민속학』에서. 「비일상의 가속도화(加速度化) 속에서 부정 · 정화의 벡터」.

관관계를 그림을 통해 설명하고 있다〔그림 5〕.[22] 일상생활에서는 부정의 축적이 계속되지만, 갑자기 덮쳐오는 한계점에서 카타스트로피(catastrophe* 대단원. 비극적인 결말)를 맞이하며, 거기에서 급격한 정화 작용이 일어난다. 이러한 정화의 시간이 축제이다. 모리쿠리에 의하면, 재개된 생활은 그 상한과 하한 자체가 거시적으로 볼 때, 일상과 비일상의 진폭을 반복하면서 서서히 부정(不淨)의 방향으로 가속도를 늘려가며 진행된다. 그 결과 언제나 비일상의 시간을 갈망하면서 부정의 에너지(그림에서는 엔트로피라고 불리고 있다)를 증가시키고 있는 것이 바로 현대이다. 미야타가 도시화를 풀이하는 키워드로서 '하레 · 게가레' 를 거론하는 이유가 여기에 있다고 모리쿠리는 지적하고 있다.

게가레(부정)를 '일상의 고갈(ヶ枯れ* 일상인 '게ヶ' 가 바닥남, 고갈됨의 '게가레枯れ')' 이자, 농사를 지을 때 '게(毛* 털)' 나 '기(氣* 기)' 와 통하는 '게(일상)' 라는 일종의 에너지 고갈 · 쇠퇴를 의미하는 것으로 이해한다면[23], 정화는 그 회복으로 간주해도 좋을 것이다. 결국 부정은 '일상(ヶ)' 의 감퇴

라고 하는 에너지의 변동을 가리키는 관념이므로, 정상적인 상태나 신분이 아니다. 그럼에도 불구하고, 그것이 중세 중기에서 근세에 걸쳐 일정한 신분으로 배정되었다는 점에서 모리쿠리는 피차별 신분 형성의 조짐을 보고 있다.[24] 주지하고 있는 바와 같이, 중세에서 천민(非人* 히닌 인간이 아닌 것, 즉 최하위층의 천한 신분의 사람) 신분의 기본적인 기능에는 사체 처리를 비롯하여 청소에까지 이르는 '정화' 가 할당되어 있었다.

구로다 히데오(黑田日出男* 1943~ 일본의 역사학자, 일본 중세사 전공)는 중세의 민중이 스스로 자신이 사는 사회적, 정치적, 종교적, 문화적 공간인 '장' 을 어떻게 느끼고 있는지를 알아보기 위한 가장 중요한 단서는, 부정을 타는가(触穢* 쇼쿠에, 촉예. 더러움에 접촉하는 것)의 문제에 있다고 말한다. 부정을 타는 것 또는 부정과 정화는 중세 문화의 핵심에 위치하는 관념임이 틀림없다. 구로다는 당시의 '부정' 을 둘러싼 관념의 요점을 다음과 같이 정리하고 있다.

1. 부정(게가레)에는 사람의 죽음 · 출산 · 육축(六畜)의 죽음 · 육축의 출산 · 육식(肉食) · 이장(移葬) · 임신 · 월경 · 실화(失火) 등이 있으며, 예를 들어 사람의 죽음은 30일, 출산은 7일, 육식은 3일의 부정을 타게 된다.
2. 갑을병정(甲乙丙丁)의 부정이라 하여, 부정의 발생지와 인물은 '부정한 장소(穢所)' 로 불리며, 갑예(甲穢)가 된다. 그 갑예와 접촉한 또 다른 사람은 이차적인 촉예(触穢)가 되어, 을예(乙穢)가 된다. 이 을예와 접촉한 사람은 병예(丙穢)가 된다. 이런 식으로 부정함은 차례차례로 옅어지게 된다.
3. 부정의 관념은 왕조 귀족이 중심이 되어 10세기를 최초의 시점으로 하고 있으며, 제2의 시기인 11세기에 비대화되어 중세의 도시 구조와 신분제를 규정하고 있다.
4. 부정의 정치적 특징은 천황과 그 정치가 무엇보다도 부정을 타지 않아야 한

다는 점이었다.[25]

구로다에 의하면, 촉예는 '장'의 성격과 불가분의 관계이다. 부정이 모든 곳에서 촉예의 대상이 되었던 것은 아니다. 예를 들면 중세의 도로는 부정 타는 물건이 충만한 장소이며, 온갖 잡귀나 부정한 것이 활동하고 있는 공간이었으므로, 그곳에서는 촉예가 문제시되지 않았다. 도로는 몸에 부정함을 머금은 존재인 병자와 걸인이나 천민이 추방된 장소였다. 중세 사람들은 이러한 장소에서 죽음으로 인한 부정함을 가리키는 사예(死穢) 등을 겪더라도 촉예로 보지 않았다. 촉예의 관념은 이와 같이 사람들의 공간의식과 깊숙이 관계되어 있었다.

> 촉예가 대단히 엄밀하게 문제시되는 것은 물론 집 안이다. 촉예 즉 부정함에 접촉한다는 것의 중요성은 무엇보다도 직접적, 물리적인 접촉이 아니라, 구분된 어떠한 공간 내부에서 촉예의 대상이 되는 것과 있었다는 점이다. 결국 접촉한다는 것은, 중세 그 외 각 사회에서의 고유한 공간 의식과 불가분한 행위이자 감각이었다.[26]

그러므로 집을 거리와 구분 짓는 경계인 문 안쪽에서 일어난 일과 바깥쪽에서 일어난 일은 성격이 전혀 다르다. 이러한 경계를 지키고 역귀의 침입을 막기 위해 문에는 금줄을 쳤으며, 문을 지키는 부적이 걸렸다.

집의 경계에 관해서는, 교토의 기타노사(北野社* 교토에 있는 기타노텐만구 北野天滿宮 신사)에서 농성한 농민폭동집단(도잇키土一揆* 무로마치 시대에 소작료, 노역의 감면 등을 요구하며 일어났던 농민 폭동)의 사체 처리를 둘러싼 15세기 말의 기록에서 흥미로운 기술을 찾아볼 수 있다.[27] 그 기록에 의하면, 당시의 관례상 절 경내의 경당(經堂* 불경을 간직해 두는 집)에 죽은 자가 있었던 경우와, 경당의 차양에서 떨어지는 낙숫물로 인해 새겨진 선을 경계로 삼아 바깥쪽에 사체가 있었던 경우가 구별되어 있다. 요시무라 도루(吉村亨* 일본의 역사 민속학자)는 경당뿐만 아니라, "낙숫물로 인해 지면에 새겨진 선(線)" 이 인접하는 집 또는 공용도로의 지배와 각각의 집에 대한 권리를 명확히 구분하는 공통의 이념이 되었던 것으로 추측하고 있다. 여기에서 요시무라가 언급하고 있는 아베 긴야(阿部謹也* 1935~2006 일본의 역사학자)의 『사형 집행인의 사회사』(1978)에 따르면, 중세 오스트리아의 판결록(判決錄)에도 차양에서 떨어진 낙숫물이 땅에 구멍을 파서 생긴 선이 가장(家長)의 지배권이 미치는 범위를 나타내는 "집의 평화" 에 대한 경계가 된 예시가 있었다고 한다.[28] "집의 평화" 란 개인적인 이해관계로 인한 사투(私鬪 Fehde* 역사학에서 법학적인 의미에서의 자력 구제를 가리키는 용어)가 영향을 미치지 못하는 "특별한 평화" 중 하나이며, 재판관의 힘으로도 깨뜨릴 수 없는 신성한 것이었다. 복수하려는 자에게 쫓기는 자가 근처의 집으로 도망쳐서 그 집의 가장이 그를 숨겨 주었을 때, 추적자는 그 집에 불법으로 침입할 수 없다. 낙숫물의 흔적은 집이라고 하는 아질의 경계선이었던 것이다.

요시무라가 언급하지는 않았지만, 기타노사의 사건에서 사체 처리가 문제가 된 이상, 낙숫물 흔적의 경계는 분명히 촉예와도 관련이 있다. 낙숫물의 흔적을 비롯한 희미한 선으로 인해 길에도 역시 여러 개의 경계가 새겨져 있었다.

가사마쓰 히로시(笠松宏至* 1931~ 일본의 역사학자)에 의하면 부정함과 장소의 문제에 관련된 사례로, 가마쿠라 말기에서 남북조(南北朝* 1336~1392년까지의 일본 조정이 남북으로 갈라졌던 시대) 시기의 영향력이 있는 절과 신사에 속한 신관(神官* 일본의 신도神道에서 신을 모시는 관직) · 산사의 승려 · 산 속의 수행자 등이 살해되었을 때, 피해자가 속한 집단에게 범행 현장을 포함한 한 변에 6정(町* 거리의 단위. 60간間. 약 109m) · 한 변에 4정 등의 일정 구역이

'묘소' 로 지급되어야 한다는 법리적 주장이 실행되어 실제로 효과를 거두고 있었다고 한다. 가사마쓰는 이러한 주장의 근저에, 부정함을 둘러싼 종교적 · 민속적인 법 관습이 존재했을 것으로 추측하고 있다.[29] 이 사례에서 아미노는 피해자인 죽은 자의 '부정' 에 의해 범행 장소가 '무연' 의 장소인 묘소가 되었으며, 따라서 그곳은 신령과 부처의 것이 되어야 한다는 법리적 사고를 간파하고 있다. 촉예의 관념이 도시 공간 그 자체를 바꾸는 계기가 된 하나의 예시라고 할 수 있을 것이다.

강변은 촉예의 위험이 가장 큰 장소이므로, 시장이 서고 축제적인 예능으로 북적거리면서, 사람들이 — 산 자와 죽은 자가 — 팔을 서로 맞대고 접촉하는 '번화가' 가 되었다. 도로와 도로가 교차하는 특이점(特異點* 곡선상 혹은 곡면상에서, 접선 혹은 접평면이 존재하지 않거나, 두 개 이상 존재하거나 하는 점)인 교차로 역시 시장이 서는 장소인 점도 이와 관련되어 있을 것이다. 마찬가지로 도로가 변해서 생긴 언덕 역시 중세 천민 신분과 깊이 연관된 도시 공간이자, 게가레(부정함)와 하레(비일상)가 뒤섞여 엇갈리는 경계 영역이었다.

강변에서는 연중행사처럼 자주 덮치는 홍수 때문에 모든 것이 모조리 씻겨 흘러가 버린다. 카니발의 기원이 되는 신화를 둘러싸고 칼 모일리(Karl Meuli* 1891~1968 스위스의 언어학자)는, 카니발적인 신년 축제의 본질적 특징이 "시간의 전반적인 재생" 의 관념에 있다고 말한 엘리아데(Mircea Eliade* 1907~1986 루마니아 출신의 비교종교학자, 작가)를 인용하여, 이 관념이 고대 민족에게는 세계의 정화와 정죄를 초래하는 홍수를 겪은 후 새로운 순수한 세계가 떠오르게 된다는 전설로 표현되었다고 지적하고 있다.[30] 그리고 또한 카니발은 회귀(回歸)하여 돌아오는 죽은 자와 그들을 체현하는 가면들의 축제이다. 그것은 죽은 자들이 살아있는 자들의 불법을 처벌하기 위해 돌아오는 "합법적인 아나키(anarchy* 혼란, 무법 상태, 무정부 상태)"[31]

의 시간이었다.

산도르 페렌치는 계통발생학적인 정신분석의 가설로서, 성서의 기술에서 비롯되는 홍수 전설이 현실 상태의 전도(顚倒)였을 것이라는 해석을 제시하고 있다. 원래 물에서 서식했던 동물들을 덮친 최초의 거대한 위협이 홍수가 아닌 갈수(渴水)였기 때문이다. 노아의 방주가 표착한 아라라트(Ararat)산이 수중에서 모습을 드러낸 것은, 성서에서 말하고 있듯이 '구원' 일 뿐만 아니라 원초적인 파국이기도 했다.[32] 이러한 가설이 올바르다면, 홍수의 전설 그 자체가 페렌치가 말한 "탈라사적 퇴행" 의 상징적 표현일 것이다. 계통발생과 관련짓는 것에 대한 타당성은 보류하더라도, 반쯤 신화적인 페렌치의 해석 그 자체가 나타내고 있는 것은 홍수와 갈수, 파국과 구제의 관념이 서로 교차하여 긴장 관계를 형성하는 상징적 사고의 논리이다.

홍수를 반복하는 강변은 틀림없이 카니발의 기원을 이루는 홍수 전설이 실제로 보이는 장일 것이다. 홍수가 초래한 것이 현실에서는 설령 익사자나 온 도시로 퍼져가는 역병뿐이었다 해도, 적어도 그것은 자연의 난폭한 힘에 의해 신세계가 탄생하는 광경을 사람들의 눈앞에 전개하고 있었다. 강변이나 모래톱이 특히 중세 일본에서 널리 알려진 '무연' 의 장소이자, 도시적인 것을 생성시키는 근원이었다면, 그것은 분명 그곳이 인위적인 질서를 끊임없이 아무것도 없는 상태로 만들어서 재생시키고, 신령을 비롯한 죽은 자들의 영혼이 왕래하는 카니발적인 "합법적 아나키" 의 장이었으리라.

이러한 공간이야말로 도시의 이른바 급소가 되는 경혈이라면, 각 시대 도시인의 심리 지도를 가미한 시선에 의해, 이들의 경혈을 잇는 경로로서 도시의 가시적인 윤곽은 형태를 바꾼 또 하나의 도시도(都市図)를 그릴 수 없을까? 근원 카드가 집주 형태의 잔존에서 출발하여 정착민이 이루어낸 도시 형성의 논리를 다이어그램화 하고 있었다면, 이 도시의 경로도는 그것과는 달리, 하레와 게, 게가레와 기요메가 교대하는 일시적인(ephemeral) 장소 상호 간의 관계성을 나타내게 될 것이다. 이를테면 '무연'의 장소의 메타모르포제를 추적하는 도시의 형태학이라고 할 수 있다.

중세의 '주인 없는' '무연'의 장의 원천은 산과 들판, 강과 바다라고 하는 자연의 신성함이었다. 나카자와 신이치는 일본의 산이 세속 권력이 개입할 수 없는 아질이었던 것은, 그곳이 계량화가 불가능하며 구조화 할 수 없는 "평평한 공간(평활 공간 平滑空間)"이며, 수답(水畓)을 이상적인 형태로 삼는 "구분 지어진 공간(조리 공간 條理空間)"과 같은 원리를 따르는 왕권과는 완전히 이질적이었기 때문이라고 서술하고 있다.[33] 강이나 모래톱, 강변, 지하 세계, 그리고 바다도 마찬가지로 그러한 평활 공간이다. 강변이나 모래톱을 조리 공간으로 바꾸려는 노력은 홍수로 인해 좌절된다. 도시와의 관계에서는 평활 공간으로의 재생을 반복하는 강변이나 모래톱이 가진 성지로서의 신화적인 상징성이 산보다 훨씬 컸을 것이다.

조리 공간 그 자체인 '간전'을 제외한 근원 카드 다섯 장은 모두 평활 공간과 깊은 관계가 있다. 단 그것은 이들 카드가 관심의 대상으로 삼고 있는 집주 형태의 흔적에 대한 여백이나 잔여, 또는 그 흔적을 폭력적으로 지워 없애는 자연의 힘과의 관계이다.

'무연'의 장소의 메타모르포제를 찾아가면서 주목해야 할 점은, 아미노가 나카자와가 말하는 "평평한 공간"과 "구분된 공간", 또는 "개방된 공간"과 "한정된 공간"의 중간으로 상정하고 있는 "자연을 다양한 인간의 활동에 맞추어서 『마당(庭)』으로 파악하는 연관 방식"[34]이다. 시장은 가마쿠라 시대까지 '시정(市庭)'으로 쓰였다. '천민(非人)'이 걸식하는 장소도 '걸정(乞庭)'으로 불렸으며, 스모가 열린 곳도 '뜰(庭)', 사자춤(獅子舞)도 '무정(舞庭)'에서 춤을 추었다. 제사를 거행하는 곳은 '제사의 마당'

이고, 불경 공양의 장소에 대해서는 '법회(講) 마당' 이라는 용례가 많다. 수렵의 '수정(狩庭)', 어장을 나타내는 '망정(網庭)', 소금을 굽는 '염정(塩庭)', 게다가 '도정(稻庭)', '초정(草庭)' 등의 용례도 자주 찾아볼 수 있다. 정원은 또한, 기마(騎馬), 전투의 장이자, 상업이나 교역을 포함하는 넓은 뜻의 '예능' 이 영위되는 무대였다. 소송이나 죄인에 대한 문초 · 평의(評議)가 행해지는 장소도 마당이었으며, 오래전 『니혼쇼키』에 '조정(朝庭)' 이라고 기록된 조정(朝廷)과의 관계도 깊다.[35]

공동체적인 행사, 축제, 제사나 예능을 거행하는 자연의 특정한 장소를 '마당' 으로 정하기 위해서는, 그곳이 무언가의 표식으로 구별해서 첫 수확이나 그것을 대신하는 니와센(庭錢* 에도시대 주요 도로의 역참에 있었던 도이야바問屋場라는 운송업자의 가게에 짐을 쌓아 놓을 때 내는 보관료. 운반비와는 별도) 등을 바쳐야만 했다. 다만 그 장소는 자의적으로 설정되지 않았으며, 불특정한 장소가 선택된 것도 아니었다. 아미노는 이렇게 서술하고 있다.

> 그렇다 하더라도 본래 그러한 '마당' 으로는 자연과 인간의 관계에서 특정한 의미가 있는 장소를 선택하였으며, 그것은 기본적으로 공동의 장소 – '주인이 없는' '무연' 의 성격이 있다. 그 특징은 경계로 둘러싸인 뒤에도 결코 잃지 않았다. 자연을 극도로 상징적으로 표현하여 받아들였다고 하는 무로마치기 이후의 정원의 모습도, 가산(仮山) · 연못 · 나무 · 돌 등을 배치하여 마당을 만드는 일이 강변의 천민인 가와라모노, 오니와모노(御庭者* 가와라모노의 별칭, 정원지기) – 바로 '무연' 자의 예능이었다는 점도, 결코 그것과 무관하지 않을 것이다.[36]

쇼군(將軍) 아시카가 요시마사(足利義政* 1449~73 재위. 무로마치 막부 제8대 쇼군)의 총애를 받은 조경을 전문으로 했던 천민 집단인 산스이 가와라모노(山水河原者* 중세 교토 가모가와의 강변에 거주했던 이들 중 정원을 만드는 일에 종사한 사람들의 별칭) 젠아미(善阿弥* 1386?~1482? 무로마치 시대의 천민인 가와라모노 출신 정원사)를 비롯하여, 중세의 정원사(庭園史)를 근저에서 담당하고 있던 것은, 돌이나 수목의 채방(彩訪* 모르는 곳을 물어 가며 찾음)에 숙달되어 있고 물의 흐름을 잘 다루었던 뛰어난 '가와라모노'의 무리였다. 그들의 돌을 배치하는 기능과 선승(禪僧)의 사상이 결합하여 발전된 것이 가레산스이(枯山水* 일본 무로마치 시대의 정원의 한 형식. 물을 전혀 사용하지 않고, 단지 지형에 따라 산수를 나타내는 정원)〔그림 6〕이다. 가레산스이에 물은 없다. 그러나 그 표현하는 바는 갈수(渴水)가 아니다. 물이 말라 있으므로, 오히려 그곳에서 물이 확실히 느껴진다. 가레산스이란 '부채(負)'의 힘을 개재시킨 "부채(負債)의 정원"(마쓰오카 세이고松岡 正剛* 1944~ 일본의 편집자, 일본문화연구자)[37]인 것이다.

'마르다(涸れる)' '시든다(枯れる)'는 것은 단순히 네거티브의 상태라는 말이 아니다. 시듦으로써 시작되는 무언가가 있다. 마치 모리쿠리가 파악한 게가레(부정함)과 기요메(정화)의 상관관계처럼, 시들어감으로써 발생되는 하레(비일상)를 향한 운동이 있다. 가레산스이의 흐르지 않는 물, 그 절대적인 정지(靜止)는 이러한 진폭의 극한이며, 카타스트로픽(catastrophic* 비극적인, 파멸의)한 진동의 바로 직전에 얼어붙어 있는 것과 같

[그림 6] 이토 데이지(伊藤ていじ* 1922~2010 일본의 건축사가) 『가레산스이(枯山水)』에서, 다이토쿠지 다이센인 가레산스이(大徳寺大仙院枯山水) 촬영: 야마모토 겐조山本健三.

[그림 7] 오소레잔의 삼도천, 촬영: 사토 소타로(佐藤宗太郎* 1936~ 일본의 사진가).

다. '게가레' 를 체현하는 자가 된 산스이 가와라모노들이 철저하게 시들어 있었기에, 도도하게 흐르는 강변의 광경, 이 '무연' 의 근원적인 이미지를, 마당이라는 형태로 모형화한 것이다.[38] 가레산스이는 바로 양극적(兩極的) 관념의 상징 이론을 지렛대로 하여, 고갈된 경관을 통해 대홍수의 관념을 야기한다는, 마술적인 표상의 기법이라고 해야 할 것이다. 산스이 가와라모노만이 잘 이루어 낸, 카리발적인 거꾸러짐이다.

그리고 이 가레산스이의 이미지는 오소레잔(恐山* 죽은 사람의 영혼이 모이는 산으로 전해지는 아오모리현青森縣 북동부 화산)에 있는 삼도천〔그림 7〕의, 이승이 아닌 세계의 모습과 공통점을 갖고 있다.[39] 그곳에는 공통된 "경관과 정신의 연쇄"가 있다. 자갈돌이 겹겹이 쌓여서 황량한 이 "영혼의 시정(市庭)" 은 대홍수 직후의 세계일까? 요절한 아이들의 혼이 떠도는 저승과의 경계, 쌓으면 무너져 쓰러지는 석탑의 잔해가 흩어지는 이 강변의 경관이야말로, '무연' 의 근원, 그 원풍경의 엠블럼에 어울린다.

제14장

방법의 생태학

다윈, 벤야민, 미야모토 쓰네이치

'법은 사소한 것에 관여하지 않는다' 라는 격언은
과학에서는 통용되지 않는다.

– 찰스 다윈(Charles Darwin)

도시의 연체동물

널리 알려진 바와 같이, 야곱 폰 윅스퀼(Jakob Johann Baron von Uexküll* 1864~1944 독일의 동물학자 · 비교심리학자)은 진드기의 생활사를 기술할 때, 진드기를 둘러싼 세계가 진드기 고유의 '환경 세계' 로 변화되었다고 지적했다. 이 환경 세계는 포유류의 피부선에서 발산되는 낙산(酪酸* 탄소 원자 네 개를 가지는 카르복시산. 젖산의 대용)의 자극이라고 하는 후각적 표식, 거기에 응답하여 낙하한 진드기가 포유류의 털에 접촉해서 얻는 촉각적 표식, 그리고 그 위를 기어 다니는 동안에 당도한, 털 없는 피부에서 감지되는 따뜻함이라는 온도감각의 표식 등 세 가지의 지각 표식과 그 각각이 유발하는 낙하, 충동, 기어 다님, 피를 빨아들임과 같은 진드기의 세 가지 행위(작용 표식)만으로 이루어져 있다. 지각과 행위가 순환하는 한정된 '기능환(機能環* Funktionskreise)' 을 향한 세계의 이러한 환원을 통해서 비로소, 진드기의 흡혈이라는 행위의 확실함이 보장된다.[1)]

그것은 동물에 의한 행동의 계열을 분명하고 안정된 반복으로서 그려내는 기술법이다. 한편 사사키 마사토(佐々木正人* 1952~ 일본의 심리학자)는, 다윈이 이러한 것과는 전혀 다른 생물의 행동을 기술하는 새로운 방법을 모색하고 있었던 것이 아닌지 서술하고 있다.[2)] 윅스퀼 뿐만 아니라, 콘라트 로렌츠(Konrad Z. Lorenz* 1903~1989 오스트리아의 동물학자 · 동물심리학자)나 파브르(Jean Henri Fabre* 1823~1915 프랑스의 곤충학자)도 역시, 명확한 윤곽을 가진 '주체' 로서의 동물이나 곤충에 의한 행동에 안정된 경계를 부여하는 것 같은 설명을 하고 있다. 거기에 반해, 다윈에 의한 『식물의 운동력』이나 『지렁이와 흙』은 이러한 운동 묘사의 전통에서 벗어나 버렸다. 다윈의 저서에 그것은 알기 쉬운 근육이라는 것이 존재하지 않다.

『지렁이와 흙』은 1830년대 후반부터 40년간에 걸친 관찰의 성과이며, 다윈이 죽기 바로 전인 1881년에 간행되었다.[3] 그 첫 장에서 사사키는, 땅을 파서 만들어진 터널의 입구를 지렁이가 나뭇잎 등을 사용하여 가로막는 행위에 대한 다윈의 서술법에 특히 주목하고 있다. 이 책에서 다윈은 지렁이가 구멍을 막기 위해서 다양한 종류의 나뭇잎이나 실험용의 종잇조각 등을 어떻게 이용했는가를 구체적으로 열거하고 있다. 그리고 그는 다음과 같은 방식으로 추론한다.

각각의 재료는 거의 같은 방법으로 구멍 막기에 사용되고 있으며, 그 결과를 우연으로 돌릴 수는 없다. 한편 지렁이가 타고난 본능에 이끌렸다면, 지렁이에게는 미지의 물건이었을 외국산 나뭇잎이나 종잇조각을 사용한 구멍 막기에 대해서도 각각의 본능적 행동을 적용시켜야 하겠지만, 그럴 가능성은 희박하다. 구멍을 막는다는 일반적인 본능은 가지고 있다고 해도, 개별적인 경우에 대해서 불변의 본능을 상정할 수는 없다.

그렇다면 지렁이는 최종적으로 성공할 때까지 모든 방법을 시도하는 것일까? 하지만 관찰의 결과는 이러한 추측에도 어긋난다. 지렁이는 물체를 끌어당기기 전에 그 물체의 형태나 구멍의 형태에 대해, 어떠한 개념을 가지고 있는 것처럼 행동하고 있다 ―. 이와 같은 검토 끝에 다윈은, 체제는 하등하지만 지렁이가 어느 정도의 지능을 가지고 있다는 결론을 내리게 된다.

그런데 여기에서 다윈이 말하는 '지능'이란 무엇일까? 사사키는 다윈이 '지능'이라 판단하여 찾아낸 관찰 결과를 다음과 같이 정리하고 있다.

다른 물체와의 비교가 아니라, 바로 그 개체에 대해서 무엇인지를 선별하는 능력이 있는 점. 물체 중에서 선택에 이용되는 것은 행위에 앞서, 또는 진행 상황 속에서 식별되고 있는 점. 그러나 같은 물체를 항상 동일하게 사용하지는 않는다는 점. 물체와 다른 물체와의 관계 등, 물체를 둘러싼 포괄적인 주위의 상태를, 물체를 사용하는 것과 관련시키는 점.[4)]

하지만 이러한 점들을 지렁이의 '지능' 이라고 말하기에는 오해의 여지가 있다고 사사키는 말한다. 왜냐하면, 여기에 정리된 내용이 한 마리의 지렁이에게만 해당하는 것이 아니라, 지렁이 무리와 그 주위에 있던 물체의 무리 사이에서 일어난 일이기 때문이다. 중요한 것은 지렁이들이 모든 물체에 대해서 무엇인지를 식별하고 있으며, 어떠한 경우이든 지렁이들의 행동이 이들 개체에서 발견되는 성질에 의해 제약을 받고 있었다는 점이다.

지렁이들의 행동은 매우 다양했지만 결코 무질서하지 않으며, 개체를 꼼짝달싹 못 하게 하는 방법으로 관계를 맺으면서 질서를 갖추고 있었다. 다만 행위와 관련된 성질의 식별은 고정화되어 확실한 것이 아니고, 무리의 단위로 본다면 어디까지나 확률적인 현상이었다. 사사키는 이 점에 대해서, 다음과 같이 중요한 지적을 하고 있다.

아마도 이 관찰에서 다윈은 지렁이의 행동을 그것이 식별한 개체의 성질로 분해해낸 것이다. 각각의 물체에 있는 구멍을 막는 지렁이가 지각하고 있는 성질은 기술된 내용에 선명하게 드러나 있다. 다만 그것은 지렁이의 행위로는 하나로 초점을 모으고 있지 않다.[5)]

이러한 기술은 "불안을 일으키는 원인이 된다" 고 사사키는 말한다. 그러한 불안 탓일까! 그것은 오해를 낳는다(윅스퀼에 의한 오독이 예시로 거론되고 있다). 오해를 받는 이유는 다윈이 사용한 방법이 동물 행동에 대한 통상적인 기술법과는 너무 달랐고, 중심에 있어야 할 바로 그 행동이 결여되어 있었기 때문이다. 그렇다면 행동은 어떤 방식으로 다루어지고 있을까? 그것은 구멍 막기를 하는 지렁이 이외에는 발견할 방법이 없는 "물체의 성질"로 관찰되고 있다. 그 속에 지렁이의 신체의 움직임이 깊숙이 파묻혀 있는 것이다. 하지만 그곳에서 지렁이의 '신체'나 '행동'은 웍스퀼 등의 서술처럼 확실한 경계가 있지 않다. 사사키의 말을 빌리자면, 여기에서 나타나는 것이 "『존재하지 않는 것으로서 존재한다』는 동물 행동의 사실"[6]이다.

지렁이의 행동을 개체의 무리 속에서 바라봄으로써, 그것을 '해체'했을 때, 다윈은 지렁이에게서 지능을 확인하게 되었다고 사사키는 쓰고 있다. 확실한 경계의 결여야말로, 지렁이의 행동이 지능일 가능성을 밝힌 것이다. 그리고 사사키에 의하면, 여기에 확인되는 확실한 경계의 소실에 의한 일종의 비약은, '종(種)'이 지속적으로 동일할 수 없는 존재이므로 결국 '종'이라는 경계는 없다는 확신을 얻게 되어 쓰인 『종의 기원』에서의 비약과 상통하고 있다.

『지렁이와 흙』에서 다윈은, 지렁이가 먹은 흙을 배설물 덩어리로 지표에 배설함으로써 비옥토가 형성되고, 우리들이 상상하는 것보다 훨씬 대규모로 토양을 순환적으로 만들어 변화시키는 것, 때로는 고대의 건조물을 매몰시키거나 토지의 침식을 시행하는 것을 정량적으로 실증하려 하고 있다. 이 저서에서는 40년의 세월을 걸쳐서 지렁이의 활동이 가져오는 미미한 변화의 누계로, 영구불변처럼 안정되어 보이는 대지까지도 천천히, 하지만 끊임없는 운동 상태에 있다는 사실이 발견되고 있었다. 여기에서도 역시 여러 세대에 걸친 무리로서의 지렁이의 활동으로 대지의 경관에서 확실한 경계가 소실됨으로써, 진화와 역사의 원리에 대한 '비약'이 달성되고 있었다고 말할 수 있을 것이다.

구멍 막기를 수행하는 지렁이의 관찰 기록을 전형으로 삼는 것처럼, 눈 앞에 없는 행위군(群)을 그 행위가 이용한 것을 통해 나타내는 기술법을 사사키는 "다윈적인 방법"이라고 부르고 있다. 사물의 구체적인 성질을 나열하는 이러한 방법에 의해, 행위는 그것이 "식별하여 이용한 물체의 성질의 집합"으로 기술되게 된다. 이 성질이라는 말은 J. J. 깁슨(James Jerome Gibson* 1904~1979 미국의 심리학자)이 "어포던스(affordance* 어떤 행동을 유도한다는 뜻으로 행동 유도성이라고도 한다)"라고 불렀던 바로 그것이다. 예를 들면 구멍 막기를 하는 지렁이가 나뭇잎의 어포던스를 지각하고 있는 것이다. 아주 미세하고 다양한 이들 성질의 의미는 행위에 의해서만 알 수 있다. 사물의 성질이 행위에 의해 발견되고, 그 성질의 집합으로서 바로 그 행위가 기술된다. 다윈적인 방법은 다수의 행위만이 발견할 수 있는 의미의 레벨에서의 환경에 대한 기술에 의해, 그 행위군을 표현하는 것이다.

사사키는 그러한 환경을, 다수의 행위를 서로 겹치게 함으로써 그 형태가 "두둥실 떠오르는 것처럼 보이는 주위"[7]라고 표현한다. 여기에서 말하는 주위란, 관찰자에게서 약간 떨어져서 존재하는 세계이다. 말하자면 그것은 행위군에 의해 손으로 더듬어 탐색된 환경이라는 뜻의 경계면이며, 그 기록을 통해 "존재하지 않는 것으로서 존재하는" 행위군이 나타나는 것이다.

이 다윈적 방법에는 이른바 생태학적인 도시론을 구상하는 열쇠가 숨겨져 있을 것이다. 그것은 반드시 사사키가 시행하고 있는, 감각이나 운동 기능에 장애를 가진 개체의 행동을 집요하게 관찰하면서 드러나는 행위의 환경으로서의 도시가 아니라도 좋다. 오히려 방법으로서 더욱 중요한 것은, 다윈이 지렁이에 대해서 실천한 것처럼 무리로서의 집단 행위가 파묻힌 다수의 사물을 열거함으로써 차츰 접촉하여 느끼면서 알 수 있게 되는 도시환경의 의미의 수준을 "두둥실" 부상(浮上)시키는 기술법일 것이다.

수많은 영상이나 단어로 묘사된 장면(scene)을 연결하여 표현되는 영화나 소설도 역시, "행위로밖에 그려낼 수 없는 환경"을 표현하고 있다. 하지만 명확한 윤곽을 가진 행위를 묘사하지 않는 다윈의 관찰 기록은, 등장인물이라는 주체의 행동을 둘러싼 이야기에 따라 전개되는 영상이나 소설과는 크게 다르다. 사사키는 다윈의 텍스트를 세심하게 더듬어가며 풀어보고, "존재하지 않는 것으로서 존재한다", 혹은 "확실한 경계의 소실" 등의 표현을 사용하면서 신중하게 고쳐 씀으로써, 다윈의 관찰 기록 그 자체가 제공하고(afford) 있는 이 독자적인 기록의 차원을, 문자 그대로 "두둥실" 부각시키고 있다. 그리고 이 다윈=사사키의 기술법에 의해 비로소 드러나게 된 의미의 레벨은, 인간 무리의 서식 환경인 도시에도 역시 존재하고 있을 것이다.

사사키와 마찬가지로, 다윈의 연구에 의한 지렁이의 관찰 기록에서 생태심리학의 핵심이 되는 아이디어의 맹아를 발견한 에드워드 S.리드(Edward S. Reed* 1954~1997 미국의 과학철학자)는 어떤 동물과 환경이 "서로 맞부딪치는(encounter)" 과정에서, 다윈이 지렁이에 대해 보여준 바와 같은 "기능적 특정성", 즉 주위의 상황이 요구하는 기능의 변화에 동조하는 성질의 존재가 입증 가능한 경우, 거기에는 심리학적인 현상이 있다고 주장하고 있다.[8)] 이러한 의미에서 다윈은, 지렁이가 나뭇잎과 심리학적으로 의미가 있는 "접전"을 가지고 있다는 것을 실증적으로 입증했다. 게다가 리드에 의하면, 행위에 의해 발견되는 환경의 성질, 즉 어포던스란 어떤 동물개체군과의 관계 속에서 나타나는 환경의 특성이며, 이러한 환경은 종의 "생태적 니치(niche* 원래 건축 용어로 조각품 따위를 장식하는 벽의 우묵한 곳, 틈새를 말하지만, 생태학에서는 자신만의 생태적 지위를 뜻한다)"라고 불린다.[9)]

인간도 역시 다른 동물 종과는 다른, 독자의 생태적 니치로 살고 있다.

생태심리학에서 살펴본 경우 인간의 특이성이, 인간이라는 동물종(種)이 만들어낸 다종(多種) 다양한 서식 장소를 내포하며, 사회적인 상호 행위로 향하는 인간의 경향성을 철저하게 끝까지 이용한 특별한 생태적 니치에서 유래하고 있다고 리드는 말한다.[10] 현생인류는 환경 내의 '장소'를 개혁하여, 그중에서도 특히 기능이 분화된 다수의 장소를 내부에 품은, 집이나 취락으로 이루어지는 군서(群棲) 환경(그곳에는 다양한 어포던스군이 집중시켜지고 있다)을 만들어 왔다. 인간의 사고는 생태적 니치에 존재하는 기본적인 어포던스군의 경험에서 새로운 것을 밝혀내거나 이루어간다. 그러므로 특수한 장소나 각 장소 사이의 차이의 창조가 인간의 사고나 행위의 패턴에 어떠한 영향을 미쳐왔는가에 대한 연구는, 인류를 이해하기 위해 결정적으로 중요한 것이다.[11]

도시란 현생인류의 생태적 니치에 부여받은 이름이라고 해도 좋을 것이다. 리드가 인간의 생태적 니치에 대한 분석을 둘러싸고 제창하고 있듯이, 고고학이나 선사인류학, 또는 민속지와 생태심리학과의 연대를 통해서, 도시라고 하는 군서 환경에서의 인간의 개체군과 세계의 만남을 세부에 이르기까지 주의 깊게 관찰 · 기술하여, 그 어포던스를 부상시키는 분석이 충분히 가능하다. 예를 들면 '통과의례'를 둘러싼 반 게넵(Arnold Van Gennep* 1873~1957 프랑스의 인류학자)의 문화인류학적 사고는, 장소와 장소의 차이 그 자체의 창조가 인간 집단의 의례적 행위나 신화적 사고와 얼마나 깊이 연결되어 있는가를 명확히 밝히고 있다. 그러한 인식을 통한 '문지방 학(敷居學)'이 『파사주론』을 비롯한 발터 벤야민의 도시론의 기본을 이루는 모티브라는 점도 역시 주지의 사실이다.

이렇게 벤야민이 『파사주론』에서 실행하려 한 것은, 19세기의 파리에서 생활한 산책자들처럼 집단의 경험을 통해, 파사주를 비롯한 인공의 생태적 니치가 지니고 있던 어포던스를 “두둥실” 떠오르는 이미지로 드러낸 것은 아니었을까? “신화적인 여러 능력의 재활성화”를 수반하면서 유럽을 강타한, 자본주의라는 “꿈으로 가득 찬 새로운 수면(睡眠)”[12] 하에 있는 19세기 파리를 분석하기 위해, 벤야민은 파사주, 거리, 파노라마관, 박물관, 만국박람회 등의 도시 공간을 “집단의 꿈의 집”으로 파악하고, 모드(mode)나 광고, 건축물에서부터 문학, 예술, 나아가서는 정치에 이르는 문화 · 사회현상을, 그 꿈의 이미지와의 관련하여 해석하려고 시도했다. 그것은 수면 속에서 거듭 신화화(神化化)된 이미지의 세계를 다루는 것이므로, 의례나 신화를 둘러싼 문화인류학의 분석과 유사한 양상을 띠게 되기도 했다. 집단적인 의식이 깊은 잠으로 빠져드는 가운데, 도시 공간이 점점 꿈의 판타스마고리아(phantasmagory* 幻燈, 주마등)로 가득 차게 되는 한편, 업무 장소로부터 분리된 개인의 실내 공간에는 타향이나 과거의 문물이 수집되어 개인적인 환상이 엮여 가는 현상을 추적하는 『파사주론』의 단장(斷章* 완전한 형식을 갖추지 못한 문장의 단편)적 구성에서는, 행위를 통해서 비로소 발견되는 환경과 인간과의 접전을 향한, 생태심리학을 연상시킬 수밖에 없는 시선을 확인할 수 있다(쉬르레알리슴론에서 ‘신체 공간’이나 ‘이미지 공간’ 등 신체와 환경의 상호 침투를 나타내는 개념에도 마찬가지이다). 이 점은 사사키가 다윈의 지렁이에 대한 관찰에서 발견한, 확실한 경계의 소실에 동반하는 기술법의 변화와 관련되어 있으며, 『파사주론』이 목표로 한 인용의 몽타주에 의한 구성도 역시, 무수한 행위의 흔적이라는 구체적 사항을 나열하는 다윈적 방법과 통하고 있다고 말할 수 있을지도 모른다.

원래 동물의 행동에 대한 직접적인 관찰에 근거를 둔 다윈의 방법과 벤야민의 주로 언설에 의거한 역사의 몽타주(montage)는 신중하게 매개되어야 한다. 하지만 벤야민 자신의 방법론적인 자각으로서, 괴테의 ‘원현상(原現象)' 의 개념을 자연의 영역에서 역사의 영역으로 전용한 것이 『독일 비애극(悲哀劇)의 근원』에 등장하는 '근원' 의 개념이며, 『파사주론』은 메타모르포제 함으로써 파사주의 구체적인 역사적 형태를 출현시키는 원현상으로서의 '근원' 을 19세기의 경제적인 여러 사실 속에서 탐구하려는 시도로 인식되고 있었다.[13] 『파사주론』이 목표로 삼은 19세기의 '근원사(根源史)' 는 『독일 비애극의 근원』에서 거론된, 자연과 역사가 교착되는 '자연사' 의 개념을 계승하고 있다. 진화론이 아닌 괴테의 자연학에 크게 의거한 것이라고는 하지만, 자연사=박물지적인 관찰과 기술이 『파사주론』의 방법과 깊이 관여하고 있었다는 점은 주목받을 만하다. 그리고 이러한 방법은, 19세기의 파리에서 느낄 수 있는 새로운 도시 경험이, 집단적인 수면 속에서 자연에 대한 오래된 전승적(傳承的) 경험의 영역 내에서 처리되어버리므로, 도시가 원생림(原生林)이나 바다와 같은 이미지로 재자연화되는 등, 다루어지고 있는 시대의 문화 그 자체에 내재하는 성격과도 대응하고 있다.[14]

이렇게 정리해두자 — 『파사주론』은 말하자면, 19세기 파리에서 인간의 집단이 주거하고 있던 생태적 니치의 자연사적 재구성인 것이다. 벤야민의 도시론이 이러한 형태로 생태심리학과 서로 만날 수 있다는 것은, 『파사주론』뿐만 아니라 『1900년경 베를린의 유년시절』이 회상을 통해서 시도된, 도시라는 군서 환경 내에서의 유아의 발달 과정에 대한 기술이라고 하는 점에 의해서도 역시 드러나고 있다. 거기에서는 베를린이라는 '도시 신(都市神)' 의 사당(靈廟)으로서의, 건물의 안뜰에 면해 있는 어두운 로지아(loggia* 서양식 건물로 한쪽 또는 양쪽이 기둥뿐인 벽이 트인 회랑, 정원이나 광장에 면하여 만들어짐)를 시작으로, 카이저 파노라마관, 개선 기념탑, 초기의 전화가 걸려있던 뒤쪽 복도의 한구석, 티어가르텐(Tiergarten* 베를린의 숲, 공원), 베를린 곳곳의 거리나 길모퉁이, 동물원, 철창 사이로 들여다본 지하실 등 다양한 도시 공간이, 발터 소년과 세계가 서로 깊이 만났던 장소로서 회상적으로 전해지고 있다. 예를 들면 「은신처」라는 제목이 붙어있는 텍스트에서 벤야민은, 사물의 세계에 어포던스를 발견하는 아이의 마술사처럼 보이는 몸짓에 대해 다음과 같이 쓰고 있다.

> 은신처에서 나는 사물(Stoff〔소재〕)의 세계 속에 감싸여 있었다. 사물의 세계가 터무니없이 드러나게 되고, 말없이 내게 다가오는 것이었다. 이런 식으로, 인간은 교수대에 섰을 때 비로소 줄이 무엇이고, 나무는 무엇인지를 지각하는 것이다. 출입구의 커튼 뒤에 선 아이는 자신이 바람에 흔들거리는 흰 물건이 되고 유령이 된다. 식탁 밑에 웅크리고 있으면, 아이는 조각이 장식된 다리를 사방의 기둥으로 하는 신전의, 나무 조각으로 만들어진 신상(神像)으로 변한다. 그리고 문의 뒤쪽에 서 있으면 아이 자신이 문이 되며, 문을 무거운 가면으로서 덮어쓰고 마법사가 되어서, 방으로 들어오는 자를 모두 아무것도 모르게 마법을 걸어버리는 것이다.[15)]

이것은 어디까지나 확실하게 언어로 회상된 기억이며, 유아의 행위를 둘러싼 관찰의 기록은 아니다. 다만 "사물의 세계"와의 만남에 대한 이러한 묘사에서는 시간을 사이에 두고 발생하는 거리에 근거하는, 매우 냉정한 자기관찰의 시선이 느껴진다. 그것은 벤야민이 이 저서에서 전기적인 요소를 기록으로부터 의식적으로 후퇴시키고, 한 명의 부르주아 계급 아이의 내면에 침전된 대도시의 경험을 '이미지'로 정착시키는 실험을 실행하고 있었던 점에서 비롯된다.[16)] 자연환경 속에서 살아온 유년시절의 추억과는 달리, 대도시에서의 유년시절의 이미지를 수용하는 명확한 형식은 아직도 존재하지 않는다고 그는 느끼고 있었다. 또한 그렇기 때문에 반대로, 자신의 회상이 "훗날의 역사적인 경험을 앞서 형성할 수 있는 것" 이라는 가능성을 그곳에서 발견하고 있었다. 『1900년경 베를린의 유년시절』은 이러한 회상적 표현형식의 실험적 모색이었던 것이다.

인간의 유아가 마주치는 환경은 사물적인 동시에 언어적인 세계이다. 아이는 언어적 환경과의 조우를 경험해야 한다. 벤야민은 반복하여, 단어의 소리에 대한 오해 때문에 눈에 비치는 세계의 양상이 달라졌다는 유년시절의 경험에 대해서 말하고 있다. 그러한 오해는 "세상의 깊숙한 내면에 이르는 길"[17]을 여러 개 가르쳐 주었다. 즉 오해를 통해서 그는 세계와 만나고 있었던 것이다. 이와 같은 방식으로 발터 소년은, '레렌 아주머니(die Muhme Rehlen)' 라는 단어를 '문메레렌(die Mummerehlen)' 이라는 이름의 정령으로 믿어버리거나, '동판화(Kupferstich)' 를 '머리 숨기기(Kopf-verstich)' 라고 오해해서, 의자 밑에서 머리를 쑥 내밀어 보이곤 했었다. 후자의 예시처럼, 집이나 가구와 의복과 자신을 동일시하도록 강요한 것이 단어(말)였다고 벤야민은 말한다.

그리고 주변에 놓인 이것저것과 비슷해져서, 소년 자신이 완전히 왜곡되고 있었다. 도시 공간 안에서 사물과 언어와 신체가 상호 간에 아슬아슬하게 마주치고 있는 프로세스 속에서 이 아이가 살아가고 있었던 것이다. 계속해서 벤야민은 서술하고 있다. "마치 조개껍데기에 서식하는 연체동물처럼, 나는 지금 주인이 사라져버린 조개껍데기와 같은 공허한 모습을 내 앞에 드러내고 있는, 19세기에서 생활하고 있었다."[18] 이 조개껍데기는 아이에게 대도시라는 생태적 니치의, 회상 과정에 관한 '이미지'로서 매우 적합하다. 더러워진 유리를 통해 안으로 비치는 빛이 사방을 둘러싸는 쇼윈도에 난반사되어 공간을 채우고 있는, 이른바 정평이 난 '포위광(包圍光* 공간은 무수한 반사광으로 가득 채워지고 포위되는데, 미국의 심리학자 깁슨James Jerome Gibson은 이 빛을 '포위광ambient light이라 불렀다)' 의 장이라고도 할 수 있는 파사주를 도시론의 중심에 배치한 벤야민의 사고방식에는 도시, 기억, 역사 등의 주제를 둘러싸고 생태심리학과 깊이 교착하는 것이 있는 것처럼 느껴진다. 여기에서 인간의 도시환경이라고 하는 생태적 니치를 서술하는 새로운 과학적 방법을 끌어낼 수 없을까? 『파사주론』이나 『1900년경 베를린의 유년시절』에서 모색되고 있는 것은, 다원적 방법과 결코 무관하지 않은 생태학적인 도시론을 위한, 그러한 '벤야민적 방법' 이다.

경관(景觀)의 통과자

다원적 방법에 따른 인간의 생태적 니치를 탐색하는 실천자로서, 한 사람의 민속학자를 거론하고 싶다. 바로 미야모토 쓰네이치이다. 일본 국내를 답사하면서 수집한 미야모토의 방대한 민속 조사의 성과와 그와 관련된 저술은, 20세기의 일본에서 볼 수 있는 인간의 생태적 니치의 여러 모습을 도구의 제작 · 사용에서부터 경관의 형성에 이르기까지, 다양한 어포던스군의 복합 속에서 표현하는 자료가 되고 있다. 그 총체를 다루는 것은 본서가 의도하는 바가 아니다. 여기에서 주목하고자 하는 것은, 미야모토의 민속학에 관한 사진을 이용하려는 측면으로 한정되어 있다.

미야모토가 조사 수단으로 카메라를 자주 사용하여, 방대한 사진을 촬영하고 있었던 점은 잘 알려져 있다. 『하늘로부터의 민속학(空からの民俗學)』 등의 저작이 나타내듯이, 미야모토는 경관의 공중 촬영 사진에서도 큰 관심이 있었으며, 각지의 민속에 정통한 지식을 배경으로 하여, 한 장의 사진에서 그 지역의 역사와 현재, 그리고 미래까지 파악하는 해독술(解讀術)을 선보이고 있다.[19]

미야모토 자신이 촬영한 사진의 일부는 1967년 이후 『나의 일본지도

(『私の日本地図』)』라는 제목으로 15권 정도 간행된 시리즈 속에 수록되어 있다. 그 제1권의 「후기(後記)」에 의하면, 여행을 시작한 시기에는 친구들에게서 받은 코닥(Kodak* 미국의 Eastman Kodak사에서 만든 소형 카메라의 상표명)의 베스트판(判)(Vest film* 필름 사이즈 127cm), 쇼와 15~19(1940~44)년에는 월터(Welta* 독일의 회사에서 만든 카메라의 상품명)의 브로니판(Brownie film* 필름 사이즈 4.5×6.0cm), 쇼와 19~20(1944~45)년에는 빌려 온 식스판(six* 필름 사이즈 6.0×6.0cm) 카메라를 사용하고 있지만, 쇼와 20(1945)년 전쟁의 피해로 1000장이나 되는 사진이 불타버렸다고 한다. 전쟁 이후에는 쇼와 30(1955)년 무렵에 아사히 플렉스(Asahiflex)의 일안 리플렉스 카메라를 살 때까지 다시 웰터를 사용했다. 그러나 마음 가는 데로 촬영하기 시작한 것은 쇼와 35(1960)년에 올림푸스펜(Olympus PEN)S를 산 다음부터이며, 1967년의 시점에는 5만 장 가까운 사진을 명함판으로 인화하고, 앨범에 붙여서 정리하고 있었던 것 같다.[20)]

그것들은 모두 플래시(flash)도 터뜨리지 않고, 삼각대도 사용하지 않았으며, 자신이 현상한 것도 아닌 어디까지나 메모 대용의 사진이었다. 열차의 유리 창문 너머로 촬영한 것도 있다. 하지만 "3만 장이나 찍으니 한 사람의 인간이 자연이나 인문 속에서 무엇을 보고, 무엇을 느끼고자 했는지 알 수 있을 것이다"[21)]고 미야모토는 쓰고 있다. 『나의 일본지도』에서는 사진을 중심으로 사진을 설명하는 형식으로, 때로는 그 사진보다도 이전의 여행을 회상하면서 씀으로써, 오래된 에마키모노(繪卷物* 그림에 글을 곁들인 두루마리)의 형식처럼 사진과 부즉불리(不卽不離)의 문장이 되는 서술 방법으로 편찬되었다. 가마쿠라 시대 중기 이후의 에마키모노에서는 반드시 그림과 문장이 일치하지는 않지만, 그것이 오히려 양쪽을 서로 돕고 있으며, 전체를 생기 있게 만든다는 미야모토의 인식이 여기에 반영되어 있다. 또한 바로 그 시기에 미야모토가 관여하고 있던 『에마키모노로 보는 일본 서민생활 그림사전』의 편찬 작업이 배경이 되었던 점은 말할 필요도 없다(미야모토가 남긴 사진 중에는 에마키모노를 접사(接寫)로 찍은 것도 상당수 포함되어 있다고 한다).[22] 『나의 일본지도』는 에마키모노의 형식을 계승한 서민생활의 기록인 것이다. 이 책이 지니는 문화사적 자료로서의 가치를 미야모토는 확신하고 있었다.

현존하는 미야모토의 사진은 태어난 야마구치현 도와초(山口縣東和町)(현 스오오시마초(周防大島町))에 기증되어, 스오오시마 문화교류센터에 정리 · 보존되어 있다. 쇼와 30(1955)년 5월부터 세상을 떠나기 전 해인 쇼와 57(1980)년까지의 26년 동안 촬영된 사진은, 정리가 안 된 것을 포함해서 1700권 가까이 이른다고 한다. 단순히 필름 수로 환산하면 약 5만 장이며, 미야모토는 같은 앵글로 한 장만 찍는 것을 원칙처럼 여겼으므로, 대략적으로는 이미지가 다른 10만 컷에 가까운 사진이 있는 것이 된다.[23]

거기에서 약 5400컷을 프린트해서, 그중 3000컷 정도를 수록한 책이 『미야모토 쓰네이치 사진 · 일기 집성』(상 · 하권)으로 간행되어 있다. 이 책에는 쇼와 30(1955)년부터 쇼와 56(1981)년까지의 일기도 수록되어 있다(별권에는 미야모토 자신이 정리한 전쟁 전 · 전쟁 중의 사진 및 쇼와 20~27〔1945~54〕년의 일기가 수록되어 있다).

「출간에 즈음하여」라는 제목의 서문에 의하면, 미야모토의 사진 중에서 압도적인 양을 차지하고 있는 것은 마을이나 촌락의 풍경이다. 특히 주목받고 있는 것은, 사진을 찍으려고 일부러 차를 멈추거나 하지 않았던 점이다. 조금 걸어가면 사진의 모양새가 더 좋아지는 경우라도 굳이 차 안에서 촬영하고 있다. 그것은 사진이 다른 사람에게 보여주기 위한 작품이 아니라, 어디까지나 '본 것' 이라는 경험의 기록이었기 때문이다.

사물을 바라보면 자신도 상대로부터 보여 진다. 사진을 찍으면 자신도 화면의 이쪽 면에 찍힌다. 어느 곳에서 보았는가도 기억의 중요한 항목이며, 사진의 찍힘새는 뒤로 미루더라도 개의치 않았다. 사진은 비망록에 불과했지만, 비망록은 비망록 나름대로 엄밀한 방법을 취했다. 그것이 미야모토 쓰네이치의 사진의 문체였다.[24)]

또한 미야모토는 한 장의 사진에 수록되지 않으면, 다시 한 장을 더 촬영하여 풍경을 잇는 파노라마 사진의 기법을 빈번하게 사용하고 있다고 한다. 그 결과 필름을 순서대로 따라가다 보면, 단절된 파노라마 사진의 집합체처럼 보인다. "단절을 이어가고 있는 것이 길이며, 사진은 미야모토 쓰네이치의 여행의 발자취"[25)]이다.

미야모토의 아들인 미야모토 치하루(宮本千晴)는 "아버지의 사진에서는 지리 풍속의 체계는 불가능하다"[26)]라고 서술하고 있다. 왜냐하면 그것은 "어, 하고 생각하면" "문득 앗, 하고 생각하는" 사진이기 때문이다. 그것은 설명하는 것이 아니라, 관찰하고 있는 사진이며, 정신이 들었거나, 확인한 것에 대한 기록 사진이다. 다만 그 때 그 광경 속에서 무언가를 재미있어하면서 찍었는지는, 실제로는 여전히 알 수 없다고 미야모토 치하루는 말한다.

미야모토 쓰네이치는 촬영한 사진을 데이터로 삼아서 파악하고, 그 사진으로부터 새로운 무언가를 발견할 수 있지 않을까 하고 다양하게 시도하며 모색하고 있다. 미야모토 치하루에 의하면, 거기에서 발견해야 할 무언가는 어느 경관(景觀), 어느 환경 속의 토지에 새겨진 인간의 의지와 행위이다. 그리고 사진을 둘러싼 시행(試行)의 끝에는 경관역사학, 경관지리학, 경관민속학 등의 연구를 통한 '국토 개척사'로 연결되는 방법이 예감되어 있었다고 한다.

미야모토가 남긴 방대한 사진을 "미답(未踏)의 경관학"으로서의 "경관

자원학" 이라는 학문의 초석으로 파악하고 있는 마쓰야마 이와오(松山巖* 1945~ 일본의 소설가, 평론가)의 견해도 있다.[27] 그 사진군(群)에 대한 집적(集積)에 경관 전체를 대상으로 삼으려고 한 미야모토의 학문 체계가 있다는 시점이다. 미야모토가 경관에 주목한 이유로서, 마쓰야마는 쇼와 30(1955)년 이후의 4반세기가 패전 부흥에서 고도 경제성장기에 이르기까지 경관이 크게 변모한 시대였다는 점을 거론하고 있다. 그것은 "고대에서 근세 근대까지 일본인이 꾸준히 만들어 온 경관을 차례차례로 단기간에 허물어 없애 버린 전대미문의 시대"[28]였다. 이와 같은 인식은 사노 신이치(佐野眞* 1947~ 일본의 저널리스트)에 의해서도 거론되고 있다.[29]

그것이 과연 미증유(未曾有)였는지, 혹은 사노 신이치가 서술한 바와 같이 "일본사에서도 별로 본 적이 없는"[30] 격동이었는지에 대해서는 여기에서 다루지 않겠다. 다만 이러한 시대 인식과 병행하여, 미야모토의 사진에서 '잃어버린 쇼와' 를 발견하고, 그 상실감으로 인해 "가슴 저미는 기억"[31]에 사로잡히거나, 사진에 찍힌 일하는 사람들의 웃는 얼굴에서 느낀 "그리움" 이 언급되고 있는 점은[32], 미야모토의 사진 고유의 성격을 찾아보기 어렵게 해버리는, 감정이입에 휩쓸린 수용 방식인 것 같다. 그러한 점에서는 오히려 모리야마 다이도(森山大道* 1938~ 일본의 사진가)의 다음과 같은 발언이 시사적이다.

> 하지만 그렇다고는 해도, 미야모토씨의 사진에는 무언가 정서적인 그리움이랄 만한 것이 별로 느껴지지 않는다. 시간이든 공간이든 촬영하고 있는 시기에는 공감할 수 있지만, 묘한 정서적인 그리움은 사진에 찍히지 않는다. 그런 점이 좋은 것 같군요. 즉 압도적인 통과자의 시점인 것이죠. 철저하게 통과자의 입장이므로 사진을 찍는 것에 몰두하지 않고, 필요 이상으로 깊이 관여하지 않으며, 사진에 이상하게 자신의 심정을 담아 넣지 않는다. 그런 방식으로 일

에 임하는 자세가 좋아요. 그 사람이 인식하고 있었는지 아닌지는 모르겠지만, 철저하게 통과자의 시점이지요.[33)]

모리야마의 관찰은 사실에 입각해서도 정확하다. 단기간 체재하면서 각지를 전전하는 미야모토의 조사 방법은 부득이하게 "통과자의 시점"을 갖게 했다. 철저하게 '보는 것'에 대한 비망록으로 일관한 점도 그러한 성격을 강화하고 있다. 차창(車窓)으로부터의 사진이 많은 것은 문자 그대로 "통과자의 시점"에 대한 발현일 것이다. 거기에 민속학과 사진을 이어주는 철저한 '서사성(敍事性)'이 깃들어 있다.

그 익명의(anonymous* 아노니머스. 작자 불명임) 아마추어리즘이, 사진가가 의도한다 해도(오히려 의도하기 때문에) 달성할 수 없는 것이라는 점은, 모리야마나 아라키 노부요시(荒木経惟* 1940~ 일본의 사진가, 현대미술가)의 평가에서도 엿볼 수 있다. 그것은 작품성을 의식한 생생한 사진이 아니며, 의식적으로 냉철한 사진도 아니다. 그래서 아라키는 미야모토의 사진이 '풍경'이 아니라 '정경(情景)'이구나! 라고 다소 자기 투영적인 감상을 내뱉게 된다.[34)] "통과자의 시점"을 지적하는 모리야마에게서도 약간 느껴지는 부분인데, 쇼와에 대한 노스탤지어(nostalgia)를 얘기하는 논객(論客)을 포함하여, 보는 자에게 감정이입이나 동일화를 이끌어내는 요소가 미야모토의 사진에 있을지도 모른다.

미야모토의 사진을 언급하고 있는 언설이 대체로 요령부득의 종잡을 수 없는 이야기가 되어 버리는 것은, 개인이 작업한 촬영으로서는 압도적인 사진의 물량 때문일 것이다. 인쇄에 참여한 히라시마 아키히코(平嶋彰彦)는 미야모토의 사진을 "예정조화(予定調和* 프랑스어 harmonie préétablie 서로 관련이 없이 독립된 세계를 이루는 각 모나드monad, 특히 마음과 몸이 마치 상호작용을 하는 듯한 상태를 나타내는 것은 미리 신에 의해서 각 모나드가 조화를 이루도록 정해

졌기 때문이라는 라이프니치Gottfried Wilhelm Leibniz의 설)적인 이해로는 예측하기 어려운 전례 없는 일"[35)]이며, 수수께끼로 가득 차 있다고 말한다. 그리고 미야모토의 열정 어린(maniac) 모습에 모리야마는 "이유를 알 수 없는 일종의 광기"를 느끼고 있다.

> 광기가 일본 전체를 돌아다니고 있는 느낌일까요. 내가 보기에는 그런 뜻 모를 것에 자극받아 답답해서 견딜 수 없을 것 같은, 그러한 생애였던 모양이네요. 답답하기 때문에 뭐든지 찍어버린다고 할까, 무언가 테제(These) 이전의 인간이지요.[36)]

미야모토의 '광기'로서의 촬영 행위에는, 일본의 군서 환경이라고 하는 인간의 생태적 니치에 새겨진 과거의 집단 '행위'를 "존재하지 않는 것으로서 존재하는" 사실로서 나타내는 '경관'을, 새로운 환경적 의미의 레벨로 드러내는, 일종의 다윈적 방법이 인정받지 않을까? 경관 분석의 소재로 즐겨 사용된 공중 촬영 사진에 가장 현저하게 나타나는데, 사진에 찍힌 경관에 사람들의 행위는 명시적으로는 기록되지 않는 경우가 많다. 행위의 과정에서 선택되어 다시 만들진 경관이 제시될 뿐이다(그것은 지렁이에 의해 형성된 지층의 그림을 다윈이 제시하는 것과 같다). 그러나 사진이라는 형태로 방대한 수의 경관이 열거될 때, '국토 개척'이라는 행위 속에서 발견된 환경의 어포던스가 서서히 부각되어 간다.

그리고 동시에, 경관을 보고 사진으로 촬영하는 미야모토의 행위 그 자체가 거기에 기록되어 있다. 방대한 사진의 나열은 1955년 이후 25년 동안 미야모토가 "식별하여 이용한 사물의 성질의 집합"으로서, '보는 것'이라는 그의 행위를 기술하고 있다. 그리고 이 집합으로 비로소 쇼와의 일본이라는 환경에서 미야모토의 민속학이 탐구했던 문화적인 의미의 지평이 "두둥실 떠오르는 것처럼 보이는 주위"로서, 희미하게 솟아오르는 것을 느낄 수 있다. 마쓰야마가 미야모토의 학문 체계라고 부른 것은 아마도, 사진 속에 기록된 '보는 것' 이라는 이러한 경험의 흔적일 것이다.

구체적인 사진을 거론해보자. 스오오시마 문화교류센터에 보존된 필름 전체를 다루기는 곤란하므로, 여기에서는 가장 망라적인 『미야모토 쓰네이치 사진 · 일기 집성』에 근거를 둘 수밖에 없다. 사노 신이치의 『미야모토 쓰네이치의 사진으로 읽는 잃어버린 쇼와』처럼, 사진을 주제별로 선택해서 해설을 덧붙인 서적은, 확실히 미야모토의 언설이나 사상과의 관계를 짐작하기에는 아주 유익하지만, 사진의 나열 그 자체가 가지는 다원적 방법의 의미 작용을 내비치지는 않는다. 『사진 · 일기 집성』이라 해도 선별이 실행되고 있다는 점은 변함이 없으며, 사진의 사이즈로 크고 작은 차이가 나는 등, 저절로 편집자의 관심이나 해석이 반영되어 버렸다. 그러나 시간의 계열에 따른 집성 방법은, 그 '통과자' 가 기록한 단절된 파노라마 사진의 집합체라는 성격을 서적 속에 어느 정도는 남겨두고 있다고 생각된다.

특히 그러한 성격이 강하게 느껴짐과 동시에, 도시환경의 경관이라는 본 장의 관심에 가장 근접한 대상으로 쇼와 43(1968)년 3월 17일에 히로시마(廣島)의 모토마치(基町) 부근에서 촬영된 사진군〔그림 1〕이 있다.[37] 여기에서 미야모토는 52장을 연속적으로 찍은 뒤, 평화기념공원으로 이동해서, 원폭 돔 등을 촬영했다. 이 일련의 사진은 『사진 · 일기 집성』에서도 드물게 비교적 작은 사이즈이면서 모든 장이 도판으로 만들어져 있으며, 미야모토가 작업한 촬영 행위의 흐름에 대한 추적을 가능하게 한다. 전체가 동일한 사이즈로 다루어지고 있는 점도, 도판의 크기를 바꿈으로써 피사체에 편집자가 부가한 불필요한 경중(輕重)의 차이에 좌우되지 않고, 촬영자의 시선을 비교적 충실하게 전달하는 효과를 낳고 있다고 할

[그림 1] 미야모토 쓰네이치 촬영,
히로시마시 모토마치 부근,
1968년 3월 17일, 연속되는 10장.

수 있다.

이 모토마치 부근은 원폭 돔에 인접해 있으며, 따라서 폭발의 중심지와 아주 가까운 지역이었다. 사진에는 바라크(barrack* 판잣집, 가건물)를 포함해서, 낡은 작은 목조 가옥이 밀집한 광경이 촬영되어 있다. 목조 단층집 배후에 중간 정도 높이의 아파트가 우뚝 솟은 사진도 몇 장 포함되어 있다. 이것들은 1950~60년대에 준공된 시영(市營) 내지 현영(縣營)의 주택군일 것이다.

이 일대는 예전에 육군의 군용지였지만(미야모토가 촬영하고 있는 「히로시마 육군병원 원폭 위령비」나 「수송병 제5연대 터의 마비(馬碑)」가 그 흔적이다), 원폭 투하로 모두 잿더미로 돌아가 아무것도 없는 광대한 공터로 변해버렸다. 전후에는 주택난을 해결할 응급조치로 전재자(戰災者)나 외지(外地) 귀환자를 위한 목조 단층의 공영주택을 지었으며, 또한 오오타(太田)강 동해안의 하천부지나 공영주택의 빈틈에 바라크를 짓고 살아가는 자가 속출했다. 이러한 경위로 인해 이 일대에 출현한 목조 주택 밀집 지역은 '원폭 슬럼(原爆slum)'으로 불렸다. 미야모토가 사진을 찍을 무렵까지 목조의 공영주택은 주민의 맹렬한 반발을 받으면서도, 이미 순차적으로 중간 높이의 아파트군이 재건축되고 있었지만, 이 쇼와 43(1968)년부터는 다시 수십 년에 걸쳐서 모토마치 지구의 근본적인 재개발 사업이 진행되고 있었으며, 특히 쇼와 47~51(1972~76)년에 건조된 모토마치·초주엔(長壽園) 고층 아파트로 주민이 이전함에 따라 마침내 '원폭 슬럼'이 모습을 감추게 된다.

히로시마 육군병원 원폭 위령비는 히로시마시 중구 모토마치17의 오타강 제방에 있다. 그리고 수송병 제5연대 터의 마비는 현재 모토마치 하천 공원의 소라자야바시(空鞘橋) 동쪽 끝의 남쪽에 세워져 있는데, 원래는 여기에서 약 200m 정도 남동쪽에 있었던 것 같다. 이러한 기념비의 위치

관계나 파일 번호를 바탕으로 사진의 촬영 순서, 거기에 오타강을 사이에 두고 강 건너편에 세워진 혼간지(本願寺* 정토종 혼간지 히로시마 별원)의 원경이나 바라크의 배후에 아파트가 찍힌 사진 등을 단서로 추측해 보면, 미야모토는 이날 현재의 모토마치17 부근의 강변을 따라 남하하면서 사방으로 카메라를 들이대며 원폭 슬럼 내부를 통과하여, 소라자야바시 동쪽 끝을 거쳐서 원폭 돔에 다다른 것으로 생각된다.

모토마치의 재개발 계획은 이런 사진들이 촬영된 시점에서 10년도 지나지 않은 동안에, 사진에 찍힌 가옥이나 바라크를 흔적도 없이 지워 없애버리게 된다. 피사체인 원폭 슬럼은 촬영 때에 이미 20여 년의 역사를 가지고 있기는 하지만, 결코 "고대에서부터 근세 근대까지 일본인이 열심히 만들어 온 경관"은 아니다. 그곳에 밀집된 주택군이 마침 그 자리에 있던 것을 이용하여 응급조치로 만들어진 것인지, 그 틈에 임시변통으로 급하게 지어 불법으로 만들어진 바라크에 불과하다.

하지만 그렇기 때문에 그곳에는 틀림없이 인간이 환경과 서로 맞부딪치며 싸우는 속에서 다시 만들어진 '경관'이 출현하고 있었다. 미야모토는 잃어가는 것에 대한 감상이나 차별을 둘러싼 사회적인 메시지 등이 없는 '통과자'의 시선으로 바라크를 재현함으로써, 이 경관 속에 깊이 아로새겨진 사람들의 미세한 수많은 행위를 감지시키고 있다. 많은 사진에 사람들의 모습은 거의 없다. 한 남자아이의 사진을 제외하면, 카메라 가까이서 마주한 사람의 모습은 없다. 그럼에도 불구하고, 원폭 슬럼의 경관에서는 그곳에 운집해 살았던 사람들의 꿈틀거림이 짙은 기운처럼 일어난다. 그리고 동시에 그 경관을 위협하는 것이 눈앞이 임박하여 도래하였음을 멀리 있는 아파트군이 전하고 있다.

고작 30년도 되지 않은 원폭 슬럼의 탄생에서 소멸에 이르는 경관의 역사는, '미증유'의 "일본사에서도 별로 본 적이 없는" 격동으로서가 아니라, '강변' 이라는 장소에서 재해 때마다 반복되어 온 '무연' 의 장소의 재래(再來)라고 부르는 것이 적합할 것이다.[38] 그러므로 훨씬 근원적인 경관이다. 미야모토는 이후의 세대가 '쇼와' 에 보내는 노스탤지어와는 전혀 무관한, 시대와 토지를 횡단해 가는 '통과자의 시점' 으로 파괴에 직면해 있던 이 경관을 향해 카메라를 돌리고 있다. 그는 강변의 바라크에서 에마키모노 『잇펜 히지리에』의 장면을 연상한 것일까? 반복해서 파괴되고 무너져 가는 경관도 있다. 그럼에도 불구하고 그것이 집요하게 재래한다면, 그 경관을 지탱하는 인간과 환경이 서로 만나는 방식에 대한 상태심리학적인 어포던스는 틀림없이 매우 기초적이고 강인할 것이다.

여행자인 미야모토 쓰네이치에게 사진 촬영은 끊임없는 통과, 즉 부단한 파사주의 산물이었다. 그 방대한 이미지의 축적을 알기 쉽게 이야기로 환원해 버리지 않고, 계속해서 관찰하는 이 여행자의 이동 속도와 리듬이 남겨진 사진의 시퀀스 속으로 더듬어가야 한다. 시선의 움직임과 순간적인 판단의 유래를 추적해야 한다. 모토마치 부근을 촬영한 52장의 사진은 피사체의 기록사진으로서 가치가 있을 뿐만이 아니라, 그곳에 경관의 논리를 간파하려는 미야모토의 시점과 운동(그것이 사진의 문체로서의 '미야모토적인 방법' 이다)을 전하는 매체로서 귀중한 것이다.

미야모토의 사진 그 자체가 경관이라 단언한다 — 벤야민의 텍스트가 베를린이나 파리의 생태학적 경관인 것처럼. 언어와 사진도 역시, 우리가 여러 만남을 경험하는 경관이며, 이미 인간에게 필수인 생태적 니치일 것이다. 19세기라는 조개껍데기 속에 사는 연체동물로서의 어린이와 파사주라는 포위광의 터널을 꿈꾸며 떠도는 산책자를 통해 벤야민이 도시를 경험하고 기술하는 방법을 배웠던 것처럼, 미야모토는 경관을 만들어 온 사람들의 삶 속에서 민속학을 사진으로 실천하기 위한 방법을 발견했다고 믿고 싶다. 그리고 다윈도 마찬가지로 지능이 있는 지렁이에게서 자신의 방식을 배운 것이 아닐까?

수십 년에 걸친 다윈의 관찰, 공표할 방도도 없이 늘어난 벤야민의 인용 수집, 광기 어린 미야모토의 사진 촬영 — 그들의 '방법'은 그 자체가 세계와 만나기 위한 지칠 줄 모르는 시도이며, 그 유연하고 집요한 행위의 모습이야말로 인간에게 깃든 강인한 생태학적 '지능'을 증명하고 있다고 생각된다.

맺음말

향수(鄕愁)와 예감(豫感)

제15장

도시의 시학

하기와라 사쿠타로(萩原朔太郎)의 스테레오 사진

죽어 보아라, 시랍(屍蠟)이 빛나는 손끝에서, 너의 혼이
비틀거리며 높이 오른다. 그 때 너는 진정으로 오메가의
창백한 눈동자를볼 수 있다. 그것이 너의 진정한 인격이었다.

인간이 고양이처럼 보인다.

-「Omega의 눈동자」

향수의 장난감

하기와라 사쿠타로(萩原朔太郞* 1886~1942 일본의 시인)는 사진 촬영이 취미였다. 유리 건판(乾板)을 중심으로 100장 가까운 사진 원판이 남아 있으며, 그것을 토대로 한 사진집도 간행되어 있다.[1] 현존하는 가장 오래된 사진이 메이지 35(1902)년의 것으로 추정되므로, 메이지 19(1886)년에 출생한 사쿠타로는 구제(旧制) 중학생 무렵부터 촬영을 시작한 것이 된다. 이 취미는 만년까지 계속되었다.

그 특징을 이루는 것이 스테레오 사진(stereo寫眞* 화상이 입체적으로 보이는 사진)에 대한 애호이다. 쇼와 14(1939)년에 발표된 「나의 사진기」라는 수필에서 사쿠타로는, 자신이 아끼는 사진기가 "프랑스제의 스테레오스코프" 였다고 쓰고 있다. 그 사진기는 "둘도 없는 좋은 반려" 였다. 그는 여기에 필연적인 이유가 있었다고 말한다.

> 원래 내가 사진기를 가지고 있는 것은 기록사진의 추억을 만들기 위해서가 아니며, 이른바 예술사진을 찍기 위해서도 아니다. 한마디 말로 표현하자면, 나는 그 기계의 광학적인 작용을 빌어서 자연의 풍경에 반영된 자신의 마음속 향수를 찍고 싶은 것이다.(……) 그리고 이러한 나의 향수를 찍기 위해서는 스테레오의 입체사진보다 더 나은 것이 없다. 왜냐하면 스테레오 사진 그 자체가 본래 파노라마의 작은 모형이며, 저 특수한 파노라마적인 정수(情愁) — 파노라마는 이상하게 향수적이고 쓸쓸한 느낌이 든다 — 를 본질로 하고 있기 때문이다.[2]

사쿠타로는 여기에서 말하는 "향수"를 설명하면서, 하이쿠의 '쓸쓸할 때(侘しをり)' 처럼 어린 시절에 들은 어머니의 자장가 같은 것, 무한(無限)을 향한 로맨틱한 사모, 혹은 가장 안타까운 애절한 심정의 노래이기도 하다고 말한다. 그 향수를 찍으려고 했는지, 그는 고향인 마에바시(前橋)의 거리나 공원, 도네가와(利根川)강 언저리, 이사해서 살았던 도쿄의 거리, 그리고 여행지의 역 등을 향해 스테레오 카메라를 돌리고 있다. 그의 딸인 요코(葉子)의 회상에 의하면, 사쿠타로는 400자 크기의 원고용지 대(大)사이즈 정도로 두께 약 10cm의 박스형 스테레오스코프를 가지고 있었다(스테레오 사진용 유리 건판의 크기는 4.1cm×1.6cm이다).[3] 그것을 사용하여 바라본 삼차원의 경치는 독특한 것이었다.

여기에서 "실경(實景)과 같이"라고 말하고 싶지만, 일부러 그렇게 말하지 않는 것은 스테레오의 파노라마라이크가 실경과는 조금 달라서 신기하게 환상적이기 때문이다. 여기에서는 전경(前景)과 후경(後景)의 거리가 파노라마에서의 실물과 회화처럼, 착각 같은 공간 표상을 느끼게 한다. 그래서 전경의 가을 풀이나 박쥐우산이 인상적으로 강렬하게 다가오며, 후경이 더욱 멀리 후퇴하여, 긴 시간 지속하는 꿈속에서 움직이지 않고 정적을 이루고 있는 것처럼 느껴지는 것이다. 그리고 이 환상적인 인상 못지않게 한층 더 어딘가 쓸쓸하고 로맨틱하게 마음의 향수를 자아내는 것은 말할 것도 없다. 내가 일반 사진에 관심을 두지 않고 스테레오만 찍은 이유도 여기에 있다. 일반 사진은 평면이고, 이차원의 세계만 재현할 뿐이다. 따라서 그것이 사진적으로 리얼리스틱(realistic)할수록 점점 내 마음속의 '꿈' 이나 '시에서 멀어진다. 내 마음의 노스탤지어는 삼차원의 공간에서만 환상적으로 구성되기 때문이다.[4]

사쿠타로의 관찰은 정확하다. 스테레오스코프의 영상이 실경의 재현이 아니라, 평면이 다층적으로 배열된 특수한 공간을 내주기 때문이다. 그 공간 심도는 회화나 사진과 크게 다르다. 전후를 이루는 평면화된 물체 간의 공간은 완만하게 연속한 것으로서는 경험할 수 없다. 조너선 크레리(Jonathan Crary* 1951~ 미국의 예술사가)의 말을 빌리자면 "각각의 두드러지는 형상을 사이에 두고 있는 거리감은, 현기증을 일으킬 정도로 부정확"하다. "중경에 위치하는 물체나 형상의 기묘한 비현실감과 비교하면, 그것들을 에워싸는 완전한 진공(眞空)과 같은 공간은 까칠할 정도로 촉감적이다."[5] 크레리는 그러한 점에서 고전 연극의 무대장치와의 표면적인 유사성을 파악하고 있는데, 이것은 평면적인 배경 그림으로서의 회화와 전경에 배치된 실물로 구성되는 파노라마의 구조와의 유사성으로 이해하는 것이 더욱 적절할 것이다. 고전 연극의 무대에서는 배우의 존재가 원근법적으로 합리화된 공간표상을 회복해 버리는 것에 반해, 스테레오스코프와 마찬가지로 19세기의 '관찰자의 기법'을 체현하는 파노라마는 더 이상 그러한 공간성을 지니지 않기 때문이다.

스테레오스코프가 드러내 보이는 것은 "이산(離散)적으로 배치된 요소로 이루어진 근본적으로 통일성이 없는 오합지졸의 화면(field)"[6]이라고 크레리는 말한다. 그것을 보는 것은 삼차원성을 가진 하나의 통일체로서의 영상을 횡단하는 것이 아니라, 분리된 영역 간을 국소적으로 경험하면서 이동하는 것이다. 그 원인은 다음과 같은 점에 있다.

사진이든 그림이든 바로 정면에서 주시할 때, 우리들의 눈의 폭주각(輻輳角* 두 눈의 주시선注視線이 마주치는 점과 황반黃斑이 이루는 각)은 특정의 각도에서 고정되어 있으며, 그렇게 함으로써 영상 표면은 시각적인 통일성을 부여받고 있다. 그러나 스테레오 영상의 독해 또는 주사(走査* scanning)는, 폭주각의 차이의 집적으로서 현상하는 것이고, 그런 까닭에 단일한 영상의 내부에 강도가 다른 입체상의 조각 세공(패치워크)을 보여준다는 지각 효과를 남긴다. 우리들의 눈은 영상의 깊이를 향해, 구불구불한 길을 지나서 비틀거리며 나아간다.[7)]

이러한 원리로 인해 스테레오스코프의 효과가 드러나는 것은, 근경 또는 중경에 물체가 있고, 시축(視軸* 주시하는 물체와 안저眼底의 황반을 연결하는 직선)의 폭주각에 큰 변화가 요구되는 경우이다. 따라서 빌딩 정면의 텅 빈 광장이나 중앙의 소실점을 향해 뻗은 도로 · 선로 등에서는 심도 노출을 만드는 것이 불가능하다. 한편 스테레오스코프 영상의 가장 강렬한 경험을 전해준 것은, 사물로 가득 찬 실내나 미술관의 조각 갤러리, 혼잡한 도시의 정경 등이었다.

그러나 사쿠타로의 스테레오 사진에서는 이러한 경향이 희박하다. 적어도 실내를 촬영한 것은 없다. 마에바시나 도쿄를 찍었을 때도 노상에 사람 모습은 적고, 한산하다. 예를 들면 쇼와 초기에 그가 살았던 도쿄의 오모리(大森) 부근에서 촬영한 딸들의 사진〔그림 1〕에서는 일직선으로 뻗은 2개의 선로 사이를 앞쪽으로 걸어오는 세 명의 소녀를 중경에 배치하

[그림 1] 하기와라 사쿠타로가 촬영한 스테레오 사진, 오모리 부근(왼쪽부터 장녀 요코, 차녀 아키코明子), 쇼와 초기, 유리 건판.

고 있을 뿐이다. 다이쇼 말기에 촬영된 오모리역 앞의 언덕길 사진에서도, 도중에 약간 오른쪽으로 굽어진 내리막길의 끝에 작은 사람의 모습이 보일 뿐이고, 중경에 위치하는 것은 길의 왼쪽으로 끝없이 계속되는 돌담이나 전신주뿐이다. 전신주나 돌담의 규칙적인 배치는 딸들의 사진 속에 보이는 레일이나 침목의 모습과 호응하고 있다.

앞서 인용한 문장에도 나타나 있듯이, 사쿠타로는 스테레오 사진의 효과가 다가오는 근경과 후퇴하는 원경의 대조에 있음을 숙지하고 있었다. 하지만 그의 사진은 단순히 흠뻑 충만한 '사물'의 전후 관계에 의해 이어붙인 조각 세공의 화면을 구성하는 것이 아니라, 중앙의 소실점으로 향하는, 언뜻 보기에 투시법적인 공간을 촬영하면서 그 공간의 일체성을 해체함으로써, 깊이의 심도를 복수의 국소적인 경험에 이산된 것으로 변질시키는 방향으로 향하고 있었던 것 같다. 선로나 노상 등의 모티브는 이를 위한 것이다.

이 점에 대해서는 스테레오 사진 이외의 예시에서도 방증을 얻을 수 있다. 마에바시 교외 사진의 대부분은 앞에서 안쪽을 향해 뻗은 전원의 길이나 강을 촬영하고 있다. 중경 혹은 원경에 가까운 위치에 인물이 배치되어 있는 것도 있으나, 대부분은 사람이 없다. 사쿠타로가 특별히 마음에 들어 해서 사진관에서 제작한 대지(臺紙* 그림이나 사진 따위를 붙일 때, 뒤에 붙여 그 바탕이 되게 하는 두꺼운 종이)를 붙인 삼나무 숲속 오솔길의 사진〔그림 2〕을 전형(典型)으로 삼아, 초점은 의식적으로 근경의 지면 등에 합쳐지고, 중경에서 원경에 걸쳐서는 흐려지고 있다〔그림 3〕. 그 사진들은 실물과 가까운 근경과 흐릿하게 회화화(繪畫化)된 원경을 파노라마처럼 조합하여 독특한 거리의 착각을 낳고 있다. 즉 스테레오에는 없는 이러한 통상의 사진에서는 초점이 맞는 근경과 흐릿한 원경이라는 형태로, 투시법적으로 연속된 공간과는 다른, 국소적이고 분산된 심도의 경험이 구성되

[그림 2] 하기와라 사쿠타로 촬영, 길, 촬영연도 불명, 유리 건판.

[그림 3] 하기와라 사쿠타로 촬영, 마에바시 교외 · 보리밭, 촬영연도 불명, 유리 건판.

고 있는 것이다.

결과적으로 이러한 사진들을 통해 경험되는 깊이는 투시법적인 것이라기보다, J. J. 깁슨(Gibson* 1904~1979 미국의 심리학자)이 『시각세계의 지각(知覺)』에서 말하는 "결의 구배(勾配* 수평을 기준으로 한 경사도)"에 가깝다. 사쿠타로의 사진이 근경에서 대지의 결을 선명하게 비추어 내고 있는데, 깁슨이 설명을 위해 사용하고 있는 사진의 일부〔그림 4〕와도 유사한 인상을 준다.

깁슨은 이 저서의 서두에서, 그 책에 수록된 사진을 볼 때는 한쪽 눈을 감고 사진의 중심을 보면서, 사진을 평상시보다 약간 눈으로 가까이 접근하도록 독자에게 요청하고 있다. 이렇게 해서 몇 초 기다리면, 각각의 사진 도판이 의도하는 심도 혹은 거리의 인상을 더욱 선명하게 하는 효과가 발생할 것이라고 말한다.[8)]

이것은 사진을 그때마다 테두리로 한정짓듯이, 독자가 놓인 환경이나 시선의 각도 등의 요소를 가능한 한 배제하여, 독자의 시각을 사진가의

[그림 4] J. J. 깁슨 『시각세계의 지각』에서, 「자연의 결의 구배와 그것에 기인하는 연속적 거리의 인상」.

그것에 가깝게 접근시키려는 방법으로 파악해도 좋을 것이다. 이 지시에 따라 사진을 바라봄으로써 유사적으로 인식되는 것은, 거친 질감에서 미세한 질감으로 향하는 질감 밀도의 일정한 변화율이 발생시키는 거리이다. 어디까지나 대지의 '표면'의 질감에서 비롯되는 이 거리 지각은, 삼차원의 '공간'의 투시법적인 깊이와는 관계없이 주어진다.

사진 그 자체가 현실의 지각과는 다른 조건으로 질감의 구배(勾配)를 표현하는 매체이지만, 사쿠타로의 사진은 거기에 더욱 더 근경과 원경의 핀트의 차이를 추가함으로써, 질감에 대한 구배의 변화가 만들어 내는 거리감을 인위적으로 조작하고 있다. 따라서 여기에서 시도되고 있는 것은 방법이 다르기는 하지만, 스테레오 사진과 통하는 "환상적인 인상"의 창출로 이해해도 좋을 것이다.[9]

사쿠타로는 스테레오 사진으로 "향수를 찍는다"고 말한다. '환상'은 '향수'라는 의미이다. 그 사진의 고요하고 쓸쓸한 인상은, 크레리가 19세기 서구의 스테레오 사진의 경향으로 예를 들고 있는, 쓸데없이 잡다한 것으로 가득 찬 공간의 광란과는 확실히 다르게 느껴진다.

사쿠타로가 사진을 촬영하기 시작한 것은 20세기 초반이며, 스테레오 사진에 대한 몰입은 1930년대까지 계속되지만, 서구에서의 유행과 비교하면 훨씬 늦은 것이었다. 유럽 전체와 북미의 스테레오스코프가 상품으로 유통된 것은 1850년대 이후이다. 크레리에 의하면, 사진에 의해 만들어진 영상의 경험 상태를 수십 년 동안 규정하고 있던 것이 스테레오스코

프이며, 그 체험은 19세기의 서구 사회에 상당히 폭넓게 침투하고 있었다.[10)]

그러나 이러한 체험이 20세기 초에는 이미 유행에 뒤떨어진 것이 되었다는 사실을 나타내는 증언이 남아 있다. 벤야민의 『1900년경 베를린의 유년시절』에 등장하는 "카이저(황제) 파노라마관(館)"의 추억이다. 1883년에 베를린에서 개업한 이 오락 시설〔그림 5〕은, '파노라마'라는 이름이 붙어 있지만, 실제로는 요지경 형태의 스테레오스코프를 큰 규모로 만들어서, 여러 명의 감상자가 둘러싸고 동시에 다른 유리사진(硝子寫眞* 습판 음화의 표면에 검은 벨벳을 대거나 하여, 유리면에서 보면 양화로 보이는 초기의 사진)을 볼 수 있도록 만든 장치였다.〔그림 6〕. 1893년에 태어난 벤야민은 다음과 같이 쓰고 있다. "특히 나의 유년시절이 끝날 무렵에는, 카이저 파노라마관이 제공하는 파노라마 사진은 이미 유행에 뒤떨어졌으며, 우리들은 반쯤 텅 빈 관내에서 이 사진 화면상의 유람여행을 하는 것에 아주 익숙해져 버렸다."[11)]

'파노라마'라는 이름은 넓은 범위에 걸친 조망을 제공하는 대중적인 볼거리(attraction* 어트랙션, 사람의 마음을 끌어당기는 주목의 대상)의 의미로 사용된 것 같다. 1880년대의 독일 제국에 의한 식민지 획득에 수반하여, 세계 각지에 파견된 사진가들을 통해 이국적인(exotic) 장소의 이미지가 잇따라 수집되어, 카이저 파노라마관에서 상영되고 있었다. 그곳에서 사용된 것은 채색된 투명의 유리 · 슬라이드인데, 다게르(Louis-Jacques-Mandé Daguerre* 1787~1851 프랑스의 미술가, 사진가)가 고안한 지오라마(그것은 착각에 기반을 둔 삼차원의 조망이 숨겨진 조명이나 반투명의 회화로써 현실효과를 강조하여 제공하는 볼거리였다)를 축소한 듯한 특징을 갖추고 있었다. 그 상영은 다음과 같은 모습으로 진행되었다.

[그림 5] 카이저 파사주, 1900년경, 스테레오 사진, 운터 덴 린덴(Unter den Linden)거리의 출구를 바라보다. 이 파사주의 일대에 카이저 파노라마관이 있었다.

[그림 6] 카이저(皇帝(カイザー) 황제) 파노라마관의 지점(아마도 드레스덴)에서. Fotothek der Sachsischen Landesbibliothek, Dresden.

최초의 카이저 파노라마관은 직경 15피트〔약4.5미터〕정도이며, 동시에 25인이 즐길 수 있었다. 관찰은 25개의 작은 램프로 비치는 각각 다른 스테레오스코프의 이미지를 동시에 감상하는 것이었다. 내부에서는 모터가 구비되어, 대략 2분 간격으로 옆에 있는 감상자에게로 슬라이드가 회전하고 있었다. 슬

> 라이드가 다음으로 바뀔 때는 벨이 울렸다. 소비자가 자리에 계속 앉아 있으면, 카이저 파노라마의 체험은 이런 식으로 50분간 이어졌다.[12]

벤야민도 이러한 벨 소리를 강하게 기억하고 있었다. 그 소리는 영화에 으레 따르게 마련인 음악과는 달리 상상력의 비약을 방해하지 않았다고 한다. 화면이 덜컥 움직이기 몇 초 전에 벨이 울리고, 먼저 틈새가 나타나며, 다음 풍경이 등장한다. "그리고 그 소리가 울리기 시작할 때마다 산들은 그 기슭까지, 마을들은 종처럼 맑은 모든 창문이, 노란 연기와 함께 기차역이, 포도산은 가장 작은 잎에 이르기까지 모두 이별의 슬픔에 잠기는 것이었다."[13] 하루에 한 번만으로 그 광경을 충분히 맛보기에는 도저히 불가능할 것이라는 확신을 품자마자 생각할 틈도 없이, 장치 전체가 흔들리고 풍경이 작은 틀 속에 흔들리면서, 눈앞에서 휙 하고 왼쪽으로 사라져 버린다.

> 이곳에 남아있던 파노라마 장치는 20세기의 도래와 함께 없어져 버렸다. 20세기가 시작할 무렵 이 파노라마 장치는 마지막 관람객을 맞이하게 되었는데, 그것은 바로 아이들이었다. 머나먼 다른 세상이 아이들에게 그다지 낯선 세계가 아니었기 때문이다. 현실과 멀리 떨어진 세계가 불러일으킨 동경이 미지의 세상으로 이끄는 것이 아니라, 정든 내 집으로 돌아오라고 부르고 있는 것처럼 느껴졌다. 그래서 나는 어느 날 오후, 엑스(Aix)라는 작은 도시의 투명한 그림을 보면서, 분명히 먼 옛날에 쿨 미라보(Cour Mirabeau* 미라보 거리. 프랑스 남부의 도시 에그스 앙 프로방스Aix-en-Provence에 위치함)의 플라타너스가 덮인 오래된 포석(舖石) 위에서 놀았던 적이 있다고 거의 완전히 믿어버릴 정도였다.[14]

즉 그것은 문자 그대로의 '향수'이다. "무한을 향한 로맨틱한 사모"가 동시에 '노스탤지어'이기도 하다는 점이 여기에 나타나 있다. 벤야민의 경우 이 향수는, 향수와 함께 회상된 유년시절에 대한 향수라는 형태로 이중화되어 있다. 소년 벤야민에게 카이저 파노라마관은 이미 폐기된 오락 시설이었다. 이중화된 향수에는 이러한 쇠퇴에 동반하는 적적한 기억도 그림자를 드리우고 있을 것이다. 사쿠타로도 마찬가지로, 스테레오 카메라를 결코 외래품의 진기함이나 신기함 때문에 애지중지했던 것은 아니다. 그가 스테레오 사진으로 확인하고 있는 것 역시, 외로움으로 말미암은 그리움이다.

사쿠타로는 스테레오 사진을 "파노라마의 작은 모형"이라고 부르며, 쓸쓸한 향수를 "파노라마적 정수"라고 불렀다. 이 파노라마의 정감은 벤야민과 마찬가지로, 유년시절의 기억과 연결되어 있다. 시집 『숙명』에 수록된 산문시 「파노라마관에서」의 필자 주(註)에서 사쿠타로는, 유년시절에 우에노의 파노라마관을 방문한 추억에 대해 말하고 있다.[15] 이 공간 안에서는 해설자의 소리에 뒤섞여서, 조용하고 꿈꾸는 것 같은 오르골 소리가 자장가처럼 끊임없이 흐르고 있었다고 한다. 하지만 그곳은 언제나 기묘하게 고요했다. 그 이유는 벽면에 그려진 광경이 영구히 정지하고 있기 때문은 아니었을까? 하고 사쿠타로는 추측하고 있다.

그것은 환경의 인상이 현실과 빼닮아 마치 실제 세상에 있는 듯한 착각을 주기 때문에, 신기하게 모순되고 기괴한 생각이 들게 하며, 우주에 태양이 생기기 이전인 천지개벽의 시초와 같은 정적(靜寂)을 연상시킨다. 특히 대포나 화약의 연기가 영원히 사라지지 않고, 동일한 형태를 유지하며 먼 하늘에 꿈과 같이 떠 있는 것은, 더없이 쓸쓸하면서도 슬픈 기억이었다. 게다가 특수한 파노라마관의 구조로 인해, 입구의 사다리를 오르내리는 사람의 발소리가 주위의 벽에 부딪혀서 반사하여 멀리서 울리는 천둥소리를 듣는 것처럼 되어 있기 때문에, 마치 화면 속의 대포가 멀리까지 울리는 것처럼 들린다.[16)]

자못 영상을 화려하게 꾸미는 반주 음악이 아니라, 오르골의 완만하고 규칙적인 울림이나 멀리서 들려오는 천둥소리 같은 발소리가 발터 소년이 들었던 벨 소리와 비슷했다고 할 수 있을 것이다. 이 기억의 잔향은 『정본 우울한 고양이(定本青猫)』(1936)의 삽화〔그림 7〕에 대해 서술한 사쿠타로의 문장에서도 알 수 있다. 6장의 삽화는 모두 "메이지 17년에 출판된 세계 명소 그림에서 채록(採錄)했다"[17)]고 사쿠타로는 기록하고 있는데, 이 「세계명소화집」은 메이지 18(1885)년에 오사카의 출판사 스잔도(嵩山堂)에서 간행된 아오키 쓰네사부로(青木恒三郎* 1863~1926 스잔도嵩山堂의 출판인) 편(編) 『세계여행만국명소도회(世界旅行萬國名所圖繪)』 제1권 「아메리카주(洲)의 장(部)」이다. 사쿠타로는 장인(匠人)이 새긴 이런 동판화에서 "아이의 놀라움과 먼 배경을 가진 키리코(Chirico)의 그림"과 연결되는 정신을 확인하고, 그 푸르고 맑게 갠 하늘과 하얀 구름의 묘사에 대해 언급하면서, "그것은 파노라마관의 지붕에서 보는 푸른 하늘이며, 오르골의 음

[그림 7] 하기와라 사쿠타로 『정본 우울한 고양이(定本青猫)』에서, 「정차장 그림」. "끝도 없이 멀리 이어지는 이 길고 긴 울타리의 외로움. 인기척 없는 구내에서는 대여한 자동차가 조용히 잠들어 있고, 지붕을 넘어 하늘 저편에 멀리 파노라마의 향수가 펼쳐져 있다. 이것이 바로 시인이 떠나는 첫 번째 슬픈 정차장이다."

색처럼 조용하고 쓸쓸하게 무한의 향수를 자아내고 있다"[18]라고 쓰고 있다. 거기에서는 꿈같은 건물이 소리도 없이 잠들어 있고, 거리를 배회하는 군중도, 마차도, 깃발도, 기선도, 이 풍경 속에서는 '시간' 을 가지고 있지 않다. 그것들은 "지침(指針)이 멈춘 큰 시계처럼" 끝없이 정지해 있다. 이러한 모든 풍경은 "카메라의 불투명 유리에 비친 경치처럼 시공(時空)의 제4차원에서 환등하면서, 오르골이 울리는 황량한 노래를 부르고 있다."[19] 그리고 그 노래가 바로 "도회의 하늘에 떠도는 향수" 이다. 사쿠타로가 여기에서 메이지의 판면(版面)으로 발견하고 있는 것도 역시, 바로 "파노라마적 정수" 이다.

〔그림 7〕의 「정차장 그림」은 『세계여행만국명소도회』의 「신바시(新橋) 기차장 그림」을 골라서 수록한 것인데, 『정본 우울한 고양이』에서는 이러한 채록과 함께 원본인 도판 속의 「신바시 기차장 그림」 등의 문자가 모두 흔적도 없이 말소되어 있다. 따라서 모든 삽화도 그것이 나타내는 특정의 장소나 건물 등의 지시 대상에서 떨어져 나와서, 어디인지 알 수 없는 '정차장' '호텔' '항구' '거리' '시계탑' 으로 유형화된 알레고리가 되는 것이다.

『세계만국명소도회』는 구메 구니타케(久米邦武* 1839~1931 막부 말기의 무사, 근대 일본 역사학의 선구자) 편(編) 『특명전권대사 미구회람실기(特命全權大使米歐回覽實記)』를 원작(原作) 중의 하나로 삼고 있으며, 동판화에도 거기에서 유용되었을 것으로 추정되는 것이 있다.[20] 『미구회람실기』 자체의 동판화는 「범례(凡例)」에 "현지에서 구입해서 돌아왔으며, 선별하여 그 모습을 본떠 만들었고, 그중에는 동판 그림을 복각한 것도 있다"[21]라고 쓰여 있듯이, 사진을 토대로 제작된 것뿐만이 아니라, 현지의 가이드북이나 명소 도회에 게재된 삽화 판화 등의 복각을 포함하고 있다.[22] 즉 『세계여행만국명소도회』의 도판 중 몇 가지는 동판화의 복각의 복각이며, 『정본 우울한 고양이』의 삽화는 다시 그것을 복각한 것이다. 모조에 잇단 모조의 결과, 『정본 우울한 고양이』에 이르러서 동판화의 풍경은 고유의 이름을 잃고, 알레고리적인 유형으로 변한다. 이러한 누적된 복각 과정에서 유형적인 풍경을 채워가는 것이, 미지의 땅으로 향한 동경이라고 하는 확실하지 않은 정동이다. 사쿠타로는 『정본 우울한 고양이』에서 이러한 풍경을 드디어 특정의 장소에서 해방시켜 줌으로써, 이 동경을 "정처 없는" 까닭에 격렬하고, 충족될 수 없는 '향수' 로 심화시킨 것이다. 복각이라고 하는 복제의 반복으로 정동이 강화된 그 이미지는, "정념정형으로서의 풍경" 이라고 부를 수 있을지도 모른다.

이러한 판화에는 자연스럽게 "시대정신의 낭만감"[23)]이 표현되어 있다고 사쿠타로는 말한다. 그 "낭만감" 은 "기차나, 호텔이나, 증기선이나, 가로수가 있는 문명 도시를 마주하는, 아이와 같은 즐거움과 신기한 놀라움" 이며, 서양 문명에 대한 놀라움에 의해 자극된 이국적인 시정의 산물이다. 키리코의 그림보다 훨씬 더 고풍적이고, "색 바랜 로맨틱한 풍경" 이 그곳에 남겨져있다. 사쿠타로의 향수는 메이지 10년대 사람들의 이러한 낭만감과 그 배경에 존재하는 "아이와 같은" 기쁨과 놀라움으로 향하고 있었다. 즉 그것은 이미 잃어버려서 아득히 먼, 오래되고 퇴색되어버린 근대 일본의 '유년시절' 에 대한 향수인 것이다.

유년시절의 벤야민이 "먼 옛날에 분명히 놀았던 적이 있다" 고 확신한 그 '옛날' 이란, '유년시절' 의 원형이라고 할 수 있는 시간성일 것이다. 어른에게 카이저 파노라마관이 제국주의에 의해 확장된 이미지 세계의 어트랙션이었던 것에 반해, 아이들은 그 이미지를 자신의 과거로 옮겨서 바꾸어 버린다. 이를 통해 아이들은 이 오락 시설을 사용하여, 어른들과는 전혀 다른 유희를 시작하고 있다. 이미 한물간 카이저 파노라마관이 그러한 놀이 도구가 된다. 그것은 바로 아이가 고물을 가지고 노는 것과 같다.

조르조 아감벤(Giorgio Agamben* 1942~ 이탈리아 철학자이자 미학자)은 놀이 도구를, "성스러운 것의 영역이나 실천적-경제적인 영역에 한때는 속해 있었지만, 지금은 더 이상 속하지 않는 것"으로 정의하고 있다. "놀이 도구의 혼"(보들레르)이란, "한때는 …… 이었다"와 "지금은 더 이상 …… 아니다"라는 시간적 차원에서만 파악할 수 있는 "순수 상태에서의 〈역사적인 것〉"[24]이다. 그리고 그것이 바로 잃어버린 어린 시절이라는 시간이다.

"한때는 …… 이었다"와 "지금은 더 이상 …… 아니다"라고 하는 성격은, 통시적인 의미뿐만 아니라, 공시적인 의미로도 말할 수 있다. 현재 다시 사용되고 있는 사물도 마찬가지로, 미니어처로 만들어져서 장난감이 된다. 사쿠타로는 스테레오 카메라 기계가 친구들에게 "장난감 같은 것"으로 불린 것에 분개하고 있지만[25], "파노라마의 작은 모형"이라고 하는 그 자신의 비유가 나타내듯이, 미니어처인 이상 사쿠타로 자신에게조차 이미 그것은 놀이도구로 변하고 있었다고 해야 할 것이다. 베를린과의 시간차에도 불구하고, 벤야민의 경험과 서로 공통성을 가지는 이유도 여기에 있다. 시중에 스테레오 카메라의 매매점이 없다는 사실에 한탄한 사쿠타로였으므로, 실제로는 자신의 카메라나 요지경(스테레오스코프)을 고독한 장난감으로 삼아서 가지고 놀았음이 분명하다.

근대라는 내리막 길

벤야민과 사쿠타로(그리고 구키 슈조九鬼周造* 1888~1941 일본의 철학자)의 자질과 소양면에서의 친근성에 대해서는, 사카베 메구미(坂部惠* 1936~2009 일본의 철학자)가 지적하고 있다.[26] '근대성(modernité)'을 일본에서 가장 빠르게 체현한 사람 중 한 명인 사쿠타로는, 그 근대성을 상징하는 보들레르에 대한 관심을 비롯하여 벤야민과 서로 통하는 점이 많다. '향수'와 '스테레오스코프'도 그 속에 포함될 것이다. 그리고 '언덕'이라는 장소도 역시 그중 하나이다.

'언덕'이라는 제목의 산문시에서 사쿠타로는, "언덕이 있는 풍경은 이상하게도 낭만적이고, 노스탤지어의 느낌을 준다"[27]라고 쓰고 있다. 그가 촬영한 사진에도 언덕길이 등장한다〔그림 8〕. 평탄한 길을 촬영했을 때에도 바로 앞에서 안쪽을 향해 원근이 강조되고 있는 탓에 언덕길과 비슷한 인상을 준다. 언덕 풍경의 매력은 그 맞은편에서 "또 다른 아득한 지평"이 있는 것처럼 느끼게 하는 점이라고 사쿠타로는 말한다. 이러한 인상은 멀리서부터 "투시적으로 보는" 경우에 특히 강해진다. 사쿠타로가 촬영한 언덕의 사진은, 바로 이러한 방식으로 "투시적으로" 보인 풍경이다. 그는 그 매력을 이렇게 분석한다.

> 언덕이 — 풍경으로서 언덕이 — 왜 그런 특별한 정취를 가질까? 이유는 별것 아니다. 언덕이 풍경 속의 지평선을 2단으로 각각 나누고 있기 때문이다. 언덕은 두 개의 다른 지평선으로 언덕 위의 다른 세상을 그 아래의 세상으로부

[그림 8] 하기와라 사쿠타로의 스테레오 사진, 오모리역 앞의 언덕길, 다이쇼 말기, 대지 부착 프린트.

터 구분하고 있다. 그래서 우리들은 언덕을 올라감으로써, 시야가 탁 트일만한 장소인 다른 지평선에 속하는 세상을 상상하고, 미지의 세계에 대한 낭만적인 동경을 불러일으킨다.[28]

사쿠타로다운 명석한 통찰이다. 이것만 읽어보면 과연 언덕은 지평선 너머로 펼쳐지는 세상을 향한 로맨틱한 동경의 대상처럼 보인다. 그리고 이 산문시는, 화자가 늦가을 11월 하순의 어느 조용하고 쓸쓸한 날 오후에 새로 개간한 개발지의 교외에 위치한 '꿈같은 언덕' 에 올라가서, 깎아지른 듯한 낭떠러지 위에 펼쳐질 미지의 자연과 풍경을 발견하게 되는 시적인 모험의 과정을 이야기하고 있다.

이 긴 언덕에 올라서면 바로 앞에 억새나 참억새꽃 등의 가을 풀이 흐드러지게 피어 있고, 풍취 있는 서양식 목조 건물이 곳곳에 세워진 대평야의 일대가 보인다. 화자는 이유도 없이, 끝없이 아득하게 넓은 평야에서 얼마나 멀리까지 반향이 닿는지 확인하려는 듯, "어~이!" 하고 큰 소리로 불러 본다. 그러자 풀숲 속에서 하얀 파라솔이 움직이고, 돌 위에 사이좋게 앉아 있던 두 어린 소녀를 발견한다. 화자는 그것을 보고, 이렇게 생각한다.

소녀들은 시를 생각하고 있다. 그들의 생활을 방해하지 말아야지. 왜냐하면, 소녀들에게는 시가 생활의 전부이니까. 하지만 나에게는! 나는 긍정할만한 아무런 관념도 아니다![29]

마음이 어두워진 화자는 그곳을 떠나려고 한다. 하지만 그때 뒤를 돌아본 소녀의 모습이 요즘 꿈에 자주 나타나는 "슬픈 꿈속의 연인" 과 닮았다는 것을 깨닫는다. 꿈이 현실로 찾아온 것처럼, 몇 년 동안 완전히 잊고 있던 행복감으로 화자는 한순간 충족된다. 하지만 여기에서 이 산문시는 급변한다.

> 그러나 이성이 즉시 나의 환각을 정정했다. 몽유병자가 아닌 이상, 누가 대낮에 꿈을 믿겠는가? 어리석고 어처구니없는 흔한 착각을 부끄러워하면서 나는 다시 언덕을 내려왔다. 그렇다. ― 나는 지금도 그것을 믿고 있다. 언덕 저편에 있는 풍경이 영원한 『착오(錯誤)』에 지나지 않는다는 사실을.[30]

여기에 나타나 있는 인식은 『새로운 욕정』의 문장에 지적된 "하나의 인격으로 볼 때 부적당한" "서정 시인으로서의 영상"과 "산문 시인으로서의 영상"이라는 "이중 영상의 교착"[31]과 거기에서 발생하는 "가장 근대적의 비애"를 품은 보들레르에 대한 사쿠타로의 공감으로 연결되고 있다. 그는 여기에서, 보들레르의 "명철한 백주(白晝)의 이성"은 "깊고 어두운 달밤의 환상"에 대해, 항상 참담한 부정과 환멸을 느끼게 한다고 말하면서도, 그러나 이러한 이지성(理知性) 역시, "영원에 대한 향수"라는 절실한 정서를 위로할 수 없다고 논했다. 이 시인의 생활은 "기적이 없다는 것을 알고 있지만, 그럼에도 불구하고 기적을 예상하지 않고 생활할 수 없다."[32] 따라서 예술은 그에게 불가사의한 향수에 대한 "슬픈 위안"에 지나지 않는다. 하지만 바로 여기에 보들레르의 근대성이 깃들어 있다는 것이 사쿠타로의 통찰이다. "이 『스스로 믿지 않는 환상의 실재(實在)』를 향해서 끊임없이 영혼의 슬픈 날갯짓을 한 인간이 바로, 우리들의 새로운 언어로 말하는 의미에서의, 진정한 근대적 신비 시인이어야 한다."[33]

자신의 내부에 신랄한 비평가를 공존시킨 신비 시인의 모습이, 사쿠타로 자신이 채택한 것이기도 하다는 것은 말할 필요도 없다. 그러므로 언덕 저편의 풍경에 동경하고, 그 꿈에 의해 한순간 행복감에 휩싸이면서도, 그는 그 풍경을 "영원한 『착오』"로 단정하지 않을 수 없다. 이 시인은 두 개의 다른 지평선을 가진 언덕을 올라갔다 내려오는 운동을 반복할 수밖에 없다.

그리고 근대 시인에게 더욱 본질적인 정신의 운동은, 오로지 언덕을 내려가는 쪽에 있다. 이것은 근대성의 경험이 내포하는 데카당스(decadence), 즉 하강의 의식과 결부되어 있다. 사카베의 말을 빌리자면, 그것은 "영원한 것, 변함없는 것"과 맞닿아 있던 시대로부터의 "(수평적 시간의 추이에 따른) 하강"인 동시에 또한, "그 영원한 것, 변함없는 것과 멀어져서 격차가 벌어진 구원 없는 영혼, 우울(spleen)의 수직 방향의 하강"[34]이기도 하다.

그러므로 근대 시인은 언덕의 주인이다. 사쿠타로의 사진 중에 언덕길 중간에서 돌담에 의지해 기대어 앉은 망토 차림의 시인 자신을 촬영한 것이 있다〔그림 9〕. 언덕길 안쪽에는 철문이 보인다. 즉 꿈의 세계로 향한 길이 닫혀 있다. 유리 건판에서는 길 왼쪽을 탱자나무 울타리가 둘러싸고 있는데, 사쿠타로가 그쪽을 향해 깊은 생각에 잠겨 있다. 사쿠타로는 이 유리 원판으로 청사진(青寫眞

[그림 9] 하기와라 사쿠타로 촬영 「폐원(廢園)」 다이쇼 2(1913)년 봄, 유리 건판.

* 인쇄 제판에서 판에 인화할 때 내는 교정용 청사진)을 만들어 「폐원」이라는 제목을 붙였다. 또한 다이쇼 2(1913)년의 자필 시집 『하늘빛 꽃』에서는, 서시 「하늘빛 꽃」에 곁들여서 이 사진을 사용하고 있다.

벤야민도 역시 『파사주론』의 단문에 "산책하는 자에게는 모든 거리가 급한 내리막길이다"[35]라고 쓰고 있다. 『1900년경 베를린의 유년시절』에서는 프란츠 헤셀(Franz Hessel* 1880~1941 독일의 작가)에게 베를린을 안내받아 티어가르텐(Tiergarten)을 방문한 경험에 대해 언급하며 다음과 같이 서술하고 있다.

> 그는 앞장서서 골목길을 걸어가고 있었다. 그러자 어느 골목길이든 그가 걸어가면 급한 비탈길이 되는 것이었다. 그 골목길은 모든 존재의 어머니들이 있는 곳은 아닐지라도, 확실히 이 정원의 어머니들을 향해 내려가고 있었다. 그가 아스팔트길을 걷자, 그 발소리는 메아리를 불러일으켰다. 우리들이 걸어가는 보도를 비추는 가스등은 이 지면에 모호함을 머금은 빛을 던지고 있었다.[36]

언덕의 하강이 여기에서는 단순히 부정적인 영원으로부터의 멀어짐이 아니다. 그것은 『파우스트』에서 괴테가 말한 "어머니들" 그 자체가 아니더라도, 그들과 무연하지 않다. 어느 과거로의 하강이다. 『파사주론』의 문장에서는, 그것이 산책자 자신의 개인적인 과거가 아니므로, 한층 더 매혹적이라고 한다. 그리고 그 과거는 개인적인 것이 아니며, 항상 어떤 유년시절의 시간인 채로 남아있다.[37] 내리막길이 산책자를 이끄는 곳은 그러한 과거의 기억이다. 가스등이 보도를 향해 던지는 "모호함을 머금은 빛"은, 급한 내리막길이 된 거리 모두가 벤야민이 말하는 "변증법적 형상"으로 변모하여, 그러한 기억을 상기하는 인덱스가 될 것을 암시하고 있다.

사쿠타로도 역시, 마을을 배회하는 산책자였다. 그 자신은 그것을 "만보(漫步)", 혹은 명상에 잠기면서 걷는 "명보(瞑步)"라고 부르며, 도쿄 지도를 품에 넣고 혼조 후카가와(本所深川)의 낯선 마을이나, 아사쿠사, 아자후(麻布), 아카사카(赤坂)의 숨겨진 샛길을 찾아서 걷는 것 외에, 무엇보다도 무사시노(武藏野)를 달리는 사철(私鐵* 민간 철도) 주변의 신개척지를 보러 가는 것을 낙으로 삼고 있었다고 한다. 그곳에서는 "히몬야(碑文谷), 무사시코야마(武藏小山), 도고시긴자(戶越銀座) 등 본 적도 들은 적도 없는 이름의 마을이 끝없이 아득하게 넓은 들판의 한 가운데에 실재하고, 마치 꿈에 나오는 용궁성(龍宮城)처럼 붐비고 있다."(「가을과 만보」[38])

이러한 체험을 반영한 것으로 생각되는 단편소설 「고양이 마을(猫町)」의 서두에서 사쿠타로는, 벤야민이 『파사주론』에서 지적하고 있는, 거리를 장시간 헤맨 산책자의 도취[39]와 비슷한 도시 경험을 이야기하고 있다. 그것은 모르핀이나 코카인 등의 마약에 의한 '여행'을 대신하는 것으로, 이 이야기의 화자가 산책 도중에 우연히 발견한 새로운 현혹적인 '여행법' 이었다.[40] 이 사실은 벤야민이 산책자의 도취에서 마약 해시시에 의한 환각과 상통하는 것을 발견했다는 점에 대응하고 있다.[41]

마약 복용 때문에 건강을 해친 「고양이 마을」의 화자인 '나' 는, 운동을 위해 산책을 시작한다. 그 산책은 의사의 지시에 따라 "매일 집에서 4, 50정(町* 거리의 단위. 1정은 약 109m)(30분에서 1시간 정도) 부근" 으로 정해져 있었다고 한다. 모르는 골목길을 빠져나가는 것만으로도 길을 헤맨 '나' 는, 호되게 방황한 끝에 어느 번화한 길로 나간다. 그 아름답고 정취 깊은 동네가 집 근처에 있었다는 사실에, '나' 는 꿈을 꾸고 있는 것 같은 기분이 들어서, 그곳이 그림자 마을처럼 느껴지기 시작했다. 하지만 그 순간에 기억과 상식이 회복되어, 그곳이 잘 알고 있던 근처의 별 볼 일 없는 흔한 교외의 마을이라는 것을 알아차린다. 길을 헤매다 방향을 착각한 것이 그 원인이었다.

그때 나는 미지의 착각한 마을에서, 어느 상점의 간판을 보고 있었다. 그 간판의 그림과 완전히 똑같은 것을, 이전에 어딘가에서 본 적이 있다고 생각했다. 그리고 기억이 회복된 한순간, 모든 방향이 역전했다. 바로 지금까지, 왼쪽에 있던 길이 오른쪽이 되고, 북쪽을 향해 걷던 내가 남쪽으로 걷고 있는 것을 발견했다. 그 순간 자석의 침이 빙그르르 돌아서, 동서남북의 공간 위치가 완전히 반대로 바뀌어 버렸다. 동시에 모든 우주가 변화하여, 현상(現象)하는 마을의 정취가 전혀 다른 것이 되어 버렸다. 즉 앞에서 본 신기한 마을이, 자석을 반대로 뒤집은 우주의 역 공간에 실재했던 것이었다.[42)]

그것은 현실의 숨겨진 "비밀스러운 뒷면"을 보는 것 같은 경험이다. 그 뒤쪽의 세계에서, 완전히 똑같은 간판을 어딘가에서 본 적이 있다는 꺼림칙한 기억이 되살아난다. 그리고 그 순간, 이 기억을 축으로 우주는 반전하고, 그곳이 낯익은 동네라는 사실을 알아차리는 것이다. "어딘가에서 본 적이 있다"는 감각에 동반되는 꺼림칙함의 정점이 "비밀스러운 뒷면"의 동네에서 낯익은 동네로 급변하는 순간이라는 점에 주목해 보자.

「고양이 마을」이 잡지에 발표된 것은 쇼와 10(1935)년 여름이며, 사쿠타로와 딸들, 어머니, 여동생 아이(アイ)의 가족은 쇼와 6(1931)년 9월에 세타가야초 시모키타자와 신야시키(世田谷町下北澤新屋敷) 1008번지에 살았는데, 쇼와 8(1933)년에는 사쿠타로가 직접 설계해서 세운 집이 완성되었으므로, 세타가야초 다이타 잇초메(世田谷町代田一丁目) 635번지로 옮겼다. 여기에서 4, 50정, 즉 4, 5km의 산책으로 왕복할 수 있고, 이 삽화의 배경이 될 만한 상점가가 있는 현실의 동네가 아마 시모키타자와였을 것으로 생각된다.

그런데 한편 「고양이 마을」의 주제가 되는 이야기는 호쿠에쓰(北越) 지방의 K라는 온천지에서 시작되고 있다. 9월 말 '나'는 온천지에서 탑승한 경편철도(輕便鐵道* 통행하는 기관차와 차량의 크기가 작고 궤도의 너비도 좁은 철도)를 도중에 하차하여, 도보로 산길을 걸어서 근교의 U 마을로 향한다. '나'는 걸어가면서, '견신(犬神)'이나 '묘신(猫神)'에 홀린 주민들의 부락인 '쓰키무라(憑き村)'을 둘러싼 전설을 생각한다. 그러한 명상에서 깨어났을 때, 화자는 길을 잃었다는 것을 깨닫는다. 발길을 돌려 처음의 길로 되돌아감으로써, 오히려 더욱 더 방향을 잃고, 복잡하게 나누어진 미로 속으로 얽매이게 된다. '나'는 불안해져서, "개처럼 초조해하게 길을 탐지하려고" 여기저기 돌아다닌다. 그리고 드디어 사람과 말의 발자국이 확실한 좁은 산길을 발견하고, 산기슭 쪽으로 내려간다. ― 길을 잃음으로써, 세상이 모두 변용하기 시작한다. 그와 동시에 화자인 '나' 자신이 '개'로 변신하고 있다.

수 시간에 걸쳐 거슬러 도착한 산기슭에는 번화하고 아름다운 마을이 있었다. 수많은 건축물이 늘어서 있고 탑이 햇빛에 빛나는 도시가 환등(幻灯)처럼 보여서, 화자는 그 환등 속으로 들어간다. 거리는 인파로 떠들썩하고 혼잡하지만, "그럼에도 불구하고 조금도 소리가 나지 않고, 고요하고 적막하게 아주 조용해져서, 마치 깊은 잠과 같은 그림자를 남기고 있었다."[43] 군중 자체가 조용하고, 모두가 계조(階調* 그림이나 사진에서 농도가 가장 옅은 부분에서 가장 짙은 부분까지 변해 가는 농도의 단계)가 잡힌 낮은 목소리로 말하고 있다. 그 모습은 청각이라기보다 부드러운 촉각(觸覺)의 감촉을 통해 의미를 찾는 듯했다.

화자는 이러한 마을 전체의 분위기가, 대단히 섬세하고 인위적으로 구성돼 있음을 느낀다. 미적 조화를 흩뜨리지 않으려고 마을의 구석구석에까지 골고루 세심하게 조심하고 있으며, 따라서 모든 곳에서 신경이 비정상적으로 긴장하여 다투고 있었다. 그것은 바로 균형이 잡히지 않아서 전체가 붕괴되어버릴 듯한, 위험하고 부서지기 쉬운 건물 같았다.

이러한 사실이 화자를 불안하게 한다.

> 마을의 특별한 아름다움도, 조용한 꿈과 같은 한적함도, 오히려 적막하고 기분 나쁘게 무언가의 무서운 비밀 속에서 암호를 교환하고 있는 것처럼 느껴졌다. 무슨 일인지 알 수 없는, 어떤 막연한 하나의 예감이 창백한 공포의 빛깔로 바쁘게 내 마음속을 달리고 있었다. 모든 감각이 해방되어 사물의 미세한 색상, 향기, 소리, 맛, 의미까지도 완전히 확실하게 지각되었다. 근처의 공기에는 사체의 악취 같은 냄새가 가득 차서, 기압이 시시각각 높아져 갔다. 여기에서 드러나는 것은 확실히 어떠한 흉조이다. 분명히 지금 무언가 심상치 않은 일이 벌어진다. 반드시 벌어질 것이다![44]

그곳에는 거리 전체가 징후로 변해버린 불안이 존재한다. 그것은 통합실조증이 발병하기 직전에 찾아온다고 하는 공포 체험에 가까워 보인다. 나카이 히사오에 의하면, 이러한 종류의 불안은 감각의 안테나를 곤두세우고, 특히 경계성에 집중된 청각이 과민해지는 것 외에, 미뢰(味蕾)가 모인 혀의 용상유두(茸狀乳頭* 혀에 있는 유두의 하나로, 혀끝 또는 가장자리에 분포하는 둥근 알처럼 생긴 것)가 비대해져서 충혈되고, 미각도 민감해진다고 한다. 그때 오감은 화이트 노이즈(white noise)까지 포함하여, 미세한 차이를 모두 흡수해서 예측하려고 필사적이다.[45] 「고양이 마을」의 '나' 도 역시, 불안하고 두려운 예감 속에서 초조하다. 공기의 밀도가 높아지고, 건물은 일그러지고 말라서 가늘어지며, 앙상하고 기형적으로 보이기 시작한다.

"지금이다!"

라고 공포에 가슴이 고동치면서 얼떨결에 내가 외쳤을 때, 어떤 작고 검은 쥐와 같은 동물이 거리의 한 가운데를 달려갔다. 내 눈에는 그것이 정말 확실하게 보였다. 무언가, 그곳에는 어떤 이상하고 당돌한, 전체의 조화를 깨뜨리는 듯한 인상이 느껴졌다.

순간. 온갖 사물의 형상이 갑자기 정지하고, 끝없는 침묵이 가로놓였다. 무슨 일인지 알 수 없었다. 다만 다음 순간에는 아무도 상상할 수 없는, 세상에서도 기괴한 무서운 변고가 나타났다. 보자니 마을의 거리에 가득 차도록, 고양이의 대집단이 어슬렁어슬렁 걷고 있는 것이다. 고양이, 고양이, 고양이, 고양이, 고양이, 고양이, 고양이. 어디를 보아도 고양이뿐이다. 그리고 집들의 창문 부분에 수염이 자란 고양이의 얼굴이 액자 속의 그림처럼 표면으로 크게 도드라지게 나타났다.[46]

그리고 최후의 파멸이 다가오는 것을 느끼고 전율한 그 순간, '나'는 의식을 회복하여, 마을을 다시 한번 바라보니, 고양이의 모습은 사라지고, 평상시의 U 마을의 지루한 광경이 펼쳐져 있다. 이것도 역시, 방향감각의 뒤틀림이 원인이었다. 보통과는 완전히 다른 방향에서 이 마을의 중심으로 헤맸기 때문에, '나'는 "풍경의 뒷면"을 본 것이다.

화자는 이 경험을 나비의 꿈과 비교하여, 그곳에는 "형이상의 실재 세계는, 배경의 뒤쪽에 있는지 앞에 있는지" 하는 해답 없는 수수께끼가 있다고 말한다. 이 경험의 사실로 인해, 화자는 고양이 마을의 실재를 계속 확신하는 것이다.

작품의 서두에 나타난 착각과 고양이 마을은 구조가 확실하게 다르다. 전자의 의미라면, 번화하고 아름다운 마을로 보이는 U 마을이 바로 "풍경의 뒷면" 일 것이다. 이에 반해, 고양이 마을은 더욱이 그 아름다운 마을의 뒷면이다. 현실과 착각이 풍경의 앞과 뒤라면, 고양이 마을은 그러한 이항대립 그 자체의 외부에 있다고 할 수 있다. 섬세하고 인위적으로 구성된 아름다운 마을의 정경이 '시' 이자 '꿈' 이라면, 고양이 마을은 무료한 현실의 마을도 아니며 시적인 꿈의 마을도 아닌, 그 두 가지의 '뒷면' 이다. 그 실재성은 이른바 '현실' 의 실재성과는 다르다. 그것은 바로 이 작품의 에피그래프(epigraph* 책의 권두 등에 실린 인용구, 제사題辭)로 인용되어있는 쇼펜하우어(Arthur Schopenhauer* 1788~1860 독일의 철학자)의 말처럼, 파리를 때려잡아도 계속 살아남는 파리의 "사물 그 자체" 의 실재성이다. "고요한 꿈같은 한적함" 이 있는 아름다운 마을은, 파노라마나 스테레오스코프처럼 인공적으로 정밀하게 만들어낸 환상이며, 언덕 위의 풍경에 해당한다. 그곳이 원래 낯익은 마을인 이상, "이전에 본 적이 있" 기에 느껴지는 섬뜩함이 이러한 환상을 항상 배후에서 위협하고 있다. 그 억압의 반동에 의한 세계 붕괴의 예감이 서서히 높아지면서, 그 정점에서 환상의 마을도 아니고 현실의 마을도 아닌 '고양이 마을' 이 드러난다.

수염 난 고양이의 얼굴이 "액자 속의 그림처럼" 나타났다고 하는 표현이 나타내듯이, 고양이 마을의 풍경은 기묘하게 평면적인 인상을 준다.[47] 그것은 수많은 고양이의 얼굴이 한꺼번에 스테레오스코프의 국소적 평면군(平面群)이 되어 운집된 비전(vision)이라고나 할까? 이러한 인상은 히라노 요시히코(平野嘉彦* 1944~ 독일문학자)가 지적하는 바와 같이, '고양이' 라는 한자의 나열이 "인간인 이상 미묘하게 존재할 차이를, 자면(字面)에서는 말소한다"[48]는 텍스트상의 효과로부터 유래하고 있을 것이다. 여기에서는 극점에 달한 공포와 함께, 압도적인 도취가 느껴진다.

사쿠타로 자신의 마약 체험의 여부는 확실하지 않지만, 이러한 환각의 묘사에서 「고양이 마을」의 화자에게 모르핀(morphine)이나 코카인

(cocaine)의 환각을 이야기하게 하는 점과의 관련성이나, 보들레르의 「인공낙원」 등을 통한 영향을 확인할 수 있을지도 모른다. 이 부분은 19세기 파리의 산책자가 도시를 배회하는 가운데에서 맛보는 도취에, 자신이 해시시나 메스칼린(mescaline) 등의 마약 흡입을 실험한 경험을 투영하고 있는 벤야민과 통한다. 벤야민은 1928년의 해시시 흡입 실험에 대한 기록에서, 마약 때문에 초래되는 방향감각의 현혹을, 맨 정신으로 밤 기차에서 역방향의 좌석에 타고 있으면서 순방향의 좌석에 앉아 있다(또는 그 반대)고 상상함으로써 야기되는 전위감(傳位感)에 비유하고 있는데[49], 이것은 바로 「고양이 마을」에서 사쿠타로가 거론하고 있는, 선잠 자는 사이에 기차의 진행 방향이 역전되었을 때 느끼는 방위의 착각에 대응하고 있다.

이러한 맥락을 배경으로 한다면, 앙리 미쇼(Henri Michaux* 1899~1984 프랑스 시인)가 메스칼린 복용에 의한 환각 속에서 본 증식하는 '군중'을 '고양이 마을'과 겹쳐볼 수 있을지도 모른다. 우리들의 언어로 말하면, '고양이 마을'은 신경계 도시론의 실험 기록과 유사한 픽션이다.[50] 그것은 세계가 불안 속에서 차츰 징후화 하는 과정의 극명한 보고라고 할 수 있

[그림 10] 「우울한 고양이」가 아닌 《우울한 새끼 표범》 알도 로시, 1933년.

다. 거기에는 임상 기록의 엄밀함이 있다.

스테레오 사진 역시, 사쿠타로에게는 도시 공간을 변용시켜서 포착하는, 시를 짓기 위한 실험이었다고 파악해도 좋을 것이다. 하기와라 사쿠미(萩原朔美* 1946~ 일본의 영상작가, 연출가)에 의하면, 사쿠타로가 "일본에서 속되게 쌍안사진(双眼寫眞)이라고 부르고 있는, 프랑스제의 스테레오스코프"라고 쓰고 있는 점에서, 스테레오 사진의 촬영에 사용된 것이 메이지 36(1903)년에 제조된 쌍안경 형태의 '스테레오 마린' 이라는 카메라였을지도 모른다고 한다.[51] 기묘한 쌍안경을 든 남자가 대낮에 마을 곳곳을 배회한다.

서재에 틀어박혀 사쿠타로가 혼자서 되풀이해서 바라본 도시의 스테레오 사진은 마약과 비슷한 '노스탤지어' 의 비약이었다. 이 소문난 19세기적인 시각 장치에 마치 강요당하듯이, 사쿠타로는 결이 돋보이는 근경과 실제보다 아득히 멀리 떨어진 원경의 낙차가 주는 심도의 쓸쓸함과 향수를, 몇 번이고 반복하여 재생산하는 행위에 황홀하게 몰두한다. 그 심도는 바로 "비밀의 뒷면"으로서의 형이상적인 사차원의 '언덕' 이다. 스테레오스코프라고 하는 "관찰자의 장치"는, 그때 "도취자의 장난감"으로 변용해 가고 있었던 것이다. 그것이 사쿠타로에게, "오메가의 창백한 눈"[52]을 잠깐 볼 수 있는 사령(死靈)의 시선을 빌려주고 있었을 지도 모른다.

이와 같은 성격으로 말미암아 우리들은 스테레오 사진이라는 장난감을, 시인 하기와라 사쿠타로에게는 「도시의 시학」의 우의(寓意)라고 부를 수 있을 것 같다. 그것을 매듭의 문장(紋章)으로 삼아서, 여러 거리와 언덕, 황야와 숲, 그리고 물가와 강변을 돌아다녔던 우리들의 '사냥' 을 마무리하고자 한다.

주석

서문

1) 고초 『익숙한 거리에서』 서문. 고초의 이 사진에 대해 자세한 사항은 다나카 준 『도시 표상분석 I』 54-58pp 참조.

제1장 도시의 전기 – 유형 · 유추 · 유년시절

1) 로시 『도시의 건축』 298p(포르투갈판 서문) 참조.
2) 로시 『도시의 건축』 22p.
3) 로시 『도시의 건축』 22-23pp.
4) 로시 『도시의 건축』 191p.
5) Romanelli 1959, 26. 번역문은 로시 『도시의 건축』 190p를 따른다.
6) 로시 『도시의 건축』 190p.
7) 로시 『도시의 건축』 171-272pp.
8) 로시 『도시의 건축』 315p(미국판 초판의 서문) 참조. 또한 '도시적 형성물'을 '도시의 사실'로 해석하는 점에 대해서는 Turan 1998, 165, n 28에서 시사를 얻었다.
9) 로시 『도시의 건축』 316p(미국판 초판의 서문).
10) 쿨하스 『착란의 뉴욕』 10p.
11) 남겨진 자료에 의하면, 「자서전」에 관한 언급은 1971년 12월의 메모에 이미 있으며, 1975년 5월에는 「과학적 자서전」이라는 제목의 초기의 초고가 집필되었다고 한다(Cf. Lobsinger 2002, 57, n, 12). 그 소재는 다음과 같다. The Aldo Rossi Papers, Research Library, The Getty Research Institue, Los Angeles (880319): Box 20, Folders 187, 190, 이 중, 1971년 12월의 메모는 Ferlenga 2001, 8-21에 수록되어 있으며, Ferlenga 2001, 23-25에는 그 영어 번역이 있다. 이 메모는 「자기형성 등에 관한 자전적 노트」라는 제목이 붙어 있다.

   로시 『알도 로시 자서전』 9p에는 "나는 이 메모를 약 10년 전 무렵에 쓰기 시작했다"고 쓰여 있다. 이 『알도 로시 자서전』은 Rossi 1981의 번역이므로, 결국 자서전을 위한 메모는 1970년대 초반에 집필이 시작된 것으로 봐도 좋을 것이다. 「자전적 노트」를 쓴 1971년에 로시는 교통사고로 중상을 입었는데, 그것이 계기가 되었을 것으로 생각된다.

   또한 로시의 자서전에서 인용한 것은 원칙적으로 일본어 번역을 사용하고 있지만, 서명의 표기는 일본어 번역 본문 중에 사용된 「학문으로서의 자서전」이 아니라, 영어판 원제(原題)에 따라 『과학적 자서전』으로 한다. 또한 본서의 이탈리아어판이

1990년에 간행되었으나(Aldo Rossi: *Autobiografa scientifca*. Parma: Pratiche, 1990), 이것보다도 10년 가까이 이전에 선행하여 출판된 영어판은 그 자체가 역사적인 가치를 가지고 있으며, 게다가 본서에서는 1970년대에서 80년대 초반에 걸친 로시의 텍스트 및 작품분석에 주안을 두고 있으므로, 초고로는 어디까지나 1981년에 간행된 영어판(따라서 그 일본어판인 『알도 로시 자서전』)을 사용하기로 한다. 다만 수시로 이탈리아어 신판(新版) Rossi 1999를 참조했다.

12) 로시 『알도 로시 자서전』 20p.

13) 로시 『알도 로시 자서전』 24p.

14) 스즈키 료지 『건축영년』 24p 참조.

15) 로시 『도시의 건축』 5-6pp.

16) 로시 『알도 로시 자서전』 46p. 이탈리아어판 Rossi 1999에서의 인용문은 "Io però sono deformato dai nessi con tutto ciò che qui mi circonda" 이다. 로시는 1975년에 집필된 자필 저서의 서문에서 "몇 년 전만해도 발터 벤야민을 읽어 본 적이 없었다" 고 서술한 뒤, 동일한 벤야민의 한 구절을 인용하고 있다(Cf Rossi 1978, IX). 벤야민의 이 문장에 대한 로시의 언급과 관련하여, 로시의 패널(panel) 작품인 《유추적 도시》(1976)와의 연관성을 이유로, 다나카 준 『죽은 자들의 도시로』에 수록된 「유추적 도시의 모습 - 노스탤지크한 형태학」에서 다른 문맥으로 논하고 있다. 로시의 '유추' 의 개념에 대해 자세한 것은 이쪽을 참조할 것. 또한 로시의 일지(「푸른 노트」)에 벤야민의 이름이 처음으로 나타난 것은 1973년 5월 20일에 기재된 글이며, 본장(本章)의 주(17)에 이어지는 『유년시절』의 한 구절("마치 조개껍데기에 서식하고 있는 연체동물처럼, 나는 지금 주인이 없어진 조개껍데기처럼 텅 빈 모습을 내 앞에 드러내고 있는, 19세기에 살고 있었던 것이다. 이 조개껍데기를 귀에 바싹 대 본다")을 독일어로 그대로 옮겨 적고 있다(Cf Rossi 1999. *I quaderni azzurri*, vol 15: 4 febbraio 1973-6 ottobre 1973).

17) 벤야민 『1900년경 베를린의 유년시절』(아도르노-렉스로트 원고) 561p. 또한 벤야민이 회상하고 있는 '동판화(Kupferstich)' 와 '머리 숨기기(Kopf versteckt)' 와 같은 단어의 '오해' 로 인해 세상의 모습이 바뀌는 경험은 미셸 레리스(Michel Leiris* 1901~1990 프랑스의 작가)의 자서전 『게임의 규칙(*La Règle du jeu*)』 제1권 『지워진 글들(*Biffures*)』(1946)에 집요하게 서술된, 단어에 얽힌 유년기의 일화와 매우 유사하다. 그 일화 중 하나에 의하면, 누나가 노래하는 오페라 《마농(Manon Lescaut)》의 한 구절 "안녕, 우리의 작은 책상(Adieu, notre petite table!)" 의 table을, 미셸 소년은 tetable로 알아들었으며, 그것이 확실하지 않은 물체를 가리키는 단어가 되었다고 한다.

구체적인 현실에 대응하고 있는 것처럼 보이면서, 실제로는 아무런 의미를 지니지 않은 이러한 종류의 단어의 겉자락에는 항상 어느 정도 사물 그 자체가 들러붙어 있는 것 같다. 그곳에서 이들 단어가 가지는 계시 같은 모습이 생겨난다. 왜냐하면 그것들은 이치(理致)상으로 볼 때, 가장 형태를 이룰 수 없는 사물의 표현이며, 우리들의 법칙 밖에 있는 세상을 장식하는 전대미문의 존재에 대한 호칭이기 때문이다.(레리스 *Biffures* 18p)

간행 시기로 미루어보아 *Biffures* 그 자체를 벤야민이 참조했을 가능성은 없다. 그러나 비슷한 내용의 유년시절의 일화는, 레리스가 『NRF』 1938년 7월호에 발표한 「일상생활에서의 성스러움」(조르주 바타유, 로제 카유아의 텍스트와 함께, 특집 「사회학 연구를 위해」의 일부로서 게재)에 이미 서술되어 있다. 벤야민이 막스 호르크하이머(Max Horkheimer* 1895~1973 유대계의 독일 철학자이며 사회학자)에게 보낸 1939년 1월 24일자 서간에 의하면, 벤야민은 레리스의 이 텍스트를 읽었다(Cf. Benjamin 2000, 203). 또한 레리스는 1938년 1월 8일에 바타유나 카유아를 중심으로 한 '사회학연구회(Collège de Sociogie)'의 회합에서 같은 제목의 강연을 했으며, 1930년대 중반에는 바타유 등의 그룹과 접촉을 가진 벤야민이 이 회합에 출석했을 가능성도 있다. (벤야민과 사회학연구회의 관계에 대해서는 Cf. Moebius 2006, 370-383). 그리고 그레텔 아도르노에게 보낸 1940년 1월 17일의 서간에서 벤야민은 레리스의 『성년(*L'Âge d'homme*)』이라는 "기묘한 서적"의 분석에 몰두할 예정이라고 알렸으며(Cf. Benjamin 2000, 384), 같은 해 3월 23일 날짜로 호르크하이머에게 보낸 서간에서 그 내용을 소개하면서 높이 평가하고 있다(Cf. Benjamin 2000, 406-409).

동판화의 일화가 포함된 「문메레렌」을 비롯한 『1900년경 베를린의 유년시절』의 일부는 1931~35년에 이미 신문에 발표되었고(「문메레렌」은 1931년 12월 24일자 『포스 신문』에 게재), 레리스의 강연이나 텍스트보다 시간적으로 선행하고 있다. 앞에서 언급한 1940년 호르크하이머 수신의 서간에 의하면(Cf. Benjamin 2000, 407), 벤야민은 1934년 혹은 1935년에 사회학자 파울 루트비히 란츠베르크의 집에서 호르크하이머와 함께 레리스를 만났다. 그러나 레리스가 벤야민의 유년시절에 대한 회상을 알고 있었는지는 확실하지 않다.

18) 벤야민 「모방의 능력에 대하여」 76p.
19) 벤야민 「프란츠 카프카」 123p.
20) 로시 『알도 로시 자서전』 80p.
21) 로시 『알도 로시 자서전』 177p.
22) 벤야민 「프루스트의 이미지에 대하여」 421p.
23) 로시 『알도 로시 자서전』 9p. 영어판(Rossi 1981, 1)의 stasis를 일본어 번역은 사체액(四體液) 이론에서 말하는 'stasis(체액 정지)'의 의미로 해석하고 있다. 그러나 이탈리아어판(Rossi 1999, 7)에서는 단순히 '부동(不動), 불변(不變)'을 의미하는 'fissitá'가 사용되고 있다.
24) 로시 『알도 로시 자서전』 57p.
25) 로시 『알도 로시 자서전』 56p.
26) Cf. Ferlenga 2001, 158.

27) 로시 『알도 로시 자서전』 148p. 또한 베네치아에서 세계극장이 계류된 「바다의 세관(Dogna di Mare)」 첨단에 세워진 작은 탑은 두 명의 거인 아틀라스가 짊어진 금색 공을 머리에 이고 있으며, 그 공위에는 풍향계로 배의 돛을 양손으로 들고 있는 운명의 여신 포르투나가 세워져 있다.

28) 로시 『알도 로시 자서전』 155p.

29) 오시마 「후기(기억의 회랑에서)」 425p. 로시의 세계극장은 베네치아 건축 비엔날레에 즈음한 1979년에 건조되어, 다음 해 비엔날레 종료 후에 아드리아해를 횡단하여 유고슬라비아(현 크로아티아)의 항구 도시 두브로브니크(예전의 베네치아 령)에 예항된 이후, 1981년에 해체되었다. 철 파이프 구조로 외벽에는 나무판을 깔고, 전체가 뗏목에 탑재된 철재 들보 위에 설치되어 있었다(뗏목에서부터 높이는 전체 길이 25m). 내부 중앙이 무대가 되고, 그 양쪽에 계단 형태의 객석이 있다. 상부는 천정이 개방되어 있으며, 벽을 따라 발코니가 설치되었다. 그리고 이 세계극장은 2004년에 제노바에서 '유럽 문화 수도' 의 행사에 맞추어 재건되었다(다만 이때는 육상에 세워졌다).

다니엘 리베스킨드(Daniel Libeskind* 1946~ 폴란드 출신의 미국 건축가)는 로시의 세계극장이, 베네치아의 역사적 기억에 머무르지 않고, 고전 고대의 신화에서부터 '노아의 방주' 와 같은 성서 속의 이야기, '어리석은 자의 배' 의 이미지, 혹은 프란시스 예이츠(Frances Yates* 1899~1981 영국의 역사학자)의 『세계극장』이나 『기억의 기술(記憶術)』로 알려진 줄리오 카밀로(Giulio Camillo* 1480경~1544 이탈리아의 인문주의자)의 「기억극장」 등으로의 연상을 불러일으키며, 또한 물에 의한 정화를 비롯한 상징적 사고의 관념 연합을 불러오는 점을 파악하여 "부인할 수 없는 유추의 마물(魔)"로 부르고 있다(Cf. Libeskind 1980, 15). 그 마물이 이끄는 대로 서술하면, 세계극장이 집요하게 환기하는 것은 짐승들이나 바보들로 가득 차고 흘러넘치는 배가 아니라 오히려 그와 대립하는 반대쪽, 즉 안이 완전히 텅 빈 상태로 해상을 유랑하는 '통나무 배(空舟)' 의 이미지가 아닐까? 그것은 분명히 극장의 구조를 갖추고 있다. 그러나 그곳에서 열리는 연극 상연은 본질적으로 언제나 대기 상태라고 말할 수 있다. 결국 세계극장은 그 텅 빈 내부공간을 채워야 할 일들에 대한 기대와 예감을 나르고 있는 것이다.

30) 로시 『알도 로시 자서전』 195p.

31) 로시 『알도 로시 자서전』 196p.

32) 로시 『알도 로시 자서전』 129p. 로시의 건축에 나타나는 '유년기의 시간' 에 대해서는 본서 제2장 및 보론 1 참조.

33) 제발트 『아우스터리츠』 참조.

제2장 '메타 세계' 로서의 도시 – 알도 로시의 말 없는 건축

1) 로시 『알도 로시 자서전』 9p.

2) 로시 『알도 로시 자서전』 97p.
3) 로시 『알도 로시 자서전』 98p.
4) 로시 『알도 로시 자서전』 93p. 또한 『방랑하는 두 사람(Professione: reporter)』은 아프리카 사막 지대의 마을에서 자신과 닮은 남자의 죽음과 조우한 저널리스트(잭 니콜슨)가 그 남자 행세를 하면서, 다른 인생을 살아가려 하는 이야기이다. 주요 무대는 스페인의 바르셀로나와 안다르시아 지방이며, 건축을 전공하는 학생임을 자처하는 미혼여성(마리아 슈나이더)이 남성과 방랑의 여행을 함께 한다. 두 사람은 안토니오 가우디(Antonio Gaudi* 1852~1926 스페인 카탈루냐 지역의 건축가)가 설계한 카사 밀라(Casa Milà)에서 만나서, 가우디가 자동차 사고로 죽었다는 것을 여성이 남성에게 가르쳐 주는 장면도 있다. 로시에게는 이러한 영화의 세부도 암시적인 요소로 기억되었을 것이다.
5) 로시 『알도 로시 자서전』 41p.
6) 로시 『알도 로시 자서전』 96p.
7) 로시 『알도 로시 자서전』 95p 참조. 루셀은 이 극장 주변으로 퍼져가는 수도의 당당한 인상을 서술하고 있으며, 로시는 검소하지만 무수히 흩어져있는 오두막집에 의해 이 당당한 구조가 만들어졌다는 점을 지적하고 있다(로시 『알도 로시 자서전』 67p 참조).
8) 스컬리 「형태에 관한 이데올로기」 216p 참조.
9) 스컬리 「형태에 관한 이데올로기」 217p.
10) 로시 『알도 로시 자서전』 54p.
11) 로시 『알도 로시 자서전』 128p.
12) 로시 『알도 로시 자서전』 68p.
13) 로시 『알도 로시 자서전』 157p.
14) 아이젠만 「기억의 집 : 유추의 텍스트」 415p.
15) 아이젠만 「기억의 집 : 유추의 텍스트」 415p.
16) 아이젠만 「기억의 집 : 유추의 텍스트」 416p.
17) 로시는 베네치아 건축대학에서 한 강의를 기반으로 한 1966년의 논문 「미술관을 위한 건축」에서 이미 합리적인 건축 디자인의 이론과 제작자의 개인적, 주관적인 요소, 즉 '예술가의 자서전' 과의 관계에 대한 중요성, 복잡성을 언급하고 있다(Cf. Rossi 1966: *Architettura per I musei*, 337). 그 「자서전」을 그는, 루셀의 『나는 어떻게 어떤 종류의 책을 쓰게 되었는가』에 빗대어서 "나는 어떻게 어떤 종류의 건축을 세웠는가" 로 표현하고 있다. 『과학적 자서전』이 바로 로시에게 "나는 어떻게 어떤 종류의 건축을 세웠는가" 에 해당하는 것이었다(이 점에 대해서는 본서 보론 1의 주 6도 참조). 또한 '미술관을 위한 건축' 이라는 제목은 세잔의 "나는 미술관을 위해서만 그린다" 라는 말에 근거를 두고 있다. 로시는 그것을, 미술관의 내부에서 명확해지는 엄격한 발전의 논리 속에서 자신을 평가하는 회화 양식의 필요성을 선언한 것으로 파악하고 있다(Cf. Rossi 1996: *Architettura per I musei*, 337).

18) 로시 『알도 로시 자서전』 30p. 또한 로시는 이 프로젝트의 모토(motto)를 '하늘의 푸른 빛(L'azzuro del cielo)' 으로 삼고 있는데, 이것은 조르주 바타유의 소설 『하늘의 푸른 빛(*Le Bleu du cie*)』에서 따왔다. 모데나의 묘지에서는 벽감(壁龕* niche 서양 건축에서 장식을 목적으로 벽면을 부분적으로 오목하게 파서 만든 장치) 납골동의 지붕에 하늘색 푸른빛이 사용되고 있다.

하늘색 푸른빛은 로시가 대단히 좋아한 색이었다. 『과학적 자서전』의 첫 메모를 모아서 엮은 스위스제 필기장도 이런 색인데, 로시는 그것을 '푸른 노트' 라고 부르고 있다(로시 『알도 로시 자서전』 87p 참조). 온종일 미묘한 변화를 보이는 하늘색은 삶과 죽음의 상징이라고 그는 말한다(로시 「알도 로시가 말하는 건축과 도시」 26p 참조).

바타유의 『하늘의 푸른 빛』은 스페인 내전 발발 직전의 바르셀로나를 주요 무대의 하나로 설정하여, 살육의 불온한 예감 하에 죽음과 에로티시즘을 둘러싼 오브세션(obsession* 망상)에 지배받는 주인공 남성 트로프만과 복수의 여성 관계를 그린 작품이다. 여기에서 묘사되는 "하늘의 푸른 빛" 은 대낮의 하늘색 그 자체가 아니라, 다음날 총파업을 앞두고 정치적 긴장이 고조되었던 바르셀로나의 심야, 별을 아로새긴 하늘 아래에서 주인공이 환시하는 정오의 푸른 하늘, 그 빛나는 푸른색이었다. 그것은 이른바 "검은 태양" 의 배경을 이루는 색, 즉 억울함과 멜랑콜리의 표시인 것이다. 소설의 마지막 부분에서 주인공과 애인을 매혹시켜서 성교로 몰아넣고, 밤의 어둠 속에서 바람에 흔들리는 무수의 양초 등불이 마치 별이 빛나는 밤하늘 같은 절벽 밑의 묘지의 정경과 함께, 로시의 프로젝트에 어울리는 삶과 죽음으로 가득 찬 긴장을 이루는 이미지라고 말할 수 있다.

19) 로시 『알도 로시 자서전』 31p. 다만 Rossi 1981, 11 및 Rossi 1999, 22에 근거를 두고 번역문을 변경했다. 로시는 고고학 조사나 외과수술에서 다루는 것처럼 부수어진 뒤에 다시 한곳에 모인 사물에 대한 편애를 서술하면서, 골절이나 다른 뼈의 부상으로 여러 번 입원을 되풀이한 경험 없이는 '신체의 공학' 에 대한 감각이나 지식은 얻을 수 없었을 것이라고 쓰고 있다(로시 『알도 로시 자서전』 189-190pp 참조).

20) 스컬리 「형태에 관한 이데올로기」 218p.

21) 로시 『알도 로시 자서전』 32p. 다만 Rossi 1981, 12 및 Rossi 1999, 23에 의거하여 번역문을 변경하였다.

22) 로우 『마니에리슴과 근대건축』 33-71pp 참조.

23) 빈스방거 『교만 뒤틀림 부자연스러움』 187-212pp 참조.

24) '정념정형' 에 대해서는 바르부르크 「뒤러와 이탈리아적 고대」 및 다나카 준 『아비 바르부르크 기억의 미궁』 213-225pp 참조. 또한 빈스방거는 마니에리슴 문학의 언어 표현을 고찰할 때, 에른스트 로베르토 쿠르티우스(Ernst Curtius* 1814~1896 독일의 고고학자, 역사학자)의 『유럽 문학과 라틴 중세』에 크게 의거하고 있는데, 쿠르티우스가 이 저서에서 전개한 「토포스」론의 착상원 중 하나가 바르부르크의 '정념정형' 이었

다. 정념정형이 바르부르크에게는 "근육의 수사학" 이며, 여기에서 시사된 바와 같이 언어나 문학작품에 대응하는 표현의 논리를 가진 것으로서 파악되고 있었다. 바르부르크가 정신병에 걸렸던 시기에 주치의였던 빈스방거가 쿠르티우스를 인용했을 때, 틀림없이 그 배후에 바르부르크의 '정념정형' 을 의식하고 있었을 것이다.

25) 빈스방거 『교만 뒤틀림 부자연스러움』 240p 참조. 이러한 성격은 루셀의 작품과도 상통한다고 할 수 있다. 루셀이 시칠리아섬의 팔레르모에서 1933년 7월 14일에 급사하기 전날, 수면제 중독 치료를 위해 입원을 준비한 곳은 스위스의 크로이츠링엔에 있는 빈스방거의 요양소 벨뷰(Bellevue)이다.

26) 클로소프스키 『*LA RESSEMBLANCE*』 160p.

27) 클로소프스키 『*LA RESSEMBLANCE*』 116p.

28) 클로소프스키 『*LA RESSEMBLANCE*』 114p.

29) 아이젠만 「기억의 집 : 유추의 텍스트」 420p 참조.

30) 아이젠만 「기억의 집 : 유추의 텍스트」 421p.

31) 나카이 『징후 · 기억 · 외상』 53-55pp 참조.

32) 나카이 『징후 · 기억 · 외상』 67p.

33) 나카이 『징후 · 기억 · 외상』 50p.

34) 나카이 『징후 · 기억 · 외상』 71-72pp 참조.

35) 나카이 『징후 · 기억 · 외상』 72p.

36) 나카이 『징후 · 기억 · 외상』 26p.

37) 나카이 『징후 · 기억 · 외상』 34p 참조.

38) 나카이 『징후 · 기억 · 외상』 25p.

39) 나카이 『징후 · 기억 · 외상』 5-14pp 참조.

40) 로시 『알도 로시 자서전』 101p. 「삶의 절반」은 다음과 같이 전체 2연으로 이루어져 있다. "노랗게 익은 배는 가지가 휘어지게 주렁주렁 열리고 / 찔레꽃이 가득 펴서 / 육지는 호수에 빠져든다. / 금실이 좋은 백조여, 그대들은 / 입맞춤에 정신을 잃어 / 머리를 담그는구나 / 맑고 고요한 물에. // 하지만 내 슬픔은! 어디에 / 나는 꽃을 뽑으리라, 겨울에 되면. 어디에서 / 햇빛을 / 지상의 그림자를 구하리. / 담벼락은 차갑게 / 말없이 서 있고 바람이 불면 소리 내어 운다 / 지붕의 풍향계는." (데즈카 도미오 역). 테오도어 W. 아도르노(Theodor Ludwig Wiesengrund Adorno* 1903~1969 독일의 사회학자, 철학자, 피아니스트, 음악학자)는 휠덜린의 시, 특히 후기의 찬가와 「삶의 절반」에 언어 표현의 통어론적인 종합과 계층질서를 표방한 "중단으로서의 나열" 이라는 "패러택시스적(parataxis* 중첩적인 병렬)" 의 형식을 발견하고 있다(아도르노 「패러택시스(parataxis)」 및 가와무라 『알레고리의 직물』 249-264의 독해를 참조). 이 시에는 매우 많은 해석의 시도가 있으나, 근년의 연구에서는 레스보스(Lesbos)섬의 고대 그리스 시인 아르카이오스(arkhaios)나 사포(Sappho), 그중에서도 특히 운율을 분석하여 후자의 강한 영향을 확실하게 밝힌 Menninghaus 2005가 주목된다. 횔덜

린이 35세 때 집필한 이 시에서 요즘 흔히 말하는 '중년의 위기(midlife crisis)' 를 찾아내는 해석도 있으며, 1971년 교통사고로 입원했을 때(42세) "청춘의 끝" 을 자각한 이후의 로시에게 역시 「삶의 절반」의 이러한 성격이 자신과 통하는 것이었을지도 모른다. 이 시기 『도시의 건축』에서 『과학적 자서전』으로 향한 전회(轉回)에는 정신적 · 육체적 위기를 거친 뒤 "기분 전환(심심풀이 · 소일거리)" 라고 불러도 좋을 만한 로시의 광기가 나타나 있다.

41) 그 스스로 폴 발레리의 『젊은 파르크』를 비롯한 뛰어난 시의 번역자인 나카이가 깃발이 좋다고 고백하고 있는 점을 기록해 두고 싶다. 나카이 자신이 설계에 관여한 정신병동의 초기안인 드로잉에서는 지붕 위에 풍향계 닭의 모습도 확인된다. 나카이 『가족의 심연』 95-98pp 참조.

42) 나카이 『징후 · 기억 · 외상』 15p.

43) 로시 『알도 로시 자서전』 154p. 로시에게 해안은 '행복' 의 토포스였다. 그는 행복 덕분에 해안이라는 것을 생각하게 되었다고 쓰고 있다. 아드리아해의 해안에 토스카나 지방의 해안지대 베르실리아나 노르망디 또는 텍사스를 서로 겹치면서, 그는 '호수의 세계' 의 반대쪽에 위치하는 장소를 찾고 있었다고 한다. 왜냐하면 "아마도 호수의 세계에서는 정확하게 행복을 표현하는 것이 불가능하기" 때문이다(로시 『알도 로시 자서전』 57p).

로시에게 바다는 "모든 기억과 기대로부터 이루어지는 하나의 신비적, 기하학적 형태를 형성하는 혼합체" 였다.

중학생 시절 자신을 건축으로 향하게 한 계기로서, 그는 아르카이오스의 시의 한 단편(단편번호 359)을 예로 들고 있다 — "바다 조개여/ 돌처럼 하얘지는 바다의 딸 / 그대는 아이의 마음을 흔드네" (Rossi 1981, 25의 영어번역 및 Rossi 1999, 34의 이탈리아어 번역 — 이것은 시인 살바토레 콰시모도(Salvatore Quasimodo* 1901~1968 이탈리아의 시인)의 번역으로 추정된다 — 를 인용하였으며, 로시 『알도 로시 자서전』의 번역을 약간 수정했다). 아이의 마음을 놀라움으로 가득 차게 하는 조개껍데기 — 이것은 "모든 기억과 기대" 라고 하는 '색인' 과 '징후' 로 가득 차 있다 — 와 닮은 건축의 "신비적, 기하학적 형태" — 바다는 이러한 형상을 생성시키는 모체이다. "설렘은 돌로 만들어져서 바다에 의해 다듬어진 단단한 껍데기를 가지고 있다. 마치 도시를 이루는 철, 돌, 시멘트로 결합된 큰 구조물의 껍데기처럼" (로시 『알도 로시 자서전』 151p). 로시의 건축이나 에스프레소 메이커는 이러한 설렘을 불러들이기 위해 만들어진 텅 빈 조개껍데기일지도 모른다. 그리고 루이지 기리(Luigi Ghirri* 1943~1992 이탈리아의 사진작가)가 로시의 스튜디오를 촬영한 사진(본서 보론 1 [그림 12])에는 진주색 소라가 촬영되어 있다. 가까이에 나란히 놓아둔 아렛시사(ALESSI社)의 에스프레소 메이커 '라 코니카(La Conica)' 와의 비교를 통해 추측해보면, 그 껍데기의 높이는 5~7cm이고, 형상으로 미루어보아 아마도 각피(殼皮)가 깎여서 진주층이 노출된 밤고둥과(Trochidae) 조개라고 생각된다.

44) 다니엘 리베스킨드는 로시의 건축에서 더 이상 '공간' 이 아닌 '장소' 의 재생이 문제가 되고 있다고 하는 견지에서, 세계극장의 정점에 세워진 단단한 깃발이라는 "시들어 오랫동안 잊혀버린 보레아스(Boreas* 그리스 신화에 나오는 북풍의 신)의 사자" 는, "이제는 인간적 관심사의 장이 되는 것을 거부하고 있는 공간성의, 하나의 그림자에 지나지 않는다" 라고 지적하고 있다(Libeskind 1980, 20). 북풍은 불길한 바람이다. 여기에서 리베스킨드가 감지하고 있는 것은, 근대건축의 '더 이상 없다(no longer)' 와 '아직 없다(not yet)' 라고 하는 두 개의 시간성의 중첩 즉, '색인' 내지는 '여운' 과 '징후' 내지는 '예감' 의 중합이다.

45) 나카이 『징후 · 기억 · 외상』 21p.

46) 나카이 『징후 · 기억 · 외상』 27p 참조. 이러한 지식에 대해서는 본서 제11장 참조.

보론 1 망각의 시학, 유추의 서법 – 알도 로시의 말 없는 건축(속편)

1) 로시 『알도 로시 자서전』 121p.

2) 발레리 「시와 추상적 사고」 72p.

3) 로시 『알도 로시 자서전』 98p 참조.

4) 로시 『알도 로시 자서전』 98p. 다만 영어판과 이탈리아어판에서 의미가 다르므로, 보다 더 논리적인 모순이 없는 후자의 Rossi 1999, 58에 의거하여 해석하였다.

5) 벤야민 『1900년경 베를린의 유년시절』(마지막 원고) 469p.

6) 로시 『알도 로시 자서전』 68p. 이 '실험실' 의 착상원 중 하나는 「키에티의 학생기숙사」와 마찬가지로, 루셀의 『아프리카의 인상』의 무대가 되는 "수많은 집들로 이루어진 당당한 수도" 에 세워진 "비할 바 없는 클럽(Club des Incomparables)" 이다. 그것은 "거대한 인형극의 오두막과 유사한, 붉게 칠해진 극장 같은 것" 이며, 그 정면의 맞배지붕 벽에는 방사광처럼 빛나는 두꺼운 금박으로 주변을 둘러싸인 「비할 바 없는 클럽」이라는 은빛 문자가 적혀있다(루셀 『아프리카의 인상』 7p 참조).

로시의 소극장이나 자서전의 '과학성' 은 그의 애독서였던 루셀의 『아프리카의 인상』이나 『로쿠스 솔루스(*Locus Solus*)』에 등장하는 기발한 사물과, 루셀이 서법의 규칙으로 삼은 '방법(procéder)' 의 '과학성' 과의 조응 관계를 가질 것으로 보인다(루셀의 '방법' 에 대해서는 루셀 『아프리카의 인상』 382-384pp의 오카야 고지가 작성한 해설 참조). 로시는 자신에게 영향을 끼친 예술가 중에서도 특히 루셀이 자신의 '방법' 에 대해 써서 남긴 텍스트 『나는 어떻게 어떤 종류의 책을 쓰게 되었는가』를, 예술창조의 모든 국면을 지배할 구성의 이론에 관한 기초적인 문헌으로 거론하고 있다(Cf. Rossi 1966: *Architettura per I musei*, 325). 어느 쪽이든 현실에서 벗어나기 어려운 자율적 언어 체계를 지향하는 로시의 초기 건축 디자인의 수법과 루셀의 '방법' 은 면밀한 비교 연구를 할 만한 가치가 있을 것이다. 그것은 또한 로시의 건축이 "독신자(獨身者) 기계" (미셸 카르주Michel Carrouges* 1910~1998 프랑스의 작가)의 계보에 속하는 것을 암시하고 있다.

그리고 루셀은 미셸 레리스의 나이 많은 친구인데, 쉬르레알리스트 시대의 레리스의 작품 『어휘집(*Glossaire j'yserre mes gloses*)』(1939)에서의 시적 언어 유희를 비롯하여, 이 두 사람의 문학적 수법이나 언어관이 눈에 띄게 유사하다는 점을 확인할 수 있다. 제1장의 주(17)에서 지적한 벤야민과 레리스에게 공통되는 유년시절의 언어 경험을 둘러싼 자전적 회상을 매개로 하면, 로시, 루셀, 레리스, 벤야민의 네 사람을 포섭하는 '서법' 의 존재를 추측할 수 있을 것이다.

7) 로시 『알도 로시 자서전』 98p.

8) 로시 『알도 로시 자서전』 68p.

9) 로시 『알도 로시 자서전』 116p 및 187p 참조.

10) 로시 『알도 로시 자서전』 102p.

11) 로시 『도시의 건축』 129p 그림 69, 140-141pp 그림 79-81 참조.

12) 벤야민 「모방의 능력에 대하여」 78p.

13) 벤야민 「모방의 능력에 대하여」 77p.

14) 아이젠만 「기억의 집 : 유추의 텍스트」 418p 참조.

15) 로시 『도시의 건축』 3p 참조.

16) 로시 『도시의 건축』 299p.

17) 벤야민 「모방의 능력에 대하여」 77p.

18) 벤야민 「모방의 능력에 대하여」 78p.

19) 벤야민 「모방의 능력에 대하여」 80p 참조.

20) 벤야민 「모방의 능력에 대하여」 80p.

21) 벤야민 「모방의 능력에 대하여」 81p 참조.

22) Cf. Giurato 2006, 29, Anm. 63; 269-299. 또한 이러한 세서법은 『1900년경 베를린의 유년시절』에 국한된 것은 아니다. Walter Benjamin Archiv, 2006, 49-55pp에는 자필 초고의 사진이 실물과 같은 치수 내지 축적을 명시해서 게재되어 있다. 이상할 정도로 세밀한 그 육필 문자가 소인들을 위한 것이었다는 점, 예를 들면 『유년시절』에 등장하는 "꼽추 난쟁이"나 또는 괴테의 「새로운 멜루지네」(『빌헬름 마이스터의 편력시대』에 수록된 단편)의 소인족에게 쓴 것이라는 점을 암시하는 듯하다. 벤야민은 「괴테의 『친화력』」에서 이 단편에서 느낀 그 유일한 모티브가 "작은 것에 머무는 지복"」이라고 쓰고 있다(벤야민 「괴테의 『친화력』」 128p). 그의 세서법도 역시 이러한 행복을 목표로 하고 있었을지도 모른다. 가와무라 지로는 카프카의 말을 인용하여 이러한 작은 세계로의 회귀를 "인간을 위해서가 아니라 희망이 머무는 장에 내리는 것" 이라고 부르고 있다(가와무라 『알레고리의 직물』 313p).

23) Cf. Giuriato 2006, 41.

24) Cf. Giuriato 2006, 42.

25) 벤야민 『1900년경 베를린의 유년시절』(아도르노-렉스로트 원고) 612p.

26) 벤야민 『1900년경 베를린의 유년시절』(아도르노-렉스로트 원고) 613p.

27) 벤야민 『1900년경 베를린의 유년시절』(아도르노-렉스로트 원고) 614p.
28) Cf. Giuriato 2006, 61.
29) Giuriato 2006, 61.
30) Cf. Giuriato 2006, 62. 다만 여기에서는 형용사의 auto'graphisch라고 하는 형태로 사용되고 있다.
31) Cf. Giuriato 2006, 71.
32) 아이젠만 「기억의 집 : 유추의 텍스트」 421p.
33) 로시 『알도 로시 자서전』 9p.
34) 로시 『알도 로시 자서전』 125p.
35) 로시 『알도 로시 자서전』 100p 참조.
36) 당해의 카탈로그는 Becker und Flagge 2003. 문제의 스케치북에 대해서는 「Skizzenbuch II(1978~1980)」로 pp.138-161에 도판이 수록되어 있으나, 사선으로 말소된 페이지의 도판은 포함되어 있지 않다. 찢어져서 파기된 페이지나 사선에 의한 말소 등의 정보를 포함한 내용의 리스트는 같은 책의 162-164pp에 있다. 또한 이 학교는 1981년에 준공되고 있다.
37) 최종안으로 정면 현관 위에 시계가 설치되는 것을 생각한다면, 이러한 인간의 얼굴, 그중에서도 특히 눈은 구스타프 르네 호케가 마니에리슴 미술에 대해 지적한 "시간의 눈으로서의 시계"라는 모티브를 연상시킨다(호케 『미궁으로서의 세계』 141-150pp 참조). 호케에 의하면, 오각성형이 피타고라스학파 사람들의 기호인 것처럼, 시계는 매너리스트들의 기호 · 표식이다(호케 『미궁으로서의 세계』 144p 참조). 그것은 외눈박이 신의 눈처럼, 건축의 정면에서 자주 거대한 시계를 배치한 것만이 아니었으며, 벽걸이 시계나 손목시계를 자신이 디자인한 로시는, 이 표식에 근거하는 한 하나의 매너리스트였다고 할 수 있을 것이다.
38) 스컬리 「형상에 관한 이데올로기」 220p.
39) 로시 『알도 로시 자서전』 27p 그림 4 참조. '사크리 몬티' 는 성지 예루살렘의 대용이 되는 순례지이며, 북이탈리아를 중심으로 15세기 이후에 만들어진 그리스도교의 종교 시설군으로 복수의 예배당이나 바실리카인, 각각 성서의 이야기를 회화나 조각으로 재현하고 있다. 순례자는 그것들을 순서대로 순례해감으로써, 성서의 기술을 유사 체험할 수 있었다. 어린 시절 로시는 이 종합적인 표현력에 강하게 감동했다고 한다(로시 『알도 로시 자서전』 11p 참조). 또한 이 자서전 속에서 언급된 십자가의 성 요한의 『카르멜산 등반』이나 르네 도말의 『유추의 산』이, 신이나 지고한 대상에 접근하는 정신의 여행을 등산에 비유하여 서술한 텍스트이며, 구릉지대의 예배당을 돌아다니면서 산에 올라가는 '사크리 몬티' 의 경험이 이들의 저서에 대한 로시의 관심을 환기하고 있음을 엿볼 수 있다. 도말 『유추의 산』에 대해서는 로시 『알도 로시 자서전』 187p 참조.
40) 로시 『알도 로시 자서전』 186p.

41) 로시 『알도 로시 자서전』 196p.

42) 로시 『알도 로시 자서전』 105p 참조.

43) 로시 『알도 로시 자서전』 67p. 산체스 메히아스는 20세기 초에 활약한 스페인의 투우사이다. 투우장에서 소뿔에 찔린 것이 원인이 된 그의 죽음을, 친교가 있었던 시인 가르시아 로르카(Federico García Lorca* 1899~1936)가 노래한 「이그나시오 산체스 메히아스의 죽음을 애도하며(Llanto por Ignacio Sánchez Mejías)」에서, 당시 투우가 개시된 시각이었던 "오후 5시"라는 시구를 여러 번 반복한 뒤 다음과 같이 끝을 맺는다. "아아 무서운 오후 5시! / 모든 시계의 시간은 5시였다! / 오후의 그늘 무렵인 5시였다!"(『로르카 시집』 103p)

44) 로시 『알도 로시 자서전』 67p. 로시는 여기에서 루셀의 『아프리카 인상』에 등장하는 「비할 바 없는 클럽」의 정경이 6월 25일의 4시경에 설정되고 있음을 주목하고 있다. 그리고 "참된 건축적 프로젝트"로서의 비할 바 없는 클럽은 "시간과 공간 속에 응고하고 있"다.

45) 로시 『알도 로시 자서전』 129p.

46) Cf. Rossi 1996. 그리고 Costantini 1996에서는 1980~90년대에 촬영된 로시의 폴라로이드 사진이 64장 수록되어 있다. 그 피사체는 자작 건축의 일부이며, 스튜디오 내의 광경, 사크리 몬티(Sacri Monti), 피사의 사탑, 윈도우디스플레이나 간판 광고, 핸콕 셰이커 빌리지(Hancock Shakers' Village)의 집들, 그 외, 세계 각지의 자연경관이나 노상의 광경 등 다양하다. 촬영 정보는 전혀 기재되어 있지 않기 때문에, 로시가 사용한 카메라의 특정은 곤란하지만, 화면이 거의 정사각형의 사진과 직사각형의 사진이 혼재하고 있는 점에서, 두 대의 카메라가 사용되었다는 것은 틀림없다. 촬영 시기에서 보면, 화면이 정사각형인 사진은 1972년에 발매된, 앤디 워홀 등 아티스트의 이용이 많았던 폴라로이드 SX-70 시리즈나, 1980년대를 대표하는 600 시리즈에 의해 촬영되었다고 생각된다. 한편 직사각형 화면의 사진에 사용된 것은, 1986년 발매의 '스펙트라' 시리즈이었을까? 모든 카메라의 경우에서도 필름은 SX-70을 비롯하여 도입된 자기현상방식이다. 이것은 어디까지나 인스턴트 사진처럼 필름을 일정 시간 두고 음화지와 프린트를 벗기는 '박리(剝離) 방식 필름'과는 달리, 영상이 눈앞에 떠오르는 타입이다. 이 외에는 Rossi 1988에 로시가 디자인한 아렛시사의 에스프레소 메이커의 폴라로이드 사진이 다수 수록되어 있으며, Rossi 1990에서도 아마도 폴라로이드 카메라로 촬영한 것으로 추측되는 건축이나 스튜디오 내의 사진이 게재되고 있다.

47) 다만 거기에서 폴라로이드 카메라 특유의 시간 지연이 따르게 마련이었다는 점은 주목할 만하다. 카메라에서 배출된 자기현상방식의 필름에서 서서히 영상이 떠오르는 수 분간의 경험은 촬영한 순간과 물질화한 영상과의 사이에 큰 심리적 거리를 낳는다. 그 변화의 모습은 즉 폴라로이드 사진의 촬영이라고 하는 경험은, 이 점에서 로시를 매료시켰음이 틀림없다. 수 분간의 지연으로 인해 붕 뜬 대기 상태가 되어버린 탓

에, 촬영된 과거는 실제의 시간적 거리 이상으로 떨어진 오래됨을 감돈다. 다소 색 바랜 독특한 색조를 가진 필름이나, 초점이 맞지 않기 쉬운 폴라로이드 카메라의 특성도 역시, 현재의 순간이 순식간에 오래되어 버리는 시간적 차이, 이른바 시간의 '아우라' 를 강화하게 된다. 또한 같은 시기의 1975년에서 1984년에 걸쳐, 영화감독 안드레이 타르코프스키도 소련과 이탈리아에서 폴라로이드 사진을 촬영했고, 사후에 남겨진 약 200장 속에서 골라진 60장이 사진집에 정리되어 2004년에 출판되고 있다(Cf. Tarkovsky 2004). 이 기간에 타르코프스키는 영화『노스탤지어』를 제작하고 있었다. 로시와 타르코프스키에게 공통된 장소의 기억과 노스탤지어의 문제에 대해서는 폴라로이드 사진이라는 미디어가 하나의 수단이 될 수 있을지도 모른다. 이 두 사람을 도시의 원형적인 '모습' 으로의 노스탤지어라고 보는 관점에서 논한 고찰로는 다나카 준『죽은 자들의 도시로』 pp.279-298(「유추적 도시의 모습 — 노스탤지크한 형태학」) 참조.

48) 벤야민『보들레르의 몇 가지 모티브에 관하여』 465p.

49) Cf. Forster 2003, 36.

50) 로시『알도 로시 자서전』 101p. 다만 Klirren의 본래의 의미는 금속이나 유리등이 서로 부딪힐 때 짤랑짤랑(달각달각) 소리를 내는 것이고, 로시가 번역어로 채용한 creak(이탈리아어판에서는 cigolare)가 나타내는 금속이나 목재가 마찰에 의한 빠드득 빠드득(삐걱삐걱)하는 소리와는 엄밀하게는 일치하지 않는다(creak나 cigolare에 대응하는 독일어는 knarren이다).

하지만 로시가 금속의 깃발에서 들은 것은, 어디까지나 "삐걱거리는" 소리라는 점이다. 이 "삐걱거림" 은 가스통 바슐라르(Gaston Bachelard* 1884~1962 프랑스의 철학자)가『공간의 시학』에서 제시하고 있는 "소리의 미니아튀르(miniature* 미니어처)" 라고 하는 개념에 의해 파악할 수 있을 것이다. 바슐라르에 의하면, 이러한 미니아튀르로서의 희미한 소리에 의해 우리들은 "예감의 존재론" 을 배운다 — 우리들은 청각 이전의 긴장 상태에 놓인다. 우리들은 가장 희미한 지표도 지각하기를 요구받는다. 이 한계 코스모스에 대해서는, 현상이 되기 전에는 모두가 지표이다.(바슐라르『공간의 시학』 301p)

바슐라르가 찾고 있는 것은 청각을 시작으로 하는 감각의 미니아튀르를 매개로 함으로써, 상상력이 우리들을 식역하의 세계에 가까이 오게 하는 가능성이다. 감각의 '투쟁' 은 웨버 페히너의 법칙에 의해 규정되고 있다. 소리의 미니아튀르는 이러한 투쟁의 흔들림을 초래하는 것이라고 할 수 있다.

나카이 히사오가 말한 "비례세계" 의 "비례회로적 인지" 시스템(본서 제2장 및 보론 3 참조)에서는, 자극량이 적으면 적을수록 그 변화에 따라 감각의 강도가 급격히 늘어난다. 이로 인해 감각의 미니아튀르의 차원에서는 비례회로 시스템이 마찬가지로 나카이가 말한 "미분회로적 인지" 에 근접한다고 할 수 있지 않을까? 역치(閾値* 생물의 감각에 반응을 일으키게 할 때 필요한 작용의 크기, 강도의 최소치) 주변의 자극을 둘러싸고 감각이 특히 예민해져 있는 경우에는 더욱 더 그럴 것이다. 소리의 미니아튀르가 미분적 메타 세계를 향한 길을 연다.

또한 완성한 브로니의 학교 중앙 홀에 깃발은 세워져 있지 않다. 그것이 로시의 의도에 의한 것인지 어떤지는 확실하지 않으나, 로시에게 깃발은 드로잉이나 세계극장 같은 가설 건축에 어울리는 형상이었을지도 모른다.

51) 로시 『알도 로시 자서전』 101p.

52) 벤야민 『1900년경 베를린의 유년시절』(아도르노-렉스노트 원고) 612-613pp.

53) 벤야민 『1900년경 베를린의 유년시절』(마지막 원고) 561-562pp. 다만 원문(Benjamin 1938, 417)의 "Weichtier"는 "연체동물"로 번역했다. 그리고 로시는 1989년에 쓰인 텍스트에서 벤야민의 이 아름다운 한 구절을 언급하면서, 세계의 소리나 우리들의 세기의 소리를 듣기 위해 스스로 조개껍데기에서 탈출한 것이 최근 자신의 디자인의 한 측면이라고 서술하고 있다(Cf. Rossi 1989, 273). 일본을 비롯하여 외국에서의 작업이 늘어나고 있던 로시의 입장에서, 자기 자신으로부터 "탈출하는" 것이 필요불가결이었지만, 이런 식으로 들은 세계의 소리나 20세기의 소리가 그를 종종 자신의 유년시절로 데려가기도 했다.

54) 벤야민 『1900년경 베를린의 유년시절』(마지막 원고) 563p.

55) Giuriato 2006, 194.

56) 벤야민 「프란츠 카프카」 151p.

57) 벤야민 「프란츠 카프카」 152p.

58) 로시는 계측이라는 행위를 둘러싸고 다음과 같이 쓰고 있다. "원형극장이 도시가 되고, 극장이 주택이 될 수 있다면, 건물을 도대체 어떻게 측정하면 좋을까?"(로시 『알도 로시 자서전』 179p). 로시에게 마음속으로 커피포트를 내부에 넣을 수 있는 건물을 그려보는 상상력 운동의 계기를 부여한 것은, 이탈리아 아로나에 있는 거대한 성인상(聖人像)인 산 카를로네 동상이었다고 한다(로시 『알도 로시 자서전』 13p 참조). 이 성인상의 몸체에는 사람이 들어갈 수 있으며, 내부의 계단을 올라가서 머리 부분에 도달하면, 성인의 눈 부분 창문에서 마조레 호수 등 주위의 경관을 조망할 수 있다. 그리고 로시는 일본을 방문했을 때 기후현(岐阜縣) 쇼호지(正法寺)의 큰 불상(* 大仏 다이부쓰)을 보고, 비어있는 태내(胎內)에 약사여래상을 모신 구조와 산 카를로네 동상에서 서로 유사함을 발견하고 있었다(일지 「푸른 노트」의 1988년 8월 20~28일 및 9월 18일의 메모에서, Cf Rossi 1999: *I quaderin azzurri*, vol 36: 16 luglio 1988-28 agosto 1988; vol 37: I settembre 1988~19 ottobre 1988).

59) 이러한 점에서 로시의 건축은 텅 빈 조개껍데기의 이미지를 환기한다. 그는 이미 『도시의 건축』에서 폐허 속에 적나라하게 노출된 건축의 평면구조라고 하는, 이른바 텅 빈 허물에 강하게 끌리고 있었다. 커피포트를 주거로 상상하며 그린 로시의 드로잉에서 확인되는 것은 바로 조개껍데기가 환기하는 "큰 것과 작은 것의 변증법"(바슐라르 『공간의 시학』 203p)이다. 예를 들면 그것은 유르기스 발트루사이티스(Jurgis

Baltrusaitis* 1903~88 리투아니아 출신의 미술사가)의 『환상의 중세』 등에서 알려진 옥석 조각(玉石彫刻) 「조개 속 짐승(貝中獸)」, 즉 소라껍데기에서 기어 나오는 네발 달린 짐승들의 이미지에 현저하게 나타난다. 거기에서는 말, 노새, 수소, 사슴, 암탉, 산토끼, 쥐, 그리고 코끼리 등이 조개껍데기 속에서 달팽이처럼 모습을 드러낸다.

하지만 이러한 지향성에도 불구하고, 세서법에 의한 미니어처화의 산물을 한층 더 대규모적의 건조물로 번역 · 확대해야 한다는 점에 로시의 딜레마가 깃들어 있으며, 바로 이러한 부분에서 멜랑콜리를 띠고 격렬한 파토스를 품은 그의 건축의 긴장감이 태어난다. 에티엔느 루이 브레(Etienne Louis Boullée* 1728~1799 프랑스의 건축가)의 과대망상적인(megalomaniac) 환상적 건축에 대한 로시의 강한 관심은, 빛과 그림자의 건축을 둘러싼 브레의 건축적 사고에만 한정되어 있지 않았으며, 로시 자신이 품고 있었으리라 추정되는 미니어처화에 대한 지향과 그 이면을 이루는 초거대화에 대한 반동이라는 이율배반을 암시하고 있다.

60) 스컬리 「형태에 관한 이데올로기」 214p. 또한 같은 시기에 로시는 《암살된 건축》과 같은 파괴된 자작 건축물을 그린 《이것은 오래전의 일이다(Dieses ist lange her-Ora questo è perduto)》(1975)라고 제목을 붙인 인그레이빙(engraving* 판화에서 단단하고 평평한 표면에 모양을 새기는 기법) 작품을 제작하고 있다. 제목의 "Diess ist lange her"라는 한 구절은, 게오르크 트라클(Georg Trakl* 1887~1914 오스트리아의 시인)의 시 「저녁의 노래(Abendlied)」의 인용이다. 이 시는 시인의 근친상간적인 애정의 대상이었던 여동생과 둘이서 산책하며 걷고 있는 저녁 무렵의 정경을 노래하고 있다. "내가 너의 가녀린 두 손을 잡으니 / 너는 가만히 동그랗고 귀엽게 눈을 떴다 / 이것은 오래전의 일이다" — 그리고 그들은 "우리들의 슬픈 유년시절의 달콤함"을 맛본다(Cf. Trakl 1972, 38). 파괴된 건축물이 무너지기 직전에 시간이 정지한 것 같은 이미지를 통해서, 로시가 유년시절의 시간성을 발견하고 있다는 점에 대한 시사가 이 시와의 관계 속에서 파악되는 것 같다.

61) Forster 2003, 37.

62) 로시 『알도 로시 자서전』 57p.

63) Cf. Forster 2003, 32-33. 형태의 멍하게 얼빠진 백치성을 추구한 나머지, 이처럼 너무 이른 만년의 로시에게는 국제적인 활약과는 달리, 어딘가 표류하는 몰락자의 고독한 소일거리와 같은 것이 떠돌고 있는 것 같다.

64) Forster 2003, 38.

제3장 **청천백일멱망시 – 고무라 셋타이 『니혼바시 히모노초』**

1) 가부라키 「『셋타이집』 서문」 211p.

2) 고무라 『니혼바시 히모노초』 10p(헤이본샤 라이브러리 14p).

3) 셋타이 자신이 "지금 생각해보면, 물론 집을 다시 복구하기는 했습니다만, 아마 히구치 이치요 여사의 원래 거처인지, 혹은 그 근처였던 것 같습니다"라고 쓰고 있다(고무

라 『니혼바시 히모노초』 10-11pp〔헤이본샤 라이브러리 14-15pp〕). 아라키 요시타네 『히구치 이치요와 류센지 일대』에 의하면 이치요의 자택 오른쪽 부근이 술집 이세야, 왼쪽 부근이 인력거꾼 숙소였다(pp.20-21 및 〔지도 1〕 참조). 주소는 시타야구 시타야 류센지초(下谷區 下谷龍泉寺町) 368번지(현재의 다이토구 류센台東區 龍泉), 이치요 일가는 여기에서 메이지 26(1893)년 7월부터 다음 해 4월까지 살았다.

4) 고무라 『니혼바시 히모노초』 12p(헤이본샤 라이브러리 16p).
5) 고무라 『니혼바시 히모노초』 17p(헤이본샤 라이브러리 20-21pp).
6) 고무라 『니혼바시 히모노초』 18-19pp(헤이본샤 라이브러리 22p).
7) 고무라 『니혼바시 히모노초』 19p(헤이본샤 라이브러리 22-23pp).
8) 고무라 『니혼바시 히모노초』 22-23pp(헤이본샤 라이브러리 26p).
9) 고무라 『니혼바시 히모노초』 23p(헤이본샤 라이브러리 27p).
10) 고무라 『니혼바시 히모노초』 34p(헤이본샤 라이브러리 38p).
11) 나카이 『징후 · 기억 · 외상』 72p 참조.
12) 나카이 『징후 · 기억 · 외상』18-20pp 참조.
13) 고무라 『니혼바시 히모노초』 27-28pp(헤이본샤 라이브러리 31-32pp).
14) 로시 『도시의 건축』 316p(미국판 초반의 서문).
15) 고무라 『니혼바시 히모노초』 31p(헤이본샤 라이브러리 35p).
16) 고무라 『니혼바시 히모노초』 31-32pp(헤이본샤 라이브러리 35p).
17) 고무라 『니혼바시 히모노초』 68p(헤이본샤 라이브러리 69p).(18)고무라 『니혼바시 히모노초』 68-69pp(헤이본샤 라이브러리 69p).
19) 고무라 『니혼바시 히모노초』 74p(헤이본샤 라이브러리 74p).
20) 고무라 『니혼바시 히모노초』 75p(헤이본샤 라이브러리 75p).
21) 고무라 『니혼바시 히모노초』 76p(헤이본샤 라이브러리 75-76pp).
22) 노르베르크 슐츠 『지니어스 로사이』 참조.
23) 스즈키 히로유키 『도쿄의 〔지령〕』 4p.
24) Cf. Summerson 1945.
25) 스즈키 히로유키 『일본의 〈지령〉』 228p 참조.
26) 스즈키 히로유키 『일본의 〈지령〉』 226-227pp.
27) 나카무라 「지니어스 로사이 사고(私考)」 6p.
28) 나카무라 「지니어스 로사이 사고」 7p.
29) 나카타니 『세버럴니스(*SEVERALNESS*)』 224p.
30) 나카타니 『세버럴니스』 225p.
31) 프루스트 『잃어버린 시간을 찾아서』 363p.
32) 프루스트 『잃어버린 시간을 찾아서』 364p.
33) 프루스트 『잃어버린 시간을 찾아서』 366p.
34) 벤야민 『파사주론』 제3권 325p, 단편번호 Pla, 7참조.

35) 벤야민『파사주론』제3권 322p, 단편번호 P1, 10.

36) 벤야민『파사주론』제3권,323p, 단편번호 P3, 5.

37) 마루타니『활보하는 소세키』76p.

38) 피조『모노즈쿠시』참조.

39) 마루타니『활보하는 소세키』64-70pp 참조. 이러한 성격은 중국의「초사」에서부터 시작되는 '부(賦)'의 계보를 잇고 있다. 예를 들면 북송(北宋)의 수도인 카이펑(汴京 변경, 지금의 개봉)이 금(金)나라의 군세 앞에 함락된 뒤, 이 옛 수도의 번영을 그리워하며 쓴 맹원로(孟元老, 유란거사幽蘭居士)의『동경몽화록(東京夢華錄)』에서는 수도의 구조뿐만 아니라, 연중행사, 풍속 등이 상세하게 서술되어 있으며, 상점에 나열된 식료품의 이름이 매우 많이 열거되어 있다. 그것은 바로 잃어버린 도시를 추억하기 위해 이름을 나열하는 언어의 주술과도 유사한 행위의 기억이었을지도 모른다.

40) 지명 열거의 축제성을 여실히 전하는 현대시로, 오카 마코토(大岡信* 1931~2017 일본의 시인, 평론가)의「지명론」을 거론하고 싶다.

"수도관은 노래하라 / 오차노미즈(お茶の水)가 흘러서 / 구게누마(鵠沼)에 모여 / 오기쿠보(荻窪)로 떨어지고 / 오이라세(奥入瀬)에서 빛나라 / 삿포로 / 발파라이소(Valparaíso) / 통북투(Tombouctou)는 / 귓속에서 / 낙숫물처럼 퍼져가라 / 괴상하면서도 그리운 이름을 가진 / 모든 토지의 정령이여 / 줄지어 늘어선 시간의 기둥이 되어 / 나를 품어 주오 / 오오 낯선 토지를 무한히 / 열거하는 것이 / 어찌하여 사람을 이토록 / 음악의 방으로 가득 차게 하는가 / 불타오르는 커튼 위에서 / 연기가 바람에게 / 모양을 잡아주듯이/ 이름은 토지에게 /파동을 준다 / 토지의 이름은 아마도 / 빛으로 만들어졌을 것이다 / 외국 억양이 베니스(Venice)라고 말하면 / 이가 섞인 침대 밑에서 / 어두운 물이 속삭일 뿐이지만 / 오오 베네치아 / 고향을 떠난 붉은 머리 처녀가 / 외치면 보아라 / 광장의 돌에 빛이 넘쳐흐르고 / 바람은 비둘기를 수태한다 / 오오 / 그것 봐라 / 세타(瀨田)의 중국풍 다리(唐橋) / 세타(雪駄* 눈밭에서 신는 신발)의 종이우산 / 도쿄는 / 언제나 / 흐림"(『오카 마코토 전시집(大岡信全詩集)』418-420pp)

41) 프로이트「일상생활의 정신병리학」619p 참조. 프로이트는 함께 자리한 첫 대면의 남성에게 오르비에토 대성당(Orvieto Duomo)에 있는《최후의 심판》의 프레스코화를 본 적이 있는지 물어보려 했는데, 그 작가인 시뇨렐리의 이름을 깜박 잊어버렸던 것이다. 바로 조금 전 그들은 보스니아와 헤르체고비나에 사는 터키인의 풍습을 화제로 삼고 있었다. 프로이트는 그때 이 지방의 터키인에 대해 현지의 의사로부터 들은 이야기에 의하면, 터키인들이 의사를 완전히 신뢰하고 있으며, 또한 대체로 운명에 거스르려고 하지 않는데, 의사가 환자를 도와줄 방법이 없다는 사실을 알렸더니 "선생님(Herr), 어쩔 수 없군요" 운운했다고 말했다. 이 일화와 관련하여 프로이트는, 그 지방의 터키인들이 성적인 쾌락을 더할 나위 없는 최상의 기쁨으로 여기므로, 성(性)에 장해가 있으면 절망에 빠져서, 어떤 환자는 "선생님(Herr), 이제 그게 안 된다면 살아 있는 보람이 없습니다"라고 말했다는 또 다른 일화를 떠올린다. 그러나 대

화 상대가 처음 만난 인물이었기 때문에, 이런 종류의 이야기를 화제로 언급하는 것을 프로이트는 피하고 있었다. 이와 같이 'Herr' 라는 단어는 이때 바로 프로이트에게 죽음과 성으로 밀접하게 연결되어 있었다.

42) 나카무라 「지니어스 로사이 사고」 7p 참조. 나카무라가 지니어스 로사이에 대한 접근법의 한가지로 지적하고 있는 수사학적인 토포스론을 20세기에 재발견한 것이, 쿠르티우스의 『유럽 문학과 라틴 중세』였다. 제2장 주 24에서 언급한 바와 같이, 쿠르티우스는 이때 바르부르크에 의한 '정념정형' 의 개념에서 영감을 얻고 있다. 지니어스 로사이의 '파토스적인 기억' 의 바탕에는 '정념정형' 으로서의 '토포스' 가 있다고 볼 수 있다.

43) 나카이 『징후 · 기억 · 외상』 27p 참조.

44) 나카이 『징후 · 기억 · 외상』 20p 참조. 또한 이 부분에 대해서는 본서 보론 3, 및 그 주(18)과 보충 주석을 참조.

45) 구사모리 「낙엽의 생애」 48p.

46) 가부라키 「『셋타이집』 서문」 206p.

47) 구사모리 「낙엽의 생애」 49p.

제4장 자연의 무관심 – 하타케야마 나오야 「도시와 그 기원」

(1) 하타케야마 「라임 웍스」 54p. 또한 『*Lime Works*』는 《라임 힐즈》와 《라임 웍스》의 양쪽을 수록한 사진집이다.

2) 하타케야마 「라임 웍스」 54p.

3) 시마 「하타케야마 나오야」 113-114pp 참조.

4) 사진전 카탈로그 『하타케야마 나오야』 41p. 필자는 하타케야마 자신이라고 생각한다.

5) 하타케야마 「언더그라운드」 5p. 그리고 사진집 『*Underground: Cimmerian Darkness and Stygian Gloom*』의 부제인 Cimmerian Darkness는, 문자 그대로는 '킴메르족(族)의 어둠' (바꾸어서 '암흑'), Stygian Gloom은 '스틱스의 암흑' 의 의미. 킴메르족은 호메로스의 『오딧세이아』에 등장하는 세계의 끝, 암흑의 나라에 산다는 종족, 스틱스는 그리스 신화에서 명부를 흐르는 강 이름이다.

6) 하타케야마 「언더그라운드」 5p.

7) 하타케야마 「언더그라운드」 5-7pp.

8) 시마 「하타케야마 나오야」 105-106pp 참조.

9) 하타케야마 「언더그라운드」 3-4pp 참조.

10) 하타케야마 「언더그라운드」 5-7pp 참조.

11) 「뉴 토포그래픽스」 및 RSP의 활동에 대해서는, 가사하라 「발언하는 풍경」 pp.30-34 참조. 그리고 RSP의 활동은 다시 1997~2000년에 같은 지점을 재촬영한 「The Third View」 프로젝트로 계승되고 있다. 자세한 사항은 Klett 2004 및 아래의 사이트를 참조. Third View A Rephotographic Survey of the American West (URL=

http://www.thirdview.org/3v/home).

12) 크라우스 『오리지널리티와 반복』 112p(「사진의 디스쿠르(discours) 공간」)참조.

13) 크라우스 『오리지널리티와 반복』 114p 참조.

14) 크라우스 『오리지널리티와 반복』 114p.

15) 가토 「풍경의 끝」 pp.8-9 참조. 이러한 논의는 대부분 가라타니 고진의 고찰에 따르고 있다.

16) 하타케야마 「라임 웍스」 54p.

17) 하타케야마 「라임 웍스」 59p.

18) 하타케야마 「라임 웍스」 59p.

19) 가토 「풍경의 끝」 14p.

20) 가토 「풍경의 끝」 15p.

21) 가토 「풍경의 끝」 15p.

22) 가토 「풍경의 끝」 19p.

23) 가토 「풍경의 끝」 19p.

24) 가토 「풍경의 끝」 19p.

25) Stafford 1977, 108-109. 번역문은 크라우스 『오리지널리티와 반복』 246-247pp에 의거한다.

26) 다나카 준 『도시표상분석 I』 「부패하는 습원도시 – 쇼와의 죽음과 도쿄」 참조.

27) 하타케야마 「언더그라운드」 7p.

28) 마쓰오카 세이고 『프래질(*fragile*)』 78p. 그리고 'fragility(덧없음)' 라는 미묘한 개념에 대해서는 이 서적으로부터 크게 시사를 받고 있다. 또한 하타케야마의 《빛의 마켓(market)》(1995~97)이나 《슬로 글라스(Slow Glass)》(2001)라는 작품에는 20세기 초기의 도시 야경과 이나가키 다루호가 예감한 미래에 대한 '향수' 가 서로 연결되는 부분이 있다. 다루호는 다음과 같이 서술했다. "과연 그 묘한 녀석은, 루비처럼 미등을 켠 채 야마모토 거리(山本通り)의 플라타너스 아래에 멈춰있는 리무진의 그 붉은 등빛이 아닌, 전면에서 비친 두 개의 광속(光束) 속을 빛나면서 떨어지고 있는 빗방울 속에 분명히 있었다." (이나가키 「아름다움의 덧없음」 382p).

29) 하타케야마 『*Underground*』 19p (「후기」).

제5장 거리의 에로티시즘 – 영화에 나타나는 황혼의 점괘

1) 슈미트 「위대한 여배우 · 스기무라 하루코를 그리며」 244p.

2) 바르트 『제3의 의미』 99p.

3) 바르트 『제3의 의미』 100-101pp.

4) 바르트 『제3의 의미』 104-105pp 참조.

5) 바르트 『제3의 의미』 104p.

6) 바르트 『제3의 의미』 101-102pp. 그리고 인용할 때 번역문 중의 '에로티즘' 을 '에로

티시즘'으로 바꾸었다. 바르트는 1967년의 강연 「기호학과 도시계획」에서, '도시의 에로티시즘'의 유래를, 하나의 언설로서의 도시가 지닌 무한한 은유의 연쇄라는 성질, 즉 기호 내용이 항상 다른 기호 내용의 기호 표현이 되는 구조에서 찾고 있다(바르트 『기호학의 모험』 109-110pp 참조). 도시의 기호학을 모색한 이 강연의 서두에서 바르트는, 자신을 기호와 도시의 "아마추어", 즉 어원적으로는 기호나 도시를 "사랑하는 자"로 규정하고, 말미에서는 도시의 기호학의 방법론을 위해 독자로서 일종의 "천진난만함"을 제안하고 있다(97p 및 112p 참조). 도시의 기호학에서 필요한 것은 도시의 기능에 대한 조사나 연구를 늘리는 것이 아니라, 오히려 사심 없는 아마추어에 의한 도시의 개인적 "독해"를 늘리는 일이다. 도시란 한 편의 시이자, "기호 표현을 펼치는 시"이므로, 도시의 기호학이 대상으로 삼아야 하는 것은 그 운동일 뿐, 강직한 구조가 아니다(113p 참조). 이러한 의미의 '기호학'을 본서에서는 '도시의 시학'으로 부르고 있다. 이와 같은 시학에서 순수한 아마추어일 필요성을 둘러싼 바르트의 지적은 대단히 중요한 시사를 품고 있다.

7) 바르트 『제3의 의미』 106p.
8) 바르트 『제3의 의미』 104p.
9) 바르트 『제3의 의미』 106p.
10) 바르트 『제3의 의미』 103p.
11) 바르트 『제3의 의미』 94-95pp 참조.
12) 바르트 『제3의 의미』 95p.
13) Burgin 2004, 16.
14) Cf. Burgin 2004, 18-20.
15) Burgin 2004, 21.
16) 바르트 『텍스트의 쾌락』 93-94pp.
17) 이러한 관련성에 대해서는 버긴이 지적하고 있다. Cf. Burgin 2004, 11.
18) 버긴 『현대미술의 미로』 185p 참조.
19) 버긴 『현대미술의 미로』 190-193pp 참조.
20) 버긴 『현대미술의 미로』 193p. 또한 프로이트 「남성에게 나타나는 대상 선택의 어떤 특수한 유형에 대해서」에 관해서는 Freud 1910 참조.
21)버긴 『현대미술의 미로』 198p.
22) 버긴 『현대미술의 미로』 165-168pp 참조.
23) 슈미트 「위대한 여배우 · 스기무라 하루코를 그리며」 244p 참조.
24) 이러한 상황을 버긴은 "영화의 헤테로토피아(Heterotopia)"라고 부른다. Cf. Burgin 2004, 8-10.
25) 바르트 『제3의 의미』 102p.
26) 프로이트 「히스테리 연구」 16p.
27) 『쓰여진 얼굴』 광고지에 게재된 슈미트의 말에서부터.

28) 이하, 만요슈의 구어 번역은 『만요슈 1(萬葉集 一)』 및 『만요슈 3(萬葉集 三)』에 의한다.

29) 와다 『일본고대의 의례와 제사 · 신앙 중』 342p 참조. 이것은 『니추레키(二中曆)』에 서술되어있는 방법이라고 한다. 그리고 이러한 황혼의 점치기와 같은 풍속뿐만 아니라, 시장이 열리는 시간도 정오에서 저녁때까지였기 때문에, 와다는 거리를, 날짜와 시간을 제한하여 임시로 비일상적 공간이 되는 장소로 파악하고 있다. 와다 『일본 고대의 의례와 제사 · 신앙 중』 340p 참조.

30) 이하, 거리에 나타나는 '교통' 의 모든 양상에 대해서는, 아카사카 『경계의 발생』 62-81pp(「교통의 고대 - 거리를 둘러싼 몇 가지 고찰」) 참조. 또한 와다가 거리를 "일본 고유의 애니미즘의 세계"(와다 『일본 고대의 의례와 제사 · 신앙 중』 342p)로 인식하고 있는 점에 반해, 아카사카는 온 세계의 모든 민족이 어떠한 위상으로 공유하고 있는 보편적인 "경계의 풍경"과 관련된 것으로 생각하고 있다(아카사카 『경계의 발생』 91p 보충 주석1). 예를 들면 이러한 현상은 중세 독일에서 십자로에 깃들어 있는 길의 정령에 대한 신앙 등에서 확인된다. 여기에 덧붙여서 고대 그리스의 삼차로(三叉路)의 수호신이 되어, 지옥의 개를 거느린 명계의 여왕 헤카테를 포함해도 좋을 것이다.

31) 사이고 『고대의 소리 〈증보판〉』 4-34pp(「시장과 우타가키」) 참조.

32) 나카이 『분열병과 인류』 7-8pp 참조.

33) 바르트 『우경(偶景)』 101p(「파리의 밤」). 1979년 8월 28일 날짜가 있다.

34) 대부분 여름부터 초가을에 걸친 파리의 밤을 기술하고 있는 이 텍스트 속에서, 유일하게 1979년 8월 31일의 기록만은 바르트의 고향인 프랑스 남서부의 마을 유르스트에서 썼다. 거기에는 파리의 도회적인 어둠과 대조를 이루는 듯한, 이러한 황혼, 땅거미 질 무렵의 정경이 그려져 있다.

> 이미 꽤 저물어지기 시작한 땅거미의 모습은 유례없는 아름다움이다. 완벽한 나머지, 조금 이상하다고 여겨질 정도이다. 솜처럼 가볍고, 오히려 밝은 회색의 구름, 아두르강 기슭 아득히 먼 저편에 층을 이루어 자욱이 낀 안개, 꽃이 가득한 고요한 집들로 둘러싸인 길, 금빛 반달, 예전처럼 바로 그 귀뚜라미의 소리. 장엄, 정숙. 나의 마음은 슬픔으로, 거의 절망으로 가득 찼다. 어머니에 대해, 어머니가 있는 그리 멀지 않은 근처의 묘지에 대해, 《인생》에 대한 것을 생각하고 있었다.(바르트 『우경』 104p).

제6장 산 자와 죽은 자의 토폴로지 - 마음의 고고학(1)

1) 고바 『정치의 성립』 참조.

2) 고바 『정치의 성립』 314p.

3) Cf. Morris 1987, 205.

4) 고바 『정치의 성립』 328-329pp.
5) 고바 『정치의 성립』 329p.
6) 고바 『정치의 성립』 335p.
7) 고바 『정치의 성립』 339p.
8) Cf. Benvenste 1974, 272-280.
9) Cf. Caciari 1995, 3-7. 또한 미스의 고전성에 대해서는 다나카 준 『미스 반 데어 로에의 전장(戰場)』 194-206pp 참조.
10) Cf. Morris 1987.
11) 나카자와 『신(神)의 발명』 98-103pp 참조.
12) 레비스트로스 『구조인류학(構造人類學)』 320p 및 148-179pp 참조.
13) 후지미초(富士見町) 편찬 『후지미초 사(富士見町史)』 상권, 366-442pp 참조. 고바야시의 분석에 대해서는 시마 「〈토기신체(土器身體)〉의 논리상(像)」 270-274pp에 소개가 있다. 또한 이토지리고고관(井戸尻考古館) 편찬 『되살아나는 고원의 조몬(鱦文)왕국』 참조.
14) 시마 「〈토기신체〉의 논리상」 284-285pp 참조.
15) 후지미초 편찬 『후지미초 사』상권 385p.
16) 고바 『정치의 성립』 316p.
17) 프로이트 「문명 속의 불만」 436p.
18) 미슨 『마음의 선사시대』 참조. 또한 이러한 유동성을 낳은 변화의 거대한 요인 중 하나로, 초기 인류의 어디까지나 사회적인 언어와는 다른, 비사회적인 세계에 관한 "여담적 언어" 의 발생이 거론되고 있다(미슨 『마음의 선사시대』 244-255pp 참조).
19) 마쓰모토 『인지고고학의 이론과 실천적 연구』 3-68pp 참조.
20) 이 논쟁에 대해서는 다나카 준 『죽은 자들의 도시로』 168-169pp 참조.
21) 나카이 『분열병과 인류』 3-38pp 참조.
22) 나카이 『분열병과 인류』 248p 참조.
23) 나카이 『분열병과 인류』 249p 참조.

제7장 아하스베루스의 얼굴 – 마음의 고고학(2)

1) Cf. Kubler 1962, 98-99. 이 점에 대해서 더욱 자세한 사항은 본서의 보론 2를 참조.
2) Kubler 1962, 98-99.
3) Kubler 1962, 12.
4) 크라카우어 『역사』 199p.
5) 크라카우어 『역사』 203p.
6) 크라카우어 『역사』 208-209pp.
7) 크라카우어 『역사』 215-216pp 참조.
8) 나카자와 『어스 다이버』 14p.

9) 나카자와 『어스 다이버』 15p.
10) 나카자와 『어스 다이버』 205p 참조.
11) 나카자와 『어스 다이버』 83-99pp 참조.
12) 우에다 『일본의 도시는 바다에서 만들어졌다』 2-36pp 참조.
13) 우에다 『일본의 도시는 바다에서 만들어졌다』 82-87pp 참조.
14) 나카자와 『어스 다이버』 11-13pp 참조.
15) 나카자와 『어스 다이버』 12-13pp.
16) 다나카 준 『도시표상분석 I』 279-280pp 참조.
17) 나카자와 『어스 다이버』 241p 참조.
18) 나카자와 『어스 다이버』 243p 참조.
19) 벤야민 「쉬르레알리슴」 497p.
20) 벤야민 『파사주론』 제3권 174p, 단편번호 N1, 9.
21) Cf. Kubler 1962, 35; 106-109.
22) 크라카우어 『역사』 208p.
23) 그 외 다이라노 마사카도의 영지가 있고, 토벌된 땅이기도 한 이바라키현(茨城縣)의 관광을 선전하기 위해, 쓰쿠바산(筑波山)의 두꺼비(일본 두꺼비)를 장식품으로 삼았다는 설이나, 뱀에 비유되는 마사카도를 봉인하기 위해, 이른바 '삼자 견제(三者 牽制* 민달팽이는 뱀을, 뱀은 개구리를, 개구리는 민달팽이를 먹는다고 한 데에서 비롯된 말. 3자가 서로 견제하여 셋이 다 자유롭게 행동할 수 없는 것)' 를 이루려고, 개구리와 민달팽이(범어로 쓰인 깃발에 의해 나타난다고 한다)를 배치했다는 등의 설마저 있다. 덧붙여 삼자 견제로 무력한 동물들은 모두 발이 없는지(뱀과 민달팽이), 나중에 보듯이 고대에서는 앉은뱅이의 권속으로 간주되고 있으며(개구리), 지상을 기어 다닐 수밖에 없는 생물뿐이다.
24) 이하, 만요슈의 구어 번역은 『만요슈 1(萬葉集 一)』 및 『만요슈 2(萬葉集 二)』에 의거한다.
25) 『고지키 노리토(祝詞)』 391p. 또한 이하의 『노리토』, 『고지키』, 『니혼쇼키』의 구어 번역은 모두 필자의 졸역(拙譯)이다.
26) 나카니시 『두꺼비 고찰(谷蟆考)』 11p 참조.
27) 『고지키 노리토』 107p 및 109p.
28) 『고지키 노리토』 109p.
29) 나카니시 『두꺼비 고찰』 12p.
30) 『니혼쇼키 상』 88p.
31) 나카니시 『두꺼비 고찰』 16p.
32) 김부타스 『고대 유럽의 신들』 172-175pp 참조.
33) 김부타스 『고대 유럽의 신들』 176-177pp 참조.
34) 워커 『신화 · 전승사전』 261p, 「Frog 개구리」의 항목 참조.

35) 김부타스 『고대 유럽의 신들』 177p 참조.
36) 김부타스 『고대 유럽의 신들』 177p 및 179p.
37) '상징극' 이라는 단어를 미키는 자주 사용하고 있으며, 예를 들면 미키 『바다 · 호흡 · 고대형상』 101p 참조.
38) 미키 『태아의 세계』 107-114pp 참조.
39) 미키 『태아의 세계』 104p 참조.
40) 미키 『태아의 세계』 106p.
41) 미키 『태아의 세계』 223p.
42) 미키 『태아의 세계』 117p 참조.
43) 페렌치 『탈라사』 281p, 다만 Ferenczi 1924, 67; Ferenczi 1977, 86-87에 의해 번역어를 약간 변경했다.
44) 페렌치 『탈라사』 286p 참조.
45) 미키 『바다 · 호흡 · 고대형상』 101p.
46) 다네무라 『기형의 신(神)』 263p.
47) 가나모리 『자연주의의 임계(臨界)』 117-153pp(「생물학에서 생명론으로」) 참조.
48) 가나모리 『자연주의의 임계』 149p.
49) 가나모리 『자연주의의 임계』 150p.

보론 2 **'시간의 형상' 의 형태학**

1) 구라타니 『동물진화형태학』 30p 참조.
2) 구라타니 『동물진화형태학』 32p 참조.
3) 구라타니 『동물진화형태학』 43-44pp 참조.
4) 맥나마라 『동물의 발육과 진화』 참조. 이 "이시성(異時性 헤테로크로니heterochrony" 의 개념과 바르부르크의 "잔존" 개념과의 있을법한 관계성에 대해서는 디디 위베르만 『잔존하는 이미지』 68-71pp 참조.
5) Kubler 1962, viii.
6) Cf. Kubler 1962, 34.
7) Cf. Kubler 1962, 9.
8) Kubler 1962, 40.
9) Cf. Kubler 1962, 41.
10) Kubler 1962, 44.
11) Cf. Kubler 1962, 42.
12) Cf. Kubler 1962, 99.
13) Kubler 1962, 99.
14) 굴드 『개체발생과 계통발생』 99-101pp 참조.
15) Kubler 1962, 55-56.

16) 맥나마라 『동물의 발육과 진화』 99-101pp 참조.

17) 사물의 시퀀스를 과학적으로 파악하기 위한 역사의 방법론에 관해서는, 생물계통학을 참조할 수 있다. 진화생물학을 전문으로 하는 미나카 노부히로(三中信宏* 1958 일본의 생물 환경공학 연구자)는 "계통수 고찰(系統樹 思考)"의 개념 하에, 자연과학과 인문과학을 포섭하는 역사의 과학성에 대해 논하고 있다(미나카 『계통수 고찰의 세계』 참조). 인문과학의 분야에서는 지그리트 바이겔이 계보학(Genealogie), 세대론(Generation), 유전학(Genetik)을 횡단하는 "계보-논리(Genea-Logik)"에 대한 종합적인 고찰을 전개하고 있다(Cf. Weigel 2002, Weigel 2005, Weigel 2006). 또한 Lipo 2006이 나타내듯이, 선사시대 연구에 대한 계통학적 분석의 도입으로 인류학·고고학과 진화생물학은 실제로 방법론적인 차원에서 결부되어 가고 있다.

제8장 장식이라는 이름의 군중 – 신경계 도시론의 계보

1) 지멜 「대도시와 정신생활」 269-285pp 참조.

2) 벤야민 「보들레르의 몇 가지 모티브에 관하여」 449-450pp.

3) 벤야민 「보들레르의 몇 가지 모티브에 관하여」 450p.

4) 벤야민이나 맥루언에게 '감각'은 피부와 대상 사이 접촉의 의미로 한정되지는 않는다. 다만 여기에서 문제가 되는 것은, 그럼에도 불구하고 근대사회에서 감각 그 자체 내지 모든 감각 상호 간의 관계성의 변용이, 다름 아닌 감각을 중심으로 이야기된다는 것의 의미이며, 그것과 결부된 피부라고 하는 감각의 장을 둘러싼 도시론, 미디어론의 토포스이다. 또한 벤야민의 "시각적〔광학적〕 무의식"과 "촉각"의 관계에 관해서는 다나카 준 『잔상 속의 건축』 29-31pp 참조. 맥루언의 감각성의 개념에 대해서는 가도바야시 다케시(門林岳史) 「촉각, 이 쓸데없는 것」 45-56pp 참조. 가도바야시는 이 논문에서, 맥루언의 사고에서는 모든 미디어가 "공감각"과 "마취" 양쪽의 효과를 가지고 있으며, 그중에서도 특히 촉각성은 이 양쪽의 긴장을 통해서 눈앞에 불쑥 나타나는 "미디어의 마술적 측면"이고, 미디어가 초기 단계에서만 가지는 성질로 간주되고 있음을 지적하고 있다.

5) 벤야민 「쉬르레알리슴」 517p.

6) 벤야민 「쉬르레알리슴」 517-518pp.

7) 메를로퐁티 『보이는 것과 보이지 않는 것』 참조.

8) 메를로퐁티 『보이는 것과 보이지 않는 것』 388p.

9) 벤야민 「쉬르레알리슴」 518p.

10) 벤야민 「쉬르레알리슴」 502p.

11) Cf. Weigel 1997. 118-119.

12) 벤야민 『파사주론』 제3권 94p, 단편번호 M3a, 4.

13) 벤야민 『파사주론』 제3권 376p, 단편번호 R1a, 7.

14) 벤야민 『파사주론』 제3권 52p, 단편번호 L1a, 1.

15) 벤야민 『파사주론』 제1권 238p, 단편번호 D2a, 1.
16) 벤야민 『파사주론』 제2권 53p, 단편번호 I4, 4.
17) 실버맨 『아르누보』 28-29pp 참조. 이하 이 주제에 대해서 기술은 같은 책 5장 「새로운 심리학」에 의거하고 있다.
18) Meige 1898, 38. 인용은 실버맨 『아르누보』 160-161pp에 의한다.
19)트랜스크립션(transcription)은 Didi-Huberman 1984, 178에 의한다. 일본어 번역에 대해서는 실버맨 『아르누보』 160p를 참고로 했다.
20) 갈레 『갈레의 예술 노트』 45p.
21) 다니카와 「세기말 빈의 미술-또는 클림트의 뱀」 참조.
22) 비들러 『일그러진 건축 공간』 52-76pp 참조.
23) Cf. Gleiter 2002, 62.
24) 「신경계 미학」「신경계 이미지론」의 논자로는 스태퍼드 외에, 『신경계 미술사』라는 제목의 저서도 있는 카를 크라우스베르크 등이 있다. 이것은 미술사학에서는 어떤 의미에서 전통적인 감각·지각 생리학과의 결합의 연장선상에서 뇌과학의 현저한 발전에 의한 성과에 따라 이미지 현상의 본질을 찾으려는 시도이다(본서의 보론 3 참조). 이 새로운 미학 내지 이미지학의 과제는 생명과학의 성과를 문화적 실천에 도입함으로써, 역사적 인식을 둘러싼 인문학의 지식을 현대의 인지과학과 연결시키는 것이다. 「신경계 도시론」도 역시, 근대 도시론의 하나의 전통을 이루는 신경과학과의 관계에 뿌리내리고 있다. 또한 크레리 『지각의 중지(知覺の宙吊り 注意, スペクタクル, 近代文化* 원제 *Suspensions of Perception: Attention, Spectacle, and Modern Culture*)』는 19세기 말에 나타난 지각의 상태 변용을 둘러싼 분석으로서 「신경계 도시론」과 관련된 중요한 연구이다. 도시론과의 관계라는 점에 대해서는 특히 「에필로그 1907년-로마의 마법」(339-349pp) 참조.
25) 르포르 「민주주의라고 하는 문제」 참조.
26) 카네티 『군중과 권력』 4p.
27) 이 이미지에 관해서는 다나카 준 「레비아탄(Leviathan) 해부」참조.
28) 미나토 『군중론』 328-319pp. 또한 19세기 말에 가장 잘 알려진 군집심리학 서적인 귀스타브 르 봉(Gustave Le Bon* 1841~1931 프랑스의 사회심리학자)의 『군중심리(群集心理)』가 이미 군집을 독자적인 이미지를 생성시키는 지각의 특수한 양태로 그려지고 있는 점에 대해서는 크레리 『지각의 중지』 229-231pp 참조.
29) 벤야민 『도취론』 77p.
30) 벤야민 『도취론』 78p.
31) 미나토 『군중론』 92p 참조.
32) Michaux 1972, 86-87.
33) 미나토 『군중론』 93p.

34) 미나토 『군중론』 94p.
35) 벤야민 「프란츠 카프카」 150p.

보론 3 신경계 이미지학을 향해서

1) Cf. Bredekamp 2004, 15-16.
2) Bredekamp 2004, 17-18.
3) 스태퍼드 『굿 루킹』 참조.
4) Cf. Belting 2003.
5) Cf. Clausberg 2003.
6) Cf. Stafford 2003.
7) 디디 위베르만 『잔존하는 이미지』 246p.
8) 디디 위베르만 『잔존하는 이미지』 248p.
9) 긴즈부르그 『어둠의 역사』 36p.
10) 디디 위베르만 『잔존하는 이미지』 302-323pp.
11) 리벳 『마인드 타임』 참조.
12) 기무라 『관계로서의 자신』 11p 참조.
13) 기무라 『관계로서의 자신』 11p.
14) 나카이 『징후 · 기억 · 외상』 2-36pp 참조. 또한 이 착상은 나카이의 통합실조증(분열병)론에서 출발하고 있다. 이 점에 대해서는 나카이 『분열병과 인류』 3-38pp 및 『최종강의』 참조.
15) 긴즈부르그 『신화 · 우의 · 징후』 177-226pp 참조.
16) 디디 위베르만 「형식적 특이성의 인류학을 위해」 242-243pp 참조.
17) 다나카 준 『아비 바르부르크 기억의 미궁』 61-63pp 참조. 덧붙여서 유럽에서는 유대인을 멸시하여 '돼지' 로 비유하고 있었다. 즉 유대인 바르부르크는 스스로 그 차별적 표상을 받아들이고 있었던 것이다. 게다가 바르부르크를 습격한 정신적 위기의 직접적인 원인은 유대인 박해에 대한 심각한 불안이었다. 나카이는 "사냥하는" 자이기 이전에 다른 동물에게 "사냥당할 수 있는" 존재였던 최고의 채집자들에게서, 통합실조증에 친화적인 징후 우위적 인지 특성의 원형을 찾고 있지만(나카이 『분열병과 인류』 17p), 바르부르크는 이른바 "사냥당하는" 돼지로서의 불안의 극한점에서 발병했다.
18) 나카이 『징후 · 기억 · 외상』 21p. 페렌치 역시 『탈라사』에서 후각기관의 역할과 사고가 매우 유사하다고 지적하고, 냄새를 관념 작용의 생물학적 프로터 타입(proto-type* 기본형, 원형)으로 파악하고 있다(페렌치 『탈라사』 297p 참조). 또한 통합실조증 환자에게는 특유의 냄새가 있으며, 이것은 인간이 불안할 때 생기는 경계 페로몬일지도 모른다는 설이 있다. 나카이는 통합실조증 환자이든 아니든, 불안한 인간이 어떤 종류

의 냄새를 발하는 것을 직접 경험했다고 한다(나카이 『분열병과 인류』 17p 참조).

(보충 주석) 냄새, 촉감, 희미한 소리 등의 징후, 색인, 또는 가장 막연한 예감, 여운에 의한 '메타 세계' 의 경험은 C. S. 퍼스에 의한 연속성의 철학이나 구키 슈조의 우연성의 철학과 서로 반향하고 있다. 퍼스의 철학에는, 시각 세계에 구애받지 않고 후각이나 촉각의, 정묘하고 애매한 냄새, 촉감, 온감(溫感)으로 이루어지는 세계로 몸을 돌림으로써, 무한하게 연속하는 성질의 세계인 우연성의 세계, 잠재성의 우주를 살짝 엿볼 수 있다는 생각이 있었다(이토 『퍼스의 우주론』 182p 참조). 이토 구니타케는 퍼스가 『연속성의 철학』에서 묘사한, 칠흑의 어둠에 둘러싸여 다양한 향기로 가득 찬 "냄새의 동굴" 로 이어지는, 냄새와 다른 세계와의 교류를 향한 강한 관심을, 보들레르의 시 「조응(照應 correspondence)」(『악의 꽃』 초판 1857)과 에머슨(Ralph Waldo Emerson* 1803~1882 미국의 시인, 사상가)의 시 「스핑크스」(『시집』 1846)의 "용연향(龍涎香), 사향(麝香), 안식향(安息香), 훈향(薰香)" (보들레르)이나 "헨루더(wijnruit* 운향풀)나 몰약(沒藥 myrrh)이나 캐러웨이(caraway)" (에머슨)에 의한 감각의 열광 · 각성 등의 모티브로 확인하고 있다(이토 『퍼스의 우주론』 179-182pp). 게다가 이토는 금목서(金木犀)의 냄새로 인해 "내가 태어난 것보다 훨씬 먼 곳" "그곳에서는 아직 가능이 가능인 채로 남아있던 곳" 으로 옮겨진다고 쓴 구키 슈조(「소리와 냄새」 168p)로부터, 창조론적인 전망 하에서 서술된, 시각 이외의 감각, 특히 후각이 이끄는 원초의 우연성과 가능성의 세계라고 하는 퍼스적인 모티브를 발견하고 있다. 그곳에는 "여러 타향의 향기는 공간 체험의 가능성을 대폭 확장할 뿐만 아니라, 현실을 넘어선 시간의 단편을 더듬어가는 도표(道標)가 될 수 있을지도 모른다" (이토 『퍼스의 우주론』 187p)라는 통찰이 시사되어 있다. 퍼스가 다음과 같이 썼을 때, 그는 아득히 먼 시간을 넘어서, 원초에 있던 연속성의 '여운' 을 감지하고 있는 것이다.

우리가 현재 체험하는 색, 냄새, 소리, 또는 다양하게 기술되는 감정, 사랑, 슬픔, 놀라움은, 모두 태고의 옛날에 멸망한 여러 가지의 성질의 연속체에서 남겨진 잔해라고 생각할 수밖에 없다. 그것은 정확히 폐허의 이곳저곳에 남겨진 원기둥이, 이전에는 그곳에 옛 광장이 있었고, 바실리카 성당이나 사원이 웅장하고 아름다운 전체를 이루고 있었음을 증언하고 있는 것과 같다(퍼스 『연속성의 철학』 256-257pp).

본서 제11장에서 논하고 있는 바와 같이, 퍼스의 발견의 논리인 '어브덕션' 에는 예리한 감각과 깊이 연결된 정동이 강하게 작용하고 있다. 우연성 · 잠재성의 우주라고 하는 '메타 세계' 를 감지하는 퍼스(또는 쿠키) 자신의 "지식의 신체성" 을 문제 삼아야 할 것이다.

제9장 도시의 애니미즘 – 신의 원풍경

1) 카유아 『신화와 인간』 23p.

2) 카유아 『신화와 인간』 67-68pp.

3) 카유아 『신화와 인간』 115p 참조.
4) 카유아 『신화와 인간』 116-117pp.
5) 본서 제8장 참조.
6) 카유아 『메두사와 그 무리들』 146p.
7) 카유아 『메두사와 그 무리들』 167p 참조.
8) 카유아 『신화와 인간』 40p.
9) 이와타 『가미(カミ)와 신(神)』 및 『가미(カミ)의 인류학』 참조.
10) 이와타 『가미와 신』 250p.
11) 이와타 『가미와 신』 40p.
12) 이와타 『가미의 인류학』 336p 참조.
13) 본서 제2장 참조.
14) 카유아 『신화와 인간』 171p.
15) 카유아 『사선』 187-192pp 참조.
16) 1997년 3월 5일 나카자와 신이치와의 대화에서. 나카자와 『포켓 속의 야생』 13-16pp 참조.
17) 나카자와 『포켓 속의 야생』 119p 참조.

제10장 개의 거리 – 경계의 서사시, 모리야마 다이도 『신주쿠』

1) 오리구치 노부오의 민속학에 서술된 경계 관념의 간결한 정리로서, 아카사카 『경계의 발생』 42-46pp 참조. 그리고 중세 민중 문화에 나타나는 경계 관념에 대해서는, 요코이 『중세 일본문화사 논고』 10-56pp 참조. 도시의 주변에 있는 '고개'의 은유적 의미를 둘러싸고, 요코이는 교토의 기요미즈사카(青水坂)나 나라의 나라자카(奈良坂), 가마쿠라의 게와이자카(化粧坂 氣和飛坂)를 예시로 거론하고 있는데, 그곳이 "이른바 걸인과 천민이 많이 모인 장소(천민 숙소)이기도 했으며, 민간의 잡다한 예능인의 휴식과 준비 장소이기도 하고, 또한 시체 냄새가 퍼져 까마귀 무리나 야생개가 모이는 매장지와 인접한 지역이자, 도둑 · 괴물이 출몰하는 공포의 공간이기도 했다"고 지적하고 있다(요코이 『중세 일본문화사 논고』 26-27pp).
2) 게네프 『통과의례』 25p, 역주 16 - i 참조.
3) 게네프 『통과의례』 23-24pp.
4) 이 테마에 관한 포괄적인 연구로서, 메닝하우스(Winfried Menninghaus* 1952~ 독일의 문화학자) 『문지방 학』 참조.
5) 벤야민 『파사주론』 제3권 263-264pp 단편번호 O2a,1.
6) 벤야민 『파사주론』 제1권 213-214pp 단편번호 C7,4' 및 216p 단편번호 C7a, 3참조. 노아크의 원래 논문에서 해당 부분은 Noack 1928, 150-151; 154.
7) 벤야민 『파사주론』 제3권 70-71pp 단편번호 L5,1 참조. Cf. Noack 1928, 153, Anm. 2. 노아크는 여기에서 게네프의 『통과의례』와 프레이저의 『황금가지(*The Golden*

Bough)』를 참조하고 있다.
8) 벤야민 『파사주론』 제1권 215-216pp 단편번호 C7a, 2참조. Cf. Noack 1928, 168.
9) 벤야민 『파사주론』 제3권 71p 단편번호 L5,1.
10) 벤야민 『파사주론』 제3권 77-78pp 단편번호 M1,2.
11) 벤야민 『파사주론』 제1권 21p(「파리 - 19세기의 수도」 독일어 초고). 번역은 약간변경해서 보충했다.
12) 벤야민 『파사주론』 제3권 79p 단편번호 M1, 5참조.
13) 벤야민 『파사주론』 제3권 81p 단편번호 M1a,1' 및 85p, 단편번호 M2,4참조.
14) 벤야민 「쉬르레알리슴」 503p.
15) 벤야민 『파사주론』 83p 단편번호 M1a,3.
16) 세키네 「〈「도쿄」〉를 인류학하기〉위한 메모」 514p.
17) 세키네 「〈「도쿄」〉를 인류학하기〉위한 메모」 516p.
18) 세키네 「〈「도쿄」〉를 인류학하기〉위한 메모」 518p.
19) 고토 「도시를 보다, 도시를 읽다」 105-107pp 참조.
20) 우의(愚意)로써의 패턴 랭귀지에 대해서는 나카타니 『세버럴니스』 209-219pp 참조.
21) 작품의 실제에 대해서는, 고토 「도시를 보다, 도시를 읽다」 86-100pp 및 109-112pp. 고토의 홈페이지에도 작품이 공개되어 있다.
URL=http://www.chs.nihon-u.ac.jp/soc_dpt/ngotoh/tokyo/
22) 아카세가와 『초예술 토머슨』 참조.
23) 다나카 준 『도시표상분석 I』 71-73pp 참조.
24) 모리야마 『과거는 언제나 새롭고, 미래는 늘 그립다』 214p.
25) 모리야마 『과거는 언제나 새롭고, 미래는 늘 그립다』 214p.
26) 모리야마 『과거는 언제나 새롭고, 미래는 늘 그립다』 221p.
27) 모리야마 『과거는 언제나 새롭고, 미래는 늘 그립다』 218-219pp 및 224p 참조.
28) 모리야마 『개의 기억』 17p.
29) 모리야마 『개의 기억』 40-41pp 참조.
30) 모리야마 『개의 기억』 54p 참조.
31) 모리야마 『개의 기억』 128p.
32) 모리야마 『개의 기억』 176-177pp.
33) 모리야마 『개의 기억』 116p.
34) 모리야마 「절대평면도시」 26p.
35) '영년' 의 개념에 관련해서는, 다나카 준 『도시표상분석 I』 104-135pp 참조.
36) 모리야마 「절대평면도시」 46p 참조.
37) 모리야마 「절대평면도시」 26p 참조.
38) 모리야마 「절대평면도시」 46-47pp 참조.
39) 모리야마 「절대평면도시」 48p.

40) 이 점에 대해서는 다른 관점에서 논한 적이 있다. 다나카 준 『도시표상분석 I』 50-54pp 참조.
41) 모리야마 「절대평면도시」 44p 참조.
42) 모리야마 「절대평면도시」 45p 참조.
43) 모리야마 『신주쿠』 리플릿(leaflet) 「신주쿠는……」. 이하 여기에서의 인용에 대해서는 출전 주석을 생략한다.
44) 『25인의 20대의 사진』 90p. 또한 모리야마는 이 작품을 배경으로써, 초등학교의 이과(理科) 교과서에 나란히 그려진 토끼와 거북이와 물고기와 사람 태아의 삽화가 꼭 닮은 모습이었다는 점에서 받은 쇼크와 위화감을 언급하고 있다(『25인의 20대의 사진』 91p 참조).
45) 모리야마 『개의 기억』 14p.

제11장 **사냥꾼들의 이야기 – 렌가로서의 노상관찰**

1) 다나카 준 「늑대들의 시간」 참조.
2) Cf. Lincoln 1991, 101.
3) 미나토 『전조로서의 사진』 8-12pp 참조.
4) 긴즈부르그 『신화 · 우의 · 징후』 177-226pp 참조. 추론적 패러다임의 이러한 재(再)부상(浮上) 자체가 어떠한 특정 시대에 집중된 현상이었던 것처럼, 징후적 지식의 발현 형태에는 역사적인 변화가 확인된다. 예를 들면 징후적 지식과 깊게 결합한 의학에 대해서는, 18세기말 유럽에서 병을 둘러싼 가능성의 형태가 격변했다는 『임상의학의 탄생』에 대한 미셸 푸코의 지적이 있다.

   긴즈부르그의 논의는 이러한 역사적 단절보다도 장기적 지속에 주목하고 있으며, 그러한 점에서는 푸코의 분석을 감안하여, 임상의학적인 시선과 언설의 관계에 대해 연구한 논문 「기호학과 의학」에 서술된 롤랑 바르트의 고찰이 시사적이다. 바르트는 19세기의 임상의학 같은 실증과학이 어떤 특정한 이데올로기적인 세계관에 관여하는 해석학과 일체화한다는 등의 일이 어떻게 일어날 수 있는지, 자문하고 있으며, 의학의 행위가 그 자체의 내부에서 신화적인 도식이 유통하는 것을 배제하지 않는다고 답하고 있다. 왜냐하면 의학적인 기호학=징후학은 어떠한 종(種)의 '애니미즘적 타입' 의 도식에 상당히 정확하게 대응하고 있기 때문이다. 그 도식 아래에서는 신체의 비밀의 장소에 있는 질환으로부터 전송된 기호=징후라는 메시지를 의사가 받아서, "이른바 신의 뜻을 해독하는 점쟁이처럼" 해석을 내려야한다고 정해져 있다. 이 기호학적=징후학적 의학은, 결국 일종의 '점(占)' 인 것이다. 그러므로 오히려 문제는 바로 의학이 오늘날에도 역시 기호학적=징후학적인지 아닌지의 여부에 있다(바르트 『기호학의 모험』 130-131pp 참조).
5) 다음 논문에 서술된 조르주 디디 위베르만의 비판을 참조. 디디 위베르만 「형식적 특이성의 인류학을 위해」 237-245pp.

6) 와타나베 고조는 알퐁스 베르티옹(Alphonse Bertillon* 1853~1914 프랑스 파리 경찰의 범죄감식반장)에 의한 개체식별법에 관한 논고의 주석에서 "징후-추론의 지식"과 베르티옹적인 "판별-동정의 지식"은 엄격하게 구별해야 하며, 후자를 전자에서의 연장으로 간주하는 긴즈부르그를 비판하고 있다. 와타나베 『사법적 동일성의 탄생』 411p 참조.
7) 긴즈부르그 『신화 · 우의 · 징후』 189p.
8) 긴즈부르그 『신화 · 우의 · 징후』 225-226pp 참조.
9) 그러나 편지에서 간단히 기술되었을 뿐인 월폴의 기술은 틀림없이 『편력』 속의 낙타 발견 에피소드를 언급하고는 있지만, 전체적으로는 의도가 애매하여 반드시 세렌디피티를 추론적 지식과 명확하게 결부시키고 있는 것은 아니다. 이것이 현재에 이르기까지 언어의 다의성을 낳는 바탕이 되었다. Cf. Merton and Barber 2004.
10) 긴즈부르그 『신화 · 우의 · 징후』 213p 참조.
11) 긴즈부르그 『신화 · 우의 · 징후』 190p 참조.
12) 벤야민 『도설 사진소사(圖說 寫眞小史)』 54-55pp 참조.
13) 벤야민 「모방의 능력에 대하여」 81p 참조.
14) 벤야민 『도설 사진 소사』 16-17pp 참조.
15) 다나카 준 「역사의 현상」 참조.
16) 벤야민 「이야기 작가」 301p.
17) 미나토 『전조로서의 사진』 23p.
18) 티스롱 『밝은 방의 수수께끼』 174p.
19) 세벅 「『나의 방법은 아시다시피』」 25p 참조.
20) Peire 1932, 2. 643. 번역문은 세벅 「『나의 방법은 아시다시피』」 26-27pp에 의거한다.
21) 세벅 「『나의 방법은 아시다시피』」 26-27pp 참조.
22) 나카이 『징후 · 기억 · 외상』 20-21pp 참조.
23) 이토 『퍼스의 우주론』 135-136pp 참조.
24) 시턴 『시턴의 자연관찰』 10p 참조.
25) 시턴 『시턴의 자연관찰』 94-96pp.
26) 시턴 『시턴의 자연관찰』 97-100pp.
27) 난고 「동물화하는 그래피티 / 타투」 148p 참조.
28) 아라마타 『박물학은 아버지』 281p.
30) 다나카 치히로 「토머슨은 거리의 코멧 헌터」(comet hunter* 혜성 탐색가) 224p.
31) 아카세가와 『초예술 토머슨』 306p.
32) 마쓰오카 신페이 『연회의 신체』 70p.
33) 요모다 『마멸의 부(賦)』 153p 참조.
34) 아카세가와 『초예술 토머슨』 10p.
35) 아카세가와 『초예술 토머슨』 292p, 294p. 여기에서 토머슨이라는 도시의 징후가 희

미한 냄새로 비유되어 있는 점에 주목하고 싶다.
36) 마쓰오카 신페이 『연회의 신체』 54p 참조.
37) 벤야민 「이야기 작가」 305-306pp 참조.
38) 마쓰오카 신페이 『연회의 신체』 16p 및 60-64pp 참조.
39) 미나토 『전조로서의 사진』 14p 참조.

제12장 도시라는 경이로운 방 – 박물지의 지식에 대한 재고

1) 웨슬러 『윌슨 씨의 경이로운 진열실』 참조. 또한 쥐라기 테크놀러지 박물관의 전시에 대해서는 아래의 사이트에서 상세하게 알아볼 수 있다

(The Museum of Jurassic Technology: URL=http://www.mjt.org/). 박물관의 전시와 관련된 서술은 기본적으로 웨슬러의 저서 및 The Museum of Jurassic Technology 2002에 따르지만, 사이트상의 정보로 세부 사항을 보충한 경우도 있다.
2) 이 팜플렛의 내용에 대해서는 웨슬러 『윌슨 씨의 경이로운 진열실』 27-30pp 참조. 또한 주 1에서 거론한 사이트에는 같은 내용의 서문(introduction)이 있다.
3) 웨슬러 『윌슨 씨의 경이로운 진열실』 41-42pp 참조.
4) 웨슬러 『윌슨 씨의 경이로운 진열실』 40p.
5) 웨슬러 『윌슨 씨의 경이로운 진열실』 41p.
6) 웨슬러 『윌슨 씨의 경이로운 진열실』 61p.
7) 그린블랫 『경이와 점유』 22p.
8) 브레데캄프 『고대 동경(憧憬)과 기계신앙』 11-13pp 참조.
9) 브레데캄프 『고대 동경과 기계신앙』 56-57pp 참조.
10) Cf. MacGregor 1994, 92-94.
11) 브레데캄프 『고대 동경과 기계신앙』 103-104pp.
12) 브레데캄프 『고대 동경과 기계신앙』 104p.
13) 브레데캄프 『고대 동경과 기계신앙』 94-102pp 참조.
14) 스태퍼드 『아트풀 사이언스』 257p.
15) 스태퍼드 『아트풀 사이언스』 257p.
16) 스태퍼드 『아트풀 사이언스』 257p.
17) 푸코 『언어와 사물』 5p.
18) 브레데캄프 『고대 동경과 기계신앙』 157p 참조.
19) 브레데캄프 『고대 동경과 기계신앙』 124-128pp 참조.
20) 스태퍼드 『아트풀 사이언스(Artful Science)』 280-281pp.
21) 스태퍼드 『아트풀 사이언스』 281p 참조.
22) 스태퍼드 『아트풀 사이언스』 295p.
23) 스태퍼드 『비주얼 아날로지』 및 본서 보론 3 참조.
24) 스태퍼드 『비주얼 아날로지』 173p.

25) 니시무라 『문명 속의 박물학』 제II장 「꽃 피는 에도의 박물학」 참조.

26) 니시무라 『문명 속의 박물학』 473-474pp.

27) 니시무라 『문명 속의 박물학』 135-136pp 참조.

28) 니시무라 『문명 속의 박물학』 146-174pp 참조.

29) 니시무라 『문명 속의 박물학』 382-387pp 참조.

30) 이마하시 『에도의 화조화(花鳥畵)』 326-328pp 참조.

31) 에도시대의 박물학과 회화 및 문예의 관계에 대해서는 이마하시 『에도의 화조화』(특히 제7장 「우키요에 화조판화의 시학(浮世繪花鳥版畵の詩學)」) 및 『에도 회화와 문학』 참조. 이마하시 『에도 회화와 문학』, vii페이지(「시작하면서」)가 지적하고 있듯이 에도시대의 박물학에서는 사물 그 자체와 그것에 얽힌 언설이 같은 비중으로 취급되고 있으며, 사물은 회화로 정밀하게 재현되는 한편, 그것을 말로 이야기하는 언설은 과학적인 관찰기록, 고전문학의 이야기 · 시가 · 전설, 구승(口承)에 의한 일화(옛날이야기) · 기담(奇談), 게다가 거리의 풍문 · 세상 이야기까지를 등가(等價)의 가치로 포함하고 있는 매우 이종(異種) 혼교적인 상태였다. 이마하시 『에도의 화조화』 387p에서 서술하고 있는 바와 같이, 이종 혼교적인 언설과 도상이 병존하는 이러한 상태는 삽화가 들어간 하이쿠 책, 에데혼, 본초서 이외에, 초기 화조 판화에서도 확인된다. 이마하시는 18세기 이전 유럽의 박물학과 그 이후의 박물학적 지식과의 단절을 강조하는 푸코의 지론(持論)에 화조 판화의 변용을 어떻게든 조율시키고자 노력하고 있지만, 에도 말기를 대표하는 화가로 평가받는 우타가와 히로시게(歌川廣重* 1797~1858 에도 말기의 우키요 화가)의 화조 판화나 사카이 호이쓰(酒井抱一* 1761~1828 에도 후기의 화가, 시인)의 화조화에서조차 하이쿠와의 유대를 끊은 것은 아니었다.

32) 그린블랫 『경이와 점유』 36p.

33) 그린블랫 『경이와 점유』 39p.

34) 그린블랫 『경이와 점유』 139p.

35) 그린블랫 『경이와 점유』 140p.

36) 마쓰우라 『지식의 정원(知の庭園)』 150p.

37) 마쓰우라 『지식의 정원』 150p.

38) 다나카 준 『도시표상분석 I』, 「부패하는 습원도시 – 쇼와의 죽음과 도쿄」 참조.

39) 벤야민 『파사주론』 제3권 379p 단편번호 R2, 3 참조.

40) 웨슬러 『윌슨 씨의 경이로운 진열실』 9-10pp.

41) 웨슬러 『윌슨 씨의 경이로운 진열실』 102-103pp 참조.

42) 이 박물관의 내진 대책을 위해 파사드의 리폼을 의뢰받은 건축가들(로버트 맨글리언과 메리 앤 레이)은 컬렉션을 "에워싸는" 것으로서, 그 자체가 윌슨의 박물관과도 유사한 아상블라주(Assemblage* 갖가지 물건을 그러모아서 작품을 구성하는 기법)의 형태를 취한, 40이 넘는 "도시의 표면"을 제안하고 있다(Cf. Mangurian 2000). 이것은 도시와 "경이로운 방"을 상호적으로 서로 에워싸는 것 같은 관계성이, 파사드라는 경

계면에서 저절로 다양한 표정을 보여주는 결과가 된 현상이라고 할 수 있을 것이다.

제13장 무연의 근원 – 강변의 모래밭과 영혼의 시장

1) 도시연쇄연구체「연쇄식 도시의 이모저모」 참조.
2) 나카타니「도시와 카드」 참조.
3) 도시연쇄연구체「연쇄식 도시의 이모저모」 77p.
4) 시미즈「선행 디자인론」 70p 참조.
5) 후지모리 외「디스커션」 150p에 서술된 나카타니의 발언 참조.
6) 후지모리 외「디스커션」 156-157pp에 서술된 시미즈 및 나카타니의 발언 참조.
7) 후지모리 외「디스커션」 147p에 서술된 나카타니의 발언 참조.
8) 아미노『일본 중세도시의 세계』 267p.
9) 아미노『일본 중세도시의 세계』 273p 주6 참조.
10) 미야모토 쓰네이치『잊혀진 일본인』 171-172pp(「가지타 도미고로 노인(梶田富五郎翁)」) 참조.
11) 아미노『일본 중세도시의 세계』 266-267pp 참조.
12) 나카타니『세버럴니스』 115-119pp 참조.
13) 요코이「천민이 있던 우주」 5-36pp.
14) 요코이『중세 민중의 생활문화』 238p 참조.
15) 오리구치「염불 춤(念仏踊り)」 119p 참조.
16) 아미노『증보 무연 · 공적장소(公界) · 즐거움』 336-353pp(「도시가 될 수 있는 장소」) 참조.
17) 모리쿠리『강변마을의 역사와 도시민속학』 67-68pp 참조.
18) 모리쿠리『강변마을의 역사와 도시민속학』 314-315pp 참조.
19) 모리쿠리『강변마을의 역사와 도시민속학』 270-274pp 참조.
20) 모리쿠리『강변마을의 역사와 도시민속학』 38-40pp 참조.
21) 모리쿠리『강변마을의 역사와 도시민속학』 551p 참조.
22) 모리쿠리『강변마을의 역사와 도시민속학』 552-553pp 참조.
23) 모리쿠리『강변마을의 역사와 도시민속학』 547-548pp에 인용된 사쿠라이 도쿠타로의 설을 참조.
24) 모리쿠리『강변마을의 역사와 도시민속학』 551p 참조.
25) 구로다『경계의 중세 상징의 중세』 264p.
26) 구로다『경계의 중세 상징의 중세』 267p.
27) 요시무라『중세 지역사회의 역사상』 313-317pp(「낙숫물 고찰」) 참조.
29) 가사마쓰「〈묘지〉의 법리」 참조.
30) 모일리「카니발의 기원」 199p 참조.
31) 모일리「카니발의 기원」 189p 및 197p.

32) 페렌치 『탈라사』 281p 참조, 다만 일본어 번역의 문장 뜻에 확실치 않은 점이 있으므로, Ferenczi 1924, 66-67; Ferenczi 1977, 86을 참조하시오.
33) 나카자와 『악당적 사고』 205p 참조. 또한 "매끄러운 공간" "구분지어진 공간" 이라는 용어는 질 들뢰즈(Gilles Deleuze)와 펠릭스 가타리(Felix Guattari* 1930~1992 프랑스의 철학자)의 『천 개의 고원(Mille Plateaux)』에서 채택하고 있다. 본서에서는 일반적인 번역어인 "평활 공간" "조리 공간" 을 사용한다.
34) 아미노 『증보 무연 · 공적장소 · 즐거움』 322p 참조.
35) 아미노 『일본론의 관점』 302-307pp 참조. 또한 이러한 "마당(정원)" 의 본연의 상태는, 에도시대의 쇼군 직속의 밀정이자 첩보 무사인 '오니와반(御庭番* 정원지기)' 과도 통하고 있다. 그곳에서는 "마당" 을 매개로 하여 쇼군과 직결되는 길이 열려 있었다. 아미노는 무로마치시대에 '긴리오니와모노(禁裏御庭者* 궁중 정원사)' ' 센토오니와모노(仙洞御庭者* 상황 처소 정원사)' 또는 '구보오니와모노(公方御庭者* 조정 · 쇼군 저택 정원사)' 로 불리며, 정원 만들기나 토목 등에 종사하는 천민인 '니와(庭)' 도 천황 · 상황 · 쇼군에 직속하는 '오니와반' 의 모습과 깊게 연관되어있는 것은 아닌가, 추측하고 있다.
36) 아미노 『일본론의 관점』 312-313pp.
37) 마쓰오카 세이고 『산수사상(山水思想)』 360-373pp 참조.
38) 가레산스이와 천민의 관계에 대해서는, 이토 『가레산스이』가 상세하다.
39) 요코이 「천민이 있던 풍경」 5-42pp 사진 캡션 참조. 그리고 데라야마 슈지 감독 『전원에 죽다』의 마지막 장면에서 20년 전의 어머니와 현재의 주인공(감독의 분신)이 식사를 하는 오소레잔(恐山)과 인근 마을의 저택 안의 배경이 "본적지 도쿄도 신주쿠 신주쿠아자 오소레잔" 이라는 대사와 함께 단숨에 쓰러지고, 그곳이 신주쿠의 스크램블 교차점(scramble交差点* 대각선 횡단보도)이라는 것이 확실해졌을 때, 우리들은 이곳 신주쿠도 역시 삼도천임이 틀림없다는 사실을 알게 된다.

제14장 방법의 생태학 – 다윈 · 벤야민 · 미야모토 쓰네이치

1) 윅스퀼 『생물로부터 본 세계』 참조.
2) 사사키 『다윈적 방법』 「제1장 다윈적 방법」 참조.
3) 다윈 『지렁이와 흙』 참조.
4) 사사키 『다윈적 방법』 53p.
5) 사사키 『다윈적 방법』 55p.
6) 사사키 『다윈적 방법』 56p.
7) 사사키 『다윈적 방법』 298p.
8) 리드 『어포던스의 심리학』 389p 참조.
9) 리드 『어포던스의 심리학』 89p 참조.
10) 리드 『어포던스의 심리학』 391p 참조.

11) 리드 『어포던스의 심리학』 252-253pp 참조.
12) 벤야민 『파사주론』 제3권 12p 단편번호 K1a, 8.
13) 벤야민 『파사주론』 제3권 184-185pp 단편번호 N2a, 4 참조.
14) 일례로, 벤야민 『파사주론』 제3권 198p 단편번호 M16a, 3 참조.
15) 벤야민 『1900년경 베를린의 유년시절』(마지막 원고) 566p.
16) 벤야민 『1900년경 베를린의 유년시절』(마지막 원고) 470p 참조.
17) 벤야민 『1900년경 베를린의 유년시절』(아도르노-렉스노트 원고) 560p.
18) 벤야민 『1900년경 베를린의 유년시절』(마지막 원고) 561p. 다만 원문(Benjamin 1938, 417)의 "Weichtier"은 "연체동물"로 번역했다.
19) 미야모토 쓰네이치 『하늘로부터의 민속학』 참조.
20) 미야모토 쓰네이치 『나의 일본지도 1 덴류가와를 따라서』 240-245pp 참조. 5만 장이라는 추측은 "그렇다 하더라도 한 권에 약 500장, 이것을 200권 가까이, 풀로 붙이는 일을 맡아준 아내도 정말 힘들었을 거로 생각한다"라는 서술에 따른다. 그리고 미야모토가 올림푸스S를 손에 넣은 것은 1960년 12월 22일이다(마이니치신문사每日新聞社 편찬 『미야모토 쓰네이치 사진·일기 집성』 상권 236p 참조). 이 카메라는 같은 해 6월에 발매가 개시되었으며, 소형 경량으로 기동성과 속사성(速寫性)이 뛰어날 뿐만 아니라, 하프 카메라이므로 36장 촬영의 필름으로 72장의 촬영이 가능했다.
21) 미야모토 쓰네이치 『나의 일본지도 1 덴류가와를 따라서』 242p.
22) 사노 『미야모토 쓰네이치의 사진으로 읽는 잃어버린 쇼와』 21p 참조. 주23에서 소개할 〈미야모토 쓰네이치 데이터베이스〉에서도 에마키모노의 접사 화상(接寫畫像)을 확인할 수 있다.
23) 마이니치신문사 편찬 『미야모토 쓰네이치 사진·일기 집성』 상권 3p(「출간에 즈음하여」) 참조. 필자는 명기되어 있지 않다. 그리고 스오오시마 문화교류센터는 인터넷상에 〈미야모토 쓰네이치 데이터베이스〉를 개설하고 있으며(URL=http://www.towatown.jp/database/), 일부 사진 화상의 열람이 가능하다(분류단위가 되는 화상번호에 의하면, 2007년 9월 현재 열람 가능한 사진 화상은 약 2만 장이며, 한 장에 하프사이즈로 2장이 포함된 화상도 많다). 이 데이터베이스는 『미야모토 쓰네이치 사진·일기 집성』과는 필름 번호를 지정하는 방법이 다르고, 촬영 연도와 날짜에도 차이가 있다.
24) 마이니치신문사 편찬 『미야모토 쓰네이치 사진·일기 집성』 상권 4-5pp.
25) 마이니치신문사 편찬 『미야모토 쓰네이치 사진·일기 집성』 상권 5p.
26) 미야모토 치하루 「아버지의 사진」 15p.
27) 마쓰야마 「미답의 경관학을 위해」 참조.
28) 마쓰야마 「미답의 경관학을 위해」 9p.
29) 사노 『미야모토 쓰네이치의 사진으로 읽는 잃어버린 쇼와』 5p 및 39p 참조.
30) 사노 『미야모토 쓰네이치의 사진으로 읽는 잃어버린 쇼와』 5p.

31) 사노 『미야모토 쓰네이치의 사진으로 읽는 잃어버린 쇼와』 6p.
32) 마쓰야마 「미답의 경관학을 위해」 9p 참조.
33) 모리야마 「이 사람은, 이노 다다타카(伊能忠敬) 같아」 11p.
34) 아라키 노부요시 「『풍경』이라기보다 『정경』이군」 참조.
35) 히라시마 「잊혀진 암실 작업」 23p.
36) 모리야마 「이 사람은, 이노 다다타카 같아」 11p.
37) 마이니치신문사 편찬 『미야모토 쓰네이치 사진 · 일기 집성』 하권 138-142pp 참조.
38) 본서 제13장 참조.

제15장 도시의 시학 – 하기와라 사쿠타로의 스테레오 사진

1) 하기와라 사쿠타로 연구회 편찬 『하기와라 사쿠타로 촬영사진집』 및 『하기와라 사쿠타로 사진작품 노스탤지어』 참조. 사쿠타로가 촬영한 사진에 관한 기본적인 정보는 이 두 권의 사진집에 따랐다. 또한 '스테레오스코프' 는 통상 스테레오 사진(입체사진)을 보기 위한 장치를 가리키지만, 사쿠타로는 '스테레오 카메라' 의 의미로 이 단어를 사용하고 있다.
2) 하기와라 사쿠타로 「나의 사진기」 347-348pp.
3) 하기와라 요코 「아버지와 입체사진」 4p 참조.
4) 하기와라 사쿠타로 「나의 사진기」 348p.
5) 크레리 『관찰자의 계보』 184p.
6) 크레리 『관찰자의 계보』 186p.
7) 크레리 『관찰자의 계보』 186p.
8) Cf. Gibson 1950, X.
9) 이자와 고타로는 다이쇼 2(1913)년 전후에 2장 괘판(4×5인치) 건판으로 촬영하여, 청사진으로 프린트한 사쿠타로의 교외나 인물 사진에 대해서, 그 사진들이 전경에 초점을 맞추고 안쪽을 흐리하게 하는 기술을 사용하고 있는 점에서 '예술사진' 의 소프트포커스(soft focus) 표현을 의식한 작화가 보인다고 서술하고 있다. 사진대지에 적힌 「황혼」 「폐원」 등의 제목도 역시, 동시대의 아마추어 사진가 단체의 사진전에 출품되거나, 사진 잡지에 게재된 작품과의 공통성이 느껴진다고 한다. 그러한 점에서 이자와는 사쿠타로가 확실한 표현 의식을 가지고 사진을 찍었던 것이 이 시기의 작품뿐일 것이라는 추측을 이끌어내고 있다(이자와 『「예술사진」과 그 시대』 184p 참조).

그러나 실제로 사쿠타로의 사진의 원경이 결과적으로는 「예술사진」의 소프트포커스와 서로 비슷하다고 해도, 그것이 근경이 특히 선명하게 촬영된 점에 대한 설명이 되지는 않는다. 이자와는 사쿠타로의 스테레오 사진이 파노라마적인 환상 공간을 출현시키기 위한 장치로 사용되고 있다고 서술하며, '표현의 의식' 이 확인되는 다이쇼 2년 전후의 사진과는 구별하고 있는데, 오히려 고찰해야 할 것은 그것들을 관통하는 공간성에 대한 사쿠타로의 관심이 아닐까? 사쿠타로 자신이 「나의 사진기」에서 분명히 "이른바 예술사진을 찍기 위한 것은 아니다"라고 단언하고 있는 이상, "파노라마적인 환상 공간"을 구성하는 수법을 스테레오 사진 이외의 작품 속에서 찾는 분석이 더욱 적절하다고 생각하기 때문이다.

10) 크레리 『관찰자의 계보』 174p 참조.

11) 벤야민 『1900년경 베를린의 유년시절』(마지막 원고) 477p.

12) 크레리 『지각의 중지』 133p.

13) 벤야민 『1900년경 베를린의 유년시절』(마지막 원고) 478p.

14) 벤야민 『1900년경 베를린의 유년시절』(마지막 원고) 479p.

15) 사쿠타로는 여기에서, 남북 전쟁과 워털루 전쟁의 파노라마를 보았다고 한다. 우에노 공원에 일본 최초의 파노라마관이 생긴 것은 메이지 23(1890)년 5월 7일이다. 그림은 야다 잇쇼(矢田 一嘯* 1859~1913 일본 메이지 시대의 서양화가)가 그린 보신시라카와 전쟁(戊辰白川戰爭* 1869년부터 다음 해까지 벌어진 신정부군과 구 막부 측의 전투)이었다. 같은 달 하순에는 아사쿠사에 프랑스인 화가의 작품인 「남북전쟁」의 그림을 샌프란시스코에서 구입하여 들여온 일본 파노라마관이 개관하였다. 우에노의 파노라마관은 메이지 29(1896)년에 우에노 사쿠라가오카(上野櫻ヶ丘)로 이전하였으며, 일본 파노라관과 함께 메이지 40년대 초반에 폐관하였다.

16) 하기와라 사쿠타로 『숙명』 「부록 산문시 필자 주(自註)」 355-356pp.

17) 하기와라 사쿠타로 『정본 우울한 고양이』 146p(「저자 서문(自序)」). 『정본 우울한 고양이』의 삽화에 대해서는 아모(阿毛) 「『정본 우울한 고양이』의 여행」 참조. 『정본 우울한 고양이』 속표지에 사용된 「원형 꼭대기 탑의 그림(円頂塔之圖)」을 포함한 여섯 장의 삽화에 대해서, 『세계여행만국명소도회』 제1권과의 대응관계는 아래와 같다(왼쪽이 『정본 우울한 고양이』, 오른쪽이 『세계여행만국명소도회』의 도판명).

원형 꼭대기 탑의 그림 — 국회의사당(國會堂)의 그림(53p)
정차장의 그림 — 신바시(新橋)기차의 그림(2p)
호텔의 그림 — 메트로폴리탄 극장의 그림(11p)
항구의 그림 — 시카고 시(市)(35p)
시가의 그림 — 필라델피아 시가지의 그림(38p)
시계대(臺)의 그림 — 필라델피아 독립회당(獨立會堂)(39p)

그리고 사쿠타로는 이러한 도판을 "목구 목판(木口木版* 가로로 자른 나무를 판면으로 사용하는 목판)에 새긴 것"으로 제작하고 있으나, 『세계여행만국명소도회』의 머리말에 의하면, "저명한 와카바야시(若林) 씨"에게 의탁한 '동전(銅鐫)' ('鐫'은 '鐫'의 이체자이며, '銅鐫'과 같음) 즉 동판화(銅版畵)이다. 이 "와카바야시 씨"라는 인물은 오사카에서 활동한 동판사(銅版師* 동판화 제작자) 슌스이도 와카바야시 나가히데(春水堂若林長永英 와카바야시 슌스이若林春水)로 추측되나, 확실하지 않다. 와카바야시 슌스이는 가에(嘉永) 1(1848)년에 태어나, 메이지 11(1878)년 오사카 미도스지(大阪御堂筋)에 와카바야시 슌스이도라는 동판사를 개업하고, 메이지 25(1892)년에 44

세로 세상을 떠났다(덴리대학天理大學 부속 덴리 참고관天理參考官 『막부 메이지의 동판화』 13p 참조).

18) 하기와라 사쿠타로 『정본 우울한 고양이』 146p(「저자 서문」).

19) 하기와라 사쿠타로 『정본 우울한 고양이』 147p(「저자 서문」).

20) 「필라델피아 독립회당」의 그림 등이 여기에 해당한다. 이 점에 관해서는 아모 「『정본 우울한 고양이』의 여행」 153p, 주2 참조. 그리고 다른 종류의 책으로는 우치다 마사오(內田正雄* 1839~1876 일본의 서양학자)가 편집한 『요치시랴쿠(輿地誌略* 세계 각국의 지리지의 대요를 역술한 책)』가 있으며, 「필라델피아 시가지의 그림」은 이 책의 10권 「미국(亞米利加洲)」 56p의 「필라델피아시의 그림」에서 채택하였다.

21) 구메 『구미회람실기(米歐回覽實記)』 25p.

22) 자세한 내용은 『「동전에 나타나는 문명의 필름」자료집』 24-30pp 및 35-36pp 참조.

23) 하기와라 사쿠타로 『정본 우울한 고양이』 146p(「저자 서문」).

24) 아감벤 『유아기와 역사』 126p. 그리고 이 "역사적인 것"은 바로, 에드워드 B. 타일러(Edward B. Tylor* 1832~1917 영국의 인류학자)의 "잔존(Survival)"(바르부르크에 관한 Nachleben)의 아나크로닉한 시간성이다. 디디 위베르만 『잔존하는 이미지』 45-63pp 참조.

25) 하기와라 사쿠타로 「나의 사진기」347p 참조.

26) 사카베 「일본의 모데르니테(modernité* 모더니티)」 및 「모데르니테의 이입으로 본 칸트」 참조.

27) 하기와라 사쿠타로 「언덕」 233p.

28) 하기와라 사쿠타로 「언덕」 234p.

29) 하기와라 사쿠타로 「언덕」 236p.

30) 하기와라 사쿠타로 「언덕」 237-238pp.

31) 하기와라 사쿠타로 『새로운 욕정』 66p.

32) 하기와라 사쿠타로 『새로운 욕정』 67p.

33) 하기와라 사쿠타로 『새로운 욕정』 67p.

34) 사카베 「일본의 모데르니테」 218p.

35) 벤야민 『파사주론』 제3권 77p 단편번호 M1, 2.

36) 벤야민 『1900년경 베를린의 유년시절』(마지막 원고) 497p.

37) 벤야민 『파사주론』 제3권 77-78pp 단편번호 M1, 2 참조.

38) 하기와라 사쿠타로 「가을과 만보」 164p.

39) 벤야민 『파사주론』 제3권 78p 단편번호 M1, 3 등을 참조.

40) 하기와라 사쿠타로 『고양이 마을』 350p 참조. 또한 히라노 「『지붕 밑의 산책가』에서 『고양이 마을』로」 및 치카모리 『벤야민의 미궁도시』 i-vii 페이지가 『고양이 마을』과 벤야민의 도시론과의 유사성을 언급하고 있다.

41) 벤야민 『파사주론』 제3권의 「M : 산책자」에서 기술된 해시시에 대한 언급을 참조. 그

리고 『파사주론』의 같은 M의 일부분에 언급된 산책자의 경험에 대한 기술과 벤야민 『도취론』에 수록된 해시시 흡입의 기록을 비교하시오. 예를 들면 "공간이 콜포타주의 삽화처럼 보이는 현상"을 둘러싼 벤야민 『파사주론』 제3권 83p 단편번호 M1a, 3과 벤야민 『도취론』 102p의 서술 등(다만 후자에 대해서는 일본어 번역문의 의미가 거의 불분명하므로, Benjamin 1927~34, 564를 참조). 벤야민은 종종 해시시 경험을 통한 유추에 의해 19세기 파리의 산책자나 실내의 경험을 말하고 있다.

42) 하기와라 사쿠타로 『고양이 마을』 352p.

43) 하기와라 사쿠타로 『고양이 마을』 357p.

44) 하기와라 사쿠타로 『고양이 마을』 358-359pp.

45) 나카이 『징후 · 기억 · 외상』 7p 참조.

46) 하기와라 사쿠타로 『고양이 마을』 359-360pp.

47) 판화장(版畵莊) 판본(版) 『우울한 고양이』의 가와카미 스미오(川上澄生* 1895~1972 일본의 판화가)가 만든 속표지 그림은, 이발관 창문 안쪽에서 이쪽을 바라보고 있는 고양이의 얼굴을 만화처럼 매우 평면적으로 그리고 있다. 하얀 앞치마를 두르고 있는 모습으로 보아, 이 고양이는 직접 창문에서 밖을 향하고 있는 것이 아니라, 큰 거울에 비친 모습으로 그려진 것 같다. 여기에서 다네무라 스에히로는 고양이 마을 환상이 "거울 나라의 풍경 이야기"라는 사실에 대한 암시를 발견한다(다네무라 「거울 속의 오이디푸스」 62p 참조). 다네무라가 지적하고 있는 바와 같이, U마을의 묘사에는 나란히 세워진 서양풍 집의 유리창, 이발관의 존재를 암시하는 거울, 마을의 십자로에 가게를 마련한 사진집, 시계 가게의 작업에 사용되는 안경이라는 광학기계가 등장하여 마을의 광경을 광채가 뒤섞여 아름다운 모양으로 찬란하게 만들고 있다(61-62pp 참조). 여기에서 다네무라는 많은 고양이 무리의 출현을 앞뒤에서 거울을 비추는 맞거울에 의한 이미지의 증식 작용으로 파악하고 있다. 그러나 번화하고 아름다운 마을로 보이는 U마을이 기계 장치에 의한 일종의 "광학적 환상"을 포함하고 있다는 점은 확실하지만, 그것이 고양이 마을로 급변할 때에는 광학 장치와는 다른 논리가 작용하고 있다고 생각해야 할 것이다.

48) 히라노 「『지붕 밑의 산책가』에서 『고양이 마을』로」 8p. 또한 히라노는 여기에서, 고양이 군중의 출현에 대응하는 이성의 위기를, 보들레르 「7인의 노인」에 그려진 이상한 노인의 증식을 둘러싼 묘사에서 확인하고 있다. 한편 벤야민은 이 「7인의 노인」의 착상을 해시시 탓으로 돌릴 수 있다고 생각했다(벤야민 『파사주론』 제2권 445p 단편번호 J84a, 1 참조).

49) 벤야민 『도취론』 95p 참조. 다만 이 부분의 해석은 Benjamin 1927-34, 560-561에 따른다.

50) 본서 제8장 참조. 2 · 26사건이 이듬해로 임박했던 쇼와 10(1935)년이라는 집필 시기를 생각하면, 『고양이 마을』에 등장하는 고양이 "군중" 출현의 배후에 정치 상황에 대한 사쿠타로의 불길한 예감을 납득할 수 있을 것이다. 히라노는 『고양이 마을』의

같은 부분에서, 군중이 빈둥거리는 "유민(遊民)" 의 모티브와 상관관계에 있는 "벤야민 모델" 로부터 "광기" 의 모티브와 관련되는 "카네티 모델" 로의 이행의 계기를 발견하고 있다(히라노 「『지붕 밑의 산책가』에서 『우울한 고양이』로」 10p 참조).

51) 하기와라 사쿠미 「네모난 놀이기구의 쓸쓸함」 92p 참조. 다만 요시무라 · 호소마 『스테레오』 210p는 시대와 사진 건판의 사이즈로 추측해 보면 쥘 리샤르 사(jules richard社)의 베라스코프(Verascope* 동시에 2장의 화상을 얻을 수 있게 한 스테레오 카메라)인지, 사쿠타로가 훗날 소네슌스이도(曾根春翠堂)에서 제작한 도키오스코프(Tokioscope)의 건판을 사용하고 있으므로, 그 원형인 그리포스코프(Glyphoscope)일 가능성이 크다고 서술하고 있다.

52) 하기와라 사쿠타로 「Omega의 눈동자」 343p.

발문

물가의 지식

"나는 바다에 있는 꿈을 꾸고 있었다. ……"

폴 발레리는 에세이 「파리의 존재」를 이러한 방식으로 써 내려가기 시작한다. 파리라는 대도시를 이야기하기 위해, 이 시인은 우선 바다에 있는 꿈으로부터 반쯤은 깨어나기 시작한 상태에서, 방의 벽 너머로 들려오는 혼돈된 어떤 소리에서 발생되는 연상을 이어 간다. 바다에 있는 꿈의 흔적을 끌어와서 무의식과 의식의 틈새를 떠다니며 시인은 이 풍성한 웅성거림에 몸을 가라앉힘으로써, '정신' 그 자체와 닮은 '파리(Paris)' 라는 존재를 사고(思考)하는 곤란한 행위를 시작한다.

본서(本書) 또한 이와 같이 도시를 이야기하면서 동시에 바다를 꿈꾸고 있었는지 모른다. 잡지의 연재 원고를 한 권의 책으로 정리하기 위해 다시 고쳐 쓰는 작업을 진행하면서 나는 점점 그러한 느낌이 강하게 들었다. 이 서적의 특권적인 토포스(Topos)가 바로 수륙(水陸)의 경계이자, 물가이기 때문이다.

건축가 알도 로시 사후 10년째 기일에 해당하는 올해 9월 4일을 전후하여, 그의 건축물이 있는 후쿠오카(福岡) 지역을 방문하기로 결심한 것도,

그 건축물 중 하나인 모지코(門司港) 호텔이 세워진 항구라는, 바다와 도시와의 경계를 향해 무의식적으로 부름을 받았기 때문일까? 그 항구에서 나는 로시가 '상어' 라고 이름을 붙인 붉은 건물을, 이 건축가가 좋아했던 폴라로이드 카메라로 촬영하기로 했다. 푸른 하늘만을 배경으로 삼은 호텔의 다소 색 바랜 사진은 석적목(石積木* 다양한 형상의 나무 조각을 쌓아 올려 여러 가지 물건 모양을 만드는 놀이, 또는 그 장난감)으로 만들어진 미니어처 모형처럼 보였다. 거대한 둥근 창을 잘 살펴보면 확실히 상어로 착각하거나, 혹은 곧 출항하려는 거대한 배로도 혼동되는 이 건축물은, 이렇게 미니어처화(miniature化) 하고 보니 마치 껍질을 닫은 조개처럼 느껴졌다.

"바닷조개여 / 돌과 함께 하얘지는 바다의 딸 / 그대는 아이의 마음을 흔드네"

중학생 시절 로시를 건축에 눈뜨게 한 것은 레스보스(Lesbos)섬의 고대

알도 로시, 모지코 호텔, 1998 준공. 저자 촬영 Photo by TANAKA Jun, 2007년 9월 4일.

시인 알카이오스(Alkaeos)가 읊은 이러한 시의 단편이었다고 한다. 바다에 깎인 돌처럼 단단한 껍질을 가진 바닷조개에 대한 설렘이 소년 로시를 사로잡았다. 그는 그 조개에서 강철이나 돌, 시멘트를 '껍질' 로 삼는 도시의 이미지를 보았던 것이다. 그리고 그 자신의 건축 역시 마찬가지로 해변으로 밀려온 조개처럼 차갑게 말없이 물가에 서 있다.

연락선을 타고 왕복한 해협에서는 방파제에 세워진 작은 등대가 여러 개 보였다. 그 등대들은 땅거미가 찾아옴과 동시에 점등하면서 붉은색과 녹색의 가느다란 빛으로 서로 교신한다. 바다와 육지의 가장자리에 서서 켜졌다 꺼졌다 하는 작고 기묘한 생물로서의 건축물의 집단 — 그것은 눈앞에 현존하는 세계와 메타 세계 사이에 위치하는 지식, 즉 '물가의 지식' 의 상징으로 적합하다.

로시 이외에 이러한 지식을 둘러싼 사색을 해결할 도선사(導船士)는, 선행하는 『도시표상분석 I』이나 『죽은 자들의 도시로』와 마찬가지로, 역시 여기에서도 발터 벤야민이었다. 벤야민의 도시론이 나에게는, 항상 그곳으로 바로 되돌아와서 다시 여행을 계속하기 위한 모항(母港)과 같은 장소이다. 그리고 반대로, 마치 모험과 같았던 여러 여행은 이 모항의 가능성을 재차 발견하는 계기가 되었다. 완결된 벤야민론을 쓰는 것보다, 이렇게 붙어 있지도 떨어지지도 않는 부즉불리(不卽不離)의 거리를 유지하면서, 로시가 말하는 '유추적 도시' 와 같은 무언가를 그의 텍스트로부터 파생시키는 것이야말로 나의 지속적인 욕망이다.

그리고 해도(海圖)도 없는 이 항해를 시종일관 이끌어 준 것은 나카이 히사오(中井久夫)의 텍스트였다. 에세이 「세계에 관한 색인과 징후」 및 「『세계에 관한 색인과 징후』에 대하여」에서 받은 시사(示唆)는 헤아릴 수 없이 많다. 정신 병리의 임상 경험에 뿌리를 둔 그 사색의 깊이를 내가 끝까지 다 이해할 수 있으리라고는 도저히 생각할 수 없지만, '항해자의 윤

모지코 항의 방파제에 세워진 '모지 레트로 등대', 저자 촬영 Photo by TANAKA Jun, 2007년 9월 3일.

리' 를 뒷받침하는 나카이의 통찰은 나를 강하게 고무시켜 주었다. 존경의 마음과 함께 감사드리고 싶다.

서명(書名)에서 제창한 '시학(詩學)' 이란, 도시의 '색인' 과 '징후' 를 둘러싼 상상력의 논리이다. 그 논리를 해명하기 위해 해석학적인 분석을 구사했음은 말할 것도 없다. 그러나 여기에서 다시 그다음 단계를 목표로 설정하고, '신경계 이미지학' 이나 '신경계 도시론' 등의 발상으로 개척하려 한 점은, 해석학과 자연과학이 적극적으로 뒤섞이는 듯한 언설(言說)의 장이었다. 그것은 이미 정평이 난 '물가의 지식' 일지도 모른다. 그리고 그것 역시 '모래 위의 얼굴' 이 그려졌다가 지워지는 '지식의 물가' 이기라도 한 것일까…….

나는 그러한 물가에서 소년 로시의 가슴을 설레게 한 바다 조개를 줍고, 유년시절의 메아리를 들으려는 벤야민처럼 속이 비어 있는 소라를 귀에 갖다 댔다. 그들의 경험을 나의 체험으로 삼기 위해 차가운 앵커 석적목을 손에 쥐고, 폴라로이드 필름에 길모퉁이의 풍경이 서서히 떠오르는 것을 조금씩 기다리면서, 조개와 동물의 뼈, 그리고 암모나이트의 화석과 호박(琥珀)을 모아서 늘어놓고, 만화경으로 19세기의 오래된 스테레오 사진에 주시했다. 혹은 해 질 무렵 신주쿠(新宿)의 혼잡스러움을 점친 후, 가부키초의 노상(路上)에서 스냅 사진을 찍고, 한여름의 열기가 가득 찬 정원에서 사마귀나 작은 동물들을 관찰했다. – 아이들 장난과 비슷하다. 아니, 바로 아이들 장난 그 자체이다. 책을 쓴다는 구실 하에 나는 이렇다 할 목표도 없는 실험을 두서없이, 목적도 없이 반복함으로써 어린 시절의 설렘의 기억을 되살리려 했던 것이다.

원래 호사가적(好事家的)인 회고 취미가 문제였던 것은 아니다. 눈앞에 없는 무언가에 대한 동경이나 향수, 혹은 세계 속에 무언가가 출현하는 놀라움과 신비의 경험이 주제였으므로, 마치 오관(五官)의 감각과 기억을 모두 예민하게 연마하는 훈련처럼 행동하며, 장난감 비슷하게 보이는 이런저런 물건을 사용한 아이들 같은 실험이 필요불가결 했던 것이다. 더구나 그러한 실험에서 상기시킨 동경이나 향수는, 가능한 한 엄밀하게 분석되어야만 했다. '도시의 시학' 을 논하고자 할 때, 주관을 지배하는 정동과 거기에 대응하는 객관적 상관물(相關物)의 고찰은 표리일체가 된다. "붉게 달구어진 철은 불의 비평이다" (사이고 노부쓰나 西鄕信綱* 1916~2008 일본의 문학자). 본서의 관심이 파토스(pathos)적인 지식의 탐구에 있는 이상, 그것이 이러한 '비평' 이라는 사실 역시 숙명일 것이다.

하지만 '물가의 지식' 을 표방한다는 이유로 이른바 '학제적' 분야에 흔히 있을 법한, 문외한이 제멋대로 무책임하고 즉흥적인 생각을 늘어놓은 현학적 에세이로 받아들여진다면 한없이 유감스러운 일이다. 본서에서는 실증주의적인 진리의 경계까지 묻지 않을 수 없으므로, 실증성을 확보할 수 있는 장면에서는 한층 더 엄밀한 논리와 정치(精緻)한 고증에 힘

썼다고 생각한다. 그렇다고는 해도 뜻밖의 오류를 범할 가능성은 부정할 수 없으므로, 식자(識者)의 지적과 조언을 기대한다.

본서의 유연한 구성은 집필 당시부터 그 이후에 이르는 시행착오의 결과이다. 분석 대상과 방법론을 사전에 한정해서 전체를 구축하는 것은 처음부터 염두에 두지 않았다. 이 부분은 본서의 취지와 관련되어 있다. 그리고 반대로, 필요하다면 같은 주제(topos)로 몇 번이든 되돌아가 더욱 깊은 지층으로 파고 들어가는 것을 마다하지 않았다. 따라서 특히 본서와 보론 사이의 사이에 존재하는 어떤 종류의 중복은 의도적인 것이다.

다루고 있는 제재(題材)가 아주 여러 갈래로 퍼져있는 것처럼 보이면서도 전체가 긴밀하게 연계되어 있음을 나타내기 위해서, 본서에 등장하는 인물이나 작품, 주요 개념 등의 관계를 나타내는 '지도' 내지 '해도' 또는 만다라와 같은 세계모형도의 게재를 염두에 두었지만, 나 자신의 기술 부족으로 인해 단념할 수밖에 없었다. 훗날을 기약하고 싶다. 그 대신 색인을 추가하고, 거기에 자작(自作) 연표를 덧붙였다. 이 연표는 본서에서 언급된 인물 이외의 정보만을 망라하는 데에 그치고 있다. 그렇지만 예를 들어 벤야민과 하기와라 사쿠타로(萩原朔太郎), 고무라 셋타이(小村雪岱)의 동시대성 등, 연대순으로(chronological) 질서를 잡은 후 선명하게 떠오르는 연결성을 발견하는 데에는 다소 도움이 될 수 있을 것이다. 이러한 연결이 동시대성에만 한정되는 것은 아니다. 4억 년 전부터 현재에 이르는 시간을 압축한 이 연표는 멀리 떨어진 역사적 사건의 관련을 탐색하고, '시간의 형상' 을 발견하기 위한 도구이기도 하다.

나로 하여금 이러한 작업에 열중하게 하는 것은, 바로 무한의 가능성을 품고 있는 서적이라는 매체의 형식에 대한 절대적인 신뢰이다. 어린 시절 유독 내 마음에 들었던 놀이 도구는 책이었다. 문자를 읽을 수 있는 나이가 되기 이전부터 그러했다. 유아용 그림책뿐만이 아니다. 어떠한 책이든 싫증을 내지 않고 그 페이지를 넘기는 행위를 쉬지 않고 반복했다. — 그러므로 이것 역시 분명히 그 시절의 행복한 설렘의 여운이다.

*

본서의 각 장 및 보론은 각각 아래에 언급된 이전의 발표 논문을 바탕으로 하고 있으며, 모두 대폭적인 개고(改稿)를 거쳐 성립된 것이다.

제1장 「도시의 전기 - 자전(自傳)이라는 죽음의 훈련」 『10+1』 34호 2004년 3월

제2장 「'메타 세계' 로서의 도시 - 기억의 사냥꾼 알도 로시」 『10+1』 36호 2004년 9월

보론 1 「망각의 시학, 유추의 서법 - 알도 로시의 자전적 드로잉에 대하여」 『사상』 1001호 2007년 9월

제3장 「토지의 이름 - 청천백일멱망시(青天白日覓亡市)」 『10+1』 37호 2004년 12월

제4장 「자연의 무관심 - 하타케야마 나오야(畠山直哉)의 광물적 도시사진」 『10+1』 38호 2005년 4월

제5장 「갈림길의 에로티시즘 - 영화에 나타나는 황혼의 점괘(夕占)」 『10+1』 39호 2005년 6월

제6장 「마음의 고고학을 향해서 - 도시적 무의식의 토폴로지」 『10+1』 35호 2004년 6월

제7장 「아하스베루스의 얼굴 - 도시의 생명기억으로」 『10+1』 40호 2005년 9월

보론 2 「신경계 이미지학을 향해서」 『현대사상』 33권 8호 2005년 7월

제8장 「장식이라는 이름의 군중 - 신경계 도시론의 계보」 『10+1』 40호

2005년 9월

보론 3 「「시간의 형상」의 형태학 – 진화생물학과 미술사의 대화를 향해서」『d/SIGN』 11호 2005년 9월

제9장 「도시의 애니미즘 – 작은 신들의 인류학을 향해서」『10+1』 41호 2005년 12월

제10장 「개의 거리 – 경계의 도시인류학을 위해서」『10+1』 42호 2006년 3월

제11장 「사냥꾼들의 이야기 – 도시박물지(誌)의 자리를 향해서」『10+1』 43호 2006년 7월

제12장 「박물지라고 하는 유희 – 경이로운 방으로서의 도시」『10+1』 45호 2006년 12월

제13장 「무연(無緣)의 근원 – 모래강변과 영혼의 시장(市庭)」『10+1』 44호 2006년 9월

제14장 「방법의 생태학 – 다윈, 벤야민, 미야모토 쓰네이치(宮本常一)」『10+1』 46호 2007년 3월

제15장 「도시의 시학 – 하기와라 사쿠타로(萩原朔太郎)의 스테레오 사진」『10+1』 47호 2007년 6월

첫 출판 때 신세를 진 편집 담당자께 감사 인사를 드리고 싶다. 특히 『10+1』의 지면을 할애해 주시고, 이번에도 흔쾌히 전재(轉載)를 승낙해주신 미디어디자인 연구소의 오기와라 도미오(荻原富雄) 씨에게 깊은 감사의 뜻을 전하고 싶다. 연재에 즈음해서는 같은 연구소의 이이오 지로(飯尾次郎) 씨께서 진력을 다해 주셨다. 그리고 10년 이상에 걸친 이 연재는 사정으로 곧 끝낼 예정이다. 그동안 오기와라씨를 비롯한 모든 스태프들의 협동 작업을 다시 회고해 보면 감개가 무량하다.

서적을 정리하는 과정에서는 도쿄대학(東京大學) 출판회의 하토리 가즈요시(羽鳥和芳) 씨께서 세밀하게 편집을 해 주셨다. "색인을 넣고 싶다", "연표를 넣고 싶다"라는 나의 요청을 그때마다 유연하게 수용하여 실현해주신 점에 크나큰 안심을 느꼈다. 하토리 씨, 그리고 색인 작성 등에 힘을 써주신 같은 출판사의 야부키 유코(矢吹有鼓) 씨에게 진심으로 감사드린다. 또한 도판용 자료의 정리는 도쿄대학 대학원의 오사와 교코(小澤京子) 씨에게서 조력을 받았다. 감사하다.

하타케야마 나오야 씨의 작품을 표지로 열망한 것은 나 자신이다. 사진의 사용을 흔쾌히 받아들여 주신 점은 기대 이상의 기쁨이었다. 어떻게 감사 말씀을 드려야 할지 모르겠다. 모리야마 다이도(森山大道) 씨도 흔쾌히 작품의 데이터를 제공해 주셨다. 감사의 말씀과 함께, 졸론(拙論)이 요점에서 벗어난 비평이 아니기를 바라마지 않는다. 제본, 디자인을 부탁드린 다우하우스의 스즈키 요(鈴木堯) 씨의 솜씨로 본서의 단정한 모양새가 갖추어지기를 고대하고 있다.

본서의 내용 중 일부는 도쿄대학 대학원 등의 강의나 연습에서 채택하고 있다. 교토대학(京都大學)에서 열린 강연에서는 제2장의 내용과 관련하여, 오카다 아쓰시(岡田溫司) 씨로부터 루트비히 빈스방거의 마니에리슴 미술론에 대해 대단히 귀중한 시사를 받았다. 또한 『10+1』 잡지의 지상(誌上)에서 의도하지 않게 서로 간에 호응하는 형식의 연재를 계속하게 된 나카타니 노리히토(中谷礼仁) 씨의 존재는 나에게 큰 격려가 되었다. 이 지면에 기록하여 두 분에 대한 감사의 뜻을 표하고 싶다.

또한 본서는 2003~2005(平成15~17)년도 과학연구비 보조금(기반연구(C)) 「이미지 분석에 관한 형태학적 방법의 사상사적 연구 - 1920~30년대 문화과학의 방법론과 그 배경」(연구 대표자 다나카 준) 및 2006(平成18)년도~ (계속 중) 과학연구비 보조금(기반연구(C)) 「이미지 분석에 대한 생명형태학의 영향을 둘러싼 사상사적 연구」(연구 대표자 다나카 준)에 의한 연구 성과의 일부이다.

또한 본서는 가까운 사람들의 지지 없이는 불가능했다. 아내인 아리코(有子)의, 문자 그대로 과장 없는 질타와 격려에 대해, 항상 변함없는 감사의 마음을 이 장에 기록하는 것으로 고마움을 대신하고 싶다.

그리고 지금 이 책은 저자의 손에서 벗어나 독자의 곁으로 떠나려 하고 있다. 이 책이 서재에 우뚝 선 등대와 같은 존재가 되어 주길 바란다. 서적의 각 페이지는 독자를 향해 밀려오는 수백의 파도라고 말할 수 있을까? 그렇다면 본서라는 이 서적의 물가에서 독자는 어떠한 기억과 징후의 시그널을 감지하게 될까?

2007년 10월 30일

다나카 준

역자 후기

수많은 사람이 다양한 근 · 현대적인 건물에 둘러싸여 생활하는 도시에서의 일상 – 오늘도 여전히 우리는 일상으로 무뎌진 생활공간으로서의 도시 공간을 가로지르며 발걸음을 재촉한다. 익숙한 거리에서 발걸음을 멈추고 주변을 둘러보니 문득 이 거리를 스쳐 지나갔을 낯모를 개인과 집단의 존재가 머릿속을 스친다.

『도시의 시학-장소의 기억과 징후(都市の詩學—場所の記憶と徵候)』는 도시계획과 건축의 영역으로만 생각해 온 이 거리를 저마다의 경험과 기억이 축적된 '장소'로 환기시킨다. 저자인 다나카 준(田中純)은 생활공간 혹은 건축으로 익숙한 도시라는 '장소'를 시(詩)적 구조와 법칙을 가진 공간으로 바라보게 한다. 그가 이끄는 '탐색'의 경로는 20세기 초반 파리를 탐색한 발터 벤야민의 도시론을 시작으로, 건축가 알도 로시의 도시의 건축에 대한 '기억'과 '유추'로 이어지고 있으며, 도시에 아로새겨진 "기억의 형상"이 신화 · 시 · 소설 · 수필 · 자서전 등 문학작품을 비롯한 회화, 사진, 영화 등 인문학의 영역을 넘나들며 '예감'되고 있다.

저자는 도쿄대학에서 독일지역학을 전공하였으며, 독일 건축가인 미스 반 데어 로에에 관한 박사학위 논문을 쓰면서 도시 공간에 관심을 두기 시작했다고 한다. 여러 도시에 대한 기록이나 분석을 비교하는 과정에서 도시를 – 통계와 수치 등으로 분석되는 물리적인 공간으로서가 아닌, "도시이기에 가능했던" 개인적, 집단적 경험과 기억이 담긴 '장소'로 감지하게 되었던 것이다. 이러한 접근은 도시에 대한 인간적인 감성과 상상력을 바탕으로 하고 있으며, 저자는 동서양의 다양한 학문을 수용하여 도시를 '기억과 징후'를 내포한 공간으로 풀어가고 있다.

실제로 『도시의 시학』에는 발터 벤야민, 알도 로시, 프랑스 기호학자 롤랑 바르트, 이미지론 분야의 토대를 구축한 독일의 미술사가 아비 바르부르크, 일본의 화가 고무라 셋타이(小村雪岱), 사진작가 하타게야마 나오야(畠山直哉)와 모리야마 다이도(森山大道), 시인 하기와라 사쿠타로(萩原朔太郎) 등 동서양의 건축가, 비평가, 화가, 사진가, 의사, 영화감독, 인류학자, 내추럴리스트(Naturalist), 역사학자, 민속학자, 작가, 시인들이 언급되고 있다. 이들의 저서와 그림, 사진, 시에 담긴 여러 거리와 언덕, 황야와 숲, 그리고 물가와 강변은 도시의 다채로운 모습을 보여준다. 저자가 이끄는 이러한 '탐색'의 경로를 따라가다 보면, 인류의 역사 속에 깊게 뿌리내린 '장소의 기억과 징후'가 어렴풋이 시야에 들어올 것이다.

서문(序文)에서 저자가 제안하듯이 "우리도 역시 이런 방법으로 바람에 몸을 맡긴 채, 예감에 이끌리고 기억에 떠밀리면서, 이제부터 도시의 시학과 그 징후적 지식을 탐색하는 '사냥'을 시작"해 보면 어떨까? 익숙한 거리를 걷다 보면, 문득 "현재 눈앞에 있는 도시의 보이지 않는 경계를 흘러넘치는 과거의 기억과 미래의 징후"가 예감될지도 모른다.

『도시의 시학 – 장소의 기억과 징후』는 2007년 일본에서 발행되었으며, 제58회 예술선 신인상(芸術選奬文部科學大臣新人賞, 평론부분)을 수상한 도서

이다. 2004년부터 순차적으로 잡지 『10+1』에 연재되어 이를 다시 정리한 것으로, 약 15년 전부터 발표된 '도시 시학' 론이다.

발간 소식을 접한 후 개인적으로도 주목해 온 작품이었지만, 막상 번역을 위해 책을 펼치는 순간, 목차에 나열된 동서양의 다양한 학문 분야를 훑어보는 것만으로 적지 않은 시간이 필요하리라 직감했다. 색인과 주석, 참고 문헌 등을 찾아보면서 이후의 번역 과정에서 직면하게 될 고심과 후회를 재차 '예감' 하게 되었다.

인문학의 영역에서 논해지는 도시학이라고는 하지만, 작가 스스로 밝힌 바와 같이, 그 처음과 끝에 "항상 그곳으로 바로 되돌아와서 다시 여행을 계속하기 위한 모항(母港)"처럼 벤야민의 도시론이 자리 잡고 있었기 때문이다. 게다가 알도 로시의 건축론에 대한 이해가 전제되지 않으면, 도시 공간에 축적된 '기억' 속의 단편화된 이미지가 '유추' 를 거쳐 다양한 미래의 '예감' 으로 귀결하는 과정이 저자의 주관적이고 감각적인 '기억' '징후' '예감' 의 '시학' 으로만 느껴질 것 같았다.

결국 학기가 끝난 방학을 이용하여 한여름의 모지코(門司港)를 다녀왔다. 초반의 내용을 번역하던 중 〈발문-물가의 지식〉에서 저자가 건축가 알도 로시 사후 10년째 기일을 전후하여 그의 건축물이 있는 규슈(九州)지역의 모지코 항구를 방문했다고 언급한 부분이 떠올라 무작정 그곳으로 향했다. 알도 로시가 생애 마지막으로 건축한 모지코호텔은 모지코 레트로의 랜드마크였으며, 저자의 표현대로 등대를 마주한 상어 또는 거대한 배와 같은 외양이었다. 모지코라는 도시(장소)에 깃들어 있을 알도 로시와 다나카 준의 기억과 경험을 환기시켜 볼 요량으로, 거리를 배회하는 "산책자"가 되어 벽돌색의 호텔 건물을 안팎에서 체험하고 하늘과 바다가 이어지는 자그마한 항구를 걸어보았다.

돌아온 이후의 번역 작업 역시 계속되는 고심과 후회의 나날이었지만,

『도시의 시학』을 통해 여러 학문 분야의 끝자락을 접하게 되어 좋은 공부가 되었고, 더불어 익숙한 거리를 다시 돌아보며 도시에 대한 상상력을 품을 수 있게 되어 문학 연구자로서의 시야가 넓어진 것 같았다.

『도시의 시학』에는 동서양을 넘나드는 저자의 해박한 지식과 이해를 바탕으로 저명한 학자들의 문장이 인용문으로 다수 소개되어 있다. 원문을 훼손하지 않는 범위에서 저자의 글을 정확하게 옮기고자 하였으나 많은 부분에서 부족함을 느낀다. 특히 원어가 제시되지 않고 일본식으로만 표기된 서구의 지명 및 인명, 저서명, 건축물명 등의 원음을 찾아서 한국어로 번역하는 데에 어려움이 컸으며, 일반적으로 통용되고 있는 이론 및 개념을 저자가 독자적으로 명명한 경우 별도의 역자 주를 보충하였으나 다소 번역이 매끄럽지 못한 아쉬움이 있다.

마지막으로 번역을 허락해 주신 저자 다나카 준 교수님과 출판을 도와주신 심산출판사 여러분께 깊이 감사드린다.

2018년 12월

나승희

연표

이 연표는 본서에서 언급된 인물이나 사건, 작품, 저작의 시계열(時系列)에 따른 흐름을 나타내기 위한 것이다. 따라서 어디까지나 본서의 내용과 그 관계를 중심으로 본문, 주, 도판 등에 등장한 사항이나 그 주변 정보만을 다루었다. 특정 인물의 생몰 연월일만을 기술하고 있는 점도 이러한 이유에 따른다.

범례는 다음과 같다.

1. 사용한 기호

『　』: 서명(및 그것에 준하는 것), 영화명

「　」: 잡지게재논문 · 작품명, 건축물명

《　》: 회화(건축 드로잉을 포함) · 사진 작품명

2. 일본력

일본과 관련된 사항이 있는 연도에만 일본력을 병기했다.

서력	일본력	인물 · 사건 · 작품 · 저작
		실루리아기(Silurian Period 약 4억 3500만 년 전에서 4억 1000만 년 전)에서 페름(Permian Period 약 2억 9000만 년 전에서 약 2억 5100만 년 전)에 걸쳐 일본 주변에서 석회암이 발달 약 3억 7000만 년 전 척추동물의 상륙 · 양서류의 출현 약 200만 년 전-1만 년 전 도쿄 도심부에서 홍적층 형성 10만 년 전-3만 년 전 현생인류 특유의 '인지적 유동성' 발생인가?
B.C. 10000경		조몬 문화(-B.C. 500년경). 도쿄 도심부에서 충적층 형성(-현재)
B.C. 5000경		양사오(仰韶) 문화 발생하다(황허黃河 중류 유역 신석기시대 말기). 조몬 해진기(海進期)

서력	일본력	인물 · 사건 · 작품 · 저작
B.C. 3000경		조몬 시대 중기(-B.C. 2000년경), 환상집락 형성, 안면 손잡이 토기(야마나시현 스타마초 고쇼마에 유적)
B.C. 2000경		룽산(龍山) 문화 발생하다(황허 중 · 하류 유역, 신석기시대 말기)
B.C. 17세기		이 무렵까지 고대 그리스세계에서는 모뉴먼트적인 석실 무덤이나 그것이 모인 집합 분구묘 중심.
B.C. 1600경		은(殷)왕조 일어나다.
B.C. 14세기		미케네의 분묘는 왕궁에 통합.
B.C. 12세기		미케네 형식의 왕궁에 대한 의식적 파괴와 '암흑시대' 시작(-B.C. 8세기)
B.C. 1100경		오스트리아 저지대 지방 무덤의 테라코타 상 「두꺼비 귀부인」
B.C. 1050경		그리스에서 왕궁의 파괴 활동 격화
B.C. 9세기 중반		아테네에서 모뉴먼트화 된 분묘 다시 출현
B.C. 750경		호메로스 『일리아스』 그리스에서 폴리스 성립
B.C. 8세기 말		호메로스 『오디세이아』
B.C. 700경		아테네에서 모뉴먼트화 된 분묘 파괴
B.C. 6세기		레스보스섬에서 사포와 아르카이오스가 시작(詩作)
B.C. 5세기		로마의 포룸 로마눔(Forum Romanum)에 신전 건설 개시
B.C. 438경		아테네의 파르테논 신전 완성
B.C. 168경		창사 마왕퇴 한묘
B.C. 139		『회남자(淮南子)』
300경		스파라토에 디오클레티아누스 황제의 궁전 건조
4세기 후반		시바마루산 고분군(-5세기 초반), 일본 각지의 해안 고분군(-5세기 후반) 건조
712	와도(和銅) 5	『고지키』
720	요로(養老) 4	『니혼쇼키』
728	진키(神龜) 5	야마노우에노 오쿠라 「두꺼비가 기어서 가는 마지막 끝까지」라는 노래
732	덴표(天平) 4	다카하시노무라지 무시마로 「두꺼비가 기어서 가는 마지막 끝까지」
759	덴표 호지(宝字) 3	이 이후 『만요슈』 편찬
1016	초와(長和) 5	『사케이키(左経記)』 1월 2일 대목에 죽은 소의 피부를 벗겨 "우황"을 꺼낸 "천민(河原人)"에 대한 서술 있음(천민에 대한 최초의 사료).

서력	일본력	인물 · 사건 · 작품 · 저작
1127		금(金)의 공격으로 북송(北宋) 멸망
1147		맹원로 『동경몽화록』
1218		팔라초 델라 라조네(파도바) 건조(-1219).
1296	에닌(永仁) 4	『덴구조시』
1299	쇼안(正安) 1	『잇펜 히지리에』
1307	도쿠지(德治) 2	시바사키무라에서 신쿄쇼닌이 다이라노 마사카도의 영혼을 회향한 무덤 건립.
15세기 초		북이탈리아에 사크리 몬티가 만들어지기 시작한다.
1458	초로쿠(長祿) 2	산스이 가와라모노 젠아미, 쇼코쿠지 인료켄(相國寺蔭涼軒)의 정원을 만들다.
1461	간쇼(寬正) 2	젠아미, 하나노고쇼(花御所)의 샘물 주변에 지어진 저택의 정원 작업에 종사
1475		안토넬로 다 메시나 《피에타》(-1478)
1482	분메(文明) 14	젠아미(善阿彌) 사망(97세)
1485		산드로 보티첼리 《비너스의 탄생》
1489	초쿄(長享) 3	『로쿠온니치로쿠(鹿苑日錄)』 5월 20일 대목에, 로쿠온인(鹿苑院) 소속의 천민이 산스이(山水)에 대해 설명했다고 하는 기술 있음. 같은 책 6월 5일 대목에, 산스이 가와라모노 마타시로(又四郎)의 말로서 "나는 온 마음으로 천민 백정 집안에 태어난 것을 슬퍼한다"라고 쓰여 있다.
1490	엔토쿠(延德) 2	1월 7일, 아시카가 요시마사 사망. 『기타노사가 일기(北野社家日記)』 4월 13일 대목에, 시체 처리에 관해 "낙숫물 밖을 한해서는"이라는 기술이 있다.
1510		로드리게스 데 몬탈보 『에스프란디안의 위업』
1520		이 무렵부터 마니에리슴 시대(-1650경)
1521		로소 피오렌티노 《십자가 강가》(볼테라 미술관)
1528		로소 피오렌티노 《십자가 강가》(산 세포르크로, 산 로렌초 성당)
1531		안드레아 알키아티 『엠블럼 모음집』
1545		안드레아 팔라디오 「비첸차의 바실리카」 기공(起工).
1557		『세렌디프 왕의 세 왕자의 편력』 클로드 패러딘 『영웅적 표장집』
1591		십자가의 성 요한 사망(1542-)
1593		체사레 리파 『이코놀로지아』
1651		토머스 홉스 『리바이어던』
1655		올레 보름 「뮤지엄 보르니아눔」
1677		「페르디난도 코스피 박물관」 카탈로그

서력	일본력	인물 · 사건 · 작품 · 저작
1698		아로나(이탈리아)의 산 카를로네 동상 완성.
1731		알렉산더 포프 「벌링턴 경에게 보내는 서간」
1732		칼 폰 린네의 스케치 「각시석남과 안드로메다」
1747		볼테르 『자디그』
1754		호레이스 월폴이 "뜻밖의 발견을 하는 능력"을 의미하는 신조어 "세렌디피티"를 새롭게 만듦.
1756		영국에서 석조등대의 건조에 수경성(水硬性) 시멘트를 처음으로 사용.
1757	호레키(宝暦) 7	에도에서 최초로 물산회(다무라 란스이, 히라가 겐나이)
1766		조지 스터브스 「말의 해부학」
1768		로렌스 스턴 『감정여행』
1769	메이와(明和) 6	이 무렵, 부손(与謝蕪村* 1716~1784 일본 문인화의 대가이자 하이쿠 시인) 「종이연이 어제와 같은 곳에 올라가 있구나」
1777	안에(安永) 6	부손 『야한라쿠(夜半樂)』 『신 하나쓰미(新花摘)』.
1784		에티엔느 루이 브레(Etienne Louis Boullée* 1728~1799 프랑스의 건축가) 《뉴턴 기념당》
1788	덴메(天明) 8	기타가와 우타마로 『에혼 무시에라미』 『개펄 조개잡이의 선물』
1789		자무엘 비테, 현무암의 분화에 의한 이집트의 피라미드 생성을 주장.
1790		요한 볼프강 괴테 『식물의 변태』
1795		괴테 『빌헬름 마이스터의 수업시대』(-1796)
1799		노발리스(Novalis* 1772~1801 독일의 시인, 철학자) 『하인리히 폰 오프터딩겐 *Heinrich von Ofterdingen*(푸른 꽃)』
18세기 초		파리에 파사주가 만들어지기 시작하다.
1803	교와(享和) 3	오노 란잔 『본초강목계몽』(-1806)
1804		프리드리히 횔덜린 「삶의 절반」
1807		정신병에 걸린 횔덜린, 네카 강변(튜빙겐)의 「횔덜린의 탑」에서 생활을 시작하다(1843년 사망 때까지).
1808		괴테 『파우스트』 제1부
1823		카스파르 다비드 프리드리히(Caspar David Friedrich* 1774~1840 독일의 화가) 《빙해(氷海)》(-1824)
1824		석회석과 점토를 주원료로 하는 포틀랜드 시멘트 발명.
1826		이 무렵 니에프스(Joseph Nicéphore Niépce* 1765~1833 프랑스의 사진가)가 현존하는 가장 오래된 사진 촬영.
1829		괴테 『빌헬름 마이스터의 편력시대』
1832		괴테 『파우스트』 제2부

서력	일본력	인물 · 사건 · 작품 · 저작
1835		W. H. 폭스 탤벗(William Henry Fox Talbot* 1800~1877 영국의 사진가), 사진의 네거-포지법을 발견. 스탕달 『앙리 브륄라르의 생애』 집필(-1836)
1836	덴포(天保) 7	가부키 무용극 「시노비요루 고이와 구세모노(忍夜戀曲者)」
1839		루이 자크 만데 다게르, 은판사진(다게레오타입daguerreotype) 발표. 성 제르바시오(Gervasius)와 성 프로타시오(Protasius) 성당(이탈리아, 바베노)의 「십자가의 길」 건조.
1840		탤벗, 캘러타입(Calotype)를 완성. 에드거 앨런 포 「실내장식의 철학」
1844	고카(弘化) 1	『오와리 명소도회』(「의학관 약품회」)
1846		랄프 월도 에머슨 「스핑크스」
1848		리처드 오언 『척추동물의 골격의 원형과 상동성에 대해』(원척추동물의 그림)
1851		존 애버렛 밀레이(John Everett Millais* 1829~1896) 《오필리아》(-1852)
1853		장 마르탱 샤르코 「해시시 흡입 후의 데생」
1854		런던 스테레오스코프회사 설립.
1857		샤를 보들레르 『악의 꽃』
1859		찰스 다윈 『종의 기원』
1860		보들레르 『인공낙원』 1860~80년대 미합중국 지질조사국의 지휘하에 사진가 티모시 오설리번(Timothy H. O'Sullivan* 1840~1882 미국의 사진가) 등에 의해 서부 조사 사진 촬영.
1866		에른스트 헤켈 『일반형태학』
1867		프랑스에서 철망으로 보강된 콘크리트 발명.
1868	메이지(明治) 1	스오오시마의 어부들이 쓰시마의 아자모('시게치', '덴도시게')로 이주. 간논자키(觀音崎), 노지마사키(野島崎), 시나가와, 조가시마(城ヶ島)에 서양식 등대 건설.
1869	메이지 2	1월 간논자키 등대 점등, 12월 노지마사키 등대 점등.
1871		칼 오토 베스트팔 '광장공포' 를 명명.
1872		다윈 『인간 및 동물의 표정』
1873	메이지 6	도쿄 후카가와에 국영 시멘트공장 건설.
1874		헤켈 『인류의 발생』
1875	메이지 8	일본에서 처음으로 시멘트 제조에 성공.
1876		『살페트리에르 사진도상집』(-1880)
1877	메이지 10	우치다 마사오 편집 『요치시랴쿠』 10권 「아메리카 주」
1878	메이지 11	구메 구니타케 편집 『특명전권대사 구미회람실기』

서력	일본력	인물 · 사건 · 작품 · 저작
1880		이반 러몰리에프(조반니 모렐리) 『뮌헨, 드레스텐, 베를린 미술관의 이탈리아인 거장의 작품』
1881		다윈 『지렁이와 흙』
1882		앵커 석적목 독일에서 발매 시작(-1960년대)
1883		베를린에서 카이저 파노라마관 개관
1884	메이지 17	조리스 카를 위스망스 『거꾸로』
1885	메이지 18	아오키 쓰네사부로 편집 『세계여행만국명소도회』 제1권
1886	메이지 19	11월 1일 하기와라 사쿠타로, 군마(群馬) 마에바시에서 탄생
1887	메이지 20	3월 22일 고무라 셋타이, 사이타마(埼玉) 가와고에(川越)에서 탄생. 아서 코난 도일 『주홍색 연구』(최초의 셜록 홈스 시리즈), 샤르코+폴 리셰 『예술에 나타나는 빙의』
1888		이 무렵 솜브레로를 손에 쥔 유년시절의 프란츠 카프카의 사진 촬영
1889	메이지 22	세키노 다다시, 헤이조쿄 터 발견
1890	메이지 23	고무라 셋타이, 도쿄 시타야구 가나스기카미초 미시마 신사 부근에 살다(-1891). 5월 우에노와 아사쿠사에서 파노라마관 개관. 제임스 조지 프레이저 『황금가지』 초판
1892		7월 15일 발터 벤야민 베를린에서 탄생. 막스 노르다우 『퇴폐』
1893	메이지 26	7월 히구치 이치요 일가 시타야구 시타야류센지초로 이사(-1894)
1894		노르다우 『퇴폐』 프랑스어 번역
1895	메이지 28	1월 히구치 이치요 「키재기」(『문학계(文學界)』 연재, -1896) 지그문트 프로이트+요제프 브로이어 「히스테리 연구」 막스 노르다우 『퇴폐』 귀스타브 르 봉 『군중심리』
1896	메이지 29	아즈마좌(吾妻座)가 미야토좌(宮戶座)로 개칭
1898		찰스 샌더스 퍼스, 매사추세츠주(Massachusetts州) 케임브리지에서 연속 강연(일본어 번역 『연속성의 철학』)
1899		『베르 사크룸』지(誌)에 에른스트 슈어의 일본미술론('두뇌의 예술' 인 유럽미술과 '신경의 예술' 의 일본미술) 게재
1900		지그문트 프로이트 『꿈 해석』
1901	메이지 34	고무라 셋타이, 도쿄 간다 진보초(神田神保町)의 숙모 댁에서 기숙(-1902)
1902	메이지 35	이 무렵 발터 벤야민과 동생 게오르크의 사진 촬영. 라이너 마리아 릴케 『형상시집(刑象詩集)』 고무라 셋타이, 니혼바시 히모노초에 살다(-1908). 하기와라 사쿠타로가 사진 촬영을 시작하다.

서력	일본력	인물 · 사건 · 작품 · 저작
1903		게오르크 지멜 「대도시와 정신생활」 쌍안경형 스테레오 카메라 「스테레오 마린」(프랑스) 제조
1904		프로이트 『일상생활의 정신병리학』
1905		아비 바르부르크 「뒤러와 이탈리아적 고대」('정념정형' 의 개념 제기)
1907		로버트 헤르츠 「죽음의 종교사회학」
1908	메이지 41	고무라 셋타이, 시타야구 나카네기시(中根岸)에 살다(-1910)
1909		반 게네프 『통과의례』
1910	메이지 43	레이몽 루셀 『아프리카의 인상』 릴케 『말테의 수기(手記)』 프로이트 「남성에게 대상 선택의 특수한 유형에 관하여」 고무라 셋타이, 시타야구 시타네기시(下根岸)에 살다(-1927). 야마가(山鹿)에 야치요자(八千代座) 건설
1911	메이지 44	4월 9일 요시와라 대화재. 아돌프 로스 「빈의 로스 하우스」 기타하라 하쿠슈 『추억』 미쓰이물산 요코하마 지점 1호관(철근 콘크리트로 만든 일본최초의 본격적인 건축). 야마가 야치요자 신축 공연 흥행(가부키 마쓰시마야).
1913	다이쇼(大正) 2	마르셀 프루스트 『잃어버린 시간을 찾아서』(-1927) 게오르크 트라클 『시집』(「저녁의 노래」) 하기와라 사쿠타로 『하늘빛 꽃』
1914	다이쇼 3	레이몽 루셀 『로쿠스 솔루스』 고무라 셋타이, 이즈미 교카 지음 『니혼바시』 장정(裝幀)
1917		폴 발레리 『젊은 파르크』
1918		오스발트 슈펭글러 『서양의 몰락』 바르브루크 정신병 발병
1920		프로이트 『쾌감원칙의 피안』
1921		바르부르크, 루트비히 빈스방거의 요양소 벨뷰로 옮겨와 입원
1922	다이쇼 11	제임스 조이스 『율리시스』 하기와라 사쿠타로 『새로운 욕정』
1923	다이쇼 12	릴케 『두이노의 비가(悲歌)』 『오르포이스에게 바치는 소네트』 하기와라 사쿠타로『우울한 고양이』 『나비를 꿈꾸다』 이나가키 다루호 『일천일초 이야기(一千一秒物語)』
1924	다이쇼 13	6월 3일 카프카 사망. 8월 바르부르크 벨뷰 퇴원. 벤야민 「괴테의 『친화력』」(-1925) 앙드레 브르통 『쉬르레알리슴 선언』 발레리 「에밀리 테스트 부인의 편지」 산도르 페렌치 『생식기 이론의 시도(탈라사)』 고무라 셋타이 《푸른 버드나무》 《낙엽》
1926	쇼와(昭和) 1	루이 아라공 『파리의 농부』 히라이즈미 기요시 『중세의 신사(神社) · 절과 사회의 관계』
1927	쇼와 2	아비 바르부르크 「도상 아틀라스〈므네모시네〉」 작성 개시(-1929). 벤야민 마약 실험 개시(-1934). 하기와라 사쿠타로 「언덕」

서력	일본력	인물 · 사건 · 작품 · 저작
1928		벤야민 『독일 비애극의 근원』 간행, 『파사주론』 초고 집필 개시(-1940). 브르통 『나자』 레오 슈피처 『문체연구』 블라디미르 프로프 『옛이야기의 형태학』 페르디난트 노아크 「개선(凱旋)과 개선문」
1929		10월 26일 바르부르크 함부르크에서 사망. 벤야민 「쉬르레알리슴」 루드비히 미스 반 데어 로에 「바르셀로나 파빌리온」
1930		안드레 욜레스 『단순형태』 프로이트 「문명 속의 불만」 장 콕토 『아편』
1931	쇼와 6	5월 3일 알도 로시 밀라노에서 탄생. 9월 하기와라 사쿠타로 일가 세타가야초 시모키타자와 신야시키초에 살다. 벤야민 「사진소사」
1932		벤야민 『1900년경 베를린의 유년시절』 집필 개시.
1933	쇼와 8	7월 14일 루셀 시칠리아섬 팔레르모에서 사망. 9~12월 고무라 셋타이, 구니에다 간지 『오센』(도쿄아사히신문 연재) 삽화. 하기와라 사쿠타로 일가 세타가야구 다이타 잇초메의 새로 지은 집(사쿠타로 설계)으로 이사. 벤야민 「모방의 능력에 대하여」
1934	쇼와 9	9~12월 고무라 셋타이, 구니에다 간지 『오덴 지옥』(요미우리신문 연재) 삽화. 벤야민 「프루스트의 이미지에 대하여」 「프란츠 카프카」 앙리 포시옹 『형태의 생명』 야곱 폰 윅스퀼『생물로부터 본 세계』
1935	쇼와 10	페데리코 가르시아 로르카 『이그나시오 산체스 메히아스를 위한 애가』 루셀 『나는 어떻게 어떤 종류의 책을 쓰게 되었는가』 조르주 바타유 『하늘의 푸른 빛』 집필. 유메노 큐사쿠 『도구라 마구라』 구키 슈조 『우연성의 문제』 하기와라 사쿠타로 『고양이 마을』
1936	쇼와 11	벤야민 「이야기 작가」 야나기타 구니오 『지명의 연구』 하기와라 사쿠타로 『정본 우울한 고양이』 『복도와 방』 『향수의 시인 요사 부손』
1937	쇼와 12	2월 미야토좌 폐좌. 바타유, 로제 카유아 등 「사회학연구회」 결성. 발레리 「파리의 존재」
1938		벤야민 『1900년경 시절의 베를린의 유년시절』 마지막 원고 완성. 카유아 『신화와 인간』 미셸 레리스 「일상생활에서의 성스러움」(1월에 사회학연구회에서 같은 제목으로 강연)
1939	쇼와 14	벤야민 「보들레르의 몇 가지 모티브에 관하여」 프로이트 『모세와 일신교』 조이스 『피네건스 웨이크』 레리스 『성년』 『어휘집』 발레리 「시와 추상적 사고」 하기와라 사쿠타로 『숙명』 「나의 사진기」
1940	쇼와 15	9월 26일 벤야민, 스페인 국경 마을 폴 보우에서 사망. 10월 17일 고무라 셋타이 도쿄 히라카와초(平河町)에서 사망. 살바토레 콰시모도 『그리스 서정시』

서력	일본력	인물 · 사건 · 작품 · 저작
1942	쇼와 17	5월 11일 하기와라 사쿠타로 도쿄에서 사망. 고무라 셋타이 『니혼바시 히모노초』 『고무라 셋타이 화집(畵集)』
1944		5월 18일 W. G. 제발트, 베르타하(독일 아르고이 지방)에서 탄생
1945		존 서머슨 『조지 1~4세 시대의 런던』
1946		로베르토 로셀리니 감독 『독일 영년』
1948		막스 플랑크 『과학적 자서전』 에른스트 로베르트 쿠르티우스 『유럽 문학과 라틴 중세』 레리스 『게임의 규칙1 Biffures』 최초의 폴라로이드 카메라 발매
1950		모리스 알박스 『집합적 기억』 J. J. 깁슨 『시각적 세계의 지각』 콜린 로우 「마니에리슴과 근대건축」
1951		마르틴 하이데거 「건축하기, 거주하기, 사유하기」
1952	쇼와 27	르네 도말 『유추의 산』 이나가키 다루호 「아름다움의 덧없음」
1954	쇼와 29	미셸 카르주 『독신자 기계』 나루세 미키오 감독 『만국』
1956		유르기스 발트루사이티스 『환상의 중세』
1957		피에르 클로소프스키 《아르테미스와 아크타이온 Ⅱ》 가스통 바슐라르 『공간의 시학』 구스타프 르네 호케 『미궁으로서의 세계』
1958	쇼와 33	6월 미쓰비시 시멘트 이와테 시멘트 공장(현 미쓰비시 머티리얼 三菱material 이와테 공장) 설치. 클로드 레비스트로스 『구조인류학』 알프레드 히치콕 감독 『현기증』
1960	쇼와 35	카유아 『메두사와 그 무리들』 엘리아스 카네티 『군중과 권력』 미야모토 쓰네이치 『잊혀진 일본인』
1962		조지 쿠블러 『시간의 형상』
1963		미셸 푸코 『임상의학의 탄생』 테오도어 W. 아도르노 「패러택시스」 강연.
1964	쇼와 39	모리야마 다이도 《팬터마임》 마셜 맥루언 『미디어의 이해』 모리스 메를로퐁티 『보이는 것과 보이지 않는 것』
1965	쇼와 40	시부사와 게이조(澁澤敬三* 1896~1963 일본의 민속학자) 편집 『에마키모노로 보는 일본서민생활 그림사전』(-1968) 루이스 R. 빈포드(Lewis R. Binford* 1931~2011 미국의 고고학자) 「고고학적 시스템론과 문화프로세스의 연구」(프로세스 고고학 제창)
1966	쇼와 41	로시 『도시의 건축』 푸코 『언어와 사물』 프란시스 예이츠 『기억의 기술』 데라야마 슈지 『아아, 황야』
1967	쇼와 42	칼 모일리 「카니발의 기원」(프랑스어판) 롤랑 바르트 「기호학과 도시계획」 미야모토 쓰네이치 『나의 일본지도』(-1976)(아우스터리츠와 화자의 만남)
1968	쇼와 43	3월 17일 미야모토 쓰네이치 히로시마 모토마치 부근을 촬영. 10월

서력	일본력	인물 · 사건 · 작품 · 저작
		21일 신주쿠 소동(국제반전기념일에 학생들이 국철 신주쿠역을 점거하여 기동대와 충돌). 히로시마 · 모토마치 지구의 발본적인 재개발사업 개시(「원폭 슬럼」의 해소를 향해)
1969	쇼와 44	로시「밀라노 갈라라테제 지구 집합주택」(-1973) 예이츠『세계극장』일본의 석회석 생산량 1억 톤대로.
1970	쇼와 45	바르트『기호의 제국』「제3의 의미」이토 데이지『가레산스이』
1971	쇼와 46	로시, 교통사고로 발칸반도의 병원에 입원, 자전적 메모 작성. 로시「모데나의 산 카탈도 묘지」(-1978) 모리야마 다이도《미사와의 개》폴라로이드 SX-70(자기현상형) 발매
1972	쇼와 47	로시, 취리히 공과대학 부임(-1975)「파냐노 올로나 초등학교」(-1976)《구스 게임(모데나의 묘지 계획안)》바르트「기호학과 의학」아카세가와 겐페이 외「요쓰야의 순수계단」(초예술 토머슨 제1호) 발견
1973		로시《엘바 섬의 나무 오두막》바르트『텍스트의 쾌락』헤이든 화이트『메타히스토리』
1974	쇼와 49	로시《암살된 건축》(이후 각종 버전 있음) 마리야 김부타스『고대 유럽의 신들』데라야마 슈지 감독『전원에 죽다』
1975	쇼와 50	로시《이것은 오래전의 일이다》미켈란젤로 안토니오니 감독『방랑하는 두 사람』바르트「영화관을 나오면서」존 이스트만 하우스 국제사진박물관에서「뉴 토포그래픽스」전(展). 요코이 기요시『중세 민중의 생활문화』
1976	쇼와 51	로시《유추적 도시》모리야마 다이도『도노 모노가타리』
1977		로시《아프리카의 인상(키에티의 학생기숙사)》마크 클렛을 중심으로 재촬영조사 프로젝트(RSP) 개시(-1979). 크리스토퍼 알렉산더『패턴 랭귀지』스티븐 J. 굴드『개체발생과 계통발생』
1978	쇼와 53	로시「과학적 소극장」「브로니의 학교 마르케지 예배당」의 스케치(-1980) 조르조 아감벤『유아기와 역사』렘 쿨하스『착란의 뉴욕』아미노 요시히코『무연 · 공적장소 · 즐거움』
1979	쇼와 54	6월 로시「학교 가는 길(der Weg zur Schule)」의 스케치 8월 24일-9월 17일 바르트「파리의 밤」의 텍스트 집필. 카를로 긴즈부르그「징후들」J. J. 깁슨『생태학적 시각론』벤자민 리벳의 실험. 안드레이 타르코프스키, 소련과 이탈리아에서 폴라로이드 사진 촬영(-1984). 이와타 게이지『가미의 인류학』.
1980		3월 25일 바르트 교통사고로 파리에서 사망. 베네치아 건축 비엔날레 개최, 로시「세계극장」전시, 비엔날레 종료 후 두브로브니크로 예항. 루이스 발츠『파크 시티』크리스티안 노르베르크 슐츠『지니어스 로사이』질 들뢰즈+펠릭스 가타리『천의 고원(mille plateaux)』

서력	일본력	인물 · 사건 · 작품 · 저작
1981	쇼와 56	로시 『과학적 자서전』《잃어버린 는고》 T. A. 세벅+ J. 유미카 세벅 『셜록 홈스의 기호론』 고초 시게오 『익숙한 거리에서』
1982	쇼와 57	나카이 히사오 『분열증과 인류』 나카니시 스스무 『두꺼비 고찰』 이안 호더(Ian Hodder* 1948~ 영국의 고고학자) 『행위의 상징』(프로세스 고고학 비판에서 포스트 프로세스 고고학으로)
1983	쇼와 58	로시 『푸른 노트-나의 프로젝트1981』 타르코프스키 감독 『노스탤지어』 미키 시게오 『태아의 세계』
1984	쇼와 59	로시 《학교에서의 귀가》 알렉세이사의 에스프레소 메이커 「라 코니카」 이와타 게이지 『가미와 신』
1985	쇼와 60	로시 「파르마의 쇼핑센터, 센트로 토리」(-1988) 아라마타 히로시 『제국의 수도 이야기』
1986	쇼와 61	하타케야마 나오야 《라임 힐즈》(-1990) 발츠 『산 쿠엔틴 포인트』 긴즈부르그 『신화 · 우의 · 징후』 빈프리드 메닝하우스 『문지방학』 노상관찰학회 결성
1988		로시 「밀라노의 산드로 페르티니 기념비」(-1990) 「토론토의 등대 극장」 발츠 『캔들스틱 포인트』
1989	헤이세이 (平成) 1	로시 「후쿠오카의 호텔 일 팔라초」 긴즈부르그 『어둠의 역사』 장뤽 고다르 감독 『영화사』(-1998) 데보라 실버맨 『아르누보』 아카사카 노리오 『경계의 발생』
1990	헤이세이 2	스즈키 히로유키 『도쿄의 [지령]』 조너선 크레리 『관찰자의 계보』 야마가 야치요좌에서 「반도 다마사부로 무용공연」 개시
1991	헤이세이 3	하타케야마 나오야 《라임 웍스》(-1994) 고다르 감독 『신독일 영년』 스티븐 그린블랫 『경이와 점유』 가와무라 지로 『알레고리의 직물』 미나토 치히로 『군중론』
1993	헤이세이 5	하타케야마 나오야 《강의 연작》(-1994) 로시 《우울한 새끼 표범》 호르스트 브레데캄프 『고대 동경과 기계신앙』
1994		고트프리트 뵘이 「도상적 전회」를 명명. 바버라 마리아 스태퍼드 『아트풀 사이언스』
1995	헤이세이 7	하타케야마 나오야 《빛의 마켓》(-1997) 다니엘 슈미트 감독 『쓰여진 얼굴』 이마하시 리코 『에도의 화조화』 마쓰오카 세이고 『프래질』 다나카 준 『잔상 속의 건축』 앵커 석적목 생산재개.
1996	헤이세이 8	하타케야마 나오야 『LIME WOKS』 스티븐 미슨 『마음의 선사시대』 스태퍼드 『굿 루킹』 에드워드 S. 리드 『어포던스의 심리학』(아우스터리츠와 화자의 재회) 포켓몬스터 발매 개시.
1997	헤이세이 9	9월 4일 로시 교통사고로 인한 상처로 사망. 하타케야마 나오야 《블래스트》(-1999) 클렛 「The Third View」 프로젝트 개시(-2000). 케네스 J. 맥나마라 『동물의 발육과 진화』 자크린 피조 『모노즈쿠

서력	일본력	인물 · 사건 · 작품 · 저작
		시』 고바 아키라 『정치의 성립』
1998	헤이세이 10	로시 「모지코 호텔」 마쓰우라 히사키 『지식의 정원』
1999	헤이세이 11	니시무라 사부로 『문명 속의 박물학』 스태퍼드 『비주얼 아날로지』 스즈키 히로유키 『일본의 〈지령〉』
2000	헤이세이 12	하타케야마 나오야 『Underground』 조너선 크레리 『지각의 중지』 로버트 맨글리언+메리 앤 레이 「줘라기 테크놀러지 박물관의 파사드를 위한 40개의 제안」 다나카 준 『도시표상분석 I』 『미스 반 데어 로에의 전장』
2001	헤이세이 13	제발트 『아우스터리츠』 12월 14일 제발트, 노리치(영국)에서 자동차 사고로 사망. 하타케야마 나오야 《슬로 글라스》 스즈키 료지 『건축 영년』 다나카 준 『아비 바르부르크 기억의 미궁』
2002	헤이세이 14	모리야마 다이도 『신주쿠』 조르주 디디 위베르만 『잔존하는 이미지』 지그리트 바이겔 편집 『계보학과 유전학』
2003	헤이세이 15	모리쿠리 시게카즈 『강변마을의 역사와 도시민속학』 마쓰오카 세이고 『산수사상』 아케이드 게임 「무시킹」 등장
2004	헤이세이 16	로시의 「세계극장」 제노바에서 재건. 벤자민 리벳 『마인드 타임』 빅터 버긴 『기억된 영화』 나카이 히사오 『징후 · 기억 · 외상』 다네무라 스에히로 『기형의 신』 다나카 준 『죽은 자들의 도시로』 가나모리 오사무 『자연주의의 임계』 구라타니 시게루 『동물진화형태학』 세키네 야스마사 「〈「도쿄」를 인류학하기〉 위한 메모」 선행디자인회의(도시연쇄연구체+환경노이즈엘레멘트) 「선행 디자인 선언」 도시연쇄연구체 「근원 카드」
2005	헤이세이 17	바이겔 외 편집 『제너레이션(generation)』 메닝하우스 『삶의 절반: 횔덜린의 시법시론』 고토 노리아키 「도시를 보다, 도시를 읽다」 기무라 빈 『관계로서의 자신』 마이니치신문사 편집 『미야모토 쓰네이치 사진 · 일기 집성』 나카타니 노리히토 『세버럴니스』 나카자와 신이치 『어스 다이버』 사사키 마사토 『다윈적 방법』
2006	헤이세이 18	다비드 줄리어트 『마이크로그래피』 바이겔 『계보-논리』 이토 구니타케 『퍼스의 우주론』 미나카 노부히로 『계통수 고찰의 세계』

참고 문헌

주(註)에서는 저자명(著者名)과 저작(著作) · 논문명(論文名)(일본어로 쓰인 문헌의 경우). 또는 저자명과 발행 · 발표 연도(서구의 문헌인 경우)로 간략하게 기록했다. 서구의 문헌을 인용할 때 일본어 번역일 경우, 그 해당 부분만 일본어 문헌의 인용 방법에 따라 기록했다. 일본어 번역이 존재하지 않거나, 참조하기 어려운 경우에는 원서(原書)의 해당 부분만을 기록했다.

阿部謹也『刑吏の社會史 — 中世ヨーロッパの庶民生活』中公親書, 1978.

Adjmi, Morris, and Giovanni Bertolotto (Eds.) : *Aldo Rossi: Drawings and Paintings.* New York: Princeton Architectural Press, 1993.

Adorno, Theodor W.: *Parataxis. Zur späten Lyrik Hölderlins.* In: Adorno, Theodor W.: *Noten zur Literatur.* Frankfurt am Main: Suhrkamp, 1974, 447-491. テオドール・W・アドルノ「パラタクシス — ヘルダーリンの後期賛歌に寄せて」, 高木昌史譯『批評空間』第5宝, 福式書店, 1992, 170-201.

Agmaben, Giorgio: *Infanzia e storia: distruzione dell'esperienza e origine della storia.* Nuova edizione accresciuta. Torino: G. Einaudi, 2001. ジョルジョ・アガンベン『幼兒期と歴史 — 経驗の破壊と歴史の起源』, 上村忠男譯, 岩波書店, 2007.

赤坂憲雄『境界の發生』講談社學術文庫, 2002.

赤瀬川原平『超芸術トマソン』筑摩文庫, 1987.

網野善彦『增補 無緣・公界・樂』平凡社, 1987.

網野善彦『日本論の視座』小學館ライブラリー, 1993.

網野善彦『日本中世都市の世界』筑摩書房, 1996.

阿毛久芳「『定本青猫』の旅 — 挿繪と編集に關連して, 解題風に」, 分銅惇作編『近代文學論の現在』蒼丘書林, 1998, 138-155.

青木恒三朗編『世界旅行萬國名所圖繪』第一卷, 嵩山堂, 1885.

荒木経惟「『風景』というより『情景』だね」, 毎日新聞社編『宮本常一寫眞・日記集成』附錄, 5-6.

荒木慶ラ胤『経口一葉と龍泉時界経』八木書店, 1985.

荒俣宏「博物學はお父さん — 路上觀察學への進化史的論述」, 赤瀬川原平・藤森照信・南伸坊編『路上觀察學入門』筑摩書房, 1986, 264-289.

Bachelard, Gaston: *La poétique de l'espsace.* Paris: Presses Universitaires de France, 1957. ガストン・バシュラール『空間の詩學』岩村行雄譯, ちくま學芸文庫, 2002.

Baltrušatis, Jurgis: *Le moyen âge fantastique: antiquiés et exotismes dans l'art gothique.* Paris: Colin, 1955. ユルギス・バルトルシャイティス『幻想の中世—ゴシック美術における古代と異國趣味』全2巻(I, II) 西野嘉章譯, 平凡社ライブラリー, 1998.

Barbieri, Umberto S., and Giovanni Bertolotto (eds.): *Aldo Rossi: Opera Grafica 1973~1995.* Mastricht: Bonnefantenmuseum; Amsterdam: Studio di Architettura; Genova: Studio San Luca, 1995.

Barthes, Roland: *Le plaisir du texte.* Paris: Éditions du Seuil, 1973. ロラン・バルト『テクストの快樂』澤崎浩平譯, みすず書房, 1977.

Barthes, Roland: *L'obvie et l'obtus.* Paris: Éditions du Seuil, 1982. ロラン・バルト『第三の意味—映像と演劇と音樂と』澤崎浩平譯, みすず書房, 1984.

Barthes, Roland: *Incidents.* Paris: Éditions du Seuil, 1982. ロラン・バルト『偶景』澤崎浩平・萩原芳子譯, みすず書房, 1989.

Barthes, Roland: *L'aventure sémiologique.* Paris: Éditions du Seuil, 1985. ロラン・バルト『記号學の冒險』花輪光譯, みすず書房, 1988.

Bataille, Georges: *Le Bleu du ciel: roman.* Paris: J. Pauvert, 1957. ジョルジュ・バタイユ『青空』天澤退二郎譯, 晶文社, 1968.

Becker, Annette, und Ingeborg Flagge (Hg.): *Aldo Rossi. Die Suche nach dem Glück: Frühe Zeichnungen und Entwürfe.* München: Prestel, 2003.

Belting, Hans, u.a(Hg.): *Kunstgeschicte. Eine Einführung.* Sechste, überarbeitete und erweiterte Auflage. Berlin: Dietrich Reimer Verlag, 2003.

Benjamin, Walter: *Gesammelte Schriften* 〔Benjamin Gs로 약기〕. Hg. von Rolf Tiedemann und Hermann Schweppenhäuser. 7 Bde. Frankfurt am Main: Suhrkamp, 1972-1989.

Benjamin, Walter: *Goethes Wahlverwandtschaften* (1924~1925). In: Benjamin Gs, Bd. I, 123-201. ヴァルター・ベンヤミン「ゲーテの『親和力』」『ベンヤミン・コレクション1 近代の意味』淺井健二郎編譯, ちくま學芸文庫, 1995, 39-184.

Benjamin, Walter: *Ursprung des deutschen Trauerspiels* (1928). In: Benjamin Gs, Bd. I, 203-409. ヴァルター・ベンヤミン『ドイツ悲哀劇の根源』岡部仁譯, 講談社文芸文庫, 2001.

Benjamin, Walter: *Der Sürrealismus: Die letzte Momentaufnahme der europäischen*

Intelligenz (1929). In: Benjamin Gs, Bd. II, 295-310. ヴァルター・ベンヤミン「シュルレアリスム—ヨーロッパ知識人の最新のスナップショット」『ベンヤミン・コレクション1 近代の意味』淺井健二郎編譯, ちくま學芸文庫, 1995, 491-518

Benjamin, Walter: *Kleine Geschichte der Photographie* (1931). In: Benjamin GS, Bd. II, 368-385. ヴァルター・ベンヤミン『図説 寫眞小史』久保哲司編譯, ちくま學芸文庫, 1998.

Benjamin, Walter: *Über das mimetische Vermögen* (1933). In: Benjamin GS, Bd. II, 210-213. ヴァルター・ベンヤミン「模倣の能力について」『ベンヤミン・コレクション2 エッセイの思想』淺井健二郎編譯, ちくま學芸文庫,1996, 75-81.

Benjamin Walter: *Zum Bilde Prousts* (1934). In: Benjamin GS, Bd. II, 310-324. ヴァルター・ベンヤミン「プルーストのイメージについて」『ベンヤミン・コレクション2 エッセイの思想』淺井健二郎編譯, ちくま學芸文庫, 1996, 413-441.

Benjamin, Walter: *Franz Kafka: Zur zehnten Wiederkehr seines Todestages* (1934). In: Benjamin GS, Bd. II, 409-438. ヴァルター・ベンヤミン「フランツ・カフカ—没後十年を迎えて」『ベンヤミン・コレクション2 エッセイの思想』淺井健二郎編譯, ちくま學芸文庫, 1996, 107-163.

Benjamin, Walter: *Protokolle zu Drogenversuchen* (1927~1934). In: Benjamin GS, Bd. VI, 558-618. ヴァルター・ベンヤミン『陶酔論』飯吉光夫譯, 晶文社, 1992.

Benjamin, Walter: *Der Erzähler: Betrachtungen zum Werk Nikolai Lesskows* (1936). In: Benjamin GS, Bd.II, 438-465. ヴァルター・ベンヤミン「物語作者—ニコライ・レスコフの作品についての考察」『ベンヤミン・コレクション2 エッセイの思想』淺井健二郎編譯, ちくま學芸文庫, 1996, 283-334.

Benjamin, Walter: *Berliner Kindheit um Neunzehnhundert. Adorno-Rexroth-Fassung* (1932~1938). In: Benjamin GS, Bd. IV, 235-304. ヴァルター・ベンヤミン『一九〇〇年頃のベルリンの幼年時代』(アドルノ-レックスロート橋),『ベンヤミン・コレクション3 記憶への旅』淺井健二郎編譯, ちくま學芸文庫, 1997, 465-629[최종원고와의 차이점 지적 있음].

Benjamin, Walter: *Berliner Kindheit um neunzehnhundert. Fassung letzter Hand* (1938). In: Benjamin GS, Bd. VII, 385-433. ヴァルター・ベンヤミン『一九〇〇年頃のベルリンの幼年時代』(最終稿),『ベンヤミン・コレクション3記憶への旅』淺井健二郎編譯, ちくま學芸文庫, 1997, 465-601[アドルノ—レックスロート橋との異同指示あり].

Benjamin, Walter: *Über einige Motive bei Baudelaire* (1939). In: Benjamin GS, Bd. I, 605-653. ヴァルター・ベンヤミン「ボードレールにおけるいくつかのモテ

ィーフについて」,『ベンヤミン・コレクション1近代の意味』淺井健二郎編譯, ちくま學芸文庫, 1995, 417-488.

Benjamin, Walter: *Das Passagen-Werk* (1928~1940). In: Benjamin GS, Bd. V.

ヴァルター・ベンヤミン『パサージュ論』第一卷-第五卷, 三島憲一ほか譯, 岩波現代文庫, 2003.

Benjamin, Walter: *Gesammelte Briefe. Band VI. 1938-1940.* Hg. von Christoph Göddeund Henri Lonitz. Frankfurt am Main: Suhrkamp, 2000.

Benveniste, *Émile: Problèmes de linguistique générale*, 2. Paris: Gallimard, 1974.

Bienert, Michael, und Erhard Senf: *Berlin wird Metropole: Fotografien aus dem Kaiser-Panorama.* Berlin-Brandenburg: be.bra verlag, 2000.

Binswanger, Ludwig: *Drei Formen missglückten Daseins: Verstiegenheit Verschrobenheit Manieriertheit.* Tübingen: Max Niemeyer Verlag, 1956. ルートヴィッヒ・ビンスワンガー『思い上がり ひねくれ わざとらしさ—失敗した現存在の三形態』宮本忠雄監譯, 關忠盛譯, みすず書房, 2000.

Bredekamp, Horst: *Antikensehnsucht und Maschinenglauben: Die Geschichte der Kunstkammer und die Zukunft der Kunstgeschicht.* Berlin: Wagenbach, 1993. ホルスト・ブレーデカンプ『古代憧憬と機械信仰—コレクションの宇宙』藤代幸一・津山駄拓也譯, 法政大學出版局, 1996.

Bredekamp, Horst: *Drehmomente: Merkmale und Ansprüche des iconic turn*, In Maar und Burda, 2004, 15-26.

Burgin, Victor: *The end of Art Theory: Criticism and Postmodernity.* London: Macmillan, 1986. ヴィクター・バーギン『現代美術の迷路』室井尙・酒井信雄譯, 勁草書房, 1994

Burgin, Victor: *The Remembered Film.* London: Reaktion Books, 2004.

Cacciari, Massimo: "Res aedificatoria: Il 'classico' di Mies van der Rohe". In: *Casabella*, vol. 629, 1995, 3-7

Caillois, Roger: *Le mythe et l'homme.* 1938. Paris: Gallimard, 1958. ロジェ・カイヨワ『神話と人間』, 久米博譯, せりか書房, 1975.

Caillois, Roger: *Méduse et cie.* Paris: Gallimard, 1960. ロジェ・カイヨワ『メドゥーサと仲間たち』, 中原好文譯, 思索社, 1975

Caillois, Roger: *Obliques, Précédé de Images, images*, Paris: Stock, 1975. ロジェ・カイヨワ『斜線—方法としての對角線の科學』中原好文譯, 思索社, 1978.

Canetti, Elias: *Masse und Macht.* 1960. Frankfurt am Main: Fischer, 1980. エリアス・カネッティ『群衆と權力』, 岩田行一譯, 法政大學出版局, 1971.

Carrouges, Michel: *Les machines célibataires.* Paris: Arcanes, 1954. ミッシェル・カルージュ『獨身者の機械—未來のイヴ, さえも……』高山宏・森永徹譯, ありな書房, 1991.

近森高明『ベンヤミンの迷路都市—都市のモダリティと陶酔経験』世界思想社, 2007.

Clausberg, Karl: *Neuronale Bildwissenschaften.* In: Belting 2003, 329-354.

Costantini, Paolo, et al.: *Luigi Ghirri- Aldo Rossi: Things Which Are Only Themselves.* Montréal: Centre Canadien d'Architecture; Milano: Electa, 1996.

Cray, Jonathan: *Techniques of the Observer : On vision and Modernity in the Nineteenth Century.* Cambridge, Mass: MIT Press, 1990.『ジョナサン・クレーリー『觀察者の系譜—視覺空間の変容とモダリティ』遠藤知巳譯, 以文社, 2005.

Crary, Jonathan: *Suspensions of Perception: Attention, Spectacle, and Modern Culture.* Cambridge, Mass: MIT Press, 2000. ジョナサン・クレーリー『知覺宙吊り—注意, スペクタクル, 近代文化』, 岡田溫司監譯, 平凡社, 2005.

Curtius, Ernst Robert: *Europäische Literatur und lateinisches Mittelalter.* Bern: Francke, 1948. エルンスト・ローベルト・クルツィウス『ヨーロッパ文學とラテン中世』, 南大路振一・岸本通夫・中村善也譯, みすず書房, 1971.

Darwin, Charles: *The Formation of Vegetable Mould, Through the Action of Worms: With Observations on Their Habits.* 1881. 〔S.l〕: Murray, 1904. チャールズ・ダーウイン『ミミズと土』渡辺弘之譯, 平凡社ライブラリー, 1994.

Didi-Huberman, Geroges: *Charcot, l'histoire et l'art: imitation de la croix et démon de l'imitation.* In: Charcot, J. M. & Paul Richer: Les *démoniaques dans l'art; suivi de La foi qui guérit de J. M. Charcot.* Introduction de Pierre Fédida; postface de Georges Didi-Huberman, Paris: Macula, 1984, 125-188.

Didi-Huberman, Geroges: *Pour une anthropologie des singularités formelles: remarque sur l'invention warburginne.* In: Genéses, 24, Sept. 1996, 145-163. ジョル・ジュディディ＝ユベルマン「形式的特異性の人類學のために—ヴァールブルクの發想に關する考察」三宅眞紀・赤間啓之譯, 展覽會カタログ『記憶された身体—アビ・ヴァールブルクのイメージの宝庫』國立西洋美術館, 1999, 237-245.

Didi-Huberman, Geroges: *L'image survivante: histoire de l'art et temps des fantômes selon Aby Warburg.* Paris: Éditions de Minuit, 2002. ジョル・ジュディディ＝ユベルマン『殘存するイメージ—アビ・ヴァールブルクによる美術史と幽靈たちの時間』水野千依・竹内孝宏譯, 人文書院, 2005.

『「銅鐫にみる文明のフィルム—『米歐回覽實記』挿繪銅板畫とその時代展」資料集』久米美術館, 2006.

Eisenman, Peter: *The Houses of Memory: The Texts of Analogy. In: Rossi, Aldo: The Architecture of the City.* Trans. by Diane Ghirardo and Joan Ockman. Cambridge, Mass. and London: MIT Press, 1982, 3-11. ピーター・アイゼンマン「英語版編者序文記憶の家：類推のテキスト」, ロッシ『都市の建築』407-422.

Ferenczi, Sandor: *Versuch einer Genitaltheorie.* Wien: Internationaler Psychoanalytischer Verlag, 1924. 증보개정 헝가리어판: Ferenczi Sándor: *Katasztrófák a nemi müködés fejlödésében: pszichoanalitikai tanulmány.* Budapest: Pantheon, 1928. 헝가리어판의 프랑스어 번역: Ferenczi, Sandor: *Thalassa: psychanalyse des orgines de la vie sexuelle, suivi de Masculin et féminin.* 1962. Paris: Payot, 1977. サンドール・フェレンツイ「タラッサ」(프랑스어 번역을 재번역) 小島俊明譯『全集・現代世界文學の發見7 性の深淵』學藝書林 1970, 245-325.

Ferlenga, Alberto(ed.): *Aldo Rossi: The Life and Works of an Architect.* Köln: Könemann, 2001.

Forster, Kurt W.: *Ein Mann ging kürzlich hier vorüber...* . In: Becker und Flagge 2003, 32-41

Foucault, Michael: *Naissance de la clinique: une archéologie du regard médical.* Paris: Presses Universitaires de France, 1963. ミシェル・フーコー『臨床医學の誕生—医學的まなざしの考古學』神谷美惠子譯, みすず書房, 1969.

Faucault, Michael: L*es mots et les choses: une archéologie des sciences humaines.* Paris: Gallimard, 1966. ミシェル・フーコー『言葉と物—人文科學の考古學』渡辺一民・佐々木明譯, 新潮社, 1974.

Freud, Sigmund: *Studien über Hysterie* (1895). In: Freud, Sigmund: *Gesammelte Werke.* Bd. I. 1952. Frankfurt am Main: Fischer, 1999, 75-312. ジークムント・フロイト+ヨーセブ・ブロイアー「ヒステリー硏究」, 懸田克躬譯『フロイト著作集』第7卷, 人文書院, 1974, 3-229.

Freud, Sigmund: *Zur psychopathologie des Alltagslebens* (1904). In: Freud, Sigmund: *Gesammelte Werke.* Bd. IV. 1941. Frankfurt am Main: Fischer, 1999, ジークムント・フロイト「日常生活の精神病理學」, 池見西次郎, 高橋義孝譯『フロイト著作集』第4卷, 人文書院, 1970, 5-236.

Freud, Sigmund: *Über einen besonderen Typus der Objektwahl beim Manne* (1910). In: Freud, Sigmund: *Gesammelte Werke.* Bd. VIII. 1943. Frankfurt am Main: Fischer, 1999. 66-77.

Freud, Sigmund: *Das Unbehagan in der Kultur* (1930). In: Freud, Sigmund: *Gesammelte Werke.* Bd. XIV. 1948. Frankfurt am Main : Fischer, 1999, 419-506. ジー

クムント・フロイト「文化への不満」, 浜川祥枝譯『フロイト著作集』第3巻, 人文書院, 1969, 431-496.

富士見町編『富士見町史』富士見町教育委員會, 1991.

藤森照信ほか「ディスカッション 先行デザイン宣言をめぐって」『10+1』No. 37, INAX出版, 2004, 146-161.

Galle, Emile: *Écrits pour l'art: Floriculture, art décoratif, notices d'exposition* (1884-1889). Paris:Librairie Renouard, H. Laurens, 1908. エミール・ガレ『ガレの芸術ノート』由水常雄編譯, 瑠璃書房, 1980.

Gennep, Arnold van: *Les rites de passage: étude systématique des rites de la porte et du seuil, de l'hospitalité* .... Paris: E. Nourry, 1909. A・V・ジェネップ『通過儀礼』秋山さと子・彌永信美譯, 新思索社, 1999.

Gibson, James J.: *The Perception of the Visual World*. Cambridge, Mass.: The Riverside Press, 1950.

Gimbutas, Marija Alseikait: *The Goddesses and Gods of Old Europe, 6500-3500 BC: Myths and Cult Images*. Berkeley: University of California, 1982. マリヤ・ギンブタス『古ヨーロッパの神々』鶴岡眞弓譯, 言叢社, 1998.

Ginzburg, Carlo: *Mitt, emblemi, spie: morfologia e storia*. Torino: G. Einaudi, 1986. カルロ・ギンズブルグ「徵候」『神話, 愚意, 徵候』竹山博英譯, せりか書房, 1988, 177-226.

Ginzburg, Carlo: *Storia notturna: una decifrazione del sabba*. Torino: G. Einaudi, 1989. カルロ・ギンズブルグ『闇の歴史—サバトの解讀』竹山博英譯, せりか書房, 1992.

Giuriato, Davide: *Mikrographien: Zu einer Poetologie des Schreibens in Walter Benjamins Kindheitserinnerungen (1932-1939)*. München: Wilhelm Fink, 2006.

Gleiter, Jörg H.: *Rückkehr des Verdrängten: Zur kritischen Theorie des Ornaments in der architektonischen Moderne*. Weimar: Universitätsverlag der Bauhaus-Universität Weimar, 2002.

牛腸茂雄『見慣れた街の中で』自費出版, 1981.

後藤範章「都市を觀る, 都市を讀む—寫眞で語る：「東京」の社會學」現代伝承論研究會『現代都市伝承論—民俗の再發見』岩田書院, 2005, 83-121.

Gould, Stephen Jay: *Ontogeny and Phylogeny*. Cambridge, Mass: London: Belknap Press of Harvard University Press, 1977. スティーヴン・J・グールド『個体發生と系統發生』仁木帝都・渡辺政陸譯, 工作舍, 1987.

Greenblatt, Stephen: *Marvelous Possessions: The Wonder of the New World*. Oxford: Clarendon Press, 1991. スティーヴン・グリーンブラット『驚異と占有—新世

界の驚き』荒木正純譯, みすず書房, 1994.

萩原朔美「四角の遊具の寂しさ」『萩原朔太郎寫眞作品 のすたるぢや』88-93.
萩原朔太郎「Omegaの瞳」『蝶を夢む』所收,『萩原朔太郎全集』第一卷, 筑摩書房, 1975, 343-344.
萩原朔太郎『定本青猫』『萩原朔太郎全集』第2卷, 筑摩書房, 1976, 141-254.
萩原朔太郎『宿命』「附錄 散文詩自註」『萩原朔太郎全集』第2卷, 筑摩書房, 1976, 353-370
萩原朔太郎「坂」『拾遺詩編』所收,『 萩原朔太郎全集』第3卷, 筑摩書房, 1977, 233-238.
萩原朔太郎『新しき欲情』『萩原朔太郎全集』第4卷, 筑摩書房, 1975, 3-224.
萩原朔太郎『猫町』『萩原朔太郎全集』第5卷, 筑摩書房, 1976, 348-362.
萩原朔太郎「秋と漫步」『廊下と室房』所收,『萩原朔太郎全集』第9卷, 筑摩書房, 1976, 162-164.
萩原朔太郎「僕の寫眞機」『萩原朔太郎全集』第11卷, 筑摩書房, 1977, 347-349.
『萩原朔太郎寫眞作品 のすたるぢや』新潮社, 1994.
萩原朔太郎研究會編『萩原朔太郎撮影寫眞集』上毛新聞社, 1981.
萩原葉子「父と立体寫眞」『萩原朔太郎寫眞作品 のすたるぢや』, 3-6.
畠山直哉「アンダーグラウンド」畠山直哉『Underground: Cimmerian Darkness and Stygian Gloom』メディアファクトリー, 2000, 3-7.
畠山直哉「ライム・ワークス」畠山直哉『Lime Works』アムズ・アーツ・プレス, 2002, 50-59.
平泉澄『中世に於ける社寺と社會との關係』至文堂, 1926.
平野嘉彦「『屋根裏の散步者』から『猫町』へ—『群衆と觀相學/群衆の観相學』の序にかえて」『ドイツ文學』5巻 2号(130号), 日本獨文學會, 2006, 1-14
平嶋彰彦「忘れられた暗室作業」, 毎日新聞社編『宮本常一寫眞・日記集成』附錄, 22-23.
Hocke, Gustave René: *Dis Welt als Labyrinth: Manier und Manie in der europäischen Kunst: Von 1520 bis 1650 und in der Gegenwart.* Hamburg: Rowohlt, 1957. グスタフ・ルネ・ホッケ『迷宮としての世界—マニエリスム美術』種村季弘・矢川澄子譯, 美術出版社, 1966.
Hölderlin, Friedrich: *Hälfte des Lebens. In: Hölderlin, Friedrich: Sämitliche Werke und Briefe.* Drei Bände. Hg. von Jochen Schmidt. Bd. 1. Frankfurt am Main: Deutscher Klassiker Verlag, 1992, 320. フリードリヒ・ヘルダーリン「生のなかば」手塚富雄譯『ヘルダーリン全集』第2卷, 河出書房新社, 1966, 144.
井戸尻考古館編『甦る高原の縄文王國—井戸尻文化の世界性』言叢社, 2004.
飯澤耕太郎『「芸術寫眞」とその時代』筑摩書房, 1986.
今橋理子『江戶の花鳥畵—博物學をめぐる文化とその表象』スカイドア, 1995.

今橋理子『江戸繪畵と文學—〈描寫〉と〈ことば〉の江戸文化史』東京大學出版會, 1999.
稲垣足穗「美のはかなさ」萩原幸子編『稲垣足穗全集』第9巻, 筑摩書房, 2001, 380-420.
伊藤邦武『パースの宇宙論』岩波書店, 2006.
伊藤ていじ『枯山水』淡交社, 1970.
岩田慶治『カミの人類學—不思議の場所をめぐって』講談社, 1979.
岩田慶治『カミと神—アニミズム宇宙の旅』講談社, 1984.
鏑木清方「『雪岱集』序」小村雪岱『日本橋檜物町』(平凡社ライブラリー), 201-211.
門林缶史「触覺, この余計なもの—マクルーハンにおける感覺の修辭學」『UTCP 研究論集』第2号, UTCP(共生のための國際哲學交流センター), 2005, 45-56.
金森修『自然主義の臨界』勁草書房, 2004.
笠原美智子「發言する風景—クリティカル・ランドスケープ」展覽會カタログ『發言する風景—クリティカル・ランドスケープ』東京都寫眞美術館, 1993, 30-37.
笠松宏至「〈墓所〉の法理」『史學雜誌』第80巻 1号, 1971, 61-65.
加藤典洋「風景の終わり—『ニュー・トポグラフィックス』とその後」展覽會カタログ『發言する風景—クリティカル・ランドスケープ』東京都寫眞美術館, 1993, 8-20.
川村二郎『アレゴリーの織物』講談社, 1991.
木村敏『關係としての自己』みすず書房, 2005.
Klett, Mark, et al.: *Third Views, Second Sights: A Rephotographic Survey of the American West.* Santa Fe: Museum of New Mexico Press, 2004.
Klossowski, Pierre: *La Ressemblance.* Marseille: Éditions Ryoan-ji, 1984. ピエール・クロソフスキー『ルサンブランス』清水正・豊崎光一譯, ペヨトル工房, 1992
木庭顯『政治の成立』東京大學出版會, 1997.
『古事記 祝詞』日本古典文學大系, 倉野憲司・武田祐吉校注, 岩波書店, 1984.
小村雪岱『日本橋檜物町』高見澤木版社, 1942.
小村雪岱『日本橋檜物町』(平凡社ライブラリー) 平凡社, 2006.
Koolhaas, Rem: *Delirious New York: A Retroactive Manifesto for Manhattan.* New York: Oxford University Press, 1978. レム・コールハース『錯亂のニューヨーク』鈴木圭介譯, 筑摩書房, 1995.
Kracauer, Siegfrid: *Geschichte-Vor den letzten Dingen.* Frankfurt am Main: Suhrkamp, 1973. ジークフリート・クラカウアー『歴史—永遠のユダヤ人の鏡像』平井正譯, せりか書房, 1977.
Krauss, Rosalind E.: *The Originality of the Avant-garde and Other Modernist Myths.* Cambridge, Mass.: MIT Press, 1985. ロザリンド・クラウス『オリジナリティと反復』小西信之譯, リブロポート, 1994.

Kubler, George: *The Shape of Time: Remarks on the History of Things.* New Haven and London: Yale University Press, 1962.

九鬼周造「音と匂 — 偶然性の音と可能性の匂」『九鬼周造全集』第5巻, 岩波書店, 1981, 167-168.

久米邦武編『特命全權大使米歐回覽實記』博聞社, 1878.

倉石滋『動物進化形態學』東京大學出版會, 2004.

黑田日出男『境界の中世 象徵の中世』東京大學出版會, 1986.

草森紳一「落葉の生涯」展覽會カタログ『武藏野に生きる埼玉の美術家たち — 木村直道・小村雪岱・中野四郎・森田恒友』埼玉縣立近代美術館, 1983, 48-49.

Lefort, Claude: *La question de la démocratie. In: Lefort, Claude: Essais sur le politique : XIXe - XXe siècles.* Paris: Éditions du Seuil, 1986. クロード・ルフォール「民主主義という問題」本郷均譯『現代思想』第23巻 第12号, 青土社, 1995, 40-51.

Leris, Michel: *Le sacré dans la vie quotidienne.* 1938. ミシェル・レリス「日常生活の中の聖なるもの」岡谷公二譯『ミシェル レリスの作品 日常生活の中の聖なるもの』, 思潮社, 1986, 15-33.

Leris, Michel: *L'âge d'homme: précédé de De la Littérature considérée comme une tauromachie.* Paris: Gallimard, 1946. ミシェル・レリス『成熟の年齢』, 松崎芳陸譯, 現代思潮社, 1969.

Leris, Michel: *Biffures. La régle du jeu; 1.* Paris: Gallimard, 1948. ミシェル・レリス『ゲームの規則 ビフュール』岡谷公二譯, 筑摩書房, 1995.

Lévi-Strauss, Claude: *Anthropologie structurale.* Paris: Plon, 1958. クロード・レヴィ=ストロース『構造人類學』荒川幾男ほか譯, みすず書房, 1972.

Libeskind, Daniel: "Deus ex Machina/Machina ex Deo. Aldo Rossi's Theater of the World". In: *Oppositions*, 21, Summer 1980, 3-23.

Libet, Benjamin: *Mind Time: The Temporal Factor in Consciousness.* Cambridge, Mass: Harvard University Press, 2004. ベンジャミン・リベット『マインド・タイム — 脳と意識の時間』下條信輔譯, 岩波書店, 2005.

Lincoln, Bruce: *Death, War, and Sacrifice.* Chicago & London: The University of Chicago Press, 1991.

Lipo, Carl P., et al. (ed.): *Mapping Our Ancestors: Phylogenetic Approaches in Anthropology and Prehistory.* New Brunswick, N. J.; London: Aldine Transaction, 2006.

Lobsinger, Mary Louise: "That Obscure Object of Desire: Autobiography and Repetition in the Work of Aldo Rossi". In: *Grey Room*, 8, Summer 2002, 38-61.

Lorca, Federico Garcia『ロルか詩集』長谷川四郎譯, みすず書房, 1967.

Maar, Christa, und Hubert Burda (Hg.): *Iconic Turn: Die neue Macht der Bilder.* Köln: DuMont, 2004.

MacGregor, Arthur: *Die besonderen Eigenschaften der "Kunstkammer".* In: Grote, Andreas: *Macrocosmos in Microcosmo: Die Welt in der Stube: Zur Geschichte des Sammelns 1450 bis 1800.* Opladen: Leske+Budrich, 1994, 61-106.

毎日新聞社編『宮本常一寫眞・日記集成—MIYAMOTO Tsuneichi Images of JAPAN and Diary 1945-1981』上・下卷, 毎日新聞社, 2005.

Mangurian, Robert and Mary-Ann Ray: *Wrapper: 40 Possible City Surfaces for the Museum of Jurassic Technology.* San Francisco: William Stout Publishers, 2000.

『萬葉集 一』新日本古典文學大系, 佐竹昭廣 외 교정・주석, 岩波書店, 1999.

『萬葉集 二』新日本古典文學大系, 佐竹昭廣 외 교정・주석, 岩波書店, 2000.

『萬葉集 三』新日本古典文學大系, 佐竹昭廣 외 교정・주석, 岩波書店, 2002

丸谷才一『闊歩する漱石』講談社, 2000.

松本直子『認知考古學の理論と實踐的研究—縄文から弥生への社會・文化変化のプロセス』九州大學出版會, 2000.

松岡正岡『フラジャイル—弱さからの出發』筑摩書房, 1995.

松岡正剛『山水思想』五月書房, 2003.

松岡心平『宴の身体—バサラから世阿弥へ』岩波現代文庫 2004.

松浦壽輝『知の庭園—19世紀パリの空間裝置』筑摩書房, 1998.

松山嚴「未踏の景觀學のために」毎日新聞社編『宮本常一寫眞・日記集成』付錄, 7-9

McNamara, Kenneth J.: Johns Hopkins University Press, 1997. ケネス・J・マクナマラ『動物の發育と進化—時間がつくる生命の形』田隅本生譯, 工作舍, 2001.

Meige, Henri: *Charcot artiste.* Paris: Masson, 1925.

Menninghaus, Winfried: *Schwellenkunde: Walter Benjamins Passage des Mythos.* Frankfurt am Main: Suhrkamp, 1986. ヴィンフリート・メニングハウス『敷居學—ベンヤミンの神話のパサージュ』伊藤秀一譯, 現代思潮新社, 2000.

Menninghaus, Winfried: *Hälfte des Lebens. Versuch über Hölderlins Poetik.* Frankfurt am Main: Suhrkamp, 2005.

Merleau-Ponty, Maurice: *Le visible et l'invisible: suivi de notes de travail.* Paris: Gallimard, 1964. モーリス・メルロ=ポンティ『見えるものと見えないもの』瀧浦靜雄・木田元譯, みすず書房, 1989.

Merton, Robert K., and Elinor Barber: *The Travels and Adventures of Serendipity.* Princeton and Oxford: Princeton University Press, 2004.

Meuli, Karl: *Der Ursprung der Fastnacht.* In: Meuli, Karl: *Gesammelte Schriften.* Hg. von Thomas Gelzer. Bd. I. Basel/Stuttgart: Schwabe, 1975, 283-299. カール・モイリ「カーニヴァルの起源」森田團譯『SITE ZERO/ZERO SITE』No.0, メディア・デザイン研究所, 2006, 176-209.

Michaux, Henri: *Emergences-Résurgences.* Genéve: Skira, 1972.

三木成夫『胎兒の世界─人類の生命記憶』中公親書, 1983.

三木成夫『海・呼吸・古代形象, うぶすな書院, 1992.

港千尋『群衆論─20世紀ピクチャー・セオリー』リブロポート, 1991.

港千尋『予兆としての寫眞─映像原論』岩波書店, 2000.

Mithen, Steven J.: *The Prehistory of the Mind: A Search for the Origins of Art, Religion, and Science.* London: Thames and Hudson, 1996. スティーヴン・ミズン『心の先史時代』松浦俊輔・牧野美佐緒譯, 青土社, 1998.

宮本千晴「父の寫眞」每日新聞社編『宮本常一寫眞・日記集成』附錄, 14-15.

宮本常一『私の日本地図1 天龍川に沿って』同友館, 1967.

宮本常一『忘れられた日本人』岩波文庫, 1984.

宮本常一『空からの民俗學』岩波現代文庫, 2001.

Moebius, Stephan: *Die Zauberlehrlinge: Soziologiegeschichte des Collége de Sociologie(1937-1939).* Konstanz: UVK Verlagsgesellschaft, 2006.

孟元老『東京夢華錄─宋代の都市と生活』入矢義高・梅原郁譯注・岩波書店, 1983

森栗茂一『河原町の歴史と都市民俗學』明石書店, 2003.

森山大道『過去はいつも新しく, 未來はつねに懷かしい』青弓社, 2000.

森山大道『犬の記憶』河出文庫, 2001.

森山大道『新宿』月曜社, 2002.

森山大道「絶對平面都市─凄みのあるフラットさへ向けて」聞き手・鈴木一誌『d/SIGN』No.10, 太田出版, 2005, 22-49.

森山大道「この人は, 伊能忠敬みたいだね」每日新聞社編『宮本常一寫眞・日記集成』附錄, 10-11.

Morris, Ian: *Burial and Ancient Society: The Rise of the Greek City-state.* Cambridge: Cambridge University Press, 1987.

Moschini, Francesco(ed.): *Aldo Rossi: progetti e disegni 1962-1979.* Firenze: Stiav, 1979.

中井久夫『分裂病と人類』東京大學出版會, 1982.

中井久夫『家族の深淵』みすず書房, 1995.

中井久夫『最終講義─分裂病私見』みすず書房, 1998.

中井久夫『徵候・記憶・外傷』みすず書房, 2004.
中村雄二郎「ゲニウス・ロキ私考」ノルベルグ=シュルツ『ゲニウス・ロキ』栞, 5-7.
中西進『谷蟆考—古代人と自然』小澤書店, 1982.
中谷礼仁「都市とカード」『10+1』No.37, INAX出版, 2004, 82.
中谷礼仁『セヴェラルネス—事物連鎖と人間』鹿島出版會, 2005.
中澤新一『悪党的思考』平凡社ライブラリー, 1994.
中澤新一『神の發明 カイエ・ソバージュ IV』講談社, 2003.
中澤新一『ポケットの中の野生—ポケモンと子ども』新潮文庫, 2004.
中澤新一『アースダイバー』講談社, 2005.
南後由和「動物化するグラフィティ/タトゥー—都市/身体の表面への偏執」『10+1』No.40, INAX出版, 2005, 144-155.
『日本書紀 上』日本古典文學大系, 坂本太郎 외 교정・주석, 岩波書店, 1984.
『25人の20代の寫眞(ヤング・ポートフォリオ)』清里フォトアートミュージウム, 1995.
西村三郎『文明のなかの博物學—西歐と日本』紀伊國屋書店, 1999.
Noack, Ferdinand: *Triumph und Triumphbogen.* In: Saxl, Fritz (Hg.): *Vorträge der Bibliothek Warburg.* V. Vorträge 1925-1926. Leipzig: Teubner, 1928 (Reprint. VI. Torino: Nino Aragno Editore, 2002), 147-201; Tafel. I-X X X IX.
Norberg-Schulz, Christian: *Genius loci: Towards a Phenomenology of Architecture.* New York: Rizzoli, 1980. クリスチャン・ノルベルグ=シュルツ『ゲニウス・ロキ—建築の現象學をめざして』加藤邦男・田崎祐生譯, 住まいの図書館出版局, 1994.
大岡信『大岡信全詩集』思潮社, 2002.
大島哲藏「あとがき(記憶の廻廊にて)」ロッシ『都市の建築』423-426.
折口信夫「念仏踊り」『折口信夫全集』메모편 第5巻, 中央公論社, 1971, 115-122
Peirce, Charles Sanders: *Collected Papers of Charles Sanders Peirce. Vol. 2: Elements of Logic.* Cambridge, Mass.: Harvard University Press, 1932.
Peirce, Charles S.: *Reasoning and the Logic of Things: The Cambridge Conferences Lectures of 1898.* Cambridge, Mass.: London: Harvard University Press, 1992. パース『連續性の哲學』伊藤邦武譯, 岩波文庫, 2001.
Pigeot, Jacqueline: *La rhétorique de l'énumération dans la tradition japonaise.* 1997. ジャクリーヌ・ピジョー『物盡し—日本的レトリックの伝統』寺田澄江・福井澄譯, 平凡社, 1997.
Proust, Marcel: *À la recherche du temps perdu.* I. Paris: Gallimard, 1987. マルセル・プルースト『失われた時を求めて』第2巻, 鈴木道彦譯, 集英社, 1997.
Reed, Edward S.: *Encountering the World: Toward an Ecological Psychology.* New

York; Oxford: Oxford University Press, 1996. エドワード・S・リード『アフォーダンスの心理學―生態心理學への道』佐々木正人 監修, 細田直哉譯, 新曜社, 2000.

Romanelli, Pietro: *Il Foro Romano.* Bologna: Licinio Cappelli Editore, 1959.

Rossi, Aldo; a cura di Daniele Vitale: *L'architettura della cittá.* 1966. 2. ed. Milano: CLUP, 1987. アルド・ロッシ『都市の建築』大島哲藏・福井晴虔譯, 大龍堂書店, 1991.

Rossi, Aldo: *Architettura per I musei.* 1966. In: Rossi 1978, 323-339.

Rossi, Aldo: *Scritti scelti sull'architettura e la città, 1956-1972.* 1975. 2. ed. Torino: CittáStudiEdizioni, 1978.

Rossi, Aldo: *A Scienfitic Autobiography.* Trans. by Lawrence Venuti. Cambridge, Mass. and London: MIT Press, 1981. 이탈리아어판 : Aldo Rossi: *Autobiografia scientifica.* Milano: Nuova Pratiche, 1999. アルド・ロッシ『アルド・ロッシ体伝』三宅理一譯, SD選書, 1984(영어판을 번역).

Rossi, Aldo: *Opere recenti.* Modena: Edizioni Panini, 1983.

Rossi, Aldo: *Architetture Padane.* Modena: Edizioni Panini, 1983.

Rossi, Aldo: *Il libro azzurro - I miei progetti.* 1981. Zürich: Jamileh Weber, 1983.

Rossi, Aldo: *Aldo Rossi's Lecture in Tokyo.* アルド・ロッシ「アルド・ロッシが語る建築と都市」『a+u』171号(1984年12月호), エー・アンド・ユー, 1984, 19-30.

Rossi, Aldo: *"La conica" "La cupola" e altre caffettiere.* 1984. 3. ed. Milano: Alessi, 1988.

Rossi, Aldo: *Invisible Distances.* 1989. Trans. by Diane Ghirardo. In: Adjmi, Morris (ed.): *Aldo Rossi: Architecture, 1981-1991.* New York: Princeton Architectural Press, 1991, 272-273.

Rossi, Aldo: *Architecture, Furniture and Some of My Dogs.* New York: Unifor, 1990.

Rossi, Aldo: *Per Luigi Ghirri.* In: Costantini 1996, 75.

Rossi, Aldo: a cura di Francesco Dal Co: *I quaderni azzurri 1968-1992.* 47 vols. Milano: Electa; Los Angeles: The Getty Research Institute, 1999.

Roussel, Raymond: *Impressions d'Afrique.* Paris: A. Lemerre, 1910. レーモン・ルーセル『アフリカの印象』岡谷公二譯, 平凡社ライブラリー, 2007.

Rowe, Colin: *The Mathematics of the Ideal Villa and Other Essays.* Cambridge, Mass.; London: MIT Press, 1976. コーリン・ロウ『マニエリスムと近代建築―コーリン・ロウ建築論選集』伊東豊雄・松永安光譯, 彰國社, 1981.

西郷信綱『古代の聲〈増補版〉―うた・踊り・市・ことば・神話』朝日選書, 1995

坂部惠「日本のモデルニテ」『坂部惠集5〈日本〉への視線, 思考の文体』, 岩波書店, 2007, 215-236.

坂部惠「モデルネの移入から見たカント」,『坂部惠集5〈日本〉への視線, 思考の文体』岩波書店, 2007, 383-394.

佐野眞一『宮本常一の寫眞に讀む失われた昭和』平凡社, 2004.

佐々木正人『ダーウィン的方法―運動からアフォーダンスへ』岩波書店, 2005.

Schmid, Daniel: *In Erinnerung an die grosse Schauspielerin Haruko Sugimura. Mikio Naruse.* 1998. ダニエル・シュミット「偉大な女優・杉村春子を偲んで」田中純譯, 蓮實重彥・山根卓男編『成瀬巳喜男の世界へ』筑摩書房, 2005, 244-246.

Scully, Vincent: Postscript: *Ideology in Form.* In: Rossi 1981 111-116. ヴィンセント・スカーリー「後記 形態におけるイデオロギー」, ロッシ『アルド・ロッシ自伝』210-223.

Sebald, W. G.: *Austerlitz.* München: Hanser, 2001. W・G・ゼーバルト『アウステルリッツ』鈴木仁子譯, 白水社, 2003.

Sebeok, Thomas A, and Jean Umiker-Sebeok: *'You Know My Method' : A Juxtaposition of Charles S. Peirce and Sherlock Holmes.* In: Eco, Umberto and Thomas Albert Sebeok: *The Sign of Three: Dupin Holmes,* Peirce. Bloomington: Indiana University Press, 1983, 11-45. トマス・A・シービオク+ジーン・ユミカ=シービオク「『僕の方法は知つての通り』―パース對ホームズ」ウンベルト・エーコ+トマス・A・シービオク編『三人の記号―デュパン, ホームズ, パース』小池滋監譯, 東京図書, 1990, 15-70.

關根康正「附論〈「東京」を人類學する〉ための覺え書き」關根康正編『〈都市的なるもの〉の現在―文化人類學的考察』東京大學出版會, 2004, 513-526.

Seton, Ernest Thompson: *Animal Tracks and Hunter Signs.* Garden City, N. Y.: Doubleday, 1958. E・T・シートン『シートンの自然觀察』藤原英司譯, どうぶつ社, 1980.

島敦彥『畠山直哉―もののなりゆき, ことのなりゆき』寫眞展카탈로그『畠山直哉』淡交社, 2002, 104-115.

島亨「〈土器身体〉の論理像―縄文論(1)」縄文造形研究會編著『縄文図像學Ⅱ 仮面と身体像』言叢社, 1989, 195-354.

清水重敦「先行デザイン論」『10+1』No.37, INAX出版, 2004, 66-70.

Silverman, Debora Leah: *Art nouveau in fin-de siécle France: Politics, Psychology, and Style.* Berkeley: University of California Press, 1989. デボラ・シルヴァーマン『アール・ヌーヴオー―フランス世紀末と「裝飾芸術」の思想』天野知香・松岡新一郎譯, 青土社, 1999.

Simmel, Georg: *Die Großstädte und das Geistesleben* (1903). In: Simmel, Georg: *Gesamtausgabe*. Hg. von Otthein Rammstedt. Bd. 7: *Aufsätze und Abhandlungen 1901-1908*. Bd. I. Hg. von Rüdiger Kramme u.a. Frankfurt am Main: Suhrkamp, 1995, 116-131. ゲオルグ・ジンメル「大都市と精神生活」ジンメル『ジンメル著作集12 橋と扉』酒田健一 외 번역, 白水社, 1976, 269-285.

Stafford, Barbara Maria: "Toward Romantic Landscape Perception: Illustrated Travel Accounts and the Rise of 'Singularity' as an Aesthetic Category". In: *The Art Quarterly*, I, N. S. (Autumn 1977), 89-124.

Stafford, Barbara Maria: *Artful Science: Enlightenment, Entertainment and the Eclipse of Visual Education*. Cambridge, Mass.; London: MIT Press, 1994. バーバラ・マリア・スタフォード『アートフル・サイエンス—啓蒙時代の娯樂と凋落する視覺教育』高山宏譯, 產業図書, 1997.

Stafford, Barbara Maria: *Good Looking: Essays on the Virtue of Images*. Cambridge, Mass.; London: MIT Press, 1996. バーバラ・マリア・スタフォード『グッド・ルッキング—イメージング新世紀へ』, 高山宏譯, 產業図書, 2004.

Stafford, Barbara Maria: *Visual Analogy: Consciousness as the Art of Connection*. Cambridge, Mass.; London: MIT Press, 1999. バーバラ・マリア・スタフォード『ヴィジュアル・アナロジー—つなぐ技術としての人間意識』, 高山宏譯, 產業図書, 2006.

Stafford, Barbara Maria: *Neuronale Ästhetik: Auf dem Weg zu einer kognitiven Bildgeschichte*. In: Maar und Burda 2004, 103-125.

Stendhal: *Vie de Henry Brulard écrite par lui-même: édition diplomatique du manuscrit de la Bibliothéque de Grenoble*. 3 vols. Paris: Klincksieck, 1996. スタンダール『アンリ・ブリュウラールの生涯』桑原武夫・生島遼一譯, 岩波文庫, 1974.

Summerson, John: *Georgian London*. 1945. London: Barrie & Jenkins, 1988.

鈴木博之『東京の「地霊(ゲニウス・ロキ)」』文藝春秋, 1990

鈴木博之『日本の〈地霊(ゲニウス・ロキ)〉』講談社現代親書, 1999.

鈴木了二『建築零年』筑摩書房, 2001.

田中ちひろ「トマソニアンは街のコメットハンター」赤瀨川原平・藤森照信・南伸坊編『路上觀察學入門』筑摩書房, 1986, 221-228.

田中純『殘像のなかの建築—モダニズムの〈終わり〉に』未來社, 1995.

田中純『都市表象分析 I』INAX出版, 2000.

田中純『ミース・ファン・デル・ローエの戰場—その時代と建築をめぐって』彰國社,

2000.
田中純『アビ・ヴァールブルク 記憶の迷宮』青土社, 2001.
田中純『死者たちの都市へ』青土社, 2004.
田中純「レヴィヤタン解剖—イメージ・表象・身体」, 臼井隆一朗編『カール・シュミットと現代』沖積舍, 2005, 37-74.
田中純「歷史の表象—ベンヤミンにおける寫眞のメタモルフォーゼ」, 近藤耕人+管啓次郎編『寫眞との對話 How to Talk to Photography』國書刊行會, 2005, 63-75.
田中純「狼たちの時」『Intercommunication』No.57. NTT出版, 2006, 134-143.
種村季弘『畸形の神—あるいは魔術的跛者』青土社, 2004.
谷川渥「世紀末ウイーンの美術—あるいはクリムトの蛇」, 木村直司編『ウイーン世紀末の文化』東洋出版, 1990, 127-151.
Tarkovsky, Andrei A.: *Instant Light: Tarkovsky Polaroids.* ed. G. Chiaramonte. London: Thames & Hudson, 2004.
天理大學附屬天理參考館編『幕末明治の銅版畵—玄々堂と春燈齋を中心に』天理ギャラリー, 2006.
寺山修司『あゝ, 荒野』PARCO出版, 2005.
Tisseron, Serge: *Le mystére de la chambre claire: photographie et inconscient.* Paris: Belles Lettres; Archimbaud, 1996. セルジュ・ティスロン『明るい部屋の謎—寫眞と無意識』青山勝譯, 人文書院, 2001.
都市連鎖研究体「連鎖式 都市のいろいろ」『10+1』No.37. INAX出版, 2004, 77-78.
Traki, Georg: *Das dichterische Werk.* München: Deutscher Taschenbuch Verlag, 1972.
Turan, Belgin: "Is 'Rational' Knowledge of Architecture Possible? Science and Poiesis in *L'Architettura della Citta*". In: *Journal of Architectural Education*, Vol. 51, No.3, 1998. 158-165.
內田正雄編『輿地誌畧』卷十「亞米利加州」修靜館, 1877.
上田篤『日本の都市は海からつくられた—海辺聖標の高察』中公新書, 1996.
Uexküll, Jakob von und Georg Kriszat: S*treifzüge durch die Umwelten von tieren und Menschen: Ein Bilderbuch unsichtbarer Welten.* Bedeutungslehre. 1934. Frankfurt am Main: Fischer, 1970. ヤーコプ・フォン・ユクスキュル+ゲオルグ・クリサート『生物から見た世界』日高敏隆・羽田節子譯, 岩波文庫, 2005.
Valéry, Paul: Présence de Paris. 1937. In: Valéry, Paul: *Oeuvres. 2.* Paris: Gallimard, 1960, 1011-1015, ポール・ヴァレリー「パリの存在」, 東宏治譯『ヴァレリー・セレクション 下』東宏治・松田浩則編譯, 平凡社ライブラリー, 2005, 187-195.
Valéry, Paul: P*oésie et pensée abstaite. Basil Zaharoff Lecture, University of Oxford,*

March 1, 1939. Oxford: Clarendon, 1939. ポール・ヴァレリー「詩と抽象的思考」, 佐藤正彰譯『ヴァレリー全集6 詩について』筑摩書房, 1967, 66-97.

Vidler, Anthony: *Warped Space: Art, Architecture, and Anxiety in Modern Culture*. Cambridge, Mass.: MIT Press, 2000. アンソニー・ヴィドラー『歪んだ建築空間—現代文化と不安の表象』中村敏男譯, 青土社, 2006.

和田萃『日本古代の儀礼と祭祀・信仰 中』塙書房, 1995.

Walker, Barbara G.: *The Woman's Encyclopedia of Myths and Secrets*. San Francisco; London: Harper & Row, 1983. バーバラ・ウォーカー『神話・伝承事典—失われた女神たちの復權』山下主一朗 외 번역, 大修館書店, 1988.

Walter Benjamin Archiv(Hg.): *Walter Benjamins Archive: Bilder, Texte und Zeichen*. Frankfurt am Main: Suhrkamp, 2006.

Warburg, Aby: *Dürer und die italienische Antike*(1905). In: Warburg, Aby: *Gesammelte Schriften. Studienausgabe*. Hg. von Horst Bredekamp et. al. Erste Abteilung, Bd. I. 2: *Die Erneuerung der heidnischen Antike: Kulturwissenschaftliche Beiträge zur Geschichte der europäischen Renaissance*. Reprint der von Getrud Bing unter Mitarbeit von Fritz Rougemont edierten Ausgabe von 1932. Neu herausgegeben von Horst Bredekamp und Michael Diers. Berlin: Akademie Verlag, 1998, 443-450. アビ・ヴァールブルク「デューラーとイタリア的古代」『デューラーの古代性とスキファノイア宮の國際的占星術—ヴァールブルク著作集五』伊藤博明 監譯, 加藤哲弘譯, ありな書房, 2003, 7-34.

渡辺公三『司法的同一性の誕生—市民社會における個体識別と登錄』言叢社, 2003.

Weigel, Sigrid: *Entstellte Ähnlichkeit: Walter Benjamins theoretische Schreibweise*. Frankfurt am main: Fischer, 1997.

Weigel, Sigrid(Hg.): *Genealogie und Genetik: Schnittstellen zwischen Biologie und Kulturgeschichte*. Berlin: Akademie Verlag, 2002.

Weigel, Sigrid, et. al.(Hg.): *Generation: Zur Genealogie des Konzeps - Konzepte von Genealogie*, München: Wilhelm Fink, 2005.

Weigel, Sigrid: *Genea-Logik: Generation, Tradition und Evolution zwischen Kultur- und Naturwissenschaften*. München: Wilhelm Fink, 2005.

Weschler, Lawrence: *Mr. Wilson's Cabinet of Wonder*. New York: Pantheon Books, 1995. ローレンス・ウェシュラー『ウィルソン氏の驚異の陳列室』大神田丈二譯, みすず書房, 1998.

横井清『中世民衆の生活文化』東京大學出版會, 1975.

横井清『中世日本文化史論考』平凡社, 2001.

横井清「河原者のいた宇宙」『週刊朝日百科12 日本の歴史 河原と落書・鬼と妖怪』新訂増補版, 朝日新聞社, 2002, 5-36-5-42.
四方田犬彦『摩滅の賊』筑摩書房, 2003.
吉村信・細馬宏通編著『ステレオ―感覚のメディア史』ペヨトル工房, 1994
吉村享『中世地域社會の歴史像』阿吽社, 1997.

찾아보기

사항(事項)

ㄱ

ㅈ

ㅎ

인명(人名)

ㅁ

ㅂ

ㅅ

ㅇ

ㅈ

〈로컬리티 번역총서〉를 펴내며

로컬리티의인문학 연구단에서 번역총서를 내놓는다. 〈로컬리티 번역총서〉는 고전적 · 인문학적 사유를 비롯해서, 탈근대와 전지구화의 관점에서 해석되는 로컬리티에 대한 동서양의 다양한 논의를 담고 있다. 로컬리티 연구는 동서양을 막론하고 학문적 교차점, 접점, 소통성을 확보하는 것이 중요한 과제다. 이러한 의미에서 본 연구단에서는 장기적인 계획 아래, 로컬리티 연구와 관련한 중요 저작과 최근의 논의를 담은 동서양의 관련 서적 번역을 기획했다. 이를 통하여 로컬리티와 인문학 연구를 심화하고 동시에 이를 외부에 확산시킴으로써 로컬리티 연구의 저변을 확대하고자 한다.

우리가 로컬리티에 천착하게 된 것은 그동안 국가 중심의 사고 속에 로컬을 주변부로 규정하며 소홀히 여긴 데 대한 반성적 성찰의 요구 때문이기도 하다. 오늘날 로컬은 초국적 자본과 전 지구적 문화의 위세에 짓눌려 제1세계라는 중심에 의해 또다시 소외당하거나 배제됨으로써 고유의 정체성을 잃어가고 있다. 반면에, 전 지구화 시대를 맞아 국가성이 약화되면서 로컬은 또 새롭게 거듭나고 있다. 그동안 국가 중심주의의 그늘에 가려졌던 로컬 고유의 특성을 재발견하고 전 지구화에 능동적으로 대처하는, 이른바 로컬 주체의 형성과 로컬 이니셔티브(local initiative)의 실현을 위해 부단한 노력을 기울이는 모습들이 속속 드러나고 있다.

이제 로컬의 현상들을 파악하기 위해 기존의 지역 논의와 다른 새로운 사고가 절실히 필요하다. 지금까지 지역과 지역성 논의는 장소가 지닌 다양성과 고유성을 기존의 개념적 범주에 맞춤으로써 로컬의 본질을 왜곡하거나 내재된 복합성을 단순화하는 오류를 범했다. 이에 우리는 로컬을 새로운 인식과 공간의 단위로서 재정립해야 할 필요성을 다시 확인하며, 로컬의 역동성과 고유성을 드러내줄 로컬리티 연구를 희망한다.

〈로컬리티 번역총서〉는 현재 공간, 장소, 인간, 로컬 지식, 글로벌, 로컬, 경계, 혼종성, 이동성 등 아젠다와 관련한 주제를 일차적으로 포함했다. 향후 로컬리티 연구가 진행되면서 번역총서의 폭과 깊이는 더욱 넓어지고 깊어질 것이다. 번역이 태생적으로 안고 있는 잡종성이야말로 로컬의 속성과 닮아 있다. 이 잡종성은 이곳과 저곳, 그때와 이때, 나와 너의 목소리가 소통하는 가운데 새로운 생성의 지대를 탄생시킬 것이다.

우리가 번역총서를 기획하면서 염두에 둔 것이 바로 소통과 창생의 지대이다. 우리는 〈로컬리티 번역총서〉가 연구자들에게 로컬리티 연구에 대한 기반을 제공해줌으로써 학제간의 경계를 넘나드는 심화된 통섭적 연구가 이루어지고, 나아가 '로컬리티의인문학(locality and humanities)'의 이념이 널리 확산되기를 바란다.

부산대학교 한국민족문화연구소

(HK)로컬리티의인문학 연구단

● 저자 소개

다나카 준 田中 純

일본 도쿄(東京)대학 대학원 교수.

1960년 미야기현 센다이시(宮城縣仙台市)에서 출생하였다. 1985년 도쿄대학 대학원 종합문화연구과 석사 과정을 수료하고, 2001년 도쿄대학에서 학술박사 학위를 취득하였다. 전공 분야는 사상사, 표상문화론이다.

주요 저서로 『殘像のなかの建築 – モダニズムの〈終わり〉に』(未來社, 1995) 『都市表象分析 I』(INAX出版, 2000) 『ミース ファン デル ローエの戰場 – その時代と建築をめぐって』(彰國社, 2000) 『アビ ヴァールブルク 記憶の迷宮』(青土社, 2001/제24회 산토리학예상 수상) 『死者たちの都市へ』(青土社, 2004) 『政治の美學 – 權力と表象』(東京大學出版會, 2008/제36회 마이니치출판문화상 수상) 등이 있다. 2007년에 발표한 본 역서 『도시의 시학 – 장소의 기억과 징후』(東京大學出版會)로 제58회 예술선장 신인상(第58回芸術選奬文部科學大臣新人賞, 評論等部門)을 수상하였다.

● 역자 소개

나승회 羅勝會

부산대학교 일본연구소 전임연구원.

부산대학교 일어일문학과 및 동 대학원을 졸업하고, 일본 주오(中央)대학에서 일본 근 · 현대문학 및 문화 연구를 전공하였다. 일본 근대 작가 다니자키 준이치로(谷崎潤一郎)의 문학이 남성의 이야기에서 여성의 이야기로 이행하는 방식에 대해 연구하여 주오대학에서 박사학위를 취득하였다. 이후 동시대의 사회적, 문화적 상황과 맥락 속에서 한국과 일본의 근 · 현대문학을 고찰하고 있으며, 한일 창작극에 대한 비교 연구를 통해 소설 중심의 문학 연구를 희곡의 영역으로 확대시키고자 노력 중이다. 최근에는 근대 초기 한국에서 발간된 일본어 신문의 광고란을 고찰하면서 관련 논문을 집필하고 있다.

박수경 朴修鏡

부산대학교에서 일어일문학을 공부하고, 일본 탁쇼쿠(拓殖)대학에서 언어교육학 박사학위를 취득했다. 부산대학교 한국민족문화연구소 HK(인문한국)교수를 재직하였다. 현재 '합천평화의집' 운영위원으로, '오카 마사하루 기념 나가사키 평화자료관' 방문학자로 연구에 매진 중이다.

도시의 시학

– 장소의 기억과 징후

초판 1쇄 발행일 2019년 02월 28일

지 은 이 | 다나카 준
옮 긴 이 | 나승회 박수경
발 행 인 | 최원필
발 행 처 | 심산출판사
주　　소 | 서울시 은평구 불광로 13가길 18, 101호
전　　화 | 02-357-0633
팩시밀리 | 02-357-0631
E-mail | simsan21c@hanmail.net
등록번호 | 제1-2114호(1996년 11월 28일)

ISBN 978-89-94844-59-6 94600

* 책값은 뒤표지에 표시되어 있습니다.